Vol.7
第七卷

现代有机反应

碳–碳键的生成反应 II
C-C Bond Formation

胡跃飞　林国强　主编

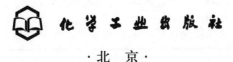

化学工业出版社

·北　京·

本书是《现代有机反应》第四卷《碳-碳键的生成反应》的补充与延伸，风格与第四卷相同，书中精选了第四卷之外的一些重要的碳-碳键的生成反应。对每一种反应都详细介绍了其历史背景、反应机理、应用范围和限制，着重引入了近年的研究新进展，并精选了在天然产物全合成中的应用以及 5 个左右代表性反应实例，参考文献涵盖了较权威的和新的文献。可以作为有机化学及相关专业的本科生、研究生，以及相关领域工作人员的学习与参考用书。

图书在版编目 (CIP) 数据

碳-碳键的生成反应Ⅱ/胡跃飞，林国强主编. —北京：
化学工业出版社，2012.9（2023.8 重印）
（现代有机反应：第七卷）
ISBN 978-7-122-14693-9

Ⅰ.①碳…　Ⅱ.①胡…②林…　Ⅲ.①碳-化学键-有机
化学-化学反应　Ⅳ.①O641.2

中国版本图书馆 CIP 数据核字（2012）第 142800 号

责任编辑：李晓红　　　　　　　　　　　装帧设计：尹琳琳
责任校对：蒋　宇

出版发行：化学工业出版社（北京市东城区青年湖南街 13 号　邮政编码 100011）
印　　装：北京虎彩文化传播有限公司
710mm×1000mm　1/16　印张 24¼　字数 432 千字　2023 年 8 月北京第 1 版第 2 次印刷

购书咨询：010-64518888　　售后服务：010-64518899
网　　址：http://www.cip.com.cn
凡购买本书，如有缺损质量问题，本社销售中心负责调换。

定　　价：138.00 元

序　一

翻开手中的《现代有机反应》，就很自然地联想到 John Wiley & Sons 出版的著名丛书 "*Organic Reactions*"。它是我们那个时代经常翻阅的一套著作，是极有用的有机反应工具书。而手中的这套书仿佛是中文版的 "*Organic Reactions*"，让我感到亲切和欣慰，像遇见了一位久违的老友。

《现代有机反应》第 1~5 卷，每卷收集 10 个反应，除了着重介绍各种反应的历史背景、适用范围和应用实例，还凸显了它们在天然产物合成中发挥的重要作用。有几个命名反应虽然经典，但增加了新的内容，因此赋予了新的生命。每一个反应的介绍虽然只有短短数十页，却管中窥豹，可谓是该书的特色。

《现代有机反应》是在中国首次出版的关于有机反应的大型丛书。可以这么说，该书的编撰者是将他们在有机化学科研与教学中的心得进行了回顾与展望。第 1~5 卷收录了 5000 多个反应式和 8000 余篇文献，为读者提供了直观的、大量的和准确的科学信息。

《现代有机反应》是生命、材料、制药、食品以及石油等相关领域工作者的良师益友，我愿意推荐它。同时，我还希望编撰者继续努力，早日完成其余反应的编撰工作，以飨读者。

此致

周维善

中国科学院院士
中国科学院上海有机化学研究所
2008 年 11 月 26 日

序　二

　　美国的 "*Organic Reactions*" 丛书自 1942 年以来已经出版了七十多卷，现在已经成为有机合成工作者不可缺少的参考书。十多年后，前苏联也开始出版类似的丛书。我国自上世纪 80 年代后，研究生教育发展很快，从事有机合成工作的研究人员越来越多，为了他们工作的方便，迫切需要编写我们自己的 "有机反应" 工具书。因此，《现代有机反应》丛书的出版是非常及时的。

　　本丛书根据最新的文献资料从制备的观点来讨论有机反应，使读者对反应的历史背景、反应机理、应用范围和限制、实验条件的选择等有较全面的了解，能够更好地利用文献资料解决自己遇到的问题。在 "*Organic Reactions*" 丛书中，有些常用的反应是几十年前编写的，缺少最新的资料。因此，本书在一定程度上可以弥补其不足。

　　本丛书对反应的选择非常讲究，每章的篇幅恰到好处。因此，除了在科研工作中有需要时查阅外，还可以作为研究生用的有机合成教材。例如：从 "科里氧化反应" 一章中，读者可以了解到有机化学家如何从常用的无机试剂三氧化铬创造出多种多样的、能满足特殊有机合成要求的新试剂。并从中学习他们的思想和方法，培养自己的创新能力。因此，我特别希望本丛书能够在有机专业研究生的学习和研究中发挥自己的作用。

胡宏纹

中国科学院院士
南京大学
2008 年 11 月 16 日

前　言

　　许多重要的有机反应被赞誉为有机化学学科发展路途上的里程碑，因为它们的发现、建立、拓展和完善带动着有机化学概念上的飞跃、理论上的建树、方法上的创新和应用上的突破。正如我们所熟知的 Grignard 反应 (1912)、Diels-Alder 反应 (1950)、Wittig 反应 (1979)、不对称催化氢化和氧化反应 (2001)、烯烃复分解反应 (2005) 和钯催化的交叉偶联反应 (2010) 等等，就是因为对有机化学的突出贡献而先后获得了诺贝尔化学奖的殊荣。

　　与有机反应相关的专著和工具书很多，从简洁的人名反应到系统而详细的大全巨著。其中，"*Organic Reactions*" (John Wiley & Sons, Inc.) 堪称是经典之作。它自 1942 年出版以来，至今已经有 76 卷问世。而 1991 年由 B. M. Trost 主编的 "*Comprehensive Organic Synthesis*" 是一套九卷的大型工具书，以 10400 页的版面几乎将当代已知的重要有机反应类型涵盖殆尽。此外，还有一些重要的国际期刊及时地对各种有机反应的最新研究进展进行综述。这些文献资料浩如烟海，是一笔非常宝贵的财富。在国内，随着有机化学研究的深入及相关化学工业的飞速发展，全面了解和掌握有机反应的需求与日俱增。在此契机下，编写一套有特色的《现代有机反应》丛书，对各种有机反应进行系统地介绍是一种适时而出的举措。本丛书的第 1~5 卷已于 2008 年底出版发行，周维善院士和胡宏纹院士欣然为之作序。在广大热心读者的鼓励下，我们又完成了丛书第 6~10 卷的编撰，适时地奉献给热爱本丛书的读者。

　　丛书第 6~10 卷传承了前五卷的写作特点与特色。在编著方式上注重完整性和系统性，以有限的篇幅概述了每种反应的历史背景、反应机理和应用范围。在撰写风格上强调各反应的最新进展和它们在有机合成中的应用，提供了多个代表性的操作实例并介绍了它们在天然产物合成中的巧妙应用。丛书第 6~10 卷共有 1954 页和 226 万字，涵盖了 45 个重要的有机反应、4760 个精心制作的图片和反应式、以及 6853 条权威和新颖的参考文献。作者衷心地希望能够帮助读者快捷而准确地对各个反应产生全方位的认识，力求满足读者在不同层次上的特别需求。我们很高兴地接受了几位研究生的建议，选择了一组"路"的图片作为第 6~10 卷的封面。祈望本丛书就像是一条条便捷的路径，引导读者进入感兴趣的领域去探索。

　　丛书第 6~10 卷的编撰工作汇聚了来自国内外 23 所高校和企业的 45 位专家学者的热情和智慧。在此我们由衷地感谢所有的作者，正是大家的辛勤工作才保证了本丛书的顺利出版，更得益于各位的渊博知识才使得本丛书丰富而多彩。尤其需要感谢王歆燕副教授，她身兼本丛书的作者和主编秘书双重角色，不仅完成了繁重的写作和烦琐的联络事务，还完成了书中全部图片和反应式的制作工作。这些看似平凡简单的工作，却是丛书如期出版不可或缺的一个重要环节。本丛书的编撰工作被列为"北京市有机化学重点学科"建设项目，并获得学科建设经费 (XK100030514) 的资助，在此一并表示感谢。

　　非常遗憾的是，在本丛书即将交稿之际周维善先生仙逝了，给我们留下了永远的怀念。时间一去不返，我们后辈应该更加勤勉和努力。最后，值此机会谨祝胡宏纹先生身体健康！

胡跃飞

清华大学化学系教授

林国强

中国科学院院士

中国科学院上海有机化学研究所研究员

2012 年 10 月

物理量单位与符号说明

在本书所涉及的所有反应式中，为了能够真实反映文献发表时具体实验操作所用的实验条件，反应式中实验条件尊重原始文献，按作者发表的数据呈现给读者。对于在原文献中采用的非法定计量单位，下面给出相应的换算关系，读者在使用时可以自己换算成相应的法定计量单位。

另外，考虑到这套书的读者对象大多为研究生或科研工作者，英文阅读水平相对较高，而且日常在查阅文献或发表文章时大都用的是英文，所以书中反应式以英文表达为主，有益于读者熟悉与巩固日常专业词汇。

压力单位　atm, Torr, mmHg 为非法定计量单位；使用中应换算为法定计量单位 Pa。换算关系如下：

$$1 \text{ atm} = 101325 \text{ Pa}$$

$$1 \text{ Torr} = 133.322 \text{ Pa}$$

$$1 \text{ mmHg} = 133.322 \text{ Pa}$$

摩尔分数　催化剂的用量国际上多采用 mol% 表示，这种表达方式不规范。正确的方式应该使用符号 x_B 表示。x_B 表示 B 的摩尔分数，单位 %。如：

1 mol% 表示该物质的摩尔分数是 1%。

eq. (equiv)　代表一个量而非物理量单位。本书中采用符号 eq.(当量粒子) 表示有机化学反应中不同物质之间物质的量的倍数关系。

目　录

阿尔德-烯反应
(Alder-ene Reaction)

王少仲

1 历史背景简述

Alder-ene 反应是以德国化学家 Kurt Alder 命名的有机人名反应。Alder 教授对于有机化学的贡献首先是耳熟能详的 Diels-Alder 反应，其次就是 Alder-ene 反应。Alder 于 1902 年出生于德国，1950 年获得诺贝尔化学奖。

早在 1943 年，Alder 就初步阐述了 Alder-ene 反应[1]：当烯丙基苯与顺丁烯二酸酐高温加热时，分子间会发生"间接的取代加成反应 (indirect substituting addition)"。顺丁烯二酸酐与烯丙基苯的烯烃双键之间形成碳-碳单键，同时烯丙基双键迁移、烯丙位氢原子转移至顺丁烯二酸酐 (式 1)。Alder-ene 反应与 Diels-Alder 反应 (式 2) 存在一定程度的相似性：其中含有烯丙基氢的烯烃类似于 Diels-Alder 反应中的二烯体，缺电子烯烃等同于 Diels-Alder 反应中的亲二烯体。Alder-ene 反应最终结果是消耗一个 π 键的同时生成一个 σ_{C-C} 键，而 Diels-Alder 反应是消耗两个 π 键的同时生成两个 σ_{C-C} 键。

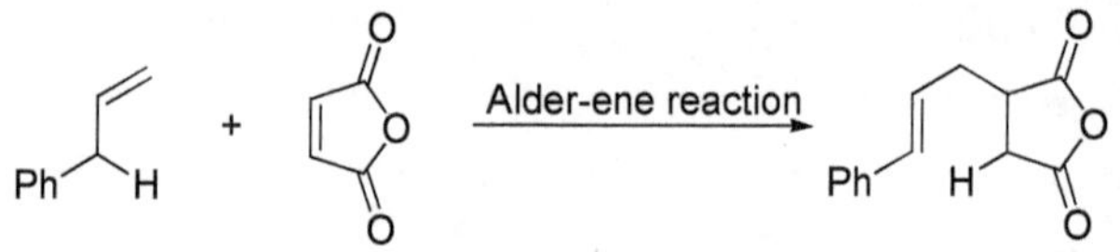

$$(1)$$

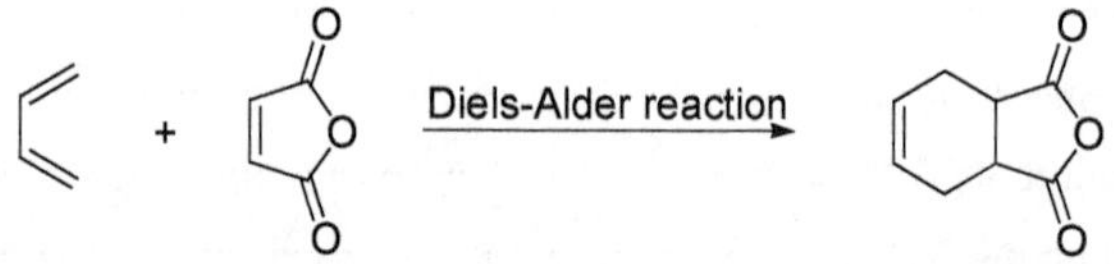

$$(2)$$

由于 Alder-ene 反应涉及烯丙位 σ_{C-H} 键断裂而使得反应活化能相对较高，通常需要比 Diels-Alder 反应更剧烈的热反应条件。由于高温反应条件在一定程度上限制了 Alder-ene 反应的合成价值，因此导致该反应遭受长期的忽视。但是，一些重要研究结果极大地拓展了该反应的研究范围，并推动了该反应的研究进程。例如：低温条件下 Lewis 酸催化的 Alder-ene 反应[2]、手性金属配合物催化的不对称 Alder-ene 反应[3]、过渡金属催化的 Alder-ene 反应[4]、含有杂原子烯体和亲烯体参与的 Alder-ene 反应[5]，等等。正是这些反应的发现和应用，促使 Alder-ene 反应成为形成碳-碳键和碳-杂原子键的重要有机反应之一。

2 Alder-ene 反应的定义与机理

广义上讲，Alder-ene 反应是指具有烯丙基氢的化合物与含有多重键的化合物在两个不饱和键端形成新的化学键，同时发生烯丙基双键迁移和烯丙基氢迁移的反应 (式 3)[6]。

$$Y=X: \quad \rangle=O \; , \quad \rangle=N \diagup \; , \quad \rangle=S \; , \quad \rangle=\langle \; , \quad etc.$$

含有烯丙基氢的化合物被称为烯体 (ene)，可以是单烯、环状烯烃、联烯、炔丙烷或者烯醇类化合物。含有多重键的化合物被称为亲烯体 (enophile)，可以是烯烃、炔烃、醛、酮、亚胺、亚硝基化合物、单线态氧分子和偶氮分子等化合物。

分子轨道理论[7]认为：Alder-ene 反应是三种轨道的相互作用，其中包括烯体 π 键的最高占有轨道 (HOMO)、亲烯体 π 键的最低未占有轨道 (LUMO) 和烯体中烯丙位 σ_{C-H} 键的最低未占有轨道 (LUMO)。轨道之间相互作用有两种方式：(1) 电子从烯体 HOMO 轨道流向亲烯体的 LUMO 轨道后，部分反馈至烯丙位 σ_{C-H} 键的 LUMO 轨道；(2) 电子从烯体 HOMO 轨道分别部分流向分子间的 LUMO 轨道和分子内的 LUMO 轨道。Houk[8]通过理论计算提出：丙烯与乙烯的 Alder-ene 反应过渡态更接近信封式构象而非椅式构象，其中 C-H-C 夹角为 156°，形成的 σ_{C-C} 键长为 2.11 Å (式 4)。

初期的一些实验结果导致人们认为：在热条件下发生的 Alder-ene 反应是通过协同机理 (concerted mechanism) 完成的，在碳-碳键形成的同时烯丙基氢键发生断裂。但是，Arnold[9]和 Hill[10]使用光学活性烯体与顺丁烯二酸酐发生 Alder-ene 反应的产物也具有光学活性 (式 5)。这种由底物控制的手性转移现象表明：新的碳-碳键形成时烯丙位 C-H 键尚未断裂。后来，Stephenson[11]设计了 (S)-cis-1-氘代-1-苯基-4-甲基-2-戊烯与偶氮二甲酸酯的 Alder-ene 反应 (式 6)，运用核磁共振技术测得动力学同位素效应为 $k_H/k_D = 3.3 \pm 0.7$。该实验结果说明：烯丙位 C-H 键的断裂是反应的决速步。

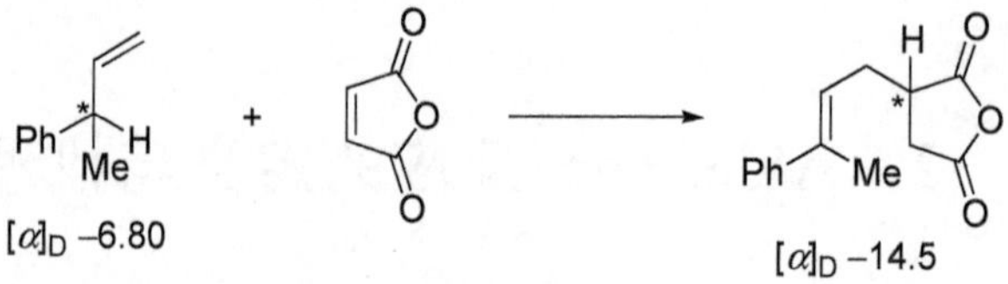

$$(5)$$

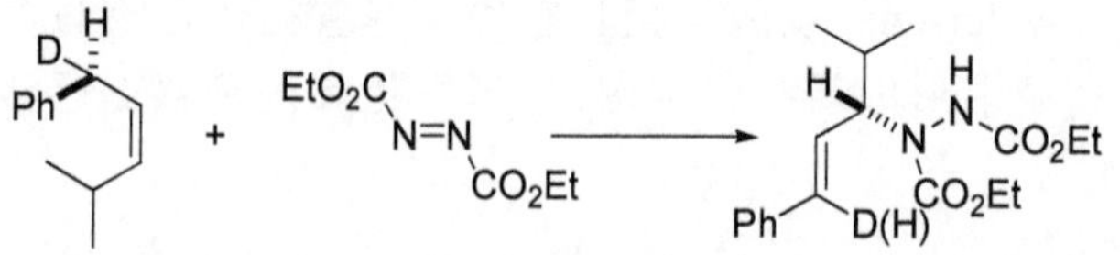

$$(6)$$

Snider 提出：Lewis 酸 Me_2AlCl 催化的 2,3-二甲基-2-丁烯与甲醛和炔丙酸甲酯之间的 Alder-ene 反应是按照分步机理进行的 (式 7)[12]。通过测定分子间动力学同位素效应 ($k_H/k_D = 1.4$) 发现：烯丙位 C-H 键断裂不是反应的速决步骤。分子内动力学同位素效应 ($k_H/k_D = 2.7\sim3.3$) 推测反应存在着某种过渡态，例如：(a) 三元环中间体；(b) Lewis 酸与亲烯体、烯体形成的 π-配合物；(c) 快速平衡的两性离子 (zwitterions)。

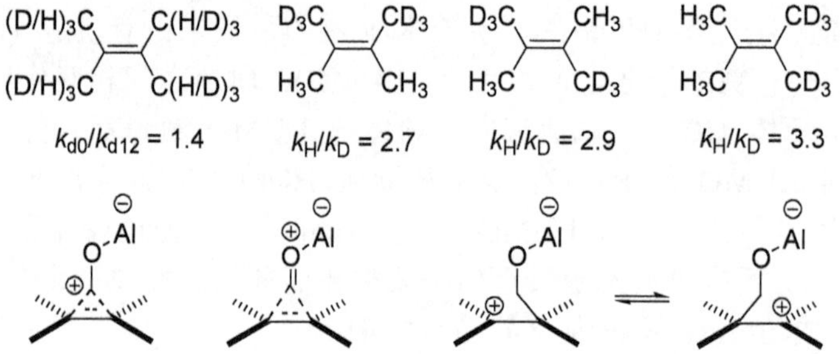

$$(7)$$

在热条件下，亲烯体为亚硝基芳烃、1,3,4-三唑啉-2,5-二酮和单线态氧 $^1O_2$ 的 Alder-ene 反应同样是按照分步反应机理进行的[13~15]。分子间和分子内动力学同位素效应显示：反应的决速步是可逆性形成吖丙啶-N-氧化物 (aziridine N-oxide)、吖丙啶-酰亚胺鎓盐 (aziridinium imide) 或者非可逆性形成过氧环氧化合物 (perepoxide) (式 8)。在低温下，能够分离出一些特定结构的吖丙啶中间体和观测到它们向 ene-产物的转化过程[16,17]。

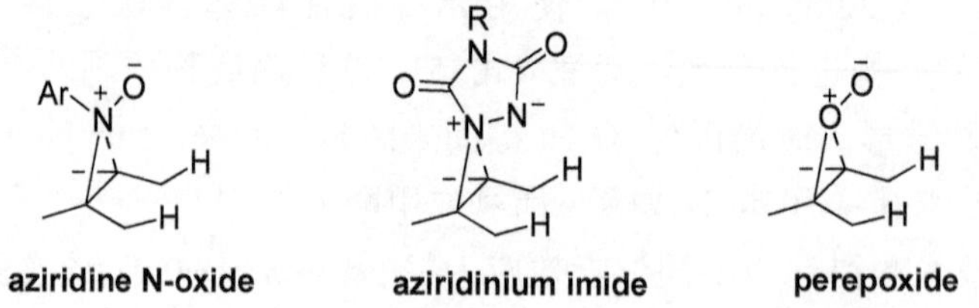

$$(8)$$

aziridine N-oxide   aziridinium imide   perepoxide

Trost 等人提出：过渡金属 (Ru、Rh 和 Pd 等) 催化的炔烃亲烯体的 Alder-ene 反应是按照金属杂环戊烯 (metallocyclopentene) 机理进行的[18](式 9)。金属杂环戊烯中间体在进行还原-消除过程中实现烯丙位氢的迁移，烯烃与炔烃分子间 Alder-ene 反应会出现两种异构体产物。理论计算结果显示：过渡金属催化剂与炔烃、烯烃氧化-加成形成金属杂环戊烯是反应的决速步骤[19]。

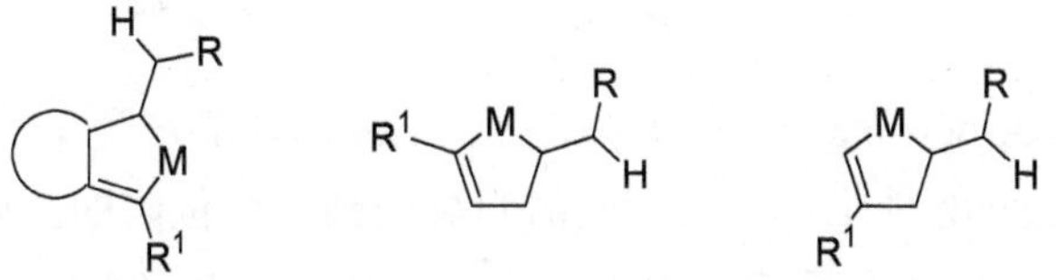

$$(9)$$

除了上述协同机理和分步离子机理之外，还存在着分步双自由基机理[20]。其中，自由基引发剂催化的环戊烯或环己烯与偶氮二甲酸乙酯的 Alder-ene 反应就是一类典型的例子。总之，Alder-ene 反应的机理相对复杂，与诸多因素相关，例如：烯体的结构 (取代基团的立体效应和电性效应)、亲烯体的种类和反应条件 (温度、催化剂性质) 等。因此，Alder-ene 反应的区域选择性和立体选择性也不尽相同。

3 Alder-ene 反应的条件综述

3.1 热条件下的 Alder-ene 反应

热条件下的 Alder-ene 反应活性主要取决于底物烯体与亲烯体的结构。对于烯体而言：1,1-二取代烯烃的反应活性最高，其次为三取代和四取代烯烃，最后为单取代烯烃和 1,2-二取代烯烃。对于亲烯体而言：吸电子基取代烯烃的反应活性比简单烯烃高，炔烃的反应活性比烯烃高。例如：β-蒎烯与顺丁烯二酸酐的反应可以在 140 ℃ 进行[21](式 10)；丙烯与烯丙酸甲酯的反应温度为 230 ℃ (式 11)[22]；1,6-二烯分子内 Alder-ene 反应的温度高达 457 ℃ (式 12)[23]。高温反应条件不仅会导致 Alder-ene 反应的区域选择性变差，还会产生异构体。但是在大多数情况下，该反应经协同反应机理采取同侧 syn-加成方式。

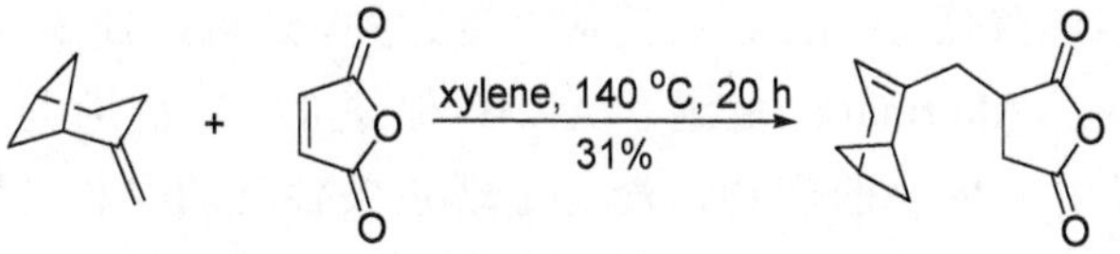

$$(10)$$

$$\text{(11)} \quad 7 \ : \ 1$$

$$\text{(12)} \quad \xrightarrow[35\%]{457\ ^{o}C}$$

热条件下的 Alder-ene 反应优先生成 *endo*-构型产物，但选择性不如 Diels-Alder 反应，产物的 *endo/exo*- 比例明显受到空间位阻的影响[24]。如式 13 所示：顺丁二烯与马来酸酐反应产物的 *endo/exo*- 比例为 85:15，而环戊烯与马来酸酐反应产物的 *endo/exo*- 比例则为 3.5:1。

$$\text{(13)} \quad \xrightarrow[]{200\ ^{o}C,\ 16\ h} \quad \textbf{\textit{endo}} \ + \ \textbf{\textit{exo}}$$

3.2　Lewis 酸催化的 Alder-ene 反应[2]

Lewis 酸能够促进 Alder-ene 反应的速度和降低反应的温度，这类 Alder-ene 反应要求亲烯体分子中含有羰基或者亚胺官能团。Lewis 酸选择性地与亲烯体配位以降低 LUMO 轨道的能量，从而降低反应的活化能。Lewis 酸的用量为催化量至化学计量，常用的 Lewis 酸包括铝盐 (例如：三氯化铝、氯化烷基铝)、锌盐 (例如：氯化锌、溴化锌)、四氯化锡、三氯化铁以及四氯化钛等。AlCl₃ 催化的端烯与丙烯酸酯[25]或丙炔酸酯[26]的 Alder-ene 反应可以在 25 °C 进行 (式 14 和式 15)。

$$\text{(14)} \quad \xrightarrow[70\%]{\substack{\text{AlCl}_3\ (0.1\ \text{eq.}) \\ \text{PhH, 25}\ ^{o}\text{C, 48 h}}}$$

$$\text{(15)} \quad \xrightarrow[55\%]{\substack{\text{AlCl}_3\ (0.3\ \text{eq.}) \\ \text{PhH, 25}\ ^{o}\text{C, 6 d}}}$$

Lewis 酸除了能够降低 Alder-ene 反应温度之外，还可以提高反应的区域选择性和立体选择性。Akermark 报道：AlCl₃ 促进的 1-辛烯与丙烯酸酯的 Alder-ene 反应可以生成单一的产物，没有出现热条件下的异构体[27](式 16)。Snider 发现：在 EtAlCl₂ 催化的 1,2-二取代烯烃或三取代烯烃与 α-氯代丙烯酸酯的 Alder-ene 反应中，与烯氢处于 *cis*-位置的烯丙基氢优先发生迁移。因此，产物中 1,3-位碳原子的相对立体化学可以得到有效的控制[28](式 17)。不同性质的 Lewis 酸有时还会影响反应的机理，甚至会改变反应的非对映选择性[29](式 18)。将 Lewis 酸 (^{i}PrO)$_2$TiCl$_2$ 或 (^{i}PrO)$_4$Ti 与手性配体一起使用时，还能够实现醛酮和亚胺的不对称 Alder-ene 反应。

$$
\begin{array}{c}
\text{H} \quad {}^n\text{C}_5\text{H}_{11} \qquad \text{CO}_2\text{Me} \\
\xrightarrow[\text{40\%}]{\substack{\text{AlCl}_3/\text{NaCl}/\text{KCl} \\ 100\,^\circ\text{C, 16 h}}} \quad {}^n\text{C}_5\text{H}_{11} \quad \text{H} \quad \text{CO}_2\text{Me}
\end{array}
\qquad (16)
$$

$$
\begin{array}{c}
+ \quad \text{Cl} \quad \text{CO}_2\text{Me} \\
\xrightarrow[\text{86\%}]{\substack{\text{EtAlCl}_2\ (0.9\ \text{eq.}) \\ 25\,^\circ\text{C, 1.2 d}}}
\end{array}
\qquad (17)
$$

$$
\begin{array}{c}
+ \quad \text{H} \quad \text{OMe} \\
\xrightarrow{\substack{\text{SnCl}_4:\ 100\%,\ syn/anti = 28/72 \\ \text{Me}_2\text{AlOTf}:\ 65\%,\ syn/anti = 91/9}}
\end{array}
\qquad (18)
$$

3.3 过渡金属催化的 Alder-ene 反应

过渡金属通过选择性配位来活化炔烃，或者同时活化烯烃和炔烃实现温和条件下的 Alder-ene 反应。许多金属的配合物能够催化分子内 Alder-ene 反应，例如：Rh、Pd、Cu、Au、Pt、Fe、Ni 等配合物。如果使用手性配体，还能够获得光学纯的 ene-产物。但是，过渡金属催化的分子间 Alder-ene 反应实例相对较少。Trost[18]和 Hilt[30]分别报道了使用钌配合物 CpRu(CH$_3$CN)$_3$PF$_6$ 和钴配合物 Co(dppp)Br$_2$ 催化的烯烃和炔烃分子间的 Alder-ene 反应。当使用钌试剂作为催化剂时，端烯和炔烃的 Alder-ene 反应可以生成枝状 1,4-二烯和链状 1,4-二烯两种产物 (式 19)。当使用钴试剂作为催化剂时，中间炔烃和端烯反应只生成链状 1,4-二烯 (式 20)。烯体双键迁移后的构型一般以 *E*-式为主。

$$
\begin{array}{c}
{}^n\text{Bu} \quad + \quad {}^n\text{Pr} \\
\xrightarrow[\text{56\%}]{\substack{5\ \text{mol\%}\ \text{CpRu(COD)Cl} \\ \text{DMF-H}_2\text{O, 100}\,^\circ\text{C, 2 h}}} \quad {}^n\text{Pr} \quad {}^n\text{Bu} \\
+ \\
\text{Pr}^n \quad {}^n\text{Bu}
\end{array}
\qquad (19)
$$

$$
\begin{array}{c}
{}^n\text{Pr} \quad + \quad \text{Et} \\
\qquad\qquad \text{Ph} \\
\xrightarrow[\text{89\%}]{\substack{10\ \text{mol\%}\ \text{Co(dppp)Br}_2 \\ 20\ \text{mol\%}\ \text{Zn, ZnI}_2 \\ \text{CH}_2\text{Cl}_2,\ 25\,^\circ\text{C, 16 h}}} \quad \text{Ph} \\
E/Z = 89/1
\end{array}
\qquad (20)
$$

4　Alder-ene 反应的类型综述

4.1　分子内 Alder-ene 反应

4.1.1　1,n-二烯分子内 Alder-ene 反应

如果分子结构中同时含有烯体和亲烯体，则在一定条件下会发生分子内 Alder-ene 反应[31]。Mikami 依据烯体与亲烯体之间的连接方式归纳出六种反应类型，并且使用 $l\,(m, n)$ 符号标识[32]。其中 l 代表 Alder-ene 反应形成环结构的大小，而 m 和 n 表示烯体与亲烯体的连接位点。例如：五元环和六元环的 l 分别为 5 和 6。$l\,(3,4)$、$l\,(2,4)$ 和 $l\,(1,5)$ 反应分别与 Oppolzer 最初提出的 Type I~Type III 反应概念一致 (式 21)。

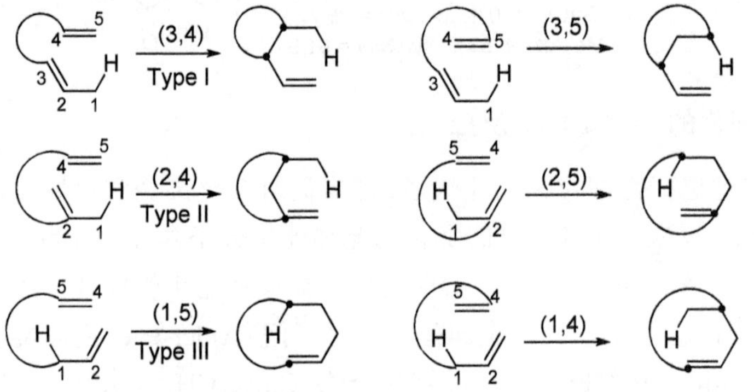

由于分子内反应具有更低的负活化熵，分子内 Alder-ene 反应比分子间反应容易进行。亲烯体除了炔烃和活泼烯烃外，还可以是非活泼烯烃。在上述分子内 Alder-ene 反应类型中，人们对 $l\,(3,4)$ 反应的研究相对成熟。链状 1,n-二烯、1,n-烯炔分子经过 $l\,(3,4)$ 型 Alder-ene 反应可以生成环状结构化合物。其中，连接烯体和亲烯体的碳链长度、烯体双键构型和亲烯体类型对反应的区域选择性和立体选择性起着决定性的影响。

使用 1,6-二烯和 1,7-二烯为底物时，分子内 Alder-ene 反应发生在两个距离最近的烯端之间，形成环戊烷、环己烷或者相应的五元或者六元杂环化合物。如果亲烯体是端烯，1,6-二烯分子内 Alder-ene 反应优先生成动力学控制的产物 cis-1-乙烯基-2-甲基环戊烷，而不是热力学稳定的产物 $trans$-1-乙烯基-2-甲基环戊烷。当烯体双键为 Z-构型时 (式 22)，产物为单一的 cis-二取代环戊烷[23]。而烯体双键为 E-构型时 (式 23)，会出现 $trans$-二取代环戊烷，但主要成环产物

仍然是 *cis*-二取代环戊烷[33]。当分子结构中存在手性中心时，会非对映选择性
地生成 *cis*-二取代环戊烷[34](式 24)。通过对反应过渡态的模型 I~IV 分析得知
[8]：当烯体双键是 *Z*-构型时，从环张力角度来看过渡态 I 最为有利，过渡态 II
由于空间张力太大而无法进行。当烯体双键是 *E*-构型时，过渡态 III 会生成
cis-产物，IV 则生成 *trans*-产物。在一些螺桨烷和倍半萜天然产物的全合成中，
这种从 1,6-二烯到 *cis*-1-乙烯基-2-甲基环戊烷的化学转化已经得到广泛的应
用[35](式 26~式 28)。

　　如果亲烯体是单一酯基取代烯烃[36]，1,6-二烯分子内 Alder-ene 反应的规律与上述非活泼端烯存在相似性。特别是烯体为 1,2-二取代烯烃时，亲烯体部位烯键构型对于成环产物的立体化学影响较小 (式 29)，没有出现类似 Diels-Alder 反应中次级轨道的定向作用。但是，当烯体为三取代烯烃时，活泼亲烯体构型明显地影响成环产物的比例 (式 30)。有时候，Lewis 酸控制的 *trans*-成环产物为主要产物 (式 31)。

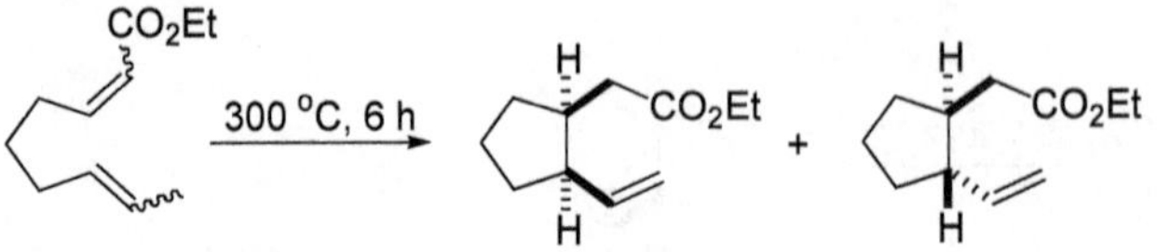

Z-ene, *E*-enophile	100 : 0	60%
E-ene, *E*-enophile	90 : 10	87%
E-ene, *Z*-enophile	80 : 20	82%

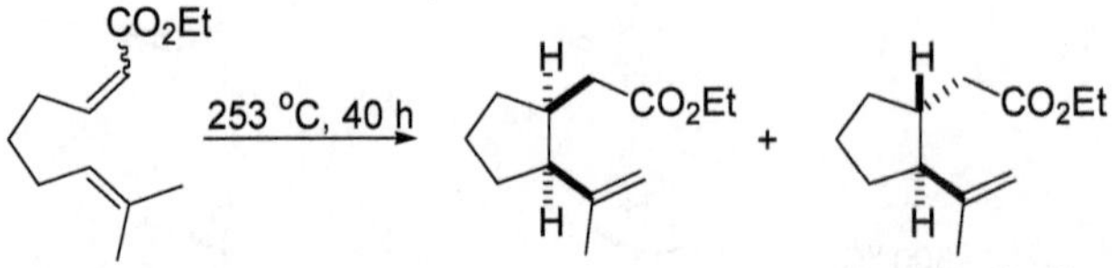

(29)

E-enophile	3 : 1	80%
Z-enophile	2 : 3	75%

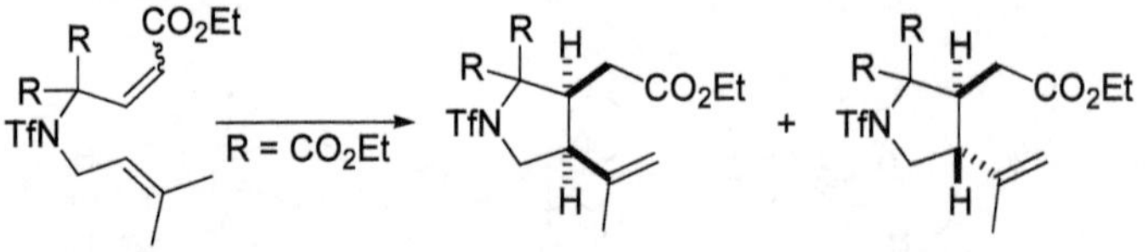

(30)

Z-enophile 180 °C, 5 min	25 : 75	
Z-enophile AlEt₂Cl, –78 °C, 8 h	0 : 100	
E-enophile 180 °C, 15 min	50 : 50	
E-enophile AlEt₂Cl, –35 °C	11 : 89	

(31)

　　如果亲烯体是偕二酯基取代烯烃，无论是热条件还是 Lewis 酸催化条件，1,6-二烯的分子内 Alder-ene 反应倾向于生成热力学稳定产物 *trans*-1,2-二取代环戊烷[37,38](式 32 和式 33)。1,7-二烯的分子内 Alder-ene 反应生成 *trans*-1,2-二取代环己烷[39](式 34)。

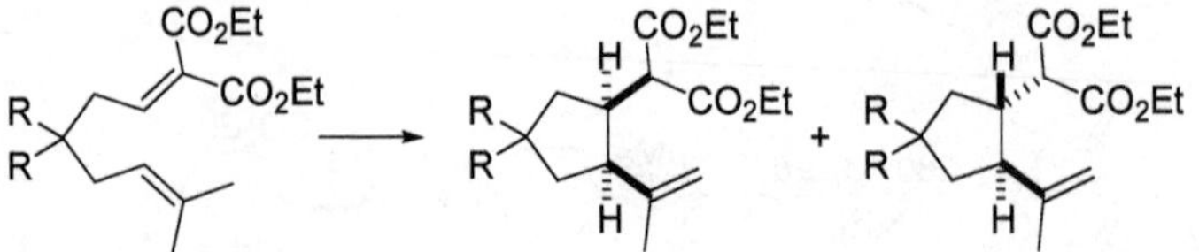

R = H, 255 °C, 5 h	13 : 87	70%
R = CH₃, 117 °C, 65 h	20 : 80	80%

(32)

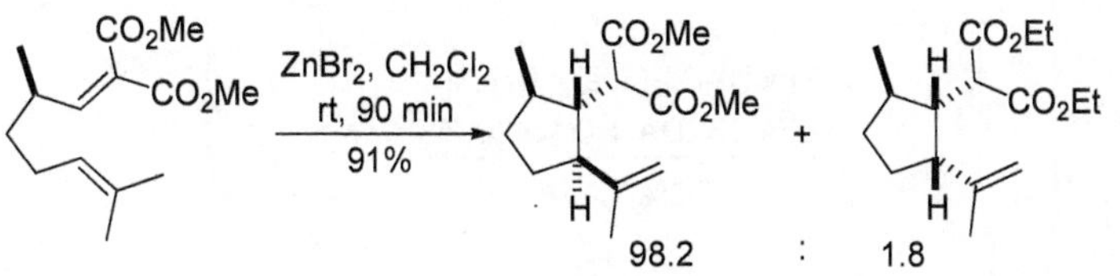

(33)

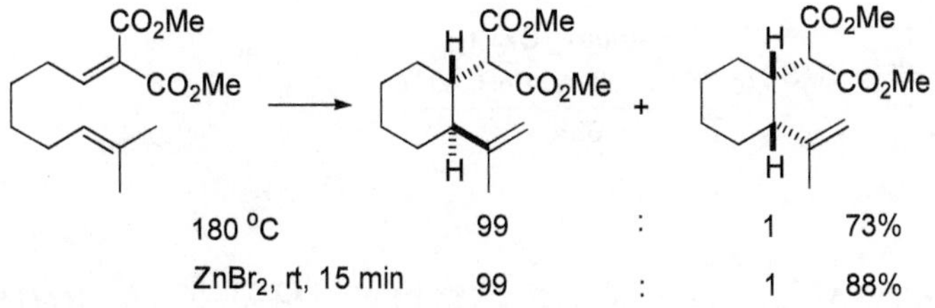

(34)

180 °C   99   :   1   73%

ZnBr₂, rt, 15 min   99   :   1   88%

4.1.2 1,n-烯炔分子内 Alder-ene 反应

1,6-烯炔和 1,7-烯炔的分子内 Alder-ene 反应会生成 1-亚甲基-2-乙烯基环戊烷和 1-亚甲基-2-乙烯基环己烷。如式 35 和式 36 所示：具有特定取代结构的 1,4-二烯环戊烷可以用于前列腺素和脱氢表雄酮的合成[40,41]。

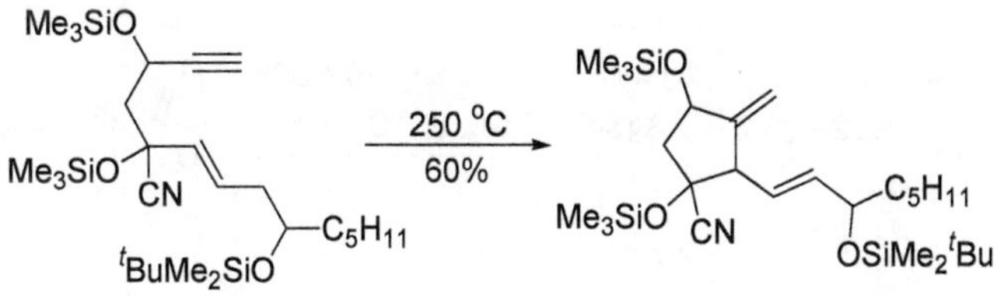

(35)

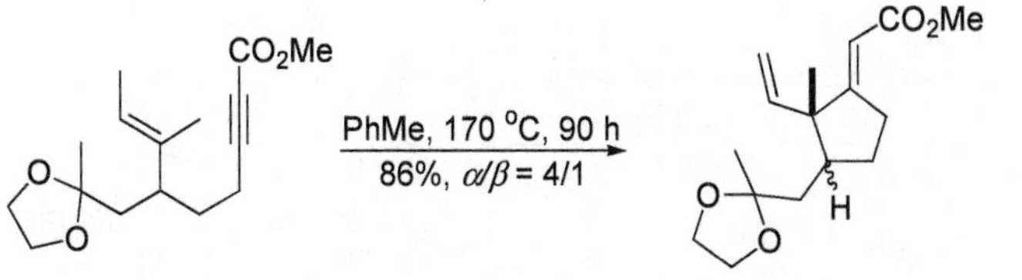

(36)

使用过渡金属催化剂，能够实现烯炔分子在温和条件下发生 Alder-ene 反应[4]。Trost 首次报道了钯(II) 催化的 1,6-烯炔的分子内 Alder-ene 反应[18c](式 37)。烯键和炔键的电子效应不影响生成 1,4-二烯产物的效率[42,43](式 38 和式 39)。但是，烯丙位取代基 (例如：硅醚或者空间位阻较大基团) 会改变反应的区域选择性，导致生成 1,3-二烯异构体[44]。

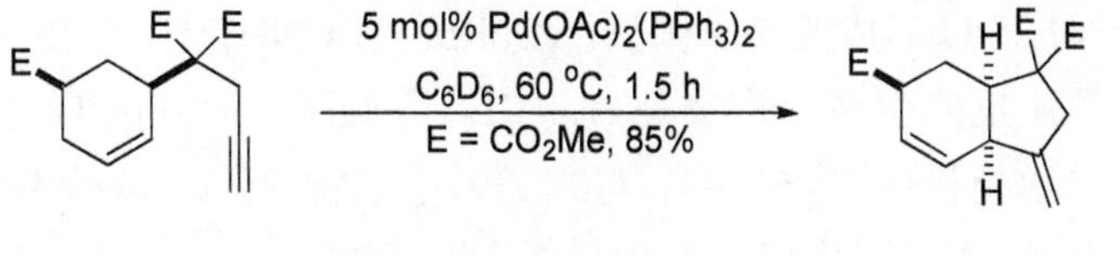

(37)

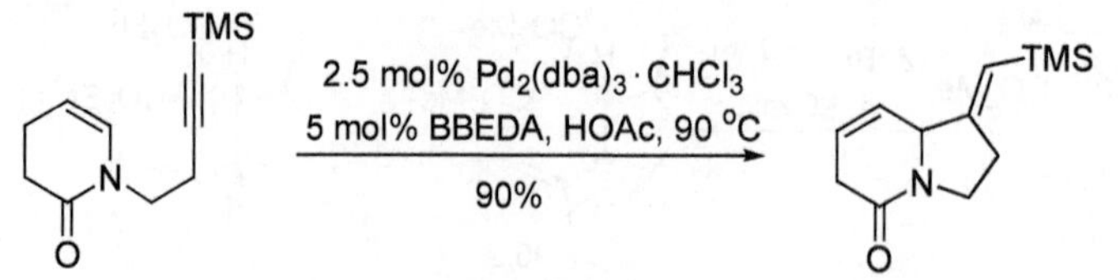

$$
\text{(38)}
$$

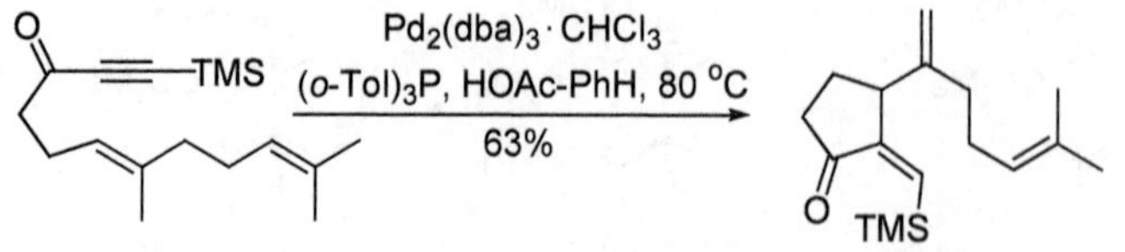

$$
\text{(39)}
$$

铑(I) 催化的 Alder-ene 反应与配体结构密切相关[45]。在 Rh(I)-dppb 配合物催化的 1,6-烯炔的 Alder-ene 反应中，只有 Z-构型烯烃发生反应而 E-构型烯烃保持不变 (式 40)。当采用 Rh(I)-BICPO 为催化剂时，Z-构型烯烃可以转化成为单一的 1,4-二烯产物，而 E-构型烯烃则会同时生成 1,4-二烯和 1,3-二烯产物 (式 41)。在 Rh(CO)$_2$Cl 的催化下，1,6-联烯炔经 Alder-ene 反应生成交错共轭三烯[46](式 42)。

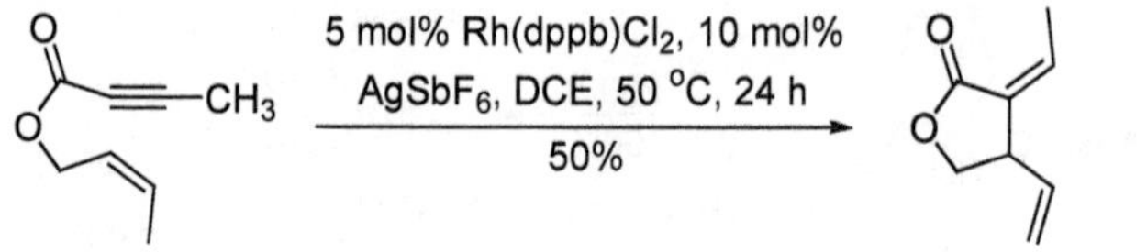

$$
\text{(40)}
$$

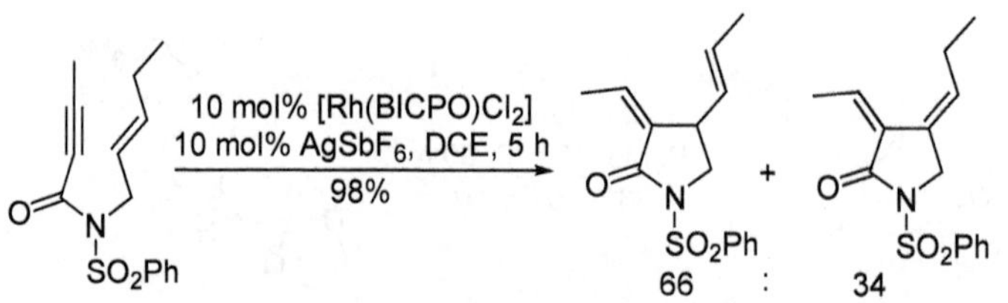

$$
\text{(41)}
$$

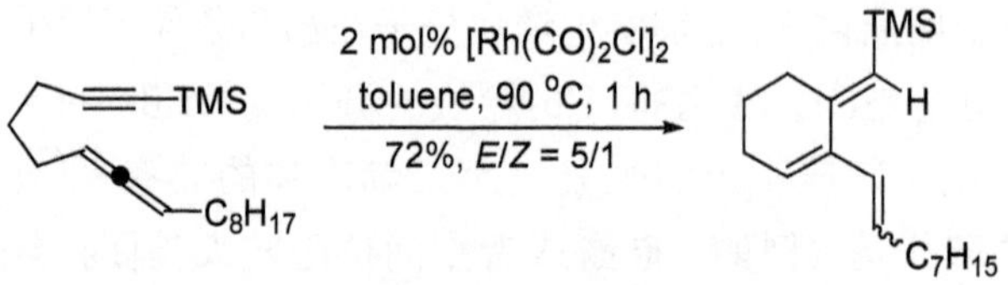

$$
\text{(42)}
$$

钌试剂催化的烯炔分子内 Alder-ene 反应的区域选择性与 Pd(II) 试剂不同，有时候在方法学上可以形成互补。例如：[CpRu(CH$_3$CN)$_3$]PF$_6$ 催化的烯丙位硅氧基取代的 1,6-烯炔反应生成的产物是 1,4-二烯醇硅醚，而 Pd(II) 催化的反应则主要生成 1,3-二烯异构体[47](式 43)。与式 39 中产物 1,1-二取代烯烃不同，同样的底物在 Ru(II) 催化下则生成三取代烯烃[48](式 44)。

$$\text{(43)}$$

$$\begin{array}{c}\text{10 mol\% [CpRu(CH}_3\text{CN)}_3\text{]PF}_6\\ \text{MeCOMe, rt}\\ \hline 74\%, \text{dr} = 32{:}1\end{array}$$

$$\begin{array}{c}\text{10 mol\% [CpRu(CH}_3\text{CN)}_3\text{]PF}_6\\ \text{DMF, rt}\\ \hline 56\%, E/Z = 8/1\end{array}$$

$$\text{(44)}$$

除了贵金属 Ru、Rh 和 Pd 之外，过渡金属 Ti 和 Fe 配合物也能够催化 1,6-烯炔的 Alder-ene 反应，实现从链状底物合成环状化合物的过程。Furstner[49] 报道：乙烯配体的 Fe(0) 配合物具有催化活性，而 CO 作为配体时则没有反应 (式 45)。Buchwald[50]采用 Cp$_2$Ti(CO)$_2$ 作为催化剂时发现：只有烯烃为 E-构型 的 1,6-烯炔分子才能发生分子内 Alder-ene 反应 (式 46)。

$$\begin{array}{c}\text{5 mol\% [CpFe(C}_2\text{H}_4\text{)}_2\text{][Li(tmeda)]}\\ \text{PhMe, 80\~90 }^o\text{C, 6 h}\\ \hline 83\%\end{array}$$

$$\text{(45)}$$

$$\begin{array}{c}\text{5 mol\% Cp}_2\text{Ti(CO)}_2\text{, PhMe}\\ \text{80\~90 }^o\text{C, 6 h}\\ \hline 97\%\end{array}$$

$$\text{(46)}$$

4.2 杂 Alder-ene 反应

4.2.1 Conia-ene 反应

J. M. Conia 发现：辛-7-烯-2-酮在高温热解反应中能够生成甲基环戊基 酮，这类酮羰基参与的 Alder-ene 反应也被称为 Conia-ene 反应[5b]。这一 化学转化包括酮羰基烯醇化和烯醇氢迁移同时形成 σ$_{C\text{-}C}$ 键的过程。 Conia-ene 反应中的烯体事实上是烯醇，并且优先生成动力学控制产物。如 果成环产物可以烯醇化的话，反应会继续发生差向异构化生成热力学稳定产 物[51](式 47)。

$$\begin{array}{c}350\ ^o\text{C}\end{array}$$

$$\text{(47)}$$

R = CH$_3$	100	0
R = H	7	93

Conia-ene 反应适合于合成五元和六元环状化合物。小环化合物由于环张力较大，在高温条件下容易发生开环反应。对中环化合物而言，由于熵变和跨环效应等不利因素而导致产率较低。在 Conia-ene 反应条件下，含有端烯和端炔的环酮可以用于制备桥环[52]、螺环[53]和稠环[54]结构的化合物 (式 48~式 50)。

$$\xrightarrow[\text{100\%}]{\triangle, \text{ sealed tube}}$$

(48)

$$\xrightarrow[\text{90\%}]{\triangle, \text{ vapor phase}}$$

(49)

$$\xrightarrow[\text{100\%}]{280\ ^{\circ}\text{C}}$$

(50)

过渡金属能够催化炔烃取代的 1,3-二羰基化合物在温和条件下发生 Conia-ene 反应。不同性质的金属表现出不同的催化机理：(1) Pd 和 Au 金属盐首先选择性地活化炔键，然后再与烯醇发生分子内亲核性加成反应[55,56](式 51)；(2) Ni、Co 和 Re 金属盐可以同时与烯醇双键和炔烃发生配位活化[57~59](式 52)；(3) 双金属协同作用 (Cu 和 Ag) 或者单一金属 (In) 双重作用，既促进 1,3-二羰基转化成烯醇盐又活化炔键[60,61](式 53 和式 54)。值得提出的是：铟盐不仅可以催化分子内 Conia-ene 反应用于合成中环和大环化合物，而且还能够实现炔烃与 1,3-二羰基化合物分子间的 Conia-ene 反应 (式 55)。

$$\xrightarrow[\text{93\%}]{\begin{array}{c}1\ \text{mol\%} \ \text{AuPPh}_3\text{OTf}\\ \text{CH}_2\text{Cl}_2, \text{rt}\end{array}}$$

(51)

$$\xrightarrow[\text{80\%}]{\begin{array}{c}10\ \text{mol\%} \ \text{Ni(acac)}_2\\ 6.7\ \text{mol\%} \ \text{Yb(OTf)}_3\\ \text{dioxane}, 50\ ^{\circ}\text{C}, 6\ \text{h}\end{array}}$$

(52)

$$\xrightarrow[\text{68\%}]{\begin{array}{c}10\ \text{mol\%} \ \text{Cu(OTf)}_2\\ 10\ \text{mol\%} \ \text{AgSbF}_6\\ \text{DCE}, 95\ ^{\circ}\text{C}, 23\ \text{h}\end{array}}$$

(53)

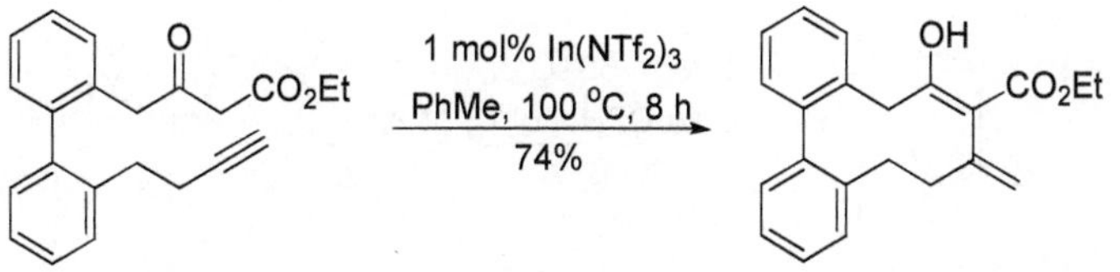

$$(54)$$

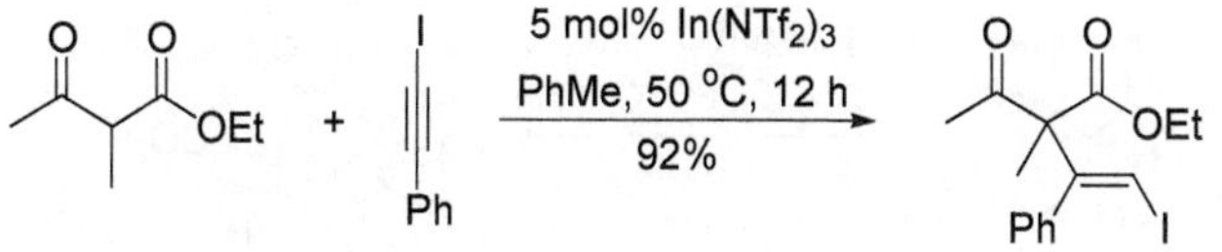

$$(55)$$

4.2.2   metallo-ene 反应

metallo-ene 反应是指烯或炔丙基金属试剂 (Mg, Li, Zn, Pd) 与烯烃发生的 Alder-ene 反应[62]。在该反应中,烯丙基金属试剂是烯体,而金属在反应过程中发生迁移。通过烯丙基格氏试剂与 3,3-二甲基环丙烯分子间反应[63](式 56) 以及 2,7-二烯辛基溴化镁分子内反应[64](式 57) 的研究证实:metallo-ene 反应是按照动力学控制的协同反应机理进行的。在温度条件剧烈时,环状中间体与原料之间的可逆转化可以导致生成热力学稳定产物。

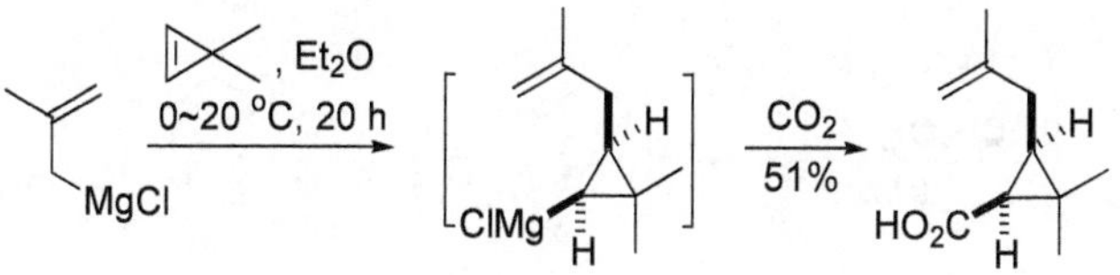

$$(56)$$

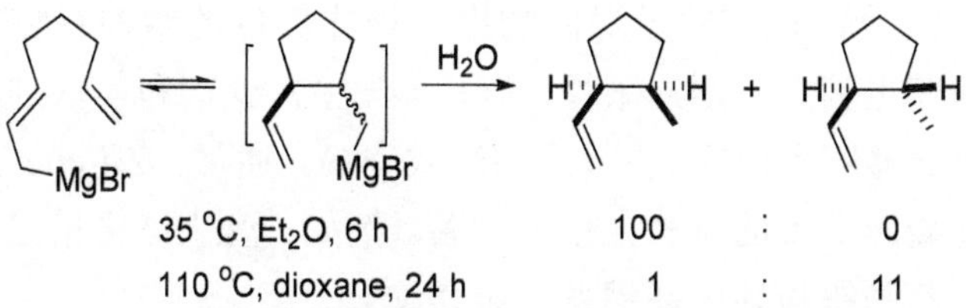

$$(57)$$

Mg-ene 反应适合于端烯和高张力环烯亲烯体之间的反应,链状中间烯烃的反应区域选择性和立体选择性较差。Opplozer 运用分子内 Mg-ene 反应,使用烯丙基格氏试剂和端烯来构造环戊烷和环己烷骨骼,实现了天然产物 Capnellene、12-Acetoxysinularene 和 (+)-Khusimone 的全合成[65~67](式 58~式 60)。

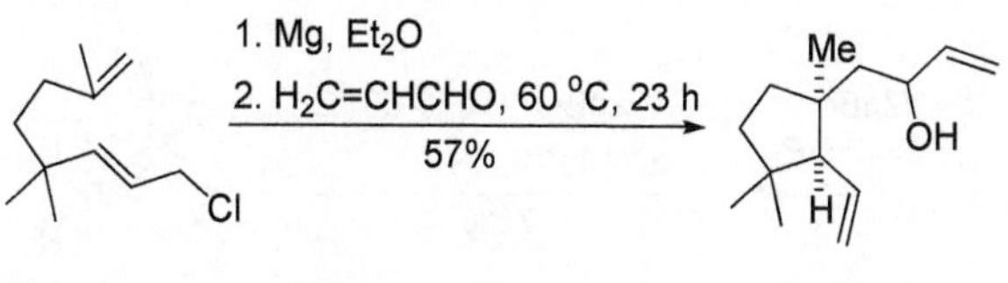

$$(58)$$

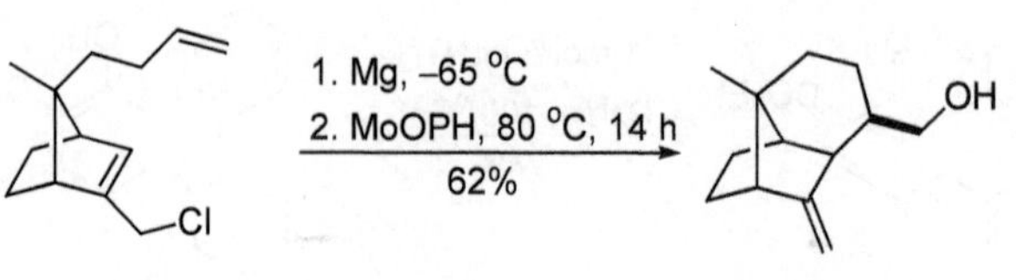

$$(59)$$

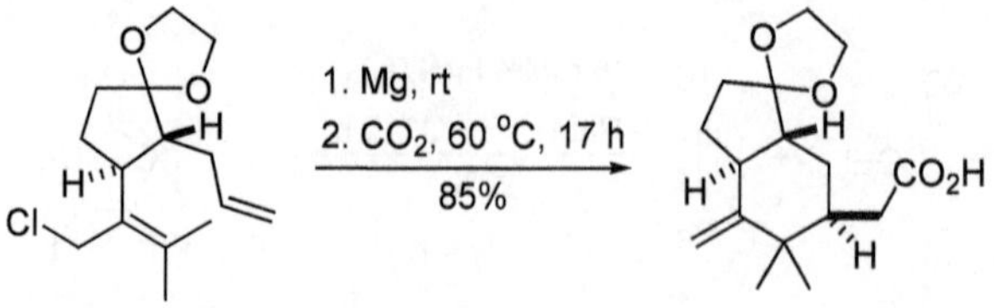

$$(60)$$

锂试剂与格氏试剂的 metallo-ene 反应有明显的区别。Cohen 发现：在丁基锂作用下，烯丙位苯硫基烯体与端烯发生分子内 Li-ene 反应和分子内取代反应串联反应形成环丙烷[68](式 61)。当烯体的双键上存在有甲基时，Li-ene 反应容易发生 1,5-负氢迁移[69](式 62)。

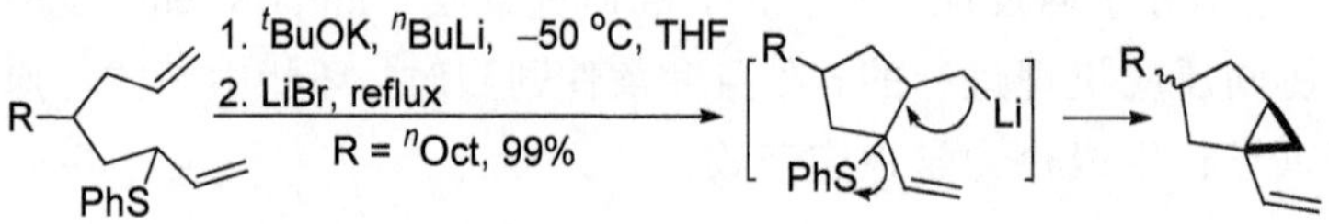

$$(61)$$

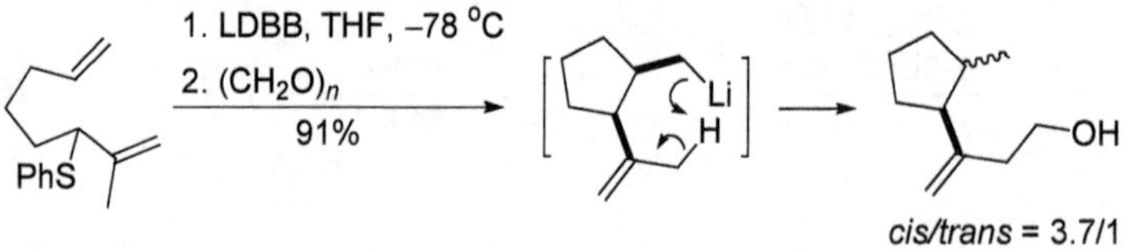

$$(62)$$

Mg-ene 和 Li-ene 反应除了对底物中亲烯体部位的结构有特殊要求外，对官能团的兼容程度也具有一定局限性。但是，一些锂试剂和镁试剂不能发生的反应，运用锌试剂能够顺利地完成[70](式 63~式 66)。通常，Zn-ene 反应中烯丙基锌试剂可以通过金属交换的方法方便地制备。例如：溴化锌与相应的烷基锂发生金属交换或者二乙基锌与烯丙基钯发生金属交换。

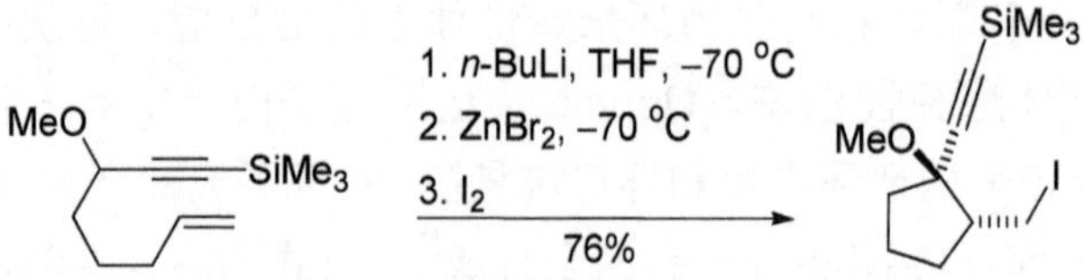

$$(63)$$

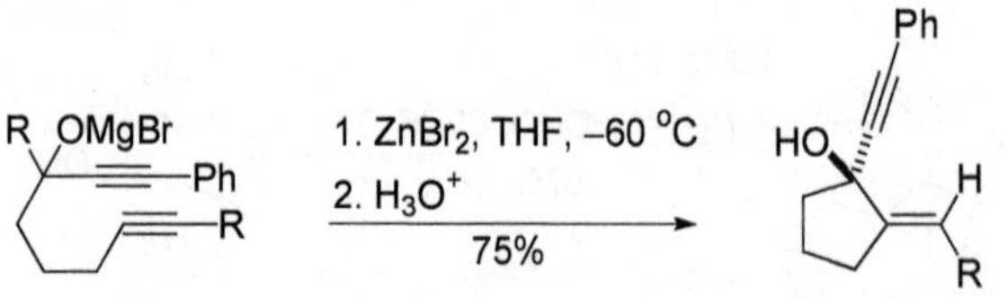

$$(64)$$

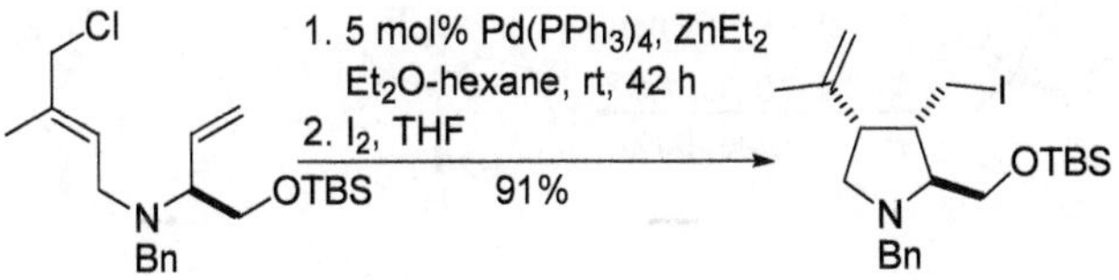

$$(65)$$

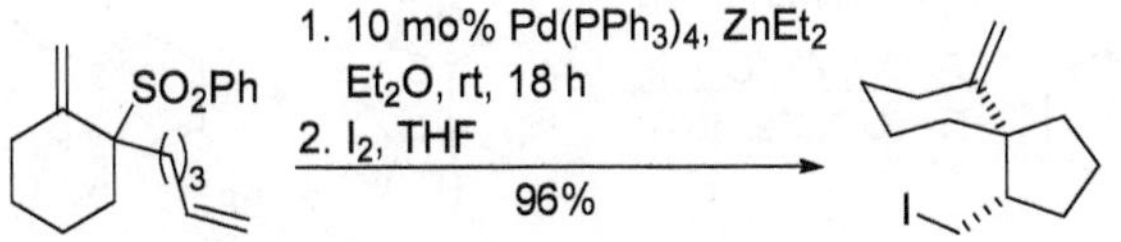

$$(66)$$

钯试剂能够催化 metallo-ene 反应。亲烯体烯丙醇酯、烯丙基氯或者烯丙基砜首先与钯(0) 发生氧化加成反应，形成 η^3-烯丙基钯(II) 配合物。接着，烯烃发生分子内插入反应形成环状结构。最后，σ-烷基钯中间体发生 β-氢消除，实现钯(0) 催化剂的循环。有些中间体 (η^3-烯丙基)(η^2-烯烃)钯(II) 阳离子配合物可以分离出来，使得上述反应机理得到进一步的支持[71]。烯烃采用与钯(II) 同侧方向插入 η^3-烯丙基钯(II) 部位。使用大位阻单齿膦配体和含氧溶剂有利于反应，例如：四氢呋喃、甲醇、乙酸等。如果烯体是链状烯丙醇酯[72]而亲烯体为端烯时，会发生分子内 Pd-ene 反应生成单一的 1,4-二烯产物 (式 67)。但是，当亲烯体为 1,2-二取代烯烃时，则会生成 cis- 和 trans-1,2-二烯基环戊烷 (式 68)。

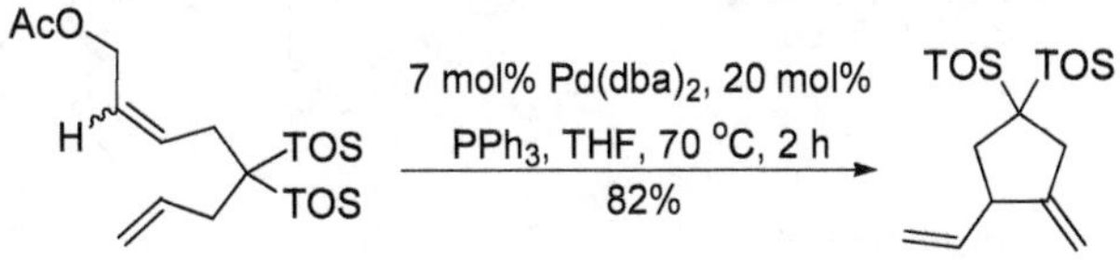

$$(67)$$

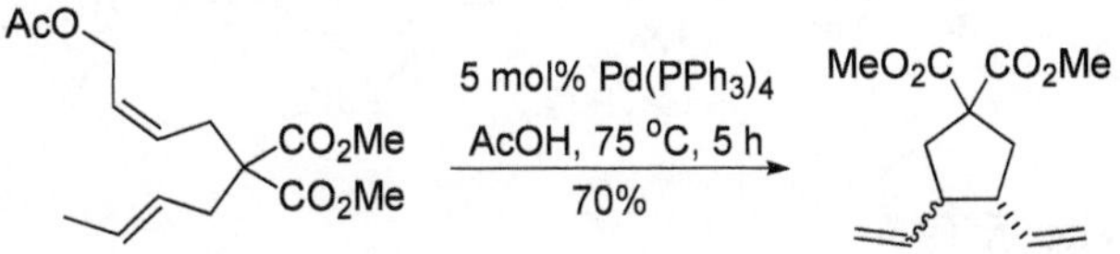

$$(68)$$

如果烯体是环状烯丙醇酯[73]，分子内 Pd-ene 反应将严重受到环状结构大小以及烯体和亲烯体连接碳链长短的影响 (式 69 和式 70)。当 η^3-烯丙基钯(II) 与烯烃距离太远时，会发生异构化翻转以利于与烯烃空间上接近 (式 71)。

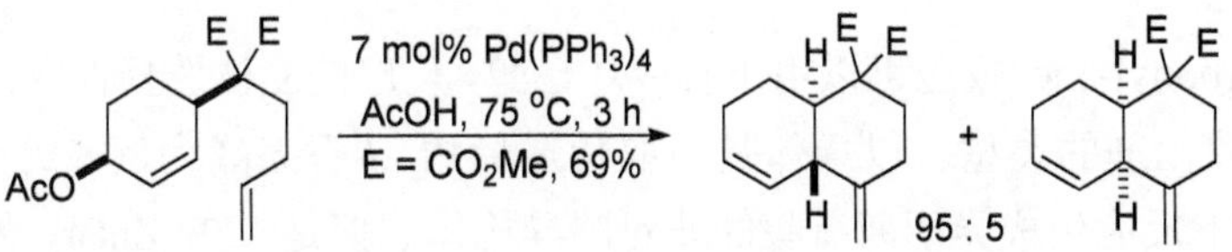

$$(69)$$

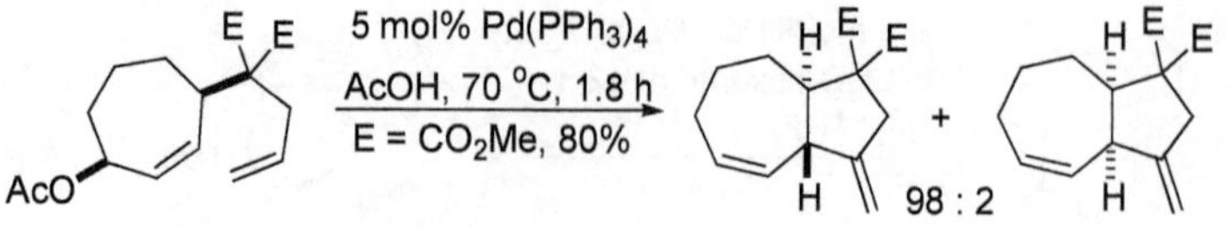

$$5 \text{ mol\% Pd(PPh}_3)_4,\ \text{AcOH, 70 °C, 1.8 h},\ E = CO_2Me,\ 80\% \qquad 98:2 \tag{70}$$

$$7 \text{ mol\% Pd(PPh}_3)_4,\ \text{AcOH, 75 °C, 4 h},\ E = CO_2Me,\ 55\% \qquad 2:98 \tag{71}$$

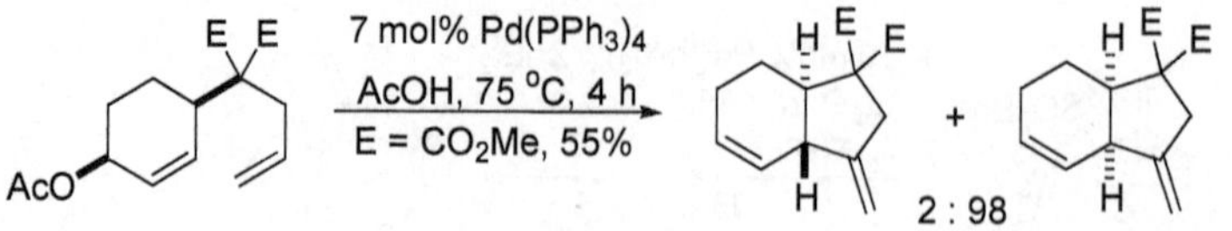

如果烯体是手性烯丙醇酯[74]，经过 Pd-ene 反应可以实现手性转移的目的。当烯体双键为 *E*-构型时，成环产物中新产生的手性碳原子与底物中烯丙位手性碳原子立体构型保持一致 (式 72)。当双键是 *Z*-构型时，成环产物中手性碳原子的立体构型发生翻转 (式 73)。当双键为端烯时，则生成外消旋产物 (式 74)。

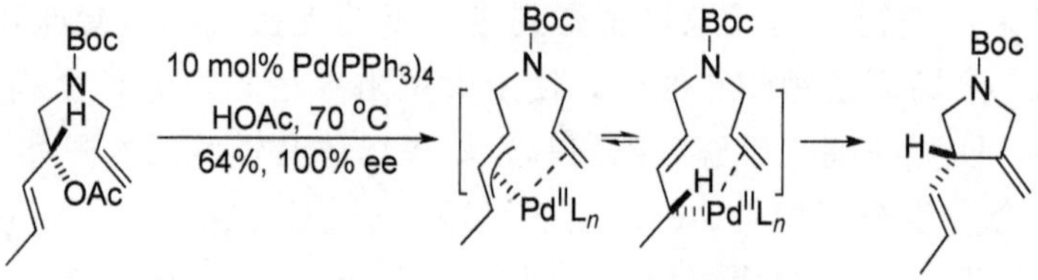

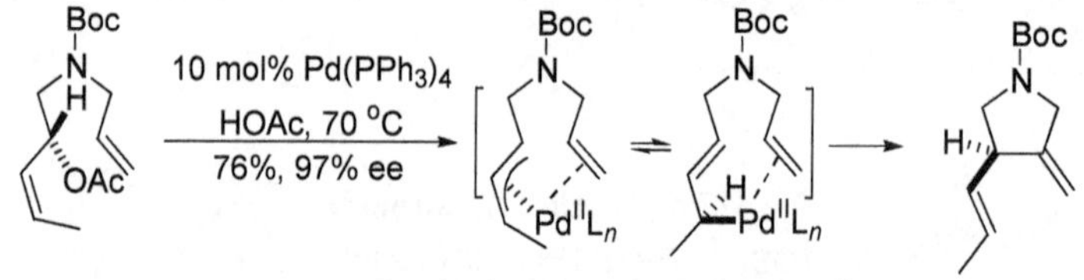

$$10 \text{ mol\% Pd(PPh}_3)_4,\ \text{HOAc, 70 °C},\ 64\%,\ 100\% \text{ ee} \tag{72}$$

$$10 \text{ mol\% Pd(PPh}_3)_4,\ \text{HOAc, 70 °C},\ 76\%,\ 97\% \text{ ee} \tag{73}$$

$$10 \text{ mol\% Pd(PPh}_3)_4,\ \text{HOAc, 70 °C},\ 64\%,\ 0 \text{ ee} \tag{74}$$

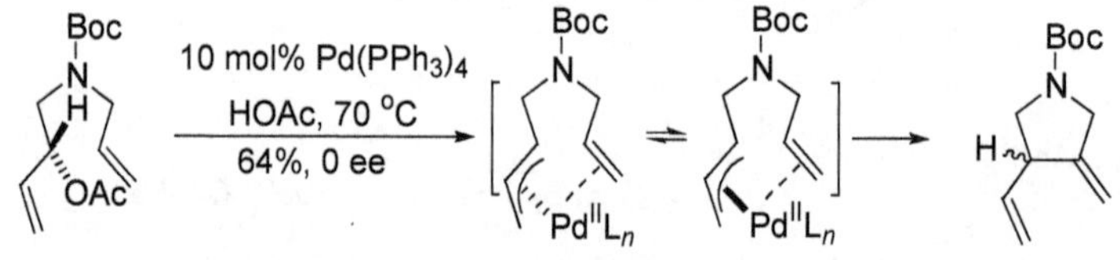

4.2.3　carbonyl-ene 反应

醛酮与烯烃之间的 Alder-ene 反应可以生成高烯丙醇 (homoallylic alcohol) 产物，这类以羰基为亲烯体的 Alder-ene 反应又被称为 carbonyl-ene 反应[5c]。在热条件下，甲醛和一些邻位带有吸电基取代基的醛酮与烯烃反应是通过协同反应机理进行的。但是，Lewis 酸催化的反应主要是以分步反应机理进行的。

分子内 carbonyl-ene 反应可以用于合成环己醇，反应的立体选择性取决于底物烯体的结构和催化剂的类型。以烯体是三取代烯烃的 *d*-香茅醛为例 (式 75)，在 180 °C 的高温下反应生成异胡薄荷醇的非对映异构体。但是，在 ZnBr₂ 催化的反

应中则生成 *trans*-1,2-二取代环己醇，而使用 Mo-催化剂时的主要产物是 *cis*-1,2-二取代环己醇[75]。当烯体是亲核性较弱的 1,2-二取代烯烃时，烯体双键为 *Z*-构型生成单一的 *cis*-产物，而烯体双键为 *E*-构型则主要生成 *trans*-产物[76](式 76)。

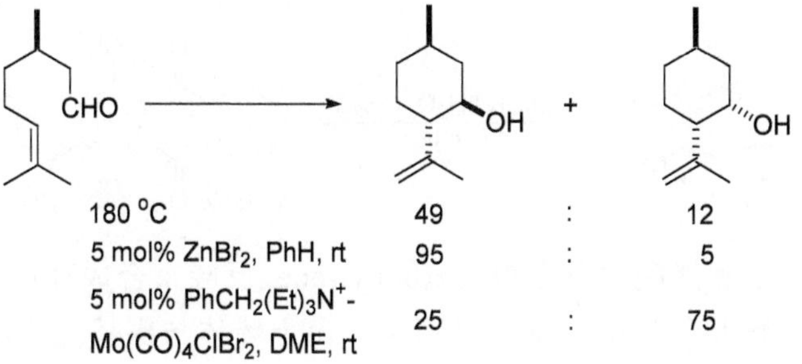

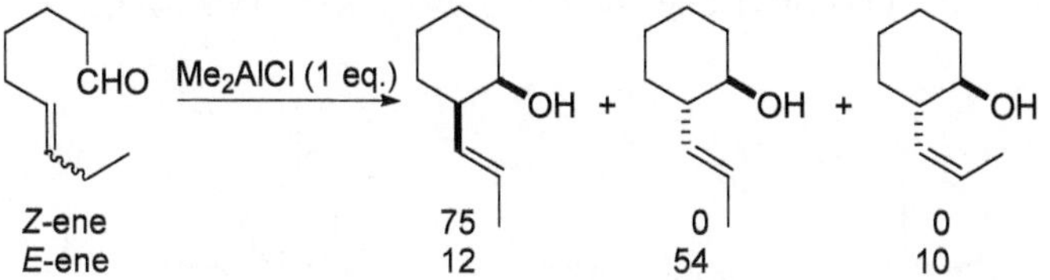

当烯体是 1,1-二取代端烯时，AlMe$_2$Cl 催化的 α-烷基取代醛的 carbonyl-ene 反应主要生成 *cis*-1,2-二取代环己醇[77]。如果使用大位阻的 Lewis 酸二-4-溴-2,6-二叔丁基苯酚基-甲基铝 (MABR) 作为催化剂，则倾向于生成 *trans*-1,2-二取代环己醇[78](式 77)。机理研究表明[79]：在 Lewis 酸催化的反应中，过渡态一般是椅式构象。但是，催化剂的位阻效应会改变反应的途径，甚至导致过渡态呈船式构象。如式 78~式 80 所示：运用 Lewis 酸催化的含有端烯醛生成环己醇的化学转化能够实现复杂稠环化合物的有效合成[80]。

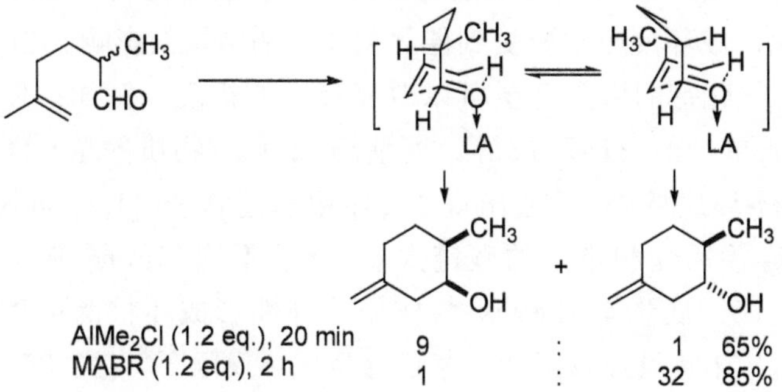

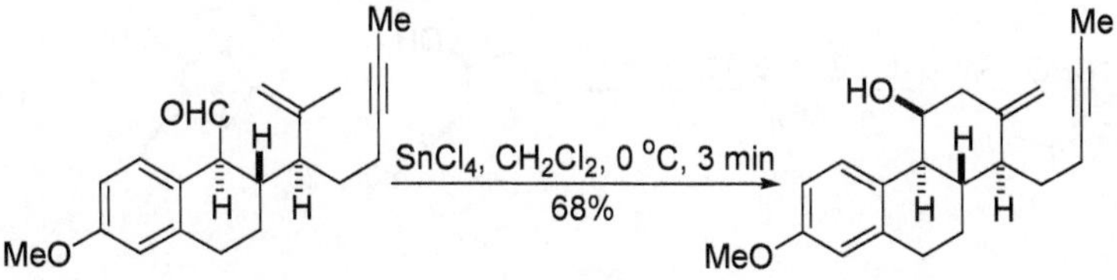

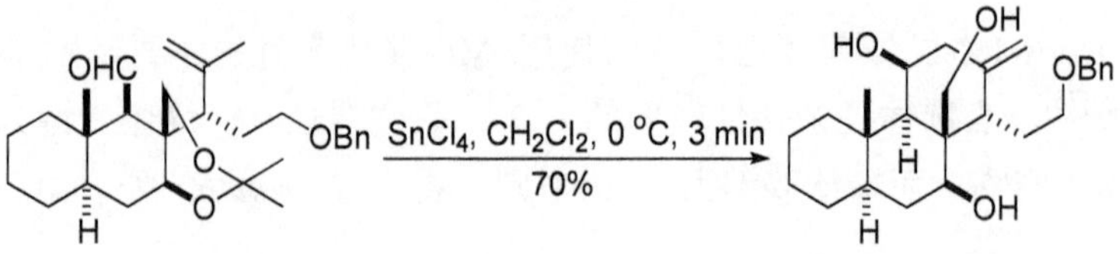

(79)

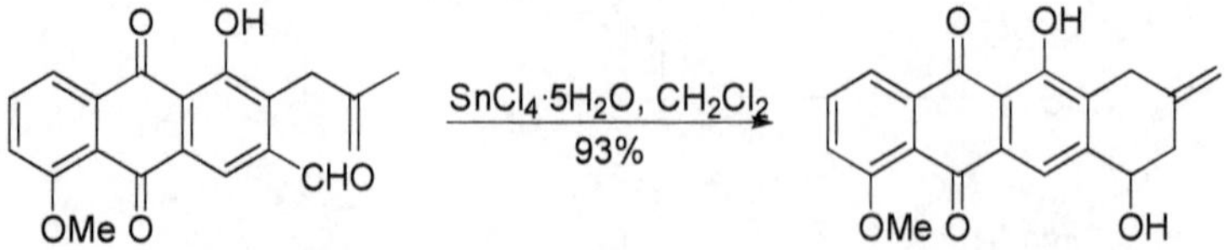

(80)

使用链状不饱和醛酮的分子内 carbonyl-ene 反应来合成环戊醇比较困难。但是，对于一些环状结构的不饱和醛而言，由于烯体与羰基之间的空间距离更加接近，使得分子内 carbonyl-ene 反应生成环戊醇变得容易很多[81](式 81 和式 82)。

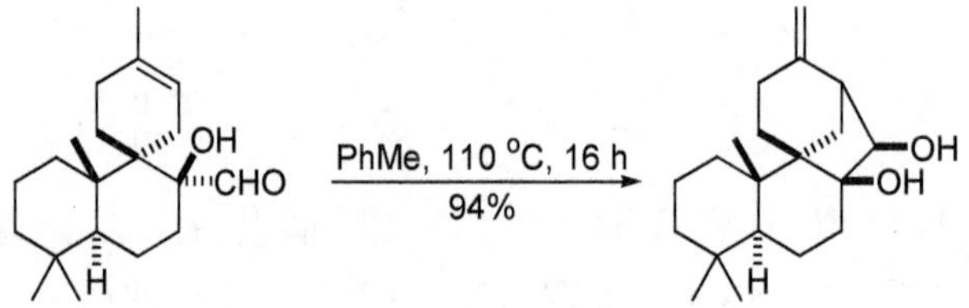

(81)

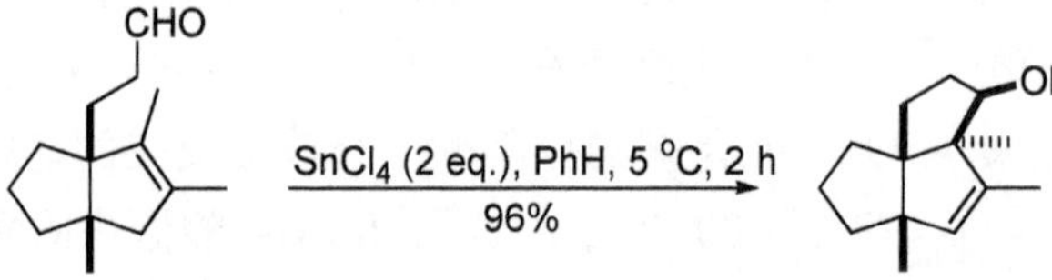

(82)

有文献报道：使用 $SnCl_4$ 可以催化链状不饱和醛转化成环戊醇[82](式 83)。进一步研究发现，成环反应主要受到催化剂和底物结构的影响。当羰基的 α-位有取代基团时，催化剂的用量甚至可以改变反应的机理。例如：使用等当量的 Me_2AlCl 只生成单一的 cis-环戊醇。而使用 2 倍 (物质的量) 催化剂时，除了生成 cis/trans-环戊醇外，还会出现 [1,5]-甲基迁移和 [1,2]-负氢迁移产物[76](式 84)。由于连接烯烃和羰基的碳链太短，γ,δ 不饱和醛酮难以发生分子内 carbonyl-ene 反应。底物与 Lewis 酸作用选择性形成环状两可离子中间体，接着进行连续 [1,2]-负氢迁移或者烷基迁移生成环戊酮[83,84](式 85 和式 86)。

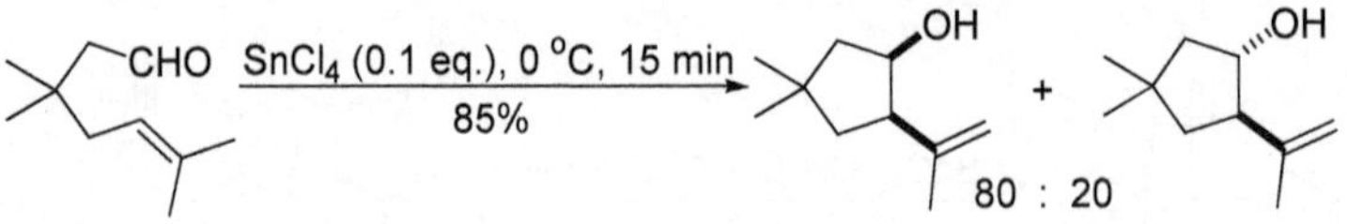

(83)

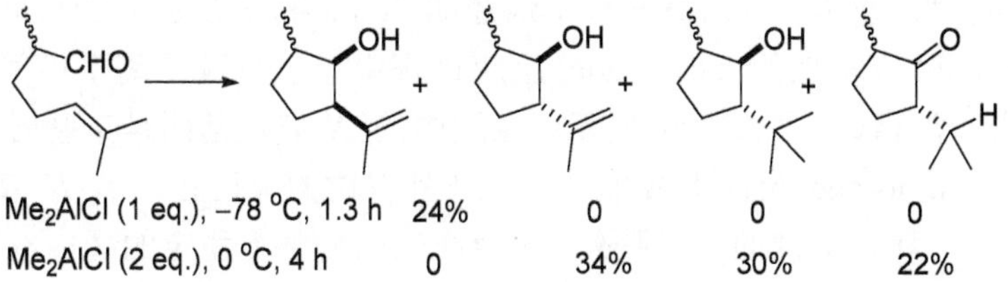
CHO
OH
OH
OH
O
H
Me2AlCl (1 eq.), –78 °C, 1.3 h 24% 0 0 0
Me2AlCl (2 eq.), 0 °C, 4 h 0 34% 30% 22%
(84)

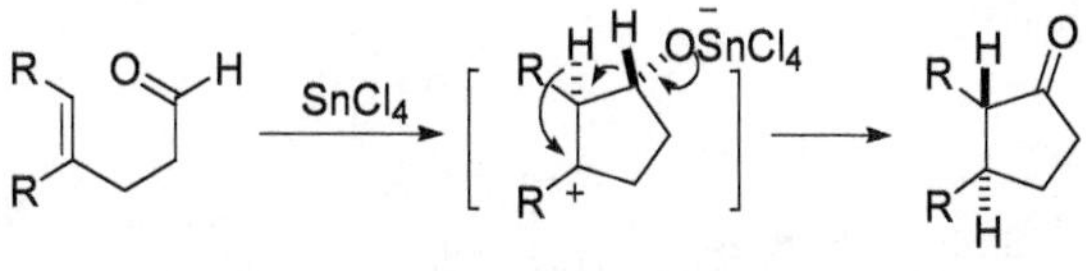
R
O
H
R
SnCl4
H
H
OSnCl4
R
R
H
O
R
R
H
(85)

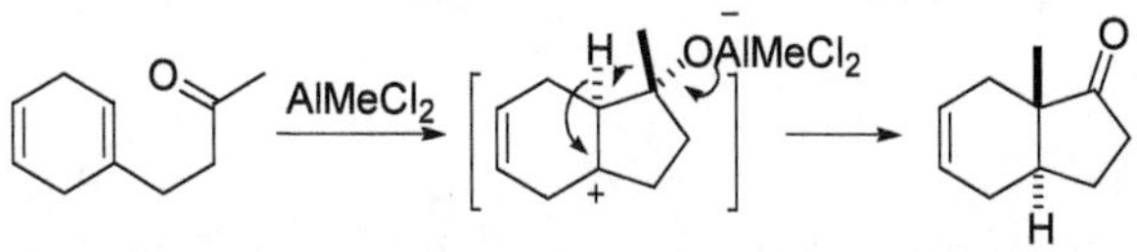
O
AlMeCl2
H
OAlMeCl2
O
H
(86)

分子内 carbonyl-ene 反应还可以用于合成七元和八元环化合物以及中环和大环化合物。但是，生成的中环和大环产物的非对映选择性较差。Marshall 运用分子内 carbonyl-ene 反应从取代环戊烷一步构造出氢化薁[85](式 87)，从含有多个不饱和键的炔丙醛形成几乎没有非对映选择性的大环炔丙醇[86](式 88)。Overman 发现[87]：在 Lewis 酸作用下，缩醛底物原位形成氧鎓离子亲烯体后与烯烃反应可以生成含氧杂环化合物 (式 89)。

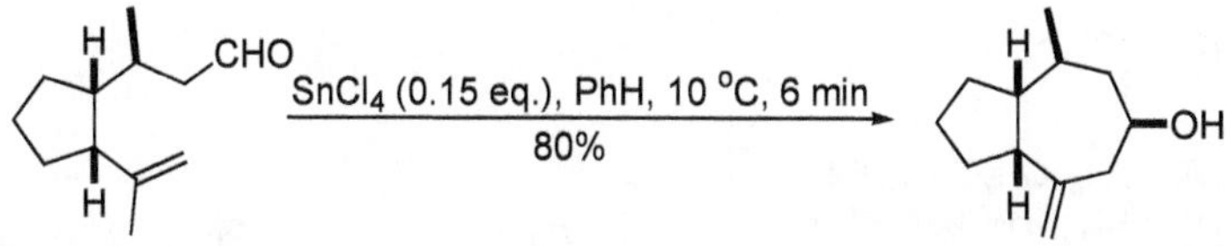
H
CHO
H
SnCl4 (0.15 eq.), PhH, 10 °C, 6 min
80%
H
OH
H
(87)

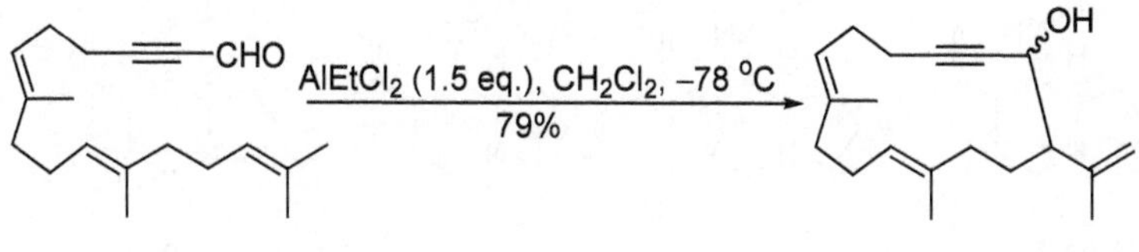
CHO
AlEtCl2 (1.5 eq.), CH2Cl2, –78 °C
79%
OH
(88)

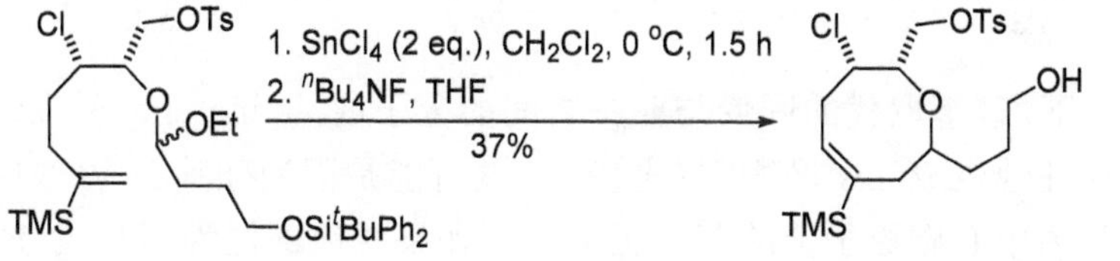
Cl
OTs
O
OEt
TMS
OSitBuPh2
1. SnCl4 (2 eq.), CH2Cl2, 0 °C, 1.5 h
2. nBu4NF, THF
37%
Cl
OTs
OH
O
TMS
(89)

4.2.4 imino-ene 反应

亚胺与烯烃反应生成高烯丙胺，以亚胺为亲烯体的 Alder-ene 反应又被称为

imino-ene 反应[5d]。通常，非活泼亚胺与烯烃的 imino-ene 反应介于协同机理与分步机理之间。分步机理的 imino-ene 反应过程中会出现碳正离子中间体，与 Mannich 反应非常相像。如式 90 所示：亚胺中的 *N*-取代基团是苄基时，SnCl₄催化的分子内 imino-ene 反应形成单一具有环外双键的环己胺。当 *N*-取代基是手性基团时，除了环外双键的环己胺外，还会产生热力学更稳定的环内双键 ene-产物 (式 91)。实验结果表明：前者是协同反应过程，而后者是协同机理和分步机理的竞争性结果[88]。

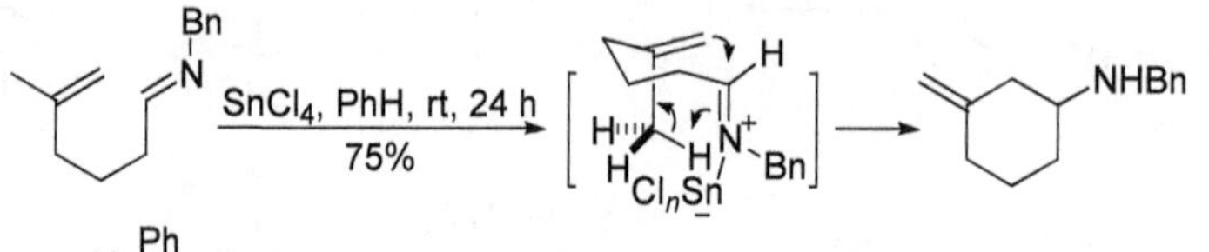

(90)

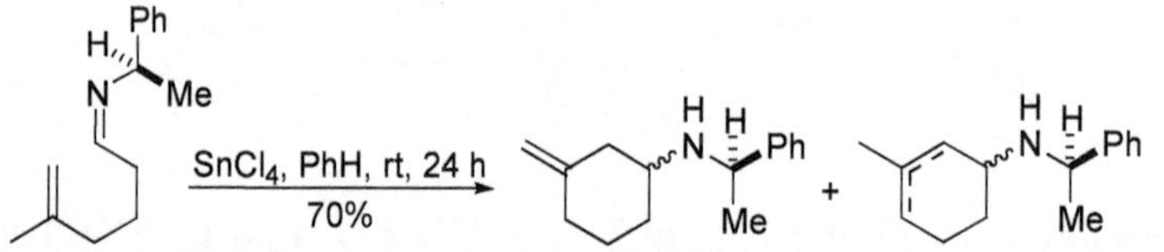

(91)

选择适当的 Lewis 酸甚至可以影响分子内 imino-ene 反应的机理。如式 92 所示：使用催化剂 FeCl₃ 可生成三种氢化中氮茚异构体，而使用 TiCl₄ 则生成四种异构体且异构体的比例与前者不同。其中，*trans*-异构体的形成是源于协同机理，而 *cis*-异构体则是通过分步机理形成的[89]。

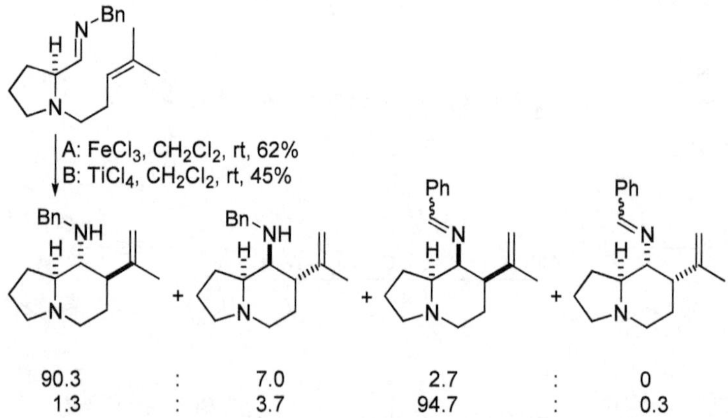

(92)

| 90.3 | : | 7.0 | : | 2.7 | : | 0 |
| 1.3 | : | 3.7 | : | 94.7 | : | 0.3 |

在热条件下，硅基取代的联烯与亚胺之间的分子内 imino-ene 反应通过协同反应机理选择性地生成 *cis*-产物[90](式 93)。这可能是因为硅基的 β-效应能够稳定过渡态中联烯中心碳原子上的部分正电荷。如果相应部位为甲基或 H-取代基时，同样条件下不会发生 imino-ene 反应。如式 94 和式 95 所示：有人已经运用分子内硅烷基联烯-亚胺生成 *cis*-邻炔基环胺的化学转化完成了生物碱 (–)-Papuamine 和 (–)-Pancracine 的全合成[91]。

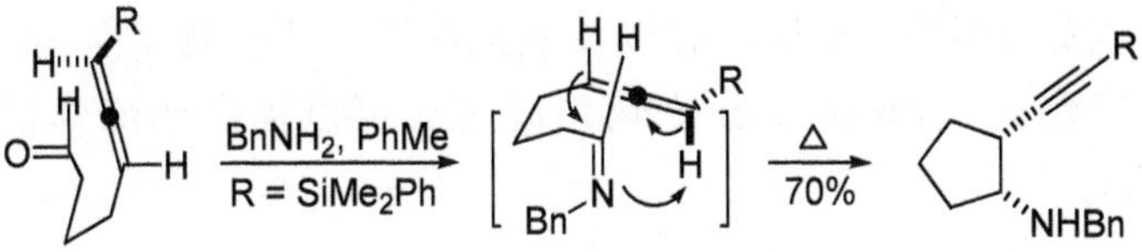

(93)

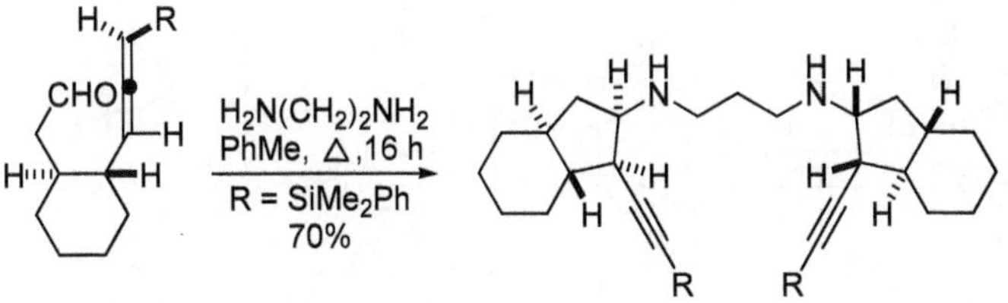

(94)

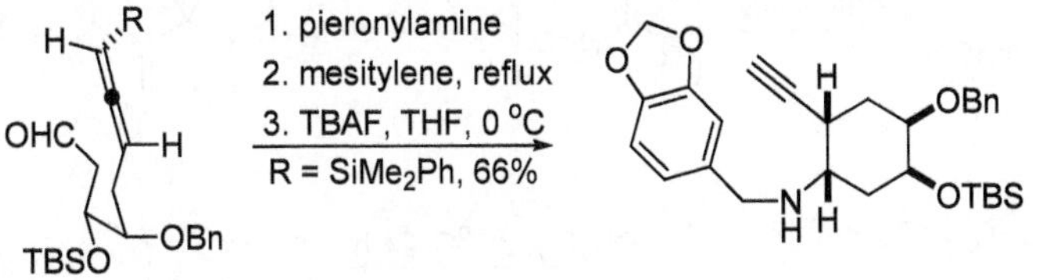

(95)

亚胺氮原子上的活化基团有利于促进 imino-ene 反应，例如：磺酰基或酰基。在热条件下，N-对甲苯磺酰基亚胺与环己烯反应生成 γ,δ不饱和-α-氨基酸衍生物[92](式 96)。在 Yb(OTf)$_3$ 和 TMSCl 的协同催化下，N-对甲苯磺酰基醛亚胺与 α-甲基苯乙烯反应可以形成高烯丙胺[93](式 97)。但是，在热条件下，N-酰基亚胺的分子内 imino-ene 反应容易形成碳-氮键而非碳-碳键[94](式 98)。

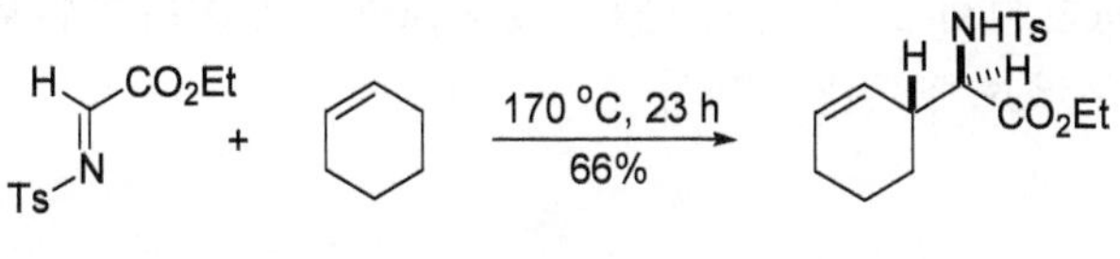

(96)

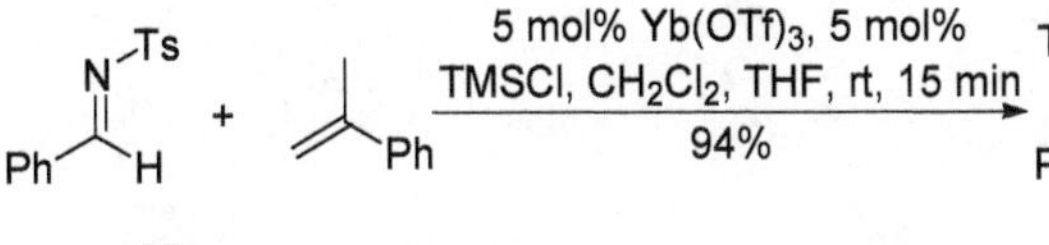

(97)

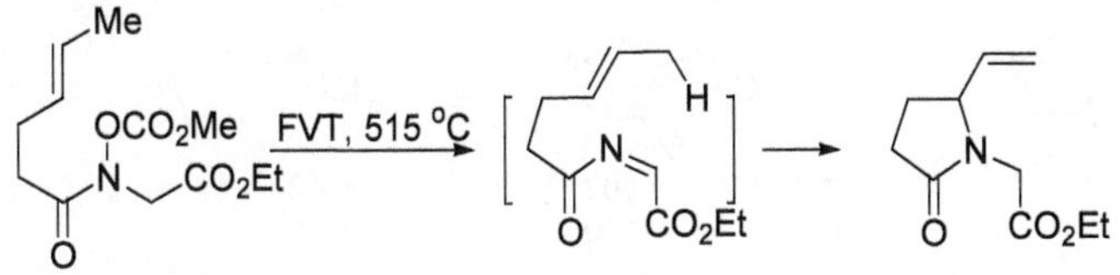

(98)

4.2.5　nitroso-ene 反应

以亚硝基为亲烯体的 Alder-ene 反应被称为 nitroso-ene 反应[95]，亚硝基化合物与烯烃反应生成烯丙基羟胺。羟胺产物容易发生原位氧化、歧化和消除反应，可以进一步被转化成为硝酮、亚胺、胺以及氧化偶氮类化合物。但是，吸电子基团的存在不仅可以稳定 nitroso-ene 产物，同时还可以提高亲烯体的反应活性[96](式 99~式 101)。

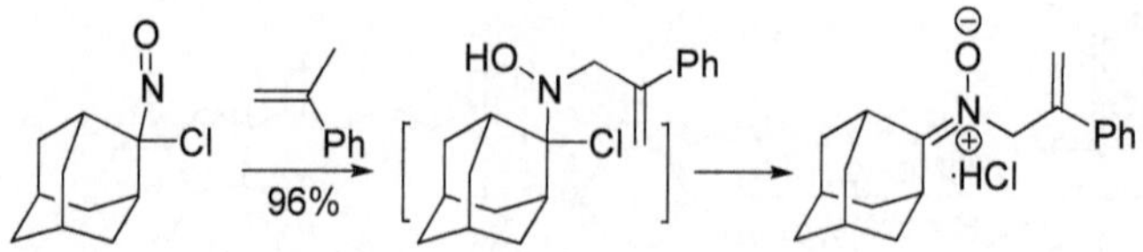

$$(99)$$

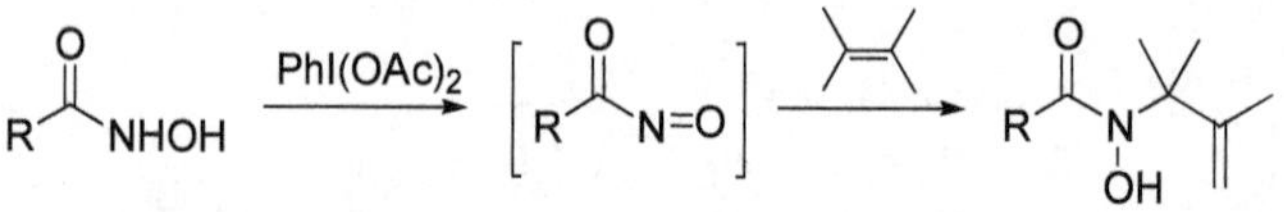

$$(100)$$

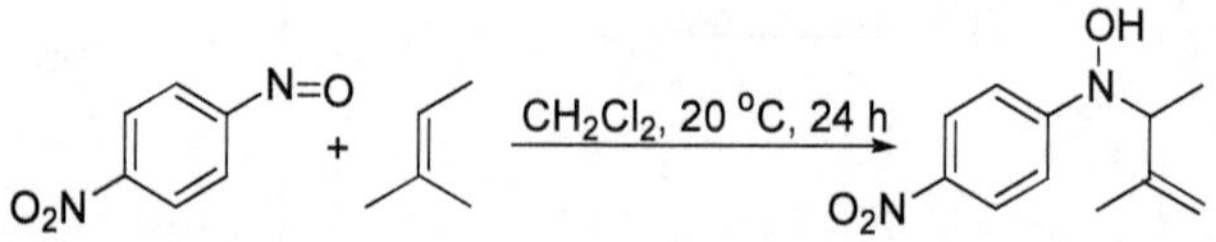

$$(101)$$

通常，nitroso-ene 反应的区域选择性取决于氮杂环丙烷 N-氧化物中间体过渡态的反应机理 (式 102)。通过甲基环烯和链状烯体的反应发现：nitroso-ene 反应优先攫取 twix-烯丙基氢[97](式 103)。Twix-烯丙位取代基的空间位阻增加时会产生 ^{1,2}A-烯丙型张力，从而导致反应的区域选择性降低[98](式 104 和式 105)。lone-取代基团的位阻效应和电性效应对反应的区域选择性有显著的影响[96c](式 106)，增加空间位阻可以提高反应的区域选择性，芳基与亚硝基氧原子的电性作用使其反应的区域选择性比烷基好。

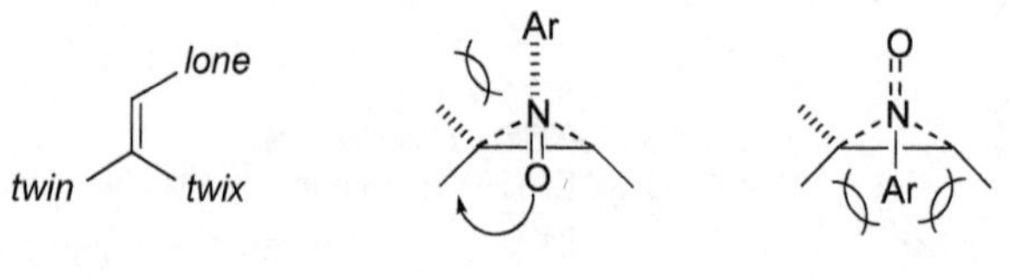

$$(102)$$

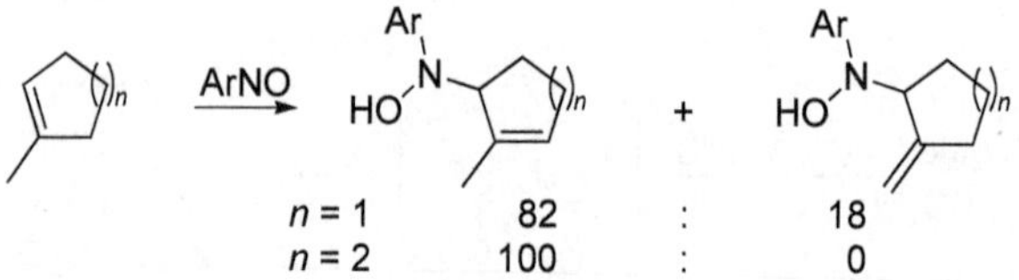

$$n = 1 \quad 82 \quad : \quad 18$$
$$n = 2 \quad 100 \quad : \quad 0$$

$$(103)$$

$$100 \quad : \quad 0$$

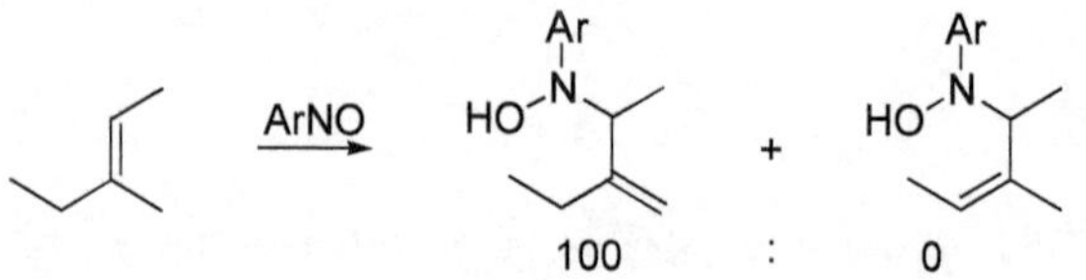

$$(104)$$

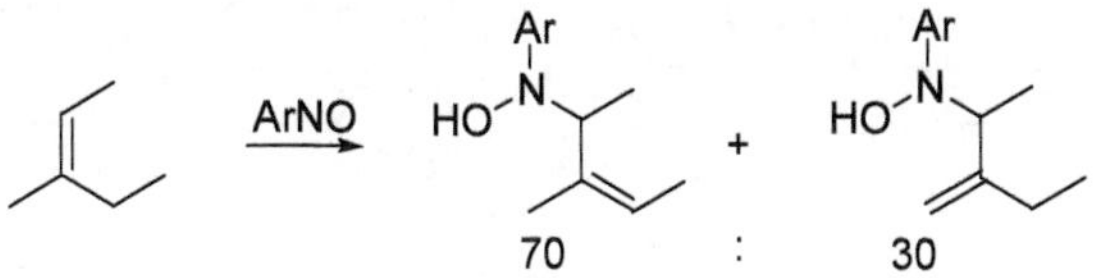

$$(105)$$

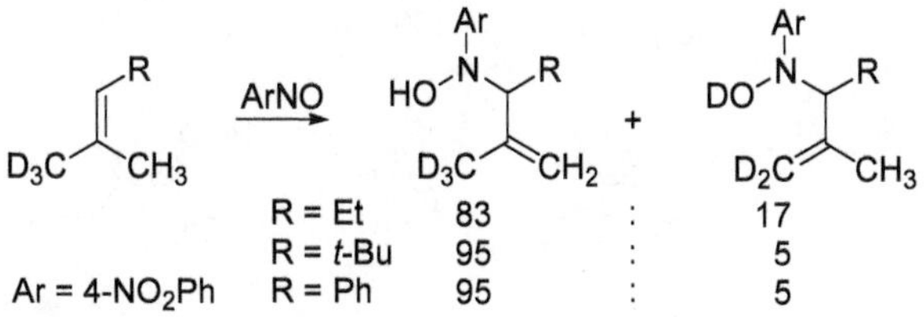

70 : 30

$$(106)$$

R = Et   83 : 17
R = t-Bu   95 : 5
Ar = 4-NO₂Ph   R = Ph   95 : 5

4.2.6   Schenck-ene 反应

以单线态氧 $^1O_2$ 为亲烯体的 Alder-ene 反应被称为 Schenck-ene 反应[5e,99]。单线态氧可以通过光化反应或者次氯酸盐与过氧化氢反应来制备。具有烯丙基氢的烯烃与单线态氧反应生成烯丙基过氧化氢，再经过化学转化可以生成烯丙醇、环氧醇和烯酮等化合物。通过对分子间和分子内 Schenck-ene 反应的动力学同位素效应进行研究，其结果倾向于支持该反应是通过形成过氧环氧化合物 (perepoxide) 中间体的分步机理进行的[15]。如式 107 所示：过氧环氧化合物有四种可能的过渡态。

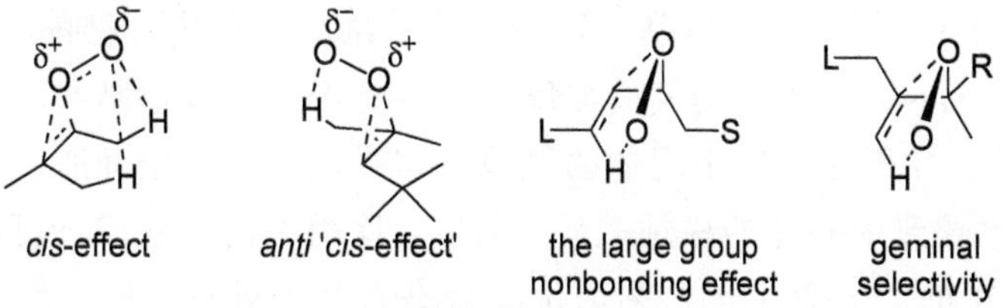

$$(107)$$

cis-effect   anti 'cis-effect'   the large group   geminal
                                           nonbonding effect   selectivity

从过氧环氧化合物过渡态还可以解释 Schenck-ene 反应的区域选择性。(1) 当三取代烯烃或烯醇醚为底物反应时，单线态氧优先从烯烃 cis-取代基多的一侧攫取烯丙基氢[100](式 108 和式 109)。(2) 当 cis-取代基团体积太大时，会导致反应区域选择性发生改变[101](式 110)。(3) 由于大体积取代基 (L) 的非键效应，过渡态中与氧原子 1,3-相互排斥作用较小，因此与 L-取代基相邻的烯丙基氢优先被攫取[102](式 111)。(4) 当乙烯基位或者烯丙位连接有大体积的取代基 (L) 时，与 L-取代基处于 gem-位置的烯丙基氢优先发生反应[103](式 112 和式 113)。如果 L 是芳环时，芳环上的取代基团的电性效应影响甚微。

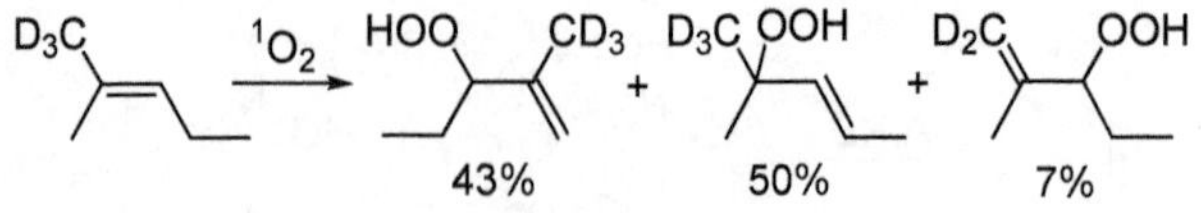

$$(108)$$

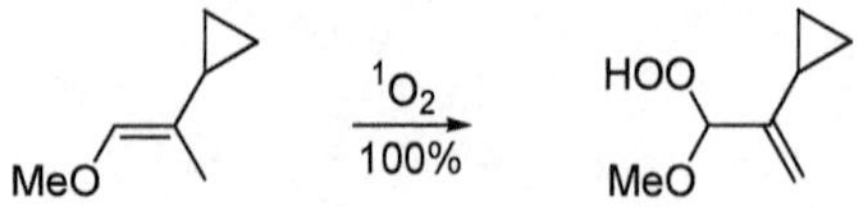

$$(109)$$

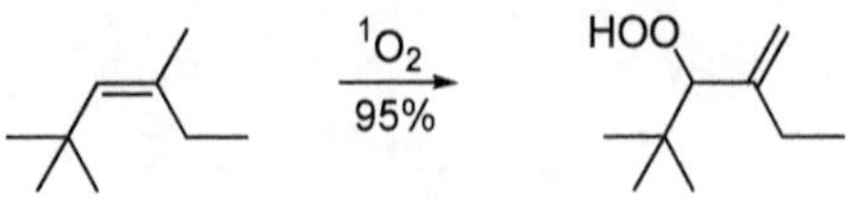

$$(110)$$

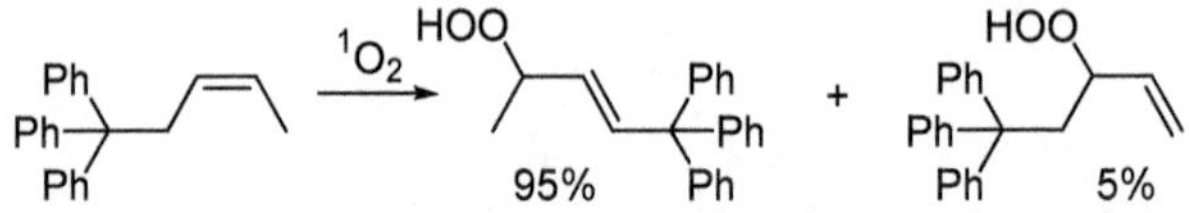

$$(111)$$

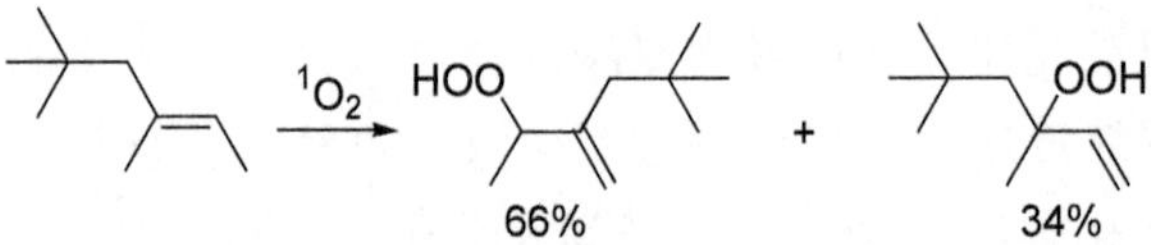

$$(112)$$

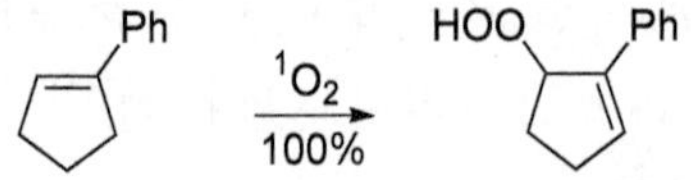

$$(113)$$

溶剂效应和电子效应常常会影响 Schenck-ene 反应产物的比例。烯烃双键上有吸电子取代基团 (例如：醛酮羰基、羧酸、酯、氰基、酰胺、亚胺、亚砜) 的存在有利于处在 *gem*-位的烯丙基氢参与反应，容易形成与吸电基共轭的烯烃双键。但是，由于过氧环氧化合物中间体的氧原子与吸电子基团空间取向可以是同侧或者异侧，因此导致中间体的极性差异。所以，使用不同极性溶剂可以明显地影响反应产物的分布[104](式 114)。烯丙位醇羟基有利于处在 *cis*-位置的烯丙基氢参与反应，反应过程中醇羟基与过氧环氧中间体的分子内氢键作用是主要影响因素。但是，极性质子溶剂与醇羟基的分子间氢键作用会破坏分子内氢键作用，导致反应的区域选择性发生改变[105](式 115)。取代苯乙烯中与苯环处于同侧位置的烯丙基氢容易反应，这是由于芳环能够分散部分正电荷。同时带有部分正电荷的芳环有利于稳定过氧环氧中间体氧原子上的负电荷，极性溶剂有利于降低过渡态能量并提高反应的区域选择性[106](式 116)。

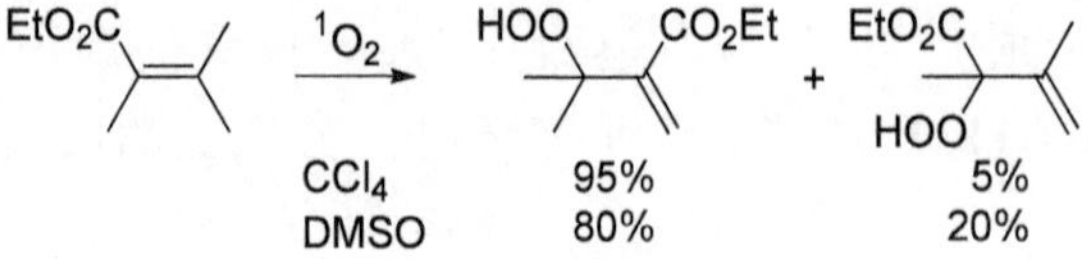

$$(114)$$

$$\text{(115)}$$

$$\begin{array}{c} \text{HO} \end{array} \xrightarrow[\text{MeOH}]{\,{}^1O_2\,} \begin{array}{c} \text{HOO} \quad \text{CD}_3 \\ \text{HO} \end{array} + \begin{array}{c} \text{DOO} \quad \text{CD}_2 \\ \text{HO} \end{array}$$

CCl₄   75%   25%
MeOH   33%   67%

$$\text{(116)}$$

$$\text{Ph} \xrightarrow[\text{MeOH}]{\,{}^1O_2\,} \begin{array}{c}\text{HOO}\quad\text{CD}_3\\ \text{Ph}\end{array} + \begin{array}{c}\text{DOO}\quad\text{CD}_2\\ \text{Ph}\end{array}$$

CCl₄   56%   44%
MeOH   82%   18%

4.2.7 azo-ene 反应

以偶氮化合物为亲烯体的 Alder-ene 反应又被称为 azo-ene 反应[5f]。偶氮化合物可以是链状偶氮二甲酸酯或者环状 1,3,4-三唑啉-2,5-二酮。一般而言，环状偶氮亲烯体的反应活性高于链状偶氮二甲酸酯[107](式 117~式 119)。azo-ene 产物烯丙基酰肼或者烯丙基尿唑经过选择性还原 (Zn/HOAc 或 Li/NH₃) 或者多步化学转化可以生成烯丙基胺。

$$\text{(117)}$$

EtO₂C—N=N—CO₂Et, SnCl₄, CH₂Cl₂, −60 °C, 5 min, 87%, *E/Z* = 11/1

$$\text{(118)}$$

RO₂C—N=N—CO₂R, 40 °C, 18 h, 85%
R = Cl₃CCH₂, *E/Z* = 85/15

$$\text{(119)}$$

CH₂Cl₂, 20 °C, 16 h, 81%

理论计算与实验研究显示：azo-ene 反应是通过吖丙啶-酰亚胺鎓盐中间体机理进行的[14]。对于简单的二取代或者多取代烯烃底物而言，反应的区域选择性主要受控于吖丙啶酰亚胺中间体中的取代基团与桥头氮原子的 1,3-非键作用。通常，与大位阻取代基相邻或处于 *gem*-位的烯丙基氢优先被攫取[108](式 120~式 123)。

$$\text{(120)}$$

97%

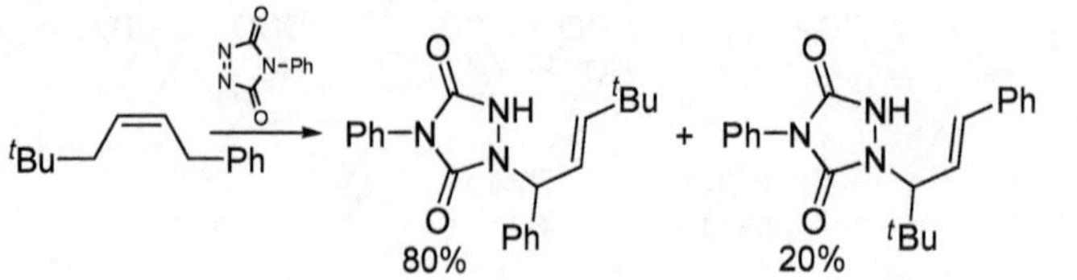

(121)

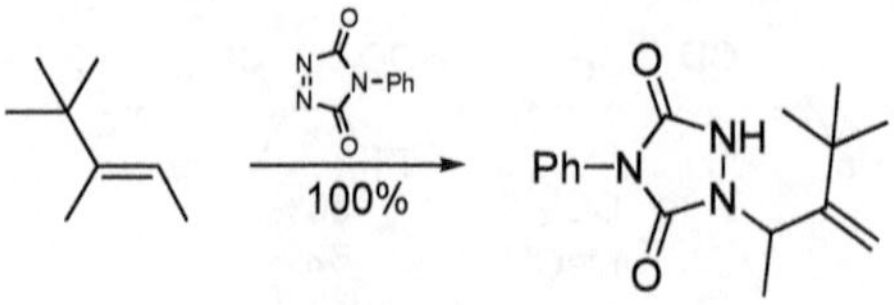

(122)

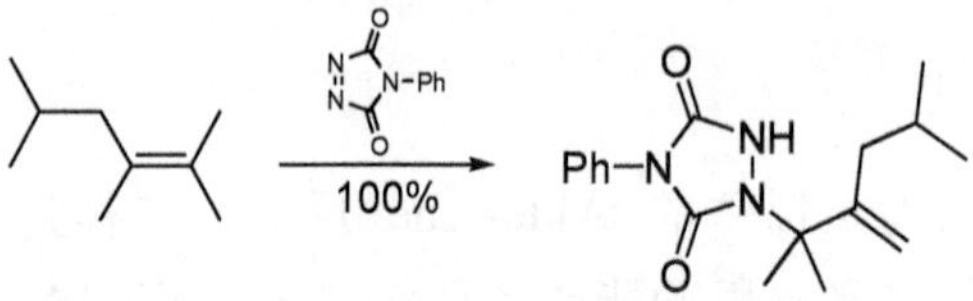

(123)

    对于取代苯乙烯而言，由于中间体吖丙啶酰亚胺中带负电荷的氮原子与苯环的电性相互作用，因此促使处于苯环 *syn*-位的烯丙基氢优先被攫取[109] (式 124)。若使用 *α,β*-不饱和酮作为烯体，由于亲烯体可以与其羰基氧原子发生静电相互作用，因此处于酮羰基 *syn*-位的烯丙基氢优先发生反应[110] (式 125)。

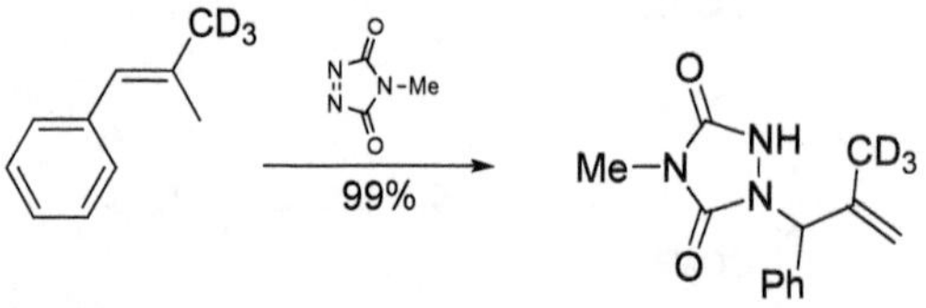

(124)

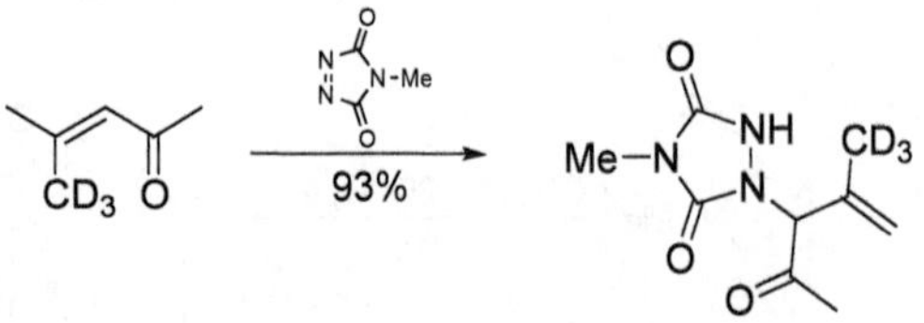

(125)

    Corey 发现：1-甲基-1,3,4-三唑啉-2,5-二酮与吲哚可以在低温条件下发生 azo-ene 反应，而在高温时产物经可逆反应转变成为原料[111](式 126)。这是一种新颖且有效的吲哚 2,3-双键保护和脱保护方法，已经成功地用于生物碱 Okaramine N 的对映选择性合成[112](式 127)。

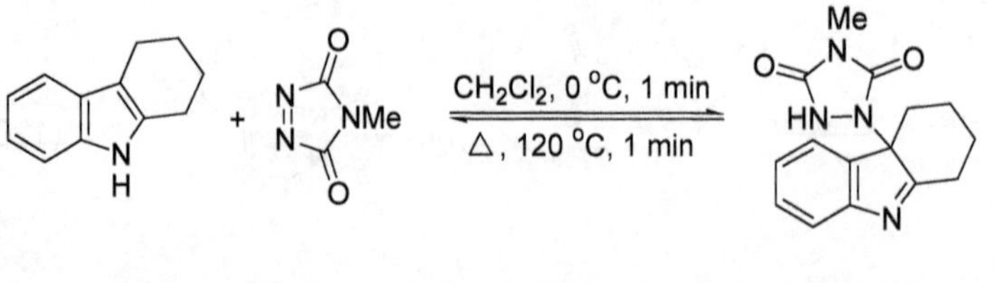

(126)

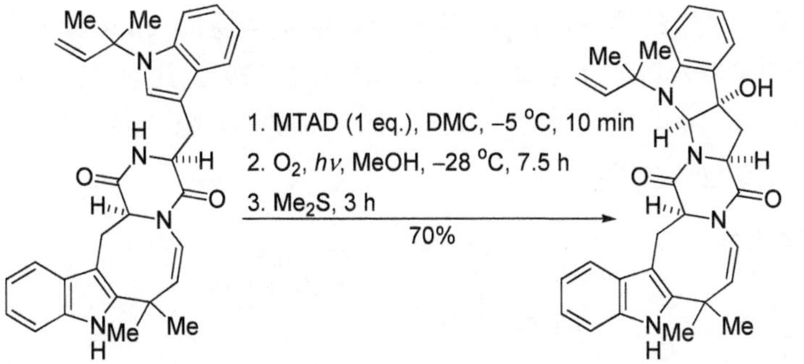

(127)

4.3 逆向 ene-反应[113]

在高温条件下，ene-产物会发生热解而逆向反应生成烯体和亲烯体。因此，实验上需要采用快速真空热解 (flash vacuum thermolysis, FVT) 技术以避免分子间副反应的发生。逆向 ene-反应没有统一的反应机理，例如：1,6-庚二烯经气相热解反应生成丁二烯和丙烯的实验动力学数据表明，该反应是经过六中心过渡态的协同反应机理进行的[114]。然而，3-甲基-1-戊烯经热解生成乙烯和丁烯的反应则具有自由基和周环反应的特征[115]。

含杂原子的 ene-产物和环状结构全碳 ene-产物的逆向 ene-反应颇为常见。如果逆向 ene-反应生成结构稳定的烯体和气体小分子亲烯体，则有利于反应进行到底。逆向 ene-反应能够实现很多重要的化学转化，Jamison 运用逆向 ene-反应策略成功地合成了大环内酯 (+)-Acutiphycin。如式 128 所示：乙氧基炔在三丁胺-二甲苯体系中回流，脱去一分子乙烯生成烯酮中间体，然后选择性地与羟基形成内酯[116]。

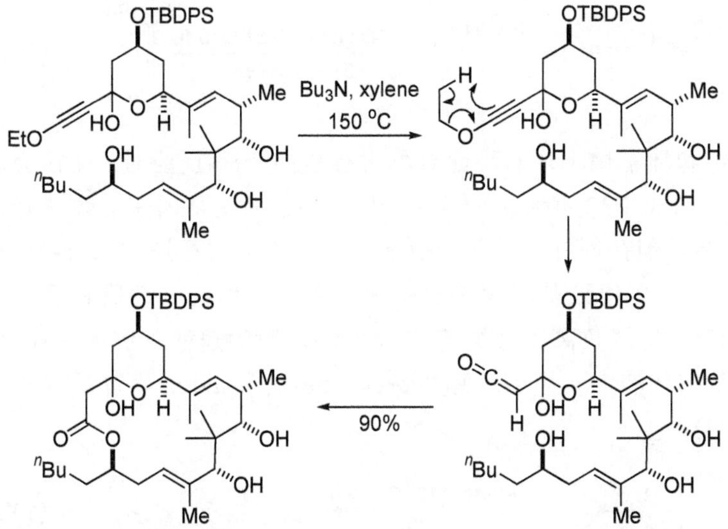

(128)

Vogel[117]报道：在热条件下，β,γ不饱和亚磺酸发生逆向 ene-反应脱去一分子二氧化硫，同时烯烃双键发生立体选择性迁移 (式 129)。其中，β,γ不饱和亚磺酸可以通过 Lewis 酸催化的 SO_2 与二烯体之间的 Diels-Alder 反应和分子间 aldol 反应"一锅法"制备。

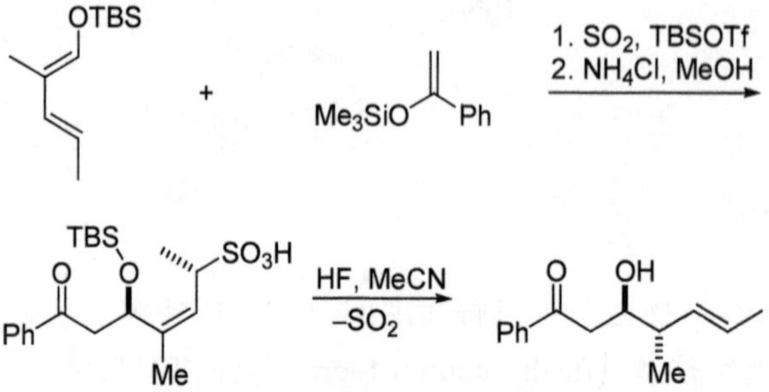

$$(129)$$

α,β-不饱和对甲苯磺酰腙经过还原易位后形成烯丙基偶氮烯。在热条件下，该化合物能够发生逆向 ene-反应脱去一分子氮气生成 1,4-*syn*-*E*-2-烯 (>20:1 de)[118](式 130)。而手性炔丙基肼经氧化生成炔丙基偶氮烯后，可以经逆向 ene-反应生成联烯，并能够实现手性转移[119](式 131)。

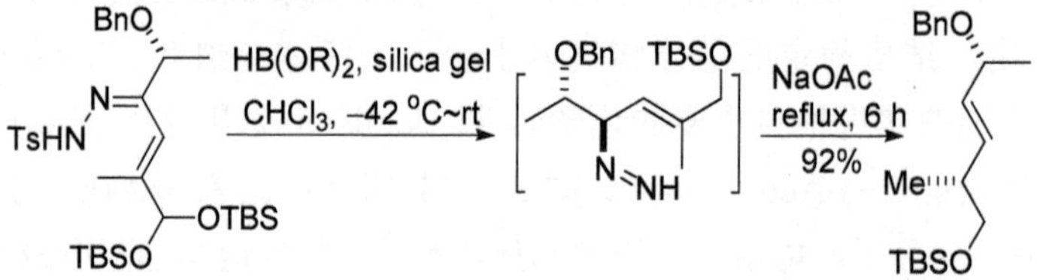

$$(130)$$

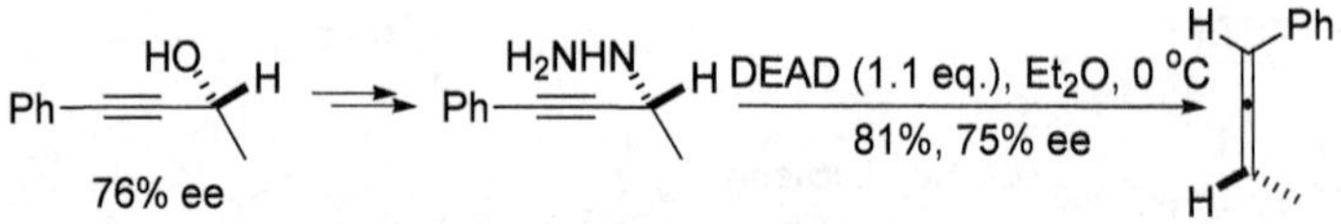

$$(131)$$

使用环丙烷和环丁烷小环碳环化合物进行逆向 ene-反应时，往往会出现开环和扩环现象。如式 132 所示：*cis*-1-硅甲基-2-乙烯基环丙烷立体选择性开环生成 1*E*,4*Z*-二烯，但在同样条件下 *trans*-异构体不会进行逆向 ene-反应[120]。类似地，*cis*-1-甲基-2-甲酰基环丙烷会生成烯醇，使用硅试剂捕获后形成烯醇硅醚[121](式 133)。烷氧负离子会加速逆向 ene-反应的速度，例如：在 KH 的存在下，乙烯基取代的 *cis*-环丁二醇经逆向 ene-反应-aldol 串联反应生成环戊烯酮[122](式 134)。

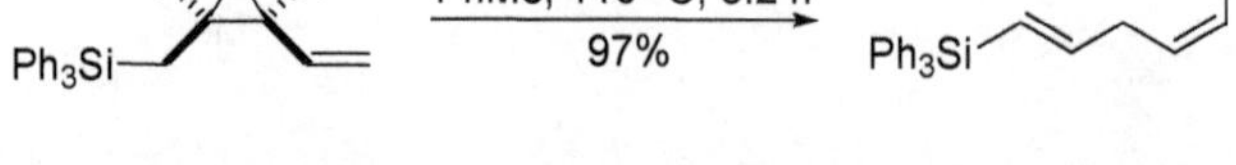

$$(132)$$

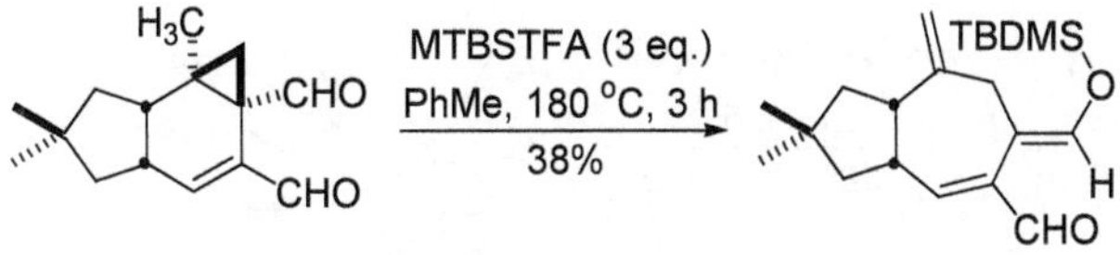

$$(133)$$

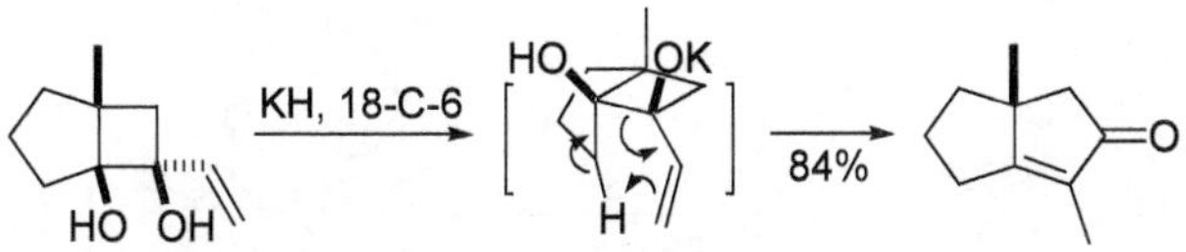

$$(134)$$

4.4 不对称 ene-反应[3]

4.4.1 辅助试剂诱导的不对称 ene-反应

不对称 ene-反应中常用的手性辅助试剂包括: (–)-8-苯基薄荷醇、(2R)-莰烷-10,2-磺酰胺和一些 1,2-氨基醇。

Whitesell 报道: 在使用乙醛酸 (–)-8-苯基薄荷醇酯作为亲烯体进行的不对称 carbonyl-ene 反应中, 其产物的非对映选择性可以高达 97% de[123](式 135)。在合成 α-异红藻氨酸 (α-Allokainic acid) 时, Oppolzer 运用同样辅助的试剂发现: AlEt$_2$Cl 催化的 Alder-ene 反应能够实现非对映选择性, 而在热反应条件下几乎没有非对映选择性[124](式 136)。

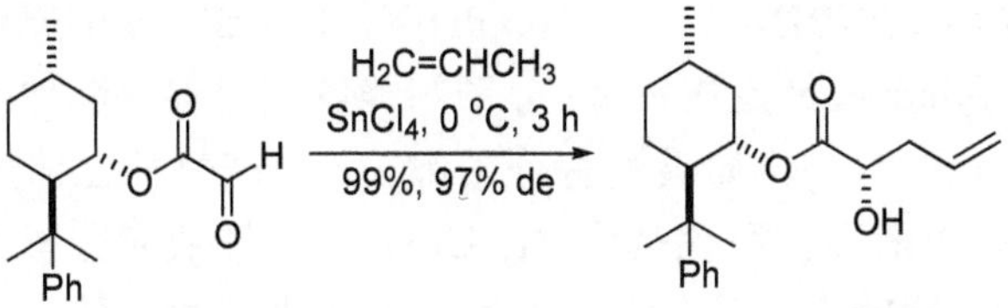

$$(135)$$

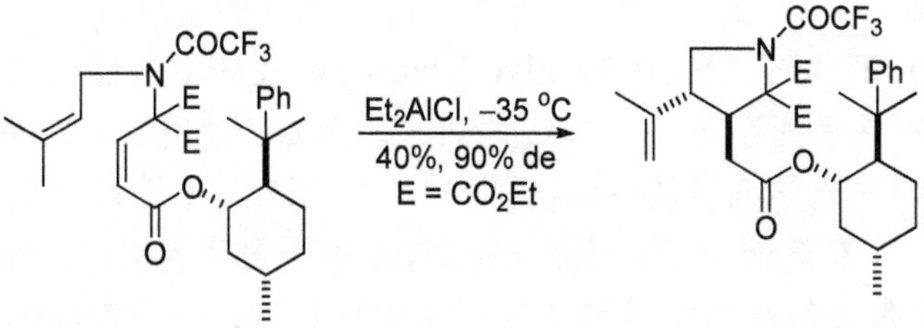

$$(136)$$

运用 (2R)-莰烷-10,2-磺酰胺作为手性辅助试剂, 同样能够实现不对称 carbonyl-ene 反应[125](式 137)。Adam 从含有该手性基团的丁烯酰胺开始, 经 nitroso-ene 反应非对映选择性地在酰胺的 β-位导入羟胺基团, 实现了 β-氨基酸的手性合成[126](式 138)。

使用含有手性 1,2-氨基醇结构的内酰胺和苯并噁嗪发生分子内 Alder-ene 反应, 几乎生成单一的非对映异构体产物。然后, 再经过几步反应除去辅助试剂残基即可得到手性吡咯烷化合物[127](式 139 和式 140)。

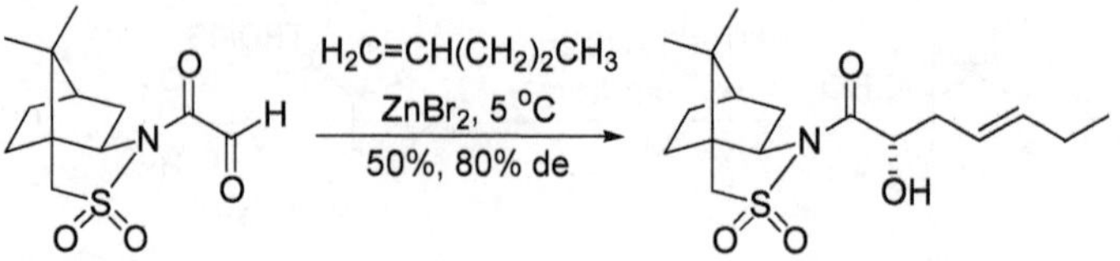

$$(137)$$

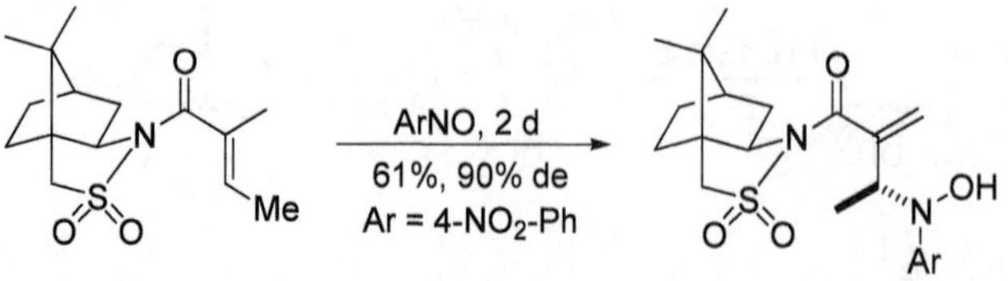

$$(138)$$

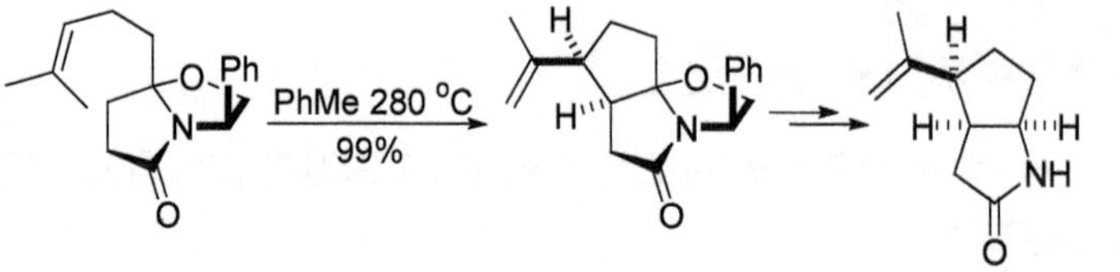

$$(139)$$

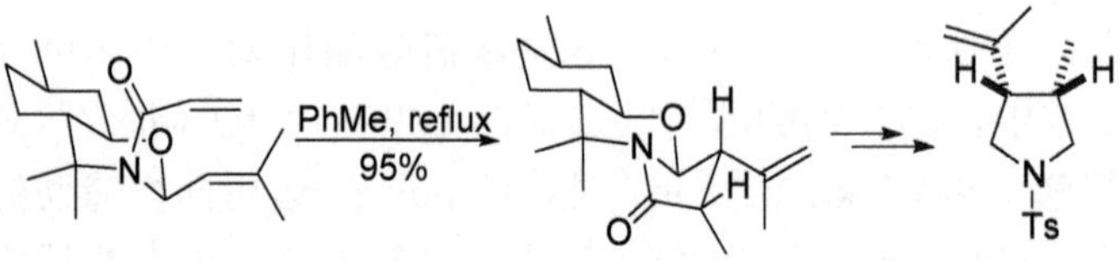

$$(140)$$

4.4.2 金属配合物催化的不对称 ene-反应

Mikami[128]使用 (R)-BINOL 与 Ti(O^iPr)_2X_2 (X = Cl、Br) 原位形成的配合物催化不对称 glyoxylate-ene 反应发现：分子筛能够明显促进配体的交换和加速手性催化剂的形成 (式 142)。如果没有分子筛，ene-产物的立体选择性将很差。Ding 报道[129]：联萘酚环上取代基团 (I, CF_3) 的电性效应会影响催化剂的活性和对映选择性 (式 143)。在准无溶剂条件下，催化剂的用量可以降至 0.1~0.01 mol%。在 BINOL-Ti 配合物催化的 glyoxylate-ene 反应中，催化剂的光学纯度和反应的对映选择性之间存在 (+)-非线性效应。例如：使用 66.8% ee 和光学纯配体，得到几乎同样光学纯度的 ene-产物[130](式 144)。手性催化剂在溶液中容易聚集，BINOL-Ti 在溶液中实际上存在有单体与二聚体的平衡。由于 C_1-对称性的 (R)·(S)-二聚体在溶液中比较稳定而失去催化活性，因此反应的立体选择性实际上是由 C_2-对称性的 (R)·(R)-二聚体控制的。

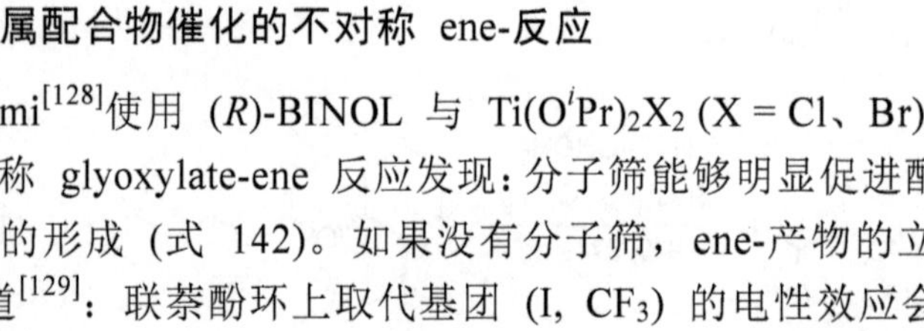

$$(141)$$

(R)-BINOL
R' = H, I, CF_3

(R)·(R)-dimer

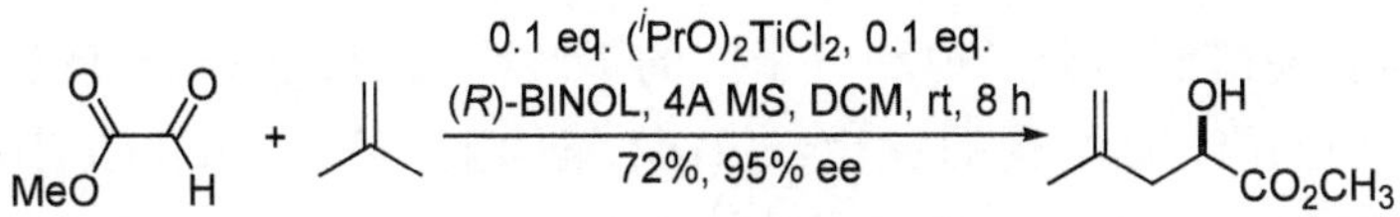

$$(142)$$

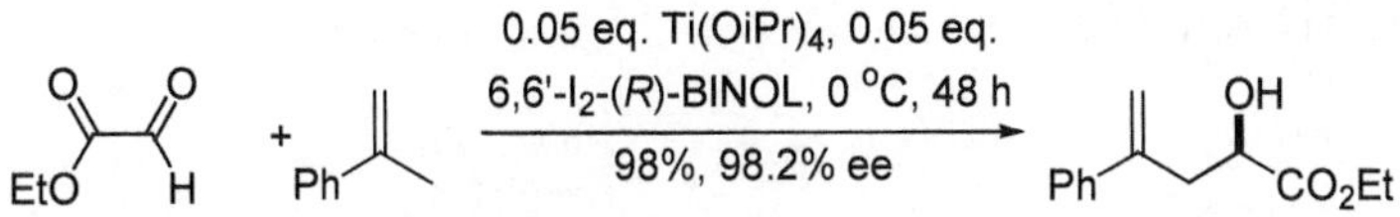

$$(143)$$

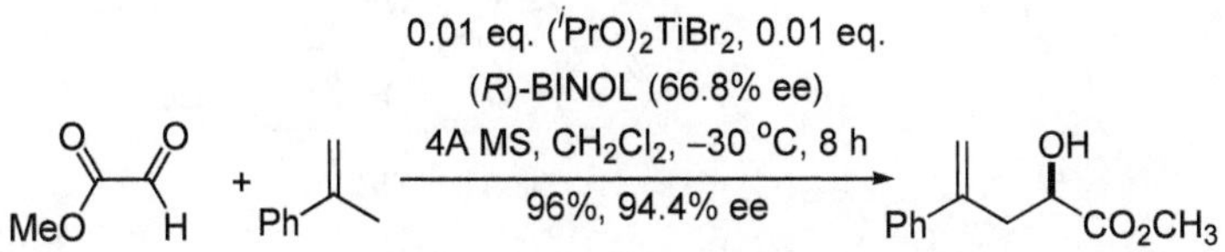

$$(144)$$

Evans[131]采用 C_2-对称性手性双噁唑啉铜(II) 配合物催化 1,1-二取代烯烃的 glyoxylate-ene 反应，简单变换噁唑啉环上的取代基团就能够有效地控制 ene-产物中手性碳原子的立体构型。这可能是由于与底物催化剂作用后，中心金属几何构型发生扭曲而导致反应立体选择性的改变（式 145 和式 146）。在手性吡啶-双噁唑啉钪 (III) 配合物催化的三取代烯烃的 glyoxamide-ene 反应中，可以非对映选择性地同时产生两个相邻的手性中心。如式 147 所示：该反应的 syn-区域选择性与双噁唑啉铜(II) 配合物催化的反应正好形成互补[132]。

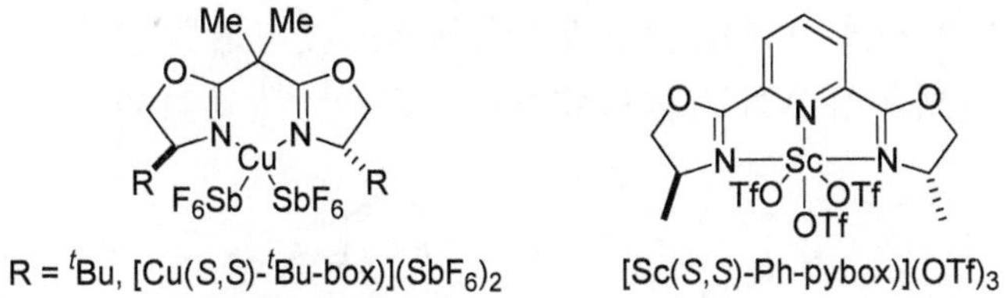

$$(145)$$

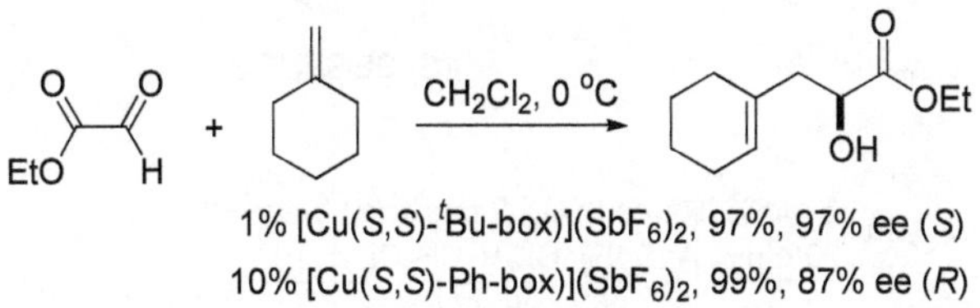

R = ^{t}Bu, [Cu(S,S)-^{t}Bu-box)](SbF$_6$)$_2$
R = Ph, [Cu(S,S)-Ph-box)](SbF$_6$)$_2$

[Sc(S,S)-Ph-pybox)](OTf)$_3$

$$(146)$$

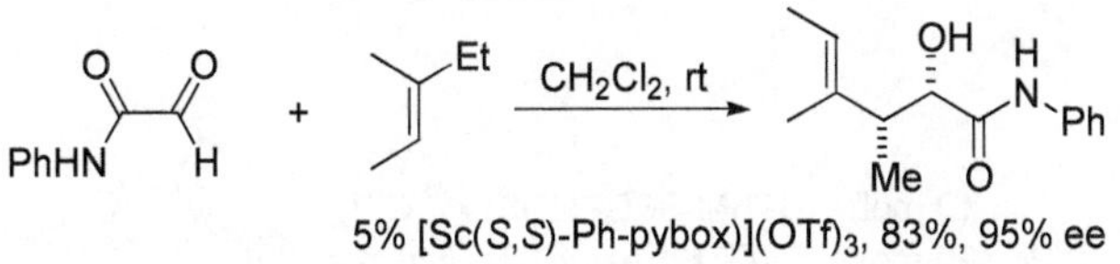

1% [Cu(S,S)-^{t}Bu-box)](SbF$_6$)$_2$, 97%, 97% ee (S)
10% [Cu(S,S)-Ph-box)](SbF$_6$)$_2$, 99%, 87% ee (R)

$$(147)$$

5% [Sc(S,S)-Ph-pybox)](OTf)$_3$, 83%, 95% ee

除了上述双噁唑啉配体之外，一些 N-、O-手性配体的配合物可以催化烯醇醚或烯醇硅醚与普通醛酮的分子内和分子间的不对称 carbonyl-ene 反应。如式 148 所示：含有 Schiff 碱结构的三齿 Cr(III) 配合物[133]、Salen-Co(III) 配合物[134]以及手性 N,N'-二氧-Ni(II) 配合物[135]均可用于该目的，而且具有反应底物范围宽和对映选择性高的优点。

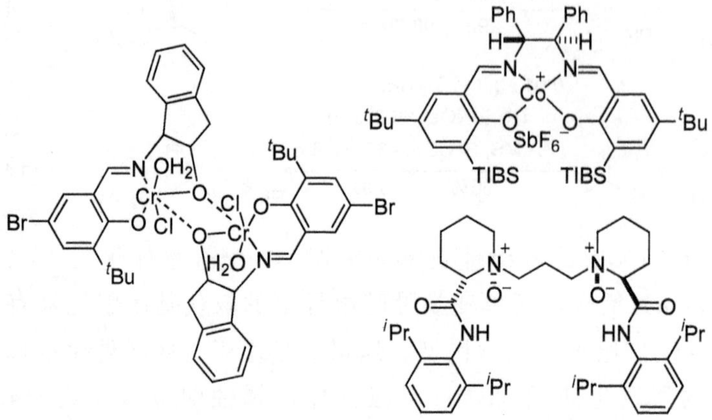

(148)

双膦配体与金属盐 (Rh、Pd、Cu) 原位形成的配合物能够有效地催化分子内和分子间的不对称 ene-反应。其中，(S)-BINAP 和 (S)-SEGPHOS 及其衍生物是最常用的配体 (式 149)。在手性 Pd 或者 Rh 配合物的催化下，炔烃经分子内 Alder-ene 反应或 Conia-ene 反应可以形成手性杂环分子和含有季碳中心的环戊烷[136,137](式 150 和式 151)。运用活泼羰基或亚胺与烯烃分子之间的不对称 ene-反应，还可以合成手性高烯丙胺和醇类化合物[138,139](式 152 和式 153)。

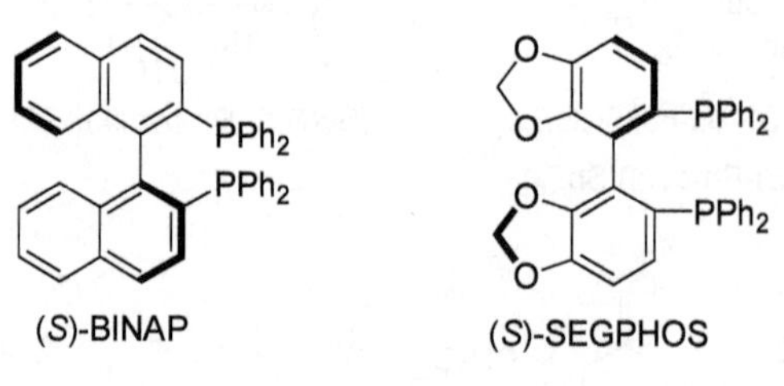

(149)

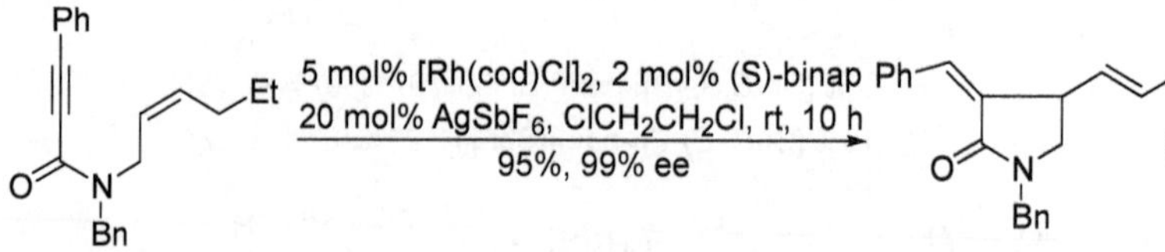

(S)-BINAP   (S)-SEGPHOS

(150)

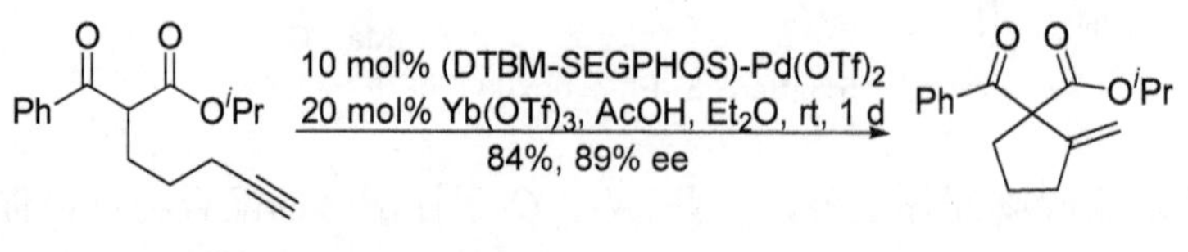

5 mol% [Rh(cod)Cl]₂, 2 mol% (S)-binap
20 mol% AgSbF₆, ClCH₂CH₂Cl, rt, 10 h
95%, 99% ee

(151)

10 mol% (DTBM-SEGPHOS)-Pd(OTf)₂
20 mol% Yb(OTf)₃, AcOH, Et₂O, rt, 1 d
84%, 89% ee

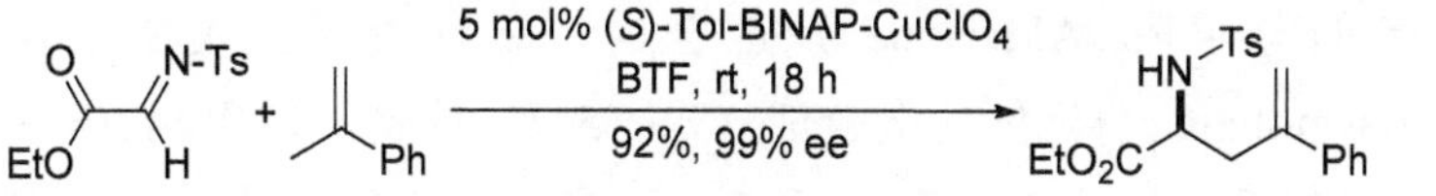

5 mol% (S)-Tol-BINAP-CuClO4
BTF, rt, 18 h
92%, 99% ee
(152)

5 mol% (S)-SEGPHOS-PdCl2
11 mol% AgSbF6, DCM, –78 °C, 2 h
96%, 93% ee
(153)

4.4.3 有机分子催化的不对称 ene-反应

在有机分子催化的不对称 ene-反应中，催化剂可以通过与亲烯体发生氢键作用来降低 LUMO 轨道的能量。目前，有机分子催化的不对称 ene-反应的实例并不多。Clarke 报道：使用 20 mol% 的手性硫脲可以催化芳基丙烯与 α,α,α-三氟丙酮酸的分子间 carbonyl-ene 反应[140]，该反应具有较高的反应活性和较低的对映选择性 (产物的光学纯度只有 33% ee)。Rueping 报道：使用联萘酚骨架构造的手性 *N*-三氟甲磺酰基磷酰胺作为催化剂，相同反应可以得到高达 96% ee 的含有季碳中心的 α-羟基酯。如式 154 所示：该反应实现了真正意义的有机分子催化反应[141]。

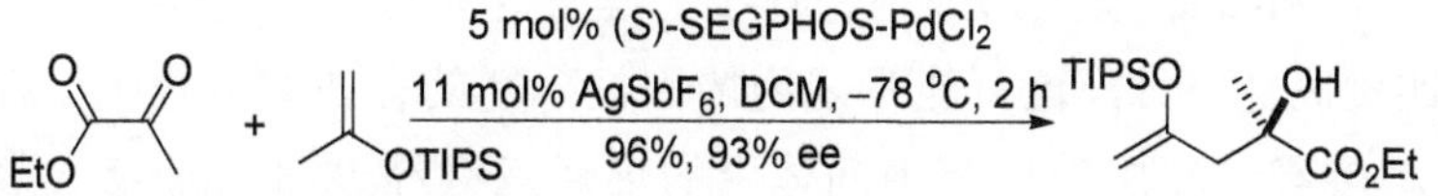

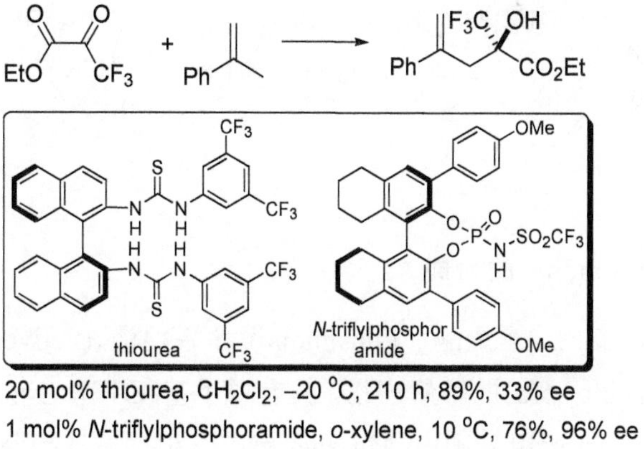

thiourea
N-triflylphosphoramide
20 mol% thiourea, CH2Cl2, –20 °C, 210 h, 89%, 33% ee
1 mol% N-triflylphosphoramide, o-xylene, 10 °C, 76%, 96% ee
(154)

5 Alder-ene 反应在天然产物合成中的应用

5.1 (±)-Methyl epijasmonate 的合成[142]

(±)-表茉莉酮酸甲酯 (Methyl epijasmonate) 有着强烈的茉莉香味，具有一定

的生物学活性，例如：对马铃薯块茎的诱导作用和植物生长调节作用等。Sarkar
运用 1,6-二烯的分子内 Alder-ene 反应合成 cis-环戊烷的策略，实现了对
(±)-Methyl epijasmonate 消旋体的全合成 (式 155)。首先，使用 THP 保护的羟
基醛与炔基锂试剂反应生成炔丙醇。后者经过多步修饰转化成 1,6-二烯后，在
235 °C 发生 Alder-ene 反应形成两种环戊醇硅醚的非对映异构体。C-3 位 α、
β 异构体的比例高达 9:1，这可能是因为烯丙位硅醚的存在有效控制了反应的非
对映选择性。接着，环戊醇硅醚中间体中的烯烃双键经过 1,3-迁移、氧化断裂
和 Wittig-反应形成烯烃侧链。最后，硅醚经过脱保护和氧化反应生成目标产物
(±)-Methyl epijasmonate。

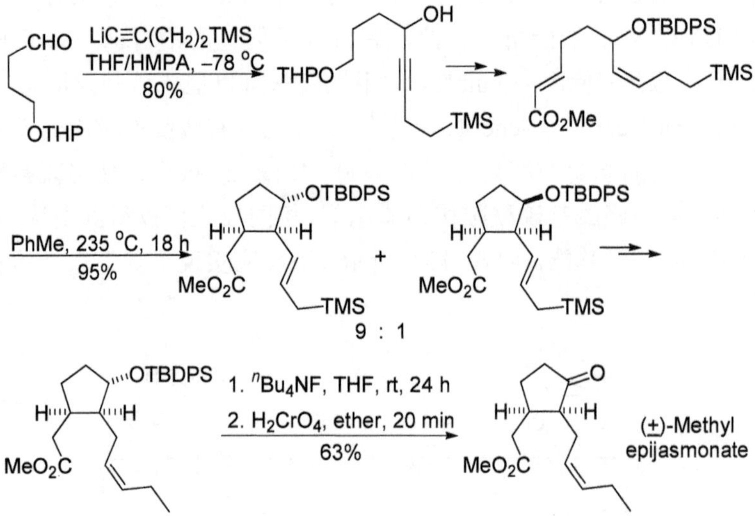

(155)

5.2 (±)-Khusimone 的合成[67]

去甲倍半萜 (–)客烯酮 (Khusimone) 是香根油 (vetiver oil) 的一种组分，也
是天然 Zizanoic acid 的降解产物，具有二甲基亚甲基三环[6.2.1.0^{1,5}]十一烷骨架
结构。Oppolzer 运用分子内 Mg-ene 反应一步构造亚甲基环己烷结构的方法，
实现了对 (±)-Khusimone 消旋体的全合成 (式 156)。首先，环戊烯酮经过共轭
加成和烯丙基化反应得到 2,3-二取代环戊酮。接着，经过羰基保护和烯键迁移
后，酯基被转化成为烯丙基氯。然后，将烯丙基氯形成的格氏试剂与端烯发生分
子内 metallo-ene 反应，经二氧化碳淬灭反应即可立体选择性地得到单一的异构
体。最后，经过羧基的还原、羰基的脱保护和醇羟基的甲磺酸酯化反应，在强碱
条件下发生分子内成环反应形成 (±)-Khusimone。

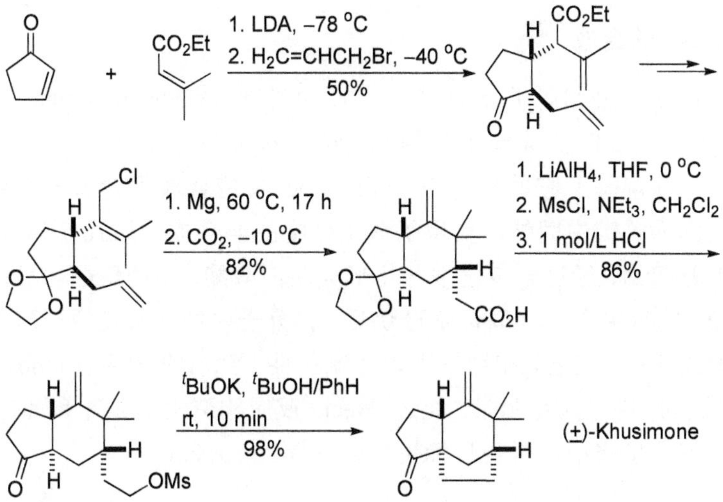

(156)

5.3 (±)-Allocyathin 的合成[143]

(±)-Allocyathin B$_2$ 是从鸟巢真菌中分离出来的一种蛋巢菌素。它是一个包含 5-6-7 三环结构的二萜类化合物，具有抗放线菌、革兰阳性和革兰阴性细菌活性。Snider 运用 1,1-二取代烯体的 carbonyl-ene 反应形成七元碳环作为关键步骤，顺利地完成了 (±)-Allocyathin B$_2$ 的全合成 (式 157)。该合成路线从已知的烯酮原料起始，经过多步反应转化成二烯醛。使用 Nakamura-Kuwajima 方法引入异戊烯侧链后，在醛羰基的 α-位进行甲基化反应形成烯醛中间体。接着，在低温条件下，运用 Me$_2$AlCl 催化的分子内 carbonyl-ene 反应生成带有环外双键的环庚醇单一异构体。然后，环庚醇经过羟基保护和环外双键氧化断裂等一系列化学转化后形成酮酯。最后，经进一步还原和选择性氧化生成目标产物 (±)-Allocyathin B$_2$。

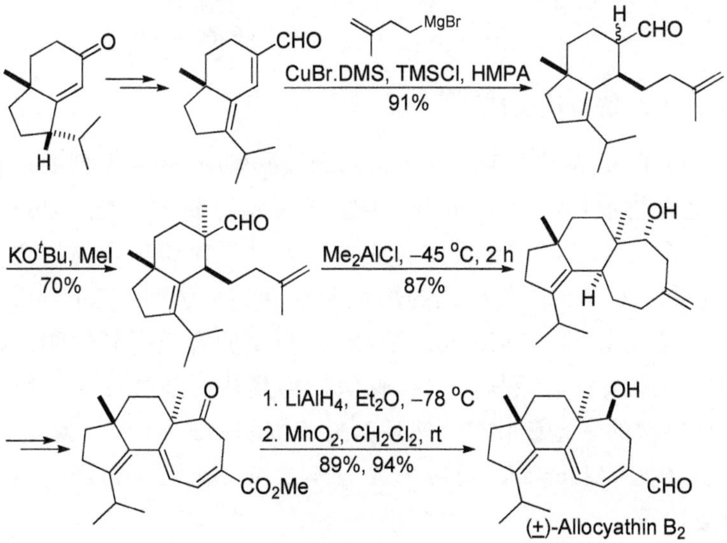

(157)

5.4 (–)-Pancracine 的合成[91]

(–)-Pancracine 是一种归属于 5,11-亚甲基吗吩烷啶 (Methanomorphanthridine) 类的生物碱化合物，可以从美国土生植物 *Rhodophiala bifida* 中分离得到。Weinreb 使用手性联烯基亚胺的分子内 imino-ene 反应合成了含有多个手性中心的 *cis*-环己烷作为关键中间体，实现了该化合物的全合成。如式 158 所示：从光学纯的环氧醇起始，经过多步化学转化形成炔丙醇酯。炔丙醇酯与硅基铜试剂发生 anti-S$_N$2′ 反应生成 (*R*)-联烯基硅烷后，将分子中的氰基还原至醛并原位与胡椒胺缩合形成亚胺。接着，在均三甲苯回流条件下进行分子内 imino-ene 反应，生成 *cis*-取代的邻胺基炔。最后，经过 Heck 反应构造出七元环和 Mitsnubo 反应构造出桥环等几步修饰，得到目标生物碱 (–)-Pancracine。

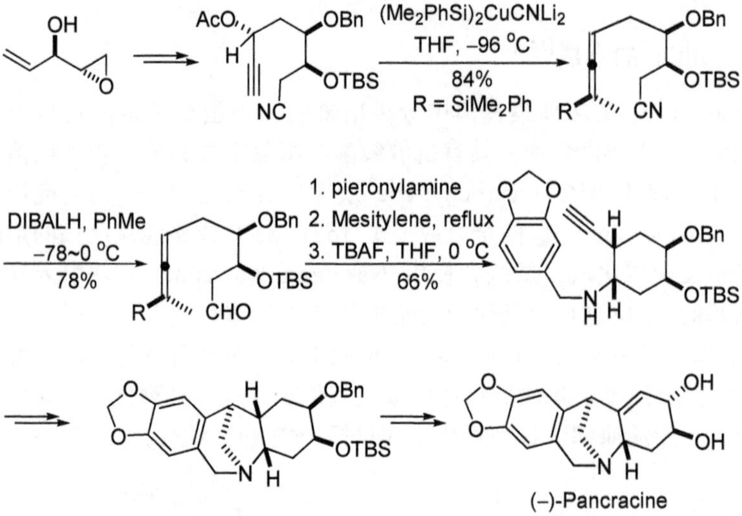

(158)

(–)-Pancracine

5.5 (–)-Archazolid B 的片段合成[144]

(–)-Archazolid B 是从黏霉菌 *Archangium gephyra* 分离得到的一种次要代谢产物，该化合物能够选择性抑制 V-腺苷三磷酸酶的活性。2007 年，Trauner 从 3 个合成片段运用会聚式合成方法实现了对该化合物的全合成。其中，羧酸片段采用了 Ru-试剂催化的烯烃和炔烃的分子间 Alder-ene 反应。如式 159 所示：首先，从 (*S*)-Roche 酯经 3 步反应合成得到炔酮。接着，经非对映选择性还原羰基、羟基保护和脱保护得到炔丙基醚后，再经多步反应转化成为带有炔键的烯基碘化物。然后，在 RuCp(MeCN)$_3$PF$_6$ 催化下与 3-丁烯-1-醇发生分子间 Alder-ene 反应形成 1,4-二烯。最后，再经过两次氧化得到预期的羧酸片段。

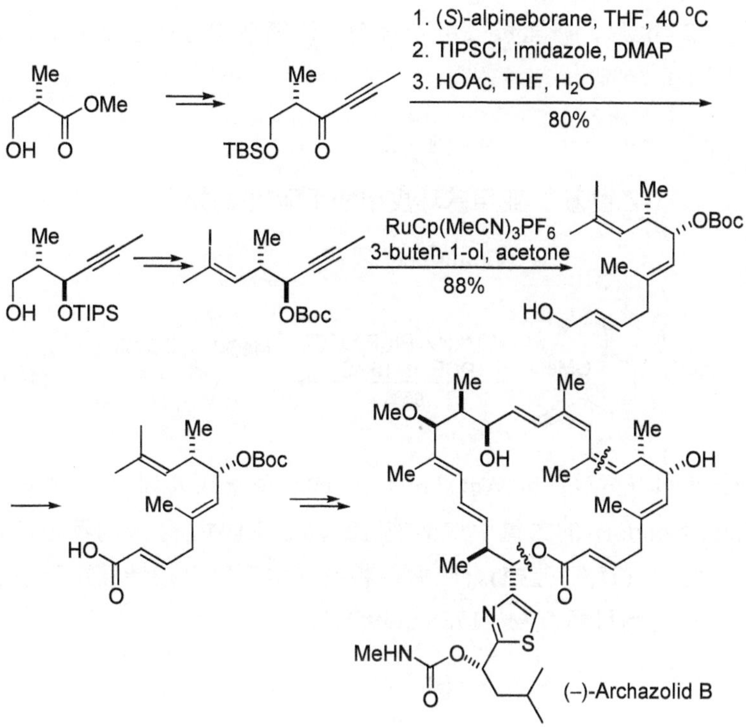

1. (S)-alpineborane, THF, 40 °C
2. TIPSCl, imidazole, DMAP
3. HOAc, THF, H$_2$O
80%

RuCp(MeCN)$_3$PF$_6$
3-buten-1-ol, acetone
88%

(159)

(–)-Archazolid B

6 Alder-ene 反应实例

例 一

(1R,2S,3S,5R)-3,5-二[[(1,1-二甲基乙基)二苯硅基]氧代]-2-[(1E)-3-(苯甲氧基)-1-丙烯-1-基]-环戊甲酸乙酯的合成[145]

(热 Alder-ene 反应)

PhMe, 200 °C, 24 h
86%

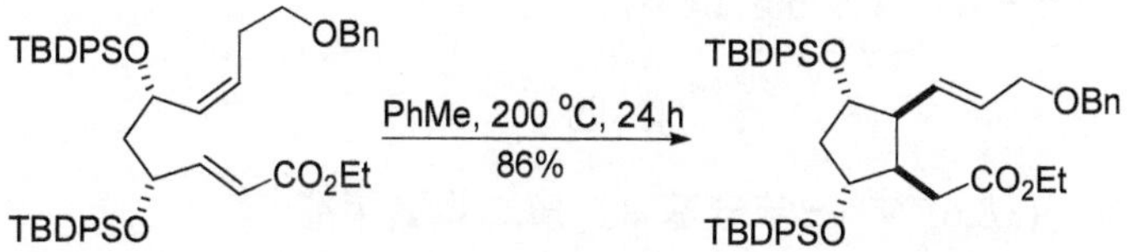

(160)

将 (2E,4R,6S,7Z)-4,6-二[[(1,1-二甲基乙基)二苯硅基]氧代]-10-苯甲氧基-2,7-癸二烯酸 (1.3 g, 1.60 mmol) 的甲苯 (26 mL) 溶液装入封管后，放入 Parr 高压釜中。然后，在高压釜中加入甲苯 (30 mL) 以保持封管内外压力平衡。反应物在 200 ℃ 反应 24 h 后，减压蒸去甲苯溶剂。浓缩液通过柱色谱分离，得到无色浆状产物 (1.12 g, 86%)。

例 二

1-乙酰基-2-亚甲基环戊甲酸甲酯的合成[55]

(Conia-ene 反应)

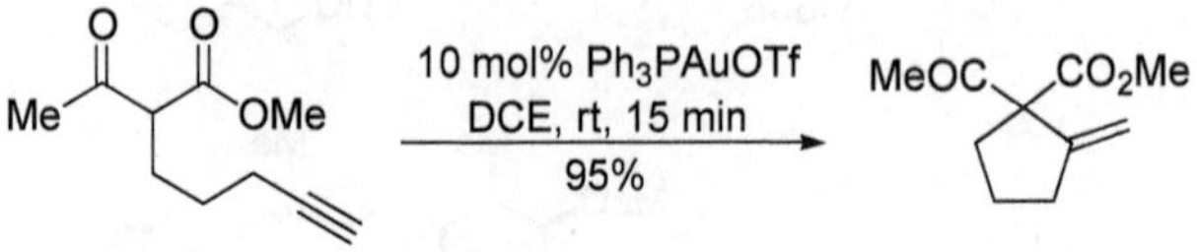

$$(161)$$

将 PPh$_3$AuCl (1 mol%) 和 AgOTf (1 mol%) 依次加入到 2-乙酰基-6-己炔酸甲酯 (182 mg, 1 mmol) 的二氯甲烷溶液 (0.4 mol/L) 中。生成的浑浊液在室温下搅拌直到反应完全 (TLC 监控)。然后，将反应混合物直接转移至硅胶色谱柱上，经柱色谱分离得到目标产物 (173 mg, 95%)。

例 三

反式-5-甲基-3-亚甲基环己醇的合成[77]

(carbonyl-ene 反应)

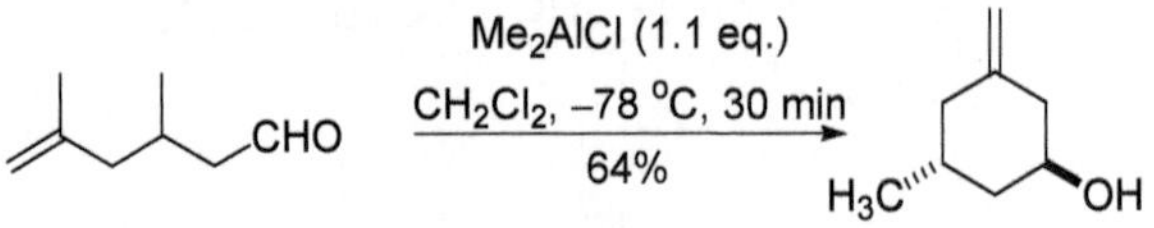

$$(162)$$

将 3,5-二甲基-5-己烯醛 (190 mg, 1.50 mmol) 的二氯甲烷 (4 mL) 溶液冷却至 −78 ℃ 后，缓慢滴加二甲基氯化铝的己烷溶液 (0.87 mL, 1.60 mol/L, 1.39 mmol)。生成的反应混合物在 −78 ℃ 继续搅拌 30 min 后，用水淬灭反应。加入乙醚分三次提取，合并后的有机相经过干燥、过滤和减压浓缩。浓缩液用快速柱色谱分离纯化得到产物 (112 mg, 64%)。

例 四

(3E,6E)-7-三苯硅基-3,6-庚二烯酸甲酯[120]

(逆向 Alder-ene 反应)

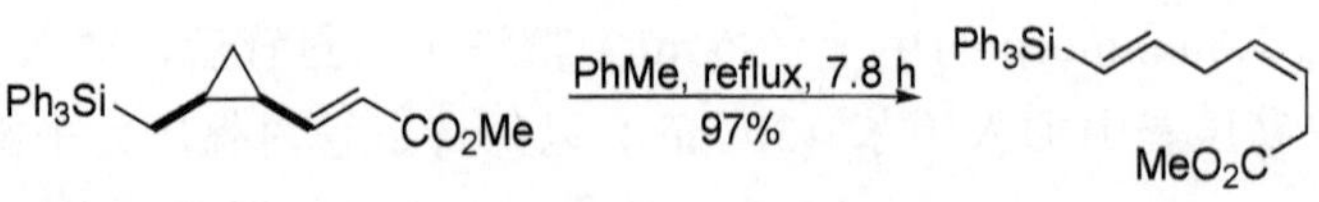

$$(163)$$

将 E-3-(*trans*-2-三苯硅甲基环丙基)-2-丙烯酸甲酯 (200 mg, 0.5 mmol) 的甲苯 (25 mL) 溶液加热回流直到反应完全 (利用 ^{1}H NMR 谱跟踪)。然后减压浓缩，浓缩液经过柱色谱分离提纯得到无色油状产物 (193 mg, 97%)。

例 五

(*R*)-2-羟基-4-甲基-4-戊烯酸甲酯的合成[128]

(不对称 Alder-ene 反应)

$$\text{(164)}$$

在室温和氩气保护条件下，向盛有活化 4A 分子筛 (500 mg) 的二氯甲烷 (5 mL) 溶液中加入 (*R*)-(+)-联萘酚 (28.6 mg, 0.10 mmol)。室温搅拌 1 h 后，反应混合物冷却至 –70 °C。接着，依次通入过量的异丁烯 (约 2 eq.) 和加入乙醛酸甲酯 (88 mg, 1.0 mmol)。将生成的混合物在 –30 °C 反应 8 h 后，倒入到饱和的碳酸氢钠溶液 (10 mL) 中。然后，经过硅藻土层滤除分子筛，滤液用乙酸乙酯提取。合并的有机相经饱和食盐水洗涤和无水硫酸镁干燥后减压浓缩。浓缩液经硅胶柱色谱 (正己烷-乙酸乙酯，20:1) 分离得到 (*R*)-2-羟基-4-甲基-4-戊烯酸甲酯 (72%, 95% ee)。

7 参考文献

[1] Alder, K.; Pascher, F.; Schmitz, A. *Chem. Ber.* **1943**, *76*, 27.

[2] Snider, B. B. *Acc. Chem. Res.* **1980**, *13*, 426.

[3] (a) Mikami, K.; Terada, M.; Korenaga, T.; Matsumoto, Y.; Matsukawa, S. *Acc. Chem. Res.* **2000**, *33*, 391. (b) Johnson, J. S.; Evans, D. A. *Acc. Chem. Res.* **2000**, *33*, 325. (c) Taggi, A. E.; Hafez, A. M. Lectka, T. *Acc. Chem. Res.* **2003**, *36*, 10. (d) Mikami, K.; Shimizu, M. *Chem. Rev.* **1992**, *92*, 1021.

[4] (a) Trost, B. M. *Acc. Chem. Res.* **1990**, *23*, 34. (b) Trost, B. M.; Krische, M *Synlett* **1998**, 1. (c) Trost, B. M.; Frederiksen, M. U.; Rudd, M. T. *Angew. Chem., Int. Ed.* **2005**, *44*, 6630.

[5] (a) Dubac, J.; Laportherie, A. *Chem. Rev.* **1987**, *87*, 319. (b) Conia, J. M.; Le Perchec, P. *Synthesis* **1975**, 1. (c) Clarke, M. L.; France, M. B. *Tetrahedron* **2008**, *64*, 9003. (d) Borzilleri, R. M.; Weinreb, S. M. *Synthesis* **1995**, 347. (e) Prein, M.; Adam, W. *Angew. Chem., Int. Ed.* **1996**, *35*, 477.

[6] Hoffmann, H. M. R. *Angew. Chem., Int. Ed.* **1969**, *8*, 556.

[7] Inagaki, S.; Fujimoto, H.; Fukui, K. *J. Am. Chem. Soc.* **1976**, *98*, 4693.

[8] Loncharich, R. J.; Houk, K. N. *J. Am. Chem. Soc.* **1987**, *109*, 6947.

[9] Arnold, R. T.; Showell, J. S. *J. Am. Chem. Soc.* **1957**, *79*, 419.

[10] Hill, R. K.; Rabinovitz, M. *J. Am. Chem. Soc.* **1964**, *86*, 965.

[11] Stephenson, L. M.; Mattern, D. L. *J. Org. Chem.* **1976**, *41*, 3614.

[12] Snider, B. B.; Ron, E. *J. Am. Chem. Soc.* **1985**, *107*, 8160.

[13] (a) Seymour, C. A.; Greene, F. D. *J. Org. Chem.* **1982**, *47*, 5226. (b) Adam, W.; Krebs, O.; Orfanopoulos, M.; Stratakis, M.; Vougioukalakis, G. C. *J. Org. Chem.* **2003**, *68*, 2420.

[14] (a) Seymour, A.; Greene, F. D. *J. Am. Chem. Soc.* **1980**, *102*, 6384. (b) Grdina, M. B.; Orfanopoulos, M.; Stephenson, L. M. *J. Am. Chem. Soc.* **1979**, *101*, 3111.

[15] (a) Orfanopoulos, M.; Foote, C. S. *J. Am. Chem. Soc.* **1988**, *110*, 6583. (b) Sheppard, A. N.; Acevedo, O. *J. Am. Chem. Soc.* **2009**, *131*, 2530.

[16] Baldwin, J. E.; Bhantnagar, A. K.; Choi, S. C.; Shortridge, T. J. *J. Am. Chem. Soc.* **1971**, *93*, 4082.

[17] (a) Nelsen, S. F.; Kapp, D. L. *J. Am. Chem. Soc.* **1985**, *107*, 5548. (b) Squillacote, M.; Mooney, M.; De Felipis, J. *J. Am. Chem. Soc.* **1990**, *112*, 5364. (c) Poon, T. H. W.; Park, S.; Elemes, Y.; Foote, C. S. *J. Am. Chem. Soc.* **1995**, *117*, 10468.

[18] (a) Trost, B. M.; Indolese, A. F.; Muller, T. J. J.; Treptow, B. *J. Am. Chem. Soc.* **1995**, *117*, 615. (b) Lei, A.; Waldkirch, J. P.; He, M.; Zhang, X. *Angew. Chem., Int. Ed.* **2002**, *41*, 4526. (c) Trost, B. M.; Lautens, M. *J. Am. Chem. Soc.* **1985**, *107*, 1781.

[19] Chen, H.; Li, S. *Organometallics* **2005**, *24*, 872.

[20] (a) Thaler, W. A.; Franzus, B. *J. Org. Chem.* **1964**, *29*, 2226. (b) Huisgen, R.; Pohl, H. *Chem. Ber.* **1960**, *93*, 527. (c) Walling, C.; Thaler, W. *J. Am. Chem. Soc.* **1961**, *83*, 3877.

[21] Arnold, R. T.; Showell, J. S. *J. Am. Chem. Soc.* **1957**, *79*, 419.

[22] Alder, K.; von Brachel, H. *Justus Liebigs Ann. Chem.* **1962**, *651*, 141.

[23] Huntsman, W. D.; Solomon, V. C.; Eros, D. *J. Am. Chem. Soc.* **1958**, *80*, 5455.

[24] Berson, J. A.; Wall, R. G.; Perlmutter, H. D. *J. Am. Chem. Soc.* **1966**, *88*, 187.

[25] Snider, B. B. *J. Org. Chem.* **1974**, *39*, 255.

[26] Snider, B. B.; Rodini, D. J.; Conn, R. S. E.; Sealfon, S. *J. Am. Chem. Soc.* **1979**, *101*, 5283.

[27] Akermark, B.; Ljungqvist, A. *J. Org. Chem.* **1978**, *43*, 4387.

[28] Duncia, J. V.; Lansbury, P. T.; Snider, B. B. *J. Am. Chem. Soc.* **1982**, *104*, 1930.

[29] Mikami, K.; Loh, T.-P.; Nakai, T. *Tetrahedron Lett.* **1988**, *29*, 6305.

[30] Hilt, G.; Treutwein, J. *Angew. Chem., Int. Ed.* **2007**, *46*, 8500.

[31] Oppolzer, W.; Snieckus, V. *Angew. Chem., Int. Ed.* **1978**, *17*, 476.

[32] Mikami, K.; Sawa, E.; Terada, M. *Tetrahedron: Asymmetry* **1991**, *2*, 1403.

[33] Huntsman, W. D.; Curry, T. H. *J. Am. Chem. Soc.* **1958**, *80*, 2252.

[34] Mcquillin, F. J.; Parker, D. G. *J. Chem. Soc., Perkin Trans. 1* **1974**, 809.

[35] (a) Oppolzer, W.; Battig, K. *Helv. Chim. Acta* **1981**, *64*, 2489. (b) Oppolzer, Battig, K.; Hudlicky, T. *Helv. Chim. Acta* **1979**, *62*, 1493. (c) Oppolzer, W. *Helv. Chim. Acta* **1973**, *56*, 1812.

[36] Oppolzer, W. *Pure Appl. Chem.* **1981**, *53*, 1181.

[37] Ghosh, S. K.; Sarkar, T. K. *Tetrahedron Lett.* **1986**, *27*, 525.

[38] Tietze, L. F.; Beifuss, U.; Ruther, M.; Ruhlmann, A.; Antel, J.; Sheldrick, G. M. *Angew. Chem., Int. Ed.* **1988**, *27*, 1186.

[39] Tietze, L. F.; Beifuss, U. *Tetrahedron Lett.* **1986**, *27*, 1767.

[40] Stork, G.; Kraus, G. A. *J. Am. Chem. Soc.* **1976**, *98*, 6747.

[41] Takahashi, K.; Mikami, K.; Nakai, T. *Tetrahedron Lett.* **1988**, *29*, 5277.

[42] Trost, B. M.; Pedregal, C. *J. Am. Chem. Soc.* **1992**, *114*, 7292.

[43] Trost, B. M.; Phan, L. T. *Tetrahedron Lett.* **1993**, *34*, 4735.

[44] Trost, B. M.; Lautens, M.; Chan, C.; Jeberatnam, D. J.; Mueller, T. *J. Am. Chem. Soc.* **1991**, *113*, 636.

[45] Zhu, G.; Zhang, X. *J. Org. Chem.* **1998**, *63*, 9590.

[46] Brummond, K. M.; Chen, H.; Sill, P.; You, L. *J. Am. Chem. Soc.* **2002**, *124*, 15186.

[47] Trost, B. M.; Surivet, J. P. *J. Am. Chem. Soc.* **2004**, *126*, 15592.

[48] Trost, B. M.; Toste, F. D. *J. Am. Chem. Soc.* **2000**, *122*, 714.

[49] (a) Furstner, A.; Majima, K.; Martin, R.; Krause, H.; Kattnig, E.; Goddard, R.; Lehmann, C. W. *J. Am. Chem. Soc.* **2008**, *130*, 1992. (b) Furstner, A.; Martin, R.; Majima, K. *J. Am. Chem. Soc.* **2005**, *127*, 12236.

[50] Sturla, S. J.; Kablaoui, N. M.; Buchwald, S. L. *J. Am. Chem. Soc.* **1999**, *121*, 1976.

[51] (a) Rouessac, F.; Le Perchec, P.; Conia, J. M. *Bull. Soc. Chim. France* **1967**, 818. (b) Perchec, P.; Rouessac, F.; Conia, J. M. *Bull. Soc. Chim. France* **1967**, 830. (c) Rouessac, F.; Beslin, R.; Conia, J. M. *Tetrahedron Lett.* **1965**, *6*, 3319.

[52] Leyendecker, F.; Mandville, G.; Conia, J. M. *Bull. Soc. Chim. France* **1970**, 556.

[53] leyendecker, F.; Mandville, G.; Conia, J. M. *Bull. Soc. Chim. France* **1970**, 549.

[54] Jackson, W. P.; Ley, S. V. *J. Chem. Soc., Perkin Trans. I*, **1981**, 1516.

[55] Kennedy-Smith, J. J.; Staben, S. T.; Toste, F. D. *J. Am. Chem. Soc.* **2004**, *126*, 4526.

[56] Corkey, B. K.; Toste, F. D. *J. Am. Chem. Soc.* **2005**, *127*, 17168.

[57] Gao, Q.; Zheng, B.; Li, J.; Yang, D. *Org. Lett.* **2005**, *7*, 2185.

[58] Cruciani, P.; Stammler, R.; Aubert, C.; Malacria, M. *J. Org. Chem.* **1996**, *61*, 2699.

[59] Kuninobu, Y.; Kawata, A.; Takai, K. *Org. Lett.* **2005**, *7*, 4823.

[60] Deng, C.; Zou, T.; Wang, Z.; Song, R.; Li, J. *J. Org. Chem.* **2009**, *74*, 412.

[61] (a) Hatakeyama, S. *Pure Appl. Chem.* **2009**, *81*, 217. (b) Itoh, Y.; Tsuji, H.; Yamagata, K.; Endo, K.; Tanaka, I.; Nakamura, M.; Nakamura, E. *J. Am. Chem. Soc.* **2008**, *130*, 17161. (c) Tsuji, H.; Yamagata, K.; Itoh, Y.; Nakamura, M.; Nakamura, E. *Angew. Chem., Int. Ed.* **2007**, *46*, 8060. (d) Endo, K.; Hatakeyama, T.; Nakamura, M.; Nakamura, E. *J. Am. Chem. Soc.* **2007**, *129*, 5264.

[62] (a) Oppolzer, W. *Angew. Chem., Int. Ed.* **1989**, *28*, 38. (b) Oppolzer, W. *Pure Appl. Chem.* **1988**, *60*, 39. (c) Oppolzer, W. *Pure Appl. Chem.* **1990**, *62*, 1941.

[63] Lehmkuhl, H.; Mehler, K. *Justus Liebigs Ann. Chem.* **1978**, 1841.

[64] Felkin, H.; Umpleby, J. D.; Hagaman, E.; Wenkert, E. *Tetrahedron Lett.* **1972**, 13, 2285.

[65] Oppolzer, W.; Battig, K. *Tetrahedron Lett.* **1982**, *23*, 4669.

[66] Oppolzer, W.; Begley, T.; Ashcroft, A. *Tetrahedron Lett.* **1984**, *25*, 825.

[67] Oppolzer, W.; Pitteloud, R. *J. Am. Chem. Soc.* **1982**, *104*, 6578.

[68] Cheng, D.; Knox, K. R.; Cohen, T. *J. Am. Chem. Soc.* **2000**, *122*, 412.

[69] Cheng, D.; Zhu, S.; Liu, X.; Norton, S.; Cohen, T. *J. Am. Chem. Soc.* **1999**, *121*, 10241.

[70] (a) Meyer, C.; Marek, I.; Courtemanche, G.; Normant, J. *J. Org. Chem.* **1995**, *60*, 863. (b) Unger, R.; Cohen, T.; Marek, I. *Org. Lett.* **2005**, *7*, 5313. (c) Deng, K.; Chalker, J.; Yang, A.; Cohen, T. *Org. Lett.* **2005**, *7*, 3637. (d) Chalker, J. M.; Yang, A.; Deng, K.; Cohen, T. *Org. Lett.* **2007**, *9*, 3825.

[71] (a) Cardenas, D. J.; Alcami, M.; Cossio, F.; Mendez, M.; Echavarren, A. M. *Chem. Eur. J.* **2003**, *9*, 96. (b) Gomez-Bengoa, E.; Cuerva, J. M.; Echavarren, A. M.; Martorell, G. *Angew. Chem., Int. Ed.* **1997**, *36*, 767.

[72] Oppolzer, W.; Gaudin, J.-M. *Helv. Chim. Acta* **1987**, *70*, 1477.

[73] (a) Oppolzer, W.; Gaudin, J.-M.; Birkinshaw, T. N. *Tetrahedron Lett.* **1988**, *29*, 4705. (b) Oppolzer, W.; Keller, T. H.; Bedoya-Zurita, M.; Stone, C. *Tetrahedron Lett.* **1989**, *30*, 5883.

[74] Oppolzer, W.; Birkinshaw, T. N.; Bernardinelli, G. *Tetrahedron Lett.* **1990**, *48*, 6995.

[75] (a) Nakatani, Y.; Kawashima, K. *Synthesis* **1978**, 147. (b) Kocovsky, P.; Ahmed, G.; Srogl, J.; Malkov, A. V.; Steele, J. *J. Org. Chem.* **1999**, *64*, 2765.

[76] Snider, B. B.; Karras, M.; Price, R. T.; Rodini, D. J. *J. Org. Chem.* **1982**, *47*, 4538.

[77] Johnston, M. I.; Kwass, J. A.; Beal, R. B.; Snider, B. B. *J. Org. Chem.* **1987**, *52*, 5419.

[78] Maruoka, K.; Ooi, T.; Yamamoto, H. *J. Am. Chem. Soc.* **1990**, *112*, 9011.

[79] Braddock, D. C.; Hii, K. K. M.; Brown, J. M. *Angew. Chem., Int. Ed.* **1998**, *37*, 1720.

[80] (a) Ireland, R. E.; Dawson, M. I.; Bordner, J.; Dickerson, R. E. *J. Am. Chem. Soc.* **1970**, *92*, 2568. (b)

Ziegler, F. E.; Klein, S. I.; Pati, U. K.; Wang, T.-F. *J. Am. Chem. Soc.* **1985**, *107*, 2730. (c) Hauser, F. M.; Mal, D. *J. Am. Chem. Soc.* **1984**, *106*, 1862.

[81] (a) Paquette, L.A.; Han, Y. K. *J. Am. Chem. Soc.* **1981**, *103*, 1835. (b) White, J. D.; Somers, T. C. *J. Am. Chem. Soc.* **1987**, *109*, 4424.

[82] Anderson, N. H.; Hadley, S. W.; Kelly, J. D.; Bacon, E. R. *J. Org. Chem.* **1985**, *50*, 4144.

[83] Baldwin, J. E.; Lusch, M. J. *J. Org. Chem.* **1979**, *44*, 1923.

[84] (a) Karras, M.; Snider, B. B. *J. Am. Chem. Soc.* **1980**, *102*, 7951. (b) Snider, B. B.; Kirk, T. C. *J. Am. Chem. Soc.* **1983**, *105*, 2364.

[85] Marshall, J. A.; Anderson, N. H.; Johnson, P. C. *J. Org. Chem.* **1970**, *35*, 186.

[86] Marshall, J. A.; Anderson, M. W. *J. Org. Chem.* **1993**, *58*, 3912.

[87] Overman, L. E.; Thompson, A. S. *J. Am. Chem. Soc.* **1988**, *110*, 2248.

[88] Demailly, G.; Solladie, G. *J. Org. Chem.* **1981**, *46*, 3102.

[89] Laschat, S.; Grehl, M. *Angew. Chem., Int. Ed.* **1994**, *33*, 458.

[90] Jin, J.; Smith, D. T.; Weinreb, S. M. *J. Org. Chem.* **1995**, *60*, 5366.

[91] (a) Borzilleri, R. M.; Weinreb, S. M. *J. Am. Chem. Soc.* **1994**, *116*, 9789. (b) Borzilleri, R. M.; Weinreb, S. M.; Parvez, M. *J. Am. Chem. Soc.* **1995**, *117*, 10905. (c) Jin. J.; Weinreb, S. M. *J. Am. Chem. Soc.* **1997**, *119*, 2051. (d) Jin, J.; Weinreb, S. M. *J. Am. Chem. Soc.* **1997**, *119*, 5773.

[92] Tschaen, D. M.; Turos, E.; Weinreb, S. M. *J. Org. Chem.* **1984**, *49*, 5058.

[93] (a) Yamanaka, M.; Nishida, A.; Nakagawa, M. *Org. Lett.* **2000**, *2*, 159. (b) Yamanaka, M.; Nishida, A.; Nakagawa, M. *J. Org. Chem.* **2003**, *68*, 3112.

[94] Lin, J.-M.; Koch, K.; Fowler, F. W. *J. Org. Chem.* **1986**, *51*, 167.

[95] Adam, W.; Krebs, O. *Chem. Rev.* **2003**, *103*, 4131.

[96] (a) Schenk, C.; de Boer, T. J. *Tetrahedron* **1979**, *35*, 147. (b) Adam, W.; Bottke, N.; Krebbs, O.; Saha-Moller, C. R. *Eur. J. Org. Chem.* **1999**, 1963. (c) Adam, W.; Bottke, N.; Krebs, O.; Engels, B. *J. Am. Chem. Soc.* **2001**, *123*, 5542.

[97] Adam, W.; Bottke, N.; Krebbs, O. *J. Am. Chem. Soc.* **2000**, *122*, 6791.

[98] Adam, W.; Bottke, N.; Krebbs, O. *Org. Lett.* **2000**, *2*, 3293.

[99] (a) Alberti, M. N.; Orfanopoulos, M. *Synlett* **2010**, 999. (b) Stratakis, M.; Orfanopoulos, M. *Tetrahedron* **2000**, *56*, 1595.

[100] (a) Rousseau, G.; Le Perchec, P.; Conia, J. M. *Tetrahedron Lett.* **1977**, *18*, 2517. (b) Orfanopoulos, M.; Grdina, M. B.; Stephenson, L. M. *J. Am. Chem. Soc.* **1979**, *101*, 275. (c) Schulte-Elte, K. H.; Rautenstrauch, V. *J. Am. Chem. Soc.* **1980**, *102*, 1738.

[101] (a) Stratakis, M.; Orfanopoulos, M. *Tetrahedron Lett.* **1995**, *36*, 4291. (b) Gollnick, K.; Schade, G. *Tetrahedron Lett.* **1966**, *7*, 2335.

[102] Orfanopoulos, M.; Stratakis, M.; Elemes, Y. *Tetrahedron Lett.* **1989**, *30*, 4875.

[103] Orfanopoulos, M.; Stratakis, M.; Elemes, Y. *J. Am. Chem. Soc.* **1990**, *112*, 6417.

[104] Orfanopoulos, M.; Stratakis, M. *Tetrahedron Lett.* **1991**, *32*, 7321.

[105] Vassilikogiannakis, G.; Stratakis, M.; Orfanopoulos, M.; Foote, C. S. *J. Org. Chem.* **1999**, *64*, 4130.

[106] Stratakis, M.; Orfanopoulos, M.; Foote, C. S. *J. Org. Chem.* **1998**, *63*, 1315.

[107] (a) Brimble, M. A.; Heathcock, C. H. *J. Org. Chem.* **1993**, *58*, 5261. (b) Leblanc, Y.; Zamboni, R.; Bernstein, M. A. *J. Org. Chem.* **1991**, *56*, 1971. (c) Adam, W.; Pastor, A.; Wirth, T. *Org. Lett.* **2000**, *2*, 1295.

[108] (a) Elemes, Y.; Stratakis, M.; Orfanopoulos, M. *Tetrahedron Lett.* **1989**, *30*, 6903. (b) Orfanopoulos, M.; Elemes, Y.; Stratakis, M. *Tetrahedron Lett.* **1990**, *31*, 5775.

[109] Alberti, M. N.; Vougioukalakis, G. C.; Orfanopoulos, M. *Tetrahedron Lett.* **2003**, *44*, 903.

[110] Singleton, D. A.; Hang, C. *J. Am. Chem. Soc.* **1999**, *121*, 11885.

[111] Baran, P. S.; Guerrero, C. A.; Corey, E. J. *Org. Lett.* **2003**, *5*, 1999.

[112] Baran, P. S.; Guerrero, C. A.; Corey, E. J. *J. Am. Chem. Soc.* **2003**, *125*, 5628.

[113] Ripoll, J.-L.; Vallee, Y. *Synthesis* **1993**, 659.

[114] Egger, K. W.; Vitins, P. *J. Am. Chem. Soc.* **1974**, *96*, 2714.

[115] Richard, C.; Scacchi, G.; Back, M. H. *Int. J. Chem. Kinet.* **1978**, *10*, 307.

[116] (a) Moslin, R. M.; Jamison, T. F. *J. Org. Chem.* **2007**, *72*, 9736. (b) Moslin, R. M.; Jamison, T. F. *J. Am. Chem. Soc.* **2006**, *128*, 15106.

[117] (a) Varela-Alvarez, A.; Markovic, D.; Vogel, P.; Sordo, J. A. *J. Am. Chem. Soc.* **2009**, *131*, 9547. (b) Deguin, B.; Roulet, J. M.; Vogel, P. *Tetrahedron Lett.* **1997**, *38*, 6197.

[118] Qi, W.; McIntosh, M. C. *Org. Lett.* **2008**, *10*, 357.

[119] Myers, A. G.; Finney, N. S. *J. Am. Chem. Soc.* **1990**, *112*, 9641.

[120] Lin, Y.; Turos, E. *J. Am. Chem. Soc.* **1999**, *121*, 856.

[121] Hasson, T.; Sterner, O.; Wickberg, B. *J. Org. Chem.* **1992**, *57*, 3822.

[122] Jung, M. E.; Davidov, P. *Org. Lett.* **2001**, *3*, 3025.

[123] (a) Whitesell, J. K.; Bhattacharya, A.; Aguilar, D. A.; Henke, K. *J. Chem. Soc., Chem. Commun.* **1982**, 989. (b) Whitesell, J. K. *Acc. Chem. Res.* **1985**, *18*, 280. (c) Whitesell, J. K.; Bhattachaya, A.; Buchanan, C. M.; Chen, H. H.; Deyo, D.; James, D.; Liu, C.-L.; Minton, M. A. *Tetrahedron* **1986**, *42*, 2993.

[124] (a) Oppolzer, W.; Robbiani, C.; Battig, K. *Helv. Chim. Acta* **1980**, *63*, 2015. (b) Oppolzer, W.; Mirza, S. *Helv. Chim. Acta* **1984**, *67*, 730.

[125] (a) Kwiatkowski, P.; Kwiatkowski, J.; Majer, J.; Jurczak, J. *Tetrahedron: Asymmetry* **2007**, *18*, 215. (b) Jezewski, A.; Chajewska, K.; Wielogorski, Z.; Jurczak, J. *Tetrahedron: Asymmetry* **1997**, *11*, 1741.

[126] Adam, W.; Degen, H.-G.; Krebs, O.; Saha-Moller, C. R. *J. Am. Chem. Soc.* **2002**, *124*, 12938.

[127] (a) Pedrosa, R.; Andres, C.; Martin, L.; Nieto, J.; Roson, C. *J. Org. Chem.* **2005**, *70*, 4332. (b) Resek, J. *J. Org. Chem.* **2008**, *73*, 9792.

[128] Mikami, K.; Terada, M.; Nakai, T. *J. Am. Chem. Soc.* **1990**, *112*, 3949.

[129] Yuan, Y.; Zhang, X.; Ding, K. *Angew. Chem., Int. Ed.* **2003**, *42*, 5478.

[130] Terada, M.; Mikami, K.; Nakai, T. *J. Chem. Soc., Chem. Commun.* **1990**, 1623.

[131] (a)Evans, D. A.; Burgey, C. S.; Paras, N. A.; Vojkovsky, T.; Tregay, S. W. *J. Am. Chem. Soc.* **1998**, *120*, 5824. (b) Evans, D. A.; Tregay, S. W.; Burgey, N. A.; Vojkovsky, T. *J. Am. Chem. Soc.* **2000**, *122*, 7936.

[132] Evans, D. A.; Wu, J. *J. Am. Chem. Soc.* **2008**, *130*, 15770.

[133] Grachan, M. L.; Tudge, M. T.; Jacobsen, E. N. *Angew. Chem., Int. Ed.* **2008**, *47*, 1469.

[134] Hutson, G. E.; Dave, A. H.; Rawal, V. H. *Org. Lett.* **2007**, *9*, 3869.

[135] Zheng, K.; Shi, J.; Liu, X.; Feng, X. *J. Am. Chem. Soc.* **2008**, *130*, 15770.

[136] (a) Lei, A.; Waldkirch, J. P.; He, M.; Zhang, X. *Angew. Chem., Int. Ed.* **2002**, *41*, 4526. (b) Lei, A.; He, M.; Wu, S.; Zhang, X. *Angew. Chem., Int. Ed.* **2002**, *41*, 3457.

[137] Corkey, B. K.; Toste, F. D. *J. Am. Chem. Soc.* **2005**, *127*, 17168.

[138] (a) Drury III, W. J.; Ferraris, D.; Cox, C.; Young, B.; Lectka, T. *J. Am. Chem. Soc.* **1998**, *120*, 11006. (b) Ferraris, D.; Young, B.; Cox, C.; Dudding, T.; Drury III, W. J.; Ryzhkov, L.; Taggi, A. E.; Lectka, T. *J. Am. Chem. Soc.* **2002**, *124*, 67.

[139] Mikami, K.; Kawakami, Y.; Akiyama, K. *J. Am. Chem. Soc.* **2007**, *129*, 12950.

[140] Clarke, M. L.; Jones, C. E. S.; France, M. B. *Beilstein J. Org. Chem.* **2007**, *3*, 24.

[141] Rueping, M.; Theissmann, T.; Kuenkel, A.; Koenigs, R. M. *Angew. Chem., Int. Ed.* **2008**, *47*, 6798.

[142] Sarkar, T. K.; Ghorai, B. K.; Nandy, S. K.; Mukherjee, B.; Banerji, A. *J. Org. Chem.* **1997**, *62*, 6006.

[143] Snider, B. B.; Huu Vo, N.; O'Neil, S. V. *J. Org. Chem.* **1998**, *63*, 4732.

[144] Roethle, P. A.; Chen, I. T.; Trauner, D. *J. Am. Chem. Soc.* **2007**, *129*, 8960.

[145] Taber, D. F.; Reddy, P. G.; O. Arneson, K. *J. Org. Chem.* **2008**, *73*, 3467.

不对称氢氰化反应
(Asymmetric Hydrocyanation)

陈沛然

1   历史背景简述

1908 年，Rosenthaler[1]用苦杏仁提取物催化 HCN 对苯甲醛的加成制备了扁桃腈，这是第一个报道的不对称氢氰化反应，也是酶催化不对称合成 α-氰醇最早的例子。但是，这样一个有趣的酶催化不对称合成反应在其后多年无人问津。直到 50 多年后，由于不对称合成化学的蓬勃兴起，酶催化和化学催化不对称氢氰化反应才开始得到重视。1963-1966 年，Pfeil 等人[2]对 Rosenthaler 的反应重新进行了研究。他们从苦杏仁中分离纯化并鉴定了羟氰裂解酶 (hydroxynitrile lyase，缩写为 HNL)，并把该反应发展为一个更普遍的方法。1987 年，Effenberger等人[3]发展了有机溶剂-水缓冲液二相体系中的酶催化氢氰化反应。1997 年，Lin[4]发展了用于酶催化反应的微水相体系。与酶催化反应的发展平行，化学催化剂的发展也日益加速。1979 年，Inoue[5]报道了第一个用于不对称氢氰化反应的有机催化剂。1987 年，Narasaka[6]报道了第一个用于不对称氢氰化反应的手性Ti-配合物，开始了手性配体-金属配合物催化的不对称氢氰化反应。到目前为止，已经有多篇关于不对称氢氰化反应的综述论文[7]。

α-氰醇的 α-碳原子是一个手性碳原子，上面连接一个羟基和一个氰基，具有多种化学转化的可能性 (图 1)。因此，对映纯的 α-氰醇是手性生物活性分子合成中的一个重要合成元。

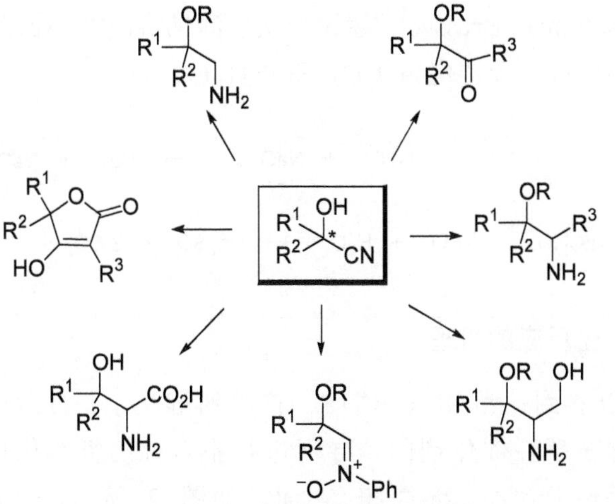

图 1   手性氰醇的多种转化可能性

2 氢氰化反应的定义和不对称氢氰化反应的机理

2.1 氢氰化反应的定义

氢氰化反应是构建 C-C 键的反应之一，是氰负离子在醛或酮的羰基上加成生成 α-氰醇的反应 (式 1)。

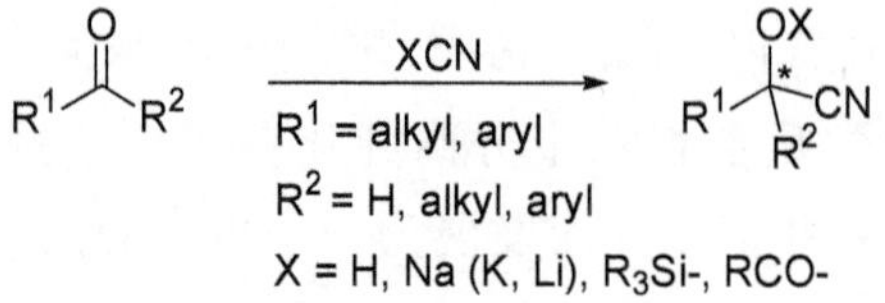

$$R^1\overset{O}{\underset{}{\|}}R^2 \xrightarrow[\substack{R^1 = alkyl,\ aryl \\ R^2 = H,\ alkyl,\ aryl \\ X = H,\ Na\ (K,\ Li),\ R_3Si\text{-},\ RCO\text{-}}]{XCN} R^1\overset{OX}{\underset{R^2}{\overset{*}{\text{—C—}}}}CN \qquad (1)$$

根据氰源 XCN 的不同，可以发生不同类型的氢氰化反应。X = H 或碱金属 Li、Na、K 时，称为氢氰化反应，反应产物为 α-氰醇。X = R_3Si- 时，称为硅氰化反应，反应产物是 O-硅醚化的 α-氰醇，酸处理后转化为 α-氰醇。X = RCO- 时，称为酰氰化反应，产物是 O-酰基化的 α-氰醇。当使用 α-氰醇 (例如：丙酮氰醇) 作为氰源时发生的反应称为转氢氰化反应，产物是 α-氰醇。在本章中，上述的所有反应统称为氢氰化反应。

需要指出的是，以上的各种氰源都是剧毒物质。操作者要有充分的防护，必须在良好的通风橱中进行实验，反应废液要作无害化处理。具体可参见 International Chemical Safety Card of HCN (ICSC0492) (http://www.cdc.gov/niosh/ ipcneng/neng0492.html)。Brussee[7b]建议用次氯酸钠溶液将 NaCN 转化为低毒的 NaCNO，后者还可进一步转化为 CO_2 和 NH_3 (式 2)。

$$NaCN + NaOCl \longrightarrow NaCl + NaCNO$$
$$2\,NaCNO + H_2SO_4 + H_2O \longrightarrow Na_2SO_4 + 2\,CO_2 + 2\,NH_3 \qquad (2)$$

2.2 不对称氢氰化反应的机理

从式 1 可以看到：当 $R^1 \neq R^2$ 时，产物氰醇是个手性分子。要得到对映纯的氰醇，必须在手性催化剂的诱导下进行不对称的氢氰化反应。醛或酮的羰基有两个前手性面，即 Re-面 和 Si-面。如图 2 所示：当底物醛 (酮) 与手性催化剂形成反应过渡态后，两个前手性面的反应性是不同的。CN⁻ 只能优先进攻其中的一个面，发生不对称的反应，导致产物中一个对映体的过量。不同类型的催化剂有其特有的催化机理，在讨论具体的反应时还会加以介绍。目前，已经广为报道的催化剂有羟氰裂解酶 (HNL)、有机催化剂、手性配体-金属配合物催化剂。

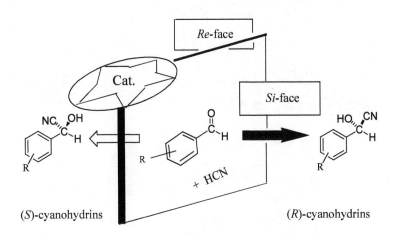

图 2 不对称氢氰化反应机理示意图

3 羟氰裂解酶催化的不对称氢氰化反应

3.1 自然界的氰醇和产氰代谢

自然界的氰醇 (以下均指 α-氰醇) 以糖苷的形式存在，超过 3000 种植物和一些细菌、真菌以及千足虫、昆虫中含有氰醇糖苷[7a]。生物体中的氰醇糖苷在糖苷酶的作用下释放出糖和氰醇，后者在羟氰裂解酶的作用下释放出醛 (酮) 和 HCN。如图 3 所示，这个过程称为"产氰代谢"。

产氰作用对于产氰植物有两个用途：自身防御和提供氮源。正常情况下，植物把氰苷和糖苷酶及 HNL 分别局限在细胞的不同部分，使产氰代谢受到控制。当植物细胞受到伤害时，氰苷与糖苷酶和 HNL 接触，释放出剧毒的 HCN，使施害者中毒。早在 100 多年前就有报道，把未成熟的高粱作为牛饲料会造成牛的突然死亡[7a]。文献还报道[8]，1 g 巴旦杏仁可产生约 2.5 mg HCN。人的致死量约为 50 mg，大约相当于生啖 20~30 颗杏仁。服用小量生杏仁后在体内会缓慢产生微量的 HCN 而不会引起中毒，同时起到镇静呼吸中枢的作用，能使呼吸趋于安静而收到镇咳平喘的功效。一些镇咳平喘的中成药含有杏仁或枇杷叶提

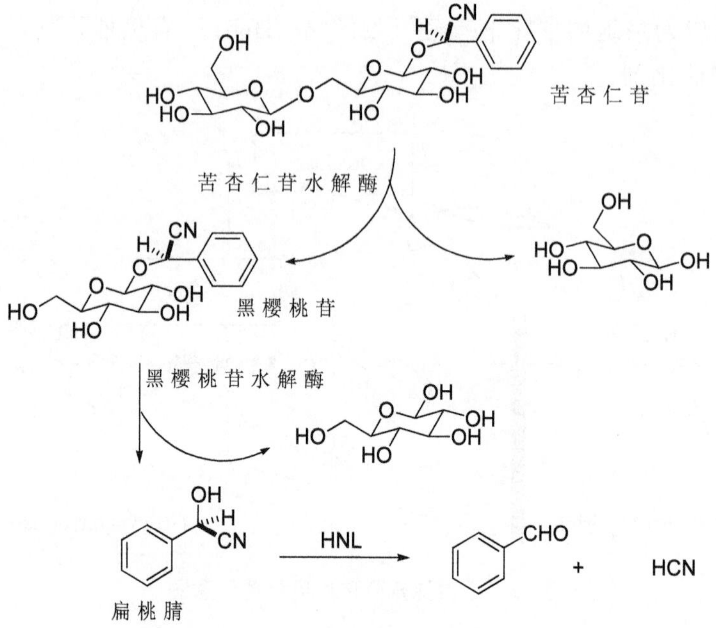

图 3　产氰代谢示意图

取物，大概就是利用了这些植物的产氰代谢。

　　种子在发芽的时候需要大量合成氨基酸。这时，产氰代谢产生的 HCN 就为植物自身合成氨基酸提供氮源。如式 3 所示：在产氰植物体内 L-半胱氨酸与 HCN 作用转化为 L-天冬酰胺[7a]。

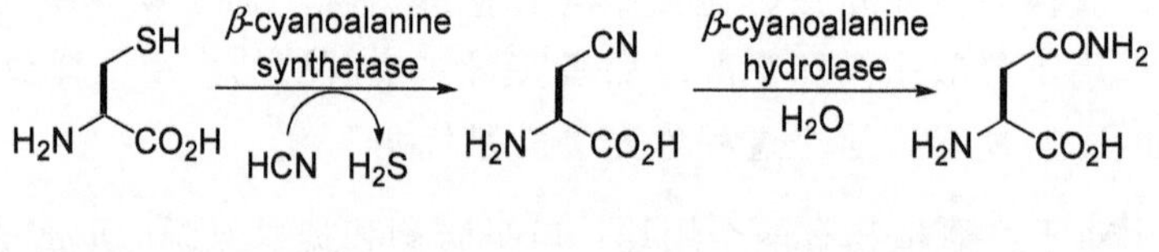

(3)

　　自然界的氰醇具有不同的构型，但都以糖苷的形式存在。例如：杏仁、苹果核、亚麻叶、樱桃核、枇杷叶或核中含有 (R)-氰醇；高粱苗、木薯叶、橡胶树叶中含有 (S)-氰醇。虽然在产氰代谢中氰醇被 HNL 分解为醛 (酮) 和 HCN，人们还可以利用其逆反应，在 HNL 催化下从醛 (酮) 和 HCN 合成氰醇。但是，大多数天然的氰醇是由苯丙氨酸、酪氨酸、缬氨酸、亮氨酸和异亮氨酸等氨基酸衍生而成的，另一些氰醇的前体则是非蛋白质氨基酸环戊烯基甘氨酸或者是烟酰胺[7i](图 4)。

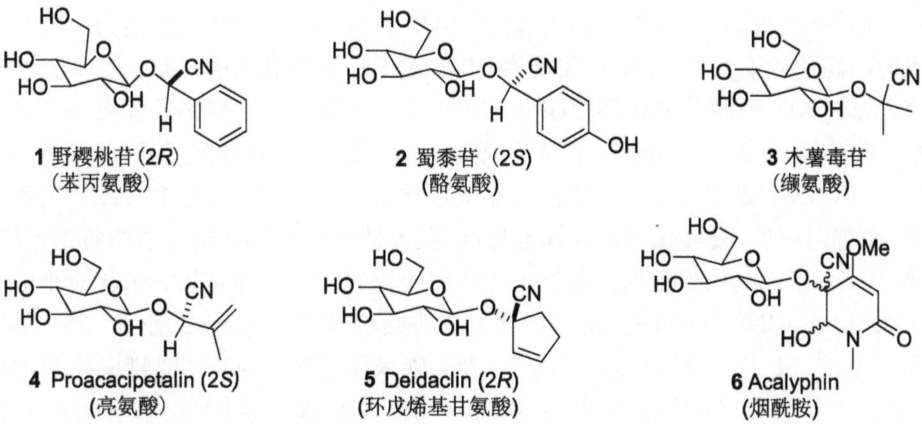

1 野樱桃苷 (2*R*)
(苯丙氨酸)

2 蜀黍苷 (2*S*)
(酪氨酸)

3 木薯毒苷
(缬氨酸)

4 Proacacipetalin (2*S*)
(亮氨酸)

5 Deidaclin (2*R*)
(环戊烯基甘氨酸)

6 Acalyphin
(烟酰胺)

图 4   氰醇苷举例 (括号内是它们的前体)

3.2 羟氰裂解酶及其催化机理

3.2.1 羟氰裂解酶研究简介

由于 HNL 在对映选择性催化氰醇合成中的巨大应用价值,使其本身也得到广泛的研究。目前,对它们的酶学性质、编码基因、酶蛋白空间结构、催化机理以及酶的系统发生学等方面的研究均已获得可观的进展。在此我们只对某些方面作简要介绍,详细的内容可参考相应的文献[7a,b,d,h]。

目前发现的 HNL 可粗略地分为黄素腺苷二核苷酸 (FAD, **7**) (图 5) 依赖性和非依赖性两大类。前者存在于蔷薇科植物的果实核仁中,例如:杏、梅、桃、和苹果。此类 HNL 是单链糖蛋白,高达 30% 的碳水化合物通过 *N*-糖苷键与肽链连接。辅酶 FAD 非共价结合在酶活性中心附近的区域,氧化型 FAD 对于酶的活性是必需的。FAD 依赖性 HNL 的天然底物是 (*R*)-扁桃腈。因此它们的立体化学特异性是 (*R*)-构型,用它们催化氢氰化反应得到的产物是 (*R*)-构型的氰醇。FAD 非依赖性 HNL 存在于亚麻种苗、高粱种苗、木薯叶、橡胶树叶和蕨类植物的叶子中。除了不含辅酶 FAD 的共同点以外,这类 HNL 彼此间的差别很大。

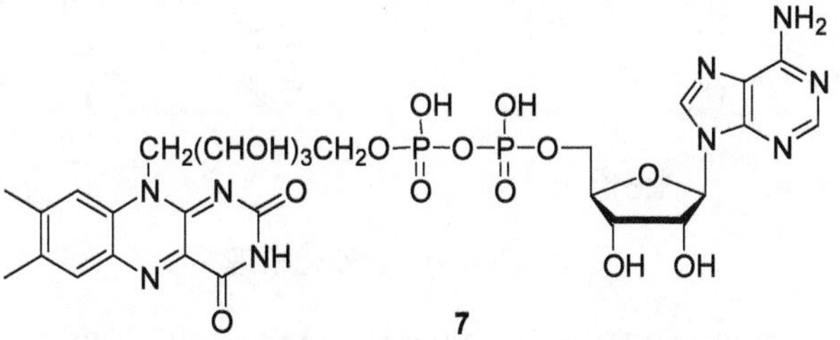

7

图 5   黄素腺苷二核苷酸 **7** 的结构

　　同源性研究揭示，虽然不同来源的 HNL 有着共同的产氰代谢能力，但它们的可能起源却各不相同。(1) 以黑樱桃 HNL (PsHNL) 为代表的 FAD 依赖性 HNL 可能是从 FAD 依赖性氧化还原酶进化而来的。由酶的化学修饰研究得知，半胱氨酸 (Cys) 和丝氨酸 (Ser) 可能是构成活性中心的 2 个氨基酸残基。(2) 亚麻科植物的 LuHNL 是非 FAD 依赖性的非糖基化蛋白质。它与其它非 FAD 依赖性 HNL 没有同源性，立体化学特异性也相反，其天然底物是 (*R*)-构型的脂肪族氰醇。这类 HNL 和 Zn 依赖性的醇脱氢酶的相似度比较高，可能是从它进化而来的。PsHNL 和 LuHNL 的共同点是它们的蛋白质结构都具有 βαβ-折叠子。(3) 早熟禾科高粱的 SbHNL 和 SvHNL 含有 7% 碳水化合物。(4) 大戟科植物的木薯 MeHNL 和橡胶树 HbHNL 是非糖基化蛋白质，它们都是非 FAD 依赖性的，它们的立体化学特异性都是 (*S*)-构型。前者的天然底物是没有光学活性的 2-甲基-2-羟基丙腈，后者的天然底物是 (*S*)-对羟基扁桃腈。这些 HNL 的分子结构中都含有 α/β-折叠子。但 SbHNL 的一级结构和丝氨酸羧肽酶有高度同源性，而 HbHNL 和 MeHNL 的一级结构则和水稻乙酰胆碱酯酶有大约 35% 的相似性。羧肽酶和乙酰胆碱酯酶都是水解酶，水解酶的催化活性中心含有 Ser/Asp/His 三元组。定点诱变研究表明，SbHNL 和 MeHNL 也都存在作为催化活性中心的 Ser/Asp/His 三元组，进一步表明了它们的进化来源。此外，来自蕨类植物的 PhaHNL [(*R*)-特异性] 和来自 sandalweed 的 XaHNL [(*S*)-特异性] 的来源尚待研究。

3.2.2　羟氰裂解酶催化机理

　　2001 年，Kratky 等完成了对一个分子量为 61 kD 的同工酶 (PaHNL1，分离自 *Prunus amygdalus*) 的 1.5 Å 晶体结构分析。通过底物复合物模型分析，他们为属于 βαβ-基序家族的 PaHNL 提出了产氰作用的催化机理。如图 6 所示：该机理包含了一般的酸碱催化和氰负离子的静电稳定化作用[7h,9]。

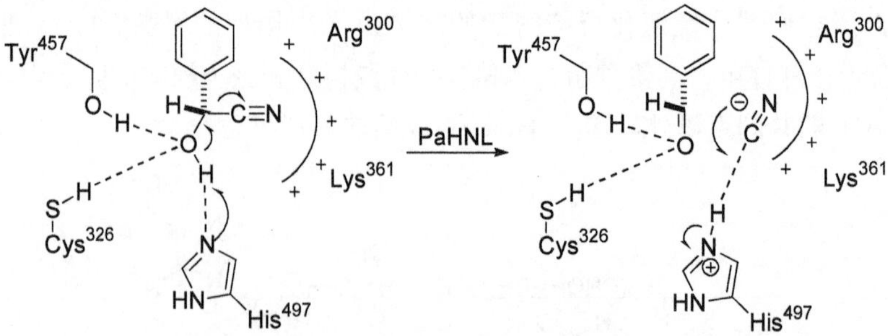

图 6　PaHNL 的催化机理

　　对属于 α/β-家族的 HbHNL 和 MeHNL，Griengl[7h,10]和 Förster[7h,11]分别提出了如下的催化机理 (图 7，A 和 B)。

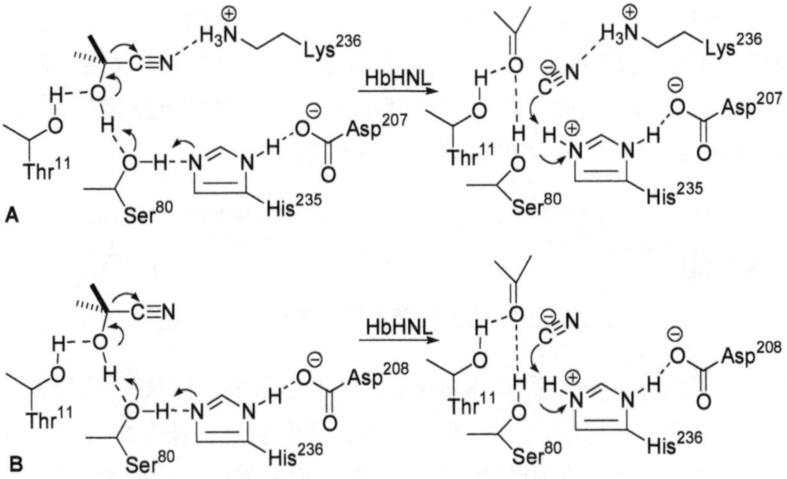

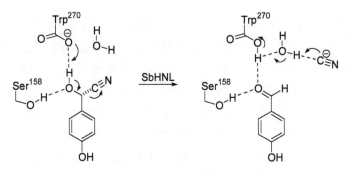

图 7 HbHNL (**A**) 和 MeHNL (**B**) 的催化机理

Förster[7h,12]提出了另一个 α/β-家族的 SbHNL 的催化机理 (图 8)。

图 8 SbHNL 的催化机理

3.3 羟氰裂解酶催化的不对称氢氰化反应

3.3.1 反应体系综述

3.3.1.1 反应介质

自 Rosenthaler 报道的第一个不对称氢氰化反应以来，酶催化的氢氰化反应的介质体系经历了水性介质、有机溶剂-水缓冲液两相体系和微水相体系的发展变化，使得产物的对映纯度、产率、操作方便度等方面都得到提高。

Rosenthaler 及其后的 Pfeil 是在水性介质中进行反应的。Pfeil 把反应底物的范围从天然的底物苯甲醛扩大到其它芳香醛以及一些脂肪醛和杂芳醛等，生成相应的 (*R*)-氰醇。当用苯甲醛为底物时，获得了当时很难得到的高对映选择性

(86% ee)。遗憾的是，因为囿于酶反应必须在水介质中进行的传统观念，导致在水缓冲液中 HCN 对醛的自发加成与酶催化加成的竞争以及水性介质对光学活性产物消旋化的加速。因此，在大多数情况下产物的对映选择性都很低 (式 4)。同时，许多醛、酮较低的水溶性也阻碍了它们的反应。

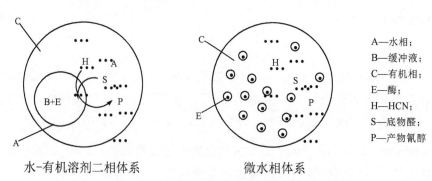

1987 年，Effenberger[3]受到 Klibanov 非水相酶反应结果[13]的启发，在有机溶剂中对该反应进行研究取得了突破性进展。他们发现：在有机溶剂中 HCN 对醛的自发化学加成 (产生消旋产物) 受到抑制，而酶催化的反应受到的影响较小。他们用含纯化 HNL 的固定化酶在水缓冲液与含底物的有机溶液组成的二相反应体系，并将水相的 pH 值控制在 5.5 以下，使得 HCN 对醛的非酶促加成受到抑制，以很高的对映选择性和产率从多种醛 (包括某些反应活性较低的醛) 得到氰醇。

Lin[4]在 1998 年发现：在水饱和的异丙醚溶液中和 4~30 ℃ 下，水含量约 9% 的杏仁粉具有很好的催化活性。由于体系中只含微量的水，他们将这一体系称为"微水相酶反应体系"。微水相酶反应体系在酶分子表面保持了酶催化反应所必需的水分，酶分子处在与植物体内类似的微环境中催化溶解在有机溶剂中的底物的氢氰化反应，产生的 α-氰醇从催化剂表面返回有机溶剂中。在微水相酶反应体系中，有机相只作为底物和反应产物的存储仓库。酶源粉相当于精致的高性能转化器，将底物转化为产物 (图 9)。用该方法合成氰醇的产率和对映选择性均不亚于上述的两相体系法，有些例子还更好。同时，还方便了酶源粉的回收与重复利用。这一体系的建立为酶促合成对映纯 α-氰醇提供了一条新的思路和方法，为工业规模的制备奠定了基础，已为不少研究者采用。

水-有机溶剂二相体系　　　微水相体系

A—水相；
B—缓冲液；
C—有机相；
E—酶；
H—HCN；
S—底物醛；
P—产物氰醇

图 9　二相体系和微水相体系比较的示意图

"微水相酶催化"策略已在对映纯氰醇的工业化生产中得到应用，例如：(R)-2-氯扁桃腈的合成。此化合物是生产 (R)-2-氯扁桃酸的原料，后者是生产抗血栓药物氯吡格雷的手性中间体。Sheldon 等[14]在用 2-氯苯甲醛通过杏仁粉催化的氢氰化反应制备 (R)-2-氯扁桃腈的过程中，使用 Effenberger 的二相体系在常温下只得到 52% ee，在 0 ℃ 时可提高到 77% ee。但是，采用微水相方法，即使在制备规模 (200 mmol 醛，50 g 杏仁粉，1 L 二异丙醚) 反应中，在常温下也可以达到 91% ee 和 96% 产率。

3.3.1.2   酶形态和反应器

迄今报道比较多的用于醛 (酮) 氢氰化反应的羟氰裂解酶有来源于杏仁的 PaHNL、来源于苹果核的 HNL、来源于亚麻嫩芽的 LuHNL、来源于高粱嫩芽的 SbHNL、来源于橡胶叶的 HbHNL 和来源于木薯叶的 MeHNL。前三个的立体选择性是 (R)-构型，后三个是 (S)-构型。用于氢氰化反应的酶的形态有含酶的植物部分的粗制品 (例如：杏仁粉)、分离酶、重组酶以及固定化的酶。分离酶和重组酶的单位纯度和活性高，但比较娇嫩和价格昂贵。固定化酶可重复使用，但价格昂贵。粗制品虽然单位活性低，但制备方便和价格便宜，也可重复使用。

在微水相反应体系的基础上，Lin 小组发展了一种柱连续反应器[15]。与常规的批量反应相比，连续反应器由于能更好地传质和传热，因而可提高反应的选择性，降低副反应。他们把酶源粉装在柱反应器中，按照上述微水相体系的条件，进行流动的氢氰化反应 (图 10)。预先做氢氰化反应的时间曲线，以苯甲醛氢氰化反应的速率为 1，求得各种醛氢氰化反应的相对速率，据此调节相应醛底物的柱流速。例如：在含 15 g 杏仁粉的柱反应器 (0.7 cm × 80 cm) 中转化 10 mmol 底物，苯甲醛经过 200 次循环，产物的产率保持在 90% 左右，对映选择性保持在 99% ee 左右；呋喃-2-甲醛经过 120 次循环，生成的产物可以得到 95% 的产率和 98% ee。

上述连续反应器的目的是为了实现对映纯氰醇的规模化制备。在天然酶及其定向进化产物的筛选中，微型连续反应器不但可极大地提高筛选效率，而且还可减少底物和酶的用量。2008 年，Koch 等人[16]报道了一种用于 HNL 筛选的微量连续反应器 (图 11)。它使用含 HNL 的细胞溶解物为催化剂，将含有 KCN 和粗酶的水相与含有胡椒醛底物的有机相同时注入反应管道在此进行反应，总的反应时间设定为 1~5 min。在管道末端连接终止反应的磷酸溶液，用自动取样器接收每次反应的产物，用 GC 或 HPLC 进行转化度和对映选择性测定。通过对比研究发现，用微量连续反应器所得到的结果与从常规的批量反应所得到的结果是一致的。

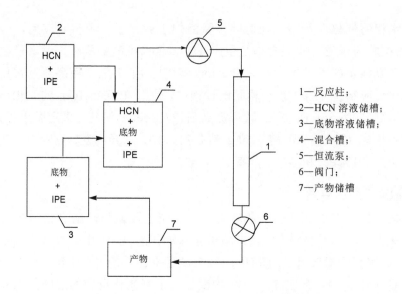

1—反应柱；
2—HCN 溶液储槽；
3—底物溶液储槽；
4—混合槽；
5—恒流泵；
6—阀门；
7—产物储槽

图 10　Lin 的微水相连续柱反应器示意图

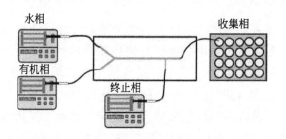

图 11　Koch 的微量连续反应器示意图

水相：0.23 mol/L 胡椒醛和 0.18 mol/L 茴香醚 (内标) 的 MTBE 溶液；
有机相：0.69 mol/L KCN, 0.43 mol/L 柠檬酸, 72 mmol/L 对硝基苯酚 (内标)
　　　　和含有 4% (体积分数) (R)-PaHNL 的粗溶解物，溶液的 pH = 5;
终止相：1 mol/L 磷酸；
收集相：1 L/mL 5-溴间二甲苯 (内标) 的 MTBE 溶液

3.3.2　醛的氢氰化反应

苯甲醛在上述几种 HNL 催化下都能以接近 99% ee 和几乎定量的产率生成 (R)- 或 (S)-扁桃腈 (式 5)[17]。

有许多取代苯甲醛也能给出很好的结果，但强吸电子取代基 (例如：NO_2、CF_3) 对反应不利。Lin 小组[18]用微水相体系制备了一系列氟代扁桃腈，他们发现，F-取代越多对反应越不利 (式 6~式 13)。

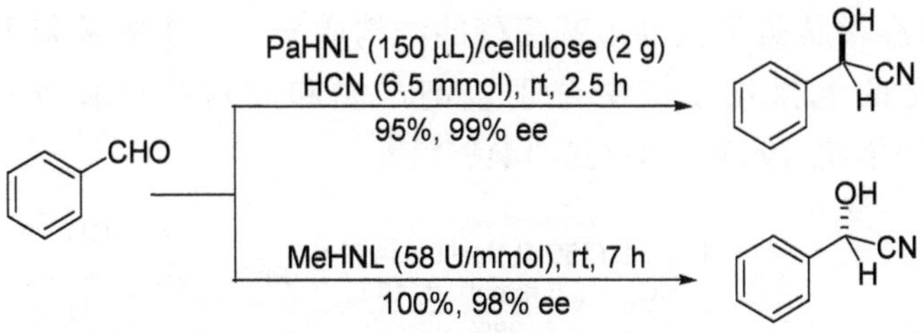
CHO
PaHNL (150 μL)/cellulose (2 g)
HCN (6.5 mmol), rt, 2.5 h
95%, 99% ee
OH
CN
H
MeHNL (58 U/mmol), rt, 7 h
100%, 98% ee
OH
CN
H
(5)

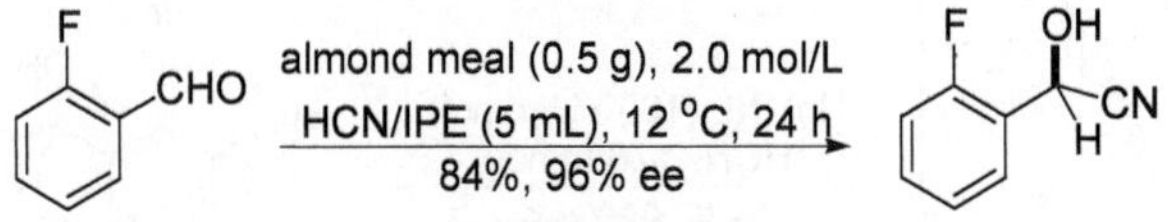
F
CHO
almond meal (0.5 g), 2.0 mol/L
HCN/IPE (5 mL), 12 °C, 24 h
84%, 96% ee
F
OH
CN
H
(6)

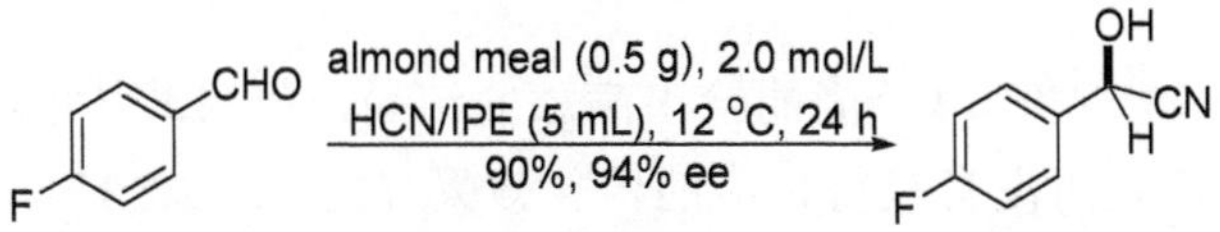
CHO
F
almond meal (0.5 g), 2.0 mol/L
HCN/IPE (5 mL), 12 °C, 24 h
90%, 94% ee
OH
CN
H
F
(7)

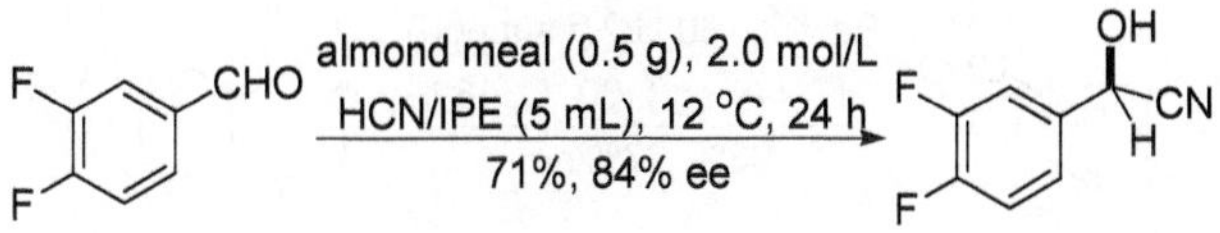
F
CHO
F
almond meal (0.5 g), 2.0 mol/L
HCN/IPE (5 mL), 12 °C, 24 h
71%, 84% ee
OH
F
CN
H
F
(8)

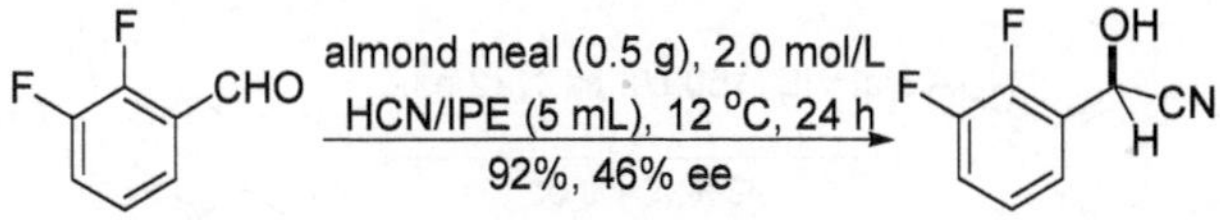
F
F
CHO
almond meal (0.5 g), 2.0 mol/L
HCN/IPE (5 mL), 12 °C, 24 h
92%, 46% ee
F
OH
F
CN
H
(9)

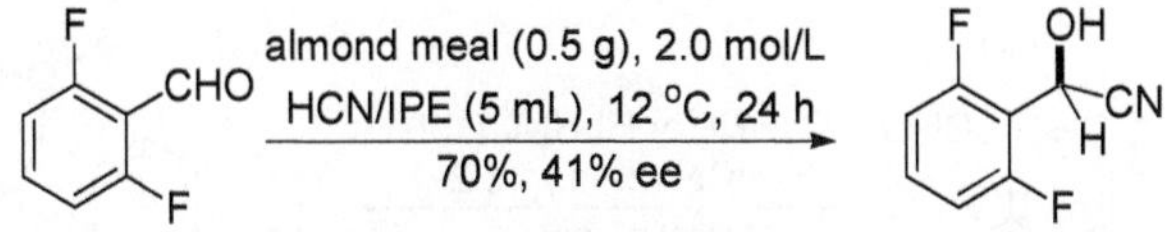
F
CHO
F
almond meal (0.5 g), 2.0 mol/L
HCN/IPE (5 mL), 12 °C, 24 h
70%, 41% ee
F
OH
CN
H
F
(10)

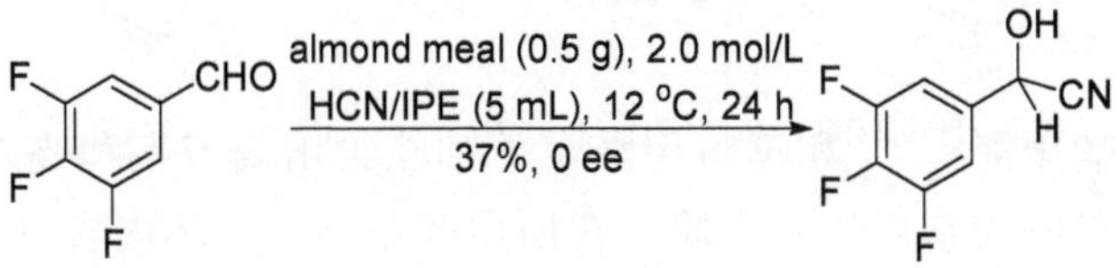
F
CHO
F
F
almond meal (0.5 g), 2.0 mol/L
HCN/IPE (5 mL), 12 °C, 24 h
37%, 0 ee
OH
F
CN
H
F
F
(11)

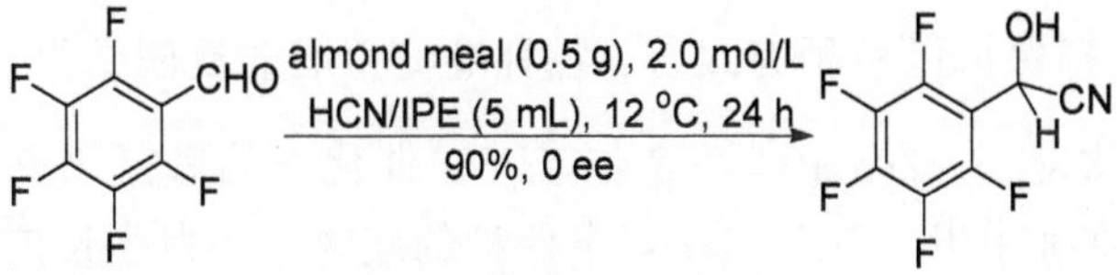
F
F
CHO
F
F
F
almond meal (0.5 g), 2.0 mol/L
HCN/IPE (5 mL), 12 °C, 24 h
90%, 0 ee
F
OH
F
CN
H
F
F
F
(12)

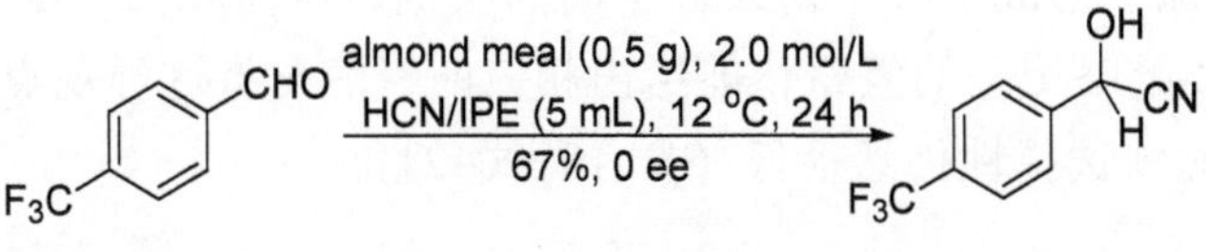
CHO
F3C
almond meal (0.5 g), 2.0 mol/L
HCN/IPE (5 mL), 12 °C, 24 h
67%, 0 ee
OH
CN
H
F3C
(13)

    m-苯氧基扁桃腈是杀虫剂溴氰菊酯的结构成分。*m*-苯氧基苯甲醛 (**8**) 在二种 HNL 催化的氢氰化反应中分别以高产率和高对映选择性得到 (*R*)- 和 (*S*)-*m*-苯氧基扁桃腈 (**9** 和 **10**) (式 14)[17a,19]。

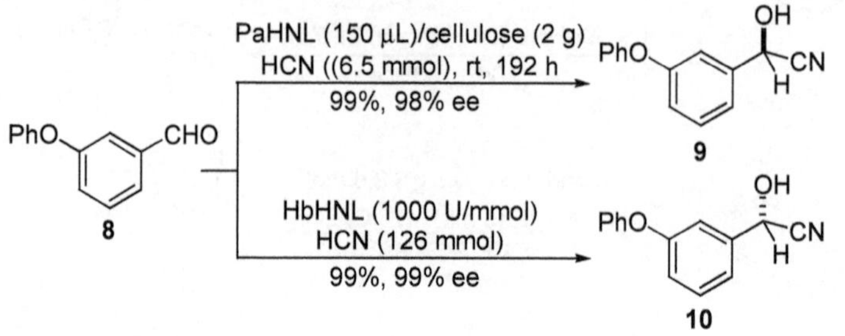

$$(14)$$

    多环苯甲醛 **11**[20] 和 **12**[21] 尚能给出满意的结果，但 **13**[21] 可能由于环太大，超出了酶的结合口袋而没有获得相应的催化效果 (式 15~式 17)。

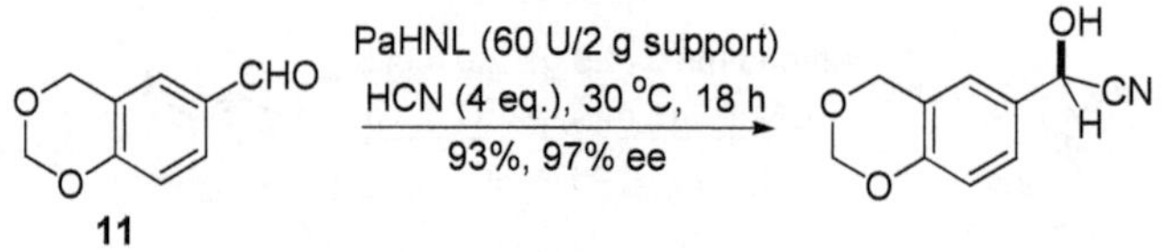

$$(15)$$

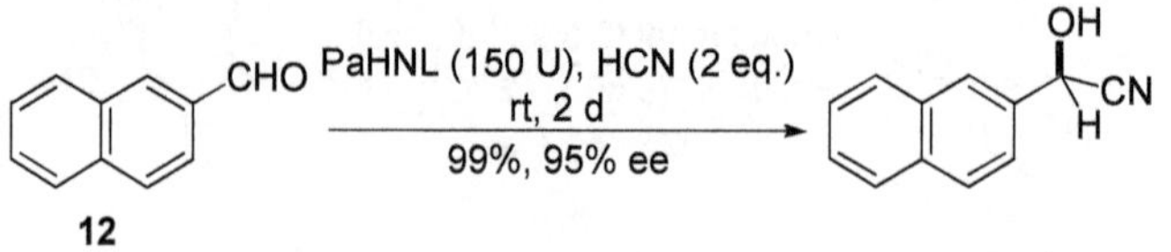

$$(16)$$

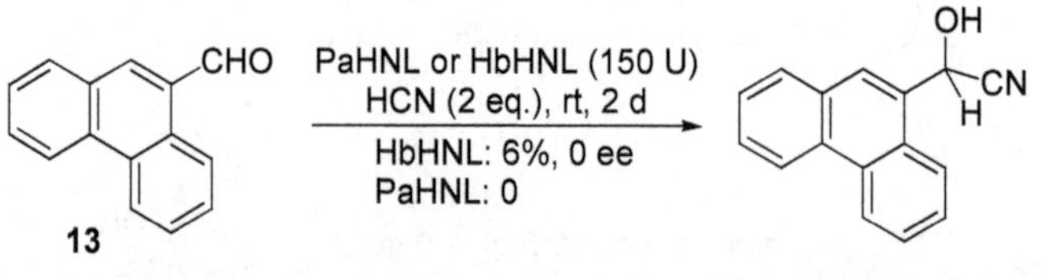

$$(17)$$

    杂芳醛中呋喃甲醛[17b,22] 和噻吩甲醛[19,22] 都能给出高产率和高对映选择性的氰醇产物，但带有取代基后略有下降。在所用的条件下，环内含 NH- 的五元环杂芳基甲醛 (例如：吡咯-、咪唑- 和吲哚甲醛) 都不能发生氢氰化反应。但是，NH- 被各种保护基保护以后稍有改善。各种吡啶甲醛的反应结果也不理想[22,23]。

    Lin 小组首次对 2-吡咯甲醛在杏仁 HNL 催化下的氢氰化反应进行了比较系统的研究[23]。他们指出：杂环 NH- 未保护的底物不能发生反应，可能是因为 NH- 与羰基氧原子形成了分子内或分子间的氢键，从而降低了羰基的活性。虽然 *N*-保护的 2-吡咯甲醛的氢氰化能给出相应的氰醇支持这种观点，但多数底物给出的产率和对映选择性仍然很低 (式 18~式 21)。

CHO

almond meal (0.6 g), HCN
(2 mol/L, 5 mL), rt, 24 h
100%, 99% ee

HbHNL (1000 U/mmol)
HCN (126 mmol)
95%, 98% ee

(18)

CHO

almond meal (0.6 g), HCN
(2 mol/L, 5 mL), rt, 24 h
70%, 99% ee

MeHNL (58 U/mmol)
rt, 7 h
85%, 96% ee

(19)

CHO

HbHNL (300 U), KCN
(2 eq.), 0~5 °C, 40 min
no reaction

(20)

CHO

almond meal (0.5 g)
2 mol/L HCN/IPE, rt, 48 h
33%, 81% ee

(21)

近来，Griengl 小组对此类底物进行了进一步的研究[24]。他们用 PaHNL 和 HbHNL 分别催化 *N*-Me 和 *N*-Bn 保护的 2-吡咯甲醛和 3-吡咯甲醛的氢氰化反应后发现：*N*-Me 底物比 *N*-Bn 底物给出较高的产率，但 *N*-Bn 底物比 *N*-Me 底物给出较高的对映选择性。同时，3-吡咯甲醛反应的立体选择性比 2-吡咯甲醛要好。但总的说来，吡咯系列的反应性都远逊于呋喃和噻吩系列。为了解释这个现象，他们对以下的等键反应 (isodesmic reaction) 进行了量子力学计算 (式 22)。以苯甲醛的活化能 $\Delta E = 0$，求出呋喃-、噻吩-、和吡咯甲醛的 ΔE。ΔE 的负值越大，反应性越高，计算的结果与实验现象相符合。

$$RCHO + Ph-\underset{H}{\overset{O^-}{C}}-CN \longrightarrow R-\underset{H}{\overset{O^-}{C}}-CN + PhCHO \qquad (22)$$

化合物	ΔE		化合物	ΔE	
	kcal/mol	kJ/mol		kcal/mol	kJ/mol
3-呋喃甲醛	−3.9	−16.31	3-吡咯甲醛	2.4	10.04
2-呋喃甲醛	−1.9	−7.94	*N*-甲基-3-吡咯甲醛	2.4	10.04
3-噻吩甲醛	−1.5	−6.27	*N*-甲基-2-吡咯甲醛	3.2	13.38
苯甲醛	0	0	2-吡咯甲醛	4.1	17.15
2-噻吩甲醛	0.2	0.84			

以上两个小组的研究只解释了反应性的问题，而选择性低的原因尚有待研究。

饱和脂肪醛和不饱和脂肪醛 (含孤立双键、共轭双键、叁键) 大多能给出满意的反应结果。即使结构稍为复杂的脂肪醛 **14**[25]和 **15**[21]也能得到满意的结果。但 **16** 由于骨架太大，HNL 不能接受它为底物而没有催化效果[21](式 23~式 25)。

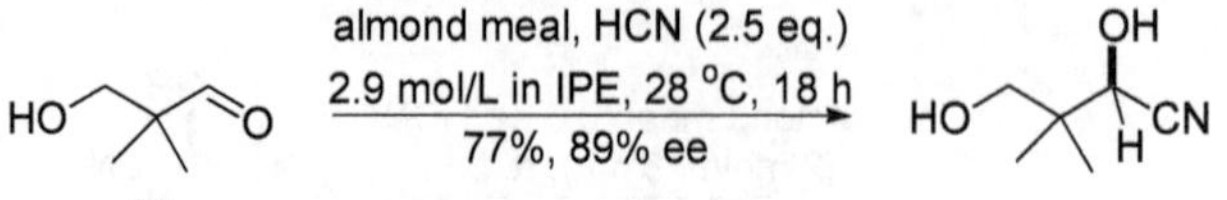

$$(23)$$

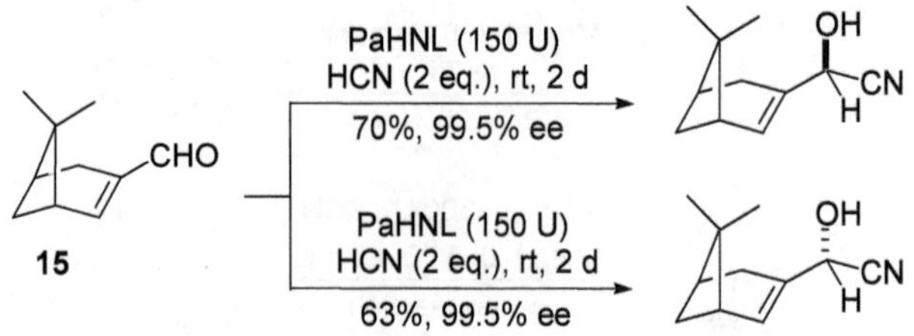

$$(24)$$

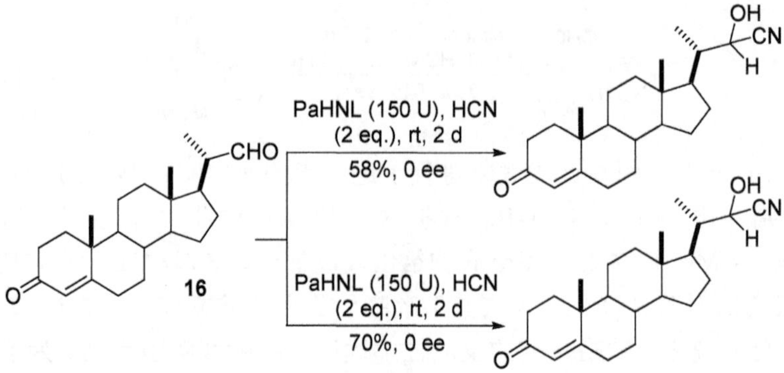

$$(25)$$

3.3.3 酮的氢氰化反应

酮的氢氰化反应比醛要困难一些，因为酮氰醇的稳定性不如醛氰醇。丙酮氰醇可用作氰源与醛进行转氢氰化反应，就是利用了这一特点。多种 HNL 能够接受酮为其底物给出满意的结果，例如：苯乙酮[19,26a]、脂肪酮[17b,26a]和脂环酮[26b](式 26~式 28)。

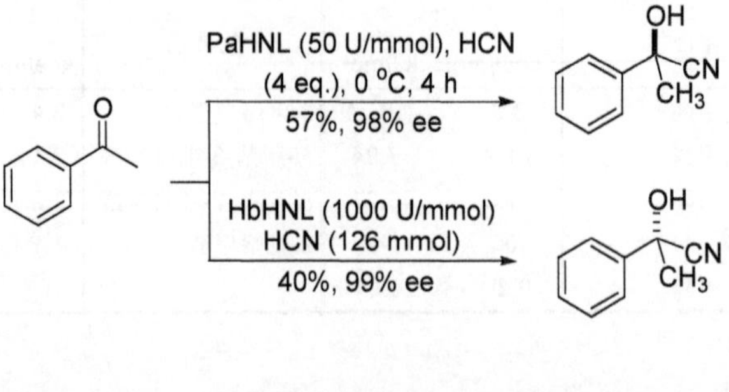

$$(26)$$

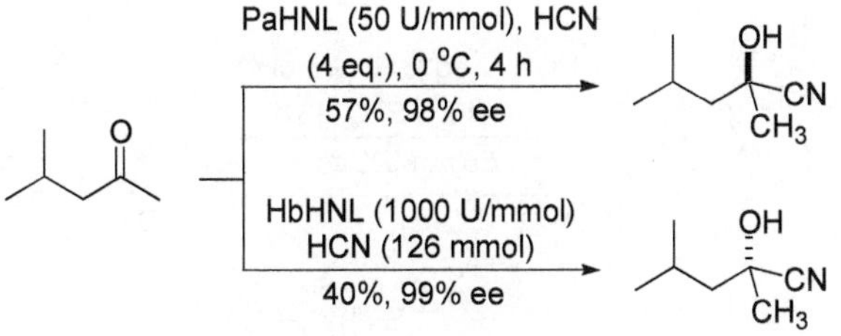
PaHNL (50 U/mmol), HCN
(4 eq.), 0 °C, 4 h
57%, 98% ee
HbHNL (1000 U/mmol)
HCN (126 mmol)
40%, 99% ee
OH
CN
CH3

(27)

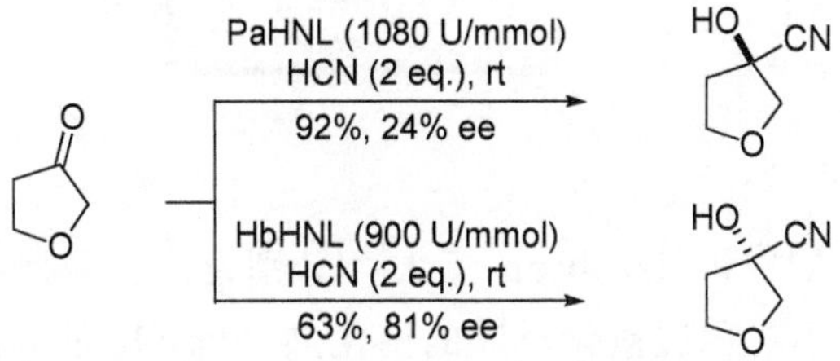
PaHNL (1080 U/mmol)
HCN (2 eq.), rt
92%, 24% ee
HbHNL (900 U/mmol)
HCN (2 eq.), rt
63%, 81% ee
HO
CN

(28)

化合物 **17** 是迄今报道的酮底物中结构比较复杂的一个，其产物 **18** 十分有趣。虽然该反应的产率不高，但立体选择性却令人满意 (式 29)[27]。

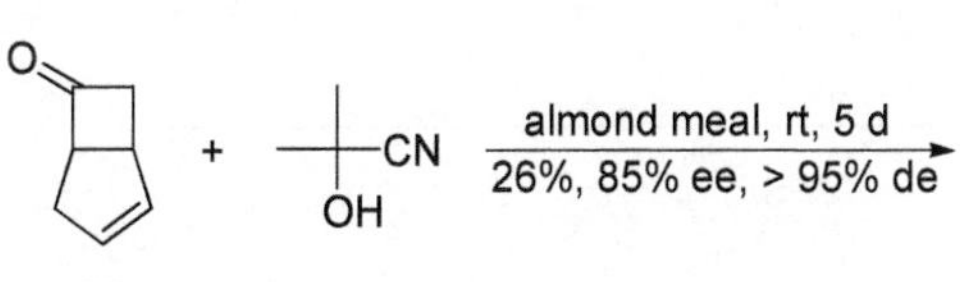
almond meal, rt, 5 d
26%, 85% ee, > 95% de
CN
OH
HO
H
H

17 **18** (29)

4 有机催化剂催化的不对称氢氰化反应

4.1 环二肽催化剂

1979 年，Inoue[28]报道了第一个有机催化剂催化的不对称氢氰化反应。他使用环二肽 cyclo[(*S*)-Ala-(*S*)-His] 为催化剂，以 10% ee 和 50% 产率催化苯甲醛转化为 (*R*)-扁桃腈。此后，陆续报道了大约 20 个有不同程度的催化活性的环二肽。如式 30~式 31 所示：cyclo[(*S*)-Leu-(*S*)-His] (**19**) 的立体选择性是 (*S*)-构型[29]，而 cyclo[(*S*)-*O*-Me-Tyr-(*S*)-His] (**20**) 的选择性是 (*R*)-构型[30]。

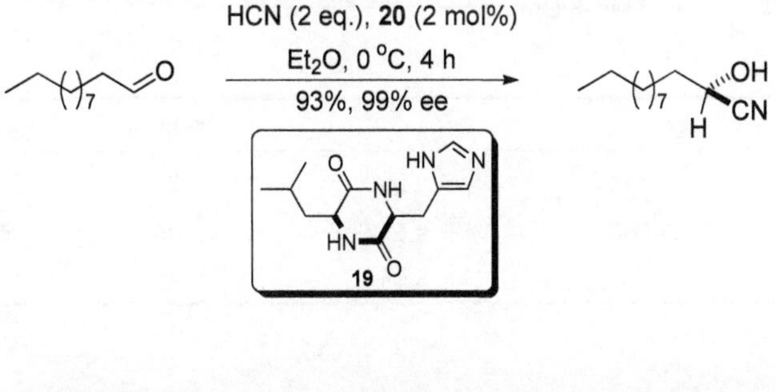
HCN (2 eq.), 20 (2 mol%)
Et2O, 0 °C, 4 h
93%, 99% ee
OH
CN
H
19

(30)

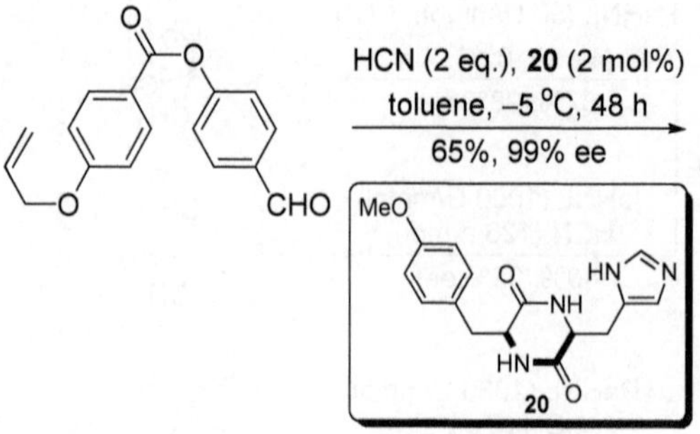
HCN (2 eq.), 20 (2 mol%)
toluene, –5 °C, 48 h
65%, 99% ee
CHO
MeO
HN
NH
HN
N
20
OH
H
CN
(31)

4.2 硫脲催化剂

Piarulli 等人[31]和 Jacobson 等人[32]分别设计了多种手性硫脲化合物 **21**、**22** 和 **23~25** 作为不对称硅氰化反应的催化剂。Piarulli 的硫脲用于催化芳醛和脂肪醛，以中等的立体选择性和 30%~100% 产率生成 (*S*)-氰醇。Jacobson 的硫脲则可用于催化多种酮的硅氰化，产物的立体选择性达到 90%~97% ee，产率最高可接近定量 (式 32)。

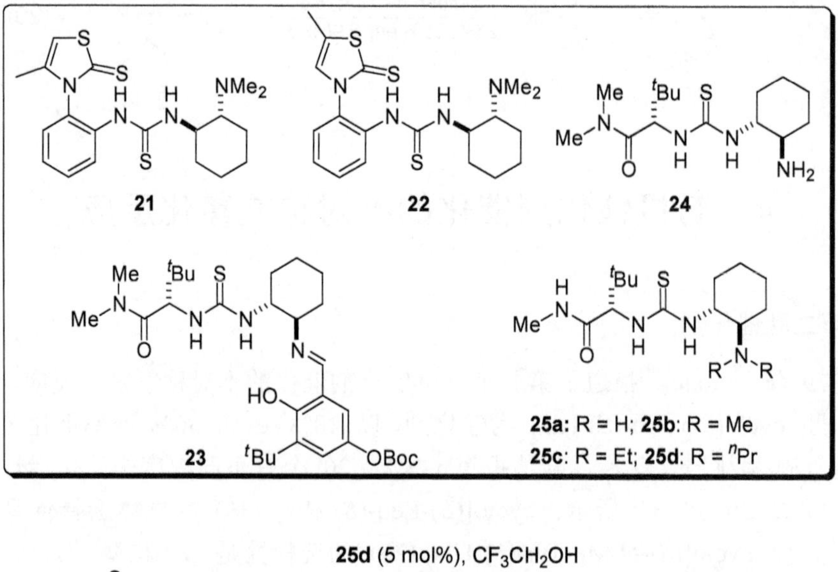
NMe2
21
22
24
23
tBu
OBoc
25a: R = H; 25b: R = Me
25c: R = Et; 25d: R = nPr

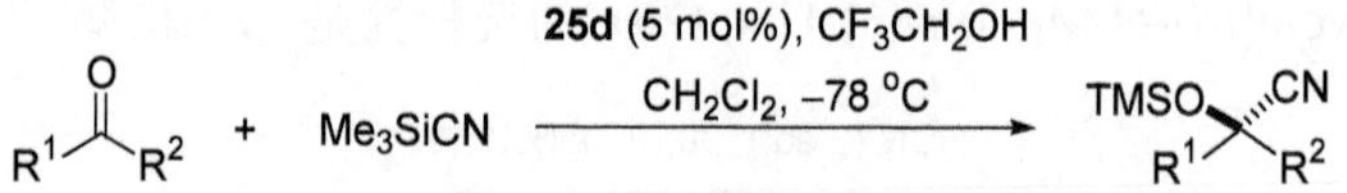
25d (5 mol%), CF3CH2OH
CH2Cl2, –78 °C
Me3SiCN
TMSO
CN
R1
R2
(32)

酮		产率/%	ee/%
Ph(C=O)R	R = Me	96	97
	R = Et	95	95
	R = ^{i}Pr	97	86

续表

酮		产率/%	ee/%
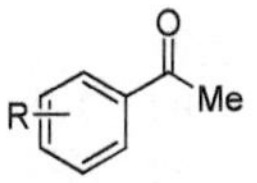	R = 2-Me	96	98
	R = 4-Me	97	96
	R = 3-OMe	97	97
	R = 4-OMe	93	95
	R = 4-Br	94	93
1-Naph(C=O)Me		91	95
2-Naph(C=O)Me		98	97
2-乙酰基呋喃		81	97
2-乙酰基噻吩		88	98
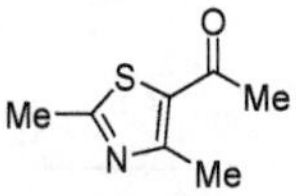		87	97
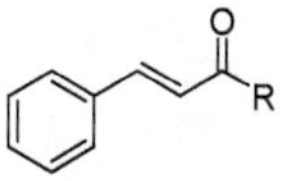	R = Me	94	96
	R = ^{n}Bu	97	93
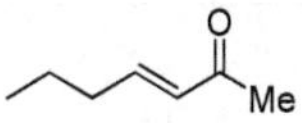		95	89
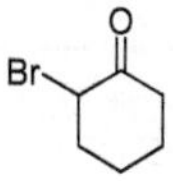		95	97
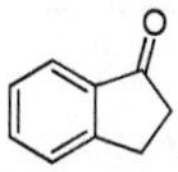		97	91

4.3　N→O 化合物催化剂

Feng 等人报道了 N→O 化合物 **26** 催化的醛和酮的硅氰化反应 (式 33)。对一系列芳醛，反应的立体选择性为 53%~73% ee (产率 59%~92%)[33]。有趣的是这个催化剂对系列 α,α-二烷氧基甲基酮的催化效果非常好，产物的立体选择性可以达到 85%~93% ee，产率也高达 73%~99%[34]。

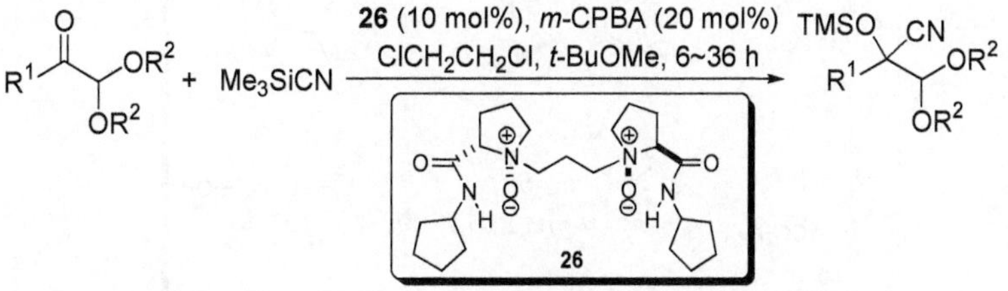

酮		产率/%	ee/%
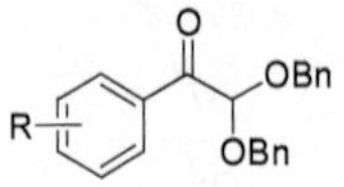	R = H	99	92
	R = 4-Cl	83	88
	R = 3-Cl	99	93
	R = 4-F	99	89
	R = 2-F	92	87
	R = 3-NO₂	99	85
	R = 4-Me	73	90
	R = 4-MeO	99	90
	R = 3,4-(MeO)₂	94	88
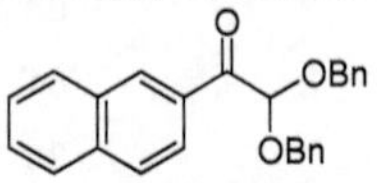		85	93
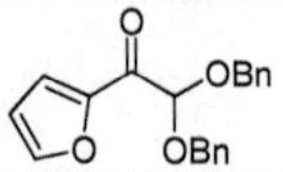		99	90
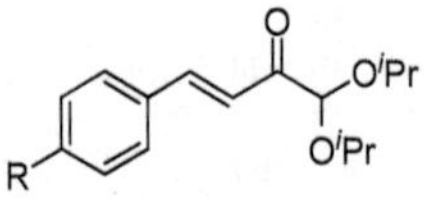	R = H	92	92
	R = Cl	88	87
	R = NO₂	99	93
	R = MeO	85	90
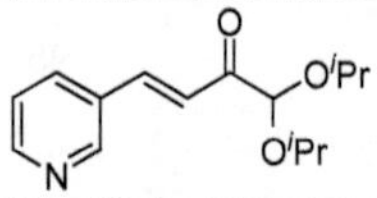		95	85
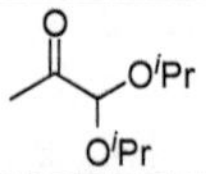		90	92

4.4 氨基酸和羟基酸盐催化剂

简单易得的手性氨基酸和羟基酸的碱金属盐也能有效催化硅氰化反应，使得反应的难度和成本大为降低。Feng 等人[35]报道了用 **27~32** 催化苯乙酮类化合物和一些脂肪酮的硅氰化，产率和选择性都很高 (式 34)。

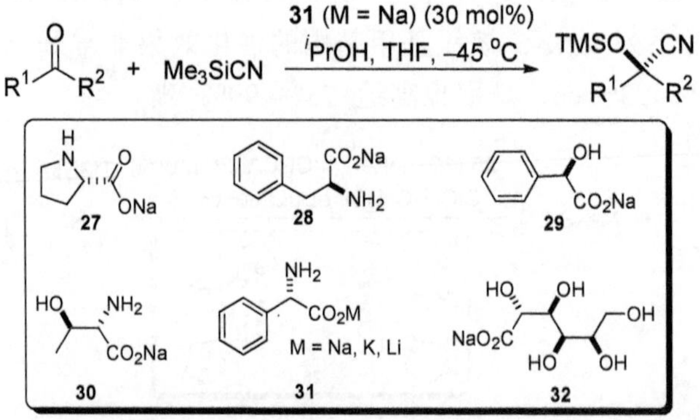

(34)

酮	产率/%	ee/%
乙酰苯	96	94
4′-甲氧基乙酰苯	81	92
4′-甲基乙酰苯	75	97
4′-氟乙酰苯	90	92
4′-氯乙酰苯	83	90
3′-氯乙酰苯	80	96
2′-氟乙酰苯	77	90
2-乙酰噻吩	84	86
反式-4-苯基-3-丁烯-2-酮	96	97
β-乙酰萘	90	96
苄基丙酮	97	81
3-甲基丁酮	92	55

4.5 金鸡纳生物碱

Deng 等人[36]将金鸡纳生物碱衍生物 **33** 和 **34** 用作催化剂，催化系列脂肪酮和 α,α-二烷氧基酮的硅氰化，产率和选择性都很好（式 35）。

(35)

酮		催化剂	产率/%	ee/%
	R = H	**33b**	98	90
	R = OMe	**33b**	94	97
	R = Cl	**33b**	96	98
	R = Cl	**34**	99	94
	R = Ph	**33b**	93	91
	R = 4-MeOC$_6$H$_4$	**33b**	92	90
	R = 4-ClC$_6$H$_4$	**34**	96	92
	R = 3-Py	**33b**	95	92
	R = Ph	**33b**	93	96
	R = Me, R^1 = ^{n}Pr	**34**	96	93
	R = ^{n}Bu	**33b**	94	95
	R = Me, R^1 = ^{n}Pr	**33b**	97	92
	R = Me, R^1 = ^{n}Pr	**34**	95	96
	R = BnCH$_2$, R^1 = ^{n}Pr	**33b**	96	97
	R = ^{n}Bu, R^1 = Et	**33b**	92	90
	R = ^{i}Pr, R^1 = Et	**33b**	81	94

5 过渡金属-手性配体配合物催化的不对称氢氰化反应

5.1 钛配合物催化剂

5.1.1 手性多元醇与钛的配合物

20 世纪 80 年代末，Narasaka 等人[6]报道了 Taddol (35) 和 TiCl$_2$(O^{i}Pr)$_2$ 组合催化的醛的对映选择性硅氰化反应 (图 12)。这个反应需要使用化学计量的 Ti-35 配合物，因此反应不是催化性质的。而且，反应后要用 pH = 7 的缓冲液将生成的氰醇从配合物-产物的复合物中水解释放出来。虽然如此，这是第一个用于立体选择性制备 α-氰醇的金属配合物，揭开了金属配合物催化对映选择性氢氰化反应研究的序幕。

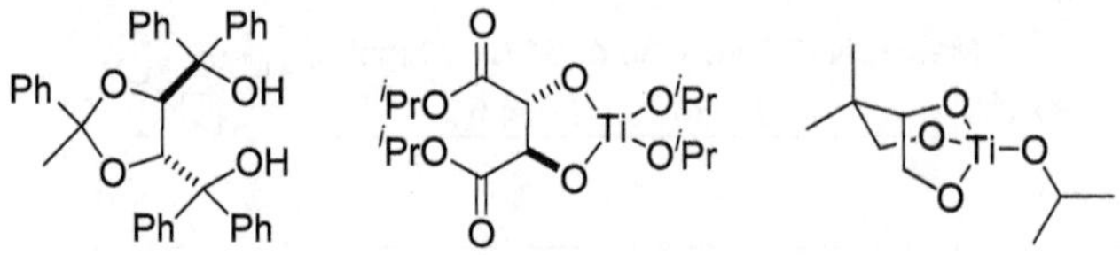

图 12 手性配体和它们生成的钛金属配合物催化剂

第一个以催化量钛配合物催化的氢氰化反应是由 Oguni 等人报道的[37]。他们以 Sharpless 不对称环氧化催化剂为基础，用酒石酸二异丙酯和 Ti(O^{i}Pr)$_4$ 形成的配合物 36 为催化剂研究了一些醛的氢氰化反应。在这个反应体系中，必须使用添加剂 (相对于钛二摩尔倍量的异丙醇) 才能获得对映选择性高的产物。虽然这个催化体系不能在较复杂取代基的底物上得到令人满意的结果，但它清楚地证明了在硅氰化反应中运用 Lewis 酸催化剂能够得到好的产率和对映选择性。de Vries 等人[38]报道，手性三元醇与 Ti(O^{i}Pr)$_4$ 形成的配合物 37 也可以催化醛的氢氰化反应。后来，这个催化剂被 Choi 等人[39]用于首例化学催化的酮的不对称氢氰化反应。

5.1.2 C_1-对称 Schiff 碱

Inoue 小组和 Oguni 小组分别最早开展了 C_1-对称的 Schiff 碱催化剂的研究。Inoue 报道了由氨基酸或二肽衍生的 Schiff 碱 38~45 和 Ti(OEt)$_4$ 形成的配合物，并考察了一系列醛与 HCN 的氢氰化反应[40](图 13)。他们发现：这些配体中氮端残基的立体化学影响产物的绝对构型，碳端残基则影响对映选择性的程度。例如：**38** 和 **39** 催化的产物具有 (R)-构型，它们的对映体 **40** 和 **41** 催化的产物则具有 (S)-构型。

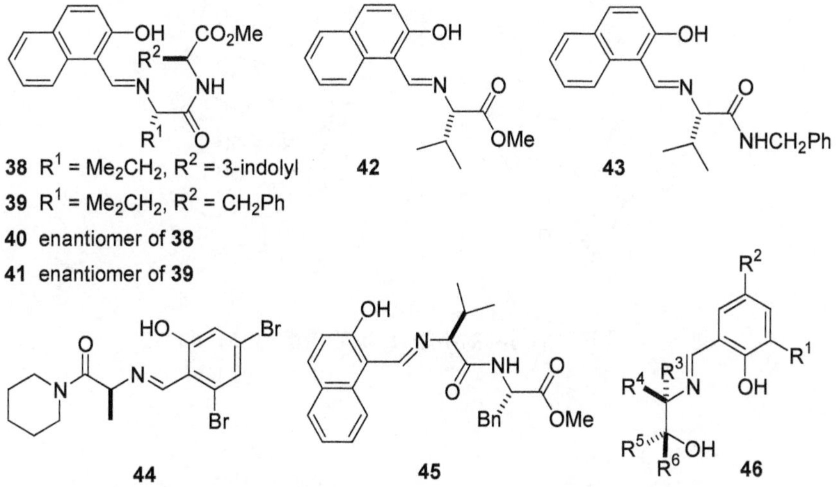

图 13　具有 C_1-对称的手性 Schiff 碱配体 38~46

Oguni 小组发展了另一种基于 β-亚氨基乙醇型 Schiff 碱 **46**[41]。当使用 HCN 与芳香醛或脂肪醛反应时，这些配合物显示出高催化活性。其中当 R^1 = ^tBu, R^2 = H, R^3 = ^iPr, R^4 = R^5 = R^6 = H 时催化效果最好。但是，当使用 Me_3SiCN 为氰源时，该反应的立体选择性却很差。Jiang (**47**)[42]、Walsh (**48**)[43]、Somanathan (**49**)[44]和 Pericàs (**50**)[45]分别报道了与 **46** 类似的配体及其催化反应 (图 14)。

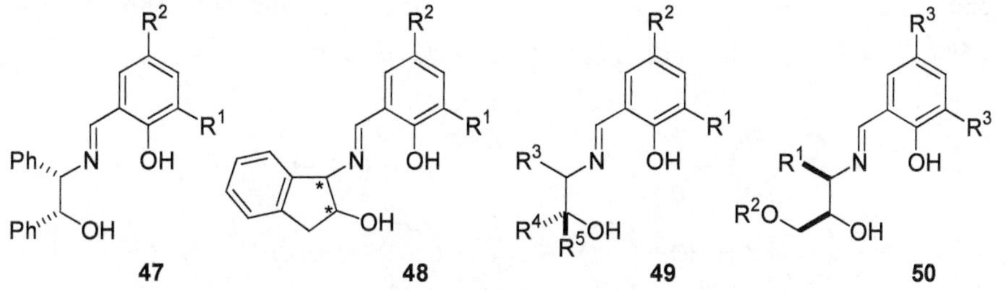

图 14　具有 C_1-对称的手性 Schiff 碱配体 **47~50**

Moyano[46]和 Tang[47]分别报道了配体 **51** 和 **52**，它们对于芳香醛和脂肪醛只显示出低到中等的立体选择性 (图 15)。芳环上的给电子取代基有利于提高立体选择性，而吸电子取代基则会使立体选择性大为降低。

North 等人[48]和 Kim 等人[49]分别报道了配体 **53** 和 **54** (图 16)。将它们和 $Ti(O^iPr)_4$ 形成的配合物用于醛的硅氰化反应，**53** 可以给出 60%~80% 产率和 45%~76% ee，**54** 则给出 65%~80% 产率和 73%~90% ee。

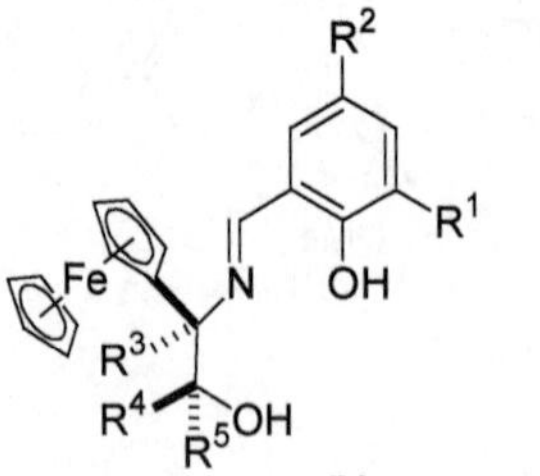

图 15 具有 C_1-对称的手性 Schiff 碱配体 **51** 和 **52**

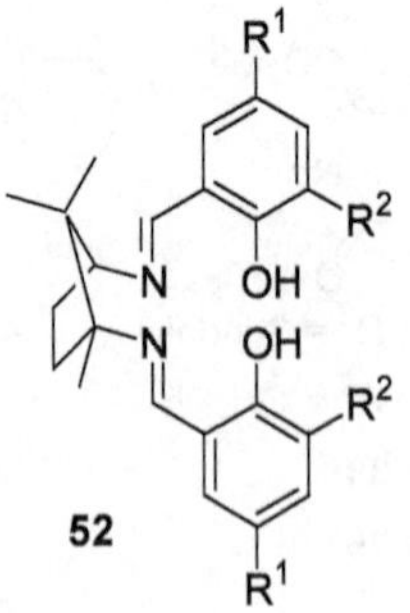

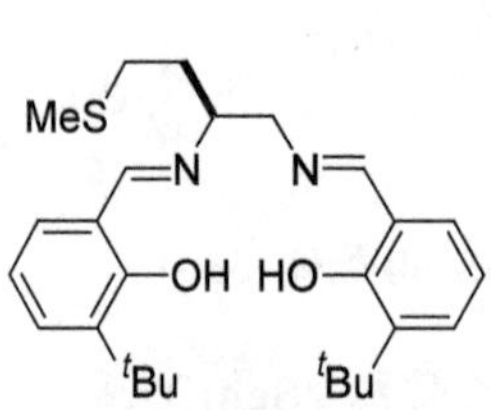

图 16 具有 C_1-对称的手性 Schiff 碱配体 **53** 和 **54**

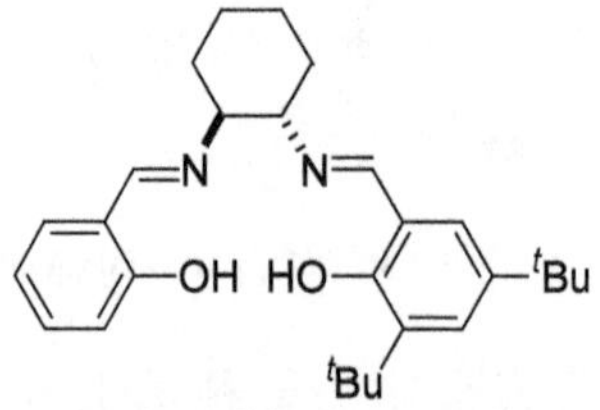

5.1.3 C_2-对称的 Schiff 碱

1996 年，Jiang 小组[50]和 North[51]小组几乎同时报道了 salen 类 C_2-对称 Schiff 碱 **55** 和 **56** 作为 Ti 的配体 (图 17)。在芳香醛和脂肪醛的硅氰化反应中，**55a** 给出了 60%~86% 产率和 22%~87% ee；**56a** 和 **56b** 分别给出 40%~86% 产率和 16%~68% ee 以及 31%~95% 产率和 0~94% ee。

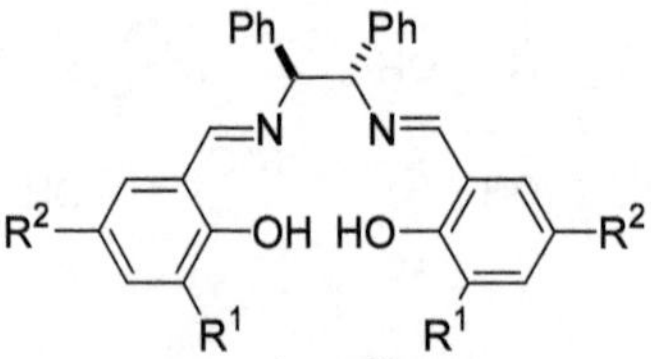

55a. $R^1 = R^2 = H$
55b. $R^1 = R^2 = {}^tBu$
55c. $R^1 = H, R^2 = Br$

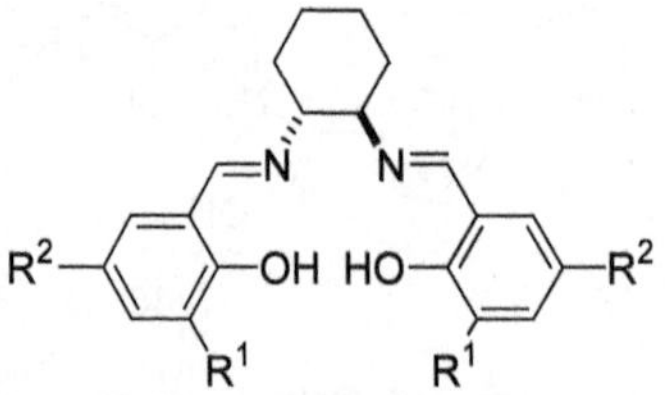

56a. $R^1 = R^2 = H$
56b. $R^1 = {}^tBu, R^2 = OMe$
56c. $R^1 = R^2 = {}^tBu$

图 17 具有 C_2-对称的手性 Schiff 碱配体 **55~56**

Feng 等人对配体 **56** 进行筛选发现：使用氰基甲酸乙酯作为氰供体时，**56c** 对芳香醛和脂肪醛的氢氰化反应可得到很好的效果 (59%~99% 产率，76%~91% ee)[52]。将配体 **55b** 与添加剂 **57** 联合使用，他们还成功实现了甲基酮底物的硅氰化反应[53](式 36)。

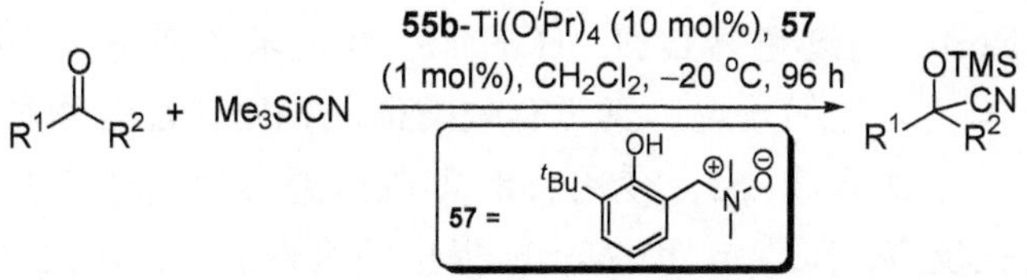

$$
\underset{R^1}{\overset{O}{\Vert}}\underset{R^2}{\bigg/} + Me_3SiCN \xrightarrow[\substack{(1\ mol\%),\ CH_2Cl_2,\ -20\ ^oC,\ 96\ h}]{\substack{\textbf{55b}\text{-Ti}(O^iPr)_4\ (10\ mol\%),\ \textbf{57}}} \underset{R^2}{\overset{OTMS}{\underset{R^1}{\bigg|}}}\overset{}{CN} \tag{36}
$$

57 = 结构式 (^tBu, OH, $\overset{\oplus}{N}\overset{\ominus}{-O}$, Me)

酮	产率/%	ee/%
苯乙酮	94	81
4'-甲氧基苯乙酮	70	75
4'-甲基苯乙酮	87	77
4'-氯苯乙酮	95	75
3'-氯苯乙酮	93	82
4'-氟苯乙酮	90	77
4'-硝基苯乙酮	93	65
2-萘乙酮	90	72
α-四氢萘酮	75	77
1-茚满酮	96	79
trans-4-苯基-3-丁烯-2-酮	93	56
苄基丙酮	95	77
2-乙酰基噻吩	58	59
2-庚酮	71	69

Feng 等人提出了这个反应的机理 (图 18):

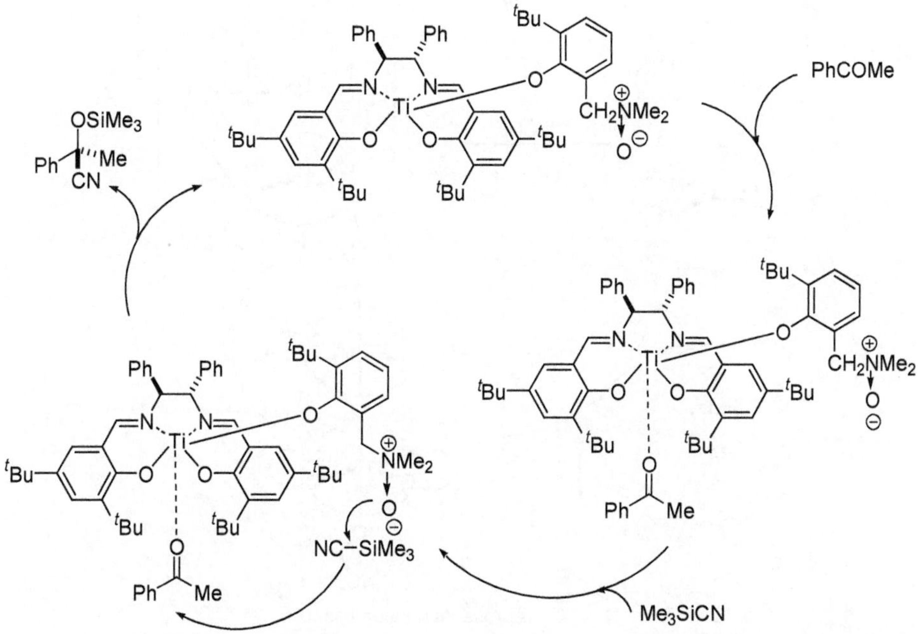

图 18 **55b**-Ti 配合物和添加剂 **57** 共同作用下的不对称硅氰化反应的机理

Belkon 和 North 通过超离心和 ¹H NMR 等技术详细研究了配体 **56c**-Ti 配合物的作用机理[54]。他们发现：真正有效的催化剂是该配合物与等物质的量的水所形成的双分子配合物 **58**，使用 **58** 可在室温实现高速度的低催化剂量 (0.1 mol%) 硅氰化反应。Belkon 和 North 提出的机理显示：在该催化循环体系中，反应物醛与氰供体 Me₃SiCN 被同时活化 (图 19)。

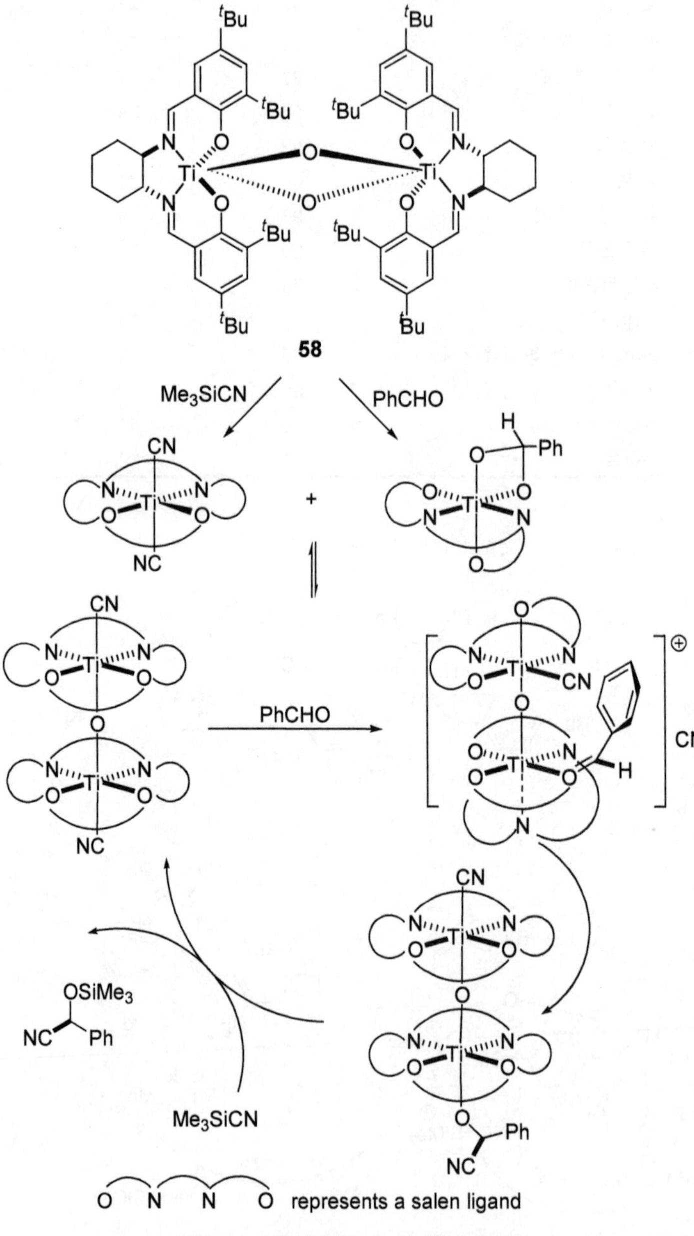

图 19 配合物 **58** 的催化机理

Belokon 和 North 使用 1 mol% 的 **58** 作为催化剂和 KCN/乙酸酐作为氰源，并在反应溶剂中加入 100 mol% *t*-BuOH 和 10 mol% H_2O 以提高 KCN 的溶解度。如式 37 所示：芳香醛和脂肪醛的反应产物是 *O*-乙酰氰醇，可以得到 40%~99% 的产率和 60%~93% ee[55]。这个反应体系在安全性和成本上都极为有利。

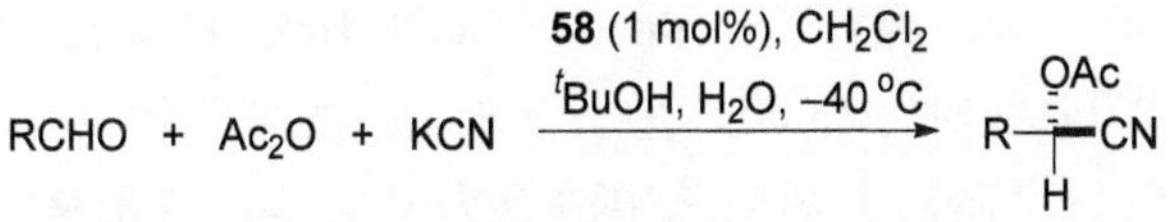

$$RCHO + Ac_2O + KCN \xrightarrow[^{t}BuOH, H_2O, -40\ ^{o}C]{\textbf{58}\ (1\ mol\%),\ CH_2Cl_2} R\overset{OAc}{\underset{H}{|}}CN \qquad (37)$$

醛	(R,R)-**58**		(S,S)-**58**	
	产率/%	ee/%	产率/%	ee/%
PhCHO	93	90	92	89
4-MeOC₆H₄CHO			74	93
3-MeOC₆H₄CHO			99	93
3-PhOC₆H₄CHO	99	90	99	89
4-FC₆H₄CHO	98	92	99	93
2-FC₆H₄CHO			99	89
2-ClC₆H₄CHO	87	86	89	88
PhCH₂CH₂CHO	80	84	79	82
Me₂CHCHO	64	69	62	72
Me₃CCHO	40	62	40	60

为了将此类配合物应用在工业制备中，Zheng[56]将 Salen 配体进行交联固定化，制成直链与支链比为 100:0.5 到 100:50 的聚合物 **59** (图 20)。当使用 KCN 为氰源对一系列醛底物进行了硅氰化反应时，反应可以得到 57%~100% 产率和 6.4%~89% ee。

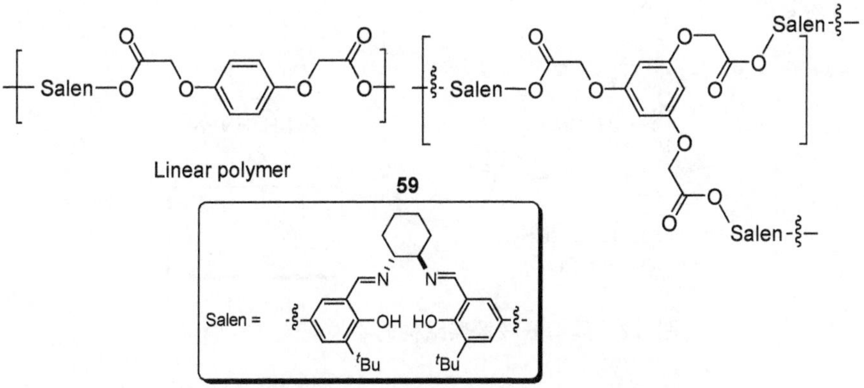

图 20　经交联固定化的手性 Schiff 碱配体 **59**

5.1.4 BINOL 类配体

Reetz 等人首先将 BINOL-Ti 配合物用于硅氰化反应 (图 21)。他们发现配合物 **60a** 能催化异丁醛与 Me₃SiCN 反应，以 85% 产率和 82% ee 产生相应的氰醇，但产物的绝对构型没有测定[57]。Nakai 等人用 **60b** 催化一些芳香醛和脂肪醛与 Me₃SiCN 的反应，得到了 > 90% 产率和 10%~75% ee[58]。Belkon 等人[59] 和 Nájera 等人[60]分别对 BINOL 进行修饰，制备了配体 **61** 和 **62**。前者使用 Me₃SiCN 为氰供体，而后者却用苯甲酰氰为氰供体，这是第一个用苯甲酰氰为氰供体的例子。

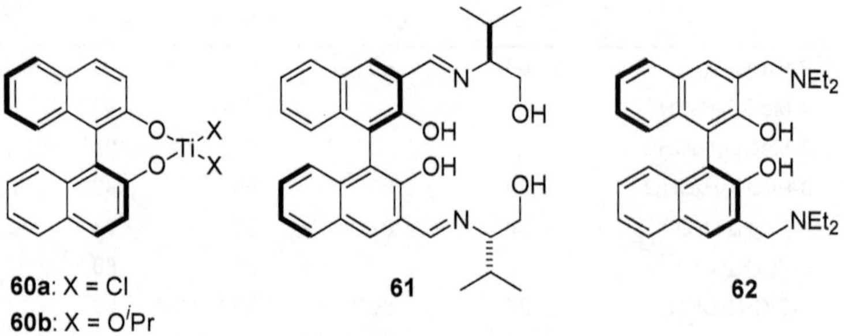

60a: X = Cl
60b: X = O^{i}Pr

61

62

图 21　具有 BINOL 骨架结构的手性配体 **60~62**

5.1.5 其它 C_2-对称配体

Uang 等人[61]使用配体 **63** 在芳香醛底物上得到了 49%~92% 产率和 93%~99% ee，而在脂肪醛底物上得到了 51%~96% 产率和 87%~98% ee (图 22)。Feng 等人发现：**64** 在芳香醛底物上可以得到 76%~93% 的产率和 38%~68% ee。但是，在酮底物上却可以得到 48%~90% 的产率和 51%~94% ee[62]。

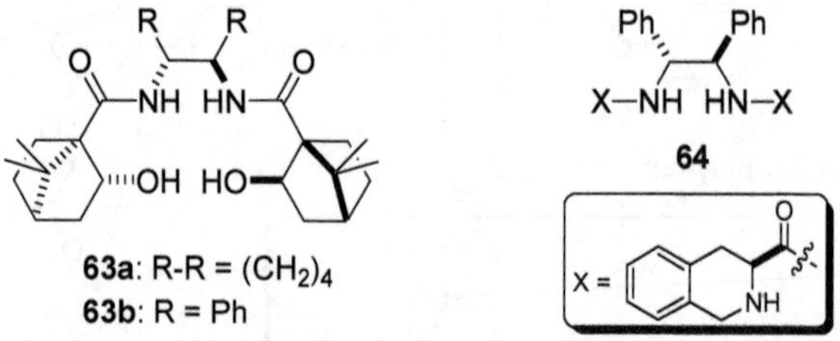

63a: R-R = (CH₂)₄
63b: R = Ph

64

$X =$

图 22　具有酰胺骨架结构的手性配体 **63~64**

Kim 等人使用双官能团配体 **65** 和添加剂三苯氧磷，以 60%~82% 产率和 70%~95% ee 合成了一系列氰醇[63](图 23)。在该反应中，三苯氧磷的用量需高达 2 eq. 才能得到最佳结果。Feng 等人报道：仅仅使用 *N,N'*-二氧化物 **66** 本身即可催化醛或 α,α-二烷氧基酮的氢氰化反应[33,34]。但有趣的是，配体 **66** 和 Ti(O^{i}Pr)$_4$ 形成的配合物也是有效的氢氰化反应催化剂。当使用氰基甲酸乙酯为氰源时，配体 **66a** 对芳香醛和脂肪醛都给出良好的结果 (产率 81%~93%，62%~90% ee)[64]。当以 **67** 为添加剂时，配体 **66b** 可在一系列甲基酮底物上取得相当好的结果 (产率 62%~90%，78%~92% ee)[65]。

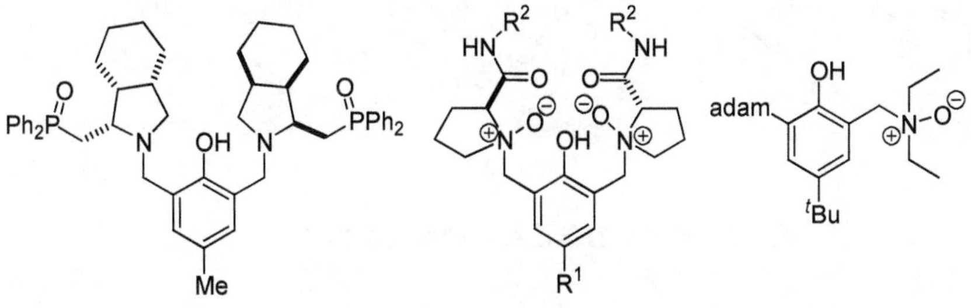

65

66a: R^1 = Me; R^2 = 2-^{t}BuC$_6$H$_4$
66b: R^1 = Me, R^2 = 2-tolyl

67

图 23   其它 C_2-对称的手性配体 **65~67**

5.1.6   其它类型的配体

5.1.6.1   氨基醇类化合物

Feng 等人通过使用配体 **68**[66]，以高产率和高立体选择性制备了一系列手性氰醇 (图 24)。值得注意的是，此配体只能用于制备 (S)-构型的产物，用相反构型的配体制备 (R)-构型产物只能得到很低的产率和立体选择性。此外，Kim 报道了配体 **69**[63]，Choi 报道了配体 **70**[67]。

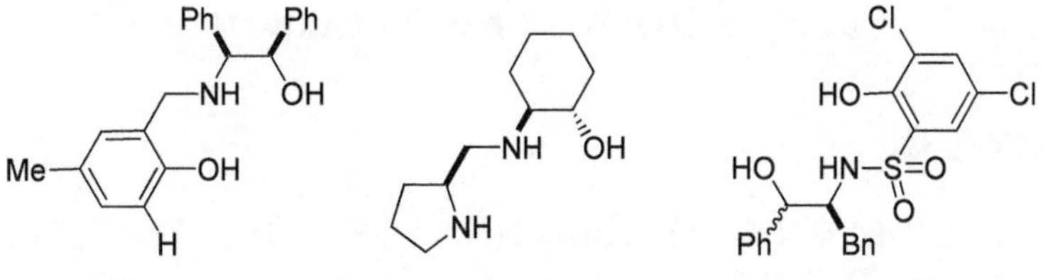

68

69

70

图 24   具有氨基醇结构的手性配体 **68~70**

5.1.6.2   双官能团配体

1999 年，Buono 等人应用配体 **71** 催化醛的不对称氢氰化反应，从而开创了双官能团 Lewis 酸/Lewis 碱类催化剂的研究[68] (图 25)。Tang 小组设计了配体 **72** 以用于芳醛类底物的反应[69]。Gau 等人通过使用配体 **73**，成功地建立了一个具有较大底物范围的催化酮的不对称氢氰化反应的体系[70]。

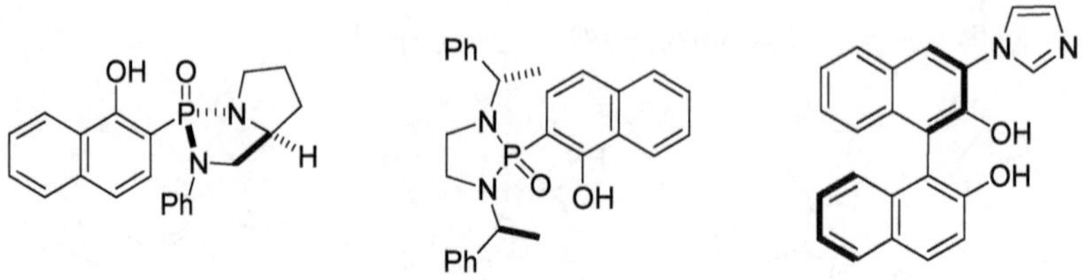

71 **72** **73**

图 25 具有双官能团结构的手性配体 71~73

5.2 铝配合物催化剂

5.2.1 C_1-对称配体

Inoue 发现，氨基酸 Schiff 碱配体与铝的配合物对 Me_3SiCN 与醛的加成有催化活性。其中，**74** 与 Me_3Al 的配合物催化苯甲醛的硅氰化反应可得到 95% 产率和 69% ee 的扁桃腈产物[71] (图 26)。这是第一个用于氢氰化反应的铝配合物催化剂。

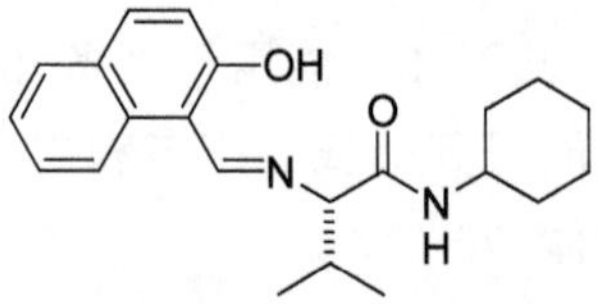

74

图 26 能够与 Me_3Al 配合的手性配体 74

5.2.2 C_2-对称配体

Feng 等人使用配体 **55c** 与 Et_3Al 的配合物和添加剂 **75** 组成的催化体系对酮类底物和 Me_3SiCN 进行双催化，获得很好的结果 (式 38)[72]。

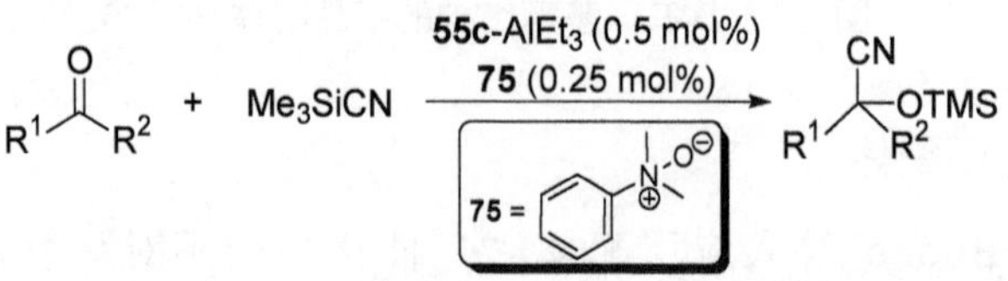

(38)

酮	产率/%	ee/%
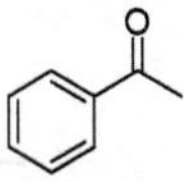	99	94
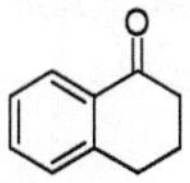	99	90
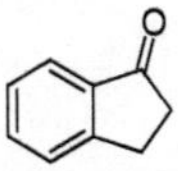	98	92
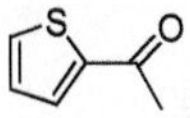	99	90
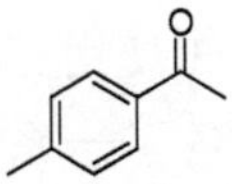	99	92
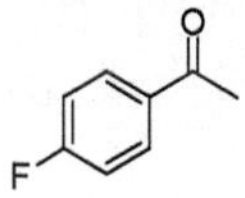	99	92
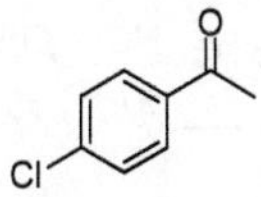	99	90
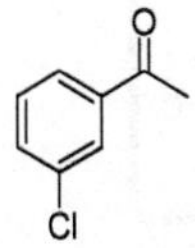	95	90
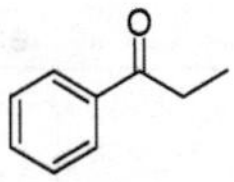	99	87
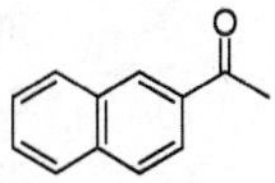	99	99
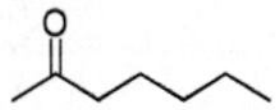	99	79
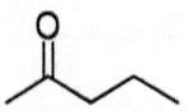	95	80
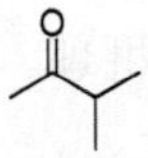	80	90

对于双活化催化，他们提出了如图 27 所示的催化反应机理。

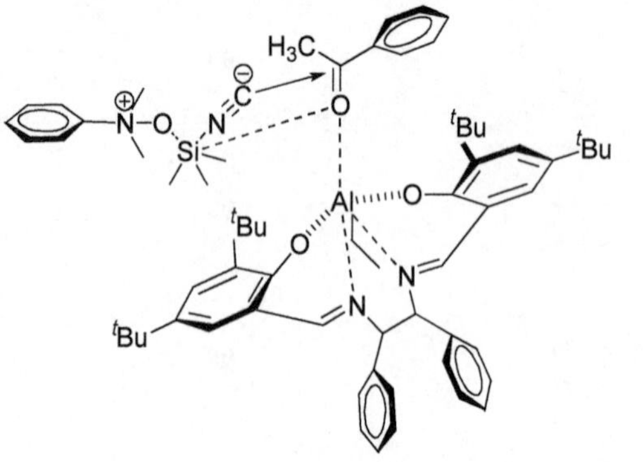

图 27 可能的双活化催化机理

Kim 等人将配体 **56c** 与 AlCl₃ 形成配合物，在使用三苯氧磷作为添加剂的条件下，以 79%~96% 产率和 72%~86% ee 制备了一系列手性脂肪族和芳香族氰醇产物[73]。Johnson 等人将 Salen-Al 类催化剂 **76** 用于硅烷基酮类化合物的氢氰化反应，反应产物同时发生 Brook 重排生成 α-酮酸酯的氰醇硅醚 (式 39)[74]。

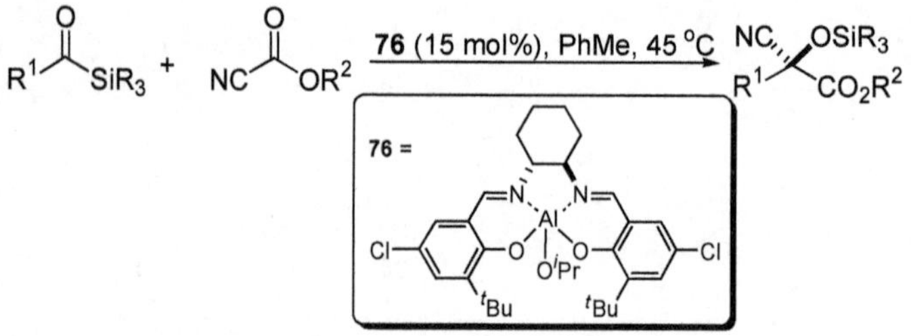

(39)

硅基酮	产率/%	ee/%
PhC(=O)SiEt₃	83	79
PhC(=O)Si^{t}BuMe₂	82	64
4-MeC₆H₄C(=O)SiEt₃	79	80
2-NaphC(=O)SiEt₃	90	62
4-MeOC₆H₄C(=O)SiEt₃	84	83
4-ClC₆H₄C(=O)SiEt₃	87	64
4-FC₆H₄C(=O)SiEt₃	81	78
4-NCC₆H₄C(=O)SiEt₃	70	64

Trost 将配体 **77** 与 Me₃Al 组合，在一系列芳基和杂环类醛底物上取得了较好的催化结果 (图 28)[75]，并用提出了相应的催化机理。此外，Zhou 报道了配合物 **78**[76]，Iovel 报道了配体 **79**[77]。

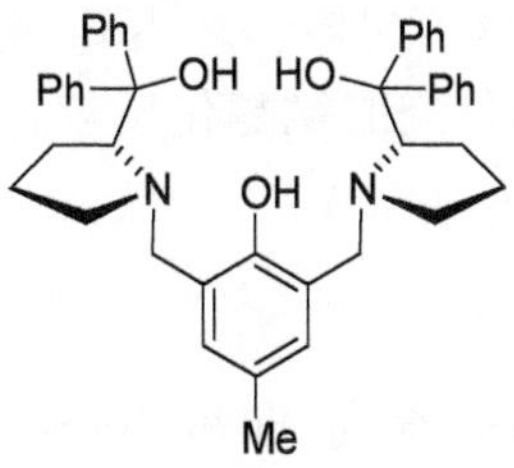

77 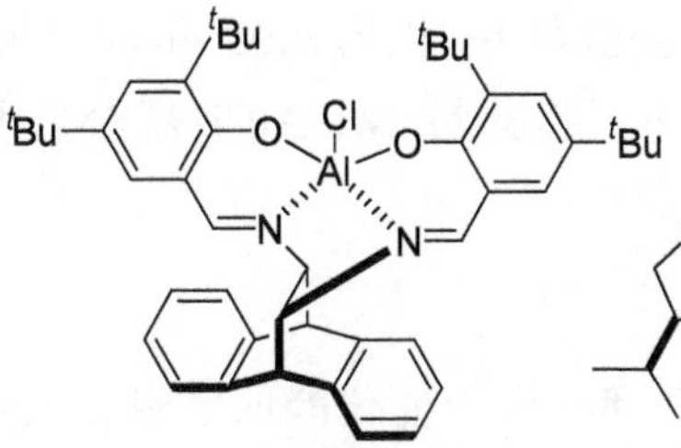   **78** 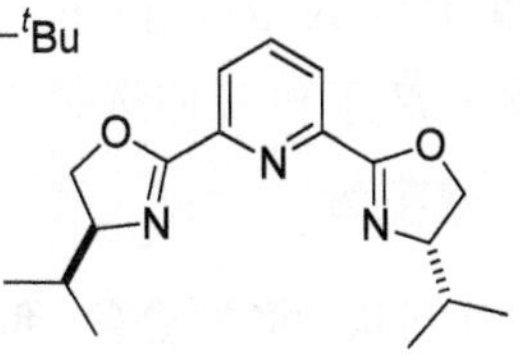   **79**

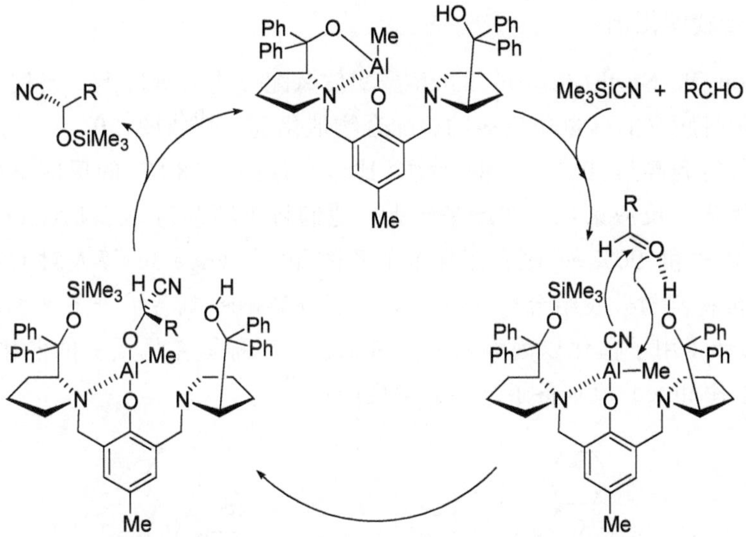

图 28　手性配体 **77** 和 Me₃Al 组合催化剂的催化机理

5.2.3 BINOL 类配体

1999 年，Shibasaki 首先将 BINOL 类双官能团配体 **80** 与 AlCl₃ 形成的配合物用于氢氰化反应[78](图 29)。在此基础上，Nájera 等人设计了使用配体 **81** 的易于循环使用的铝催化剂。使用这种催化剂，Me₃SiCN 和氰基甲酸甲酯均可

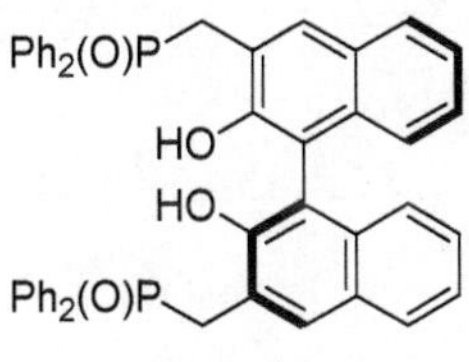

80 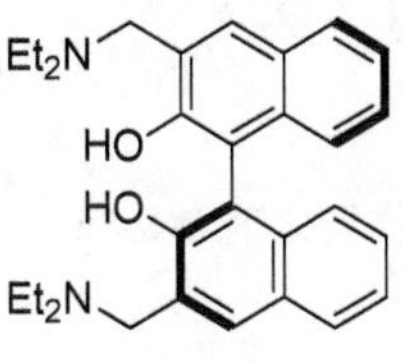   **81** 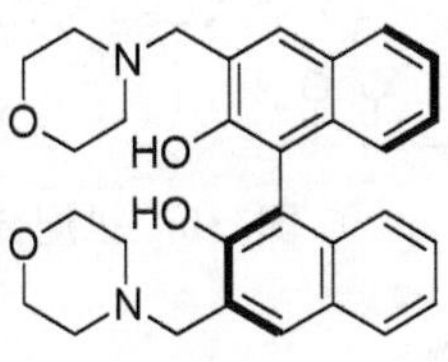   **82** 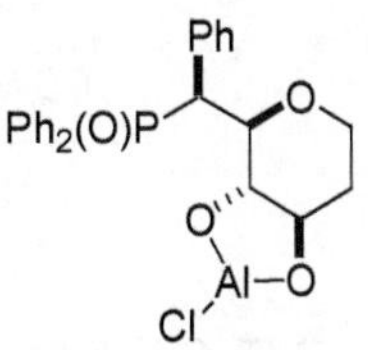   **83**

图 29　能够形成 Al-配合物的手性配体 **80~82** 和手性 Al-配合物 **83**

以高对映选择性地加成到醛羰基上[79]。2005 年，Pu 报道了配体 **82**[80]，在 4A 分子筛和 HMPA 的存在下，将其与 Me₂AlCl 组合后催化醛的氰醇化反应，得到了很好的产率和立体选择性。

5.2.4 膦配体

Shibasaki 将配合物 **83** 用于催化醛的氢氰化反应，得到 86%~100% 产率和 90%~98% ee 的好结果，该反应不需要添加剂[81]。

5.3 钒配合物催化剂

Belokon 和 North 在研究 Salen-型配体钛配合物的基础上，发展了用于芳香醛和脂肪醛底物的硅氰化反应的钒配合物催化剂 **84**[82](图 30)。它的优点是，在室温下可得到高达 95% ee 的产物。比较常规的 −78 °C 的反应温度，这个体系大大优化了反应条件。在此基础上，他们将氰源改为 KCN/Ac₂O，以高达 78% 的转化率和 90% ee 制备了氰醇的乙酸酯[83]。Gigante 等人对上述配体固定化[84]，再将其与硅胶结合后 (**85**)，以高达 85% ee 制备了一系列手性氰醇。Katsuki 设计了用于催化以丙酮氰醇为氰源的不对称氢氰化反应的催化剂 **86**，以良好的产率和 ee 值制备了一系列手性产物[85]。

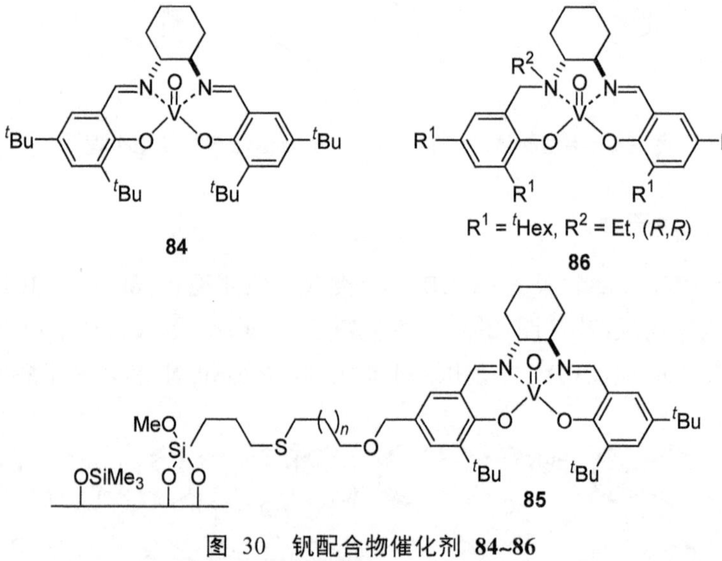

图 30　钒配合物催化剂 **84~86**

5.4 杂双金属配合物

Feng 等人发展了 Li-Al 双金属 BINOL-配合物 **87**，以辛可宁为添加剂，用于催化以氰基甲酸甲酯为氰源的反应 (图 31)[86]。

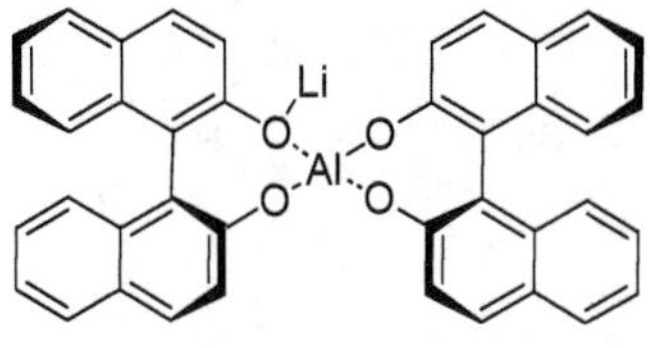

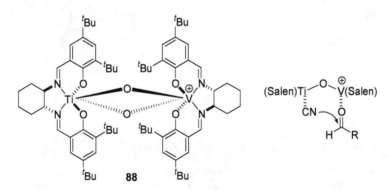

图 31   Li-Al 双金属 BINOL-配合物 87

North 等人[87]将具有相反构型的配合物 **56** 和配合物 **84** 混合生成 Ti-V 杂双金属配合物 **88**，试图将前者的高反应速率和后者的高立体选择性结合在一起，观察了它的催化性质。根据过去的反应结果，具有 (*R,R*)-构型的 **56** 应该给出 (*S*)-氰醇，而具有 (*S,S*)-构型的 **84** 则应给出 (*R*)-氰醇。当将 (*R,R*)-(**56**) 与 (*S,S*)-(**84**) 以 1:2 的比例混合而成的混合物作为催化剂，以 Me₃SiCN 为氰源催化苯甲醛的反应时，得到了 82% ee 的 (*R*)-扁桃腈。随后的一系列实验说明，与钒结合的 Salen-配体在决定产物的立体化学中起了主要的作用。在决定立体化学的过渡态中，底物醛与更强的 Lewis 酸钒离子结合，而 CN⁻ 和钛离子结合并进行分子内的向醛羰基进攻 (图 32)。

图 32   Ti-V 双金属 Schiff 碱配合物 **88** 及其作用机理

5.5   其它金属配合物催化剂

迄今已报道的能够用于催化不对称氢氰化反应的其它金属配合物催化剂还有 Kim 小组的 Mn-催化剂 **89**[88]；Corey 的 Mg-催化剂 **90** 及其添加剂 **91**[89]；Kobayashi 的 Sn(II)-催化剂 **92**[90]；镧系金属催化剂有 Qian 小组的 **94**[92]、Greeves 小组的 **95**[93]，Vale 小组的 **96** 及其添加剂 **97**[94]；Abiko 小组[91]和 Shibasaki 小组[95]的 Y-催化剂 **93** 和 **98**；Maruoka 的 Zr-催化剂 **99** (使用丙酮氰醇为氰源)[96]，Belokon 的 Co-催化剂 **100**[97]，Gladysz 的 Re-催化剂 **101**[98]，等等 (图 33)。

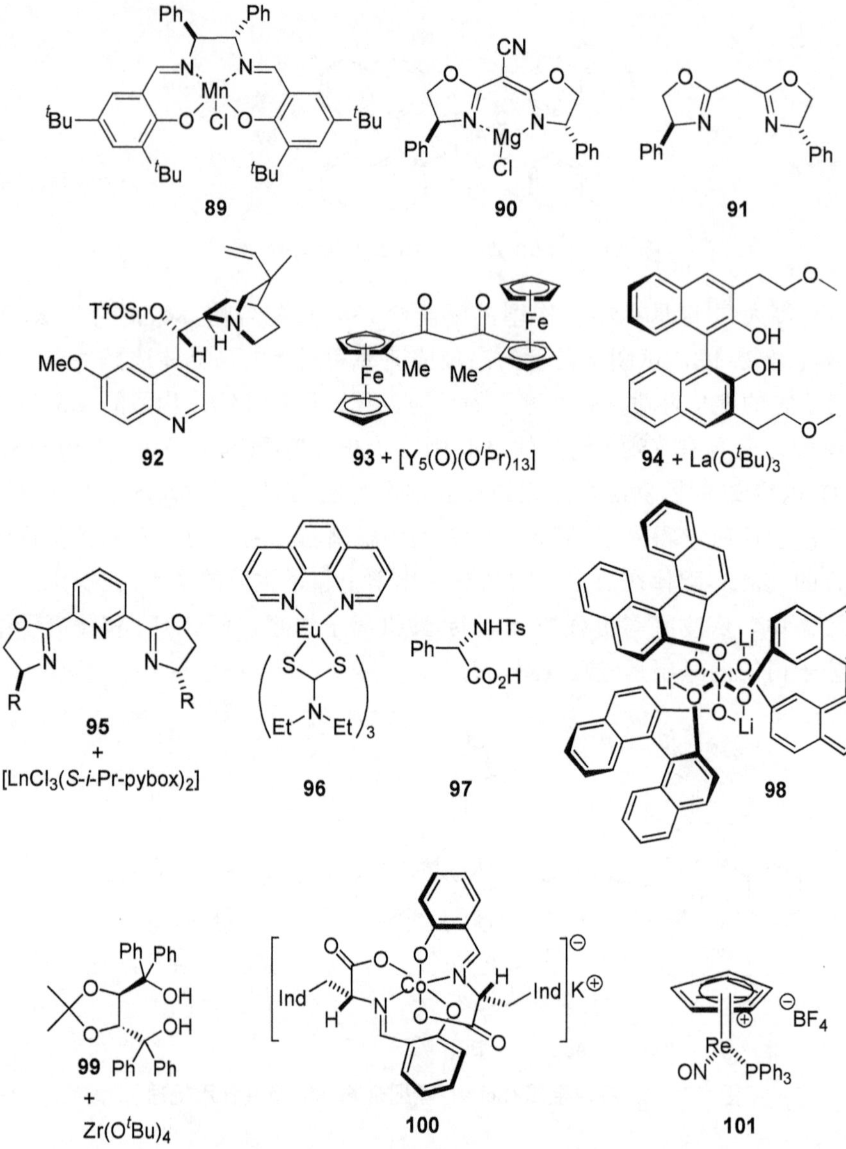

图 33　能够用于催化不对称氢氰化反应的其它金属配合物催化剂

6　不对称氢氰化反应在生物活性分子合成中的应用

　　在前言中，我们已经叙述了氰醇化合物具有多重灵活的反应性。在以下几个复杂生物活性分子的对映选择性合成中，我们将看到手性氰醇作为关键中间体为合成引入所需的手性碳原子。

6.1　甲砜霉素和氟尼考的立体选择性合成

甲砜霉素 (**102**) 最初是从委内瑞拉链霉菌 (*Streptomyces venezuelae*) 分离到的一个天然产物 (图 34)。它是氯霉素 (**103**) 家族的一个成员，对革兰阳性和阴性菌有广谱抗菌活性。由于具有不与肝脏中的葡萄糖醛酸结合的特性，甲砜霉素在体内的生物利用度很高。甲砜霉素的合成始于 20 世纪 50 年代，到目前为止已经有多个研究小组从不同的原料出发，通过不同的路线完成了甲砜霉素的合成。氟尼考 (**104**) 是甲砜霉素的氟化衍生物，于 1979 年首次报道。它的抗菌活性比甲砜霉素高 10 倍，在抗菌谱和副作用方面的性质均优于甲砜霉素。它的合成经常是伴随着甲砜霉素的合成一起完成和报道。甲砜霉素和氟尼考的化学结构特点是含有两个相邻的 (2*R*,3*R*)-手性碳原子，即它们具有苏式构型。

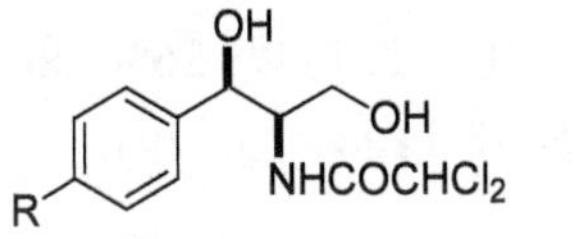

102 thiamphenicol, R = SO₂Me
103 chloramphenicol, R = NO₂
104 florfenicol

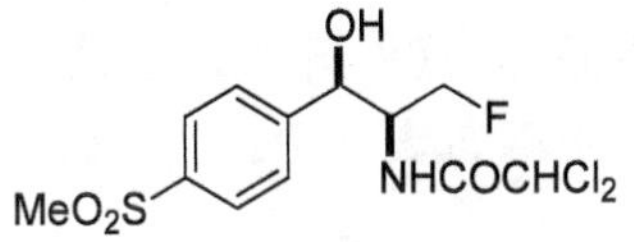

图 34　甲砜霉素和氟尼考的结构特征

Lin 小组[99]在研究酶促对映选择性合成氰醇的同时，开展了以手性氰醇为起始物合成生物活性化合物的研究。经过对甲砜霉素结构的分析，认为手性氰醇是立体选择性合成甲砜霉素和氟尼考很好的起点。这是先前没有报道过的。在他们所设计的合成路线中，关键点是必须高产率高对映选择性地从 4-甲硫基苯甲醛 (**105**) 制备 (*R*)-4-甲硫基扁桃腈 (**106**)。经过广泛的筛选，他们最终发现了巴旦杏 (*Prunus communis* L. var. *dulcis* Borkh) 的杏仁是一种高效酶源，能以 98% 的分离产率和 96% ee 提供所需的 (*R*)-4-甲硫基扁桃腈 (**106**)，经过重结晶后可达到 99% ee。可以设想，用合适的化学催化剂也有可能以高产率和对映选择性将 4-甲硫基苯甲醛转化为 (*R*)-4-甲硫基扁桃腈。但 Lin 小组的酶促转化大概是目前唯一适用于工业规模制备的方法。

(*R*)-4-甲硫基扁桃腈 (**106**) 已经为目标化合物的合成提供了第一个符合要求的手性碳原子。在 **107** 分子中的第二个手性碳原子的引入可以在底物 **106** 的控制下实现。该步反应的 dr = 20:1，在 ¹H NMR 谱中观察不到赤式异构体的信号。化合物 **108** 的 NOE 实验结果也证明了第二个手性碳原子具有正确的立体化学构型。

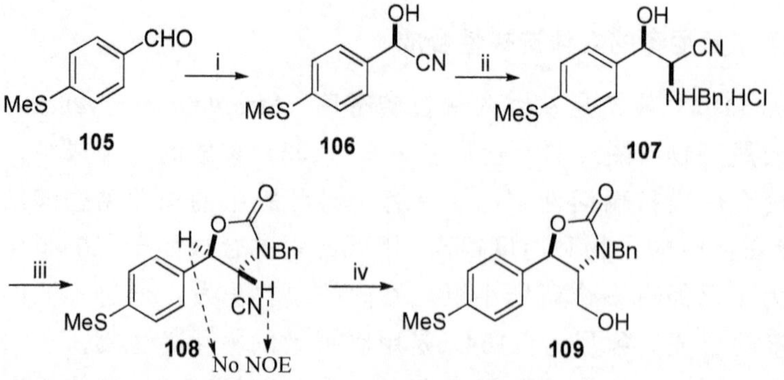

$$(40)$$

反应条件: i. almond powder (150 mg), HCN/^{i}Pr$_2$O (1.5 eq.), rt, 12 h; 86%, 99% ee; ii. (a) MIP, POCl$_3$, Et$_2$O, rt, 2 h; (b) DIBAL, Et$_2$O, 70 ^{o}C, 2.5 h; (c) BnNH$_2$, rt, 1 h; (d) NH$_4$Br, NaCN, MeOH, 0 ^{o}C, 1.5 h; (e) HCl, H$_2$O, EtOH; iii. (Im)$_2$CO, Et$_3$N, CH$_2$Cl$_2$, rt, 12 h; iv. (a) K$_2$CO$_3$, EtOH, rt, 6 h; (b) 1 mol/L HCl, rt, 30 min; (c) NaBH$_4$, MeOH, rt, 2 h

从共同中间体 **109** 开始,经过一系列转化,最后以 26% 和 18% 的总产率分别合成了甲砜霉素 (**102**,式 41) 和氟尼考 (**104**,式 42)。

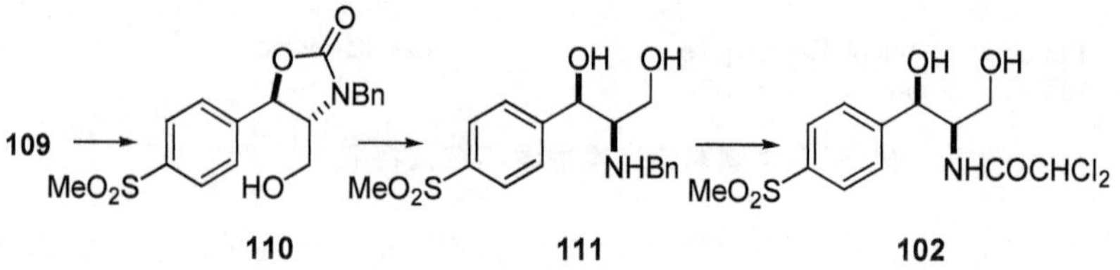

$$(41)$$

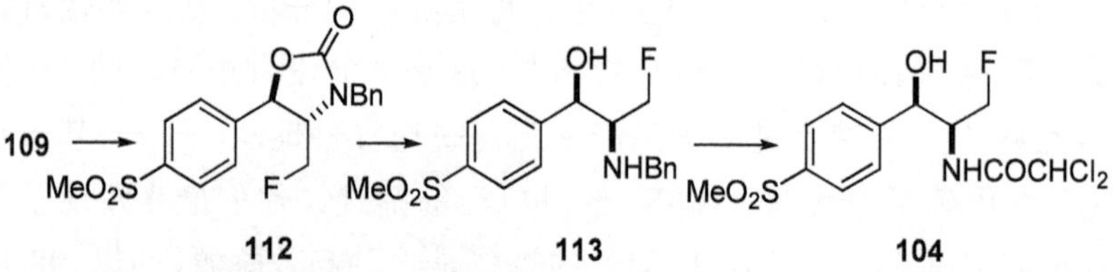

$$(42)$$

6.2 (*S*)-奥昔布宁的立体选择性合成

奥昔布宁 (oxybutynin) (**114**) 是毒蕈碱受体 (M-受体) 拮抗剂,临床上用于治疗尿频、尿急和尿失禁。它的化学结构特点是具有一个叔羟基和羧基取代的手性碳原子。虽然目前使用的是外消旋体,但 (*S*)-对映体具有更好的药物性能。因此,很需要发展一条立体选择性合成 (*S*)-奥昔布宁的路线。

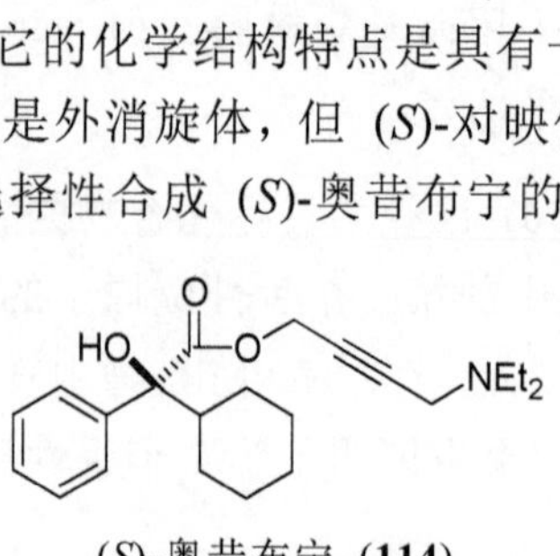

(*S*)-奥昔布宁 (**114**)

2002 年，Shibasaki 等[100]报道了一个 (S)-奥昔布宁关键中间体 **117** 的对映选择性制备方法。如式 43 所示：他们使用 Gd(O^{i}Pr)$_3$-**118** 的催化体系高产率和高对映选择性地从酮 **115** 得到手性氰醇 **116**。其实，**116** 才是真正的关键中间体，因为从 **116** 至目标化合物的所有转化都是经常规的反应完成的。

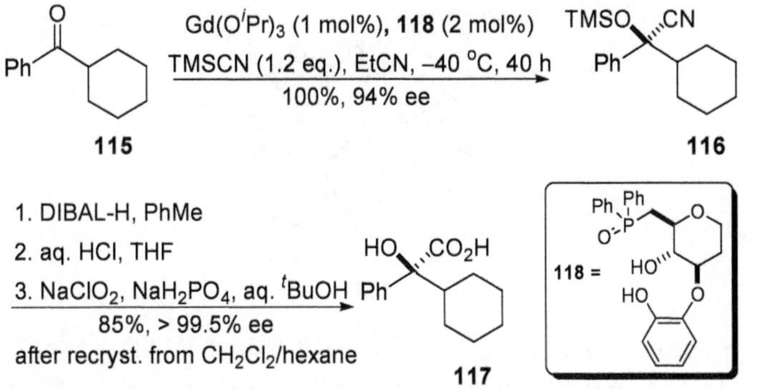

(43)

6.3 (20S)-喜树碱合成关键中间体的立体选择性合成

喜树碱 (**119**) 是大家熟知的抗癌药。它在 20-位有一个 (S)-构型的碳原子，化合物 **120** 是一个重要的合成中间体 (图 35)。

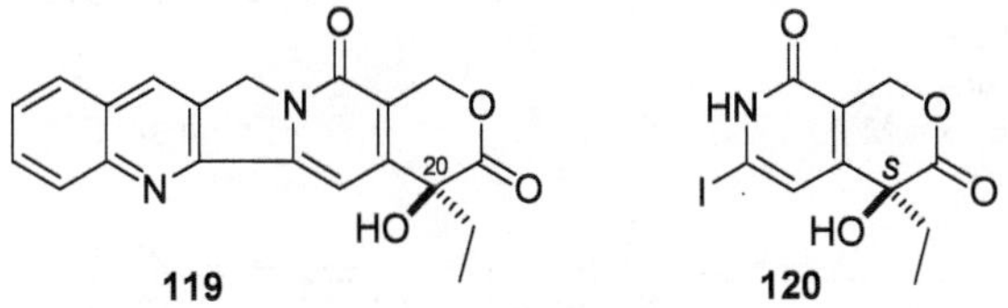

图 35 喜树碱 119 及其合成中间体 120

如式 44 所示：Shibasaki 小组[101]用手性配体 **118** 和 Sm(O^{i}Pr)$_3$ 构成的催化体系，从酮 **121** 对映选择性合成了氰醇 (S)-**122**，获得了所需的 (S)-季碳原子。接着，(S)-**122** 经碘化、氧化环化和脱保护得到 **120**。因此，从 **121** 到 (S)-**122** 的转化才是该合成路线真正的关键步骤。

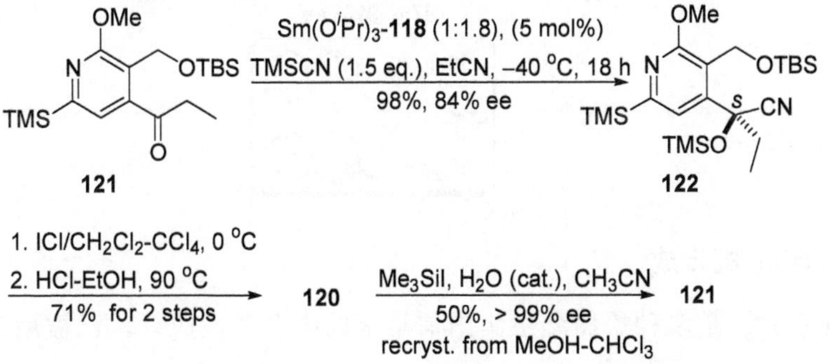

(44)

6.4 埃坡霉素片段 A 和 B 的对映选择性合成

埃坡霉素 (**123**) 是一种强效抗肿瘤药物。由于它具有特别的生物学活性和化学结构，因此是一个非常合适的全合成目标化合物。

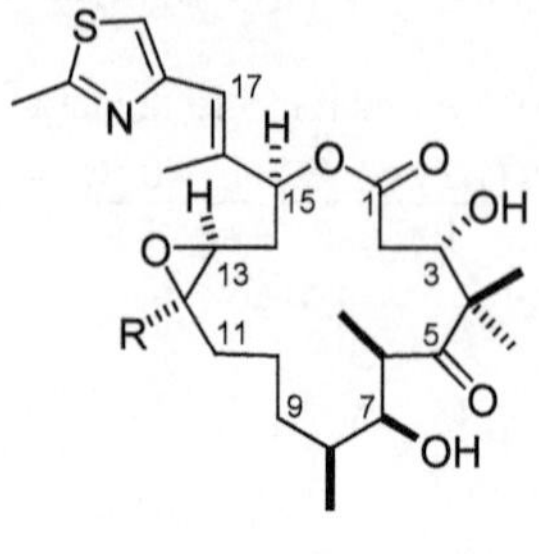

123

2000 年，Shibasaki 小组报道了一条有关埃坡霉素 (**123**) 全合成的路线[102]。如式 45 所示：逆向合成分析可以将 **123** 分解为片段 (A)(或 B) 和片段 C。片段 A(或 B) 只含一个手性碳原子，它可以通过醛 **126** 的对映选择性氢氰化反应引入。

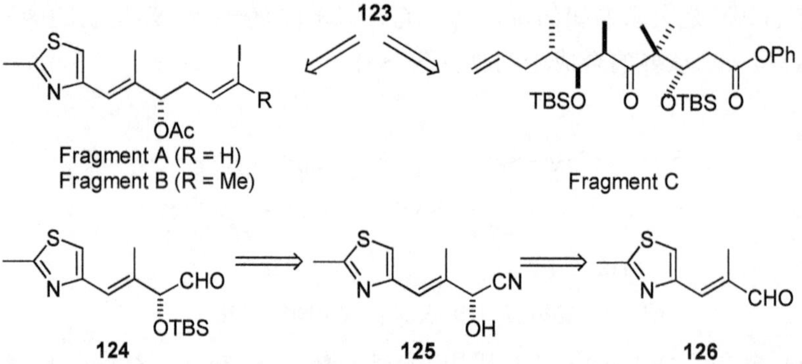

Fragment A (R = H)
Fragment B (R = Me)

Fragment C

(45)

124　　　**125**　　　**126**

在手性配体和 Et$_2$AlCl 形成的配合物催化下，醛 **126** 与 Me$_3$SiCN 作用，以 97% 产率和 99% ee 生成了所需的手性氰醇化合物 **125**(式 46)。

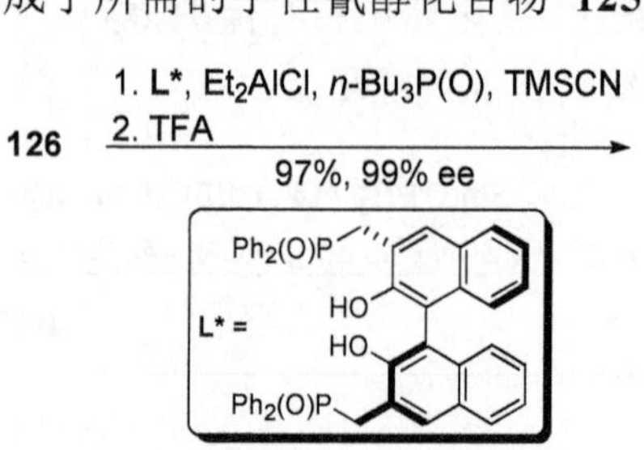

126 →
1. L*, Et$_2$AlCl, n-Bu$_3$P(O), TMSCN
2. TFA
97%, 99% ee
→ **125** (46)

L* =

6.5 (−)-Frontalin 的合成

Frontalin (**127**) 是多种松树蠹虫集结信息素的主要活性成分，已被用来控制各种松蠹的传播。实验证明：只有 (1*S*,2*R*)-(–)-异构体具有生物活性。因此，它已经成为一个有价值的不对称合成目标化合物 (图 36)。

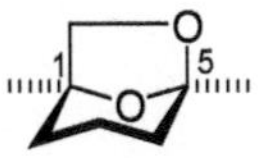

127

天然 Frontalin (**127**) 分子中含有 2 个手性碳原子，但合成时只需构建 C-1 的立体构型即可，而 C-5 的立体构型可以在成环时经 C-1 控制得到。2008 年，Yuste 等人[103]报道了一条新颖的全合成路线。如式 47 所示：他们从戊二酸酐 **128** 出发，经过 (*R*)-β-酮基亚砜控制的非对映选择性氢氰化，得到了氰醇 **130**。该步骤引入了符合要求的 C-1 的立体构型，成为这一合成的关键步骤。

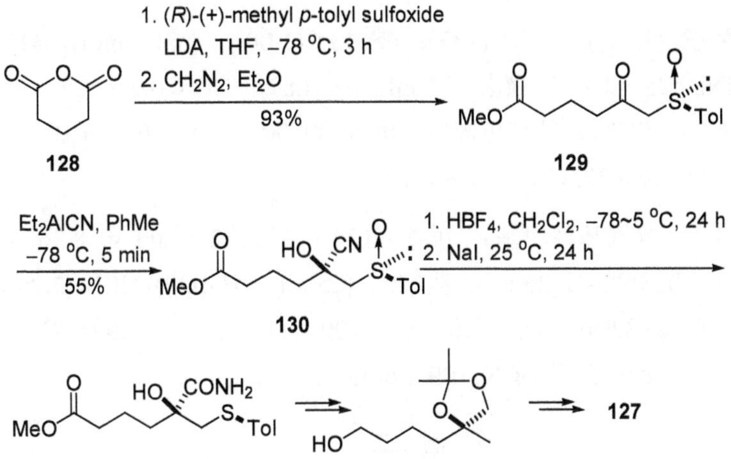

(47)

7 不对称氢氰化反应实例

例 一

(+)-(*R*)-(氰基羟甲基)二茂铁和 (+)-(*R*,*R*)-1,1'-二(氰基羟甲基) 二茂铁的酶促合成[104]

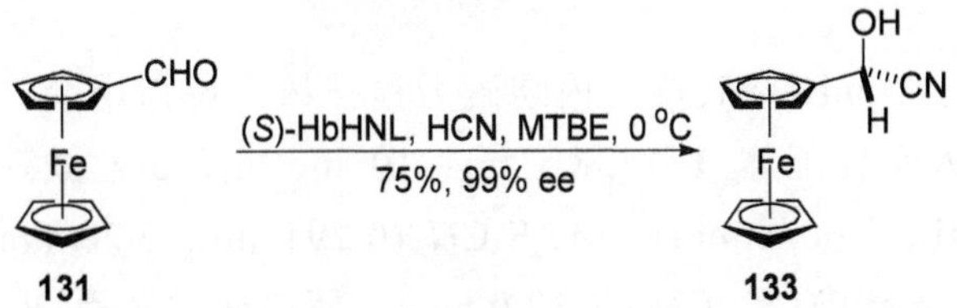

(48)

$$(49)$$

将 (S)-HbHNL 酶溶液 (6.5 kU/mL) 用蒸馏水 (1:1) 稀释，用柠檬酸溶液调节至 pH 4.8~5.0。向酶溶液中加入二茂铁甲醛底物 (131 或 132) 在 MTBE 中的溶液。将混合物冷却到 0 ℃。剧烈搅拌 20 min，形成稳定的乳液。加入新鲜制备的 HCN。用 TLC 监测反应，直至原料消失。加入 MTBE 和大量硅藻土后过滤，用 MTBE 洗涤硅藻土。有机相用 Na_2SO_4 干燥。减压除去溶剂，粗产物用硅胶柱 (环己烷-乙酸乙酯) 纯化。

(+)-(R)-(氰基羟甲基)二茂铁 (133)：醛 131 (1.00 g, 4.68 mmol)，MTBE (50 mL)，(S)-HbHNL (25 mL)，蒸馏水 (25 mL, pH 4.82)，HCN (0.63 g, 0.9 mL, 23.4 mmol)。产率 0.85 g (75%)；淡棕色固体，熔点 89~90 ℃；$R_f = 0.27$ (C_6H_{12}/EtOAc = 3:1)。$[\alpha]_D^{20} = +150$ (c 0.30, CH_3CN) (99% ee)。

(+)-(R,R)-1,1'-二(氰基羟甲基)二茂铁 (134)：醛 132 (2.00 g, 8.26 mmol)，MTBE (50 mL)，(S)-HbHNL (25 mL)，蒸馏水 (25 mL, pH 4.80)，HCN (3.2 mL, 82.6 mmol)。产率 2.02 g (82%)；棕色固体，熔点 109~111 ℃；$R_f = 0.29$ (C_6H_{12}-EtOAc, 1:1)。$[\alpha]_D^{20} = +172$ (c 0.07, CH_3CN) (99% ee)。

例 二

(−)-(2,4-二甲基噻唑-5-基)-2-三甲基硅氧基丙腈的合成[32]

$$(50)$$

火焰干燥的 5 mL 圆底烧瓶内装磁力搅拌棒，瓶口用翻口橡皮塞塞紧。向烧瓶中依次加入手性配体 L* (38.5 mg, 10 mol%)，5-乙酰基-2,4-二甲基噻唑 (135) (0.141 mL, 1.00 mmol)，Me_3SiCN (0.294 mL, 2.20 mmol)，CF_3CH_2OH (0.073 mL, 1.00 mmol) 和 CH_2Cl_2 (2.0 mL)。翻口橡皮塞用 Parafilm M® 密封。

将反应混合物冷却到 –78 °C，搅拌 15 min。用注射器加入 CF₃CH₂OH (0.073 mL, 1.00 mmol)，在 –78 °C 继续搅拌 48 h。然后将反应物置于 –78 °C 高真空下 5 min 除去 HCN。将全部反应混合物加在硅胶柱上，用己烷-乙酸乙酯洗脱。洗脱液减压蒸干，得无色油状产物 (**136**) 220 mg (87%)。$[\alpha]_D^{25}$ = –16.0 (*c* 1.0, CHCl₃) (97% ee)。

例 三

氟代二苄氧基苯甲醛的一锅式氢氰化/还原反应

制备氟代 (*R*)- 和 (*S*)-去甲肾上腺素前体[105]

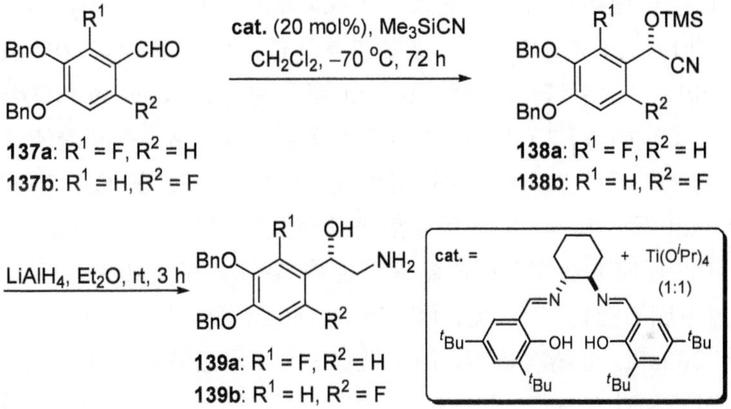

(51)

向催化剂 **cat.** (85 mg, 0.015 mmol) 的 CH₂Cl₂ (3 mL) 溶液中加入 Ti(OⁱPr)₄ (25 μL, 0.013 mmol)，生成的溶液室温搅拌 1.6 h。将溶液冷却到 –50 °C，加入醛 (**137a** 或 **137b**) (1 mmol) 和 Me₃SiCN (400 mg, 3.6 mmol) 的 CH₂Cl₂ (3 mL) 溶液。在 –50 °C 反应 5 天后，用硅胶柱过滤催化剂，用环己烷-乙醚 (4:1~1:1) 洗脱产物。溶液减压蒸干。

将硅氧基氰醇溶解在乙醚 (10 mL) 中，将溶液加到 0 °C 的 LiAlH₄ (90 mg) 在乙醚 (10 mL) 中的悬浮液中。混合物室温搅拌 3 h 后，加入 H₂O (90 μL)，NaOH (15%, 90 μL) 和小量 MgSO₄。过滤混合物，滤饼用热乙酸乙酯洗涤 3 次，蒸发溶剂，粗产物用硅胶柱纯化 (CH₂Cl₂/MeOH = 9/1~7/3)，用乙酸乙酯/己烷重结晶，得无色针状晶体。产物 (+)-(*S*)-**139a**：产率 46%；熔点 131 °C；$[\alpha]_D^{25}$ = +30.2 (*c* 1.02, CH₂Cl₂)。产物 (+)-(*S*)-**139b**：产率 25%。熔点 95~99 °C；$[\alpha]_D^{25}$ = +11.4 (*c* 1.04, CH₂Cl₂)。

例 四

(2*R*,3*E*)-2-羟基-3-甲基-4-(2-甲基-1,3-噻唑-4-基)-3-丁烯腈的合成[102]

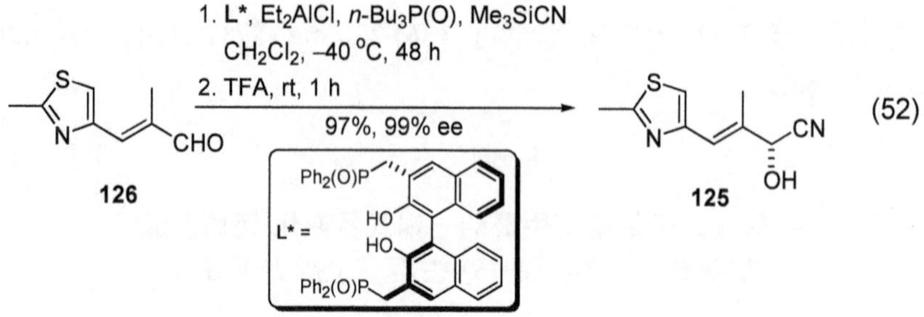

$$
\tag{52}
$$

在火焰干燥的烧瓶中加入手性配体 **L*** (64 mg, 0.0895 mmol) 并在 50 °C 真空干燥 2 h。加入 CH$_2$Cl$_2$ (3 mL)，接着在氩气氛下加入 Et$_2$AlCl (93 μL, 0.089 mmol, 0.96 mol/L 己烷溶液)。搅拌 10 min 后，室温加入 *n*-Bu$_3$P(O) (78 mg, 0.358 mmol) 在 CH$_2$Cl$_2$ (1.2 mL) 中的溶液。室温搅拌 1 h，得到澄清溶液。在 –40 °C 下向搅拌的溶液中加入醛 **126** (300 mg, 1.79 mmol) 在 CH$_2$Cl$_2$ (1.4 mL) 中的溶液。30 min 后，在 48 h 内用注射器从烧瓶顶部缓慢加入 Me$_3$SiCN (287 μL, 2.15 mmol)。反应混合物在相同温度下搅拌 39 h。在 –40 °C 下加入 TFA (2.0 mL)，室温下剧烈搅拌 1 h 以水解产物的 Me$_3$Si 醚。加入 EtOAc (30 mL)，混合物再搅拌 30 min。分离有机相，用水洗涤。水相用乙酸乙酯 (2×30 mL) 提取。合并的有机相用盐水洗涤，Na$_2$SO$_4$ 干燥。粗产物用快速硅胶柱 (乙酸乙酯-己烷，1:3) 纯化。得到所需氰醇 **125** (337 mg, 97%)。$[\alpha]_D^{25}$ = +16.5 (*c* 0.7, CHCl$_3$) (99% ee)。

例 五

(*S*)-1-[3-(叔丁基二甲基硅氧基)-2-甲氧基-6-(三甲基硅烷基)吡啶-4-基]-2-(三甲基硅氧基)丁腈的合成[101]

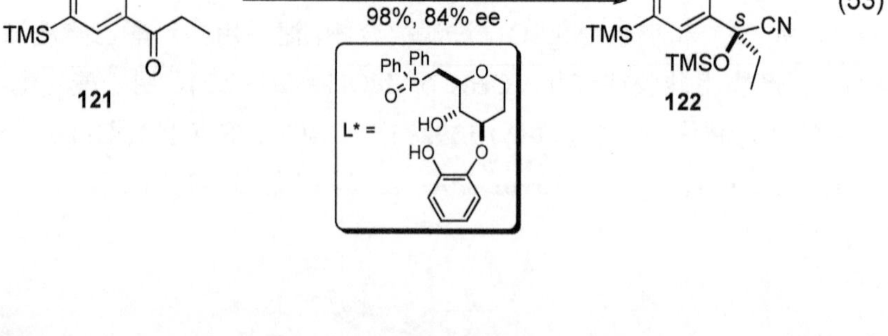

$$
\tag{53}
$$

在 0 °C 下，向手性配体 **L*** (11.5 mg, 0.027 mmol) 在 THF (0.3 mL) 中的悬浮液中加入 Sm(O^{i}Pr)$_3$ 在 THF 中的溶液 (0.2 mol/L, 75 μL, 0.015 mmol)。混合物在 45 °C 搅拌 30 min。室温蒸发去溶剂，得到的白色粉末减压 (约 5 mmHg) 干燥 1 h。将催化剂粉末溶解在 EtCN (0.1 mL) 中，在 –40 °C 加入 Me$_3$SiCN (60 μL, 1.5 eq.)。搅拌 15 min 后，在 –40 °C 滴加酮 **121** (114 mg, 0.300 mmol) 在 EtCN (0.1 mL) 中的溶液。48 h 后，加入 H$_2$O 终止反应 (小心：生成 HCN!)，水层用 Et$_2$O 提取。有机层用盐水洗涤，Na$_2$SO$_4$ 干燥。蒸去溶剂后得到的粗产品用硅胶柱纯化 (己烷-乙醚, 80:1) 给出氰醇 **122**，产率 92%，$[\alpha]_D^{24}$ = –7.87 (c 6.10, CHCl$_3$) (72% ee)。

8　参考文献

[1]　Rosenthaler, L. *Biochem. Z.* **1908**, *14*, 238.

[2]　(a) Becker, W.; Benthin U.; Eschenhof, E.; Pfeil, E. *Biochem. Z.* **1963**, *337*, 156; **1966**, *346*, 301. (b) Becker, W.; Freund, H.; Pfeil, E. *Angew. Chem., Int. Ed. Engl.* **1965**, *4*, 1079. (c) Becker, W.; Pfeil, E. *J. Am. Chem. Soc.* **1966**, *88*, 4299.

[3]　Effenberger, F.; Ziegler, T.; Forster, S. *Angew. Chem., Int. Ed. Engl.* **1987**, *26*, 458.

[4]　(a) Han, S.; Lin, G.; Li, Z. *Tetrahedron: Asymmetry* **1998**, *9*, 1835. (b) Lin, G.; Han, S.; Li, Z. *Tetrahedron* **1999**, *55*, 3531;

[5]　Oku, J.-I.; Ito, N.; Inoue, S. *Makromol. Chem.* **1979**, *180*, 1089.

[6]　(a) Narasaka, K.; Yamada, T.; Minamikawa, H. *Chem. Lett.* **1987**, 2073. (b) Minamikawa, H.; Hayakawa, S.; Yamada, T.; Iwasawa, N.; Narasaka, K. *Bull. Chem. Soc. Jpn.* **1988**, *61*, 4379.

[7]　(a) Gregory, R. H. *Chem. Rev.* **1999**, *99*, 3649. (b) Brussee, J.; van der Gen, A. in *Stereoselective Biocatalysis*, Ed.: Patel, R. N. Marcel Dekker, New York, N. Y., 2000, pp.289-320. (c) Effenberger, F. in *Stereoselective Biocatalysis*, Ed.: Patel, R. N. Marcel Dekker, New York, N. Y., 2000, pp. 321-342. (d) 孙万儒，《手性药物的化学与生物学》(黄量、戴立信、杜灿屏、吴镭主编)，北京：化学工业出版社，2002，pp.253-273. (e) North, M. *Tetrahedron: Asymmetry* **2003**, *14*, 147. (f) Brunel, J.-M.; Holmes, I. P. *Angew. Chem., Int. Ed.* **2004**, *43*, 2752. (g) North, M.; Usanov, D. L.; Young, C. *Chem. Rev.* **2008**, *108*, 5146. (h) Lu, W.; Lin, G. in *Biocatalysis for the Pharmaceutical Industry: Discovery, Development and Manufacturing*, Eds. Tao, J.; Lin, G. and Liese, A. John Wiley & Sons (Asia) Pte Ltd. Singapore, 2009, pp. 89-109.

[8]　江苏新医学院编.《中药大词典》. 上海：上海科技出版社，1986, pp. 508-509。

[9]　(a) Dreveny, I.; Gruber, K.; Glieder, A.; Kratky, C. *Structure (London, England: 1993)*, **2001**, *9*, 803. (b) Dreveny, I.; Kratky, C.; Gruber, K. *Protein Science: A Publication of the Protein Society* **2002**, *11*, 292.

[10]　Wagner, U. G.; Hasslacher, M.; Griengl. H. *Structure (London, England: 1993)*, **1996**, *4*, 811.

[11]　(a) Wajant, H; Pfizenmaier, K. *J. Biol. Chem.* **1996**, *271*, 25830. (b) Lauble, H.; Miehlich, B.; Föster, S. *Protein Science: A Publication of the Protein Society* **2001**, *10*, 1015.

[12]　Lauble, H.; Miehlich, B.; Föster, S. *Biochemistry* **2002**, *41*, 12043.

[13]　Wescott, C. R.; Klibanov, A. M. *Biochim. Biophys. Acta* **1994**, *1206*, 1.

[14]　van Langen, L. M.; van Rantwijk, F.; Sheldon, R. A. *Org. Proc. Res. Dev.* **2003**, *7*, 828.

[15]　Chen, P.; Han, S.; Lin, G.; Li, Z. *J. Org. Chem.* **2002**, *67*, 8251.

[16] Koch, K.; van der Berg, R. J. F.; Nieuwland, P. J.; Wijtmans, R.; Schoemarker, H. E. *Biotech. Bioeng.* **2008**, *99*, 1028.

[17] (a) Effenberger, F.; Ziegler, T.; Förster, S. *Angew. Chem., Int. Ed. Engl.* **1987**, *26*, 458. (b) Förster, S.; Roos, J.; Effenberger, F.; Wajant, H.; Sprauer, A. *Angew. Chem., Int. Ed. Engl.* **1996,** *35*, 437.

[18] Han, S.; Chen, P.; Lin, G.; Huang, H, Li, Z. *Tetrahedron: Asymmetry* **2001**, *12*, 843.

[19] Griengl, H.; Klempier, N.; Pöchlauer, P.; Schmidt, M.; Shi, N.; Zabelinskaja-Mackova, A. A. *Tetrahedron* **1998**, *54*, 14477.

[20] Effenberger, F.; Jäger, J. *J. Org. Chem.* **1997**, *62*, 3867.

[21] Silva, M. M. C.; Sá e Melo, M. L.; Parolin, M.; Tessaro, D.; Riva, S.; Danieli, B. *Tetrahedron: Asymmetry* **2004**, *15*, 21.

[22] Schmidt, M.; Hervé, S.; Klempier, N.; Griengl, H. *Tetrahedron* **1996**, *52*, 7833.

[23] Chen, P.; Han, S.; Lin, G.; Huang, H.; Li, Z. *Tetrahedron: Asymmetry* **2001**, *12*, 3273.

[24] Pukarthofer, T.; Gruber, K.; Fechter, M. H.; Griengl, H. *Tetrahedron* **2005**, *61*, 7661.

[25] Synoradzki, L.; Rowicki, T.; Wostowski, M. *Org. Process Res. Dev.* **2006**, *10*, 103.

[26] (a) Effenberger, F.; Heid, S. *Tetrahedron: Asymmetry* **1995**, *6*, 2945. (b) Avi, M.; Fechter, M. H.; Gruber, K.; Belaj, F.; Pöchlauer, P.; Griengl, H. *Tetrahedron* **2004**, *60*, 10411.

[27] Gregory, R. J. H.; Roberts, S. M.; Barkley, J. V.; Coles, S. J.; Hursthouse, M. B.; Hibbs, D. E. *Tetrahedron Lett.* **1999**, *40*, 7407.

[28] Oku, J.-I.; Ito, N.; Inoue, S. *Makromol. Chem.* **1979**, *180*, 1089.

[29] Tanaka, K.; Mori, A.; Inoue, S. *J. Org. Chem.* **1990**, *55*, 181.

[30] Kim, H. J.; Jackson, W. R. *Tetrahedron: Asymmetry* **1992**, *3*, 1421.

[31] Steele, R. M.; Monti, C.; Gennari, C.; Piarulli, U.; Andreoli, F.; Vanthuyne, N.; Roussel, C.; *Tetrahedron: Asymmetry* **2006**, *17*, 999.

[32] Feurst, D. E.; Jacobson, E. N. *J. Am. Chem. Soc.* **2005**, *127*, 8964.

[33] Wen, Y.; Huang, X.; Huang, J.; Xiong, Y.; Qin, B.; Feng, X. *Synlett* **2005**, 2445.

[34] Qin, B.; Liu, X.; Shi, J.; Zheng, K.; Zhao, H.; Feng, X. *J. Org. Chem.* **2007**, *72*, 2374.

[35] Liu, X.; Qin, B.; Zhou, X.; He, B.; Feng, X. *J. Am. Chem. Soc.* **2005**, *127*, 12224.

[36] (a) Tian, S.-K.; Deng, L. *J. Am. Chem. Soc.* **2001**, *123*, 6195. (b) Tian, S.-K.; Hong, R.; Deng, L. *J. Am. Chem. Soc.* **2003**, *125*, 9900.

[37] (a) Hayashi, M.; Matsuda, T.; Oguni, N.; *J. Chem. Soc., Chem. Commun.* **1990**, 1364. (b) Hayashi, M.; Matsuda, T.; Oguni, N.; *J. Chem. Soc., Perkin Trans. 1* **1992**, 3135.

[38] Callant, D.; Stanssens, D.; de Vries, J. G. *Tetrahedron: Asymmetry* **1993**, *4*, 185.

[39] (a) Choi, M. C. K.; Chan, S.-S.; Matsumoto, K. *Tetrahedron Lett.* **1997**, *38*, 6669. (b) Choi, M. C. K.; Chan, S.-S.; Chan, M.-K.; Kim, J. C.; Iida, H.; Matsumoto, K. *Heterocycles* **2004**, *62*, 643.

[40] Mori, A.; Nitta, H.; Kudo, M.; Inoue, S. *Tetrahedron Lett.* **1991**, *32*, 4333.

[41] (a) Hayashi, M.; Miyamoto, Y.; Inoue, T.; Oguni, N. *J. Chem. Soc., Chem. Commun.* **1991**, 1752. (b) Hayashi, M.; Miyamoto, Y.; Inoue, T.; Oguni, N. *J. Org. Chem.* **1993**, *58*, 1515. (c) Hayashi, M.; Miyamoto, Y.; Inoue, T.; Oguni, N. *Tetrahedron* **1994**, *50*, 4385.

[42] Jiang, Y.; Zhou, X.; Hu, W.; Li, Z.; Mi, A. *Tetrahedron: Asymmetry* **1995**, *6*, 405

[43] (a) Flores-Lopéz, L. Z.; Parra-Hake, M.; Somanathan, R.; Walsh, P. J. *Organometallics* **2000**, *19*, 2153. (b) Gama, A.; Flores-Lopéz, L. Z.; Aguirre, G.; Parra-Hake, M.; Somanathan, R.; Walsh, P. J. *Tetrahedron: Asymmetry* **2002**, *13*, 149.

[44] Gama, A.; Flores-Lopéz, L. Z.; Aguirre, G.; Parra-Hake, M.; Somanathan, R.; Cole, T. *Tetrahedron: Asymmetry* **2005**, *15*, 1167.

[45] Rogriguez, B.; Pastó, M.; Jimeno, C.; Pericàs, M. A. *Tetrahedron: Asymmetry* **2006**, *17*, 151.

[46] Moreno, R. M.; Rosol, M.; Moyano, A. *Tetrahedron: Asymmetry* **2006**, *17*, 1089.

[47] (a) Yang, Z.-H.; Wang, L.-X.; Zhou, Z.-H.; Zhou, Q.-L.; Tang, C.- C. *Tetrahedron:Asymmetry* **2001**, *12*,

1579. (b) Yang, Z.-H.; Zhou, Z.-H.; Tang, C.-C. *Synth. Commun.* **2001**, *19*, 3031.

[48] Belokon, Y.; Chesnokov, A. A.; Ikonnikov, N.; Kublitsky, V. S.; Moscalenko, M.; North, M.; Orlova, S.; Tararov, V.; Yashkina, L. V. *Russ. Chem. Bull.* **1997**, *46*, 1936.

[49] Kim, G.-J.; Shin, J.-H. *Catal. Lett.* **1999**, *63*, 83.

[50] (a) Pan, W.; Feng, X.; Gong, L.; Hu, W.; Li, Z.; Mi, A.; Jiang, Y. *Synlett* **1996**, 337. (b) Jiang, Y.; Gong, L.; Feng, X.; Hu, W.; Pan, W.; Li, Z.; Mi, A. *Tetrahedron* **1997**, *53*, 14327.

[51] Belokon, Y.; Ikonnikov, N.; Moscalenko, M.; North, M.; Orlova, S.; Tararov, V.; Yashkina, L. *Tetrahedron: Asymmetry* **1996**, *7*, 851.

[52] Chen, S.-K.; Peng, D.; Zhou, H.; Wang, L.-W.; Chen, F.-X.; Feng, X. M. *Eur. J. Org. Chem.* **2007**, 639.

[53] He, B.; Chen, F.-X.; Li, Y.; Feng, X.; Zhang, G. *Eur. J. Org. Chem.* **2004**, 4657.

[54] (a) Belokon, Y. N.; Green, B.; Ikonnikov, N. S.; Larichev, V. S.; Lokshin, B. V.; Moscalenko, M. A.; North, M.; Orizu, C.; Peregudov, A. S.; Timofeeva, G. I. *Eur. J. Org. Chem.* **2000**, 2655. (b) Belokon, Y. N.; Blacker, A. J.; Carta, P.; Clutterbuck, L. A.; North, M. *Tetrahedron* **2004**, *60*, 10433.

[55] (a) Belokon, Y. N.; Gutnov, A. V.; Moscalenko, M. A.; Yashkina, L. V.; Lesovoy, D. E.; Ikonnikov, N. S.; Larichev, V. S.; North, M. *Chem. Commun.* **2002**, 244. (b) Belokon, Y. N.; Carta, P.; Gutnov, A. V.; Maleev, V.; Moscalenko, M. A.; Yashkina, L. V.; Ikonnikov, N. S.; Voskoboev, N. V.; Khrustalev, V. N.; North, M. *Helv. Chim. Acta* **2002**, *85*, 3301.

[56] (a) Huang, W.; Song, Y.; Bai, C.; Cao, G.; Zheng, Z. *Tetrahedron Lett.* **2004**, *45*, 4763. (b) Huang, W.; Song, Y.; Wang, J.; Cao, G.; Zheng, Z. *Tetrahedron* **2004**, *60*, 10469.

[57] Reetz, M. T.; Kyung, S.-H.; Bolm, C.; Zierke, T. *Chem. Ind.* **1986**, 824.

[58] Mori, M.; Imma, H.; Nakai, T. *Tetrahedron Lett.* **1997**, *38*, 6229.

[59] Belokon, Y. N.; Chusov, D.; Borkin, D. A.; Yashkina, L. V.; Dmitriev, A. V.; Katayev, D.; North, M. *Tetrahedron: Asymmetry* **2006**, *17*, 2328.

[60] Baeza, A.; Na´jera, C.; Sansano, J. M.; Saa´, J. M. *Tetrahedron: Asymmetry* **2005**, *16*, 2385.

[61] Chang, C.-W.; Yang, C.-T.; Hwang, C.-D.; Uang, B.-J. *Chem. Commun.* **2002**, 54.

[62] (a) Lui, Y.; Lui, X.; Xin, J.; Feng, X. *Synlett* **2006**, *7*, 1085. (b) Xiong, Y.; Huang, X.; Gou, S.; Huang, J.; Wen, Y.; Feng, X. *Adv. Synth. Catal.* **2006**, *348*, 538.

[63] Kim, Y. B.; Kim, M. K.; Kang, S. H.; Kim, Y. H. *Synlett* **2005**, 1995.

[64] Li, Q.; Chang, L.; Liu, X.; Feng, X. *Synlett* **2006**, 1675.

[65] (a) Li, Q.; Liu, X.; Wang, J.; Shen, K.; Feng, X. *Tetrahedron Lett.* **2006**, *47*, 4011. (b) Shen, K.; Liu, X.; Li, Q.; Feng, X. *Tetrahedron* **2008**, *64*, 147.

[66] Li, Y.; He, B.; Qin, B.; Feng, X.; Zhang, G. *J. Org. Chem.* **2004**, *69*, 7910.

[67] You, J.-S.; Gau, H.-M.; Choi, M. C. K. *Chem. Commun.* **2000**, 1963.

[68] Brunel, J.-M.; Legrand, O.; Buono, G. *Tetrahedron: Asymmetry* **1999**, *10*, 1979.

[69] (a) Yang, Z.-H.; Zhou, Z.-H.; Wang, L.-X.; Li, K.-Y.; Zhou, Q.-L.; Tang, C.-C. *Synth. Commun.* **2002**, *32*, 2751. (b) Yang, Z.; He, K.; Zhou, Z.; Wang, L.; Li, K.; Zhao, G.; Zhou, Q.; Tang, C. *Tetrahedron: Asymmetry* **2003**, *14*, 3937.

[70] Yang, E.; Wei, S.; Chen, C.-A.; Xi, P.; Yang, L.; Lan, J.; Gau, H.-M.; You, J. *Chem. Eur. J.* **2008**, *14*, 2223.

[71] (a) Mori, A.; Ohno, H.; Tanaka, K.; Inoue, S. *Synlett* **1991**, 563. (b) Ohno, H.; Nitta, H.; Tanaka, K.; Inoue, S. *J. Org. Chem.* **1992**, *57*, 6778.

[72] Chen, F.-X.; Zhou, F.; Liu, X.; Qin, B.; Feng, X.; Zhang, G.; Jiang, Y. *Chem. Eur. J.* **2004**, *10*, 4790.

[73] (a) Kim, S. S.; Song, D. H. *Eur. J. Org. Chem.* **2005**, 1777. (b) Kim, S. S. *Pure Appl. Chem.* **2006**, *78*, 977.

[74] (a) Nicewicz, D. A.; Yates, C. M.; Johnson, J. S. *J. Org. Chem.* **2004**, *69*, 6548; (b) Nicewicz, D. A.; Yates, C. M.; Johnson, J. S. *Angew. Chem., Int. Ed.* **2004**, *43*, 2652.

[75] Trost, B. M.; Martìnez-Sànchez, S. *Synlett* **2005**, 627.

[76] Zeng, Z.; Zhao, G.; Zhou, Z.; Tang, C. *Eur. J. Org. Chem.* **2008**, 1615.

[77] Iovel, I.; Popelis, Y.; Fleisher, M.; Lukevics, E. *Tetrahedron: Asymmetry* **1997**, *8*, 1279.

[78] (a) Hamashima, Y.; Sawada, D.; Kanai, M.; Shibasaki, M. *J. Am. Chem. Soc.* **1999**, *121*, 2641. (b) Hamashima, Y.; Sawada, D.; Nogami, H.; Kanai, M.; Shibasaki, M. *Tetrahedron* **2001**, *57*, 805.

[79] (a) Casas, J.; Nájera, C.; Sansano, J. M.; Saá, J. M. *Org. Lett.* **2002**, *4*, 2589. (b) Casas, J.; Nájera, C.; Sansano, J. M.; Saá, J. M. *Tetrahedron* **2004**, *60*, 10487.

[80] (a) Qin, Y.-C.; Liu, L.; Pu, L. *Org. Lett.* **2005**, *7*, 2381. (b) Qin, Y-C.; Liu, L.; Pu, L.; Sabat, M. *Tetrahedron* **2006**, *62*, 9335.

[81] Kanai, M.; Hamashima, Y.; Shibasaki, M. *Tetrahedron Lett.* **2000**, *41*, 2405.

[82] (a) Belokon, Y. N.; North, M.; Parsons, T. *Org. Lett.* **2000**, *2*, 1617. (b) Belokon, Y. N.; Green, B.; Ikonnikov, N. S.; North, M.; Parsons, T.; Tararov, V. I. *Tetrahedron* **2001**, *57*, 771.

[83] Achard, T. R. J.; Clutterbuck, L. A.; North, M. *Synlett* **2005**, 1828.

[84] (a) Baleizão, C.; Gigante, B.; Garcia, H.; Corma, A. *J. Catal.* **2003**, *215*, 199. (b) Baleizão, C.; Gigante, B.; Das, D.;A´ lvaro, M.; Garcia, H.; Corma, A. *Chem. Commun.* **2003**, 1860. (c) Baleizão, C.; Gigante, B.; Das, D.; A´ lvaro, M.; Garcia, H.; Corma, A. *J. Catal.* **2004**, *223*, 106. (d) Baleizão, C.; Gigante, B.; Garcia, H.; Corma, A. *J. Catal.* **2004**, *221*, 77.

[85] Watanabe, A.; Matsumoto, K.; Shimada, Y.; Katsuki, T. *Tetrahedron Lett.* **2004**, *45*, 6229.

[86] Gou, S.; Wang, J.; Liu, X.; Wang, W.; Chen, F.-X.; Feng, X. *Adv. Synth. Catal.* **2007**, *349*, 343.

[87] (a) Belokon, Y. N.; North, M.; Maleev, V. I.; Voskoboev, N. V.; Moskalenko, M. A.; Peregudov, A. S.; Dmitriev, A. V.; Ikonnikov, N. S.; Kagan, H. B. *Angew. Chem., Int. Ed.* **2004**, *43*, 4085. (b) Belokon, Y. N.; Clegg, W.; Harrington, R. W.; North, M.; Young, C. *Tetrahedron* **2007**, *63*, 5287. (c) Belokon, Y. N.; Clegg, W.; Harrington, R. W.; North, M.; Young, C. *Inorg. Chem.* **2008**, *47*, 3801.

[88] Kim, S. S.; Lee, S. H. *Synth. Commun.* **2005**, *35*, 751.

[89] Corey, E. J.; Wang, Z. *Tetrahedron Lett.* **1993**, *34*, 4001.

[90] Kobayashi, S.; Tsuchiya, Y.; Mukaiyama, T. *Chem. Lett.* **1991**, 541.

[91] (a) Abiko, A.; Wang, G.-Q. *J. Org. Chem.* **1996**, *61*, 2264. (b) Abiko, A.; Wang, G.-Q. *Tetrahedron* **1998**, *54*, 11405.

[92] Qian, C.; Zhu, C.; Huang, T. *J. Chem. Soc., Perkin Trans. 1* **1998**, 2131.

[93] Aspinall, H. C.; Greeves, N.; Smith, P. M. *Tetrahedron Lett.* **1999**, *40*, 1763.

[94] Vale, J. A.; Faustino, W. M.; Menezes, P. H.; Sa, G. F. *Chem. Commun.* **2006**, 3340.

[95] Tian, J.; Yamagiwa, N.; Matsunaga, S.; Shibasaki, M. *Angew. Chem., Int. Ed.* **2002**, *41*, 3636.

[96] Ooi, T.; Takaya, K.; Miura, T.; Ichikawa, H.; Maruoka, K. *Synlett* **2000**, 1133.

[97] Belokon, Y. N.; Maleev, V. I.; Kataev, D. A.; Mal'fanov, I. L.; Bulychev, A. G.; Moskalenko, M. A.; Saveleva, T. F.; Skrupskaya, T. V.; Lyssenko, K. A.; Godovikov, I. A.; North, M. *Tetrahedron: Asymmetry* **2008**, *19*, 822.

[98] (a) Garner, C. M.; Fernández, J. M.; Gladysz, J. A. *Tetrahedron Lett.* **1989**, *30*, 3931. (b) Dalton, D. M.; Garner, C. M.; Fernández, J. M. Gladysz, J. A. *J. Org. Chem.* **1991**, *56*, 6823.

[99] Lu, W.; Chen, P.; Lin, G. *Tetrahedron* **2008**, *64*, 7822.

[100] Masumoto, S.; Suzuki, M.; Kanai, M.; Shibasaki, M. *Tetrahedron Lett.* **2002**, *43*, 8647.

[101] Yabu, K.; Masumoto, S.; Yamasaki, S.; Hamashima, Y.; Kanai, M.; Du, W.; Curran, D. P.; Shibasaki, M. *J. Am. Chem. Soc.* **2001**, *123*, 9908.

[102] Sawada, D.; Kanai, M.; Shibasaki, M. *J. Am. Chem. Soc.* **2000**, *122*, 10521.

[103] Ortiz, B.; Sánchez-Obregón, R.; Toscano, R. A.; Yuste, F. *Synlett* **2008**, 2105.

[104] Fröhlich, R. F. G.; Zabelinskaja-Mackova, A. A.; Fechter, M. H.; Griengl, H. *Tetrahedron: Asymmetry* **2003**, *14*, 355.

[105] Lu, S.-F.; Herbert, B.; Haufe, G.; Laue, K. W.; Padgett, W. L.; Oshunleti, O.; Daly, J. W.; Kirk, K. L. *J. Med. Chem.* **2000**, *43*, 1611.

亨利反应
(Henry Reaction)

徐 清[*] 吴华悦

1 Henry 反应的历史背景

碳-碳键的构建是有机合成研究的核心内容之一，利用各种吸电子基稳定的碳负离子参与的各类有机反应是一类重要和有效的方法。由于硝基烷烃中存在强吸电子硝基官能团，大大提高了 α-氢的酸性，能够形成稳定的 α-碳负离子。因此，硝基烷烃作为非常好的碳负离子源，被广泛应用于与各类亲电试剂的反应中。例如：硝基烷烃与醛或酮等羰基化合物作用生成 β-硝基醇的硝基羟醛缩合反应 (nitro aldol reaction) (式 1)。该反应最早由 Louis Henry 等人于 1895 年首次报道[1]，因此也被称为亨利反应 (Henry reaction)。Henry 反应是有机合成中最经典的人名反应之一。

$$ \begin{array}{c} R^1 \underset{NO_2}{\overset{R^2}{\diagdown}} \xrightarrow{\text{base}} R^1 \underset{NO_2^-}{\overset{R^2}{\diagdown}} \xrightarrow{R^3COR^4} \underset{O_2N \; R^3 \; R^4}{\overset{R^1 \; R^2 \; OH}{\diagdown}} \end{array} \quad (1) $$

在 19 世纪中晚期，在硝基烷烃研究方面取得的成果是当时有机合成研究的重大进展之一。1872 年，Meyer 和 Kolbe 分别制备了第一例单硝基烷烃和硝基甲烷[2]。1895 年，Louis Henry 发现硝基烷烃在碱的催化下非常容易与醛或酮反应得到 β-硝基醇[1]。几乎同时，Nef 合成了第一例氮酸酯，并发现了硝基被转化成为羰基的反应[3]，即后来以他的名字命名的 Nef 反应[4]。

1939 年，Kamlet 报道：使用醛和亚硫酸氢钠反应获得的产物与硝基烷烃相应的氮酸钠盐进行反应，可以非常快速地发生与醛和硝基烷烃相同的缩合反应[5]。Kamlet 提出的反应机理与 Henry 反应一致，并解决了碱金属催化剂在催化醛与硝基烷烃 Henry 反应时存在的低反应活性和低转化率等问题。因此，Henry 反应有时也被称为 Kamlet 反应。

由于常规 Henry 反应容易发生逆反应，产物硝基醇中与硝基相连的手性碳原子容易消旋化。因此，一般得到的是无选择或低选择的 β-硝基醇产物各种非对映异构体和对映异构体的混合物。所以，虽然 Henry 反应非常有名，但在其被发现之后的八九十年间，立体选择性 Henry 反应没有获得实质性的进展，严重地阻碍了 Henry 反应的进一步扩展应用。

1976 年，Seebach 等人在非对映异构体选择的 Henry 反应研究方面获得了一些突破。他们针对研究中发现的部分反应产物具有一定选择性的结果[6]，不断对 Henry 反应进行了改进[7]。如式 2 和式 3 所示：采用硝基烷烃相应的氮酸三烷基硅酯或 *α,α*-去双质子的伯硝基烷烃 (即 *α*-锂代氮酸锂盐)，可以分别实现反式 (anti-，或赤式 erythro-，*RS*、*SR* 混合物) 或顺式 (syn-，或苏式 threo-，*SS*、*RR* 混合物) 选择性很高的非对映异构选择性反应 (顺反异构体暂用其中一种构型表示，下同)。

$$
R^1\!\!-\!\!\overset{NO_2SiR_3}{\big\|} \xrightarrow{R^2CHO} \underset{OSiR_3}{\overset{NO_2}{R^1\!\!-\!\!\text{---}\!\!-\!\!R^2}} \longrightarrow \underset{OH}{\overset{NO_2}{R^1\!\!-\!\!\text{---}\!\!-\!\!R^2}} \tag{2}
$$

anti/syn up to 98/2

$$
R^1\!\!-\!\!\overset{NO_2Li}{\underset{Li}{\big\|}} \xrightarrow{R^2CHO} \underset{OLi}{\overset{NO_2Li}{R^1\!\!-\!\!\text{---}\!\!-\!\!R^2}} \longrightarrow \underset{OH}{\overset{NO_2}{R^1\!\!-\!\!\text{---}\!\!-\!\!R^2}} \tag{3}
$$

syn/anti up to 94/6

由于上述方法使用了丁基锂或 LDA (二异丙基氨基锂) 等操作要求很高的试剂以及低温等较为苛刻的反应条件，因而并不适用于大量制备目标化合物。后人也对 Seebach 的方法进行了一些改进，或者利用光学纯底物对 Henry 反应进行手性诱导实现具有一定立体选择性的 Henry 反应。虽然如此，仍然缺乏有效的方法实现不对称催化的 Henry 反应。与相似的醛醇缩合反应 (aldol reaction)[8,9]相比较，不对称 Henry 反应研究进展明显落后。

直到 1992 年，才由 Shibasaki 等人报道了首例不对称催化的 Henry 反应 (式 4)[10]，即第一例稀土金属 (Ln) 和碱金属锂 (L) 的双金属-手性联萘酚 (B) 催化体系 (LnLB) 催化的不对称 Henry 反应。此后，不对称催化 Henry 反应及相关研究引起了人们的广泛兴趣，各种不对称 Henry 反应不断涌现。Shibasaki 小组继续开发了一系列稀土金属催化剂，用于不对称催化合成并可以很好地控制反应的选择性。与此同时，其他研究小组也发展了其它过渡金属 (例如：铜、锌、钴等) 与各类手性配体组合的不对称 Henry 反应。

$$
MeNO_2 + \underset{R}{\overset{O}{\big\|}}\!\!-\!\!H \xrightarrow[\text{up to 90\% ee}]{LnLB\ (cat.),\ -42\ ^oC} \underset{R}{\overset{OH}{\big|}}\!\!\overset{*}{\longrightarrow}\!\!NO_2 \tag{4}
$$

(*R*)-adduct

在此期间,有机小分子催化的不对称合成研究也得到了一定的发展[8,11]。1994年,Nájera 等人报道了第一例手性有机小分子催化的不对称 Henry 反应,利用手性胍催化可以得到中等对映选择性的硝基醇产物[12]。此后,有机催化不对称 Henry 反应研究得到迅速的发展。人们已经开发了手性胍、硫脲、金鸡纳碱、手性胺、季铵盐和季鏻盐等类型的单功能或者组合双功能、多功能的催化剂体系,不对称诱导效果不断得到提高。

过渡金属-手性配体和手性有机小分子催化构成了不对称 Henry 反应的主要内容。除此之外,手性纳米材料、酶、高聚物负载或非均相手性催化剂在 Henry 反应研究方面也取得了一定进展。不对称催化的 Henry 反应具有很多优势,大大扩展了常规 Henry 反应的研究和应用范围。

2 Henry 反应的定义和重要性

2.1 Henry 反应的定义

典型的 Henry 反应可以定义为:在碱的催化下,含有 1~3 个 α-活泼氢的硝基烷烃与醛或酮发生形成碳-碳键、生成碳链增长的具潜手性碳的 β-硝基醇类双官能团化合物的反应 (式 5)。因此,Henry 反应也可以说是羰基化合物与硝基烷烃之间构建碳-碳键的偶联反应。

$$
\begin{array}{c}
R^1{-}\underset{R^2}{\overset{}{CH}}{-}NO_2 + R^3{-}\underset{}{\overset{O}{C}}{-}R^4 \xrightarrow{\text{base or cat.}} \underset{O_2N}{\overset{R^1\ R^2}{\underset{R^3\ R^4}{C{-}C}}}{OH}
\end{array}
\tag{5}
$$

很多情况下,Henry 反应需要使用化学计量的碱来提高反应的效率、转化率和选择性。由于 Henry 反应需要经过硝基烷烃相应的氮酸根结构 (盐或者酯) 的中间体,且反应产物硝基醇易于发生脱水反应转化成为硝基烯烃化合物,因此,广义的 Henry 反应可以定义为:具有氮酸根结构的化合物与各类羰基化合物经过硝基醇中间体、最终生成硝基化合物的反应 (式 6)。氮酸根结构化合物可以预先制备 (例如:氮酸三烷基硅酯) 或者原位生成 (例如:去双质子的硝基烷烃、α- 或 β-锂代氮酸锂盐),还可以是具有 γ-氢的 3-硝基烯烃双键经迁移得到的烯丙基氮酸根负离子。直接采用硝基烷烃为底物与羰基化合物的反应比较方便,可称之为直接 Henry 反应。使用预制的氮酸三烷基硅酯可以提高反应的选择性,也可称之为间接 Henry 反应。

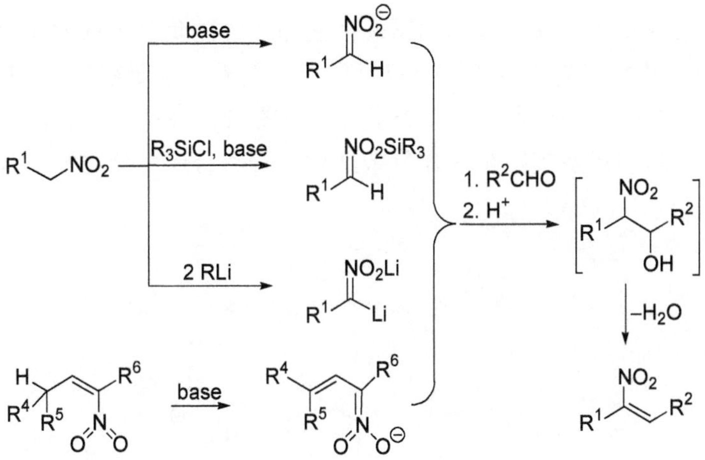

$$(6)$$

2.2 Henry 反应的重要性

　　Henry 反应所需条件相对温和，因此早期研究主要集中在简单硝基烷烃和醛酮之间的常规反应，并逐渐成为用于增长碳链和制备硝基烃类化合物及其衍生物的最常用的方法。

　　常规 Henry 反应产物 β-硝基醇是非常有用的有机合成中间体，很容易转化成为其它有机化合物。如式 7 所示：硝基醇脱水可以制备硝基烯烃、羟基氧化可以制备 α-硝基酮、硝基还原可以制备 β-氨基醇、硝基部分经 Nef 反应可以被转化成为醛、酮或羧酸等羰基类化合物。硝基本身也相当活泼，它们可以经还原脱硝制备取代醇或者与亲核试剂发生取代反应等等。

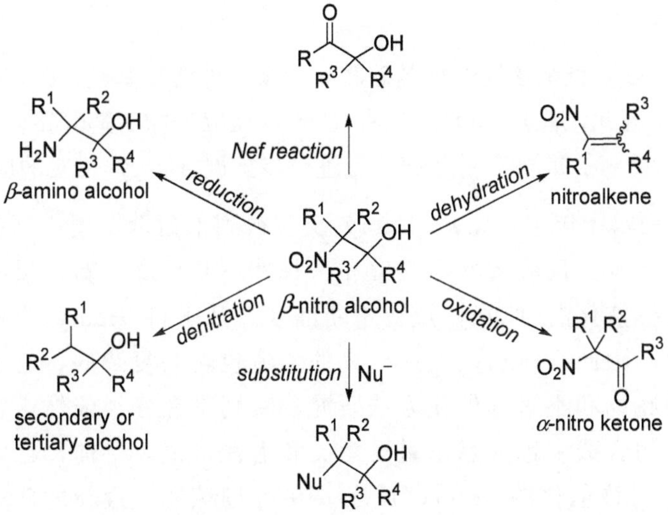

$$(7)$$

由此可见,硝基烷烃不仅可以作为常规硝基稳定的碳负离子或双负离子合成子,还可以作为氨基取代的碳负离子或双负离子合成子、增长碳链的烷基碳负离子或双负离子合成子以及羰基结构合成子等等 (图 1)。基于 Henry 反应的潜能,大大提高了硝基烷烃及其衍生物在复杂结构化合物合成中的可预见性和应用价值。

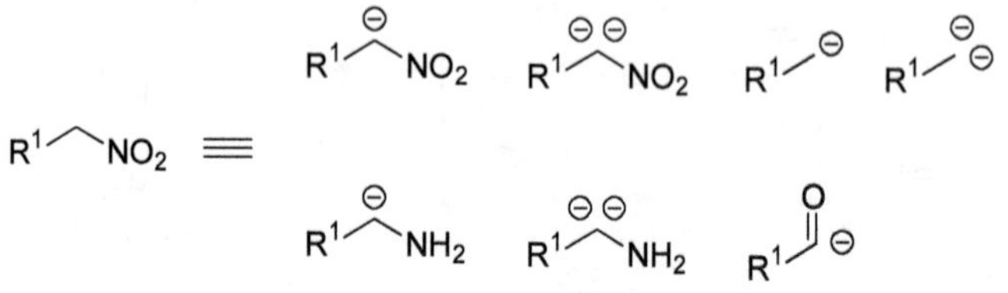

图 1 硝基烷烃可以用作具多重结构特征的合成子

Henry 反应的重要性还在于其衍生物的广泛用途。例如:硝基烯烃是良好的 Michael 反应受体[13]和 Diels-Alder 反应的亲二烯体[14],进一步还原氢化还可用于可制备碳链增长的硝基烷烃。因此,制备硝基烯烃[13,15]是 Henry 反应最重要的应用之一。

由于硝基醇还可以被构型保持地还原成为氨基醇,因此 Henry 反应在制备氨基醇的应用中也具有重要价值。将不对称 Henry 反应与硝基醇还原为氨基醇的反应相结合,是高效制备手性富集的氨基醇的良好方法。手性氨基醇可以进一步用于制备氯霉素、麻黄素和降肾上腺素等常用药物。糖醛或糖二醛的 Henry 环化反应则可用于制备具有生物活性的硝基糖或者氨基糖化合物,它们是各类抗生素的重要组成部分。

Nef 反应[4]可以将亲核性的硝基碳转化为亲电性的羰基碳,在合成策略方面具有重要意义。因此,通过 Nef 反应将 Henry 反应产物硝基醇转化为羰基化合物也是 Henry 反应的重要应用之一,可进一步扩展 Henry 反应的应用范围。

在过去的三四十年中,常规 Henry 反应得到不断地发展:新型催化剂和反应介质不断开发,反应效率、产率和选择性不断提高,新型反应体系、高选择性和不对称催化的 Henry 反应不断涌现,几乎将 Henry 反应推向其合成应用的极限。因此,Henry 反应研究的主流也转向复杂的、官能团化的或者光学活性的底物和不对称催化方法研究,特别是在各类天然产物、药物和生物活性物质的合成中也显示出重要意义和潜在价值。目前,已有许多文献对常规[16]和不对称催化的 Henry 反应[17]进行过综述,最新的研究报道还在不断涌现。

3　Henry 反应的机理和立体选择性

3.1　典型 Henry 反应机理

　　硝基的强吸电性导致硝基烷烃 **1** 的 α-氢具有较强的酸性[18]，在水中的 pK_a 值一般为 9~10 (例如：硝基甲烷为 10.2)，在有机溶剂中的 pK_a 值要大一些 (约 17~20)。硝基烷烃相应的酸 (氮酸 **2**) 的酸性则与羧酸相近 (pK_a 2~6)。因此两者都容易脱氢形成氮酸根负离子 **3**。在 Henry 反应机理中，氮酸根中间体 **3** (酯或者盐) 的形成和转变是可以肯定的事实。碱催化的典型 Henry 反应如式 8 所示：首先，硝基烷烃 **1** 在碱作用下发生 α-活泼氢的脱氢反应形成共振稳定的氮酸根负离子 **3**。然后，**3** 对羰基化合物进行亲核进攻生成具有潜手性碳中心的 β-硝基醇负离子 **4**。最后，**4** 发生质子化反应生成预期的 β-硝基醇产物 **5** 并再生出碱催化剂。

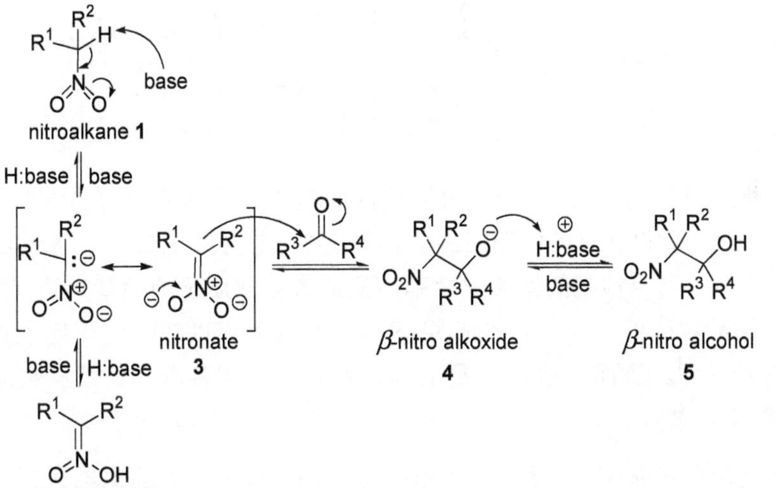

　　以上机理中所描述的各步反应均为可逆反应。因此，产物中与硝基连接的碳原子构型容易消旋化，这就是 Henry 反应通常得到无选择性或低选择性产物的原因。由此机理也可以看到，典型 Henry 反应只需微量碱催化即可进行。碱的作用是推进硝基烷烃 **1** 向氮酸根 **3** 的转变，并快速达成互变异构平衡。

　　有关 Henry 反应机理的理论计算工作报道得不多，Cossío 等人在 1997 年完成了一部分简单 Henry 反应过渡态与立体选择性关系的理论计算[19]。2008

年，Gordon 等人对胺催化的硝基烷烃与醛的脱水缩合等生成硝基烯烃的 Henry 反应进行了理论计算和比较[20]。

3.2 Henry 反应的非对映选择性

根据反应机理研究，简单硝基烷烃与醛的常规 Henry 反应产物通常应该得到各种异构体的混合物。如式 9 所示：Henry 反应产物中有两个潜手性碳，可以生成 $R_{C1}R_{C2}$、$R_{C1}S_{C2}$、$S_{C1}S_{C2}$ 和 $S_{C1}R_{C2}$ 四种绝对构型的产物。其中，顺式 (syn-，或苏式 thero-) 和反式 (anti-，或赤式 erythro-) 产物为非对映异构体，顺式的 $R_{C1}R_{C2}$ 与 $S_{C1}S_{C2}$、反式的 $R_{C1}S_{C2}$ 与 $S_{C1}R_{C2}$ 相互之间为对映异构体。

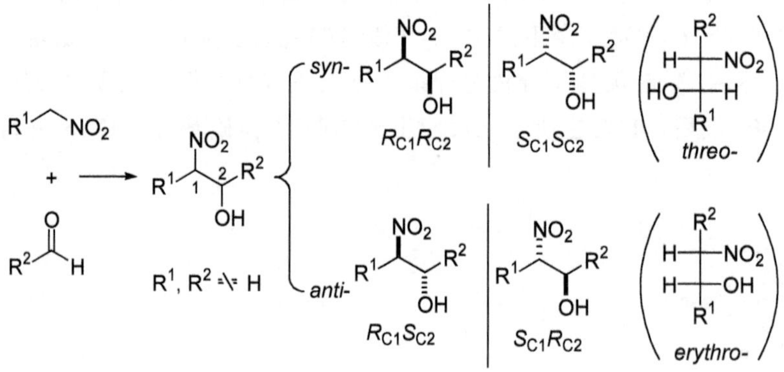

$$(9)$$

虽然常规的 Henry 反应选择性普遍较低，但通过选择适当的底物官能团、立体位阻、电子因素和反应条件等，还是可以产生一定的顺反选择性。Seebach 等人在研究中发现：利用预制的氮酸三烷基硅酯或者去双质子的硝基烷烃 (锂代氮酸锂盐) 代替常规的碱催化剂，在低温下与醛酮反应可以在一定程度上提高产物的顺反选择性[6]。进而，他们开发了一系列高选择制备顺式或反式硝基醇的方法[7](详见 4.2 节)。

对于上述简单硝基烷烃与醛的 Henry 反应，Cossío 等人的理论计算[19]得到两点结论 (图 2)：(1) 由于取代基团位阻效应的影响，顺式过渡态具有更高的能垒。游离的氮酸根负离子 (不与阳离子配位等不受阳离子影响的情况下) 与羰基化合物的反应倾向于经过反平面过渡态，容易生成反式产物。(2) 锂代氮酸锂盐参与的反应中，在有大位阻的配体 (L) 与金属锂离子配位以及良好的溶剂化效应的情况下，活化反应步骤的能垒可能会降低。反应可以通过椅式环状的过渡态实现，容易生成顺式产物。这些结论与常规 Henry 反应的低选择性和 Seebach 等人开发的高选择性制备方法[6,7]的实验结果相符合。

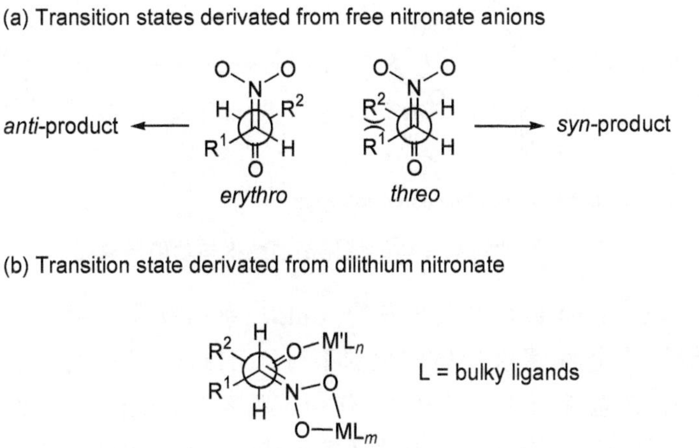
(a) Transition states derivated from free nitronate anions
anti-product
syn-product
erythro
threo
(b) Transition state derivated from dilithium nitronate
L = bulky ligands

图 2 非对映异构选择性 Henry 反应

一般情况下，常规 Henry 反应 (通常在室温下进行) 是通过各种过渡态的热力学平衡得到不同构型的产物。而 Seebach 等人的方法则是将反应控制在低温的动力学条件下再进行酸化水解，反应在动力学控制下使得稳定的过渡态优先发生反应。在采用大位阻的氮酸三烷基硅酯为反应物的体系中，由于反式过渡态位阻更小、更加稳定和更易形成，因此在低温下反应可以得到反式选择性很高的产物。在采用锂代氮酸锂盐为反应物的反应体系中，HMPA (六甲基磷酰胺) 既可作为大位阻的配体参与配位锂离子，也可以作为很好的溶剂产生溶剂化效应稳定椅式环状的过渡态。因此，反应主要按照顺式进行得到顺式选择性很高的产物。Seebach 等人在后一个反应中还发现：HMPA 的作用非常关键，不加入 HMPA 时的反应选择性很差，这些现象也与 Cossío 等人的计算结果相符合。

3.3 不对称 Henry 反应的原理和对映选择性

不对称 Henry 反应在近一二十年中发展非常迅速，过渡金属-手性配体和手性有机小分子催化的不对称 Henry 反应是其中最重要的两种类型[17]。总结这些反应可以看出：实现高效和高对映选择性的普遍策略是设计和采用双功能甚至多功能催化剂。这些人工双功能或者多功能催化剂往往优于一般的单功能催化剂。如图 3 所示：双功能或者多功能催化剂具有两个以上的活性位点，其中碱性位点可以使硝基烷烃去质子形成氮酸根、并与之配位和活化，而酸性位点能够与醛或酮的羰基配位并使之活化。因此，多功能催化剂能够允许两个底物在手性环境下相互接近，最终生成高度对映选择性产物。

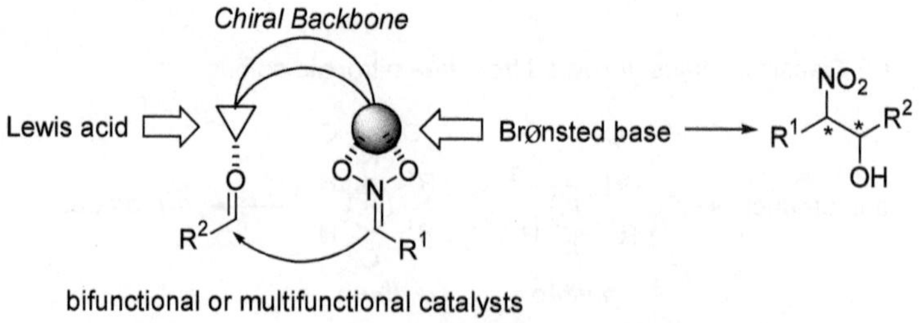

Chiral Backbone

图 3   双功能或多功能催化剂的结构与功能示意图

　　这里我们以 Shibasaki 等人开发的 LnLB 系列双金属-手性联萘酚催化剂为例，来讨论过渡金属-手性配体催化的不对称 Henry 反应的机理。如图 4 所示[17b,c]：首先，硝基烷烃在 LnLB (**6**) 作用下脱氢形成配位的氮酸根 **7**。接着，醛与金属 Ln 中心逐渐接近并在手性环境下选择性地与氮酸根形成最稳定的六元环过渡态 **9**。最后，**9** 完成加成反应和质子化反应之后得到产物，并再生出 LnLB 催化剂。

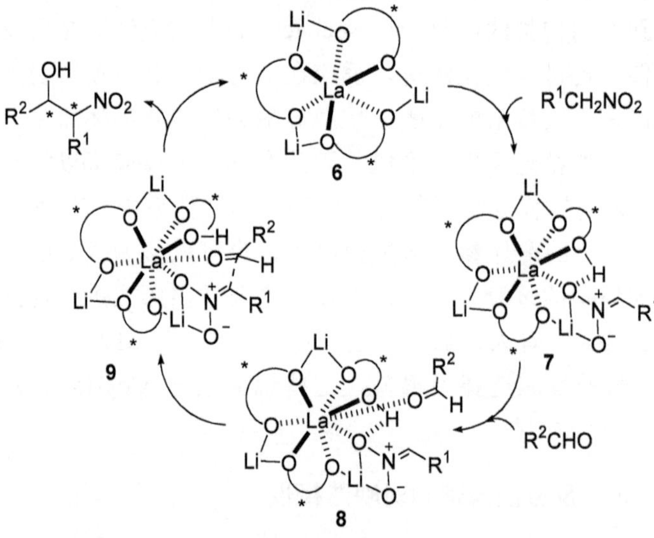

图 4   LnLB 催化的不对称 Henry 反应的机理

　　在该催化循环中，催化剂中镧系金属和锂 (即联萘酚锂) 分别起到路易斯酸和布朗斯特碱的作用与醛和氮酸根配位，而手性联萘酚结构则提供了手性环境以诱导氮酸根对羰基的不对称加成反应。早期开发的 LnLB 催化体系催化生成以顺式为主的产物，最高可以得到 94:6 以上的顺反选择性和 97% ee 以上的对映选择性。如图 5 所示[17b,c, 21]：与上述锂代氮酸锂盐产生的过渡态类似，反应选择性也可以从形成的六元环过渡态的纽曼投影式中各个基团立体位阻的关系得到解释。其中一种位阻最小的过渡态生成顺式产物。

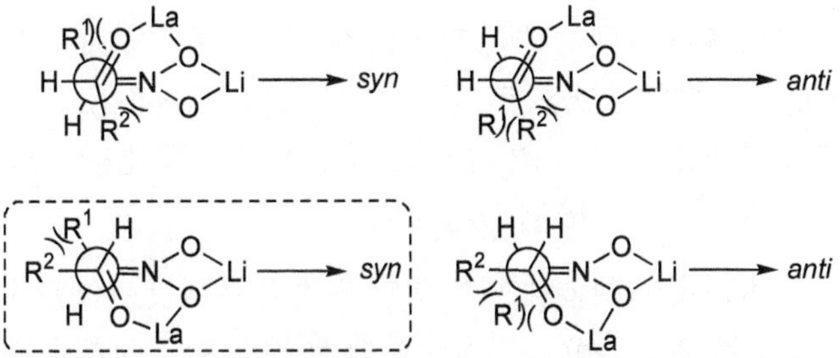

图 5　LnLB 催化的顺式选择性 Henry 反应的过渡态

大多数手性有机小分子催化的不对称 Henry 反应的机理尚不清楚。但是，双功能催化剂具有与上述金属催化剂类似的碱基位点和路易斯酸位点。以其中一种含硫脲基团和奎宁碱基团的硫脲-金鸡纳碱双功能催化剂为例，反应底物硝基甲烷和醛可能经历了如式 10 所示[22]的活化过渡态，最终生成对映选择性高达 95% ee 的产物。

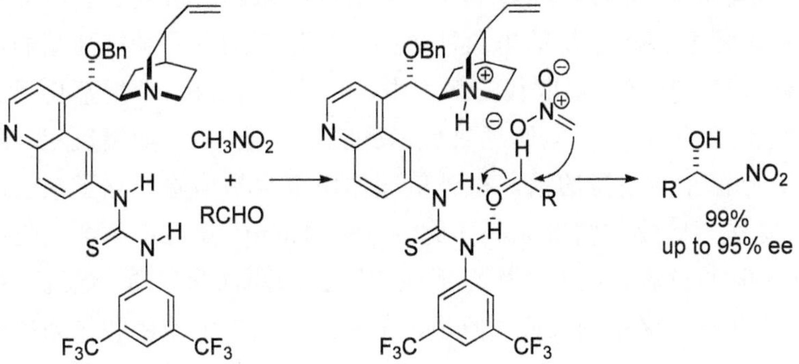

$$(10)$$

4　Henry 反应类型综述

经过一百多年的发展，Henry 反应研究及其合成应用非常广泛。本章将依次对常规低选择性 Henry 反应、非对映异构选择性 Henry 反应、过渡金属-手性配体催化的不对称 Henry 反应、手性有机小分子催化的不对称 Henry 反应和酶催化的不对称 Henry 反应进行讨论。但是，Henry 反应的衍生反应 (例如：硝基烷烃与亚胺的碳-氮不饱和键加成的 aza-Henry 或称 nitro-Mannich 反应等) 将不包括在本章中。

4.1　常规 Henry 反应

4.1.1　常规 Henry 反应的特点

简单 Henry 反应在室温下即可进行，理论上只需要催化量的碱试剂。常规

Henry 反应可以使用各种不同的催化剂和助剂，质子性、非质子性溶剂、水相或者无溶剂、离子液体、微波或高压等条件也对反应有促进作用。许多离子型和非离子型的碱、有机碱和无机碱、季铵盐、氟盐、非均相催化剂、高聚物负载的催化剂以及纳米材料均可作为 Henry 反应的催化剂。

Henry 反应具体采用何种催化剂和反应条件取决于反应体系本身，需要兼顾底物官能团的性质、溶剂的溶解性以及生成氮酸根负离子的难易程度等。不同的硝基烷烃和醛酮的反应能力差别较大，而且受到反应物的立体位阻因素影响较大。反应底物的反应活性随着碳数的增加而降低，立体位阻大的酮反应较慢且容易发生副反应。

一般情况下，硝基烷烃与醛酮的 Henry 反应可能存在多种副反应：(1) 在碱作用下，具有立体位阻的醛酮本身容易发生醛醇缩合反应，或者底物醛通过 Cannizzaro 反应歧化成为相应酸和醇。因此，需要控制碱的用量或者反应体系的碱性。(2) 由于氮酸根负离子中氧的电负性更强，导致硝基碳的亲核性减弱而容易发生 O-烷基化反应。特别在多取代的底物中，可能会使目标 C-烷基化反应不完全。(3) 可能发生逆 Henry 反应而导致目标反应不完全。(4) 如果反应产物中羟基的 α-碳原子上存在活泼氢的话，在过量碱作用下容易消除一分子水生成硝基烯烃，使用芳醛作为底物的情况尤其如此。一般 Henry 反应中都会产生少量的硝基烯烃，而且很多硝基烯烃易于聚合形成难除去的焦油状杂质。通过反应条件的严格控制，可以避免这个副反应。但是，在芳醛的反应中使用胺作为催化剂时硝基烯烃可以作为主产物生成。(5) 反应后处理不当则容易发生 Nef 反应[4]，将硝基转化成为羰基副产物，因此除去碱时须特别小心。

为了提高 Henry 反应的效率、产率和产物的选择性，人们常常通过下列方法进行改进：(1) 在反应能够快速进行的前提下尽可能使用少量的碱。(2) 硝基烷烃成本相对低廉时，可使用过量的硝基烷烃并将醛酮分批逐步加入到硝基烷烃中。保持反应体系中醛酮的低浓度，以遏制醛醇缩合、产物差向异构化等副反应的发生。(3) 不活泼的硝基烷烃可以预先转化为相应的双负离子中间体，提高与羰基化合物的反应效率，在动力学条件下 (低温) 质子化可以高选择性地得到顺式硝基醇产物。(4) 采用三烷基硅基保护的氮酸三烷基硅酯代替硝基烷烃，在氟盐催化下与醛反应，在动力学条件下质子化可以高度选择性地得到反式硝基醇产物。(5) 酮的 Henry 反应使用 PAP 为催化剂，可以加快反应速率和避免酮的自身缩合反应。(6) 采用高压或者无溶剂条件可以提高反应的化学和区域选择性。(7) 利用手性催化剂可以实现不对称 Henry 反应，得到光学活性硝基醇产物。(8) 亚胺类化合物为底物与硝基烷烃反应可得到硝基胺，进一步还原可得邻二胺，进一步扩展 Henry 反应为 aza-Henry 反应。

4.1.2 醛的 Henry 反应

由于醛类底物的反应活性较高,醛的 Henry 反应研究最多。硝基甲烷与甲醛在 Henry 反应中的反应活性最高,只有硝基甲烷能够与三分子甲醛完全反应,依次发生 1~3 次缩合得到不同的产物 (式 11)[23]。该反应产物可用于制备各类有机酸和无机酸酯,其中硝酸酯可用作炸药、硝基醇的磷酸酯和有机酸酯可作为纤维素酯的塑化试剂。

$$CH_3NO_2 \xrightarrow[\text{base (cat.)}]{CH_2O} HOCH_2CH_2NO_2 \xrightarrow{CH_2O}$$

$$(HOCH_2)_2CHNO_2 \xrightarrow{CH_2O} (HOCH_2)_3CNO_2$$

(11)

其它伯和仲硝基烷烃最多能与二分子醛缩合。仲硝基烷烃比相应的伯硝基烷烃反应慢很多,而且第二次 Henry 反应因为取代基团立体位阻和羟基的推电子效应而相对较难进行。所以,一般多碳的硝基烷烃比较难与一个碳以上的醛发生反应。即使是硝基甲烷与五碳以上的醛反应也通常停留在与 1~2 个醛的缩合阶段。叔硝基烷烃没有 α-活泼氢而不能发生 Henry 反应。

在官能团较少、结构相对简单的硝基烷烃与简单醛的 Henry 反应中,最常用的催化剂是碱金属的氢氧化物、烷氧化物、碳酸盐和碳酸氢盐等[24]。反应通常在室温下进行,过程简单且成本较低。

有些 Henry 反应需要加入当量的碱,将产物转化成为盐的形式以方便分离。如式 12 所示[25]:在硝基甲烷与多聚甲醛的反应中使用 1.2 倍量的甲醇钠可以分离得到 95% 的氮酸钠盐,再酸化后可得到 75% 的 2-硝基-1,3-丙二醇。该反应产物经多步反应后可以得到 2-硝基-2-丙烯-1-醇的三甲基乙酸酯 (NPP)。NPP 类化合物是非常有用的多位点偶联试剂,其选择性连续偶联反应可以用于合成多种不含硝基的多官能团结构的化合物[26]。

$$(CH_2O)_n + CH_3NO_2 \xrightarrow[95\%]{\text{NaOCH}_3 \text{ (1.2 eq.), CH}_3\text{OH}} HO\text{-}CH\text{-}OH \text{ (}NO_2Na\text{)}$$

(12)

$$\xrightarrow[75\%]{H^+} HO\text{-}CH\text{-}OH \text{ (}NO_2\text{)} \longrightarrow \text{NPP}$$

如式 13 所示[27]:Henry 反应中的氮酸盐中间体也可以由其它方法制得。

例如：硝基环丙基甲酸酯在化学计量的 NaOH 作用下皂化后得到相应的钠盐，加热时可以放出二氧化碳得到相应的氮酸钠盐。该盐与原位加入的苯甲醛在无水条件下反应可以得到含有环丙基结构的硝基醇产物。

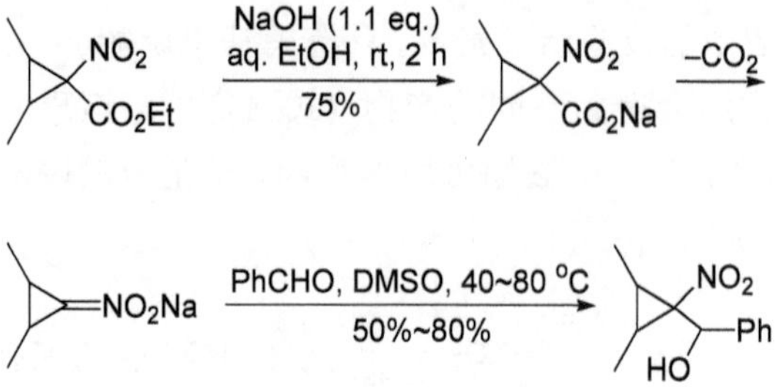

(13)

其它主族和副族金属的氢氧化物、氧化物和烷氧化物以及相应的盐也可以用作反应的催化剂。使用碱土金属氧化物和氢氧化物这些固体碱的优点是后处理方便[28]，镁和铝的烷氧化物以及 LiAlH4 的 THF 溶液也可以催化很多芳醛、脂肪醛和简单硝基烷烃的反应[29]。

NaOH 和 KOH 催化的 Henry 反应也可以在无溶剂条件下或者在水相中进行。例如：使用粉末 KOH 在干燥介质中反应[30]，或者在各种表面活性剂或者相转移催化剂作用下在水相中[31]和无溶剂条件下反应[32]。如式 14 所示[31a]：在相转移催化剂 CATCl 存在下、NaOH 催化的硝基烷烃和醛在水中室温下反应 2~3 h 即可得到 66%~95% 的产物。此外，还可以直接使用相转移催化剂对应的碱 CTAOH[31b]或者使用高聚物负载的相转移催化剂和碱的组合[31c,d]来催化 Henry 反应。

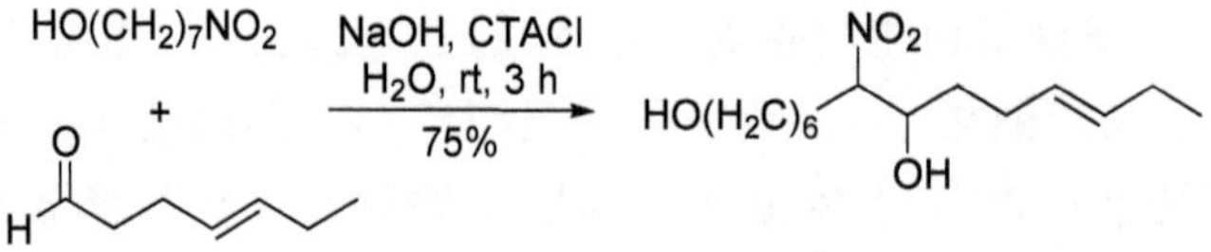

(14)

碱金属的其它盐，例如：KF[33]和 NaI[34]也可以用作 Henry 反应的催化剂。如式 15 所示：KF 催化的 Henry 反应可以得到很高的产率。如式 16 所示：NaI 催化的溴代硝基甲烷的 Henry 反应产物是溴代硝基醇，该产物在 SmI2 作用下被转化成硝基烯烃。虽然该转化的原子经济性稍低，但可以得到选择性很高的反式硝基烯烃。

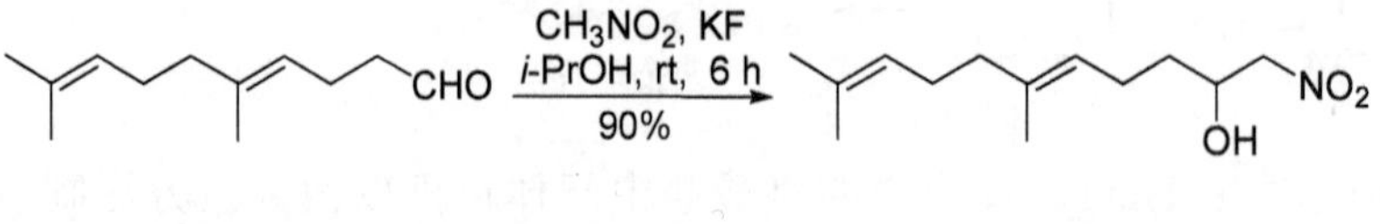

(15)

$$R-CHO \xrightarrow[\text{cat. NaI}]{\text{BrCH}_2\text{NO}_2} \underset{\overset{|}{Br}}{R-\overset{\overset{OH}{|}}{C}H-\overset{|}{C}H-NO_2} \xrightarrow[\substack{55\%\sim96\% \\ E/Z > 98/2}]{\text{SmI}_2} R\diagup\hspace{-0.3em}\diagdown\hspace{-0.3em}NO_2 \qquad (16)$$

在上述反应因为底物碳链较长、取代基较多、反应活性低而导致反应较慢的情况下，羰基化合物的自缩合反应容易成为严重的副反应。此时，可以利用其它氟盐 (例如：四丁基氟化铵，TBAF)[35]或者其它氟离子源作为反应催化剂以减少或者避免副反应发生 (式 17)。

$$\underset{\text{NO}_2}{\diagup}\hspace{-0.3em}\overset{\displaystyle O}{\underset{\displaystyle O}{\diagup\diagdown}} + \text{CH}_3\text{CHO} \xrightarrow[\substack{0\sim6\ ^\circ\text{C, 23 h} \\ 52\%}]{\text{TBAF (48 mol\%)}} \underset{\text{OH}}{\overset{\text{O}_2\text{N}}{\diagdown}}\hspace{-0.3em}\overset{O}{\underset{O}{\diagup\diagdown}} \qquad (17)$$

硝基烷烃与醛的 Henry 反应产物硝基醇容易发生脱水，因此不同程度地生成副产物硝基烯烃。在芳醛的 Henry 反应产物中，羟基因为处在苄基位而更容易脱水，所以很容易从苯甲醛和硝基甲烷出发制备硝基苯乙烯[15]。硝基烯烃的合成最早可以追溯到 1899 年 Thiele 的发现[36]，如式 18 所示：在苯甲醛和硝基甲烷的反应中使用醋酸进行酸化可以得到正常 Henry 反应产物硝基醇，若使用盐酸酸化可以高收率地得到硝基烯烃。

$$\text{PhCHO} + \text{MeNO}_2 \xrightarrow{\text{KOH, EtOH}} \underset{\text{Ph}}{\overset{\text{OH}}{\diagdown}}\hspace{-0.3em}=\hspace{-0.3em}\text{NO}_2\text{K} \begin{array}{c} \xrightarrow{\text{AcOH}} \underset{\text{Ph}}{\overset{\text{OH}}{\diagdown}}\hspace{-0.3em}\text{NO}_2 \\ \\ \xrightarrow{\text{HCl}} \text{Ph}\diagup\hspace{-0.3em}\diagdown\hspace{-0.3em}\text{NO}_2 \end{array} \qquad (18)$$

使用非离子型的含氮有机碱作为催化剂时，芳醛和硝基烷烃的反应可提供另一种简单制备硝基烯烃的方法。如式 19 所示[16a,b]：该反应可能不经过硝基醇的中间体，而是经亚胺中间体最后生成硝基烯烃产物。

$$\text{ArCHO} + \text{RNH}_2 \longrightarrow \text{ArCH=NR} \xrightarrow{\text{RCH}_2\text{NO}_2} \text{RNH}_2 + \text{ArCH=C(NO}_2)\text{R} \qquad (19)$$

后来，各种胺催化的 Henry 反应不断被开发出来[37]。根据胺和底物的不同，也可以得到硝基醇产物。如式 20 所示：在三乙胺及其衍生物催化下，2-硝基乙醇与芳醛的反应可以得到反式为主的硝基醇产物。叔胺衍生物催化剂的催化活性随着链长增加而降低，但不影响反应的顺反选择性[38]。产物 1-芳基-2-硝基-1,3-丙二醇是重要的工业原料，可用于合成抗生素和氯霉素等。

$$R\hspace{-0.3em}\diagup\hspace{-0.5em}\bigcirc\hspace{-0.5em}\diagdown\hspace{-0.3em}\text{CHO} + \text{O}_2\text{N}\diagup\hspace{-0.3em}\diagdown\hspace{-0.3em}\text{OH} \xrightarrow[\substack{\text{Et}_3\text{N (15 mol\%), rt} \\ 90\%\sim99\%}]{(\text{BnOCH}_2\text{CH}_2)_3\text{N or}} R\hspace{-0.3em}\diagup\hspace{-0.5em}\bigcirc\hspace{-0.5em}\diagdown\hspace{-0.3em}\underset{\text{NO}_2}{\overset{\text{OH}}{C}H}\hspace{-0.3em}\diagdown\hspace{-0.3em}\overset{\text{OH}}{\diagup} \qquad (20)$$

　　胺的复杂结构衍生物[38,39]及其盐 (例如:醋酸盐[40]和氟盐[35]) 也可以作为 Henry 反应的催化剂。在醋酸铵催化下,微波促进的硝基烷烃与芳醛的反应可以直接得到硝基烯烃[40a]。若该反应在醋酸中加热,然后加卤代烃和三乙基硼则可以得到硝基被取代的反应产物——取代苯乙烯 (式 21)[40b]。在醋酸铵的存在下,γ-硝基羧酸酯能与醛发生缩合反应和环化脱水得到硝基酰胺产物,然后经进一步还原生成氨基酰胺 (式 22)[40c]。

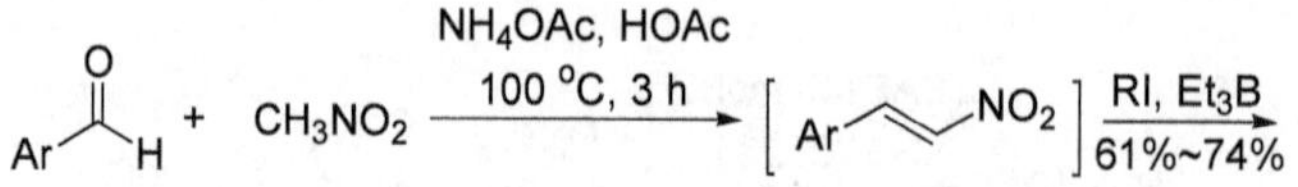

$$\text{Ar}\overset{O}{\underset{H}{\diagdown}} + \text{CH}_3\text{NO}_2 \xrightarrow[\text{100 °C, 3 h}]{\text{NH}_4\text{OAc, HOAc}} \left[\text{Ar}\diagup\!\!\diagdown\text{NO}_2\right] \xrightarrow[\text{61\%~74\%}]{\text{RI, Et}_3\text{B}} \text{Ar}\diagup\!\!\diagdown\text{R} \qquad (21)$$

$$\overset{O_2N}{\diagdown}\!\!\!\diagup\!\!\!\overset{O}{\diagdown}_{\text{OEt}} + \text{RCHO} \xrightarrow{\text{NH}_4\text{OAc}} \underset{R}{\diagup}\overset{O_2N}{\diagdown}\!\!\diagup\!\!\underset{H}{\diagdown}\!\!\diagdown O \xrightarrow{\text{H}_2, \text{ Raney-Ni}} \underset{R}{\diagup}\overset{H_2N}{\diagdown}\!\!\diagup\!\!\underset{H}{\diagdown}\!\!\diagdown O \qquad (22)$$

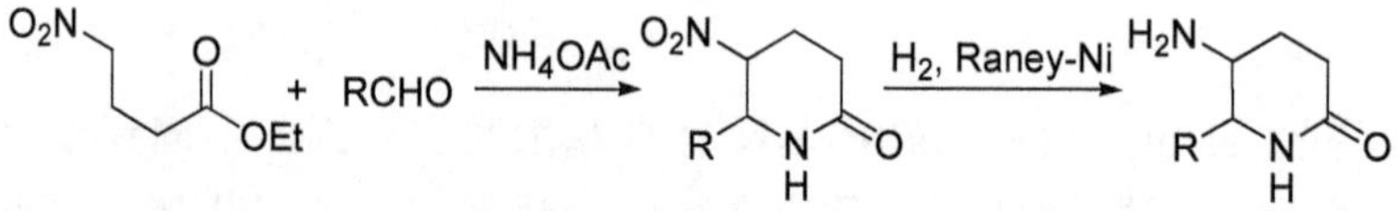

　　含多个氮原子的非离子型有机强碱也是良好的 Henry 反应催化剂,例如:四甲基胍 (tetramethylguanidine,TMG)[41]及其环结构同系物双环胍 TBD、M-TBD 和高聚物负载的双环胍 P-TBD[42]、DBU[43]和 PAP 类有机碱[44](图 6)。

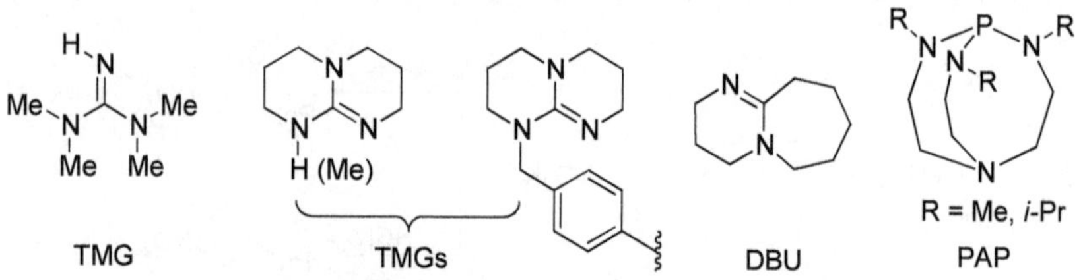

图 6　含有多个氮原子的非离子型有机强碱

　　在一般碱金属或者胺催化效果不好的长碳链硝基烷烃与醛酮的反应以及一般比较难进行的酮的 Henry 反应中,使用上述有机强碱不仅可以提高催化效率,而且可以避免酮的自身缩合反应 (式 23~式 25)[41~43]。

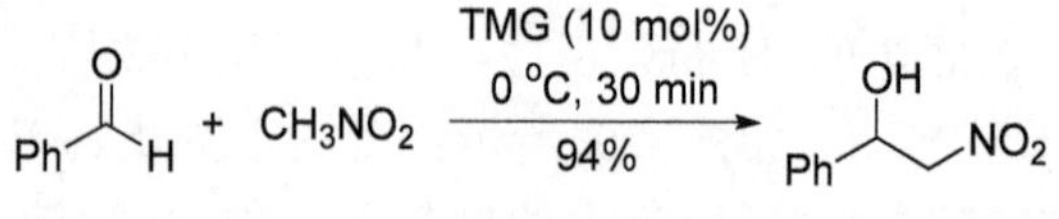

$$\text{Ph}\overset{O}{\underset{H}{\diagdown}} + \text{CH}_3\text{NO}_2 \xrightarrow[\text{94\%}]{\overset{\text{TMG (10 mol\%)}}{\text{0 °C, 30 min}}} \text{Ph}\overset{OH}{\diagup}\!\!\diagdown\text{NO}_2 \qquad (23)$$

$$\overset{O}{\underset{R^2}{R^1\diagup\!\!\diagdown}} + \text{R}^3\text{CH}_2\text{NO}_2 \xrightarrow[\text{75\%~95\%}]{\text{TBD, 0 °C, 5~60 min}} \underset{R^2}{\overset{OH}{R^1\diagup}}\!\!\underset{R^3}{\diagdown}\text{NO}_2 \qquad (24)$$

$$n\text{-C}_6\text{H}_{13}\text{CHO} + n\text{-C}_7\text{H}_{15}\text{NO}_2 \xrightarrow[\text{95\%}]{\overset{\text{DBU (10 mol\%)}}{\text{CH}_3\text{CN, rt, 24 h}}} n\text{-C}_6\text{H}_{13}\overset{OH}{\diagup}\!\!\underset{\text{NO}_2}{\diagdown}n\text{-C}_6\text{H}_{13} \qquad (25)$$

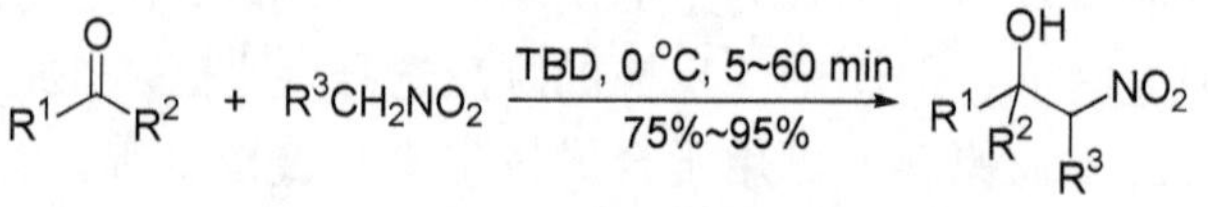

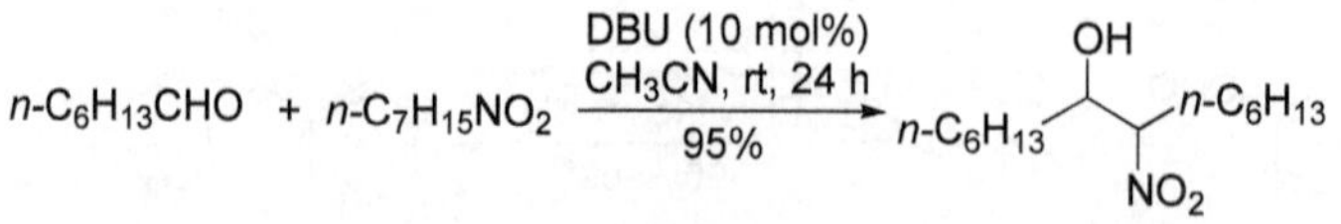

利用 TMG 作为催化剂，特殊底物喹啉醛生成的硝基醇产物不会发生脱水反应生成硝基烯烃，而是发生脱亚硝酸的反应得到酮产物 (式 26)[41c]。

$$
\text{喹啉-2-CHO} + C_2H_5NO_2 \xrightarrow[63\%]{\text{TMG (10 mol\%), PhMe}} \text{喹啉-2-C(O)C}_2H_5 \tag{26}
$$

Verkada 等人开发了一系列新型的 PAP 型催化剂 (图 6)，它们能够高效地催化醛酮的 Henry 反应[44](式 27)。特别是在酮的反应中，使用 PAP 催化剂可以有效地避免酮的自身缩合反应。

$$
R^1\underset{R^2}{\overset{O}{\|}} + R^3CH_2NO_2 \xrightarrow[67\%\sim99\%]{\text{PAP (10\sim30 mol\%)}} \underset{R^2}{\overset{OH}{R^1\underset{R^3}{-}NO_2}} \tag{27}
$$

均相 Henry 反应一般在后处理时需采用酸化的办法除去碱。有时酸化条件并不容易控制，在此过程中可能发生硝基转化为羰基的副反应——Nef 反应[4]。如果 Nef 反应产物不是目标产物，则酸化后处理操作一般需要在较低温度下进行。因此，许多非均相的催化剂被逐步开发出来并成功运用于 Henry 反应，克服了酸化后处理方面的缺点。例如：中性 Al_2O_3 试剂[45]、Al_2O_3 负载的 KF[46]、固体碱[28]、固相负载的碱[47]以及离子交换树脂[48]等等都是很好的非均相催化剂。

Rosini 等人报道：在无溶剂条件下，常规分离色谱用 Al_2O_3 是非常有效的硝基烷烃与醛反应的非均相催化剂。它具有反应条件温和、操作简单和后处理简便的优点，特别适用于酸或碱敏感的底物[45]。底物的反应活性可通过使用 Al_2O_3 负载的 KF 催化剂得到提高[46]。使用 Al_2O_3 负载的 KF 的特点是：即使芳醛反应也可以得到硝基醇产物，而不是得到硝基烯烃。如式 28 所示[46,49]：Rosini 等人继续开发了一些温和的方法将硝基醇氧化生成高产率的硝基酮。硝基酮可用于制备天然产物及其相关化合物、呋喃环化合物和环戊酮类化合物的前体的 1,4-二羰基化合物[50]。

$$
R^1\underset{NO_2}{\overset{R^2}{-}} + R^3\overset{O}{-}H \xrightarrow[69\%\sim86\%]{\text{Al}_2\text{O}_3, \text{rt, 24 h}} \underset{R^2}{\overset{R^1}{-}}\underset{R^3}{\overset{NO_2}{-}}OH \xrightarrow{\text{conditions}} \underset{R^2}{\overset{R^1}{-}}\underset{R^3}{\overset{NO_2}{-}}O \tag{28}
$$

虽然以上反应在室温下没有观察到生成硝基烯烃的脱水反应，但在微热条件下 (40 ℃) 即可用于制备硝基烯烃 (式 29)[51]。Al_2O_3 在此反应中不仅可以作为 Henry 反应的催化剂，还可以作为脱水试剂。在 Al_2O_3 催化的 Henry 反应中，利用超临界二氧化碳在控制体系压力或者密度条件下也可以选择性地合成硝基烯烃[45b]。如式 30 所示[52]：以上方法中获得的硝基烯烃可用于制备螺醚类化合物。

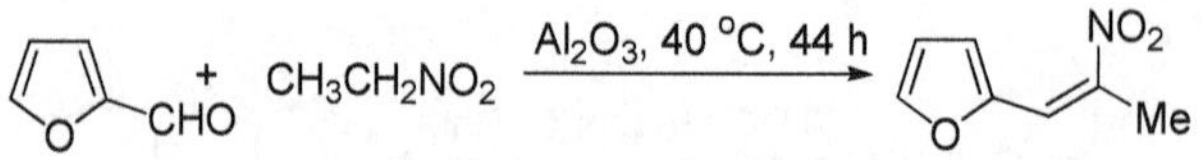

$$(29)$$

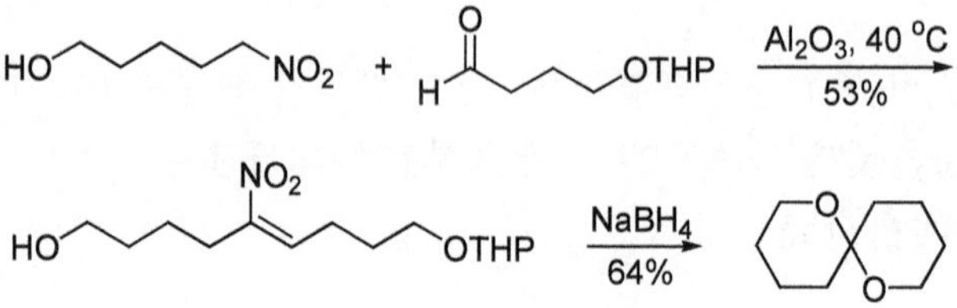

$$(30)$$

离子交换树脂 Amberlyst A-21 也是非常好的 Henry 反应催化剂，在有溶剂、无溶剂条件下都可以得到各种不同的硝基醇产物 (式 31)[48]。

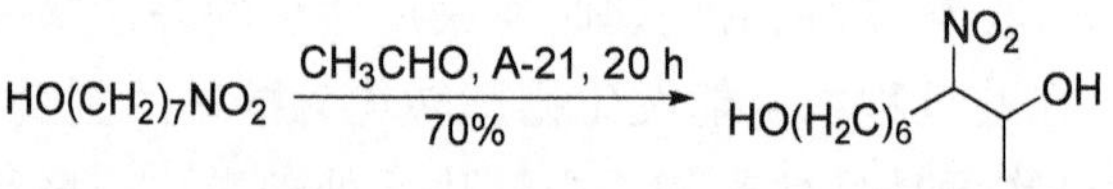

$$(31)$$

此外，纳米催化剂[53]、离子液体催化剂[54]、电化学方法[55]、微波[40a]、高压无催化剂[56]等条件均可用于 Henry 反应。如式 32 所示[56]：采用手性氨基醛为底物与硝基烷烃反应，可以利用底物的手性和氨基的碱性实现高压下的无催化剂的非对映选择性 Henry 反应。

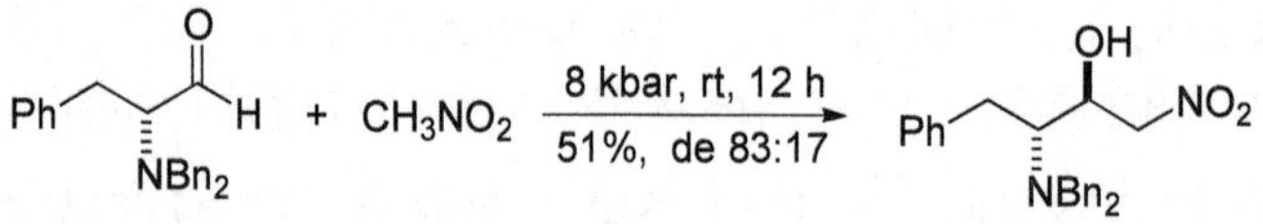

$$(32)$$

除了上述硝基烷烃和一些含羟基的硝基醇外，其它能产生硝基碳负离子或者氮酸根结构的硝基化合物也能进行 Henry 反应。例如：硝基环丙基甲酸酯及其钠盐[27]、α-羰基硝基化合物、α-硝基酯[57]、β-硝基酯[58]和砜基硝基亚甲基[59]等官能团化的硝基化合物，它们的反应可以得到官能团化的硝基醇或者硝基烯烃产物。

由于含烯丙基氢的 α-硝基烯烃在碱作用下容易重排成为烯丙基硝基化合物，因此它们可以作为烯丙基硝基结构的合成子与醛发生 Henry 反应。如式 33 所示[60]：该反应可以得到具有烯丙基硝基结构 (β,γ 不饱和) 的 β-硝基醇产物，但反应需要选择合适的胺催化剂且容易受到底物位阻因素的影响。例如：R^3 为 H 的硝基底物可与多种醛反应，其它的只能与甲醛反应。该反应是制备具烯丙基硝基结构的 β-硝基醇的一个好方法，后来被用于 2,4'-联噁唑的合成[61]。

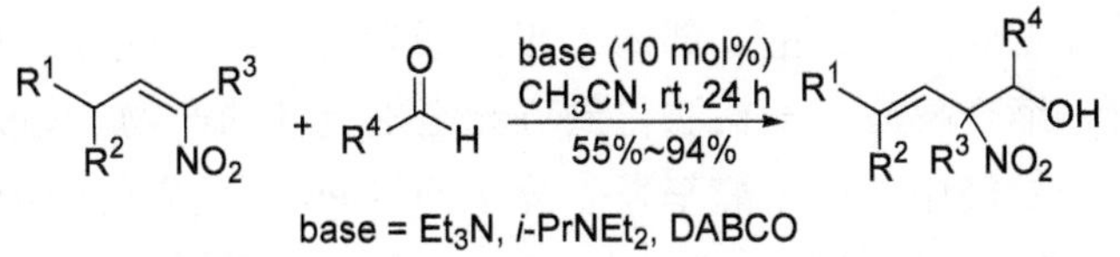

base (10 mol%)
CH_3CN, rt, 24 h
55%~94%
base = Et_3N, *i*-$PrNEt_2$, DABCO
(33)

就底物醛而言，虽然各种 α,β-不饱和醛都是良好的 Michael 反应受体，一般发生 1,4-加成的 Michael 反应。但是，在特殊情况下也能发生 1,2-加成的 Henry 反应[62]。

4.1.3 二醛的 Henry 反应和分子内 Henry 反应

含有多个醛基的底物醛与硝基烷烃反应时，可以发生各个醛基独立的 Henry 反应。当两个醛基在适当位置时，还可以与硝基烷烃发生分子内成环反应得到环化产物。如果硝基和羰基处在同一底物分子内的适当位置时，也可以进行分子内 Henry 反应。

二醛的成环 Henry 反应可以用于合成多官能团的环化产物，特别是糖醛和糖二醛的反应是 Henry 反应重要的应用之一，产物硝基糖和氨基糖衍生物是很多具抗生素活性化合物的重要组成部分[16e,63,64]。

底物为间位或对位芳基二醛时，利用电化学阴极产生硝基碳负离子可与各个醛基发生单独的 Henry 反应，最后再经消除反应脱水得到硝基烯烃产物（式 34）[55b]。类似的，1,4-丁二醛与二硝基甲烷的反应，两个醛基也是发生单独的 Henry 反应得到四硝基取代的二醇产物[65]。

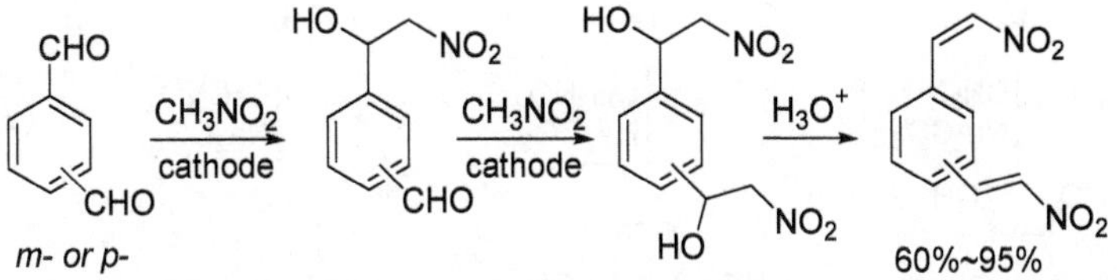

CH_3NO_2
cathode
CH_3NO_2
cathode
H_3O^+
m- or *p*-
60%~95%
(34)

结构简单的乙二醛很容易发生环化反应，它与硝基甲烷在碳酸钠的水溶液中反应最终可以得到四分子底物环化的产物。如式 35 所示[63]：反应可能先经过两次分子间 Henry 反应，然后再发生分子内 Henry 反应。该反应产物为各种异构体的混合物，不溶于水且容易沉淀，其中一种结构已经得到确证[66]。

CH_3NO_2
pH = 10
72%
(35)

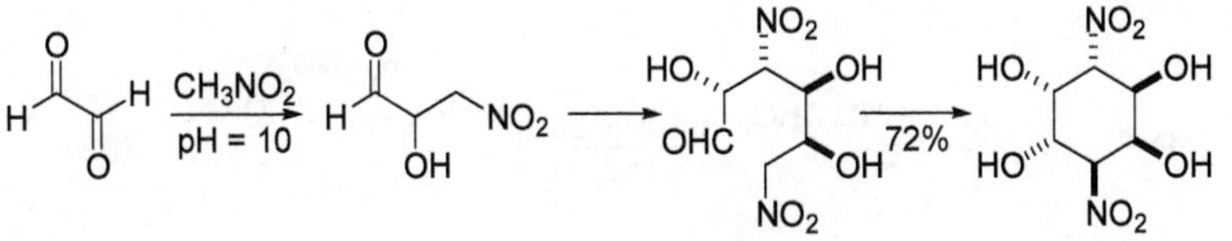

脂肪族 1,4-、1,5-、1,6-二醛、邻苯二甲醛或者各类糖二醛可以与硝基甲烷发生环化的 Henry 缩合反应，一锅法得到五元至七元环的产物。如式 36 所示：首先，硝基甲烷与二醛中的一个醛基发生分子间 Henry 反应得到硝基醇中间体；然后，再与另一醛基发生快速的分子内 Henry 反应。最后，经酸化得到环上有硝基取代的成环产物 2-硝基-1,3-二醇。

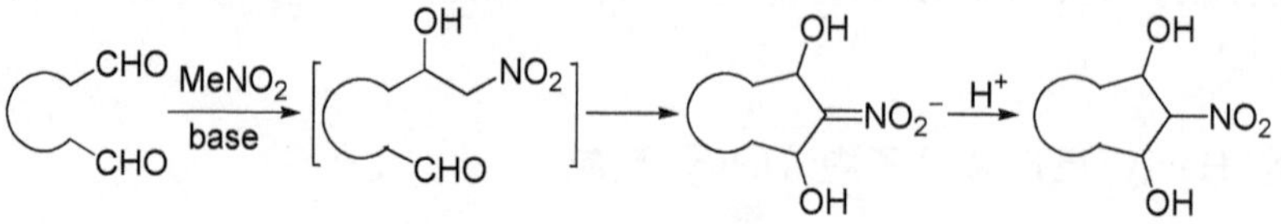

$$
\text{(36)}
$$

脂肪族二醛或者糖二醛的一锅法 Henry 成环反应是最早是由 Baer 和 Fischer 发现的[67]，现在该反应被称为双 Henry 反应或者 Henry 环化反应[63]。该反应经过的氮酸盐中间体需要一个甲基氢参与形成碳-氮双键，反应本身需要两个甲基氢参与两次 Henry 反应成环。因此，一般只有硝基甲烷能与二醛能够发生该类环化缩合反应，用于制备其它途径很难制备的 2-硝基或者 2-氨基-1,3-二醇化合物。如式 37 所示[63,68]，硝基甲烷与酒石醛 10 的反应产物 11 结构比较复杂。硝基甲烷与马来醛 12 的反应可以得到与目标产物相应的氮酸盐 13，但目标产物硝基取代环戊烯二醇本身易于聚合而难于分离。硝基甲烷与戊二醛 14 的反应主要得到反式六元环产物 15。

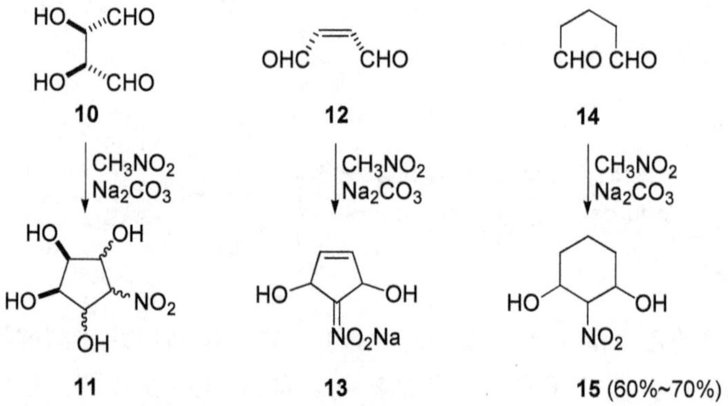

$$
\text{(37)}
$$

由于戊二醛形成六元环产物的反应效果为最佳，后来被进一步扩展到相应的杂原子取代的二醛（式 38）和糖二醛底物[63,64,69]。

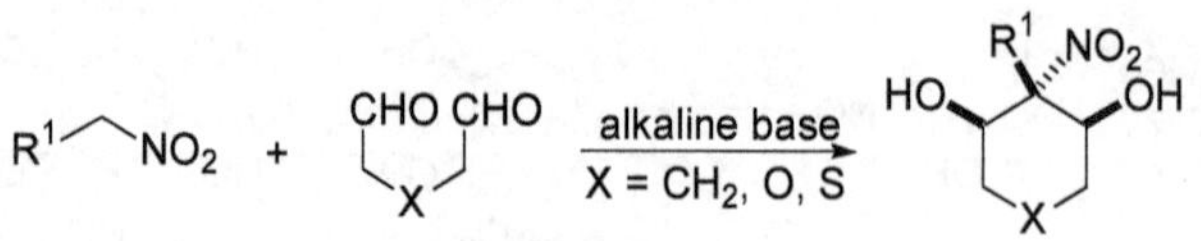

$$
\text{(38)}
$$

　　实际上，第一例二醛与硝基甲烷的环化缩合反应是由 Thiele 等人在 1910 年报道的[70]。在邻苯二甲醛与其它活泼甲基化合物反应研究的基础上，Thiele 继续研究了其与硝基甲烷在氢氧化钾醇溶液中的反应。如式 39 所示[63,71]：反应产物结构并非 Thiele 等人预想的 2-硝基-3-茚酚 (16) 及其酮式异构体，而是具烯丙醇结构的脱水产物 2-硝基-1-茚酚 (17)。后来的研究通过核磁等方式进一步确证了该产物的结构。2,3-邻萘二甲醛与硝基甲烷的反应也得到类似的脱水产物[71a]。以上产物可在吡啶或者三乙胺的作用下继续异构化得到 α-硝基酮类化合物[72]。

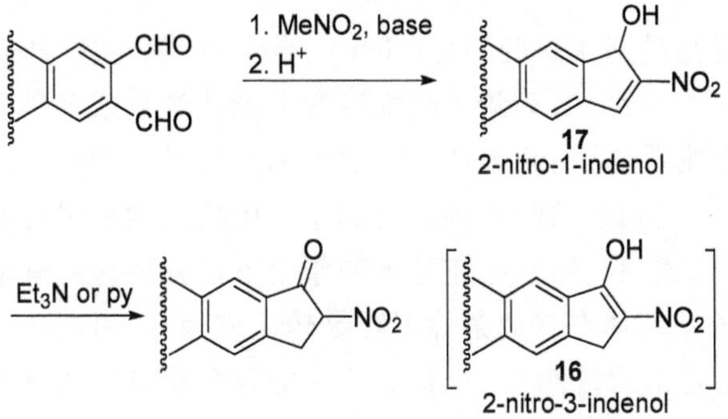

(39)

　　利用电化学方法产生的硝基碳负离子也可以用于制备 2-硝基-1,3-二醇化合物 (式 40)[55b]。邻苯二甲醛同系物的环化缩合反应中间体由于易于芳香化，最后得到硝基萘产物和原料本身的缩合产物 (式 41)[71a]。邻苯甲酰基苯甲醛的 Henry 环化反应则得到包括脱水产物在内的各种异构体的混合物 (式 42)[72b]。

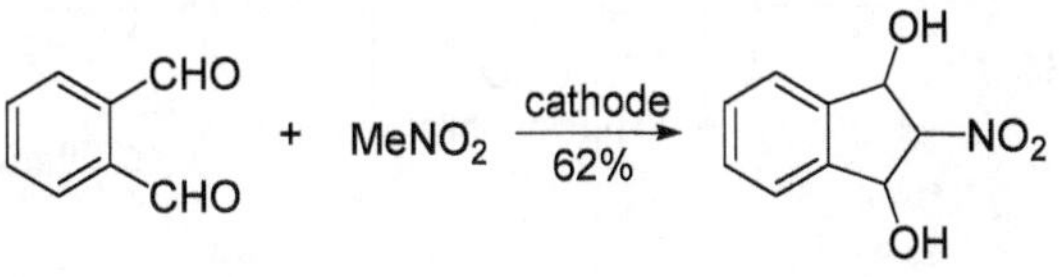

(40)

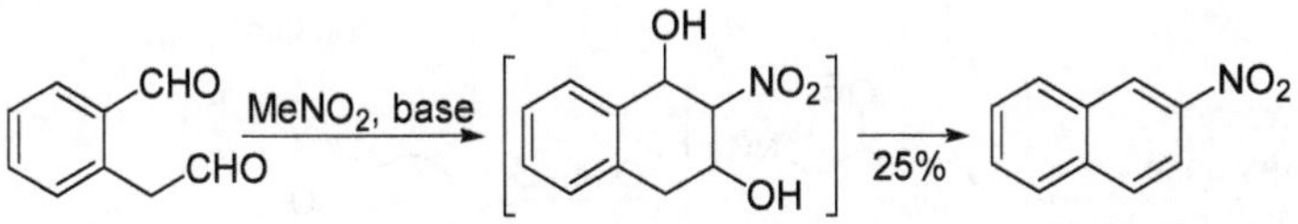

(41)

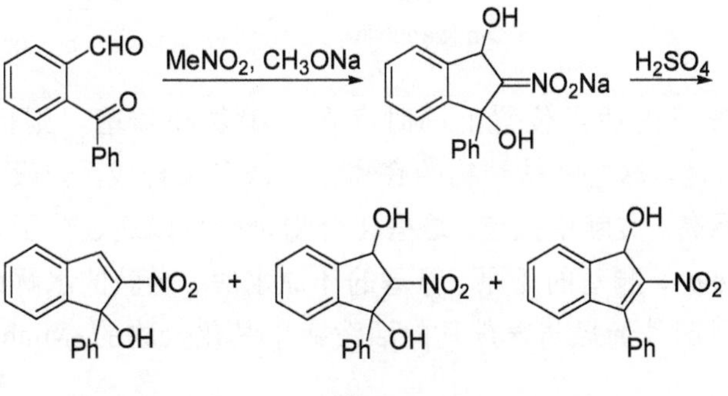

(42)

除硝基甲烷外，其它硝基烷烃很少能与二醛发生环化反应，但亦有例外。如式 43 所示[73]：在 TMG 的催化下，戊二醛与保护的硝基乙醛反应可以得到环化产物。

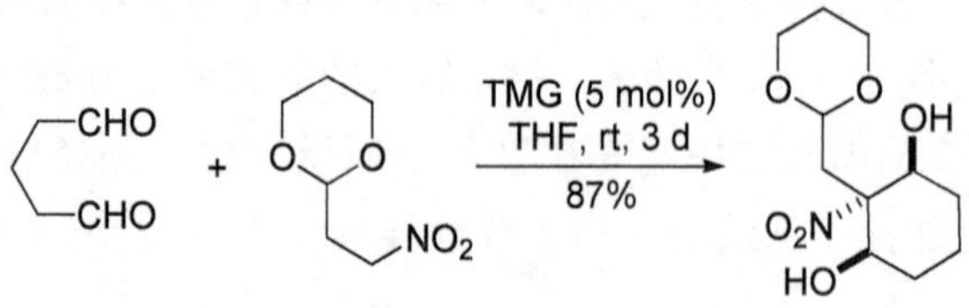

$$\text{(43)}$$

在上述二醛与硝基甲烷的环化 Henry 反应中，第一次 Henry 反应的产物同时具有羟基和硝基碳结构，理论上可能存在氧亲核进攻或者碳亲核进攻两种可能性。由于羟基酸性更强，有可能比硝基亚甲基更容易失去质子形成氧负离子而得到氧进攻产物[74]。因此，Baer 等人对邻苯二甲醛与硝基甲烷的反应进行了较细致的研究[71b]。如式 44 所示：在无水碱作用下可分离得到氧亲核反应的分子内缩醛产物，但该中间体在普通条件下容易转化成为 Henry 环化反应产物。该研究结果说明：在通常的条件下，虽然反应可能存在有氧亲核进攻生成分子内缩醛的可能，但最终只能得到 Henry 环化反应产物。这主要是因为分子内缩醛不稳定而 Henry 环化反应产物更稳定 (即碳-亲核进攻)，或者在反应中存在其它平衡等因素。

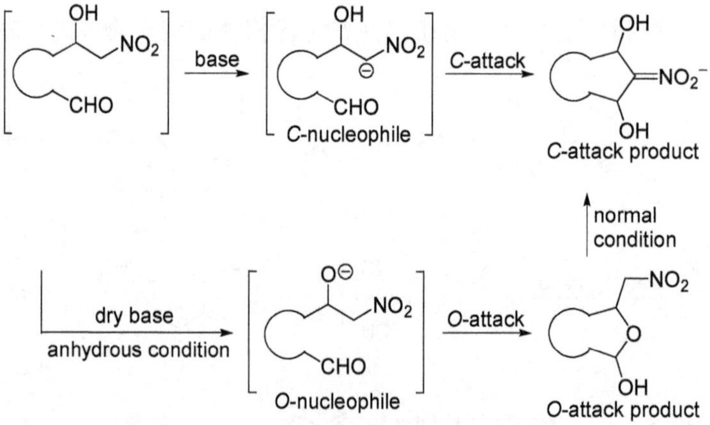

$$\text{(44)}$$

如果底物分子内适当位置上同时存在有硝基和羰基，则可以发生分子内 Henry 反应。但是，这些特殊结构的底物往往需多步合成，一般方法很难直接制备且总体效率不高。文献中报道：这些化合物一般可以通过分子内含有硝基缩醛底物的醛基去保护、酯基的还原、氰基的还原水解、烯胺的水解或者醇的氧化来制备，或者利用硝基烯烃与含羰基的活泼亚甲基化合物的 Michael 加成反应原位生成硝基醛化合物 (式 45)。

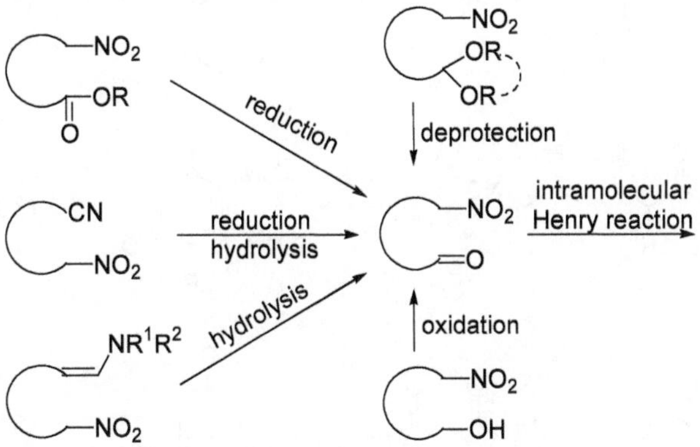

(45)

如式 46 所示[75]：Fischer 等人早在 1948 年就报道了从硝基取代糖醛的分子内 Henry 反应来制备硝基取代脱氧的纤维糖的反应。

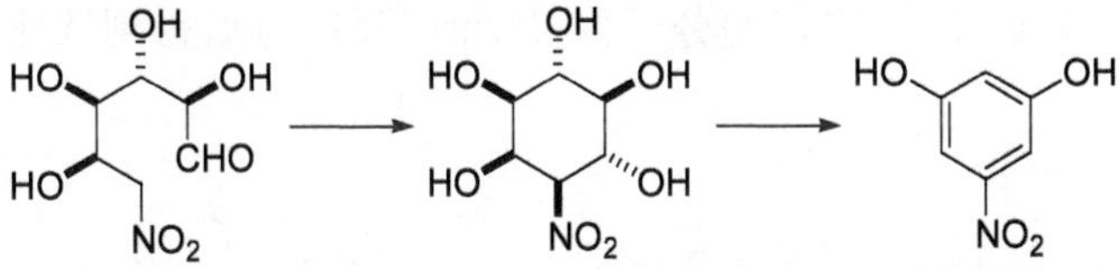

(46)

5-硝基-1,2-二羰基化合物的分子内 Henry 反应可以制备五元环产物。如式 47 和式 48 所示[76]：底物分子中醛基部分可以通过烯胺的水解得到，如果从硝基环戊烯出发可以得到双环产物。

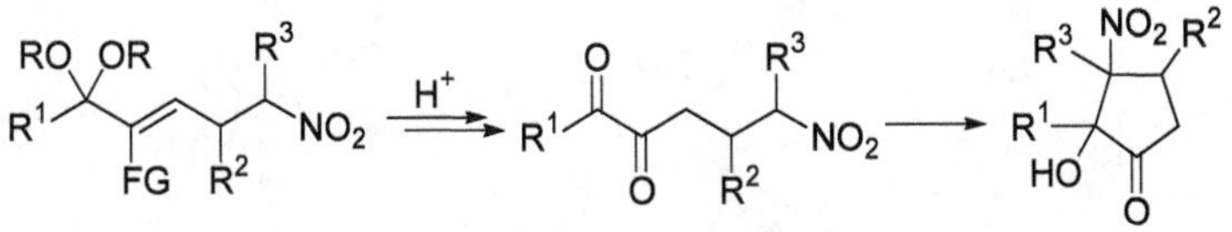

(47)

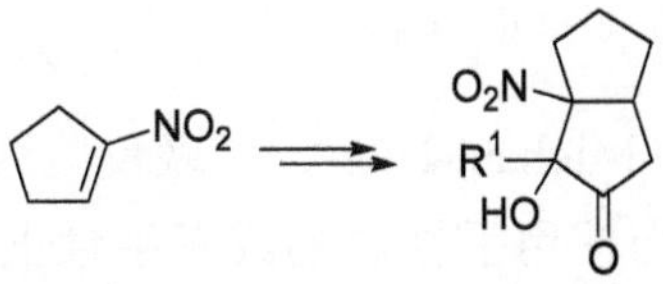

(48)

如式 49 和式 50 所示[77]：Seebach 等人在 20 世纪 70 年代就报道了 5-或 6-硝基-1,3-二羰基化合物的分子内 Henry 反应。其中，5-硝基-1,3-二羰基化合物的分子内反应，由于硝基易消除得到环烯烃中间体，重排之后得到更稳定的最终产物。后来，Seebach 等人又发展了硝基烯烃与活泼亚甲基化合物的 Michael-Henry 一锅法合成环状硝基醇产物，其中也包含了分子内 Henry 反应的过程 (式 51)[78]。

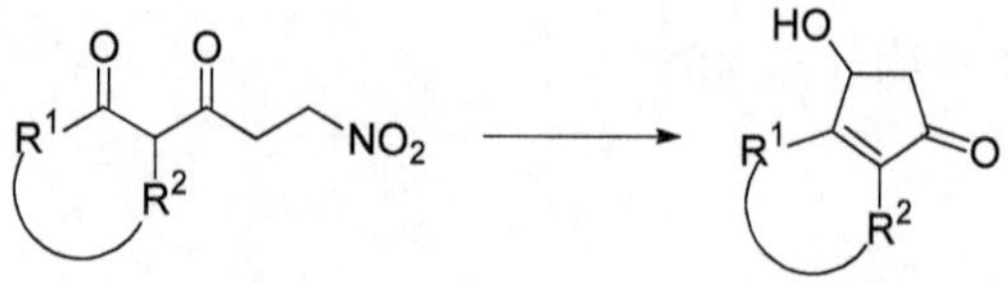

$$(49)$$

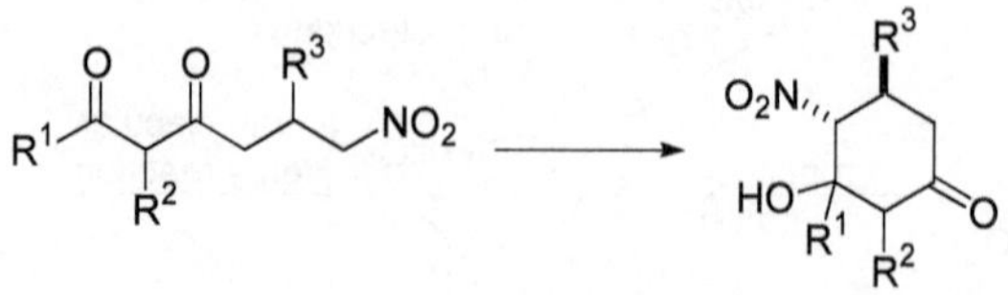

$$(50)$$

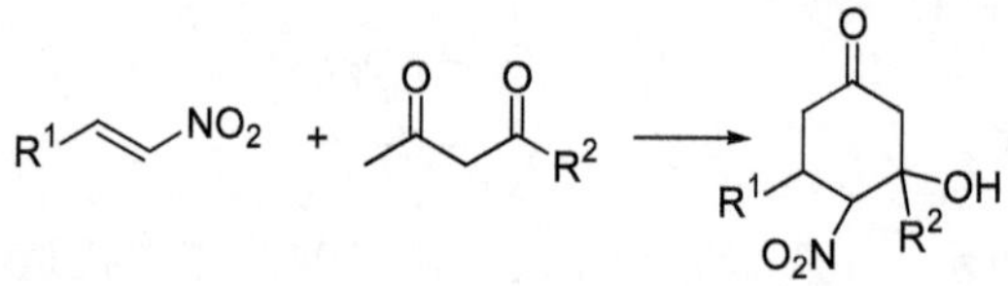

$$(51)$$

含有分子内醛基的硝基醛还可以由酯基的还原[79]、醇的氧化[79b,80]或者分子内氰基的还原水解得到[81]，它们的分子内 Henry 反应可以得到环化产物 (式 52 和式 53)。

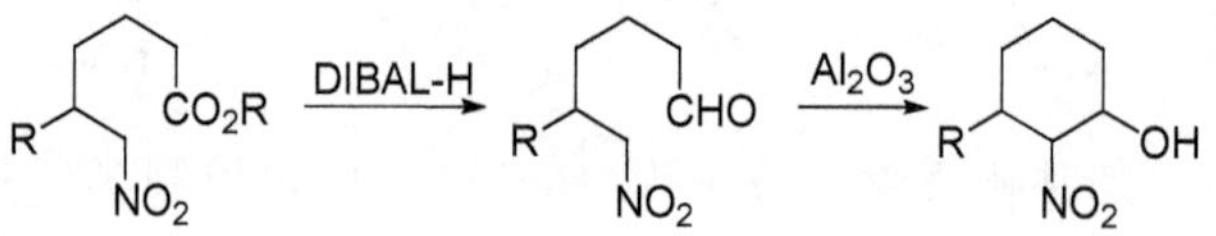

$$(52)$$

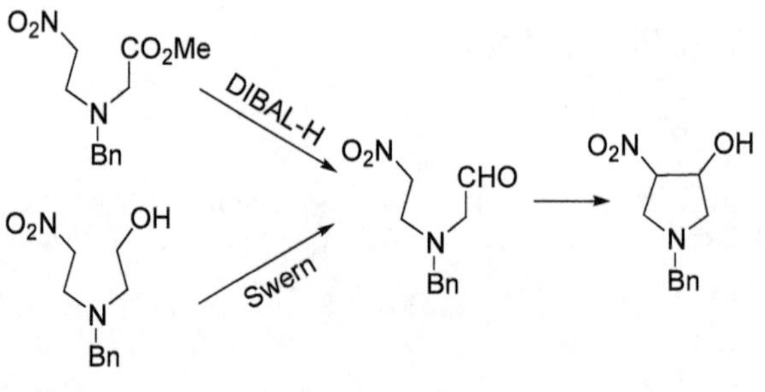

$$(53)$$

目前，利用 Michael-Henry 串联反应通过一锅法完成关键的环合步骤得到广泛的关注[82]。当使用手性底物或者手性催化剂时，可以实现非对映选择或者不对称的分子内 Henry 反应。如式 54 所示[82a]：在 LiHMDS 的作用下，β-羟基醛可以与硝基烯烃发生连续的 Michael-Henry 反应得到多取代的葡萄糖胺类单糖化合物。

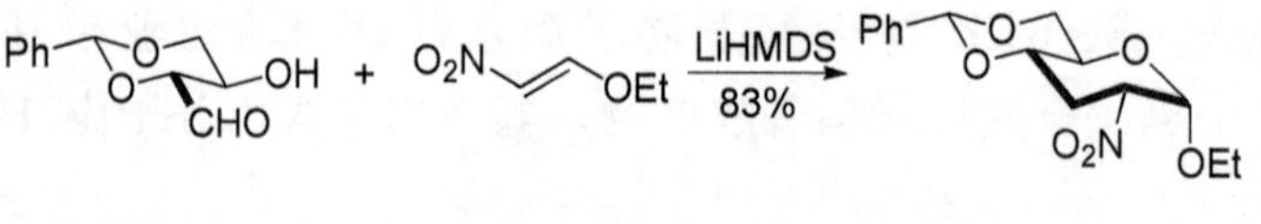

$$(54)$$

4.1.4 酮的 Henry 反应

受到酮的立体位阻因素的影响, 硝基烷烃与酮的 Henry 反应比较难以进行。可以通过选择适当的反应物比例、碱试剂、反应温度和反应时间等来调控反应的结果, 但很容易得到比较复杂的混合物。硝基甲烷的反应性最活泼, 一般都能与酮反应得到预期的产物。因此, 酮的 Henry 反应以硝基甲烷为主, 其它的硝基烷烃的反应产率一般都很低。

在乙醇钠的乙醇溶液中, 环己酮可以与硝基烷烃反应得到产物[83]。但是, 使用非质子性的有机碱 TMG[41]或 PAP[44]作为催化剂时, 具有反应效果更好、操作更简单和收率更高的优点 (式 55)。3-甲基或者 4-甲基取代的环己酮反应活性稍差, 而 2-甲基环己酮在上述常规条件下基本不反应。但是, 在高压和氟离子催化的条件下可以得到中等收率的产物[84]。

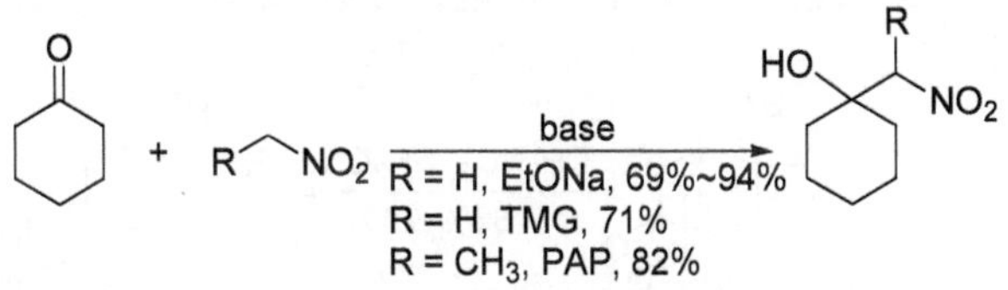

$$
\text{(55)}
$$

R = H, EtONa, 69%~94%
R = H, TMG, 71%
R = CH₃, PAP, 82%

另外一种提高酮的 Henry 反应效率的方法是首先将硝基烷烃去质子化, 得到硝基烷烃的双负离子后再与酮反应 (式 56)[6a]。硝基烷烃双负离子碳亲核部分的亲核性比相应的单负离子强很多, 因此可以通过这个转变提高 Henry 反应产物的产率。硝基烃的双负离子与酮加成反应的中间体双负离子的稳定性比相应的单负离子的稳定性高很多, 在低温下可以抑制逆 Henry 反应的发生, 而且脂肪醛和芳香醛的反应都得到顺式构型为主的产物。

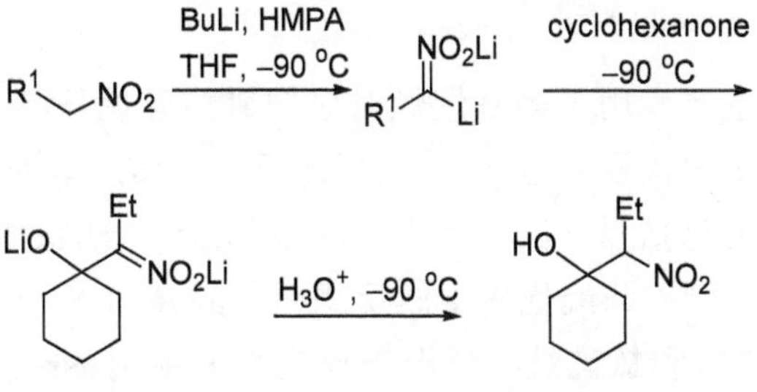

$$
\text{(56)}
$$

如前所述: 以胺为催化剂时, 芳香醛的 Henry 反应容易得到硝基烯烃产物。如果使用胺为催化剂, 在酮与硝基烷烃的反应中则可以得到烯丙基硝基化合物[85]。在环酮的情况下, 由于环外双键的硝基烯烃非常容易重排, 因此使用 1,2-乙二胺为催化剂可以选择性地得到烯丙基硝基产物 (式 57 和式 58)。在

N,N-二甲基乙二胺的存在下，环酮和开链的酮都能够得到烯丙基硝基产物[85c]。

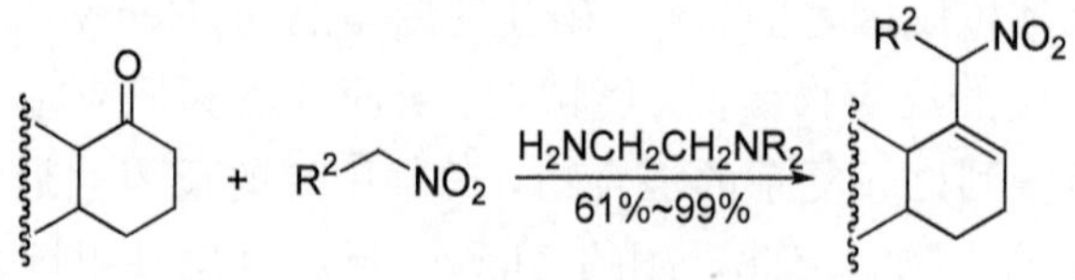

$$(57)$$

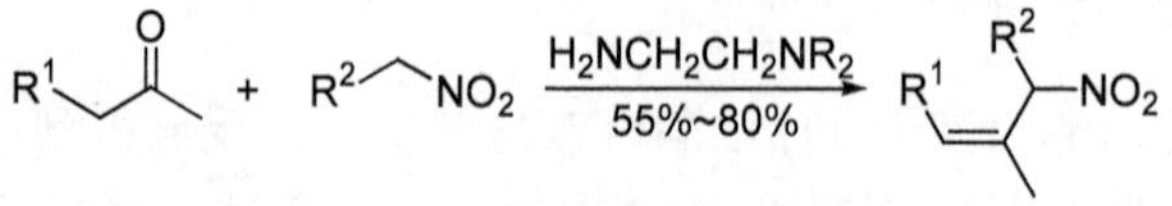

$$(58)$$

脂环族二酮与硝基甲烷具有较好的反应性，因此也可以得到环化产物。如式 59 所示[86]：使用二环[1.3.3]壬烷-3,7-二酮等容易得到环化产物，但其它的二酮很难发生环化反应。因此，在二酮的 Henry 环化反应中，底物的拓展、高效催化剂的开发和相关反应条件的优化有待进一步研究。

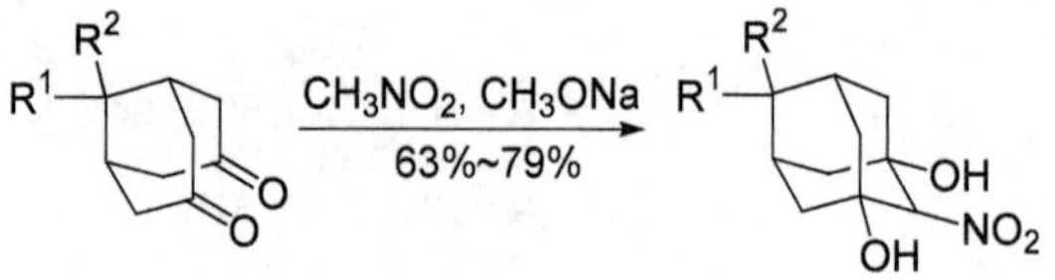

$$(59)$$

利用活性高的催化剂或者反应活性较高的三氟甲基酮、α-酮酸酯和 α-羰基膦酸酯等特殊底物进行不对称 Henry 反应也有很多报道 (见下文)。

4.2 非对映选择性 Henry 反应

在不对称 Henry 反应发现之前，非对映异构选择性的 Henry 反应合成顺式或者反式 β-硝基醇方面的先驱性工作主要是由 Seebach 小组完成的，后人也对这方面工作进行了不少的改进。

Seebach 等人主要利用了硝基烷烃对应的氮酸硅烷基酯[6a]或者 α,α-去双质子的伯硝基烷烃 (α-锂代氮酸锂盐)[6b]的低温反应来实现非对映异构选择性[6,7]。Seebach 的工作主要包括以下四个优点：(1) 使用预制的氮酸三烷基硅酯为底物和氟离子为催化剂，可以与醛优先生成反式硝基醇异构体；相应的氮酸硅酯可以从伯硝基烷烃、LDA 和氯硅烷在低温下反应高产率制备；(2) 低选择性的硝基醇产物用三烷基硅保护后，低温水解反应也主要得到反式异构体；(3) α,α-去双质子的伯硝基烷烃与醛酮在低温下反应，并在低温的动力学条件水解，生成顺式硝基醇异构体；(4) 低选择性硝基醇在低温下去质子后，在 HMPA 等的作用下低温水解，也可以获得较高选择性的顺式硝基醇。

首先，将伯硝基烷烃与 LDA 或者三乙胺、三烷基氯硅烷反应制成稳定的氮酸三烷基硅酯。在低温和催化量四正丁基氟化铵 (TBAF) 作用下，硅酯与脂肪醛或者芳香醛发生不可逆 Henry 反应。因此，构型保持的水解之后可以得到良好到高收率高选择的反式 β-硝基醇的硅烷基醚产物 (*RS* 和 *SR* 混合物，只表示其中一种构型，下同) (式 60)[7,87]。如果利用大位阻的硅烷基以及脂肪醛，反式产物选择性最高可达 98% 以上。芳香醛的选择性稍差，一般可以得到 80% 左右的反式选择性。反式硝基醇硅烷基酯可利用 Raney 镍还原，生成构型保持的氨基醇硅烷基酯产物。利用 LiAlH₄ 等去保护之后，即可得构型保持的 β-氨基醇产物 (式 60)。

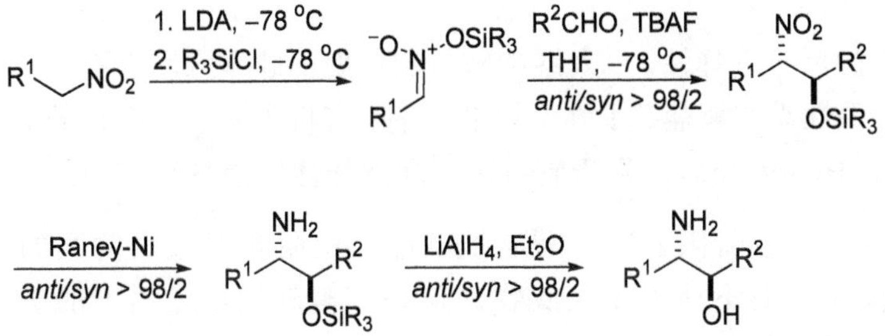

$$(60)$$

如式 61 所示[7,87]：在常规 Henry 反应中得到的低选择性的 β-硝基醇也可以利用硅烷基保护、低温下加 LDA 脱氢和低温动力学水解等多步反应来富集反式异构体。

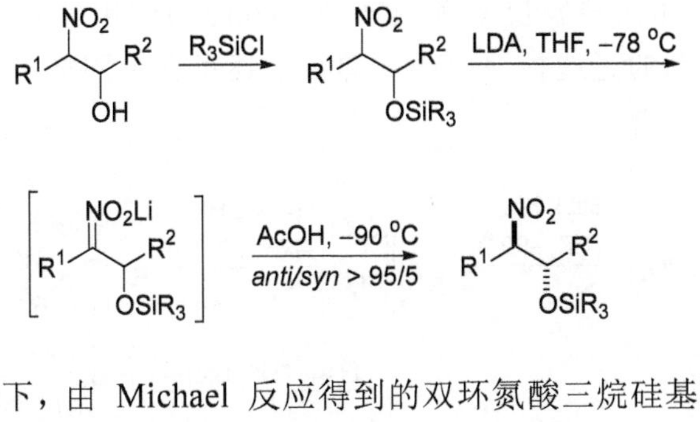

$$(61)$$

在 TBAF 作用下，由 Michael 反应得到的双环氮酸三烷硅基酯与苯甲醛也可以得到非常高的非对映选择性的半缩醛产物 (式 62)[88]。

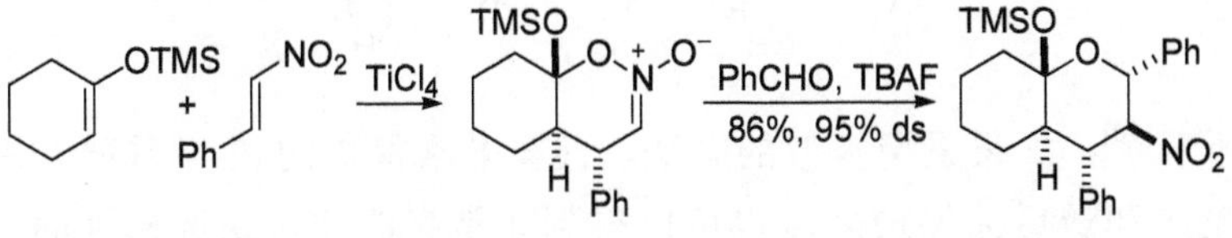

$$(62)$$

与上述反应的选择性相反，含三氟甲基的硝基烷烃的氮酸三烷基硅酯与醛的反应在相同条件下得到的产物以顺式为主 (式 63)[89]。类似的，含三氟甲基基团的反式硝基醇可以利用无选择性的硝基醇底物的低温去质子化和低温水解来富集 (式 64)。

$$F_3C\diagup NO_2 \xrightarrow[\text{2. R}_3\text{SiCl, }-78\,^{\circ}\text{C}]{\text{1. LDA, }-78\,^{\circ}\text{C}} \quad \underset{F_3C}{\overset{O^-}{\diagdown}}N^+\text{-OSiR}_3 \xrightarrow[\textit{anti/syn} > 75/25]{\text{RCHO, TBAF} \atop \text{THF, }-78\,^{\circ}\text{C}} \quad F_3C\overset{NO_2}{\underset{OSiR_3}{\diagdown}}R \quad (63)$$

$$F_3C\overset{NO_2}{\underset{OSiR_3}{\diagdown}}R \xrightarrow[\textit{anti/syn} = 93/7]{\text{1. LDA, THF, }-78\,^{\circ}\text{C} \atop \text{2. AcOH, }-90\,^{\circ}\text{C}} \quad F_3C\overset{NO_2}{\underset{OSiR_3}{\diagdown}}R \quad (64)$$

由于其良好的反应选择性，后人继续将氮酸三烷基硅酯应用于不对称 Henry 反应。并开发了手性季铵氟盐、手性金属催化剂、有机小分子等催化的氮酸三烷基硅酯的不对称 Henry 反应，用于制备高对映选择性的硝基醇产物。

由于氟负离子不能催化上述氮酸硅烷基酯与位阻相对较大的酮的 Henry 反应，因此该反应一般不适用于酮底物。但是，硝基烷烃低温下的去双质子化得到的锂代氮酸锂盐的碳负离子的亲核性远大于氮酸根的单负离子，可以利用此法提高硝基烷烃的碳负离子的亲核性发生 Henry 反应。使用锂代氮酸锂盐还可以抑制逆反应的发生，提高常规 Henry 反应特别是具有位阻的底物的反应产率，得到以顺式为主的产物 (式 65)[6,7]。研究表明：六甲基磷酰胺 HMPA 作为配体在控制反应顺反选择性方面的作用非常显著。因此，常规 Henry 反应得到的无选择性的硝基醇在上述条件下同样可以得到中等到很高选择性的顺式产物。

$$R^1\diagup NO_2 \xrightarrow[\text{THF, }-90\,^{\circ}\text{C}]{\text{BuLi, HMPA}} \quad R^1\overset{NO_2Li}{\underset{Li}{\diagdown}} \xrightarrow[-70\sim-60\,^{\circ}\text{C}]{R^2R^3\text{CHO}} \quad R^1\overset{NO_2Li}{\underset{LiO}{\diagdown}}\overset{R^2}{\underset{R^3}{\diagdown}}$$

$$\uparrow \text{LDA, THF, HMPA} \qquad \downarrow \text{H}_3\text{O}^+, -90\,^{\circ}\text{C}$$

$$R^1\overset{NO_2}{\underset{OH}{\diagdown}}\overset{R^2}{\underset{R^3}{\diagdown}} \qquad R^1\overset{NO_2}{\underset{OH}{\diagdown}}\overset{R^2}{\underset{R^3}{\diagdown}} \quad \textit{syn-, }75\%\sim94\% \quad (65)$$

如式 66 所示[90]：如果采用类似的方法，四氢吡咯保护的 2-硝基醇与醛的反应经过多步反应和最后去保护之后也可以得到非常高的非对映选择性的顺式 1,3-二羟基产物。此方法也可用于四羟基硝基化合物及其胺的合成。

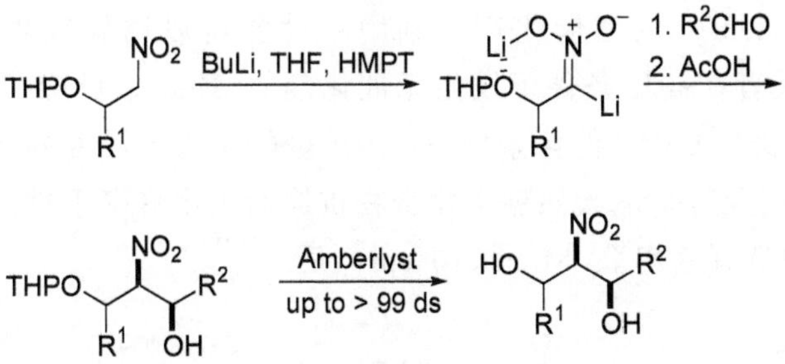

(66)

如式 67 所示：在硝基的 β-位具有芳基、烯基或者羰基等共轭基团的情况下，硝基的 β-位能够发生去质子过程[91]。同样，只有一个 α-氢的开链或者环烷基硝基烷烃的 β-位也能发生去质子过程 (式 68)。因此，这类硝基烷烃可以生成 α,β-去双质子的 β-锂代氮酸锂盐，它们与各类醛酮都可以反应得到 1,3-双官能团产物。使用环烷基的仲硝基烃作为底物反应时，产物的选择性最高可达 95%[92]。

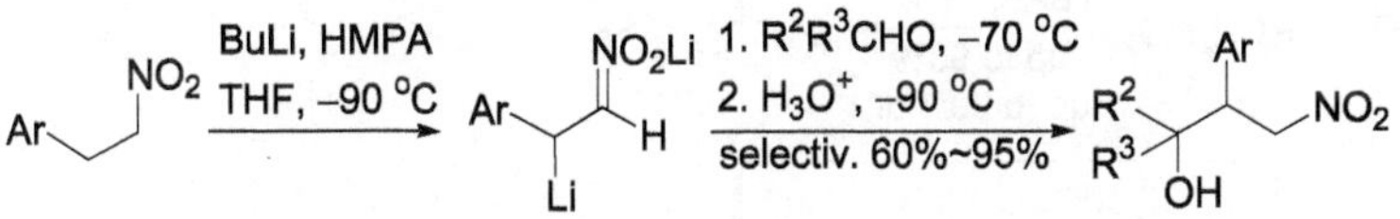

(67)

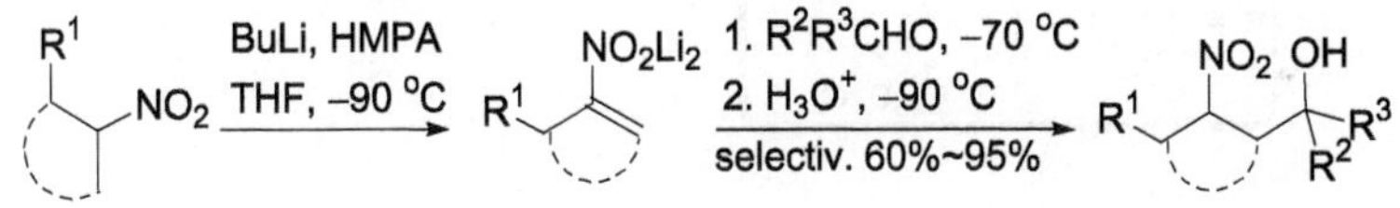

(68)

后来，Barrett 等人开发了另一种简便的制备反式硝基醇的方法[93]。与上述方法类似，低温下制备的硝基烷烃的锂盐在异丙氧基三氯化钛的存在下与醛反应，可得反式硝基醇 (式 69)。此方法比较适用于缺电子的芳香醛，一般的脂肪醛效果不好。

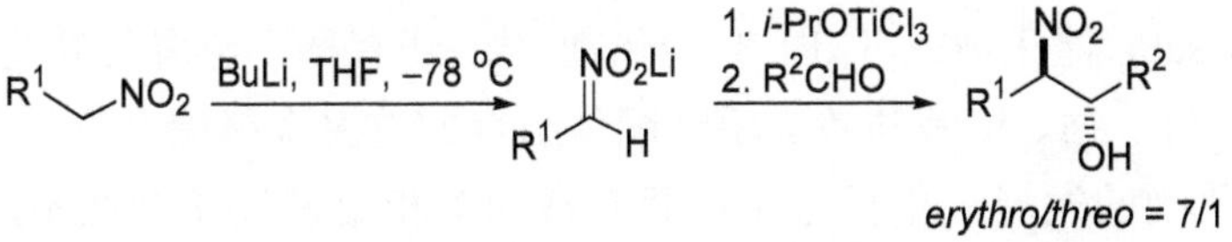

(69)

erythro/threo = 7/1

另外的研究发现：同时使用三乙胺、TBAF 以及三烷基氯硅烷作为催化剂可以大大加快 Henry 反应的速度，但是反应的顺反选择性并不好[94]。非均相的镁-铝水滑石也可以作为 Henry 反应的催化剂，提供很高非对映选择性的硝基醇产物。使用 4-硝基苯甲醛或 2-氯苯甲醛等吸电子芳醛反应时，反式硝基醇的选择性高达 100%，但脂肪醛的选择性则要低很多[95]。

采用常规 Henry 反应催化剂，利用手性醛可以诱导发生非对映选择性 Henry 反应，或者在高压条件下发生无催化剂的 Henry 反应[56]。如式 70 所示[58]：在无溶剂和 Al₂O₃ 催化条件下，β-硝基酯与光学活性的醛可以发生非对映选择性 Henry 反应。从天然糖类化合物抗原衍生出许多手性醛底物，它们都可以参与非对映选择性串联 Michael-Henry 反应[82]。

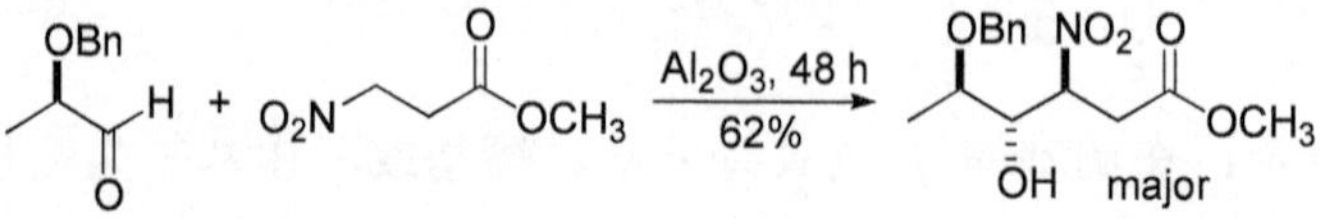

$$(70)$$

利用手性胺或者手性醇作为手性辅基的乙醛酸衍生物的非对映异构选择的 Henry 反应也有不错的效果，个别情况下的单一异构体选择性高达 99% (式 71)[96]。

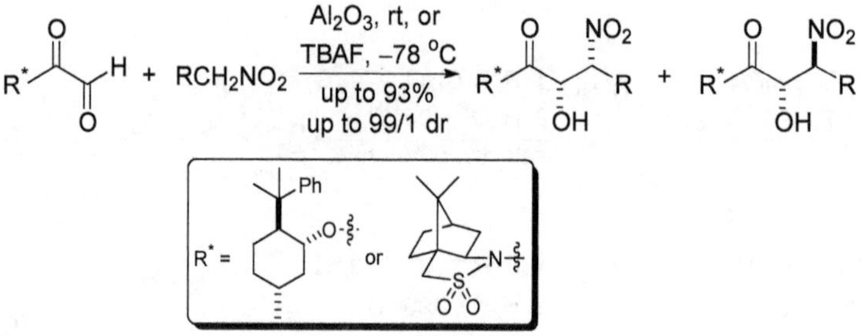

$$(71)$$

4.3　过渡金属-手性配体催化的不对称 Henry 反应

不对称 Henry 反应中所采用的催化剂主要是过渡金属-手性配体和手性有机小分子催化剂两类[17]，这些研究报道相对丰富、效果优良且底物范围较广。另外还有少部分酶、非均相催化剂、纳米材料催化的报道。金属-手性配体催化剂方面除了由 Shibasaki 小组最早开发的系列稀土金属催化剂系列外 (后来被统称为 Shibasaki 催化剂或者 LLB 催化剂[97])，还有稀土金属与其它手性配体、过渡金属铜、锌、钴、铬等与各类手性配体组合的过渡金属配合物催化剂。这些均相金属催化剂的发展，也促进了固相负载的多相金属催化剂在不对称 Henry 反应中的应用，表现出优良的手性催化活性。

4.3.1　稀土金属-手性联萘酚催化剂 (LLB 催化剂，Shibasaki 催化剂[97])

1992 年，Shibasaki 小组利用镧系稀土金属烷氧化物 La₃(Ot-Bu)₉ 与 (S)-联萘酚等试剂制成一种新型的手性镧配合物。如式 72 所示[10]：该配合物催化的 Henry 反应可以得到对映选择性高达 90% ee 的 β-硝基醇产物，并由此揭开了不对称 Henry 反应研究的序幕。通过改进，该催化剂可由 LaCl$_3$ 水合物、(S)-联萘酚锂、各种无机盐或者醇盐方便地制备[98]。

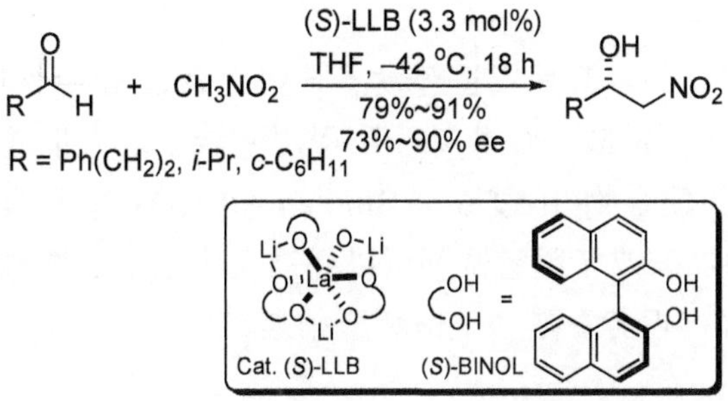

$$\text{(72)}$$

进一步的研究显示：在联萘酚的 6,6'-位引入取代基团，可以提高顺式主产物的对映选择性[21,99]。如式 73 所示[21]：使用三烷硅乙炔基为取代基时，可以得到 syn/anti = 94/6 和 97% ee 的产物。

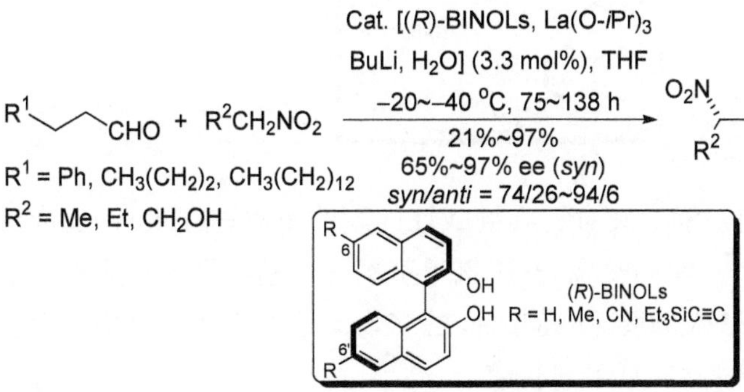

$$\text{(73)}$$

含氟手性化合物的合成相对困难，而 Sm-(R)-(+)-BINOL 催化剂可以催化 α-二氟乙醛及其衍生物与硝基甲烷的不对称 Henry 反应。如式 74 所示[99]：反应产物为 S-构型表明 α-位氟原子可能会影响反应的对映选择性。

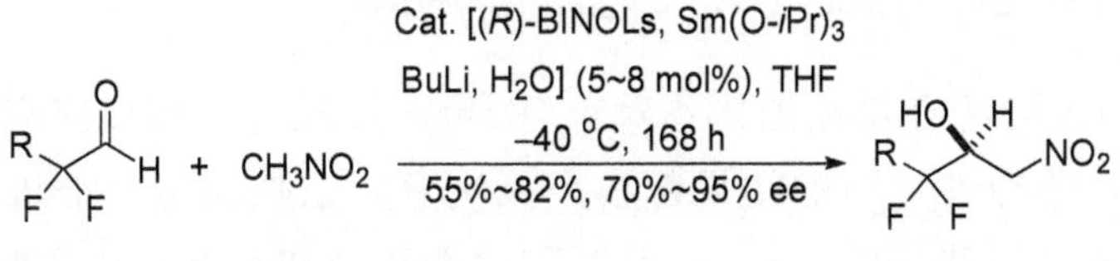

$$\text{(74)}$$

Shibasaki 催化剂也能应用于手性底物的 Henry 反应，并且产物保持原有的手性中心不变[100]。如式 75 所示[100b]：α-手性醛和 2,2-二甲氧基-1-硝基乙烷可以发生双立体选择性的 Henry 反应，生成具有三个手性中心的产物。该反应的产物以 anti-syn 构型为主，并保持原有的手性中心不变。

$$
\begin{array}{c}
\underset{R}{\overset{X}{|}}\text{CHO} + \underset{\overset{|}{OCH_3}}{\overset{NO_2}{\underset{OCH_3}{|}}} \xrightarrow[\substack{55\%\sim98\% \\ > 20:1\sim14:1\ dr}]{\substack{(R)\text{-LLB (5 mol\%), THF} \\ -20\sim-40\ ^{\circ}\text{C},\ 24\sim48\ h}} \underset{R}{\overset{X}{|}}\underset{\overset{|}{OH}}{\overset{NO_2}{\underset{OCH_3}{|}}}\overset{|}{\overset{OCH_3}{|}}
\end{array} \tag{75}
$$

  除 Shibasaki 外，其他人也开发了一些镧系金属-手性联萘酚衍生物配体催化的不对称 Henry 反应。如式 76 所示[101]：Saá 等人报道了 La 与 3,3-(-二乙基)氨基二萘酚的配合物 [(Δ,S,S,S)-Binolam]₃·La(OTf)₃ 催化的不对称 Henry 反应，在反应中添加碱或者脱氢试剂可以提高反应速率和选择性。脂肪醛的产率和对映选择性最好，但芳香醛和不饱和醛稍差。

$$
\underset{R}{\overset{O}{\|}}\text{H} + CH_3NO_2 \xrightarrow[\substack{63\%\sim98\%,\ 28\%\sim99\%\ ee}]{\substack{[(S,S,S)\text{-Binolam}]_3\cdot\text{La(OTf)}_3\ (5\ mol\%) \\ \text{amine (5 mol\%), proton sponge/DBU} \\ \text{CH}_3\text{CN},\ -40\ ^{\circ}\text{C},\ 24\sim96\ h}} \underset{R}{\overset{OH}{|}}\diagdown NO_2 \tag{76}
$$

(S)-Binolam

  利用类似的催化剂，Saá 又对更具挑战性的酮的不对称 Henry 反应进行了研究，如式 77 所示[102]：他们发现 α-三氟甲基酮与硝基烷烃的反应不需要额外添加碱试剂即可得到 93% 产率和 98% ee 的产物。这些产物可以构型保持地被还原成为相应的 β-氨基-α-三氟甲基叔醇。

$$
\underset{R}{\overset{O}{\|}}CF_3 + CH_3NO_2 \xrightarrow[\substack{50\%\sim93\%,\ 67\%\sim98\%\ ee}]{\substack{[(S,S,S)\text{-Binolam}]_3\cdot\text{La(OTf)}_3\ (25\ mol\%) \\ \text{proton sponge/DBU (25 mol\%)} \\ \text{CH}_3\text{CN},\ -40\ ^{\circ}\text{C},\ 96\ h}} \underset{R}{\overset{F_3C\ \ OH}{|}}\diagdown NO_2 \tag{77}
$$

R = Et, Bn, Ph, 3-CF₃-C₆H₄, 4-F-C₆H₄, 4-t-Bu-C₆H₄, PhC≡C

  使用 LLB 系列配合物在催化不对称 Henry 反应时，在反应产率、对映选择性和非对映选择性方面的结果都很令人满意。它们还可以被进一步应用到一系列非对映异构和对映异构 β-硝基醇的选择合成、拆分[103]以及官能团保护的复杂底物的反应中[104]。虽然某些复杂结构的 BINOL 配体具有良好的催化效果，但这些配体不易大量获得，分子量较大而在反应中的实际消耗量较多。因此，该反应在药物中间体制备过程中的应用受到明显的限制。后来，人们也发展了一些可以重复使用的非均相和负载催化剂，用于弥补均相方法的部分缺点。

4.3.2　稀土金属–其它手性配体催化剂

除了上述联萘酚骨架的配体之外，其它手性配体与镧系金属的配合物也可以用于催化不对称 Henry 反应。2007 年 Paker 等人报道：镧系金属镱与手性配体的阳离子型催化剂 (RRR)-[Yb(H$_2$O)$_2$L]$^{3+}$ 能够催化 α-羰基羧酸盐与硝基烷烃在水相中的不对称 Henry 反应，可以得到中等的对映选择性 (式 78)[105]。

$$R-\overset{O}{\underset{}{C}}-CO_2Na + CH_3NO_2 \xrightarrow[\text{up to 96\%, 59\% ee}]{\substack{1.\ (R,R,R)\text{-}[Yb(H_2O)_2L]^{3+}\ (10\ mol\%) \\ aq.\ MeOH,\ 20\ ^{\circ}C \\ 2.\ MeI,\ NaHCO_3,\ DMF}} R-\overset{HO\ CO_2Me}{\underset{NO_2}{|}} \qquad (78)$$

R = Me, CH$_2$Ph, *etc*

Shibasaki 等人在研究 LLB 催化剂的同时发现，Pd/La/席夫碱的配合物可催化手性醛与 2,2-甲氧基-1-硝基乙烷的不对称 Henry 反应[100b]。与此同时，他们也开发了其它一些手性配体与稀土金属配合物的催化剂用于 Henry 反应[106]。与前期研究的 LLB 系列催化剂不同的是，将 Pd/La/席夫碱的配合物催化剂用于普通的醛和硝基烷烃的 Henry 反应时不是得到顺式产物，而是可以控制地得到高度选择性的反式产物 (式 79)[106a]。

$$R-\overset{O}{\underset{}{C}}-H + R'CH_2NO_2 \xrightarrow[\substack{47\%\sim97\%,\ 72\%\sim92\%\ ee \\ anti/syn\ up\ to\ 19:1}]{\substack{(R,R)\text{-catalyst}\ (10\ mol\%) \\ 4\text{-bromophenol}\ (10\ mol\%) \\ THF,\ xylenes,\ -40\ ^{\circ}C,\ 69\sim120\ h}} R-\overset{OH}{\underset{NO_2}{|}}-R' \qquad (79)$$

(R,R)-catalyst

Shibasaki 等人还开发了钕-钠双金属与酰胺类配体组成的催化体系，可以用于反式选择性的 Henry 反应[106b]。在此基础上，他们继续开发了利用 Nd$_5$O(OiPr)$_{13}$、酰胺类配体和 NaHMDS 生成的一种双金属非均相催化剂。如式 80 所示[107]：该催化体系能够有效地促进各种醛和硝基烷烃反式选择性的 Henry 反应。该类反应的产率和对映选择性都非常高，*anti/syn* 最高可以达到 40:1。

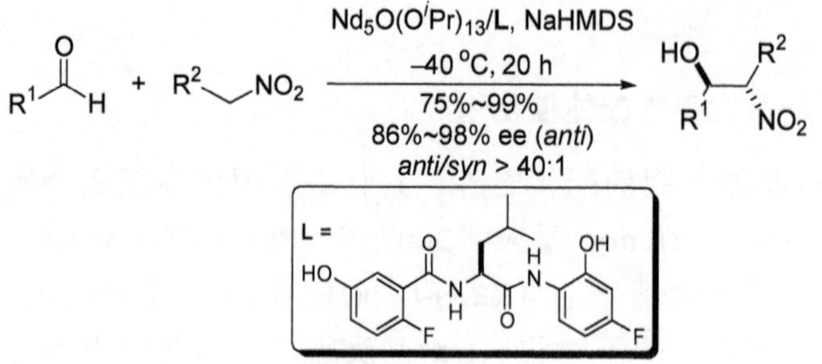

$$(80)$$

4.3.3　锌-手性配体催化剂

含有锌的金属配合物具有双功能性质，它代表了另一类高效的 Henry 反应催化体系。2002 年，Trost 小组设计了一种非常有效的催化剂。如式 81 所示[108]：该催化剂由两个金属锌中心和一种半冠醚状配体配位构成，能有效地催化醛与硝基甲烷的反应。

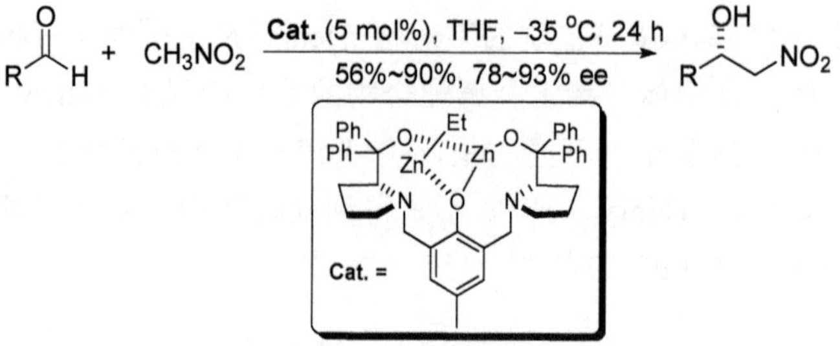

$$(81)$$

该催化剂中的半冠状配体可直接通过脯氨酸制备，其结构和电子效应也可以进行修饰。这类催化剂在 Henry 反应中表现出高效和高选择性的优点[109]，已经应用于阿布他明 (β-肾上腺素受体激动剂) 和地诺帕明 (一种强心药) 的合成 (图 7)。

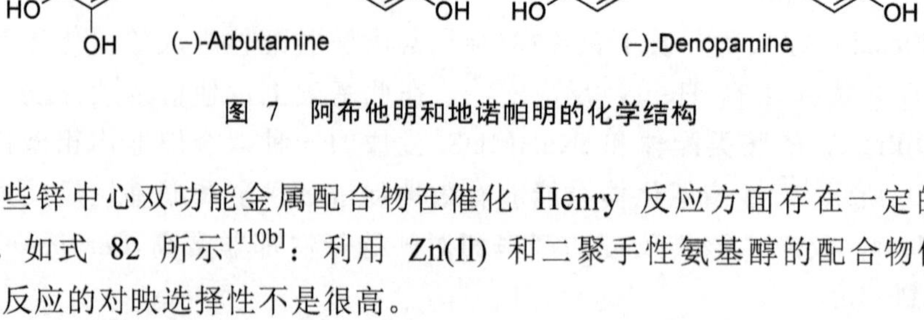

图 7　阿布他明和地诺帕明的化学结构

一些锌中心双功能金属配合物在催化 Henry 反应方面存在一定的局限性[110]。如式 82 所示[110b]：利用 Zn(II) 和二聚手性氨基醇的配合物催化的 Henry 反应的对映选择性不是很高。

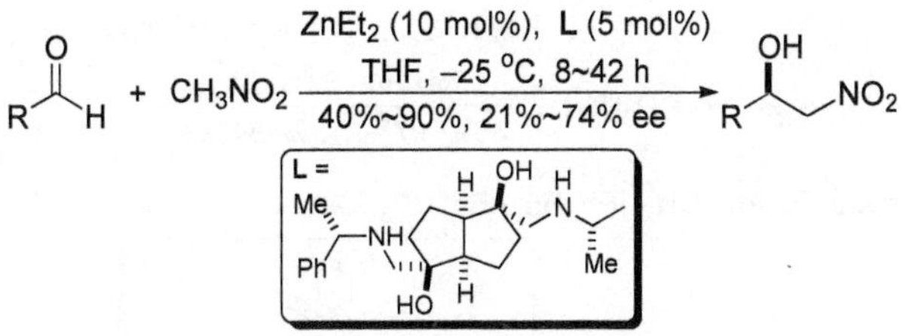

$$(82)$$

如式 83 所示[111]：Martell 等人报道了使用三锌核配合物催化的硝基甲烷与苯甲醛的 Henry 反应，这种配合物可以通过三聚噻嗪烷大环配体和二乙基锌反应得到。

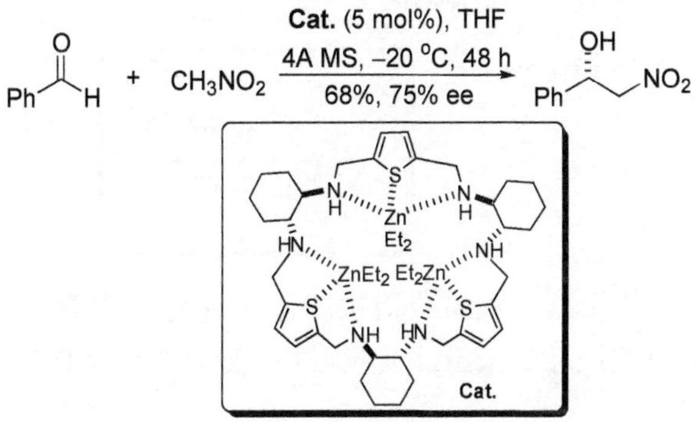

$$(83)$$

Palomo 等人报道：Zn(II) 盐、手性氨基醇和叔胺组成的催化体系可以有效地催化不对称 Henry 反应。如式 84 所示[112]：催化体系中的 Lewis 酸部分和 Brønsted 碱部分可作为独立的结构实体同时活化醛和硝基甲烷，因此可以获得较高的对映选择性。

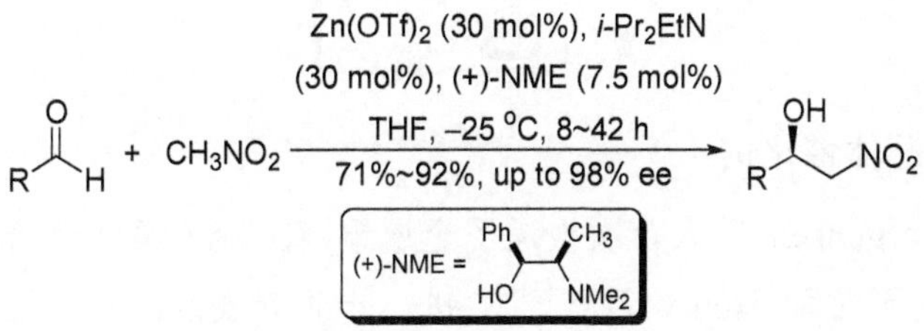

$$(84)$$

金属 Zn(II) 与 C_2-对称的双齿噻唑啉配合物可以催化 α-酮酸酯与硝基烷烃的不对称 Henry 反应。如式 85 所示[113]：反应高度选择性地生成 (R)-构型产物。

2008 年，Wolf 等人报道了一种由 C_2-对称的二噁唑化合物与 Zn(II) 的单核配合物催化的各种醛的不对称 Henry 反应 (式 86)[114]。

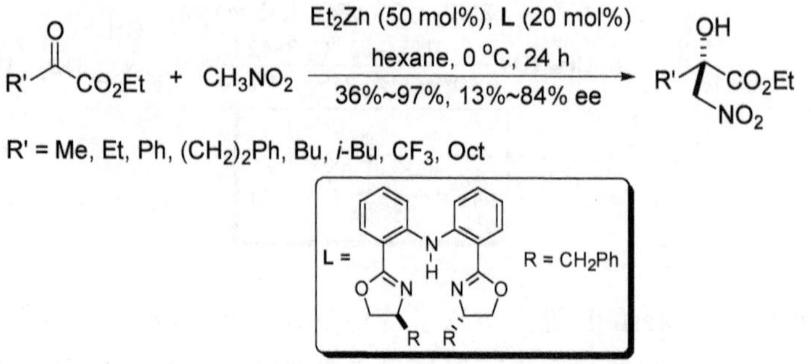

$$(85)$$

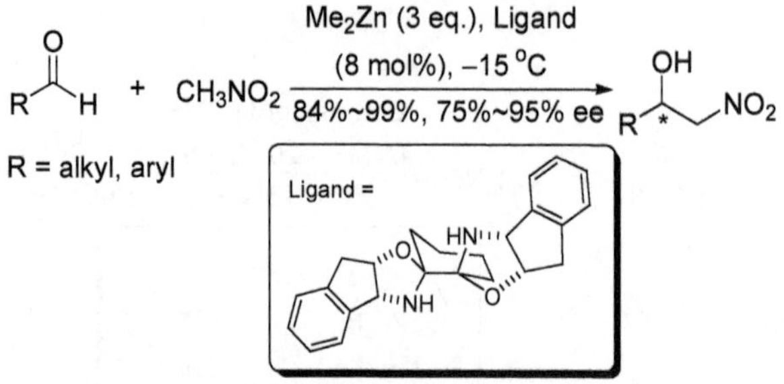

R' = Me, Et, Ph, (CH$_2$)$_2$Ph, Bu, i-Bu, CF$_3$, Oct

$$(86)$$

R = alkyl, aryl

如式 87 所示[115]：二茂铁结构衍生配体与 Zn(II) 的配合物能高效地催化各种醛和 α-羰基酯的不对称 Henry 反应。这个反应的优点是手性配体可以回收重新利用。

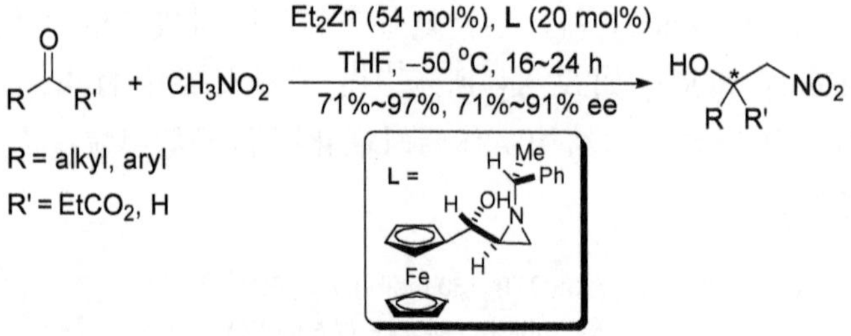

$$(87)$$

R = alkyl, aryl
R' = EtCO$_2$, H

4.3.4　铜-手性配体催化剂

2001 年，Jørgensen 等人首次报道了金属铜-双噁唑啉配合物催化的 α-酮酸酯和硝基甲烷的不对称 Henry 反应[116]。进一步研究表明：这种配合物和三乙胺能在室温下协同催化 α-酮酸酯和硝基甲烷的反应 (式 88)[117]，三乙胺在其中起到助催化剂的作用。脂肪醛和缺电子芳香醛的产物可以普遍得到高于 90% ee 的对映选择性，而富电子和中性芳香醛的对映选择性比较低。

如式 89 所示[118]：2003 年，Evans 等人将双齿噁唑啉配体与醋酸铜的配合物应用于催化醛与硝基甲烷的不对称 Henry 反应。该反应条件温和，不需要加入额外的碱作为助催化剂。

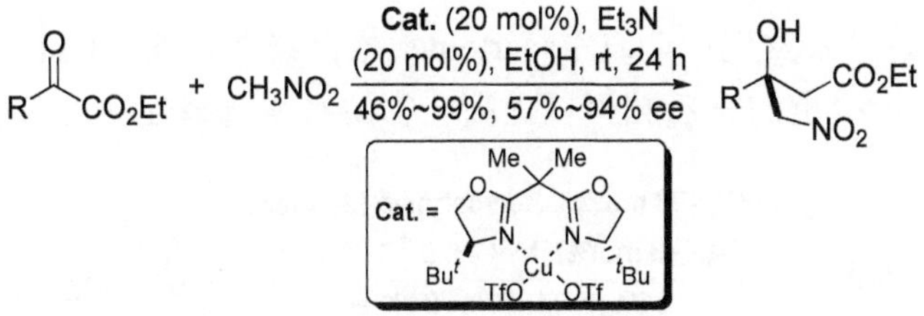

$$(88)$$

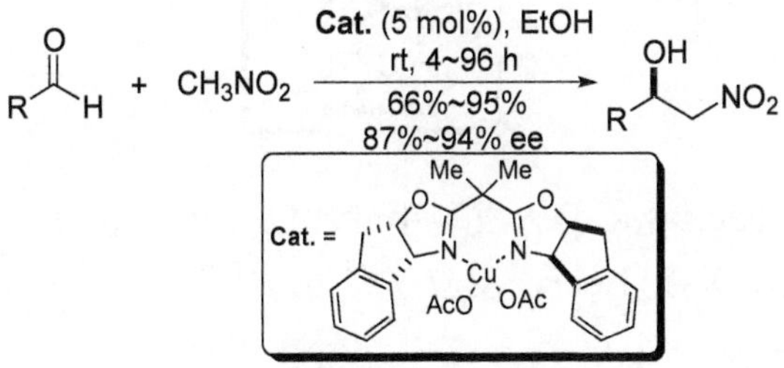

$$(89)$$

2004 年，Du 等人发现三齿双噻唑啉和双噁唑啉手性配体与 Cu(II) 的配合物同样可以促进 α-酮酸酯和硝基甲烷的不对称 Henry 反应，叔丁基取代的双噁唑啉手性配体的催化效果最好，反应选择性地得到 (S)-构型的硝基醇产物 (式 90)[119]。

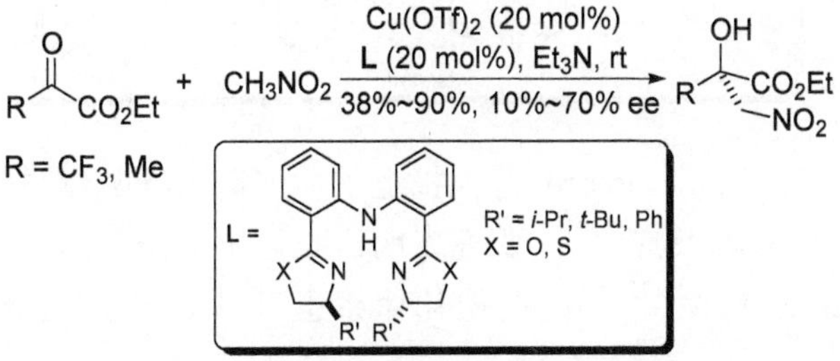

$$(90)$$

如图 8 所示[120]：2006 年，Zhou 等人报道了 Cu(II) 与手性亚胺醇配体形成的双核二聚物催化的不对称 Henry 反应。另一种类似的双铜二聚体配合物也能催化不对称 Henry 反应[121]。

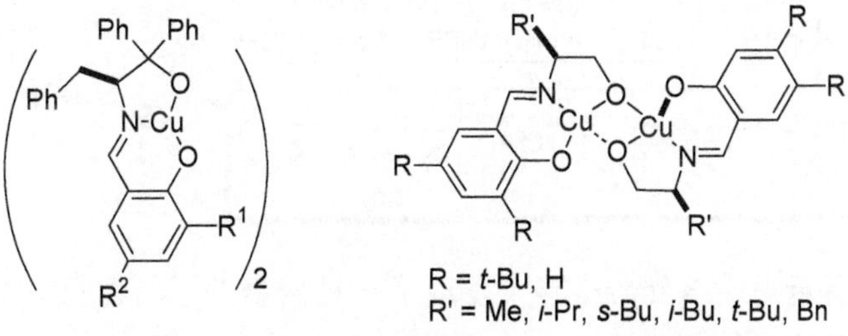

图 8　Cu(II) 与手性亚胺醇配体形成的双核二聚物

Maheswaran 等人发现：Cu(II)-sparteine 配合物催化的 Henry 反应得到外消旋的产物，添加少量的三乙胺可以提高产物的对映选择性 (式 91)[122]。

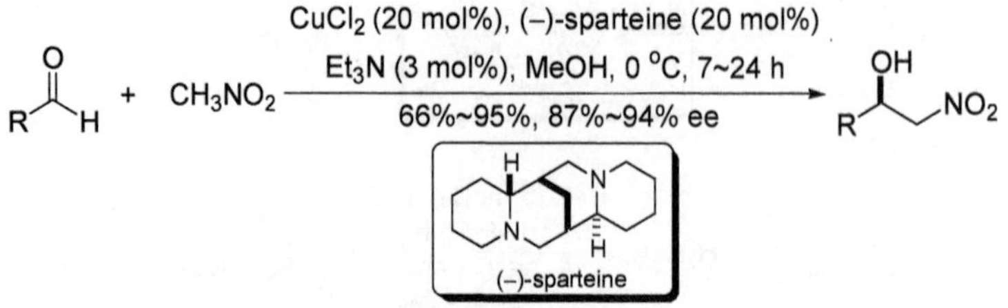

(91)

2006 年，Yanagisawa 等人发现手性环己二胺衍生物与 CuCl 形成的配合物也能够高效催化不对称 Henry 反应 (式 92)[123]。

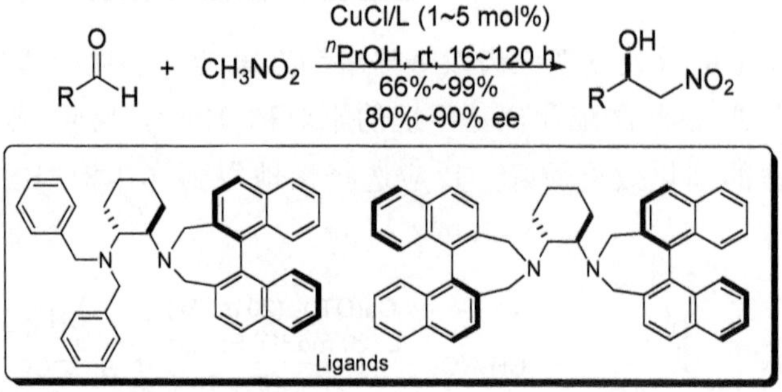

(92)

此外，如式 93 所示：Pedro 等人报道了樟脑衍生物配体与铜形成的配合物催化的不对称 Henry 反应[124]。研究表明：配体桥头碳上的官能团的转化可以控制产物的 R/S 选择性[125]。此类催化体系也可以应用于 α-酮酸酯的不对称 Henry 反应[126]。

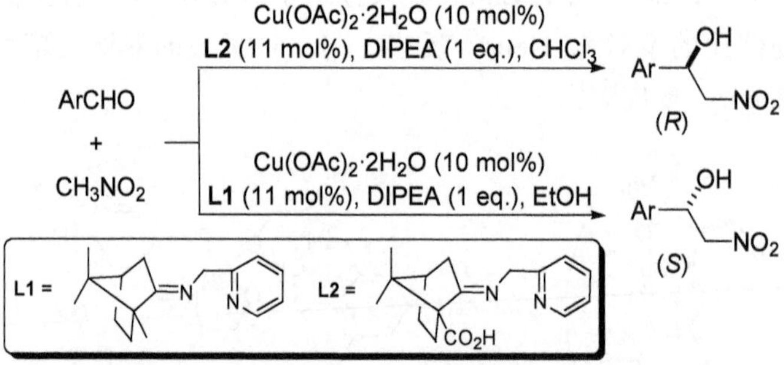

(93)

如式 94 所示[127]：Kanger 等人发现了一种新型的手性二胺配体与铜的配合物。该配合物可以催化不对称 Henry 反应，硝基乙烷与醛的反应生成 anti-型为主的产物。

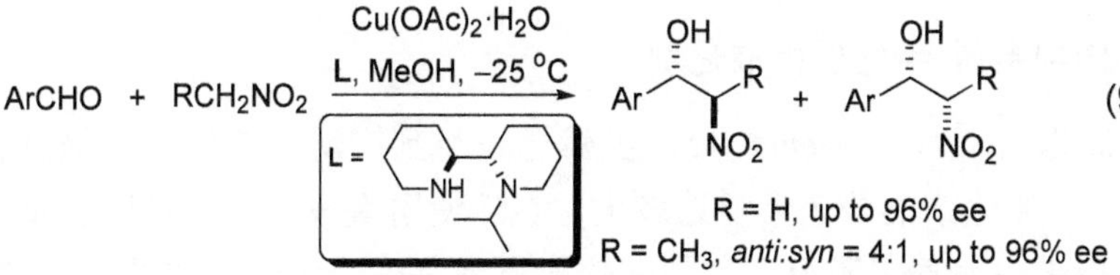

Cu(OAc)2·H2O
L, MeOH, –25 °C
ArCHO + RCH2NO2
L =
NH
N
OH
Ar
R
NO2
+
OH
Ar
R
NO2
R = H, up to 96% ee
R = CH3, anti:syn = 4:1, up to 96% ee

(94)

Wolf 小组和 Oh 小组分别合成了一些手性胺类配体，它们与 Cu 的配合物催化的不对称 Henry 反应可以选择性产生 (*S*)-构型的产物[128]。由于铜催化剂的很多优点，引起了人们对铜配合物催化反应的广泛兴趣，新的铜-手性配体催化剂不断开发出来，推动着铜催化不对称 Henry 反应迅速发展[17g]。

4.3.5 其它金属-手性配体配合物催化剂

2004 年，Yamada 等人报道了 Co(II) 的羰基亚胺配合物和 Co(II)-Salen 配合物催化的不对称 Henry 反应[129]。如式 95 所示：$^{i}Pr_2EtN$ 与 Co(II)-Salen 形成的配合物能提高反应的产率和对映选择性。Co(II) 配合物与前面的 Cu(II) 配合物结构相似，但反应底物的应用范围受到一定的限制[129b]。

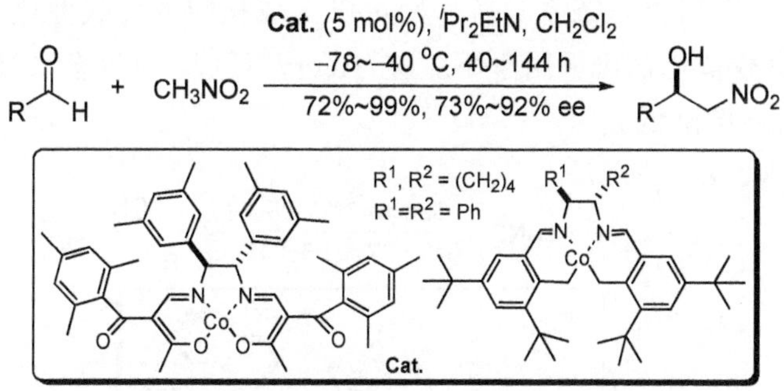

Cat. (5 mol%), iPr2EtN, CH2Cl2
–78~–40 °C, 40~144 h
72%~99%, 73%~92% ee
+ CH3NO2
R
H
OH
R
NO2
R1, R2 = (CH2)4
R1=R2 = Ph
Co
Cat.

(95)

2007 年，Skarzewski 等人发现 Cr(III)-Salen 配合物也可以有效地促进不对称 Henry 反应，可以得到中等的产率和对映选择性[130]。但是，经修饰后的催化剂可以提高反应的产率和对映选择性 (式 96)[131]。

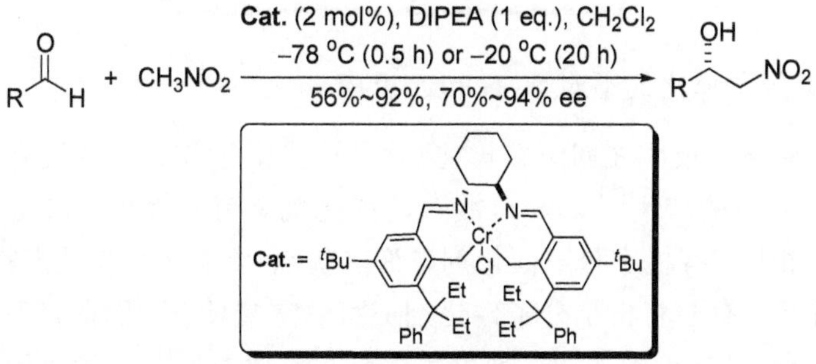

Cat. (2 mol%), DIPEA (1 eq.), CH2Cl2
–78 °C (0.5 h) or –20 °C (20 h)
56%~92%, 70%~94% ee
+ CH3NO2
R
H
OH
R
NO2
Cat. =
tBu
Cr
Cl
Et
Ph

(96)

4.3.6 非均相金属-手性配体催化剂

均相催化的不对称 Henry 反应虽然已经得到广泛的应用，但仍然存在许多缺点，例如：催化剂的分子量普遍较大、实际使用量较大和不易回收重复利用等等。因此，后来也发展了不少非均相催化的方法来弥补均相方法的缺点。2005 年，Sreedhar 等人报道了一种可以重复使用的多相催化剂纳米 MgO 晶体 (NAP-MgO) 与手性联萘酚配体催化的硝基甲烷与醛或者 α-酮酸酯的不对称 Henry 反应 (式 97 和式 98)[132]。

$$\text{R}-\overset{\overset{\displaystyle O}{\|}}{\text{C}}\text{H} + CH_3NO_2 \xrightarrow[70\%\sim95\%,\ 60\%\sim98\%\ ee]{\text{NAP-MgO, }(S)\text{-}(-)\text{-BINOL, }-78\ ^\circ\text{C}} \text{R}-\overset{\displaystyle OH}{\underset{}{\text{C}}}-NO_2 \qquad (97)$$

$$\text{R}-\overset{\overset{\displaystyle O}{\|}}{\underset{\displaystyle CO_2Et}{\text{C}}} + CH_3NO_2 \xrightarrow[\substack{R = Me,\ 70\%,\ 98\%\ ee \\ R = Et,\ 75\%,\ 98\%\ ee}]{\text{NAP-MgO, }(S)\text{-}(-)\text{-BINOL, }-78\ ^\circ\text{C}} \text{R}-\overset{\displaystyle OH}{\underset{\displaystyle NO_2}{\text{C}}}-CO_2Et \qquad (98)$$

2006 年，Abadi 等人报道：将手性 BINOL 配体固定在硅胶或者介孔分子筛 MCM-41 上，之后再与镧系金属作用可以形成相应的负载催化剂。如式 99 所示[133]：这些负载催化剂可以用于不对称 Henry 反应，可以多次循环使用而催化活性不会有明显的降低。

$$\text{R}-\overset{\overset{\displaystyle O}{\|}}{\text{C}}\text{H} + CH_3NO_2 \xrightarrow[64\%\sim87\%,\ 55\%\sim84\%\ ee]{\text{Cat., }-42\ ^\circ\text{C, }28\sim41\ h} \text{R}-\overset{\displaystyle OH}{\underset{}{\text{C}}}-NO_2 \qquad (99)$$

Cat. =

4.4 手性有机小分子催化的不对称 Henry 反应

有机小分子催化的反应在四十多年前就有报道[8]，近年来在各类有机合成反应中发挥了非常重要的作用[11]。与过渡金属催化剂具有毒性大、重金属残留、污染环境等缺点相比，有机小分子催化剂有许多优点：毒性小，易从产物中分离，后处理简单，等等。有些有机小分子催化剂还可以重复使用。因此，手性有机小分子在催化不对称 Henry 反应中的研究也得到了迅速发展[17]。稍后于首例金属催化的不对称 Henry 反应，1994 年 Nájera 等人报道的第一例有机小分子催化的不对称 Henry 反应[12]，为有机小分子催化剂在不对称 Henry 反应中的应用提供了开拓性思路。在此基础上，人们相继开发了一系列催化不对称 Henry 反应的有机小分子催化剂[17]，主要有手性胍、硫脲衍生物、金鸡纳碱衍生物、手性仲胺、酰胺及手性季铵盐、季鏻盐催化剂以及组合的双功能催化剂等等。这些小分子催化剂一般具有以下几个结构特征：(1) 分子内碱基单元或者外加碱协同参与形成硝基烷烃对应的氮酸根碳负离子中间体，并可以通过氢键或者静电作用与硝基或者氮酸根发生配位作用；(2) 具有能与羰基化合物形成氢键或者配位进而活化羰基的官能团[17f]。同时具有以上特征的催化剂可以同时配位并活化反应底物硝基烷烃和醛酮，属双功能催化剂，其不对称催化效果往往高于一般的单功能催化剂。

4.4.1 手性胍类催化剂

胍及其衍生物可用于催化常规 Henry 反应[41~43]，手性胍及其衍生物分子则有可能催化不对称的 Henry 反应。实际上，首例手性有机小分子催化的不对称 Henry 反应就采用了手性胍衍生物。1994 年，Nájera 报道了使用 *C-1* 或 *C-2* 轴对称的开环手性胍催化不对称 Henry 反应 (式 100)[12]，硝基甲烷和醛的不对称 Henry 反应可获得中等的对映选择性 (≤54% ee)。虽然其不对称催化效果一般，但为以后的小分子催化不对称 Henry 反应提供了思路。

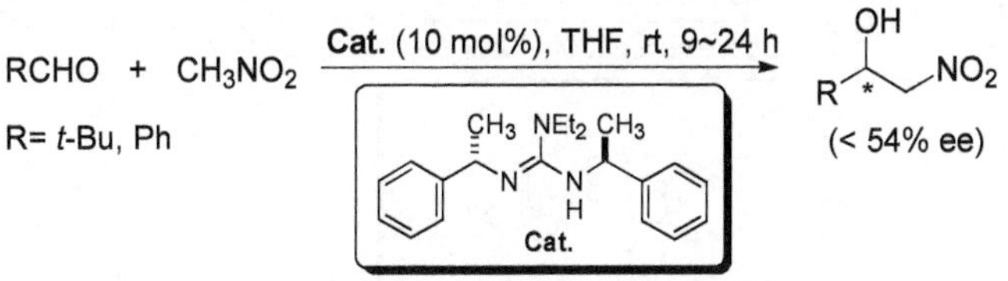

2002 年和 2003 年，Ma 等人[134]和 Murphy 等人[135]陆续报道了其它单功能手性胍催化的醛和硝基甲烷的不对称 Henry 反应 (图 9)。由于催化剂都属单功能催化剂，产物的不对称选择性也不是很高。

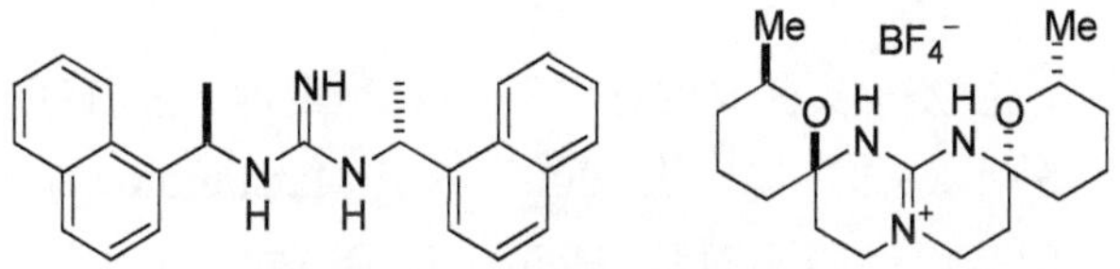

图 9　单功能手性胍催化剂

后来，Terada 等人合成了轴手性联萘酚衍生的胍催化剂，并将其应用于芳香醛与硝基甲烷或硝基乙烷的不对称 Henry 反应。如式 101 所示[136]：该催化剂实质上还是单功能的，只能通过双氢键活化硝基底物。虽然借助联萘酚较大的手性骨架可以获得中等偏上的对映和非对映选择性，但反应需要在 –40 ℃ 甚至 –80 ℃ 的苛刻低温条件下进行。

$$R^1CHO + R^2CH_2NO_2 \xrightarrow[\text{40\%~99\%, 5\%~87\% ee}]{\text{Cat. (10 mol\%), –80 \degree C, 72 h}} \begin{array}{c} \text{OH} \\ O_2N \overset{\displaystyle}{\underset{R^2}{\overset{*}{\cdots}}} R^1 \end{array} \quad (101)$$

$R^2 = Ph, Ar, PhCH_2CH_2$

4.4.2 手性硫脲类催化剂

脲和硫脲也是一类重要的有机小分子催化剂。2007 年，Shi 等人报道了硫脲催化的硝基甲烷与醛的不对称 Henry 反应 (式 102)[137]。通过筛选对比发现：硫脲具有更好的催化效果，可能由于硫脲与底物形成更强的双氢键，但手性骨架对对映选择性的影响不大。研究还发现：底物芳环上的取代基对反应产率和对映选择性没有太大影响，但缺电子的芳香醛反应速度较快。

$$R \overset{\text{O}}{\underset{\text{H}}{\bigcirc}} + CH_3NO_2 \xrightarrow[\text{65\%~99\%, 22\%~72\% ee}]{\substack{\textbf{Cat. (10 mol\%)}, \textit{i-}Pr_2EtN \\ (20 \text{ mol\%), THF, –25 \degree C}}} R \overset{\text{OH}}{\underset{(S)}{\bigcirc}} NO_2 \quad (102)$$

4.4.3 金鸡纳碱衍生物催化剂

金鸡纳碱及其衍生物可以有效催化许多不对称反应，它们可以作为一种手性 Brønsted 碱提供一种不对称环境[138]。2002 年，Matsumoto 等人首次使用金鸡纳碱催化苯甲醛和硝基甲烷的不对称 Henry 反应 (式 103)[139]。但该反应需要在高压条件下进行，且产率和对映选择性均不高。

$$\overset{\text{O}}{\underset{\text{H}}{\bigcirc}} + CH_3NO_2 \xrightarrow[\text{pressure, rt, 12 h}]{\text{Quinidine (3 mol\%), PhMe}} \overset{\text{OH}}{\underset{}{\bigcirc}} NO_2 \quad (103)$$

2005 年，Hiemstra 等人将金鸡纳碱的衍生物用于芳香醛与硝基甲烷的 Henry 反应。如式 104 所示[140]：尽管该催化体系的普适性和对映选择性都很一般，但作者发现这一双功能催化剂中奎宁环上的氮碱基部分和苯酚基团，可以通过同时对亲核基团和亲电基团的双活化来提高对映选择性。

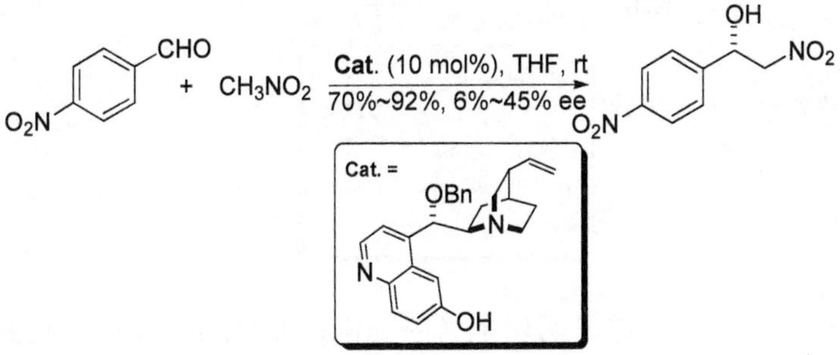

$$(104)$$

2006 年，Deng 等人报道了一系列金鸡纳碱衍生物催化的 α-酮酸酯和硝基甲烷的不对称 Henry 反应。如式 105 所示[141]：在含有少量催化剂 (5 mol%) 的二氯甲烷溶液中，反应在 –20 ℃ 即可顺利地进行，烯基、烷基和芳基的 α-酮酸酯均能取得较高的产率和对映选择性。

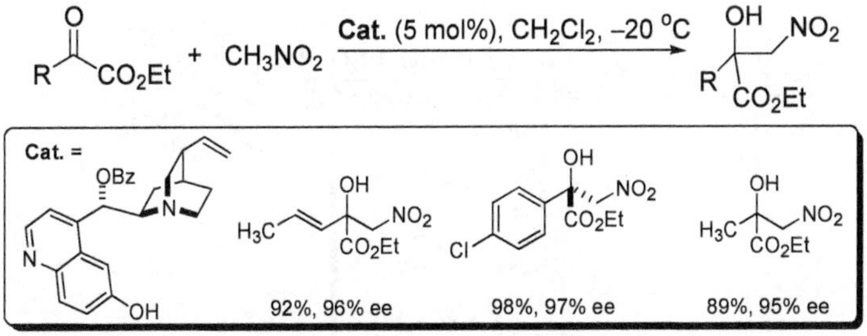

$$(105)$$

2007 年，Zhao 等人利用金鸡纳碱衍生物催化剂拓展了一系列脂肪和芳香 α-羰基膦酸酯与硝基甲烷的不对称 Henry 反应。如式 106 所示[142]：在 5 mol% 催化剂的 THF 中即可获得 90%~99% ee 的产物。

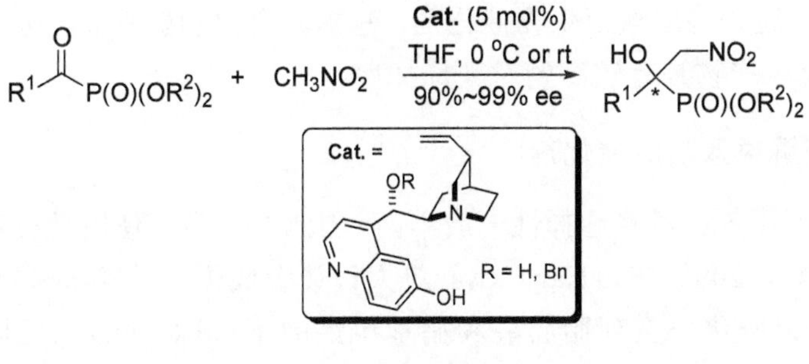

$$(106)$$

2008 年，Bandini 报道了金鸡纳碱衍生物催化的三氟甲基酮与硝基甲烷的 Henry 反应。如式 107 所示[143]：烷基酮和一些芳香基酮均能获得较高的产率和对映选择性。

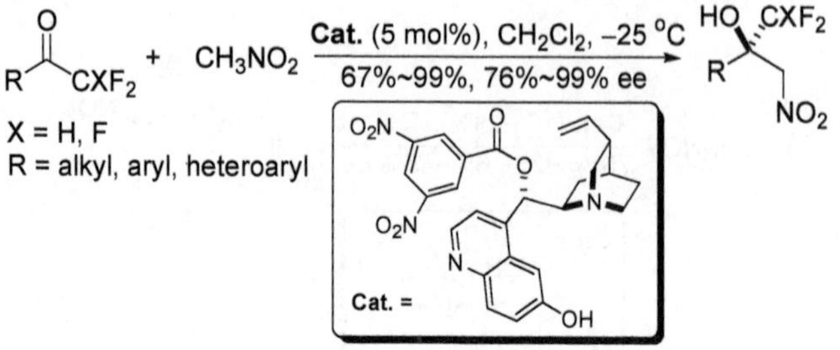

$$\tag{107}$$

同年，Zhong 等人连续报道了两例串联的 Michael-Henry 反应。如式 108 和式 109 所示[144]：采用同一金鸡纳碱衍生的催化剂来催化 1,5-二酮、1,4-二酮化合物与硝基苯乙烯反应。这是首例有机分子催化的二酮作为 Michael 反应给体的串联反应。该反应得到带有四个手性碳原子的六元环或五元环产物，且具有较好的非对映选择性和优异的对映选择性。

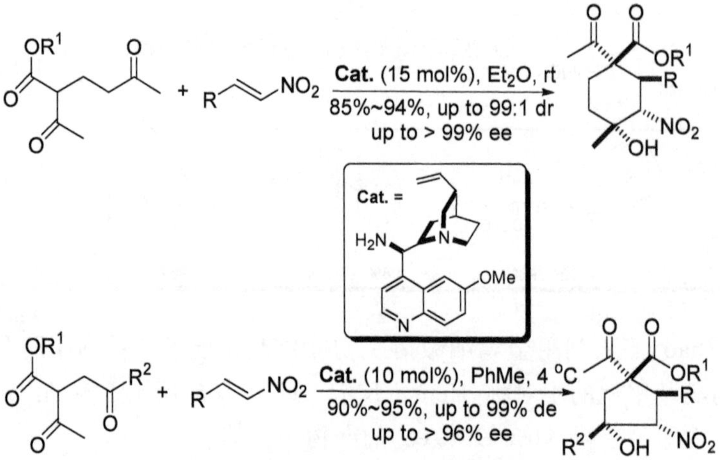

$$\tag{108}$$

$$\tag{109}$$

可以看出，上述金鸡纳碱衍生物催化剂，基本具有双功能基团，因此其催化不对称 Henry 反应产物具有较高的对映选择性。

4.4.4 手性胍-硫脲类双功能催化剂

由于单功能催化剂的对映选择性一般不高，因此人们尝试使用具有双功能的有机小分子催化剂。2005 年，Nagasawa 等人设计合成了一种胍-硫脲组合的手性催化剂，并用来催化一系列脂肪醛和硝基甲烷的不对称 Henry 反应。如式

110[145]所示：该反应是首例手性胍-硫脲双功能有机催化剂在不对称 Henry 反应中的应用，生成的产物具有较高的对映选择性。这类双功能催化剂既可以活化亲核的硝基烷烃部分，又可以活化亲电的羰基化合物。

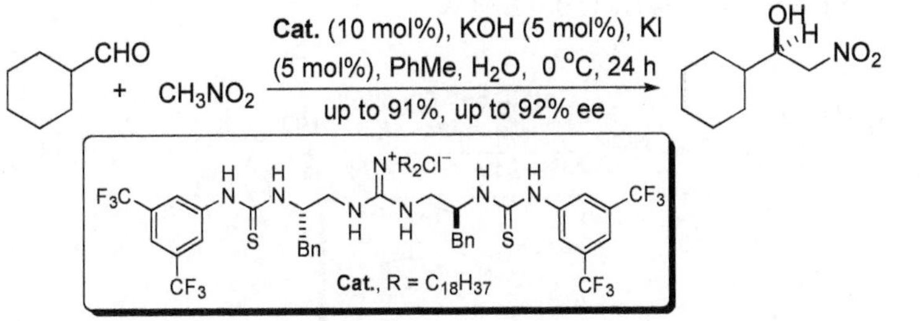

$$
\text{(110)}
$$

随后，Nagasawa 等人使用具有 (S,S)-构型的同类催化剂催化了一系列脂肪醛和硝基乙烷的不对称 Henry 反应。如式 111 所示[146]：该反应形成具有顺式 (R,R)-构型的两个手性中心。

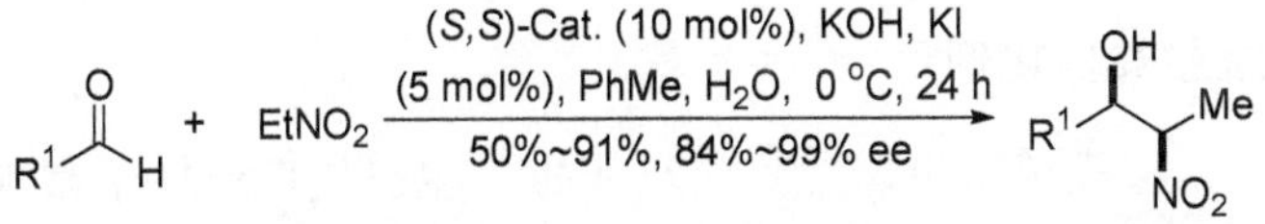

$$
\text{(111)}
$$

最近，Nagasawa 总结了这方面的研究工作发现[147]：该催化剂的用量对催化效果影响不大，但添加剂对催化效果影响重大。这可能是因为阴离子能够与胍形成离子对，当添加剂的阴离子较软时有利于催化剂发挥作用。

4.4.5　手性硫脲-金鸡纳碱类双功能催化剂

2006 年，Hiemstra 与合作者对他们自己开发的金鸡纳碱催化剂（式 104）[140] 进行改良，并采用更好的氢供体硫脲基团代替苯酚基团。这种金鸡纳碱-硫脲双功能催化剂更加稳定，可以在温和的条件下催化硝基甲烷和芳香醛的不对称 Henry 反应（式 112），生成产物的收率和对映选择性均有所提高[22]。

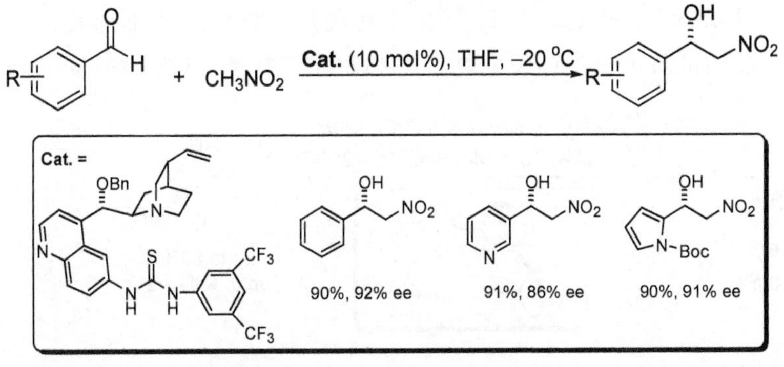

$$
\text{(112)}
$$

2010 年，Rueping 等人也报道了基于金鸡纳碱-硫脲双功能催化剂催化的串联 Michael-Henry 反应 (式 113)[148]。该反应仅使用 0.5%~1.0% 的催化剂就获得了较高的收率和优异的对映选择性 (91%~97% ee)，含有四个手性中心的双环产物是有机合成和药物合成中有用的手性砌块。

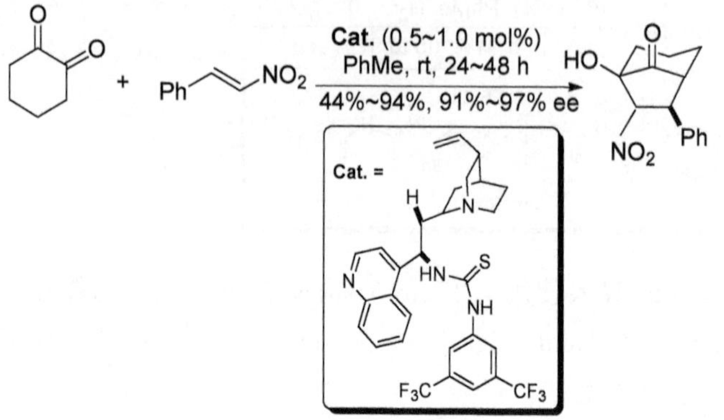

$$(113)$$

4.4.6 手性胺、酰胺类催化剂

除了无机碱外，胺类等有机碱[16,37~39]及其盐[40]也已被广泛用于常规的 Henry 反应，TMG 及其同系物、金鸡纳碱等也应属特殊的胺衍生物。2007 年，Hayashi 等人报道了 TMS 保护的二苯基脯氨醇室温条件下催化的 1,5-二醛和硝基苯乙烯的串联 Michael-Henry 反应。如式 114 所示[149]：该反应一次性构建出具有四个手性中心的环己烷衍生物，非对映主要产物的对映选择性高达 99% ee。

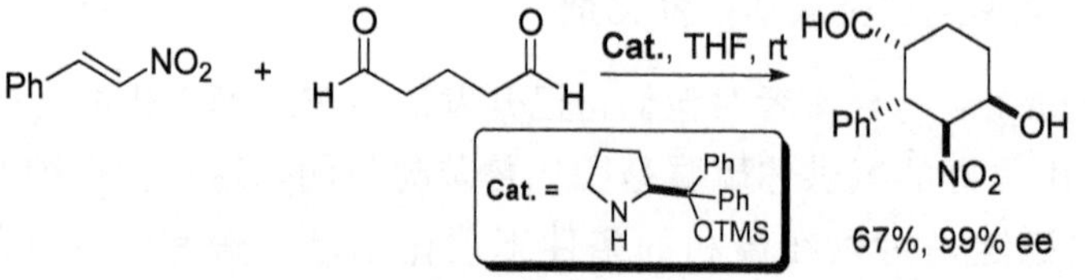

$$(114)$$

2008 年，Feng 等人首次报道了温和条件下仲酰胺催化的 α-羰基膦酸酯和硝基甲烷的不对称 Henry 反应 (式 115)[150]。作者通过条件优化和筛选发现：2,4-二硝基苯酚作为添加剂时可以提高反应的产率和对映选择性 (83% 和 96% ee)。

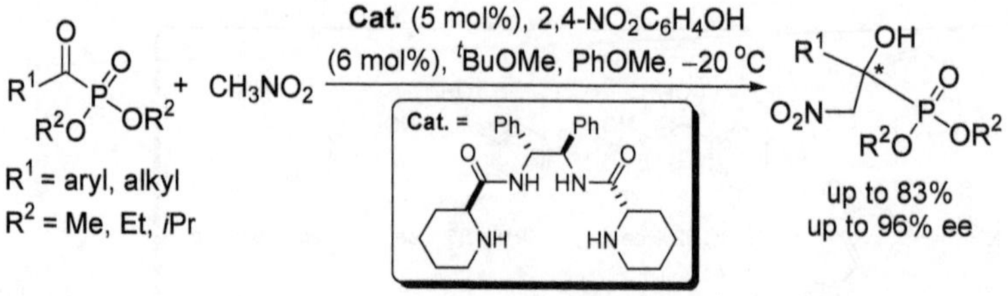

$$(115)$$

2009 年，MacMillan 等人报道了咪唑啉酮类催化剂催化的氮酸三烷基硅基酯活化的硝基烷烃与脂肪醛的间接不对称 Henry 反应，其挑战性是使用脂肪醛作为反应底物。如式 116 所示[151]：虽然该反应的非对映选择性一般 (*anti:syn* = 1:7)，但主产物的对映选择性普遍较高。作者还研究了产物的后续反应，通过三步反应就可以立体选择性地合成 *β*-氨基酸。

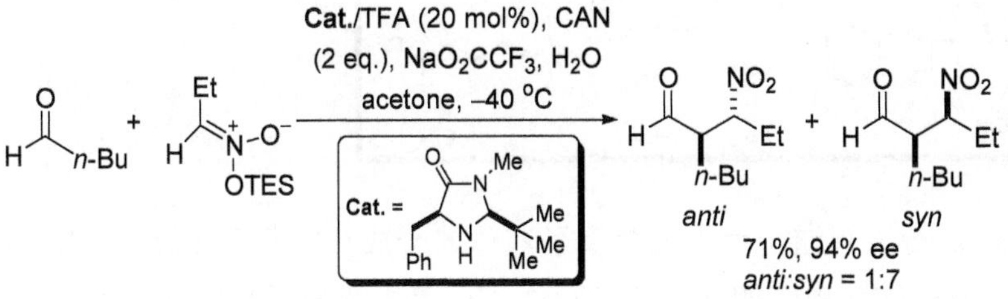

(116)

4.4.7 手性季铵盐催化剂

使用氮酸三烷基硅基酯和手性氟盐分子也可以实现不对称 Henry 反应。Corey 等人早在 1999 年就报道了使用金鸡纳碱衍生的季铵盐催化的不对称 Henry 反应。如式 117 所示[152]：该反应的产物具有很高的非对映选择性，已经被用于合成含有手性 1,3-二氨基-4-羟丙基结构的第二代 HIV 蛋白酶抑制剂。

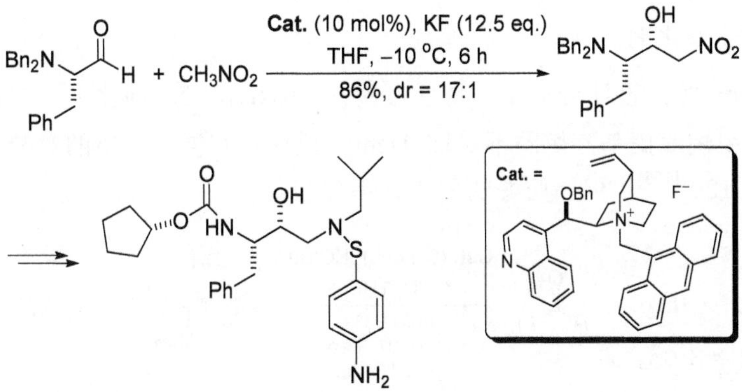

(117)

2003 年，Maruoka 等人合成了一系列 (*S,S*)-季铵盐催化剂并用于高效地催化三烷硅基氮酸酯与醛的不对称 Henry 反应。如式 118 所示[153]：仅仅使用 2 mol% 的手性季铵盐催化剂，在 –98~–78 °C 的 THF 溶液中就可以得到 92% 的产率和 97% ee 的 *anti*-产物 (*anti/syn* = 94/6)。但是，脂肪醛没有获得理想的非对映和对映选择性。

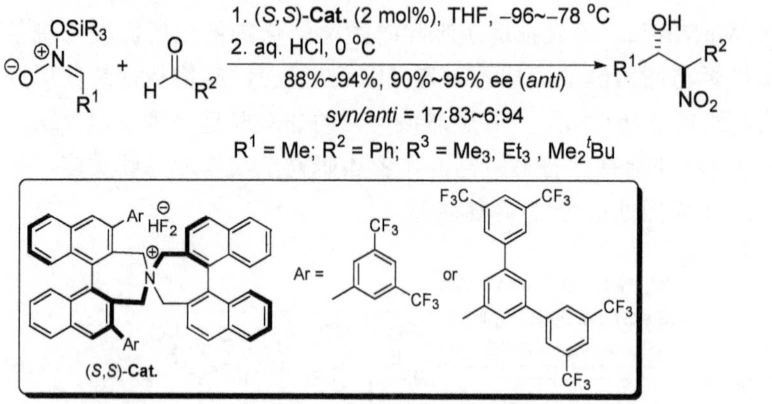

$$\text{(118)}$$

1. (S,S)-Cat. (2 mol%), THF, –96~–78 °C
2. aq. HCl, 0 °C
88%~94%, 90%~95% ee (anti)
syn/anti = 17:83~6:94
R^1 = Me; R^2 = Ph; R^3 = Me$_3$, Et$_3$, Me$_2$^{t}Bu

(S,S)-Cat.

2008 年，Jiang 等人报道了手性胍盐离子液体的合成 (相当于胍盐) 及其在不对称 Henry 反应中的应用。如式 119 所示[154]：苯甲醛和硝基甲烷的反应可以获得较高的产率但较低的对映选择性。

$$\text{(119)}$$

PhCHO + MeNO$_2$ →(ionic liquid, 96%, 3% ee) Ph-CH(OH)-NO$_2$

ionic liquid = R = n-C$_4$H$_9$ or n-C$_6$H$_{13}$

4.4.8 手性季鏻盐催化剂

2007 年，Ooi 等人设计合成了一种手性鏻盐 (RNH)$_4$P$^+$X$^-$ 催化剂。它催化的苯甲醛与硝基甲烷或硝基乙烷的不对称 Henry 反应均获得了不错的对映和非对映选择性 (式 120)[155]，但脂肪醛的效果并不理想。

$$\text{(120)}$$

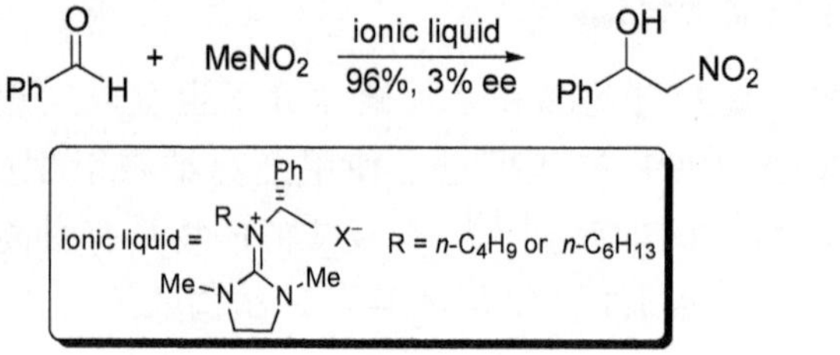

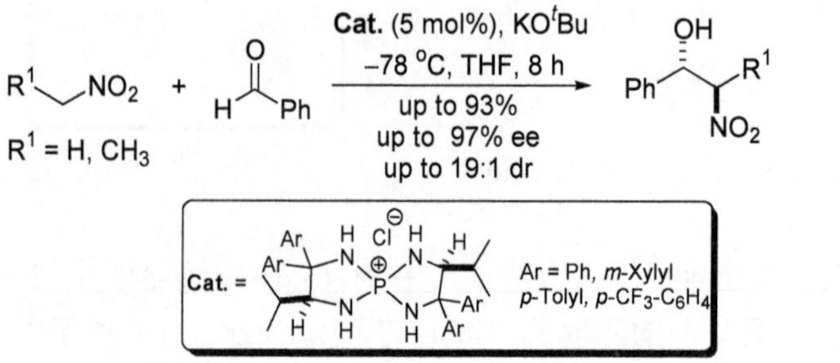

R^{1}CH$_2$NO$_2$ + PhCHO →(Cat. (5 mol%), KO^{t}Bu, –78 °C, THF, 8 h, up to 93%, up to 97% ee, up to 19:1 dr) Ph-CH(OH)-CH(R^1)-NO$_2$

R^1 = H, CH$_3$

Cat. = Ar = Ph, m-Xylyl, p-Tolyl, p-CF$_3$-C$_6$H$_4$

4.5 酶催化 Henry 反应

过渡金属-手性配体和手性手机小分子催化方法目前构成了不对称 Henry

反应的主要内容，其中以双功能催化剂或者多功能催化剂的效果最佳。实际上，多功能催化及其原理来自酶催化的反应。酶催化剂具有两个或以上的催化位点，它们产生的增效作用使得底物在过渡态更加活泼易反应。特定的酶催化只能催化特定底物，但是催化能力非常高效而且高度立体专一，也使得反应可以在相当温和的条件下进行。因此，Shibasaki 等人发现和研究的双功能或多功能催化剂与天然酶催化有异曲同工之妙。生物及酶催化的 Henry 反应报道不多，目前在这方面研究还很不充分。

2006 年，Griengl 等人报道了首例酶催化的硝基甲烷与醛的不对称 Henry 反应 (式 121)[156]，并在后来系统地研究了该类反应[157]。该反应使用的是来自橡胶树 (*Hevea brasiliensis*) 的羟氰裂解酶 (hydroxynitrile lyase)，简称 *Hb*HNL。羟腈裂解酶是可以催化 α-羟基腈合成生产的催化剂。

$$R^1\text{CHO} + R^2CH_2NO_2 \xrightarrow[\substack{up\ to\ 88\%,\ up\ to\ 95\%\ ee \\ R^2 = H,\ Me}]{\substack{Hb\text{HNL, phosphate buffer} \\ TBME,\ pH\ 7,\ rt,\ 48\ h}} R^1\text{—CH(OH)—CH(NO_2)—}R^2 \quad (121)$$

该反应的产率和对映选择性对底物结构有很强的专一性。例如：苯甲醛的反应产物可以得到 63% 收率和 92% ee，而间羟基苯甲醛只有 46% 收率和 18% ee。作者还研究了在室温下的叔丁基甲基醚 (TBME) 和缓冲溶液两相体系中，pH 值对产率和对映选择性的影响 (式 122)。

$$R\text{-CHO} + CH_3NO_2 \xrightarrow[\substack{up\ to\ 77\% \\ up\ to\ 99\%\ ee}]{\substack{Hb\text{HNL, phosphate buffer} \\ TBME,\ pH\ 7,\ rt,\ 48\ h}} R\text{—CH(OH)—CH_2—}NO_2 \quad (122)$$

2008 年，Wang 等人报道了使用天然的双链 DNA 催化的 Henry 反应 (式 123)[158]。该反应可以在温和条件下的水溶液中进行，大多数底物可以获得中等至优异的产率，且该 DNA 催化剂可以没有失活地循环几次。

$$R\text{（吡啶环）-CHO} + CH_3NO_2 \xrightarrow[\substack{25\%\sim96\% \\ X = CH,\ N}]{\substack{DNA,\ MES\ buffer \\ pH = 5.5,\ 37\ ^\circ C}} R\text{（吡啶环）—CH(OH)—CH_2—}NO_2 \quad (123)$$

2010 年，Lin 等人报道了使用一种氨基酰化酶水解酶 (D-aminoacylase) 催化的快速 Henry 反应 (式 124)[159]。与前述 Griengl 等人报道的羟氰裂解酶 *Hb*HNL 需要长时间的反应不同，Lin 的工作在有机介质 DMSO 中，在很短的时间就获得了较高的产率。

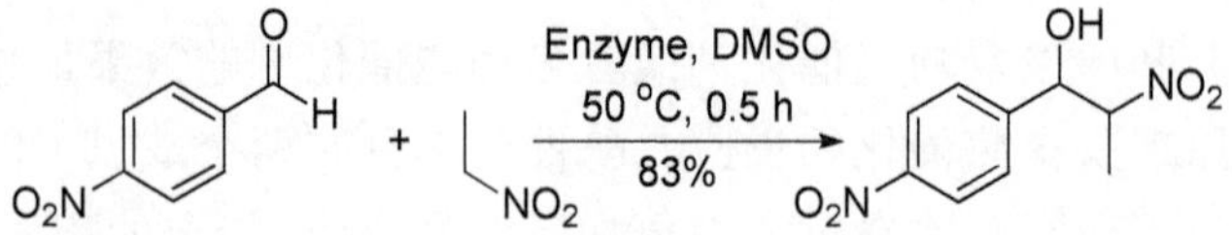

$$(124)$$

同年，He 等人[160]报道了转谷氨酰胺酶第一次用来催化 Henry 反应 (式 125)。在室温下，一系列脂肪族、芳香族、杂芳香醛和硝基烃的反应就可以获得很高的产率。

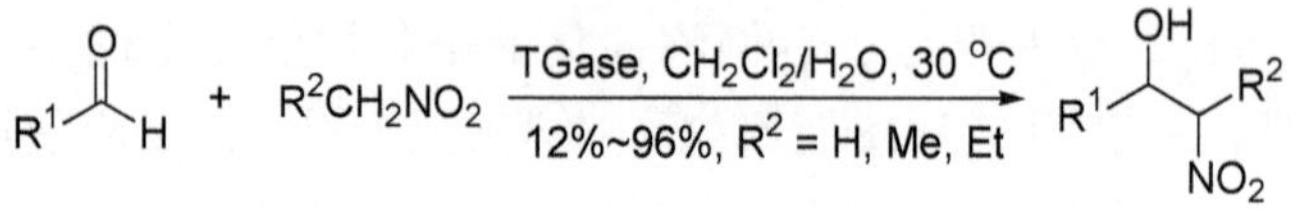

$$(125)$$

5 Henry 反应在天然产物和药物合成中的应用

Henry 反应所需条件相对温和且具有多种反应方式，已经成为用于增长碳链和制备硝基、氨基化合物及其衍生物最常用的方法。Henry 反应在有机、药物、生物活性物质以及天然产物合成中均显示了巨大的潜力，相关应用研究报道相当丰富。

5.1 环肽生物碱 (–)-Nummularine F 的全合成[161]

环肽生物碱广泛存在于植物中，是一类重要的类似于聚酰胺碱类的天然产物。这类天然产物具有一定的生物和药物活性，例如：它们具有抗革兰阳性细菌和抗真菌活性、具有镇静和催眠功效或者被中医用于治疗失眠症[162]。环肽生物碱在植物中的含量极低且获取困难，因此已经成为全合成研究的目标。

1975 年，Tschesche 等人在从枣属金钱草中分离得到了一种 14-元环的环肽生物碱 (–)-Nummularine F[163]。1992 年，Jouillié 等人完成了该化合物的第一例全合成[161]，如式 126 所示：其中关键的一步转化是通过硝基甲烷与对醛基苯酚的脯氨酸衍生物在常规条件下进行的 Henry 反应来实现 3-位氮原子的引入。然后，对硝基醇单元的羟基进行 O-硅醚化以及硝基部分进行金属催化氢化还原为氨基。虽然该常规 Henry 反应得到的是没有立体选择性的硝基醇结构，但由于最后需经脱水产生 C1-C2 的双键结构而对合成目标没有影响。最后，再经多步反应得到环肽生物碱 (–)-Nummularine F。

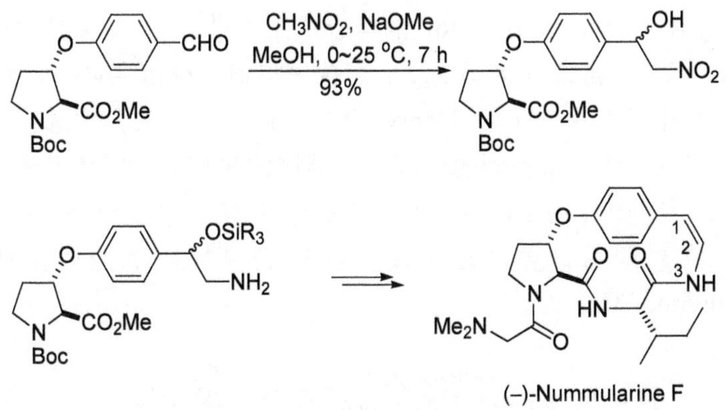

(126)

(–)-Nummularine F

5.2 环多醇木层孔菌醇和脱氧羟甲基纤维醇的全合成[164,165]

合成化学家还利用天然产物的衍生物结合常规 Henry 反应来合成天然产物或者药物。2003 年，Ishikawa 等人和 Estévez 等人分别报道：在环多醇木层孔菌醇 (+)-Cyclophellitol[164]和脱氧羟甲基纤维醇 Deoxyhydroxymethyl-inositol[165]的全合成中，D-葡萄糖衍生物的分子间和分子内 Henry 反应被用作关键步骤。

1990 年，Umezawa 等人从蘑菇木层孔菌中分离得到了天然产物 (+)-Cyclophellitol[166]。它具有羟甲基环多醇的结构特点，是潜在的 α-葡(萄)糖苷酶抑制剂和 HIV 病毒抑制剂[167]。如式 127 所示：Ishikawa 等人利用 D-葡萄糖衍生物首先制得烯醛底物，然后利用 TMG 催化的 Henry 反应得到硝基醇中间体的非对映体混合物。由于混合物中的次要产物不参与下一步的环加成反应，因此可以直接进行分子内的环加成反应得到目标产物的前体六元环结构。最后，再经过多步反应得到天然的环多醇 (+)-Cyclophellitol[164]。

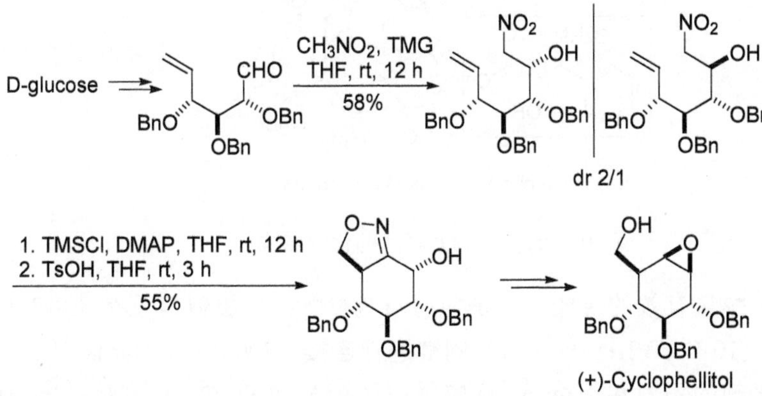

(127)

(+)-Cyclophellitol

几乎同时，Estévez 等人也报道了 D-葡萄糖衍生物的呋喃醛出发的脱氧羟甲基纤维醇 Deoxyhydroxymethylinositol 的全合成工作[165]，其中关键的两步转化都利用了 Henry 反应。如式 128 所示：他们首先将葡萄糖衍生物呋喃醛与 2-硝基醇在 TBAF 催化下发生分子间 Henry 反应，得到非对映异构选择性的中间体。经过多步反应后，他们将得到的带有硝基碳链的呋喃糖中间体又进行了一次分子内 Henry 反应。奇怪的是，该分子内 Henry 反应可以得到 53% 收率的纯对映异构体产物。最后，再通过多步反应得到目标脱氧羟甲基纤维醇 Deoxyhydroxymethylinositol。

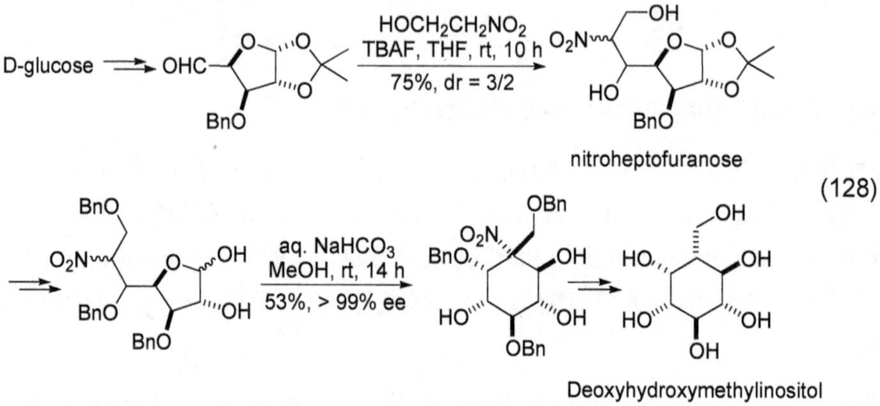

nitroheptofuranose

(128)

Deoxyhydroxymethylinositol

5.3 紫杉醇 C-13 片段的合成[168]

紫杉醇 (Taxol，图 10) 是从太平洋紫杉的树皮中分离得到的一种天然产物[169]，它可以促进微管聚合和稳定已聚合微管的药物，也是各种癌症化疗方法中最有效的药物之一[170]。紫杉醇的来源有限且提取困难，其全合成工作也由于复杂结构带来许多挑战。

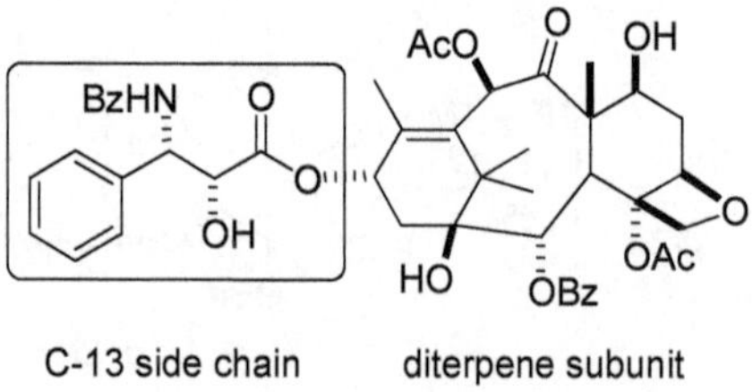

C-13 side chain   diterpene subunit

图 10　天然产物紫杉醇的化学结构

目前，紫杉醇最有效的合成方法是使用与紫杉醇结构类似但没有 C-13 侧链的二萜化合物 (10-DAB III) 与 C-13 侧链进行连接。2004 年，Barua 等人利用 Shibasaki 催化剂的不对称 Henry 反应合成了紫杉醇的 C-13 侧链[168]。如式 129 所示：他们从简单的硝基烷烃和醛出发，首先利用 La-(R)-BINOL 配合物催化的不对称 Henry 完成了最关键的一步转化。生成的产物具有很高的对映选择性，再通过一系列的转化得到所需要的 C-13 侧链。

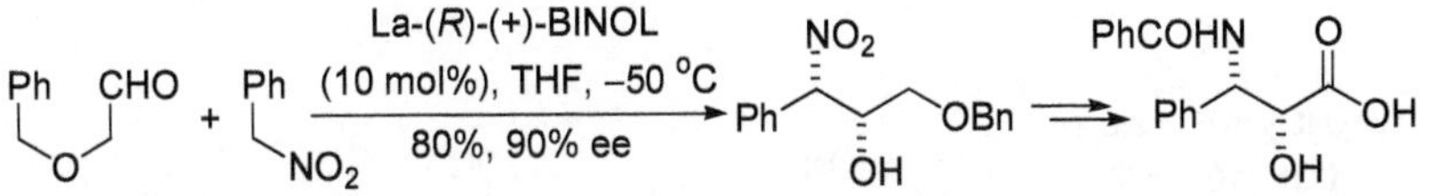

(129)

Shibasaki 等人开发的系列 LLB 催化剂及其不对称 Henry 反应在很多天然产物药物的合成应用方面显示了巨大的潜力，Shibasaki 和 Barua 等人都利用类似方法进行了很多全合成研究[171]。

5.4 HIV 蛋白酶抑制剂及其 HEA 片段的合成[100a,152]

多种 HIV 蛋白酶抑制剂可以有效地用于化学疗法中[172]，他们的合成研究引起了有机合成和药物化学家的极大兴趣。如图 11 所示：许多 HIV 蛋白酶抑制剂在结构上都具有手性 HEA 核心片段。

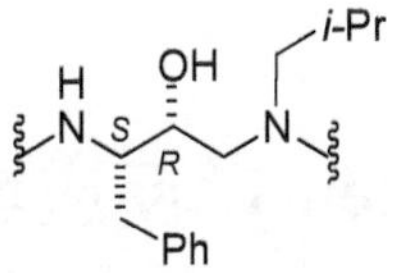

图 11 许多 HIV 蛋白酶抑制剂结构中含有的手性 HEA 核心片段

1994 年，Shibasaki 等人通过 LLB 催化的氨基醛与硝基甲烷的不对称 Henry 反应高度对映选择性的合成了反式硝基醇中间体。如式 130 所示：进一步经过 Nef 反应将硝基转化为相应的羧酸，即可得到 HIV 蛋白酶抑制的组成部分[100a]。

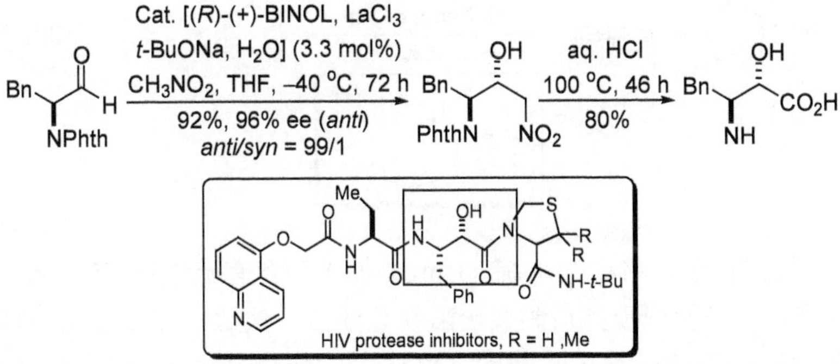

(130)

1999 年，Corey 等人将金鸡纳碱衍生物季铵盐催化的醛与硝基甲烷的不对称 Henry 反应应用到了上述 HEA 片段的合成和另一种 HIV 蛋白酶抑制剂安泼那韦的全合成中[152]。如式 131 所示：该不对称 Henry 反应可以高度对映选择性地得到硝基醇中间体。将硝基醇中的硝基还原为氨基后，再经多步反应即可得到 HIV 蛋白酶抑制剂的片段。

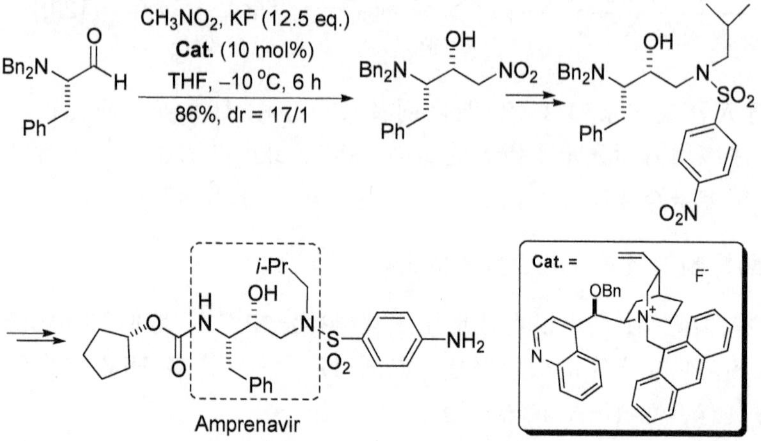

(131)

6　Henry 反应实例

例　一

1-硝甲基环己醇的合成[44]

(有机碱 PAP 催化的酮与硝基烷烃的 Henry 反应)

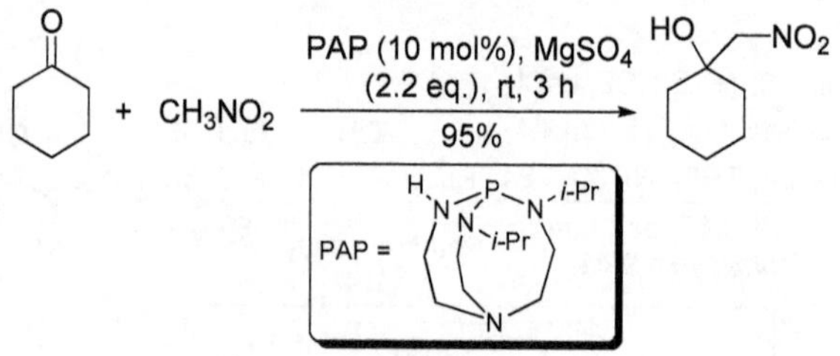

(132)

在搅拌和氮气保护下，将硝基甲烷 (1 mL) 加入到含有硫酸镁 (530 mg, 4.4 mmol) 的反应管中，经剧烈搅拌后制成硫酸镁悬浊液。然后，在 5 min 期间依次加入环己酮 (2 mmol) 和 PAP 催化剂 (43 mg, 0.2 mmol) 的硝基甲烷 (1 mL) 溶液。生成的混合物在室温下搅拌 3 h 后，旋蒸除去溶剂和未反应的硝基甲烷。残留物经柱色谱分离 (乙醚) 得到产物 1-硝甲基环己醇 (95%)。

例　二

meso-(1*r*,2*R*,6*S*)-1-硝基-1-乙缩醛基-2,6-环己二醇（1,3-丙二醇缩醛类）的合成
（四甲基胍 TMG 催化戊二醛的 Henry 环化反应）[73]

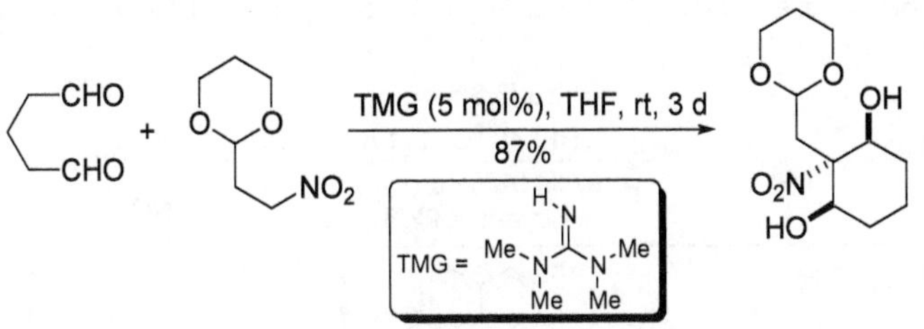

(133)

在无水无氧和氮气保护下，往硝基乙缩醛（5.84 g，36.2 mmol）的无水 THF
(25 mL) 溶液中加入新蒸无水戊二醛（3.5 mL，36 mmol）和 TMG（0.23 mL，1.83
mmol，*ca.* 5 mol%）。生成的黄色混合溶液经简单摇振后静置三天以上，在此期
间有晶体析出。滤除固体并用无水 THF 洗涤，得第一批固体产物 4.52 g。母液
浓缩后用最少量的 THF 加热溶解得橙黄色固体，缓慢挥发溶剂可得第二批产物
(2.21 g)。重复操作可以得到四批产物共 8.21 g (87%) 的无色晶体产物，熔点
173~175 °C (分解)。

例　三

顺式-1-苯基-2-硝基丁醇的合成[6]
[去双质子的硝基烷烃（锂代氮酸锂盐）与醛的非对映选择性 Henry 反应]

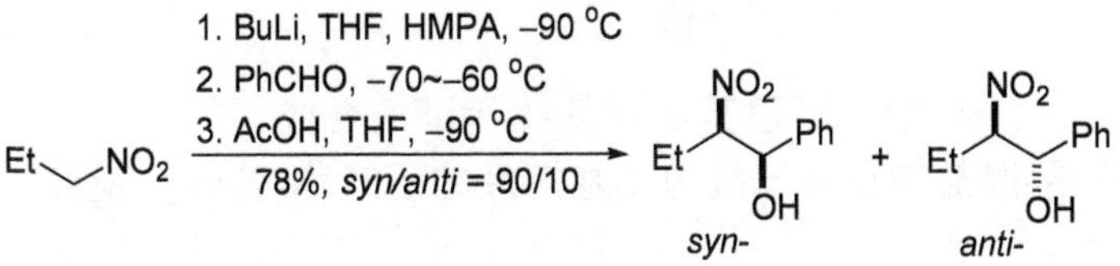

(134)

在无水无氧和氮气保护下，将硝基丙烷（10 mmol）的 THF-六甲基磷酰胺
(THF/HMPA = 5/1，60 mL) 溶液冷却到 –90 °C 以下。然后，在搅拌下将正丁基
锂（20.5 mmol）的正己烷溶液滴加到上述溶液中。反应 1.25 h 后将体系升温到
–60 °C，接着加入苯甲醛并在 –60~–70 °C 之间反应 1.5 h。再次将反应体系冷
却到 –90 °C 以下，并滴加醋酸的四氢呋喃溶液（6.5 mL，AcOH/THF = 3.5/3）酸
化反应混合物。滴加完毕后，让反应体系自然升温到室温后倒入到乙醚（300 mL）
和水（100 mL）的混合物中。分离的有机相经水洗和硫酸镁干燥后旋蒸除去溶
剂，得到的粗到产物经口对口蒸馏法得到纯化产物 (78%)，沸点 110~120 °C /0.01

Torr, 顺式/反式 = 90/10 (经核磁结果计算)。

例 四

(2S,3S)-2-硝基-5-苯基-1,3-戊二醇的合成[21]

(镧锂双金属-手性联萘酚催化的醛与 2-硝基醇的不对称 Henry 反应)

$$\text{Ph}\diagup\diagup\text{CHO} + \text{HO}\diagup\diagup\text{NO}_2 \xrightarrow[\substack{97\%,\ 97\%\ ee\ (syn) \\ syn/anti = 92/8}]{\substack{\text{LLB (3.3 mol\%)} \\ \text{THF, 40 °C, 111 h}}} \text{Ph}\diagup\diagup\diagdown\!\!\diagdown\text{OH} \quad (135)$$

在含有光学活性催化剂 (209 µL, 0.03 mol/L, 0.00627 mmol) 的 THF 溶液中加入 THF (611 µL)。将生成的混合物降至 –40 °C 后，每隔 30 min 依次加入 2-硝基乙醇 (0.57 mmol, 3 eq.) 和苯丙醛 (0.19 mmol)。反应体系在同样温度下搅拌 111 h 至反应完全后，加入 1 mol/L 的盐酸终止反应并用乙酸乙酯 (30 mL) 萃取。合并的有机相用盐水洗涤和 Na₂SO₄ 干燥后减压蒸去溶剂，粗产物通过柱色谱分离后得到无色晶体产物 (97%)，熔点 101~102 °C，syn/anti = 92/8 (经核磁结果计算)。主产物 (2S,3S)-2-硝基-5-苯基-1,3-戊二醇 (syn-) 由手性 HPLC 测得为 97% ee。

例 五

(1R,2R)-1-环己基-2-硝基-1-丙醇的合成[146]

(手性硫脲-胍盐催化环己醛与硝基烷烃的不对称 Henry 反应)

$$\text{(S,S)-Cat. (10 mol\%), KI (50 mol\%)} \atop \text{KOH (8 mol\%), PhMe, H}_2\text{O, 0 °C, 24 h}}$$
$$77\%,\ 93\%\ ee\ (syn)$$
$$syn/anti = 99/1 \qquad (136)$$

在 0 °C 和搅拌下，将环己醛 (13.4 µL, 0.112 mmol) 加入到含有手性硫脲-

胍盐催化剂 (*S,S*)-**Cat.** (12.9 mg, 0.0112 mmol)、KI (9.3 mg, 0.0558 mmol) 和硝基乙烷 (80.1 μL, 1.12 mmol) 的甲苯 (1.12 mL) 和 KOH 水溶液 (8 mmol/L, 1.12 mL) 中。然后，在相同温度下剧烈搅拌 24 h 后，加入 NH₄Cl 水溶液淬灭反应。分离的水相用乙酸乙酯萃取，合并的有机相经无水 MgSO₄ 干燥后浓缩。生成的粗产物经柱色谱分离 (依次用正己烷-乙酸乙酯 20:1、10:1，氯仿-甲醇 9:1 梯度淋洗) 得到产物 16.0 mg (77%)，回收催化剂 (*S,S*)-**Cat.** (12.8 mg, 99%)。产物相对构型与文献 ¹H NMR[173]对照，非对映选择性为 *syn/anti* = 99/1。产物由手性 HPLC 测得为 93% ee。

7 参考文献

[1] (a) Henry, L. *Bull. Soc. Chim. Fr.* **1895**, *13*, 999. (b) Henry, L.; Seances, C. R. H. *Acad. Sci.* **1895**, *120*, 1265.

[2] (a) Mayer, V.; Stüber, O. *Chem. Ber.* **1872**, *5*, 399. (b) Mayer, V.; Stüber, O. *Chem. Ber.* **1872**, *5*, 514. (c) Kolbe, H. *J. Prakt. Chem.* **1872**, *5*, 427.

[3] Nef, J. U. *Liebigs Ann. Chem.* **1894**, *280*, 263.

[4] (a) Noland, W. E. *Chem. Rev.* **1955**, *55*, 137. (b) Ballini, R.; Petrini, M. *Tetrahedron* **2004**, *60*, 1017. (c) Pinnick, H. W. In *Organic Reactions*, Paquette, L. A.; Ed.; Wiley, New York, 1990; Vol. 38 (Chapter 3).

[5] Kamlet, J. *U. S. Patent* 2,151,517, **1939** (*Chem. Abstr.* **1939**, *33*, 5003).

[6] (a) Colvin, E. W.; Seebach, D. *Chem. Commun.* **1978**, 689. (b) Seebach, D.; Lehr, F. *Angew. Chem., Int. Ed. Engl.* **1976**, *15*, 505.

[7] Seebach, D.; Beck, A. K.; Mukhopadhyay, T.; Thomas, E. *Helv. Chim. Acta* **1982**, *65*, 1101.

[8] (a) Eder, U.; Sauer, G.; Wiechert, R. *Angew. Chem., Int. Ed. Engl.* **1971**, *10*, 496. (b) Hajos, Z. G.; Parrish, D. R. *J. Org. Chem.* **1974**, *39*, 1615.

[9] (a) Carreira, E. M. in *Comprehensive Asymmetric Catalysis*, vol. 3; Jacobsen, E. N.; Pfaltz, A.; Yamamoto, H.; Eds.; Springer, Heideberg, 1999, p 997-1065. (b) Palomo, C.; Oiarbide, M.; García, J. M. *Chem. Soc. Rev.* **2004**, *33*, 65. (c) Mahrwald, R. *Modern Aldol Reactions*, vol. 1-2; Wiley-VCH, Weinheim, 2005.

[10] Sasai, H.; Suzuki, T.; Arai, S.; Arai, T.; Shibasaki, M. *J. Am. Chem. Soc.* **1992**, *114*, 4418.

[11] Dondoni, A.; Massi, A. *Angew. Chem., Int. Ed. Engl.* **2008**, *47*, 4638 and references cited therein.

[12] Chinchilla, R.; Nájera, C.; Sánchez-Agulló, P. *Tetrahedron: Asymmetry* **1994**, *5*, 1393.

[13] Barrett, A. G. M.; Graboski, G. G. *Chem. Rev.* **1986**, *86*, 751.

[14] (a) Serrano, J. A.; Caceres, L. E.; Roman, E. *J. Chem. Soc., Perkin Trans. 1* **1992**, 941. (b) Avalos, M.; Babiano, R.; Cintas, P.; Higes, F. J.; Jimenez, J. L.; Palacios, J. C.; Silva, M. A. *J. Org. Chem.* **1996**, *61*, 1880. (c) Fringuelli, F.; Matteucci, M.; Piermatti, O.; Pizzo, F.; Burla, M. C. *J. Org. Chem.* **2001**, *66*, 4661.

[15] (a) Worrall, D. E. *Org. Synth. Coll. Vol. I*, **1932**, 405. (b) Worrall, D. E. *Org. Synth. Vol. IX*, **1929**, 66. (c) Worrall, D. E. *Org. Synth.* **1941**, *1*, 413. (d) Melton, J.; McMurry, J. E. *J. Org. Chem.* **1975**, *40*, 2138. (e) Miyashita, M.; Yanami, T.; Yoshikoshi, A. *Org. Synth.* **1981**, *60*, 101. (f) Kabalka, G. W.; Varma, R. S. *Org. Prep. Proced. Int.* **1987**, *19*, 283. (g) Yoshikoshi, A.; Miyashita, M. *Acc. Chem. Res.* **1985**, *18*, 284.

[16] (a) Hass, H. B.; Riley, E. F. *Chem. Rev.* **1943**, *32*, 373. (b) Baer, H. H.; Urbas, L. *The Chemistry of the Nitro and Nitroso Groups*, Feuer, H.; Ed.; Interscience, New York, **1970**, vol. 2. (c) Rosini, G.; Ballini, R. *Synthesis* **1986**, 833. (d) Rosini, G. *The Henry (Nitroaldol) Reaction.* in *Comprehensive Organic Synthesis*, Trost, B. M.; Fleming, I.; Eds.; Pergamon, Oxford, **1991**, Vol. 2, p 321-340. (e) Ono, N. *The Nitro-Aldol (Henry) Reaction.* in *The Nitro Group in Organic Synthesis*, Wiley, New York, **2001**, p 30-69. (f) Luzzio, F. A. *Tetrahedron* **2001**, *57*, 915.

[17] (a) Ref. 16e-f. (b) Shibasaki, M.; Groger, H. *Nitroaldol Reaction.* in *Comprehensive Asymmetric Catalysis I-III*, Jacobsen, E.; Pfaltz, A.; Yamamoto, H.; Eds.; Springer, Berlin, New York, **1999**, vol. 3, p 1075-1090. (c) Shibasaki, M.; Sasai, H.; Arai, T. *Angew. Chem., Int. Ed. Engl.* **1997**, *36*, 1236. (d) Shibasaki, M.; Yoshikawa, N. *Chem. Rev.* **2002**, *102*, 2187. (e) Boruwa, J.; Gogoi, N.; Kaikia, P. P.; Barua, N. *Tetrahedron: Asymmetry* **2006**, *17*, 3315. (f) Palomo, C.; Oiarbide, M.; Laso, A. *Eur. J. Org. Chem.* **2007**, 2561. (g) Baly, G.; Hernández-Olmos, V.; Pedro, J. R. *Synlett* **2011**, 1195.

[18] (a) Bradamante, S. *Acidity and Basicity.* In *The Chemistry of Amino, Nitroso, Nitro and Related Groups*; Patai, S.; Ed.; Wiley: Chichester, 1996. (b) Topsom, R. D. *Prog. Phys. Org. Chem.* **1987**, *16*, 125. (c) Bordwell, F. G. *Acc. Chem. Res.* **1988**, *21*, 456. (d) Bunton, C. A. *Nucleophilic Substitution at a Saturated Carbon Atom*, Elsevier, Amsterdam, 1963.

[19] Lecea, B.; Arrieta, A.; Morao, I.; Cossío, F. P. *Chem. Eur. J.* **1997**, *3*, 20.

[20] Zorn, D.; Lin, V. S.-Y.; Pruski, M.; Gordon, M. S. *J. Phys. Chem. A* **2008**, *112*, 10635.

[21] Sasai, H.; Tokunaga, T.; Watanabe, S.; Suzuki, T.; Itoh, N.; Shibasaki. M. *J. Org. Chem.* **1996**, *60*, 7388.

[22] Marcelli, M.; van der Hass, R. N. S.; van Maarseveen, J.; Hiemstra, H. *Angew. Chem., Int. Ed.* **2006**, *45*, 929.

[23] (a) Gorsky, I. M.; Makarov, S. P. *Chem. Ber.* **1934**, *67B*, 996. (b) den Otter, H. P. *Rec. Trav. Chim.* **1938**, *67*, 13. (c) Piloty, O.; Ruff, O. *Chem. Ber.* **1897**, *30*, 1656.

[24] (a) Dauben, H. J. Jr.; Ringgold, H. J.; Wade, R. W.; Pearson, D. L.; Anderson, A. G. Jr. *Org. Synth.* **1963**, *4*, 221. (b) Fieser, L. F.; Fieser, M. In *Reagents for Organic Synthesis*, Wiley: New York, 1967; Vol. 1, p 739.

[25] Seebach, D.; Knochel, P. *Helv. Chim. Acta* **1984**, *67*, 261.

[26] (a) Seebach, D.; Calderari, G.; Knochel, P. *Tetrahedron* **1985**, *41*, 4861. (b) Eberle, M.; Egli, M.; Seebach, D. *Helv. Chim. Acta* **1988**, *71*, 1.

[27] O'Bannon, P. E.; Dailey, W. P. *J. Am. Chem. Soc.* **1989**, *111*, 9244.

[28] (a) Vanderbilt, B. M.; Hass, H. B. *Ind. Eng. Chem.* **1940**, *32*, 34. (b) Akutu, K.; Kabashima, H.; Seki, T.; Hattori, H. *Appl. Catal. A* **2003**, *247*, 65.

[29] Youn, S. W.; Kim, Y. H. *Synlett* **2000**, 880.

[30] Ballini, R.; Bosica, G.; Parrini, M. *Chem. Lett.* **1999**, *28*, 1105.

[31] (a) Ballini, R.; Bosica, G. *J. Org. Chem.* **1997**, *62*, 425. (b) Ballini, R.; Fiorini, D.; Gil, M. V.; Palmieri, A. *Tetrahedron* **2004**, *60*, 2799. (c) Wang, Z.; Xue, H.; Wang, S.; Yuan, C. *Chem. Biodiversity* **2005**, *2*, 1195. (d) Caldarelli, M.; Habermann, J.; Ley, S. V. *J. Chem. Soc., Perkin Trans. 1* **1999**, 107.

[32] Bhattacharya, A.; Purohit, V. C. *Org. Proc. Res. Dev.* **2003**, *7*, 254.

[33] Wollenberg, R. H.; Miller, S. J. *Tetrahedron Lett.* **1978**, *19*, 3219.

[34] Concellón, J. M.; Bernad, P. L.; Rodríguez-Solla, H.; Concellón, C. *J. Org. Chem.* **2007**, *72*, 5421.

[35] Öhrlein, R.; Volker, J. *Tetrahedron Lett.* **1988**, *29*, 6083.

[36] Thiele, J. *Chem. Ber.* **1899**, *32*, 1293.

[37] (a) Torssell, K.; Zeuthen, O. *Acta Chem. Scand.* **1978**, *B32*, 118. (b) Majhi, A.; Kadam, S. T.; Kim, S. S. *Bull. Korean Chem. Soc.* **2009**, *30*, 1767.

[38] (a) Morao, I.; Cossío, F. P. *Tetrahedron Lett.* **1997**, *38*, 6461. (b) Zubia, A.; Cossío, F. P.; Morao, I.; Rieumont, M.; Lopez, X. *J. Am. Chem. Soc.* **2004**, *126*, 5243.

[39] Davis, A. V.; Driffield, M.; Smith, D. K. *Org. Lett.* **2001**, *3*, 3075.

[40] (a) Varma, R. S.; Dahiya, R.; Kumar, S. *Tetrahedron Lett.* **1997**, *38*, 5131. (b) Liu, J.-T.; Yao, C.-F. *Tetrahedron Lett.* **2001**, *42*, 6147. (c) Bhagwatheeswaran, H.; Gaur, S. P.; Jain, P. C. *Synthesis* **1976**, 615.

[41] (a) Simoni, D.; Invidiata, F. P.; Manfredini, S.; Ferroni, R.; Lampronti, I.; Pollini, G. P. *Tetrahedron Lett.* **1997**, *38*, 2749. (b) Han, J.; Xu, Y.; Su, Y.; She, X.; Pan, X. *Catal. Commun.* **2008**, *9*, 2077. (c) Nomland, A.; Hills, I. D. *Tetrahedron Lett.* **2008**, *49*, 5511.

[42] Simoni, D.; Rondanin, R.; Morini, M.; Baruchello, R.; Invidiata, F. P. *Tetrahedron Lett.* **2000**, *41*, 1607.

[43] Phiasivongsa, P.; Samoshin, V. V.; Gross, P. H. *Tetrahedron Lett.* **2003**, *44*, 5495.

[44] Kisanga, P. B.; Verkade, J. G. *J. Org. Chem.* **1999**, *64*, 4298.

[45] (a) Rosini. G.; Ballini, R.; Sorrenti, P. *Synthesis* **1983**, 1014. (b) Ballini, R.; Noè, M.; Perosa, A.; Selva, M. *J. Org. Chem.* **2008**, *73*, 8520.

[46] Melot, J. M.; Texier-Boullet, F.; Foucaud, A. *Tetrahedron Lett.* **1986**, *27*, 493.

[47] (a) Ballini, R.; Bosica, G.; Livi, D.; Palmieri, A.; Maggi, R.; Sartori, G. *Tetrahedron Lett.* **2003**, *44*, 2271. (b) Rodríguez-Llansola, F.; Escuder, B.; Miravet, J. F. *J. Am. Chem. Soc.* **2009**, *131*, 11478.

[48] (a) Ballini, R.; Bosica, G. *J. Org. Chem.* **1994**, *59*, 5466. (b) Ballini, R.; Bosica, G.; Forconi, P. *Tetrahedron* **1996**, *52*, 1677.

[49] (a) Rosini. G.; Ballini, R. *Synthesis* **1985**, 543. (b) Rosini. G.; Ballini, R.; Sorrenti, P.; Petrini, M. *Synthesis* **1984**, 607.

[50] Rosini. G.; Ballini, R.; Sorrenti, P. *Tetrahedron* **1983**, *39*, 4127.

[51] (a) Rosini. G.; Ballini, R.; Oetrini, M.; Sorrenti, P. *Synthesis* **1985**, 515. (b) Rosini. G.; Ballini, R.; Petrini, M. *Synthesis* **1986**, 46.

[52] (a) Ballini, R.; Petrini, M. *J. Chem. Soc., Perkin Trans. 1* **1992**, 3159. (b) Ballini, R.; Petrini, M.; Rosini. G. *Molecules* **2008**, *13*, 319.

[53] (a) Huh, S.; Chen, H.-T.; Wiench, J. W.; Pruski, M.; Lin, V. S.-Y. *J. Am. Chem. Soc.* **2004**, *126*, 1010. (b) Shylesh, S.; Alex Wagner, A.; Seifert, A.; Ernst, S.; Thiel, W. R. *Chem. Eur. J.* **2009**, *15*, 7052.

[54] Jiang, T.; Gao, H.; Han, B.; Zhao, G.; Chang, Y.; Wu, W.; Gao, L.; Yang, G. *Tetrahedron Lett.* **2004**, *45*, 2699.

[55] (a) Elinson, M. N.; Ilovaisky, A. I.; Merkulova, V. M.; Barba, F.; Batanero, B. *Tetrahedron* **2008**, *64*, 5915. (b) Suba, C.; Niyazymbetov, M. E.; Evans, D. H. *Electrochim. Acta* **1997**, *42*, 2247.

[56] Misumi, Y.; Matsumoto, K. *Angew. Chem., Int. Ed.* **2002**, *41*, 1031.

[57] (a) Ono, N.; Hamamoto, I.; Miyake, H.; Kaji, A. *Chem. Lett.* **1982**, *11*, 1079. (b) Chatterjee, A.; Jha, S. C.; Joshi, N. N. *Tetrahedron Lett.* **2002**, *43*, 5287.

[58] Hanessian, S.; Kloss, J. *Tetrahedron Lett.* **1985**, *26*, 1261.

[59] Wade, P. A.; Murray, J. K.; Shah-Patel, S.; Palfey, B. A.; Carroll, P. J. *J. Org. Chem.* **2000**, *65*, 7723.

[60] Ono, N.; Hamamoto, I.; Kamimura, A.; Kaji, A.; Tamura, R. *Synthesis* **1987**, 259.

[61] Barret, A. G. M.; Kohrt, J. T. *Synlett* **1995**, 415.

[62] (a) Grob, C. A.; Gadient, F. *Helv. Chim. Acta* **1957**, *40*, 1145. (b) Hino, T.; Nakayama, K.; Taniguchi, M.; Nakagawa, M. *J. Chem. Soc., Perkin Trans. 1* **1986**, 1687.

[63] Lichtenthaler, F. W. *Angew. Chem., Int. Ed. Engl.* **1964**, *3*, 211.

[64] (a) Wade, P. W.; Giuliano, R. M. *Nitro Compounds Recent adavances in Synthesis and Chemistry*; Feuer, H.; Nielsen, A. T.; Eds.; VCH, New York, 1990. (b) Baer, H. H. *Adv. Carbonhyd. Chem. Biochem.* **1969**, *24*, 67. (c) Lichtenthaler, F. W. *Chem. Forsch* **1970**, *14*, 556. (d) Gonzalez, F. S.; Mateo, F. H. *Synlett* **1990**, 715. (e) Defaye, J.; Gadelle, A.; Movilliat, F.; Nardin, R. *Carbohydr. Res.* **1991**, *212*, 129.

[65] Plaut, H. *U. S. Papent* 2544103 (*Chem. Abstr.* **1951**, *45*, 7587).

[66] Lichtenthaler, F. W.; Fischer, H. O. L. *J. Am. Chem. Soc.* **1961**, *83*, 2005.

[67] Baer, H. H.; Fischer, H. O. L. *J. Am. Chem. Soc.* **1959**, *81*, 5184.

[68] (a) Lichtenthaler, F. W. *Angew. Chem.* **1961**, *73*, 654. (b) Lichtenthaler, F. W. *Chem. Ber.* **1963**, *96*, 845.

[69] Eberle, M.; Egli, M.; Seebach, D. *Helv. Chim. Acta* **1988**, *71*, 1.

[70] Thiele, J.; Weitz, E. *Liebigs Ann. Chem.* **1910**, *377*, 1.

[71] (a) Lichtenthaler, F. W. *Tetrahedron Lett.* **1963**, *4*, 775. (b) Baer, H. H.; Achmatowicz, B. *J. Org. Chem.* **1964**, *29*, 3180. (c) Lichtenthaler, F. W.; El-Scherbiney, A. *Chem. Ber.* **1968**, *101*, 1799.

[72] (a) Skramstad, J. *Tetrahedron Lett.* **1970**, *11*, 955. (b) Schneider, J.; Evans, E. L.; Fryer, R. I. *J. Org. Chem.* **1972**, *37*, 2604.

[73] Luzzio, F. A.; Fitch, R. W. *J. Org. Chem.* **1999**, *64*, 5485.

[74] Zuman, P. *Chem. Rev.* **2004**, *104*, 3217.

[75] Grosheintz, J. M.; Fischer, H. O. L. *J. Am. Chem. Soc.* **1948**, *70*, 1479.

[76] Pitacco, G.; Pizzioli, A.; Valentin, E. *Synthesis* **1996**, 242.

[77] (a) Seebach, D.; Ehrig, V. *Angew. Chem., Int. Ed. Engl.* **1974**, *13*, 400. (b) Seebach, D.; Hoekstra, M. S.; Protschuk, P. *Angew. Chem., Int. Ed. Engl.* **1977**, *16*, 321.

[78] Weller, T.; Seebach, D. *Tetrahedron Lett.* **1982**, *23*, 935.

[79] (a) McNulty, J.; Mo, R. *Chem. Commun.* **1998**, 933. (b) Barco, A.; Benetti, S.; DeRisi, C.; Pollini, G. P.; Romagnoli, R.; Zanirato, V. *Tetrahedron Lett.* **1994**, *35*, 9293.

[80] Barco, A.; Benetti, S.; DeRisi, C.; Pollini, G. P.; Romagnoli, R.; Zanirato, V. *Tetrahedron Lett.* **1996**, *37*, 7599.

[81] Magnus, P.; Booth, J.; Diorazio, L.; Donohoe, L.; Lynch, V.; Magnus, N.; Mendoza, J.; Pye, P.; Tarrant, J. *Tetrahedron* **1996**, *52*, 14103.

[82] (a) Adibekian, A.; Timmer, M. S. M.; Stallforth, P.; van Rijn, J.; Werz, D. B.; Seeberger, P. H. *Chem. Commun.* **2008**, 3549. (b) Chakraborty, C.; Vyavahare, V. P.; Puranik, V. G.; Dhavale, D. D. *Tetrahedron* **2008**, *64*, 9574. (c) Soengas, R. G.; Estévez, J. C.; Estevez, R. J. *Org. Lett.* **2003**, *5*, 4457.

[83] Dauben, H. J. Jr.; Ringold, H. J.; Wade, R. W.; Pearson, D. L.; Anderson, A. G. Jr. *Org. Synth.* **1963**, *221*, 4.

[84] Matsumoto, K. *Angew. Chem., Int. Ed. Engl.* **1984**, *23*, 617.

[85] (a) Barton, D. H. R.; Motherwell, W. B.; Zard, S. Z. *Chem. Commun.* **1982**, 551. (b) Barton, D. H. R.; Motherwell, W. B.; Zard, S. Z. *Bull. Soc. Chem. Fr. II* **1983**, 61. (c) Tamura, R.; Sato, M.; Oda, D. *J. Org. Chem.* **1986**, *51*, 4368.

[86] Stetter, H.; Mayer, J. *Angew. Chem.*, **1959**, *71*, 430. (b) Stetter, H.; Tacke, P. *Chem. Ber.* **1963**, *96*, 694.

[87] Seebach, D.; Beck, A. K.; Lehr, F.; Weller, T.; Colvin, E. W. *Angew. Chem., Int. Ed. Engl.* **1981**, *20*, 397.

[88] Brook, M. A.; Seebach, D. *Can. J. Chem.* **1987**, *65*, 836.

[89] Marti, R. E.; Heinzer, J.; Seebach, D. *Liebigs Ann.* **1995**, 1193.

[90] Eyer, M.; Seebach, D. *J. Am. Chem. Soc.* **1985**, *107*, 3601.

[91] Seebach, D.; Henning, R.; Lehr, F.; Gonnermann, J. *Tetrahedron Lett.* **1977**, *18*, 1161.

[92] Brandli, U.; Eyer, M.; Seebach, D. *Chem. Ber.* **1986**, *119*, 575.

[93] Barrett, A. G. M.; Robyr, C.; Spilling, C. D. *J. Org. Chem.* **1989**, *54*, 1233.

[94] Fernandez, R.; Gasch, C.; Gomez-Sanchez, A.; Vilchez, J. E. *Tetrahedron Lett.* **1991**, *32*, 3225.

[95] Bulbule, V. J.; Deshpande, V. H.; Velu, S.; Sudalai, A.; Sivasankar, S.; Sathe, V. T. *Tetrahedron* **1999**, *55*, 9325.

[96] Kudyba, I.; Raczko, J.; Urbańczyk-Lipkowska, Z.; Jurczak, J. *Tetrahedron* **2004**, *60*, 4807.

[97] Shibasaki, M.; Kanai, M.; Matsunaga, S. *Aldrichim. Acta.* **2006**, *39*, 31.

[98] Sasai, H.; Suzuki, T.; Itoh, N.; Shibasaki, M. *Tetrahedron Lett.* **1993**, *34*, 851.

[99] Iseki, K.; Oishi, S.; Sasai, H.; Shibasaki, M. *Tetrahedron Lett.* **1996**, *37*, 9081.

[100] (a) Sasai, H.; Kim, W.; Suzuki, T.; Shibasaki, M.; Mitsuda, M.; Hasegawa, J.; Ohashi, T. *Tetrahedron Lett.* **1994**, *35*, 6123. (b) Sohtome, Y.; Kato, Y.; Handa, S.; Aoyama, N.; Nagawa, K.; Matsunaga, S.; Shibasaki, M. *Org. Lett.* **2008**, *10*, 2231.

[101] Saa, J. M.; Tur, F.; González, J.; Vega, M. *Tetrahedron: Asymmetry* **2006**, *17*, 99.

[102] Tur, F.; Saa, J. M. *Org. Lett.* **2007**, *9*, 5079.

[103] Tosaki, S.-Y.; Hara, K.; Gnanadesikan, V.; Morimoto, H.; Harada, S.; Sugita, M.; Yamagiwa, N.; Matsunaga, S.; Shibasaki, M. *J. Am. Chem. Soc.* **2006**, *128*, 11776.

[104] Hanessian, S.; Brassard, M. *Tetrahedron* **2004**, *60*, 7621.

[105] Pandya, S. U.; Dickins, R. S.; Parker, D. *Org. Biomol. Chem.* **2007**, *5*, 3842.

[106] (a) Handa, S.; Nagawa, K.; Sohtome, Y.; Matsunaga, S.; Shibasaki, M. *Angew. Chem., Int. Ed.* **2008**, *47*, 3230. (b) Nitabaru, T.; Kumagai, N.; Shibasaki, M. *Tetrahedron Lett.* **2008**, *49*, 272.

[107] Tatsuya, N.; Akihiro, N.; Makoto, K.; Kumagai, N.; Shibasaki, M. *J. Am. Chem. Soc.* **2009**, *131*, 13860.

[108] Trost, B. M.; Yeh, V. S. C. *Angew. Chem., Int. Ed.* **2002**, *41*, 861.

[109] Trost, B. M.; Yeh, V. S. C.; Ito, H.; Bremeyer, N. *Org. Lett.* **2002**, *4*, 2621.

[110] (a) Klein, G.; Pandiaraju, S.; Reiser, O. *Tetrahedron Lett.* **2002**, *43*, 7503. (b) Zhong, Y. W.; Tian, P.; Lin, G. Q. *Tetrahedron: Asymmetry* **2004**, *15*, 771. (c) Köhn, U.; Schulz, M.; Görls, H.; Anders, E. *Tetrahedron: Asymmetry* **2005**, *16*, 2125.

[111] Gao, J.; Martell, A. E. *Org. Biomol. Chem.* **2003**, *1*, 2801.

[112] Palomo, C.; Oiarbide, M.; Laso, A. *Angew. Chem., Int. Ed.* **2005**, *44*, 3881.

[113] Du, D. M.; Lu, S. F.; Fang, T.; Xu, J. *J. Org. Chem.* **2005**, *70*, 3712.

[114] Liu, S.; Wolf, C. *Org. Lett.* **2008**, *10*, 1831.

[115] Bulut, A.; Aslan, A.; Dogan, O. *J. Org. Chem.* **2008**, *73*, 7373.

[116] Christensen, C.; Juhl, K.; Jørgensen, K. A. *Chem. Commun.* **2001**, 2222.

[117] Christensen, C.; Juhl, K.; Hazell, R. G.; Jørgensen, K. A. *J. Org. Chem.* **2002**, *67*, 4875.

[118] Evans, D. A.; Seidel, D.; Rueping, M.; Lam, H. W.; Shaw, J. T.; Downey, C. W. *J. Am. Chem. Soc.* **2003**, *125*, 12692.

[119] Lu, S. F.; Du, D. M.; Zhang, S. W.; Xu, J. *Tetrahedron: Asymmetry* **2004**, *15*, 3433.

[120] Gan, C.; Lai, G.; Zhang, Z.; Wang, Z.; Zhou, M. M. *Tetrahedron: Asymmetry* **2006**, *17*, 725.

[121] Jammi, S.; Saha, P.; Sanyashi, S.; Sakthivel, S.; Punniyamurthy, T. *Tetrahedron* **2008**, *64*, 11724.

[122] Maheswaran, H.; Prasanth, K. L.; Krishna, G. G.; Ravikumar, K.; Sridhar, B.; Kantam, M. L. *Chem. Commun.* **2006**, 4066.

[123] Arai, T.; Watanabe, M.; Fujiwara, A.; Yokoyama, N.; Yanagisawa, A. *Angew. Chem., Int. Ed.* **2006**, *45*, 5978.

[124] Blay, G.; Climent, E.; Fernández, I.; Hernández-Olmos, V.; Pedro, J. M. *Tetrahedron: Asymmetry* **2006**, *17*, 2046.

[125] Blay, G.; Climent, E.; Fernandez, I.; Hernandez-Olmos, V.; Pedro, J. R. *Tetrahedron: Asymmetry* **2007**, *18*, 1603.

[126] Blay, G.; Hernandez-Olmos, V.; Pedro, J. R. *Org. Biomol. Chem.* **2008**, *6*, 468.

[127] Noole, A.; Lippur, K.; Metsala, A.; Lopp, M.; Kanger, T. *J. Org. Chem.* **2010**, *75*, 1313.

[128] (a) Kim, H. Y.; Oh, K. *Org. Lett.* **2009**, *11*, 5682. (b) Spangler, K. Y.; Wolf, C. *Org. Lett.* **2009**, *11*, 4724.

[129] (a) Kogami, Y.; Nakajima, T.; Ashizawa, T.; Kezuka, S.; Ikeno, T.; Yamada, T. *Chem. Lett.* **2004**, *33*, 614. (b) Kogami, Y.; Nakajima, T.; Ikeno, T.; Yamada, T. *Synthesis* **2004**, 1947.

[130] Kowalczyk, R.; Sidorowicz, Ł.; Skarzewski, J. *Tetrahedron: Asymmetry*, **2007**, *18*, 2581.

[131] Kowalczyk, R.; Kwiatkowski, P.; Skarzewski, J.; Jurczak, J. *J. Org. Chem.* **2009**, *74*, 753.

[132] Choudary, B. M.; Ranganath, K. V. S.; Pal, U.; Kantam, M. L.; Sreedhar, B. *J. Am. Chem. Soc.* **2005**,

127, 13167.

[133] Bhatt, A. P.; Pathak, K.; Jasra, R. V.; Kureshy, R. I.; Khan, N. H.; Abdi, S. H. R. *J. Mol. Catal. A* **2006**, *244*, 110.

[134] Ma, D.; Pan, Q. B.; Han, F. S. *Tetrahedron Lett.* **2002**, *43*, 9401.

[135] Allingham, M. T.; Howards-Jones, A.; Murphy, P. J.; Thomas, D. A.; Caulkett, P. W. R. *Tetrahedron Lett.* **2003**, *44*, 8677.

[136] Ube, H.; Terada, M. *Bioorg. Med. Chem. Lett.* **2009**, *19*, 3895.

[137] Liu, X. G.; Jiang, J. J.; Shi, M. *Tetrahedron: Asymmetry* **2007**, *18*, 2773.

[138] Marigo, M.; Jogensen, K. A. *Chem. Commun.* **2006**, 2001.

[139] Misumi, Y.; Bulman, R. A.; Matsumoto, K. *Heterocycles* **2002**, *56*, 599.

[140] Marcelli, T.; Van der Haas, R. N. S.; van Maarseveen, J. H.; Hiemstra, H. *Synlett* **2005**, 2817.

[141] Li, H.; Wang, B.; Deng, L. *J. Am. Chem. Soc.* **2006**, *128*, 732.

[142] Mandal, T.; Samanta, S.; Zhao, C.-G. *Org. Lett.* **2007**, *9*, 943.

[143] Bandini, M. *Chem. Commun.* **2008**, 4360.

[144] (a) Tan, B.; Chua, P.; Li, Y.; Lu, M.; Zhong, G. *Org. Lett.* **2008**, *10*, 2437. (b) Tan, B.; Chua, P.; Zeng, X.; Lu, M.; Zhong, G. *Org. Lett.* **2008**, *10*, 3489.

[145] Sohtome, Y.; Hashimoto, Y.; Nagasawa, K. *Adv. Synth. Catal.* **2005**, *347*, 1643.

[146] Sohtome, Y.; Hashimoto, Y.; Nagasawa, K. *Eur. J. Org. Chem.* **2006**, 2894.

[147] Sohtome, Y.; Takemura, N.; Takada, K.; Takagi, R.; Iguchi, T.; Nagasawa, K. *Chem. Asian J.* **2007**, *2*, 1150.

[148] Rueping, M.; Kuenkel, A.; Frölich, R. *Chem. Eur. J.* **2010**, *16*, 4173.

[149] Hayashi, Y.; Okano, T.; Aratake, S.; Hazelard, D. *Angew. Chem., Int. Ed.* **2007**, *46*, 4922.

[150] Chen, X.; Wang, J.; Zhu, Y.; Shang, D.; Gao, B.; Liu, X.; Feng, X.; Su, Z.; Hu C. *Chem. Eur. J.* **2008**, *14*, 10896.

[151] Wilson, J. E.; Casarez, A. D.; MacMillan, W. C. *J. Am. Chem. Soc.* **2009**, *131*, 11332.

[152] Corey, E. J.; Zhang, F. Y. *Angew. Chem., Int. Ed.* **1999**, *38*, 1931.

[153] Ooi, T.; Doda, K.; Maruoka, K. *J. Am. Chem. Soc.* **2003**, *125*, 2054.

[154] Wu, N.; Wu, H.; Jiang, Y. *Chin. J. Org. Chem.* **2008**, *28*, 104.

[155] Uraguchi, D.; Sakaki, S.; Ooi, T. *J. Am. Chem. Soc.* **2007**, *129*, 12392.

[156] Purkarthofer, T.; Gruber, K.; Gruber-Khadjawi, M.; Waich, K.; Skranc, W.; Mink, D.; Griengl, H. *Angew. Chem., Int. Ed.* **2006**, *45*, 3454.

[157] Gruber-Khadjawi, M.; Purkarthofer, T.; Skranc, W.; Griengl, H. *Adv. Synth. Catal.* **2007**, *349*, 1445.

[158] Fan, J.; Sun, G.; Wan, C.; Wang, Z.; Li, Y. *Chem. Commun.* **2008**, 3792.

[159] Wang, J.-L.; Li, X.; Xie, H.-Y.; Liu, B.-K.; Lin, X.-F. *J. Biotech.* **2010**, *145*, 240.

[160] Tang, R.-C.; Guan, Z.; He, Y.-H.; Zhu, W. *J. Mol. Catal. B-Enzym* **2010**, *63*, 62.

[161] Heffner, R. J.; Jiang, J.; Jouillié, M. M. *J. Am. Chem. Soc.* **1992**, *114*, 10181.

[162] (a) Tschesche, R.; Kaussman, E. V. In *The Alaloids*, Manske, R. H. F.; ed.; Academic Press; New York, 1975; vol. 15, p165. (b) Han, B. H.; Park, M. H. *Arch. Pharm. Res.* **1987**, *10*, 203.

[163] Tschesche, R.; Elgamal, G.; Miana, G. A.; Eckhardt, G. *Tetrahedron* **1975**, *31*, 2944.

[164] Ishikawa, T.; Shimizu, Y.; Kudoh, T.; Saito, S. *Org. Lett.* **2003**, *5*, 3879.

[165] Soengas, R. G.; Estévez, J. C.; Estévez, R. J. *Org. Lett.* **2003**, *5*, 4457.

[166] Atsumi, S.; Umezawa, K.; Iinuma, H.; Naganawa, H.; Nakamura, H.; Iitaka, Y.; Takeuchi, T. *J. Antibiot.* **1990**, *43*, 49.

[167] Atsumi, S.; Iinuma, H.; Nosaka, C.; Umezawa, K. *J. Antibiot.* **1990**, *43*, 1579.

[168] Borah, J. C.; Gogoi, S.; Boruwa, J.; Kalita, B.; Barua. N. C. *Tetrahedron Lett.* **2004**, *45*, 3689.

[169] Wani, M. C.; Taylor, H. L.; Wall, M. E.; Coggon, P.; McPhail, A. T. *J. Am. Chem. Soc.* **1971**, *93*, 2325.

[170] Nicolaou, K. C.; Dai, W.-M.; Guy, R. K. *Angew. Chem., Int. Ed. Engl.* **1994**, *33*, 15 and references therein.

[171] (a) Oshida, J.-I.; Okamoto, M.; Azuma, S.; Tanaka, T. *Tetrahedron: Asymmetry* **1997**, *8*, 2579. (b) Takaoka, E.; Yoshikawa, N.; Yamada, Y.; Sasai, H.; Shibasaki, M. *Hetereocycles* **1997**, *46*, 157. (c) Menzel, A.; Öhrlein, R.; Griesser, H.; Wehner, V.; Jäger, V. *Synthesis* **1999**, 1691. (d) Gogoi, N.; Boruwa, J.; Barua, N. C. *Eur. J. Org. Chem.* **2006**, 1722. (e) Boruwa, J.; Barua, N. C. *Tetrahedron* **2005**, *62*, 1193.

[172] Flexner, C. *New. Eng. J. Med.* **1998**, *338*, 1281.

[173] Denmark, S. E.; Kesler, B. S.; Moon, Y.-C. *J. Org. Chem.* **1992**, *57*, 4912.

氢化甲酰化反应
(Hydroformylation)

李子刚[*]　孙文博

1　历史背景简介

氢化甲酰化反应 (Hydroformylation 或 Oxo Reaction) 是一个在催化剂作用下烯烃与一氧化碳和氢气的反应，生成增加一个碳原子的醛类产物 (式 1)。氢化甲酰化反应是目前化工生产中最大的均相催化反应，每年有超过六百万吨的醛类化合物由此方法制备并随之被氧化成为羧酸或者还原成为醇类化合物。氢化甲酰化反应的产物被大量使用于高分子塑料单体、洗涤剂、溶剂、润滑剂、香料以及更复杂的化工合成，其中一个重要的反应是将丙烯转化成为 1-丁醛产物。1-丁醛可以经加氢还原生成 1-丁醇，也可以发生分子间醇醛缩合反应生成用于制备酯型增塑剂的重要中间体 2-乙基己醇，这也是运用羰基合成工艺生产的最重要的散装化学品[1]。氢化甲酰化在工业上的其它重要应用还包括从 C_5~C_{17} 同分异构的线状烯烃生产长链的醇，而这些长链的醇是生产润滑油、塑化剂以及表面活性剂的重要中间体。使用氢化甲酰化反应从乙烯直接生产丙醛则是另一个重要的羰基合成过程。

$$R \diagdown \xrightarrow{\text{Rh or Co, CO, H}_2} R \diagdown\diagup CHO + R \diagdown\overset{*}{\diagup} CHO \qquad (1)$$

氢化甲酰化反应也被称为 Roelen 反应 (Roelen Reaction)。1938 年，德国化学家 Otto Roelen (欧图·罗伦，1897-1993) 在研究钴催化的水煤气反应 (Fischer-Tropsch reaction) 时发现了氢化甲酰化反应。Roelen 作为炮兵参加过第一次世界大战并负伤，于 1924 年在 Kaiser-Wilhelm-Institut fur Kohlenforschung 获得博士学位后留在该研究所工作。当时，固态煤的液化研究是德国煤炭化学工业的一个重要研究课题。因为 Kaiser-Wilhelm-Institut fur Kohlenforschung 是煤炭工业研究的重心，因此 Roelen 的整个学术生涯与煤炭研究工作密不可分[2]。值得注意的一点是：即使以 20 世纪 20 年代的评判标准，Roelen 发表的研究论文也可算是寥寥无几乏善可陈。但是，他却发现了到目前为止化学工业上最重要的均相催化反应，并且成功地将之迅速工业化。显然，论文发表的多少是不能用来评判像 Roelen 这样的科学家。

在 20 世纪 70 年代之前，钴催化剂在氢化甲酰化反应的工业生产中占据着绝对统治地位。但是，随着有机磷配位的铑催化剂的发展和对于低碳烯烃反应的高区域选择性追求，目前有近 80% 的氢化甲酰化反应使用的都是有机磷配位的铑催化剂。本章节将首先回顾钴催化剂的催化机理，然后探讨铑催化剂的发展。最后再介绍氢化甲酰化反应在有机合成中的应用，包括含水介质两相、超临界 CO_2 或含氟介质两相的氢甲酰化反应。尽管过渡金属催化下甲醛、环氧乙烷类化合物和许多其它化合物也能够与 CO 和 H_2 发生与氢甲酰化类似的反应，本文将只介绍碳-碳双键以及碳-碳三键的直接氢化甲酰化反应。

2 氢化甲酰化反应的机理和催化剂发展

20 世纪 60 年代到 70 年代，快速发展的金属有机化学为氢化甲酰化反应的详细机理研究做出了重要的贡献。例如：通过高压红外光谱技术可以直接观察到反应中间物的存在，这对证实可能的催化循环路线有巨大的贡献。重原子标记作为一个非常有用的方法，可以在起始烯烃、中间物和产物之间可能存在的平衡中找出反应中的决速步[3,4]。NMR 技术被广泛用于反应中间物的直接观察或者结构分析中[5,6]；催化循环中的可能中间体能量的理论计算，也让我们更好和更深入地了解氢化甲酰化的机理[7]。

目前，人们对氢甲酰化反应中的主要过程已经有了很好的了解，但更详细的机理还有待于进一步的研究[5,8,9]。大部分的机理研究表明该反应主要包含有三个核心的基元反应：(a) 氢化金属物种与烯烃反应生成烷基金属物种；(b) 烷基转移到金属的一个羰基配体上，例如：一氧化碳插入到烷基-金属键中（转移插入）形成一个酰基金属物种；(c) 酰基金属物种发生氢解生成一个醛，并再次形成氢化金属物种。

2.1 钴催化剂的催化机理

1938 年，Roelen 使用钴催化剂 $Co_2(CO)_8$ 首次发现了烯烃的氢化甲酰化反应。他们观察到：在反应体系中的一氧化碳和氢气也会和 $Co_2(CO)_8$ 发生反应生成 $HCo(CO)_4$，并且被认为是真正的活性催化剂前体。

但直到 20 世纪 60 年代初，钴催化剂的催化反应机理才最终由 Heck 和 Breslow 阐释清楚[10]。如式 2 所示：首先，$HCo(CO)_4$ 脱去一分子 CO 并和一分子烯烃的双键配位。然后，配位的烯烃和钴原子上的 H-原子发生加成反应生成烷基钴中间体，同时由另一分子的 CO 填充空出的配位点。接着，一分子 CO 插入到烷基钴中间体的烷基和金属钴键之间形成烷基羰基钴化合物。随后，钴配合物脱去一分子 CO 并和一分子 H_2 发生氧化加成形成二氢钴配合物，该反应也是整个反应的决速步骤。最后，二氢钴化合物经还原消除反应生成多一节碳原子的醛类化合物，并在另一分子 CO 配位之后重新生成 HCo(CO)$_4$ 催化剂进入下一轮催化循环。

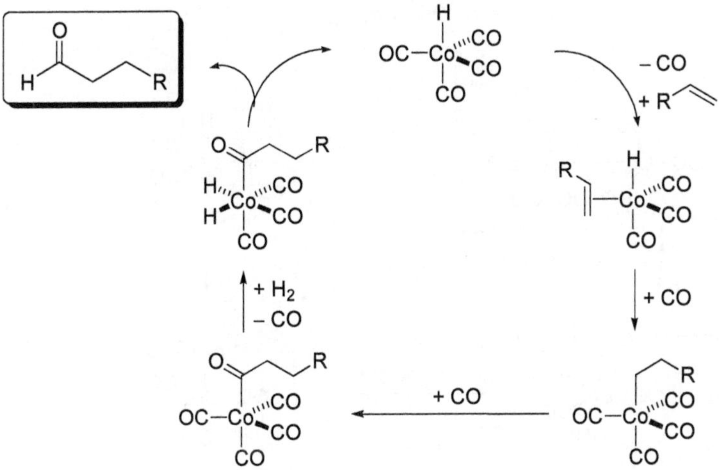

$$(2)$$

Pino 认为：CO 分压和反应产物区域选择性之间的影响可能是因为在不同压力下生成了不同的活性催化剂中间体所致。当 CO 分压较低时，16 电子的 HCo(CO)$_3$ 是可能的活性催化剂中间体。当 CO 分压较高时，18 电子（满电子）的 HCo(CO)$_4$ 有可能是活性催化剂中间体[11]。由于 HCo(CO)$_3$ 的稳定性比 HCo(CO)$_4$ 差，因此更容易重排成热力学较稳定的马氏加成产物（枝状产物）。因此，在较低的 CO 分压情况下，HCo(CO)$_3$ 可以较长时间存在而完成重排反应。

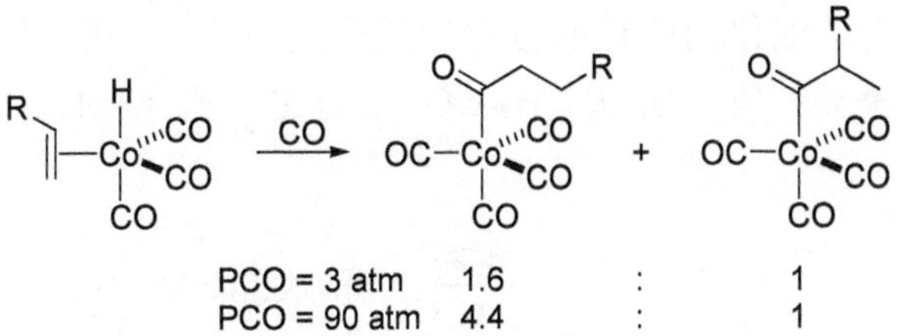

PCO = 3 atm	1.6	: 1
PCO = 90 atm	4.4	: 1

$$(3)$$

更多的实验证明：上述的单金属中心钴催化剂的催化机理过程非常适合于末端烯烃和环状烯烃的氢化甲酰化反应[12]。但是，空间位阻较大和反应速度较慢的非末端烯烃则有可能采用双金属催化中心的机理[13]。如式 4 所示：在非末端烯烃和 HCo(CO)$_4$ 催化剂形成烷基羰基钴化合物之后，由于空间位阻会造成反应速率的下降。因此，烷基羰基钴化合物在和 H$_2$ 发生氧化加成之前还有可能和另一分子的 HCo(CO)$_4$ 催化剂进行 H-原子交换，在生成醛类产物的同时也生成二钴羰基化合物 $Co_2(CO)_8$。而后者再和 H_2 反应重新生成 $HCo(CO)_4$ 催化剂。

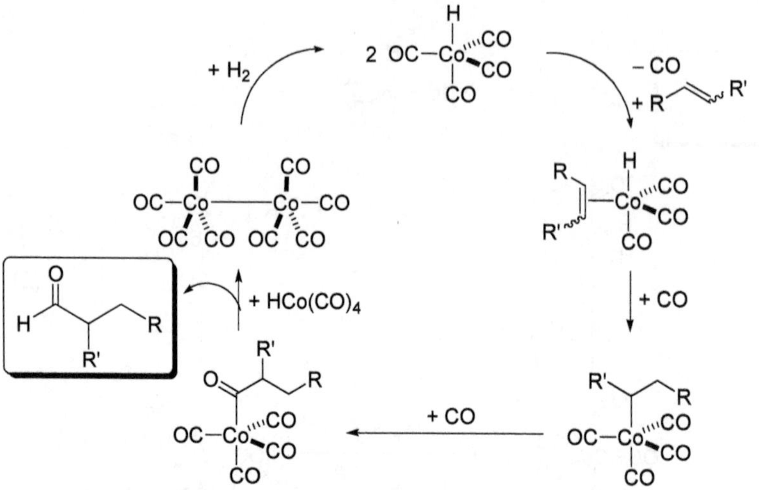

$$(4)$$

钴催化的氢化甲酰化反应动力学研究发现：醛产物的生成速率相对于催化剂浓度、氢气和烯烃分压都是一级反应，而相对于 CO 则是负一级反应 (式 5)。这个动力学方程和催化机理中出现多次的 CO 脱去步骤 (提供空的催化剂金属钴配位中心) 是符合的。从速率方程式可以看出：氢化甲酰化反应的速率与 CO 分压成反比。因此，单纯通过增加 CO 分压来提高线型和枝状醛产物的比例是不可行的。由于催化剂在低 CO 分压下稳定而增加了枝状产物的比例，所以通过过分增加 H_2/CO 分压比来加快反应速率也是不可行的。因此，氢化甲酰化反应最佳的反应条件一般是在 110~180 ℃ 和 H_2/CO 总压力为 200~300 bar 条件下进行。在钴催化剂催化的氢化甲酰化反应中，一般都会同时得到部分由醛氢化生成的醇类产物。所以，H_2/CO 压力比一般在 (1.1~1.5):1 之间是比较合适的[14]。

$$\frac{d(\text{醛})}{dt} = k[\text{烯烃}][\text{Co}]p_{H_2}p_{CO}^{-1} \tag{5}$$

2.2 有机磷配位的钴催化

由烷基有机磷配体 (PR_3) 取代 $HCo(CO)_4$ 分子中的一个羰基则生成 $HCoPR_3(CO)_3$，这类新型的催化剂表现出相当不同的催化特性。由于烷基有机磷配体具有更强的给电子能力，因此显著地增强了 Co-CO 键的键强并因此降低了催化剂在反应中对 CO 分压和温度的要求。同时，由于烷基有机磷配体的强给电子性能使 Co-H 的酸性显著提高 (还原性增强)，因此产物中的醇类产物也明显增多 (一般而言，醇类产物在氢化甲酰化反应中被认为是和醛一样的产物，不作为副产物)。由于 Co-CO 键的增强会显著降低 CO 的脱去速率，有机磷配位的钴催化剂催化的氢化甲酰化反应速率较之 HCo(CO)₄ 催化剂要慢 5~10 倍。一般而言，有机磷配位的钴催化剂催化的氢化甲酰化反应要求较高的温度、较低的 H₂/CO 压力和较高的 H₂/CO 分压比率[15](式 6)。

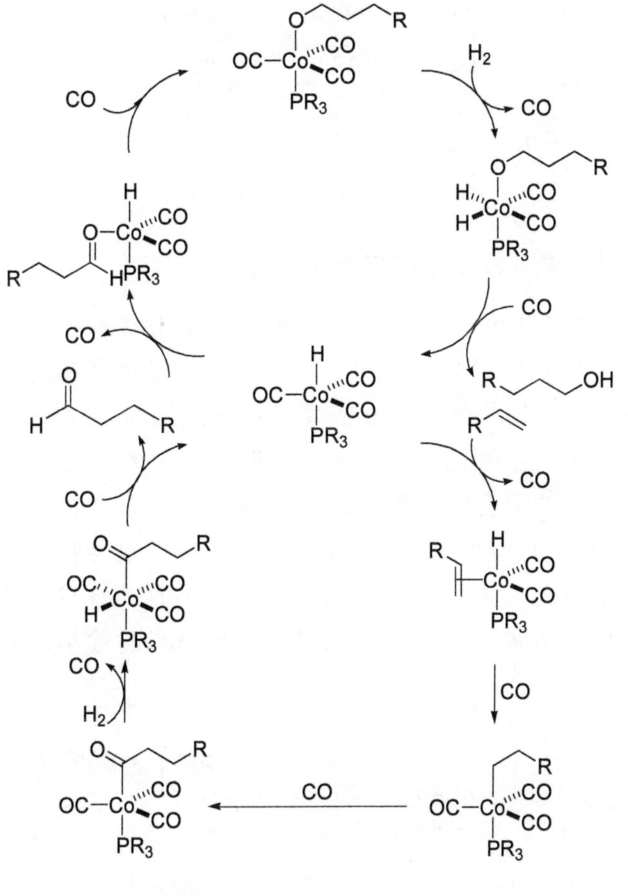

(6)

从空间位阻的角度看：有机磷配体的位阻越大，产物中线型产物/枝状产物的比例就越高。一般而言，HCo(CO)₄ 催化的反应产物中线型/枝状产物的比例在 (2~3):1 之间，而 HCoPR₃(CO)₃ 催化的反应产物中线型/枝状产物的比例可以高达 (7~8):1。如式 7 所示：磷配体的位阻对催化产物中线型/枝状产物的比例的提高非常有限。当有机磷配体中烷基键角大于 132° 之后，继续增大配体位阻对产物比例的提高就开始失去效果。如果使用给电子能力相对较弱的三苯基膦作为配体的话，则可以明显减少氢化反应产物和显著降低线型/枝状产物的比例。

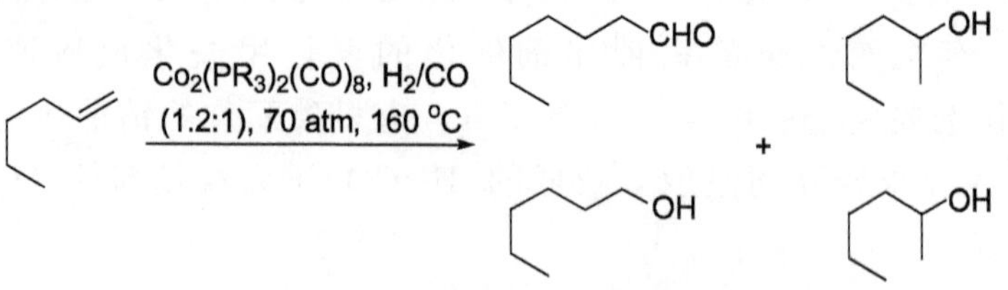

$$(7)$$

配体	键角	醛醇比	线型产物比例
P(i-Pr)$_3$	160°	0:1	85%
P(Et)$_3$	132°	0.9	89.6%
P(Pr)$_3$	132°	1.0	89.5%
P(Bu)$_3$	136°	1.1	89.6%
PPh(Et)$_2$	136°	2.2	84.6%
PPh$_2$Et	140°	4.3	71.7%
PPh$_3$	145°	11.7	62.4%

2.3 钴催化氢化甲酰化反应中的烯烃异构化

在催化烯烃氢化甲酰化反应中，HCo(CO)$_4$ 催化剂也可以同时催化烯烃的异构化反应。同位素标记实验证明：这种异构化过程是在同一个钴催化中心上完成的，并没有烯烃从催化中心解离后重新配位的过程。如式 8 所示：在相同的钴催化的氢化甲酰化反应条件下，使用 1-辛烯和反式 4-辛烯可以得到相同的四种醛产物的混合物。值得注意的是：在反式 4-庚烯的反应中，正壬醛同样是反应的主要产物 (55%)。使用钴催化剂的这种特性，可以在工业上使用价格相对低廉的非末端烯烃来取代价格高昂且不宜得到的末端烯烃。如果在这些反应中加入催化量的三环己基膦，则可以将线型产物的比例提高到80% 左右[16]。

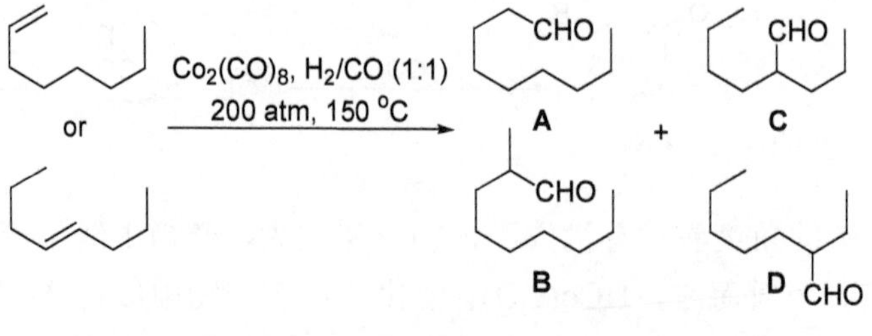

$$(8)$$

	A	B	C	D
末端烯	65%	7%	22%	6%
末端烯 + P(Cy)$_3$ (25%)	80%	4%	12%	4%
中间烯	55%	11%	22%	12%
中间烯 + P(Cy)$_3$ (25%)	78%	6%	10%	6%

如式 9 所示：烯烃的支链对氢化甲酰化反应产物的分布有很大的影响。对

不同 2-甲基庚烯的氢化甲酰化反应产物分布研究发现：在带有支链的烯烃碳原子上基本不能发生氢化甲酰化反应，这可能与位阻较小的碳原子进行氢化甲酰化反应的速率较快有关。很明显，烯烃的异构化过程也较少通过有支链的碳原子进行 (式 9)[17]。

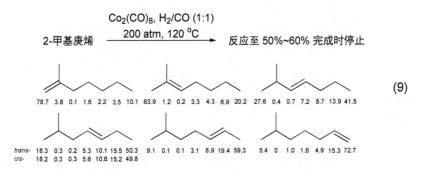

$$\text{2-甲基庚烯} \xrightarrow[\text{200 atm, 120 }^{\circ}\text{C}]{\text{Co}_2(\text{CO})_8,\ \text{H}_2/\text{CO (1:1)}} \text{反应至 50\%\textasciitilde60\% 完成时停止} \qquad (9)$$

78.7 3.8 0.1 1.6 2.2 3.5 10.1   63.9 1.2 0.2 3.3 4.3 6.9 20.2   27.6 0.4 0.7 7.2 8.7 13.9 41.5

trans- 18.3 0.3 0.2 5.3 10.1 15.5 50.3   9.1 0.1 0.1 3.1 8.9 19.4 59.3   5.4 0 1.0 1.6 4.9 15.3 72.7
cis-   18.2 0.3 0.5 5.6 10.6 15.2 49.8

2.4   铑催化剂的催化机理

从 20 世纪 60 年代起人们就已经发现：在催化氢化甲酰化反应中，有机磷铑催化剂比钴催化剂具有更多的优势。有机磷铑催化剂可以在较低温度和大气压的情况下催化同样的反应，而且一般不会出现产物醛被过度氢化生成为醇类化合物的情况。更重要的是，有机磷铑催化剂催化的氢化甲酰化反应可以显著地增加经济价值更大的线型产物的比例 [可以从一钴催化剂得到的 (3~4):1 提高到约 20:1]。因此，Wilkinson (1973 年诺贝尔化学奖得主) 等在 20 世纪 60 年代中期发现和优化了有机磷铑催化剂之后[18]，联合碳化物公司非常迅速地在 70 年代初就开始了最早的有机磷铑催化剂催化的氢化甲酰化反应的工业生产[19]。

Wilkinson 在开始这项研究时使用的催化剂是 Rh(PPh$_3$)$_3$Cl，该化合物也被称为 Wilkinson 催化剂。但是，他们很快就发现该催化剂中的氯原子或者其它卤素原子都是该反应的抑制剂。随后，HRh(CO)(PPh$_3$)$_2$ 等不含卤素的铑催化剂前体被得到广泛的使用。使用 HRh(CO)(PPh$_3$)$_2$ 催化的氢化甲酰化反应不仅可以避免醛被还原成为醇、烯烃的氢化和烯烃的异构化等副反应，同时也可以将线型产物的比例显著地提高到 20:1。如式 10 所示：该催化反应可以在 25 ℃ 和 1 atm 下 (H$_2$/CO, 1:1) 的温和条件下进行。增加温度和压力均可以提高反应速度，但同时也会降低线型产物的比例。例如：当反应在 50 ℃ 进行时，线型产物的比例会降低至 5:1。当反应压力增加至 80~100 atm 时，线型产物的比例会降低至 3:1。一般认为：铑催化剂的催化循环机理和钴催化剂十分相似，也是在 CO 配体脱离后通过烯烃配位开始的。

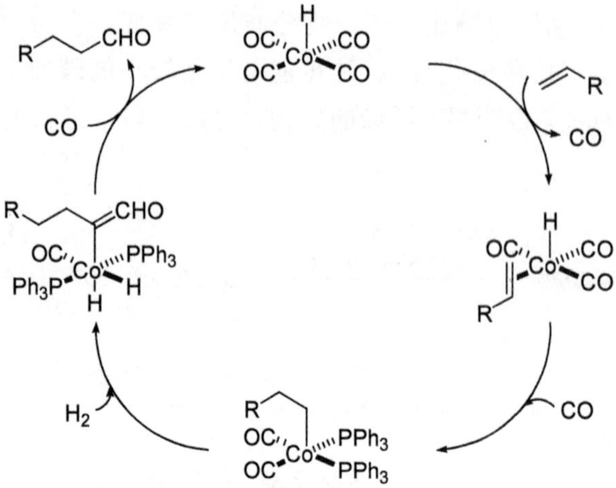

(10)

随后的研究发现：添加过量的 PPh_3 配体不仅有助于反应进行，同时还提高了反应的区域选择性。这是因为铑催化中心上的 PPh_3 配体很容易离去，形成了催化活性更强 (磷配体数较少) 但是区域选择性较差的铑配合物。如式 11 所示：额外添加的 PPh_3 有助于保持铑催化中心上的磷配体数目来达到提高反应选择性的目的。

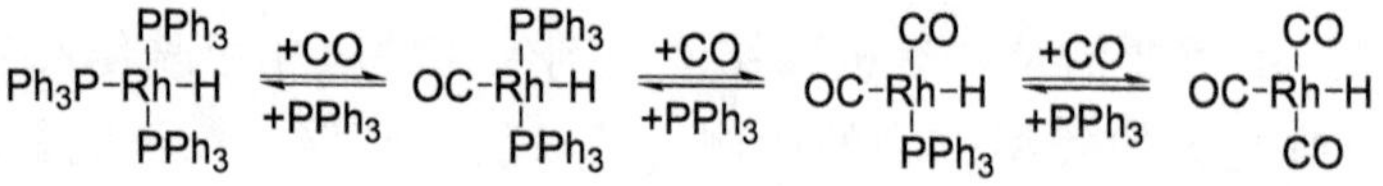

(11)

无催化活性　　高催化活性　　更高催化活性　　最高催化活性

在铑催化反应的动力学研究中，人们对该反应的决速步骤尚有争议。研究认为：该催化循环中各步反应速率的差异不甚显著，铑活性催化中间体可能有多种不同的存在形式[20]。

使用简单的螯合有机磷配体 [例如：$Ph_2P(CH_2)_xPPh_2$] 取代三苯基膦配体一般会降低氢化甲酰化反应的速度和选择性[21]。有趣的是：如果在 $HRh(CO)(PPh_3)_2$ 催化体系中加入稍多于一个催化剂当量的 $Ph_2PCH_2CH_2CH_2CH_2PPh_2$ (dppb) 配体时，则可以显著地优化铑催化的丙烯醇氢化甲酰化反应。但是，直接使用 dppb 铑催化剂或者在反应体系里加入多于两个催化剂当量的 dppb 都会显著地降低直至完全抑制反应的活性。到目前为止，人们对这种现象仍然没有给出一个被普遍接受的解释[22]。

由于低碳烯烃的水溶性较好，水溶性的有机磷配体 $P(m\text{-}SO_3NaPh)_3$ 也被用于制备相应的铑催化剂来催化二相体系的低碳烯烃的氢化甲酰化反应。两相体系一般由水相和有机相组成，反应在水相中进行而生成的产物醛则被直接萃取到有机相中。使用该反应体系可以显著地简化产物的分离过程，但高碳烯烃 (五碳以上）的水溶性过差而不适合该反应体系[23]。Davis 等人认为：这个反应是发生在水和有机溶剂的两相交界处。他们将铑催化剂固化在高比表面积的亲水性载体上，而催化剂就溶解在固体表面的薄层水相中。这种方法使得较高碳的烯烃也可以参与反应，而反应的进程和水层的厚薄关系密切[24]。如式 12 所示：随后人们开发出了多种不同的水溶性的有机膦配体（一般都是有机膦配体的磺酸盐）。

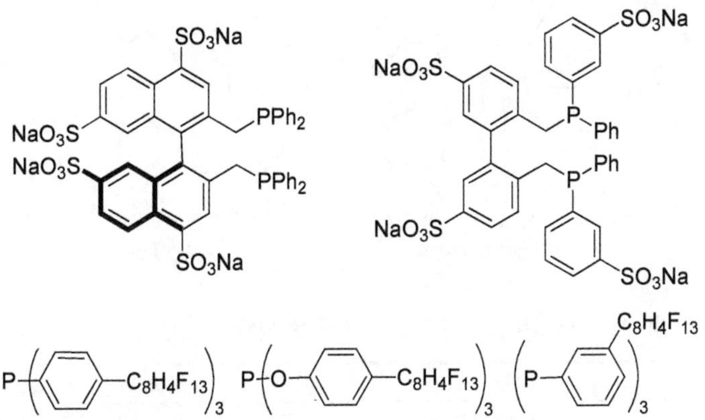

(12)

由于具有特殊的理化性质和易于回收利用等多方面的优势，超临界态 CO_2[25]、高氟溶剂[26]和离子型液体[27]也被作为一种重要溶剂加以研究。氟化的有机膦配体因具有特殊的反应性已经被广泛用于两相体系的反应，但较高的价格影响了这些体系的广泛使用。

2.5 铑催化剂的新发展

尽管简单的双齿螯合膦配体降低了铑催化剂在氢化甲酰化反应中的反应活性，一些特殊的双齿螯合膦配体被陆续发现可以提高反应速率和增加反应的区域选择性。式 13 列举了几个代表性的配体，它们可以与铑配位形成 8-元或 9-元环结构。其中，Xantphos 配体形成的是一个扭曲的 8-元环结构。这些新发展的大环螯合配体都和金属铑形成大约 120° 的螯合键角，而这种键角可以帮助铑催化剂维持活化的催化构型[28]。

2.6 工业应用回顾

通过 70 多年来对氢化甲酰化反应的研究和工业应用人们发现：与其它金属催化剂相比较，铑催化剂和钴催化剂具有不可替代的优势，而经过配体修饰的催化剂具有更好的催化反应活性。如表 1 所示：许多种铑催化剂和钴催化剂催化的氢化甲酰化反应已经用于大规模的工业化生产[29]。

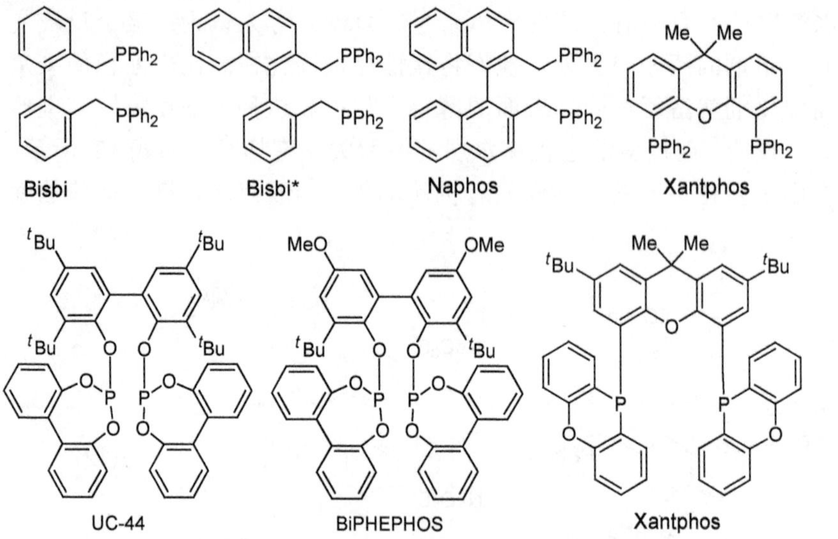

(13)

表 1　氢化甲酰化反应已经用于大规模的工业化生产

公司名称	催化剂	配体	压力(bar)：H₂/CO	文献
BASF, Rurchemie	Co₂(CO)₈	无	150~180/200~300	[2~4]
Shell	Co₂(CO)₈	膦烷	160~200/50~150	[7]
Rurchemie	Rh₄(CO)₁₂	无	100~140/200~300	[1]
Union Carbide, Davy	(acac)Rh(CO)₂	PPh₃	60~120/10~50	[11.5]
Powergass, Johnson	(acac)Rh(CO)PPh₃			
Matthey, LPO	HRh(CO)(PPh₃)₃			
Ruhrchemie, Rhone	[RhCl(1,3-cod)]₂	TPPTS	110~130/40~60	[19]
Poulenc	HRh(CO)(TPPTS)₃			

注：催化剂为 $HM(CO)_xL_y$ 或 $H_xM_y(CO)_mL_n$。其中，M = Rh >> Co > Rh, Ir > Os > Pt > Pd > Fe > Ni; L = PPh₃, P(OR)₃ > P(n-Bu)₃ >> NPh₃ > AsPh₃ > SbPh₃ > BiPh₃。

3　氢化甲酰化反应在有机合成中的应用

与其它金属催化的有机反应相比较，氢化甲酰化反应是一个相对较简单的反应。铑、钴和铂是常用的烯烃氢化甲酰化反应的催化剂，过渡金属钌[30,31]、铱[32]、锇[33]、锰[34~36]、铁[37]、铂[38,39]和铑[40]的羰基复合物也都显示出一定的催化活性。在氢化甲酰化反应条件下，人们通过底物设计(主要是利用生成的醛羰基进行下一步反应)还发展出了多种级联反应。通过这些级联反应，可以经"一锅煮"方法一步合成出结构更复杂和功能更多样的产物分子。本节将主要介绍氢化甲酰化反应中的化学选择性、区域选择性和立体选择性的调控以及级联反应的设计。

3.1 氢化甲酰化的底物范围和反应控制

使用双键两端立体环境显著不同的端基烯烃作为底物时，传统催化剂催化的氢化甲酰化反应一般具有良好的区域选择性 (式 14)[41]。

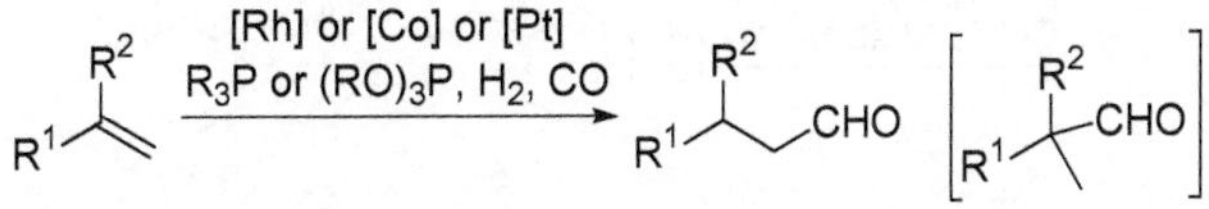

$$
\underset{R^1}{\overset{R^2}{\bigg\rvert}}\!\!=\quad\xrightarrow[\text{R}_3\text{P or (RO)}_3\text{P, H}_2\text{, CO}]{[\text{Rh] or [Co] or [Pt]}}\quad R^1\overset{R^2}{\underset{}{\bigg\rvert}}\!\!\!\text{CHO}\quad\left[\;R^1\overset{R^2}{\underset{}{\bigg\rvert}}\!\!\!\text{CHO}\;\right] \tag{14}
$$

但是，当使用立体环境相差较小的端基烯烃作为底物时，往往需要在反应中加入配体来提高反应的区域选择性。而且，提高选择性一般是以降低反应速率为代价的，这些内容在机理介绍部分已经给出了详细的讨论[8]。近年来，在对铑催化剂的配体有了较深入的研究之后，人们发现：BISBI (线型/枝状 = 66.5)[42~45]、BIPHEPHOS (线型/枝状= 40)[46,47]和双金属中心铑复合物 (式 15)(线型/枝状= 27.5)[48,49]等新型催化剂在丙烯和 1-己烯的氢甲酰化过程中表现出良好的线性选择性。

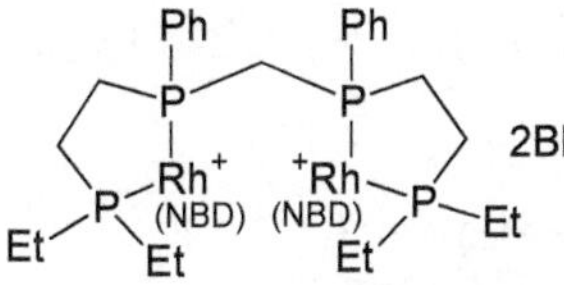

$$ \tag{15} $$

在之前介绍的两相催化体系中，HRh(CO)(TPPTS)$_3$ [TPPTS = P(m-C$_6$H$_4$SO$_3$Na)$_3$] 也可以提供较高的线性选择性。同样，电化学方法制备的铂-双膦的二聚体，例如：[Pt$_2$(H)$_2$(-DIOP)(DIOP)$_2$][SnCl$_3$] (式 16) 也具有较高的区域选择性 (线型/枝状= 49)[50]。

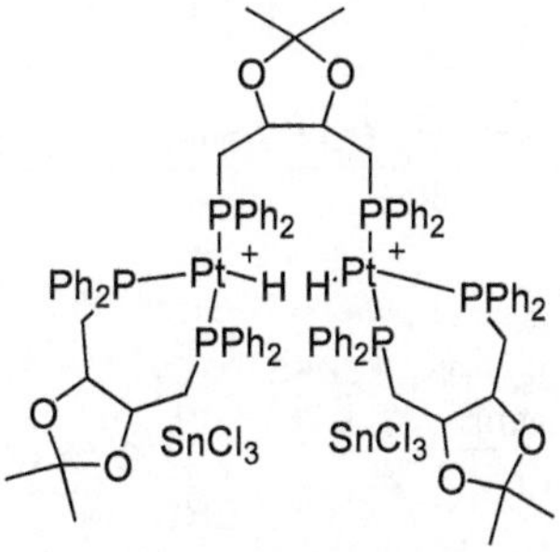

$$ \tag{16} $$

与烯烃相比，炔烃的氢化甲酰化往往会发生进一步的氢化反应生成饱和醛或烯烃产物。但是，使用双金属催化体系则可以实现对称炔烃的氢化甲酰化反应，得到共轭不饱和醛产物[51]。如式 17 所示：共轭双烯在氢化甲酰化反应中可能会生成多种异构体。但是，通过使用合适配体的过渡金属催化剂可以实现高度的选择性氢化甲酰化反应。如式 18 所示：在非共轭双烯的氢化甲酰化反应中，空间效应对反应的区域选择性具有显著的控制作用[52]。

$$
\begin{array}{c}
\xrightarrow[\text{CO (100 atm), MsOH}]{[\text{Pt}(C_2H_4)(\text{DPPB})],\ H_2}
\end{array}
\tag{17}
$$

96.5 : 3.5

$$
\xrightarrow[\substack{\text{P(OPh)}_3,\ H_2,\ \text{CO (1 atm)}\\100\%}]{\text{Rh(acac)[P(OPh)}_3]_2}
\tag{18}
$$

当烯烃底物中含有有机磷官能团时，这种官能团在区域选择性的氢化甲酰化反应中具有很强的导向作用。在 $Rh_2(OAc)_4/PPh_3$ 催化的 4-二苯基膦-1-丁烯的氢化甲酰化给出支链醛反应中，支链醛随后被还原成为相应的醇作为单一产物（式 19）。而如式 20 所示：在环状烯基磷酸酯的氢化甲酰化反应中也发现了类似的强导向作用[53]。如式 21 和式 22 所示：在相同的条件下，1-己烯主要生成线型醛产物，而 (Z)-硅基烯丙醇则以大于 98% 的区域选择性生成 1,2-二醛产物[54]。

$$
\xrightarrow[\substack{H_2,\ \text{CO (27 atm)}}]{Rh_2(OAc)_4,\ PPh_3}\quad \xrightarrow{86\%}
\tag{19}
$$

$$
\xrightarrow[80\%]{Rh_2(OAc)_4,\ H_2,\ \text{CO (34 atm)}}
\tag{20}
$$

$$
\xrightarrow[80\%]{Rh_2(OAc)_4,\ H_2,\ \text{CO (27 atm)}}
\tag{21}
$$

$$
\xrightarrow[R = Me,\ i\text{-Pr}]{\substack{RhH(CO)(PPh_3)_3,\ PPh_3\\H_2,\ \text{CO (27 atm)}}}
\tag{22}
$$

(51%~83%) > 98 : < 2

在氢化甲酰化反应中，乙烯基醋酸酯主要生成支链醛产物（式 23）[55]，而烯丙基醋酸酯则主要生成线型醛产物（式 24）[56]。

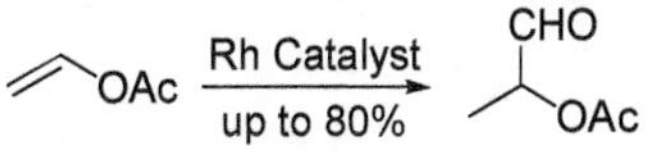

$$\text{(23)}$$

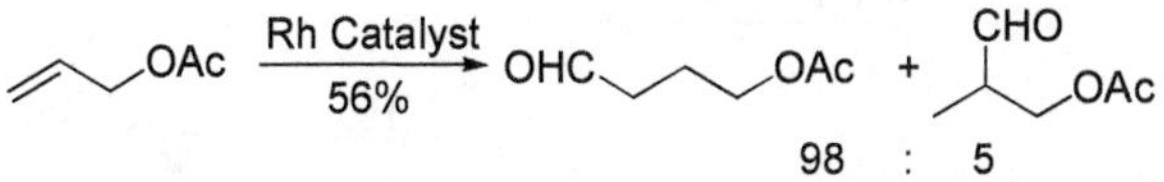

$$\text{(24)}$$

α,β-不饱和酯一般生成线型产物[57,58]，而以 o-DPPB 或 DMTPPN 为配体的铑催化体系能以 98%~100% 的区域选择性生成 2-甲酰基丙酸酯 (式 25)[57]。如式 26 所示：甲基丙烯酸甲酯的区域选择性则取决于催化剂和反应压力[59]。

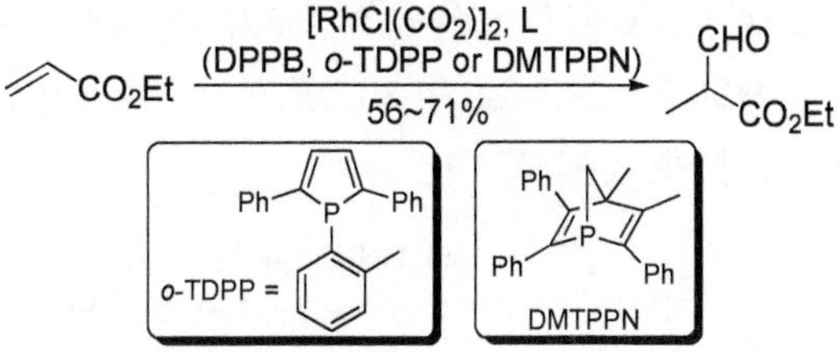

$$\text{(25)}$$

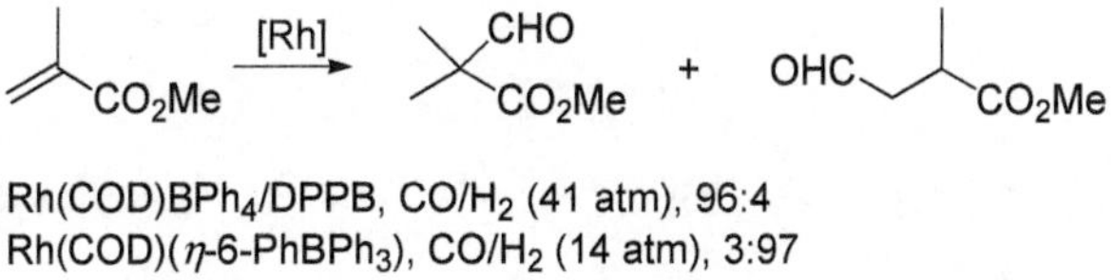

$$\text{(26)}$$

Rh(COD)BPh$_4$/DPPB, CO/H$_2$ (41 atm), 96:4
Rh(COD)(η-6-PhBPh$_3$), CO/H$_2$ (14 atm), 3:97

烷基乙烯基醚一般生成的以枝状产物为主的混合产物，而枝状产物和线型产物的比例通常是由烷基决定的。例如：甲基烯基醚以 54/46 的枝状/线型比例生成甲氧基丙醛，而苯基烯基醚的反应中枝状/线型产物比例则高达 95/5[60]。环状烯基醚由于其双键容易异构化，通常得到的是 2-位和 3-位乙酰化的混合物[61]。但是，利用 Rh$_2$[-S(CH$_2$)$_3$NMe$_2$]$_2$(COD)$_2$ 和 10 倍 (物质的量) 的 P(OMe)$_3$ 或 PPh$_3$，2H-呋喃可以 99% 的区域选择性得到 3-甲酰基四氢呋喃[62]。在相同的反应条件下，虽然 2H-吡喃的反应没有任何选择性，但甘露糖衍生物却表现出良好的区域和立体选择性 (式 27)[63]。

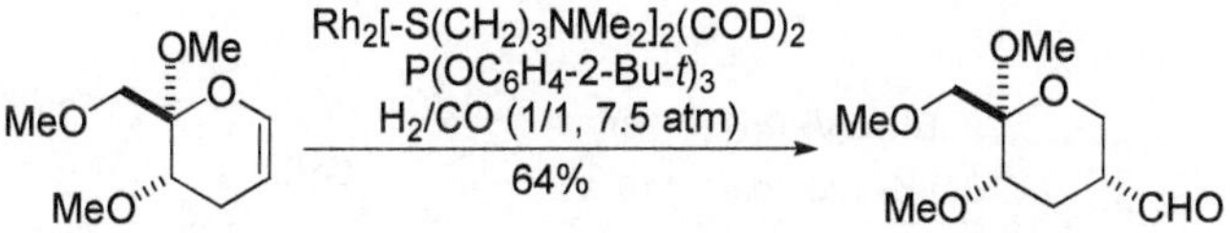

$$\text{(27)}$$

3.2 级联反应

在氢化甲酰化反应中，最常见的级联反应是将甲酰化后的醛类产物进一步氢化生成醇类化合物。由于该反应的普遍性，一般不被认为是氢化甲酰化反应的副

反应 (式 28)。

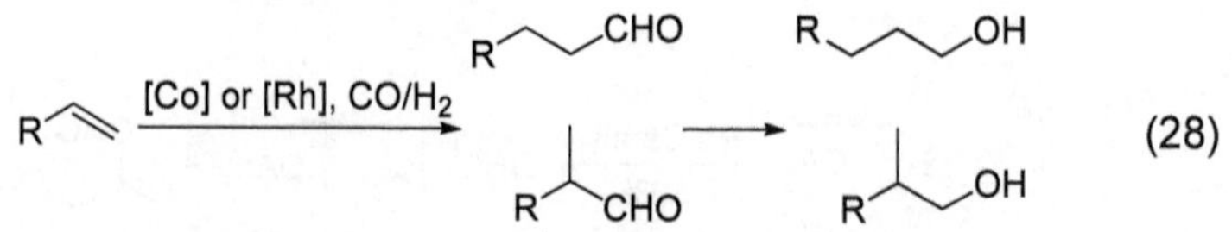

(28)

当反应体系中存在醇类化合物时，氢化甲酰化反应生成的醛化合物可以被转化成为稳定的缩醛产物，从而避免了被进一步氢化成为醇。如式 29 所示：在甲醇的存在下，丙烯腈经氢化甲酰化反应主要生成缩醛产物[64]。在强质子酸作为助催化剂时，原酸酯也可以被用作生成缩醛的试剂。当铑催化剂上的卤素等配体被 -OTf 基团所取代后，铑催化剂的路易斯酸性会得到显著的增强，因此就不需要使用强质子酸作为助催化剂。如式 30 所示：这种催化剂可以催化萜类化合物的氢化甲酰化反应直接生成缩醛产物[65]。

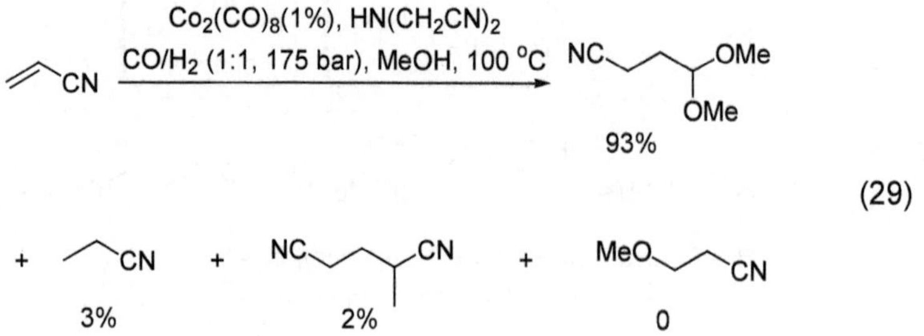

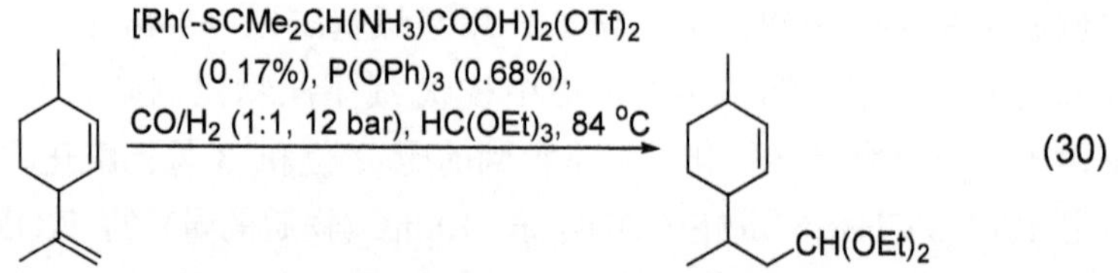

(29)

(30)

在氢化甲酰化反应中，丙烯醇类化合物有可能形成环状半缩醛产物 (式 31)。在乙醇存在的情况下，沸石载体的铑催化剂催化的丙烯醇的氢化甲酰化反应主要生成缩醛产物。如式 32 所示[66,67]：该反应的选择性主要与沸石的种类有关。

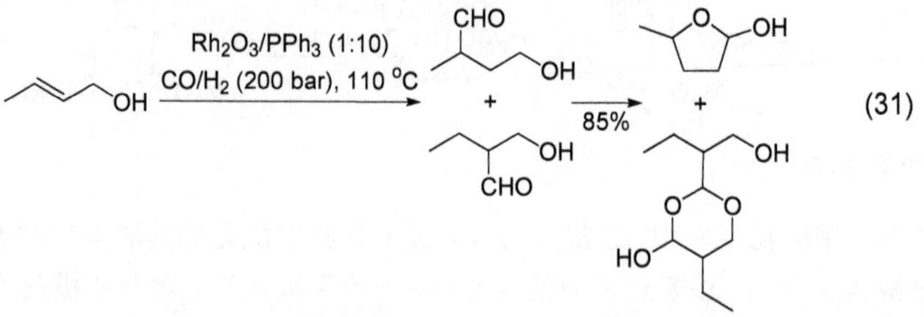

(31)

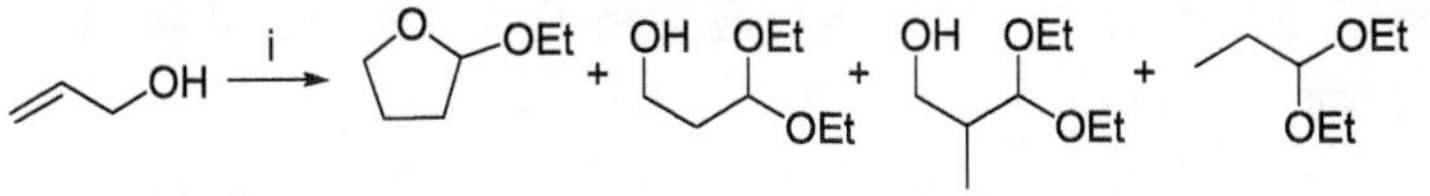

Zeolite X:	62%	10%	28%	0
Zeolite Y:	32%	3%	4%	15%
ZSM$_5$:	60%	10%	20%	10%

i. $(CO)_2$Rh-Zeolite/PEt$_3$, CO/H$_2$ (50 bar), EtOH, 120 $^{\circ}$C.

$\qquad$高丙烯醇也可以发生类似的反应生成分子内的半缩醛产物。如式 33 所示[68]：双键上没有取代基时可能同时生成 5-元和 6-元环的半缩醛的混合物。该反应的选择性主要受到双键上的取代基影响，使用 3-甲基-3-丁烯醇可以得到单一的 6-元环半缩醛产物 (式 34)[25]。如式 35 所示：炔基醇也可以在氢化甲酰化反应中生成半缩醛产物，其反应的选择性甚至优先于环内三取代的双键[69]。

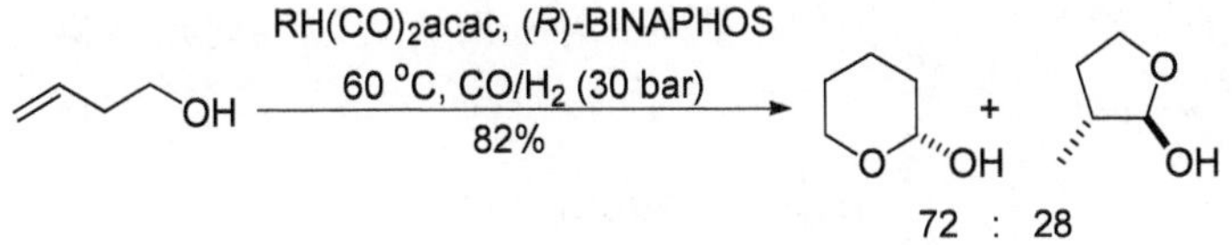

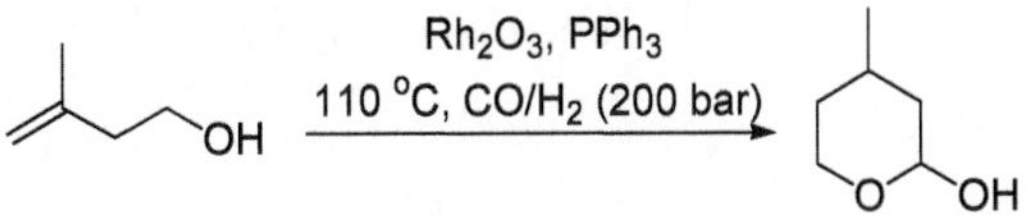

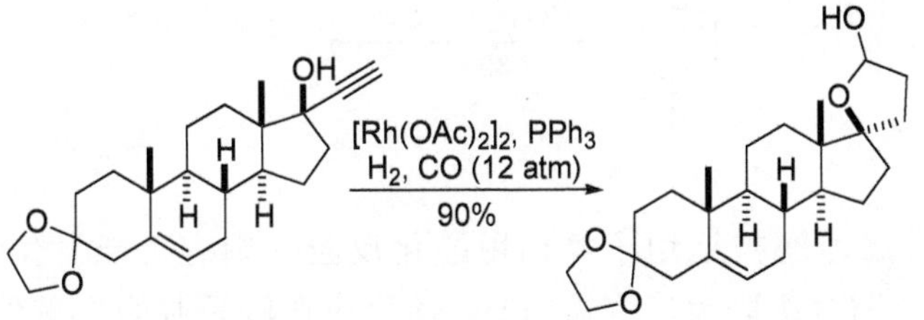

$\qquad$如果将亲核试剂从醇类换成胺类的话，可以经氢化甲酰化反应得到亚胺类产物[70]。通过控制适当的反应条件，亚胺类化合物还可以被进一步的氢化还原生成胺类化合物 (式 36 和式 37)[71]。

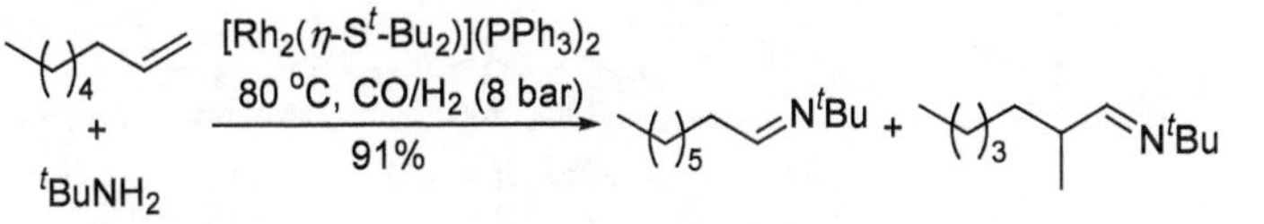

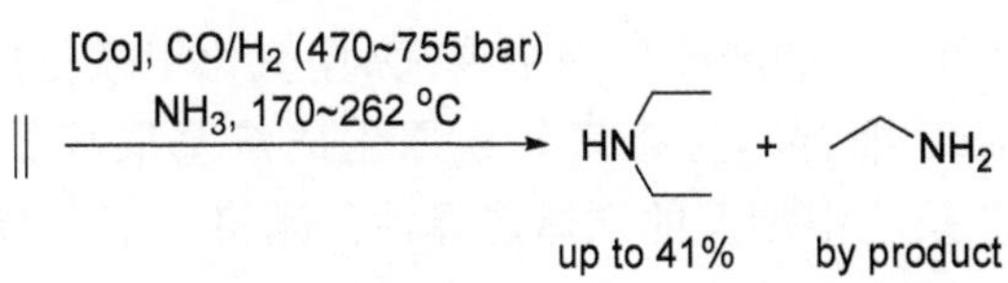

如式 38 和式 39 所示[72]：使用该反应策略可以用来合成环状 N,O-缩醛或者 N,N-缩醛化合物。

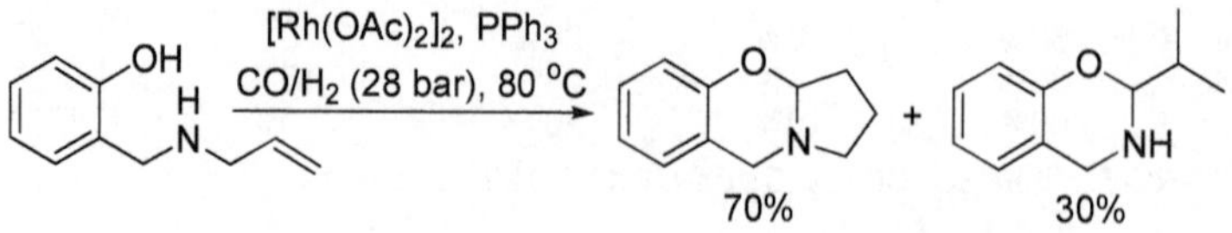

氢化甲酰化反应生成的醛也可以发生自身缩合，形成羟醛缩合反应产物 (式 40)。当有更多的底物官能团 (例如：氨基) 存在时，可以同时形成碳-碳键和碳-氮键 (式 41)[73]。

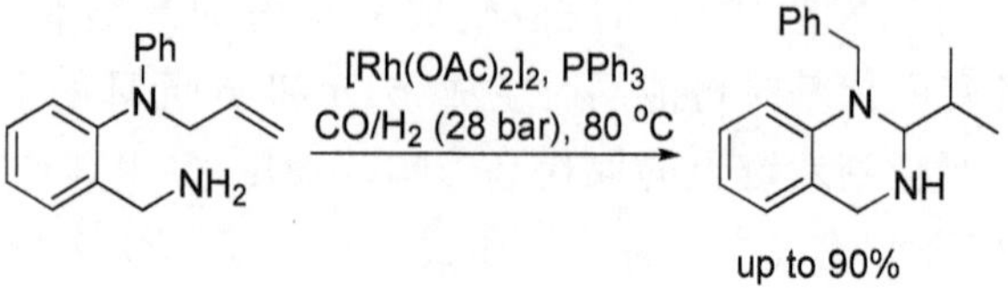

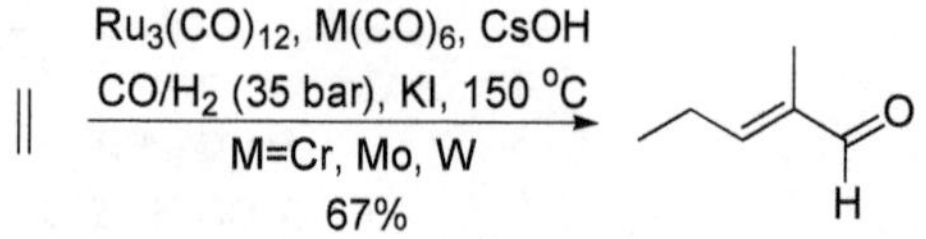

当不饱和硅烯醇醚被运用于氢化甲酰化反应，则有可能发生氢化甲酰化-Mukaiyama 羟醛缩合级联反应 (式 42)。该反应在较短时间内首先生成硅醚产物，经长时间反应可以得到单一的 α,β-不饱和羰基化合物[74]。当反应体系中存在 Wittig 试剂时，氢化甲酰化反应生成的醛可以被直接转化成为烯烃产物[75]。

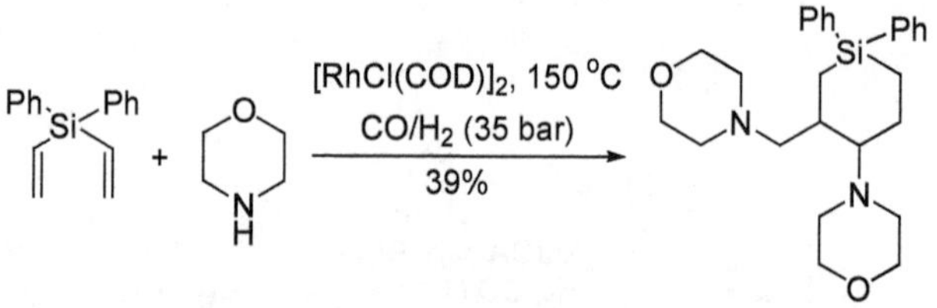

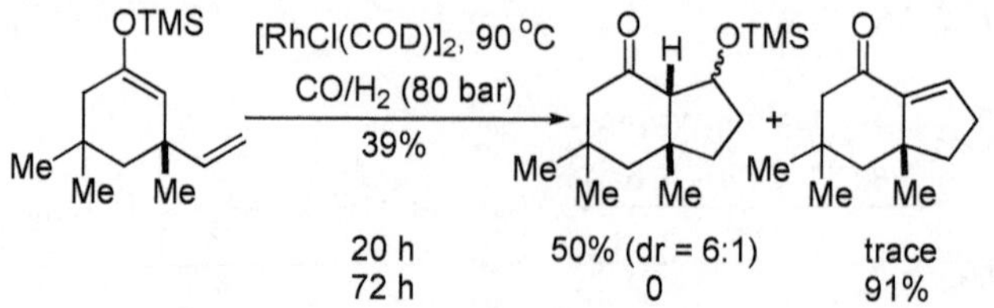

如果直接使用丙二酸酯碳作为亲核试剂，氢化甲酰化反应生成的醛可以随之发生 Knoevenagel 缩合和直接氢化还原生成烷基取代的丙二酸酯衍生物 (式 43 和式 44)。在反应中涉及的立体选择性问题将在下一节具体讨论[76]。

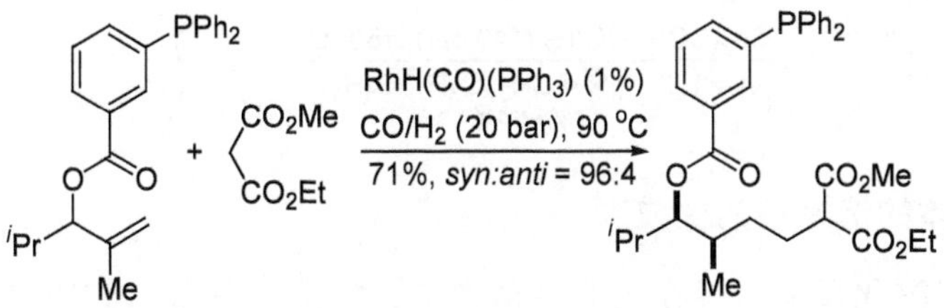

$$(43)$$

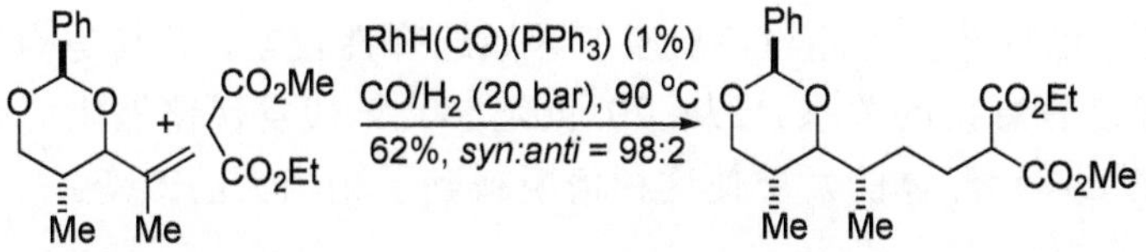

$$(44)$$

氢化甲酰化反应也可以通过其它反应形成碳-碳键。当反应底物分子中带有烯丙基硼酸酯官能团时，铑催化剂可以催化生成的醛接着发生分子内硼酸酯烯丙基化反应。当这个反应完成后，新形成的烯烃还可以再进行一次氢化甲酰化反应来形成醛类化合物。如式 45 所示[77]：该反应最终生成环状半缩醛产物。

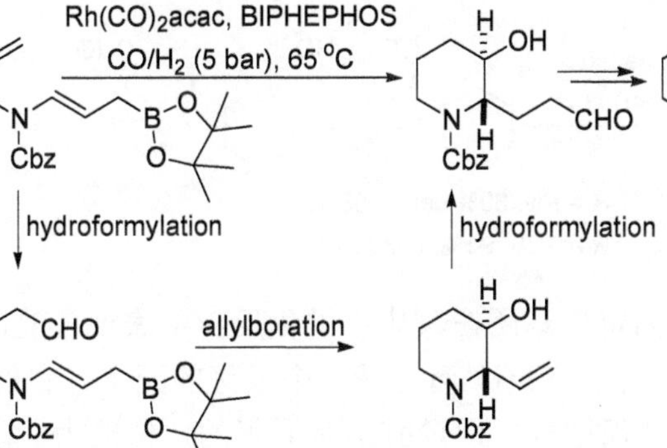

$$(45)$$

一般而言，共轭二烯（例如：1,3-丁二烯）的氢化甲酰化反应的选择性不是很好。但是，在特殊的条件下也可以生成一定数量的二丁基酮类产物[78]。如式 46 和式 47 所示[79]：非共轭二烯则可能会发生环化反应生成以 5-元环为主的环化产物。当使用 1,5- 或 1,9-二烯作为反应底物时，反应可以通过烯烃的异构化反应还是生成以 5-元环酮为主的产物[80]。

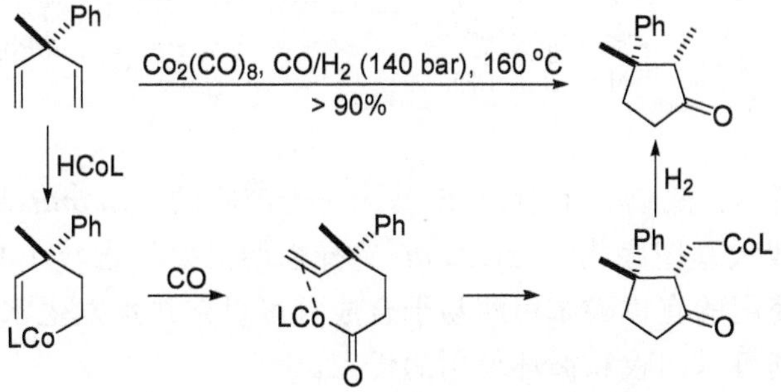

$$(46)$$

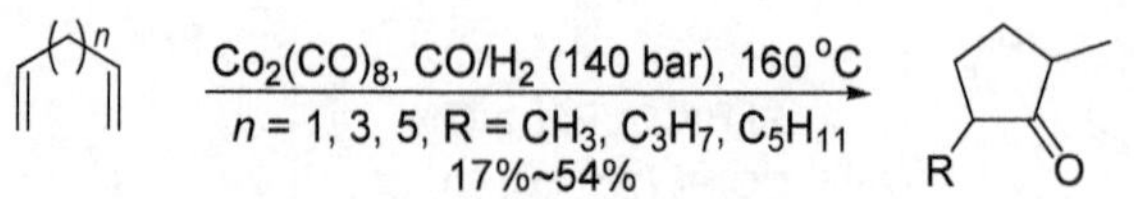

$Co_2(CO)_8$, CO/H_2 (140 bar), 160 °C
n = 1, 3, 5, R = CH_3, C_3H_7, C_5H_{11}
17%~54%
R
O

(47)

3.3 构象异构体的选择性的生成

尽管氢化甲酰化反应已经在工业界得到了大规模的应用，但其在实验室的应用范围较为狭窄。这种情况可能与该反应的区域选择性较差，尤其是构象异构体的立体选择性较差有直接的关系。自从 20 世纪 60 年代发现铑催化剂后，80~90 年代大量的研究工作和配体的发展使这种情况得到了相当大的改变。

非环状底物的 1,2-构象诱导是氢化甲酰化反应构象异构体的选择性研究中的一个重要课题。如式 48 所示：有人设计使用丙烯醚的氧原子作为定位基团与铑催化剂配位来控制产物的构象。该设计思想虽然在铑催化的丙烯醇氢化反应中得到了很好的体现[81]，但在丙烯醚的氢化甲酰化反应中表现一般，产物的 *anti/syn* 比率最高可以达到 88:12[82]。

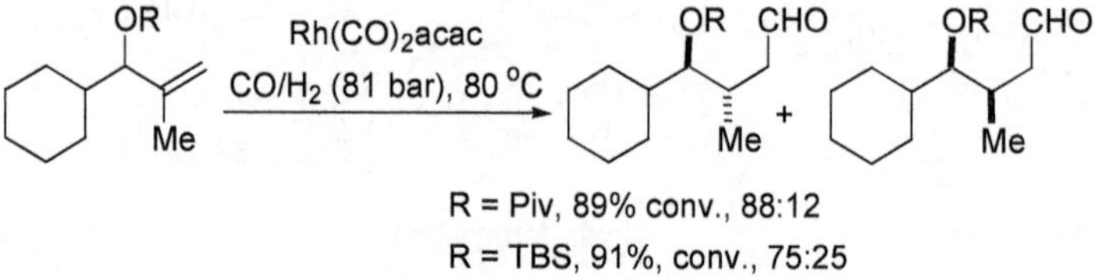

OR
Me
Rh(CO)2acac
CO/H2 (81 bar), 80 °C
OR CHO
Me
+
OR CHO
Me
R = Piv, 89% conv., 88:12
R = TBS, 91%, conv., 75:25

(48)

使用丙烯醚的氧原子作为定位基团在氢化甲酰化反应中表现一般，可能的原因是反应体系内存在的 CO 对于 Rh(I) 而言是一个很好的配体，它们会与丙烯醚的氧原子发生竞争配位，从而削弱了丙烯醚中氧原子的定位能力。显然，在底物分子中增加一个有足够定位效应同时又有足够离去速率的定位基团是一个很好的选择，而单齿有机磷配体正好符合这种需求[83]。如式 49 所示：铑催化剂的金属中心同时与底物的烯烃双键和有机磷配体形成分子内的环状催化过渡态，满足了该反应对底物不同位置官能团之间的构象诱导的要求。

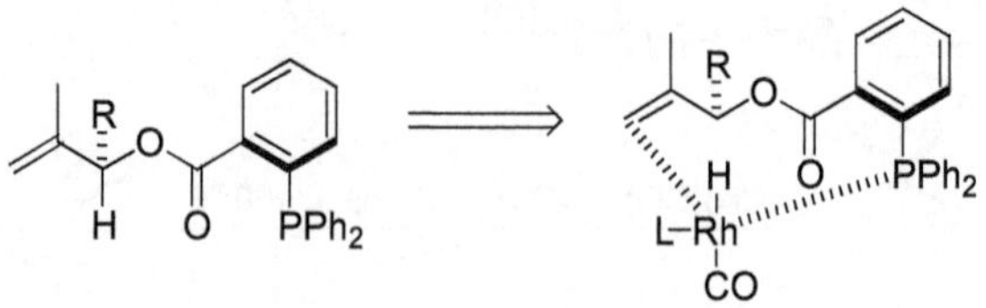

R
O
H
O
PPh2
R
O
H
O
PPh2
L–Rh
CO

(49)

如式 50 所示：底物分子中的 R-基团对于产物的 *syn/anti* 比例也有很明显的影响，含有较大基团底物的 *syn/anti* 选择性明显好于含较小基团的底物。由于在该反应中使用的有机膦苯甲酸易于合成且可以定量地发生水解，因此该方法还具有反应助剂可以回收和循环使用的优点。

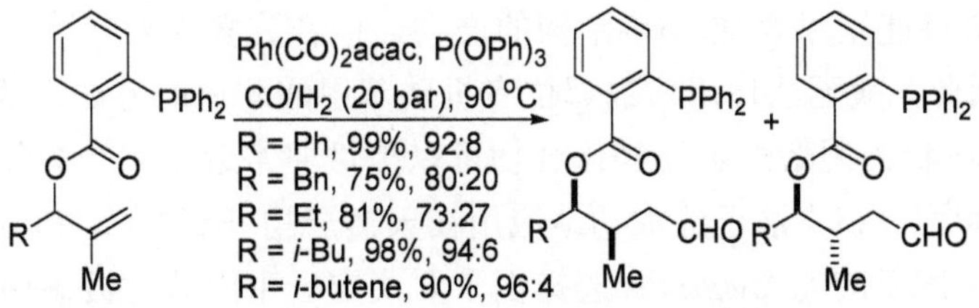

这类配位作用与配位原子之间的距离具有密切的关系。1,3-双齿配体可以得到很好的反应选择性，而 1,4-双齿配体不仅完全丧失选择性，而且反应速率也大大下降[84]。而当一个亚甲基被加入苯甲酸和有机磷配体之间后，整个反应的选择性则完全丧失。在选择性丧失的同时，氢化甲酰化反应的反应速率也大大下降。如式 51 所示：这个有趣的实验现象表明了底物分子内配位效应对这个反应的加速作用。

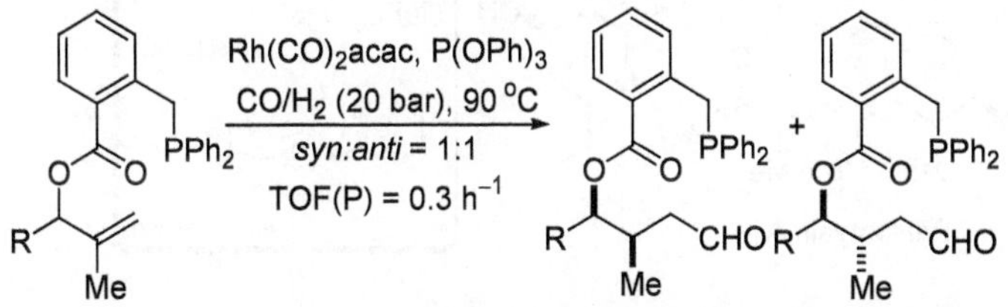

配体中配位原子之间距离的重要性在另一相关研究中也得到体现：当邻位二苯基膦苯甲酸配体被换成间位二苯基膦苯甲酸配体或者由有机磷配体换成 2-吡啶甲酸配体之后，同样出现了氢化甲酰化反应选择性下降和产率降低的现象 (式 52 和式 53)。同样，如果将有机磷苯甲酸配体中的羧基还原成亚甲基，也会降低反应的选择性。这些结果表明：催化过渡态中间体对底物键角有一定的要求，而羧基的存在可以更严格地控制环状过渡态的键角来提高反应的选择性。

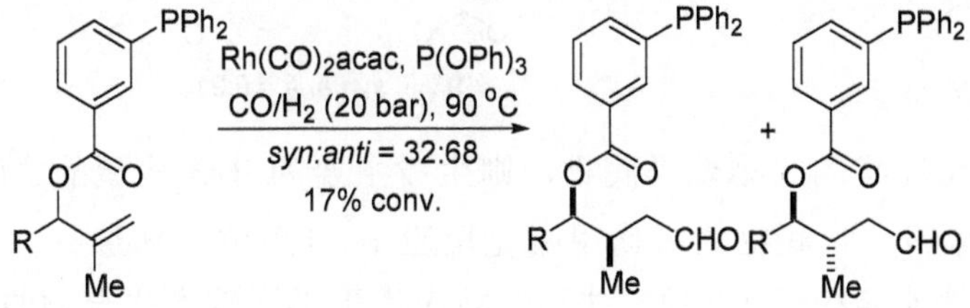

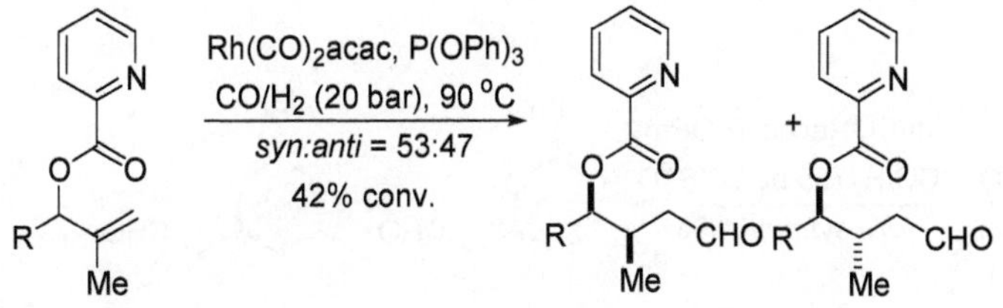

　　以上的方法只能用于合成 *syn*-结构的产物，但在许多天然产物合成中需要 *anti*-选择性。因此，就无法使用增加邻位有机磷苯甲酸配体的方法来解决。如式 54 所示：6-元环状的丙烯醇类缩醛化合物可以提供非常近乎完全的邻位控制的 *anti*-产物选择性[85]，该方法已经成功地应用在天然产物 Bafilomycin A1 的全合成中。事实上，该反应的 *syn/anti* 选择性主要决定于中间体过渡态中底物与金属铑的配位方式。

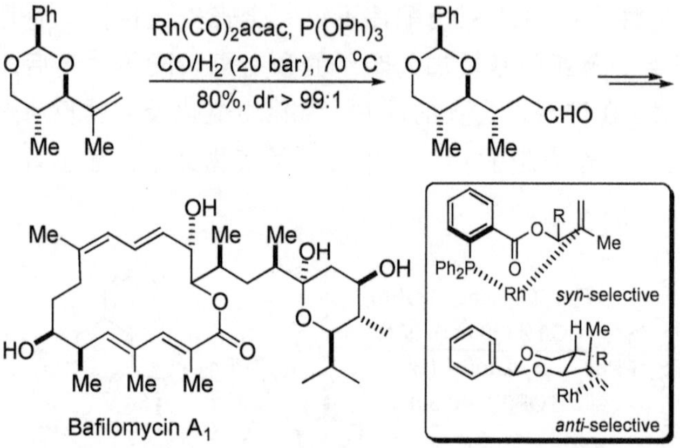

(54)

Bafilomycin A₁

　　与 1,2-双官能团之间的立体选择性相比较，1,3-双官能团之间的立体选择性是一个相对困难的问题，因为底物分子中存在更多的自由度。但是，使用合适的底物也可以实现较好的 1,3-立体选择性。如式 55 所示[86]：通过添加有机磷苯甲酸配体助剂可以得到主要选择性为 *anti*-构型的产物。

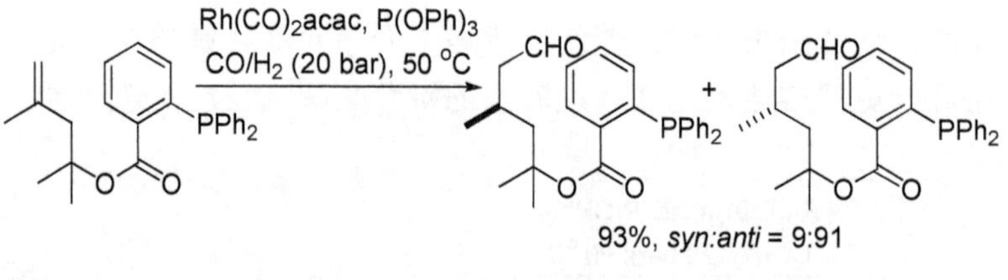

(55)

93%, *syn:anti* = 9:91

　　若使用 6-元环状的二噁烷类底物，则生成主要为 *syn*-构型的二醇产物[87]（式 56）。在特殊的环状底物的氢化甲酰化反应中，1,3-位立体选择性也可以由邻位的 OH 基团来定位，而这种方法已经被应用于类固醇类化合物的合成中[88]（式 57）。

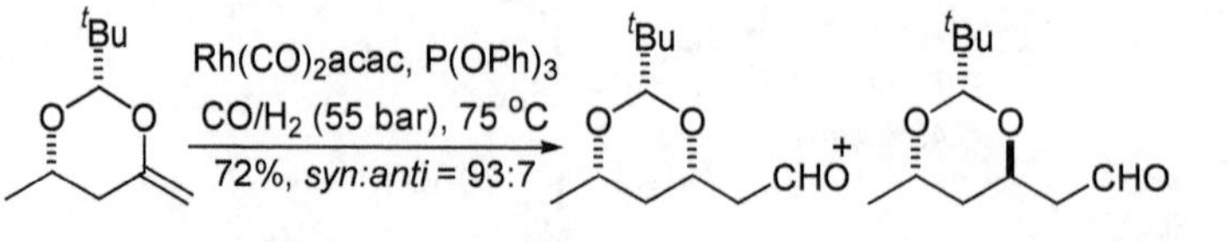

(56)

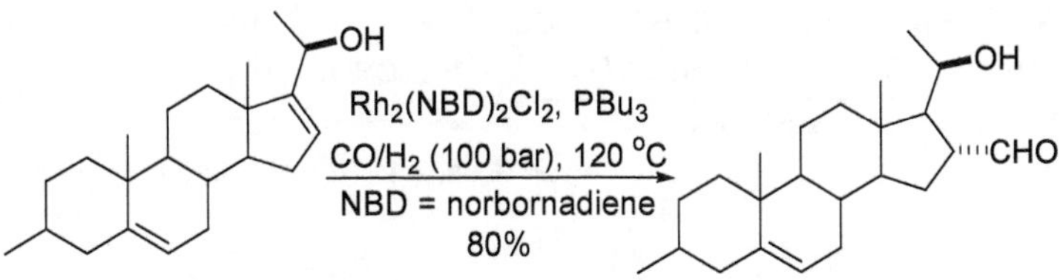

(57)

3.4 不对称氢化甲酰化反应

在之前的讨论中,一般把线型产物作为需要的目标产物而试图去抑制枝状产物的生成。但是,氢化甲酰化反应所生成的有些枝状产物在合成中也是有用的构造功能模块。而且,在形成枝状产物时同时还形成一个新的手性中心。因此,如何控制这个手性中心的立体构型并使之给出所需要的产物也是重要的研究内容。本小节将概括介绍使用氢化甲酰化反应选择性地合成枝状产物,同时一起介绍与之直接相关的不对称氢化甲酰化反应的发展。

通过对潜手性烯烃的不对称氢化甲酰化进行研究,一方面可以帮助理解反应的机理,另一方面也可用于发展潜在的有用方法用于不对称有机合成。铑和铂配合物是该类研究中常用的催化剂,但使用钴配合物的研究相对较少。在铑和铂配合物催化的不对称氢化甲酰化反应中,带有各种手性磷、二磷、磷酸酯、磷-磷酸酯、硫醇、二硫醇、*P,N*-化合物和 *P,S*-化合物等常常被用作手性配体[89,90]。

从前面的讨论中我们已经知道:在铑催化的氢化甲酰化反应中,使用大咬合角双齿磷配体可以大大地提高线型/枝状产物的比例。因此,在有机合成中人们可以将不直接与吸电子官能团相连的 $CH=CH_2$ 基团看成是 CH_2CH_2CHO 的前体物。双齿配体 BINAPHOS 就是一个典型的代表,在它的分子中同时存在一个磷配位中心和一个氧配位中心。如式 58 所示:这种配体可以有效地控制环状烯烃产物的区域选择性和立体选择性。在 BINAPHOS 配体的存在下,1,4-二氢吡咯啉经氢化甲酰化反应生成立体选择性为 73% ee 的产物。在抗炎药物 (*S*)-Ibuprofen 和 (*S*)-Naproxen 的商业合成中,该方法已经得到了成功的应用[91]。如式 59 所示:在相同的反应条件下,1,2-二氢吡咯啉生成大约 2:1 的 2-甲酰和 3-甲酰化产物[92]。又如式 60 所示:选择适当的手性配体,茚可以发生选择性氢化甲酰化反应生成 92% 的 α-甲酰化产物[93]。

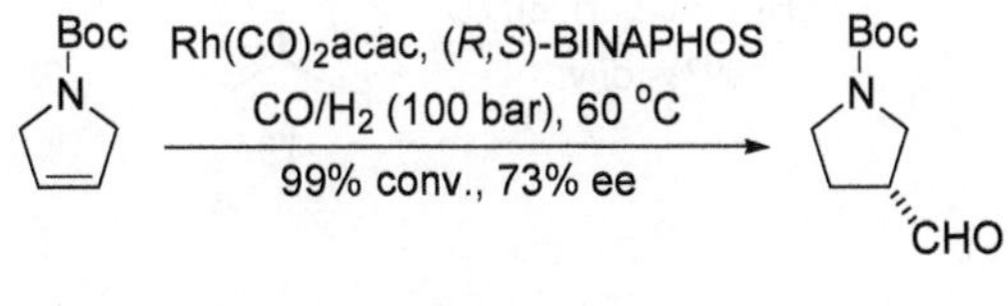

(58)

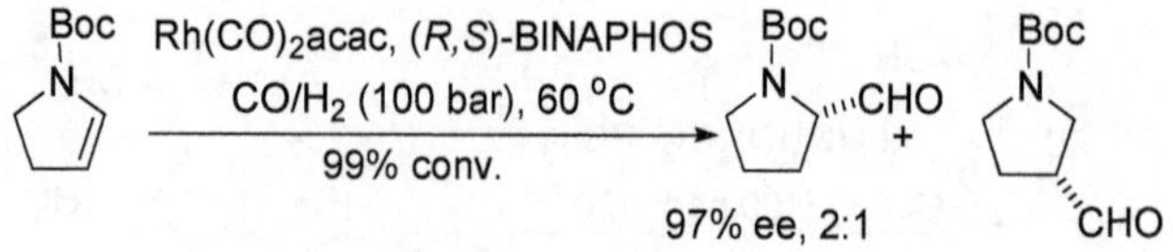

$$(59)$$

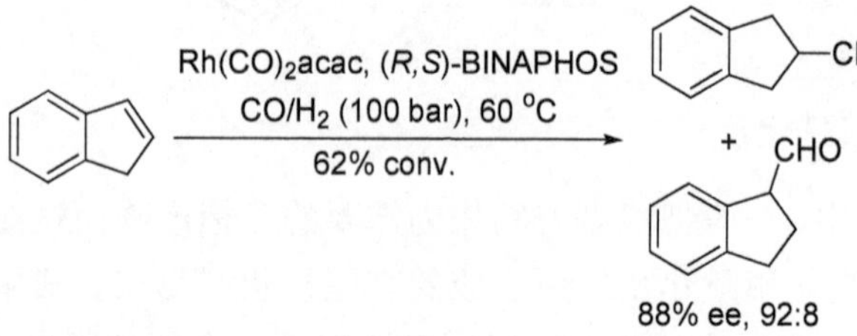

$$(60)$$

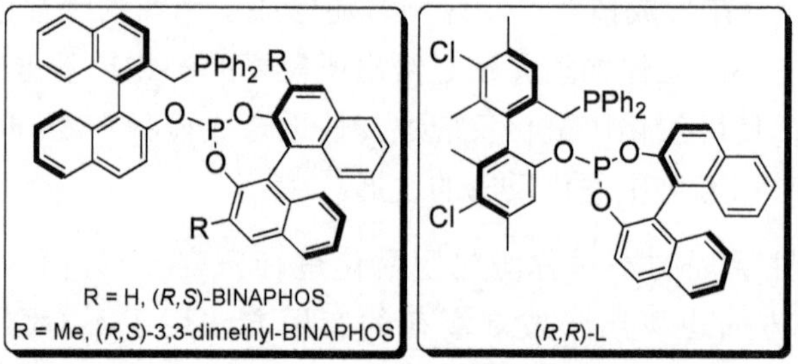

R = H, (R,S)-BINAPHOS
R = Me, (R,S)-3,3-dimethyl-BINAPHOS

(R,R)-L

　　相对于脂肪族烯烃，芳香烯烃由于芳香环对烯烃双键的电子效应影响较易生成枝状产物。如式 61 所示：在 BINAPHOS 配体的存在下，苯乙烯经氢化甲酰化反应生成的枝状产物可以达到 88% 的产率和高达 94% ee 选择性。如式 62 和式 63 所示：在相同的催化体系中，反式 1-苯基丙烯生成枝状产物的选择性比顺式 1-苯基丙烯更高，但二者的立体选择非常接近[94]。

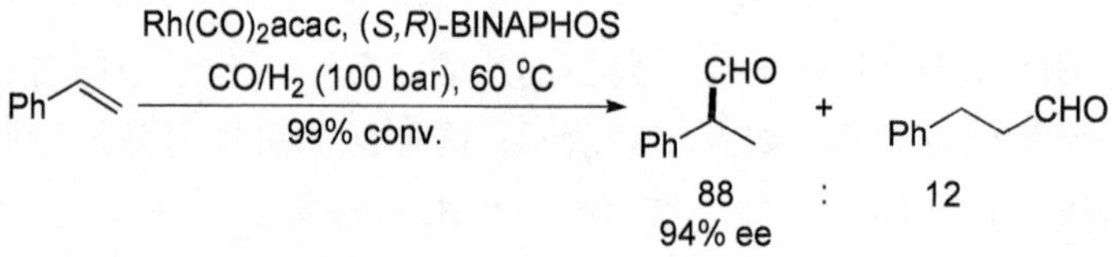

$$(61)$$

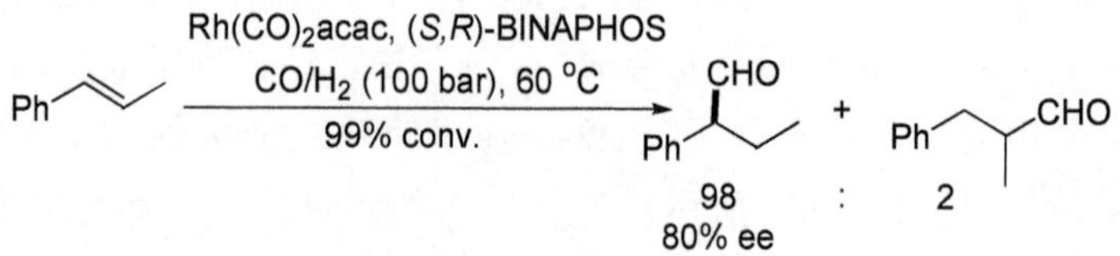

88 : 12
94% ee

$$(62)$$

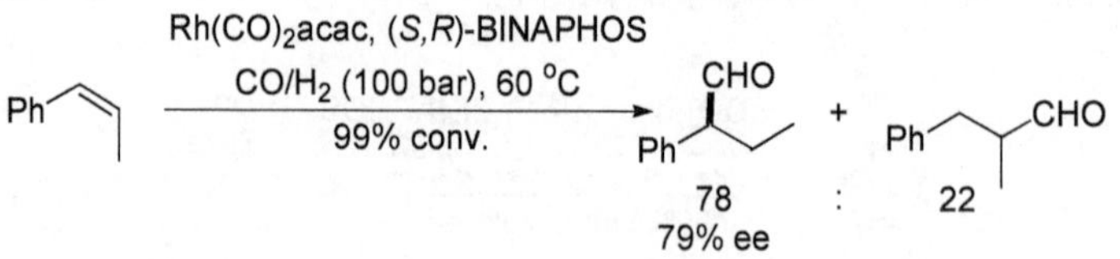

98 : 2
80% ee

$$(63)$$

78 : 22
79% ee

不对称氢化甲酰化反应的结果既受到底物结构的影响，也受到配体结构的影响。如式 64 所示：在 $PtCl_2(BPPM)/SnCl_2$ 催化体系中[95]，使用苯乙烯底物可以给出 70%~80% ee 的选择性，而使用异丁基苯乙烯底物则可以给到高达 80% ee 的选择性。苯乙烯在 $PtCl_2(BCO-DBP)/SnCl_2$ 催化体系中可以得到 86% ee 的氢化甲酰化产物[96]，而在 Pt-BPPI-SnCl₂ 催化体系中可以得到 91% ee 的氢化甲酰化产物[97]。

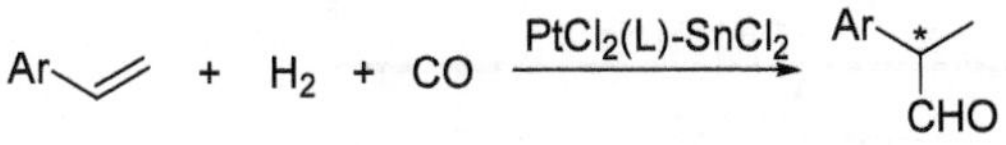

$$Ar\diagup\!\!= \;+\; H_2 \;+\; CO \xrightarrow{PtCl_2(L)\text{-}SnCl_2} Ar\!\!\diagup\!\!\overset{*}{\underset{CHO}{}} \qquad (64)$$

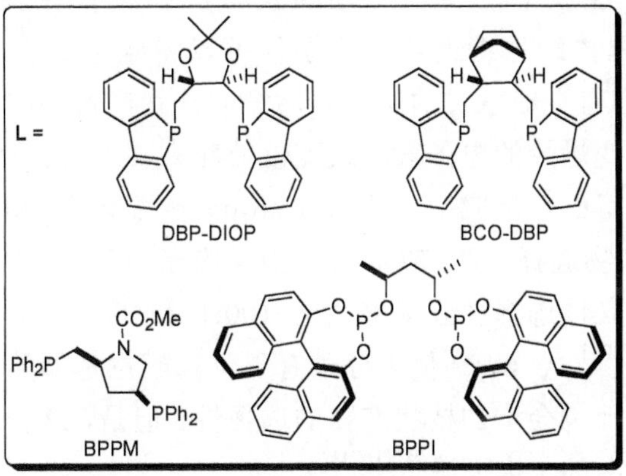

L =

DBP-DIOP   BCO-DBP

BPPM   BPPI

在带有吸电子基团的缺电子烯烃的氢化甲酰化反应中，烯烃底物的电子效应对产物的区域选择性的重要影响得到了充分的体现。与简单脂肪族烯烃相比较，吸电子基团更容易导致副反应的发生。在常见的不饱和脂类化合物的氢化甲酰化反应中，产物的选择性与反应温度和压力的关系很大。在 280 atm 条件下，丙烯酸甲酯的氢化甲酰化反应生成单一的枝状产物[98]。如式 65 所示：当使用 DPPB 作为催化剂配体时，丙烯酸甲酯在 40 atm 条件下可以得到高达 98% 的枝状产物选择性。在丁烯腈的工业氢化甲酰化反应中，使用具有特殊结构的 Kelliphite 作为手性配体可以得到高达 94% 的枝状产物和 74% ee[99](式 66)。

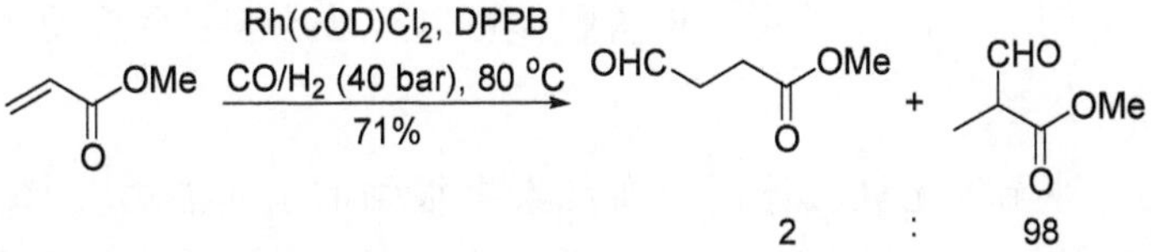

$$\diagup\!\!=\!\!\overset{OMe}{\underset{O}{}} \xrightarrow[71\%]{\substack{Rh(COD)Cl_2,\ DPPB \\ CO/H_2\ (40\ bar),\ 80\ ^\circ C}} OHC\diagdown\!\!\diagup\!\!\overset{OMe}{\underset{O}{}} \;+\; \overset{CHO}{\diagup}\!\!\overset{}{\underset{O}{}}OMe \qquad (65)$$

2 : 98

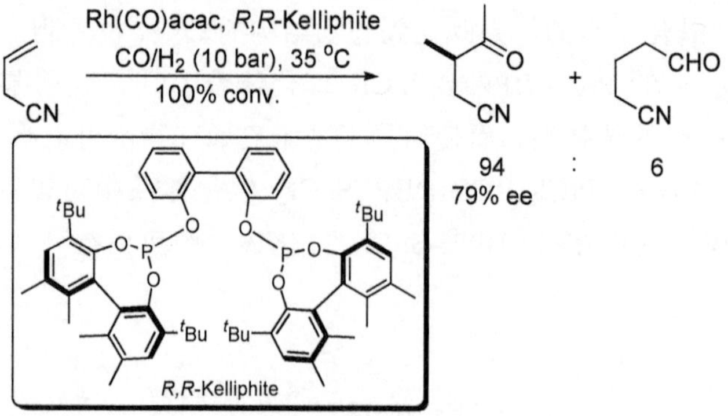

$$(66)$$

简单无官能团的脂肪族烯烃的枝状产物选择性较差。有人报道：使用 BINAPHOS 配体经仔细调整反应条件可以得到略好于 50% 的枝状产物选择性[100]。而在具有合成意义的脂肪族烯烃的枝状产物的制备中，一般是通过添加邻位基团来改变烯烃的电子效应或配位效应来实现的。如式 67 所示：在乙烯醇乙酸酯的氢化甲酰化反应中，使用 Kelliphite 配体在 70 ℃ 反应可以生成高达 56:1 的枝状产物选择性和 77% ee。当反应在 35 ℃ 进行时可以显著地将枝状产物选择性和立体选择性分别增加至 100:1 和 86% ee，但反应速率则明显降低至原来的 1/5[101](式 68)。使用分子有邻位磷配位基团的脂肪族烯烃时，由于分子内配位的原因也会增加枝状产物的选择性。但是，这种选择性会随着烯烃和配位基团之间距离的增大而降低[102]。

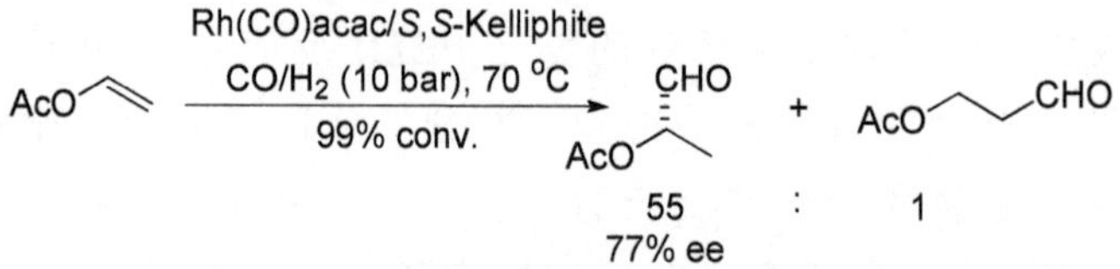

$$(67)$$

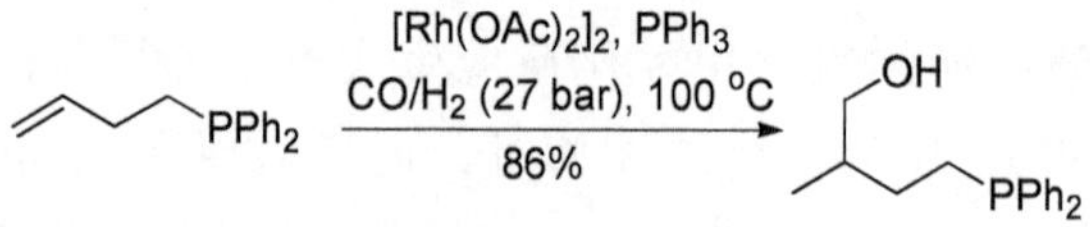

$$(68)$$

3.5 氢化甲酰化反应条件

氢化甲酰化反应通常是在烷烃、卤代烷烃或醚等溶剂中进行。Rh-催化体系具有较高的催化活性和选择性，并且可以在较温和的反应条件进行。因此，更适合在实验室合成中应用。通常，使用有机磷配体可以有效地改善反应的区域选择性和产率。

一氧化碳是一种无色无臭气体，与血红素有很强的亲和能力[103]。在含有 400~500 μL/L CO 浓度的空气中呼吸 1 h 不会感觉到明显的异常，但呼吸含有

1000 μL/L 或更浓 CO 的空气就会非常危险。当空气中 CO 的浓度超过 4000 μL/L 时，在 1 h 内就会致人死亡。因此，一氧化碳的使用必须在通风橱中进行，把一氧化碳的可能扩散量降到最低。最好安装一个电子监测系统，不断检测实验室的空气。在常压反应条件下，带有安全夹的一般橡胶管或透明的 PVC 管均可在实验室中用来给反应体系提供一氧化碳。如果进行高压反应时，则需要使用不锈钢管及联轴器。

4 氢化甲酰化反应实例

例 一

环己甲醛的合成[104]
(经典均相反应条件下的氢甲酰化反应)

$$
\underset{}{\bigcirc\!\!\!=} \quad \xrightarrow[\substack{(60\sim150\text{ atm}),\ PhH,\ 100\ ^\circ C \\ 86\%}]{Rh_2O_3,\ PPh_3,\ CO/H_2} \quad \underset{CHO}{\bigcirc} \tag{69}
$$

将 Rh(III) 氧化物 (0.2 g, 0.8 mmol) 加入到高压釜中，密封后抽真空至内部压力为 0.1 mmHg。然后，将含有环己烯 (82 g, 1 mol) 的无水苯 (140 mL) 溶液注入高压釜中。接着，依次充入 CO 气体至容器内压力为 75 atm 和充入氢气至容器内压力为 150 atm。将反应体系在振荡下加热至内温度至 100 ℃ 后，容器内压力开始降低。当压力降至 60 atm 时，停止振荡并再依次充入 CO 气体至容器内压力为 105 atm 和充氢气至容器内压力为 150 atm。重复这一过程，直至没有明显的压力下降发生为止。

上述过程大约需要 2 h，压力降低总值相当于消耗 2 mol 的气体。将容器冷却至室温后，小心放出残余气体。将浅黄色反应混合物转移至含有硫酸氢钠 (200 g) 的水 (400 g) 溶液中。生成的混合物在室温下间歇性的振动 3 h 后，将产生的沉淀用砂芯漏斗抽滤除去。将滤饼在空气中干燥后，将次重亚硫酸盐衍生物转移至含有 20% 的碳酸钾水溶液 (1 L) 的蒸馏烧瓶中。将剩余的混合物蒸馏，氮气保护下收集水与醛的共沸物 (bp 94~95 ℃)。分离出的醛并用无水硫酸钠干燥后，再用 Claisen 减压蒸馏器蒸馏达到 92~94 g (82%~84%) 环己基甲醛，bp 52~53℃/18 mmHg，n_D^{25} 1.4484，GC 纯度为 98%。

例 二

(S)-2-(4-异丁基苯基)丙醛的合成[38]
(催化立体选择性氢化甲酰化反应)

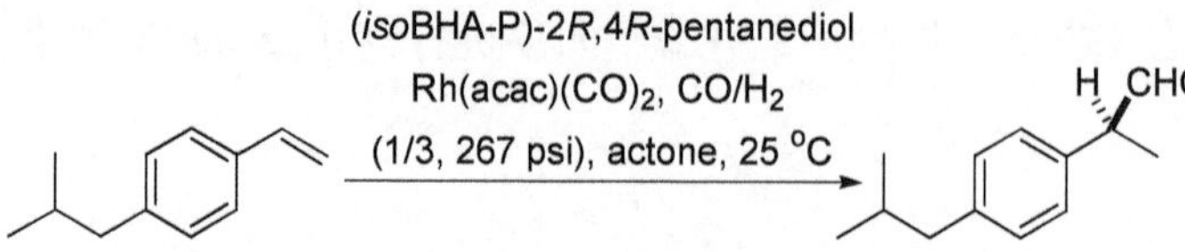

$$
\text{(70)}
$$

将 (乙酰丙酮)二羰基铑 (0.011 g, 1500×10^{-6} 铑)、(异 BHA-P)$_2$-(2R,4R)-戊二醇 (0.765 g，配体与铑的比例为 4:1)、4-异丁基苯乙烯 (5 g) 的丙酮混合溶液 (24.5 mL) 加入到反应釜中，调节氢气的压力 (67 psi) 和二氧化碳的压力 (200 psi)。反应的速度可以通过调节合成气体的压力来控制，其速率大约为 0.1 g-mol/(L·h)。当起始原料气的消耗引起反应速度变得很慢时，将反应混合液在氮气保护下从反应釜中移出。GC 分析结果显示：产物同分异构体 [2-(4-异丁基苯基)]丙醛 : [3-(4-异丁基苯基)]丙醛] = 66:1。

将反应溶液 (3 mL) 用丙酮 (50 mL) 稀释后，加入高锰酸钾 (0.3 g) 和硫酸镁 (0.32 g) 将醛氧化成为相应的羧酸。减压蒸去溶剂后，将残余物用热水萃取三次。合并的水相经过滤后用氯仿洗涤后，加入盐酸酸化。水相用氯仿萃取，合并的萃取在减压下除去溶剂。生成的残留物用甲苯 (0.5 mL) 稀释后，使用手性环糊精柱的 GC 显示产物的对映选择性为 82% ee。

例 三

(S)-3-(2R,4S,5R)-5-甲基-2-芳基-1,3-二氧杂-丁醛的合成[85]
(手性底物的立体选择氢化甲酰化反应)

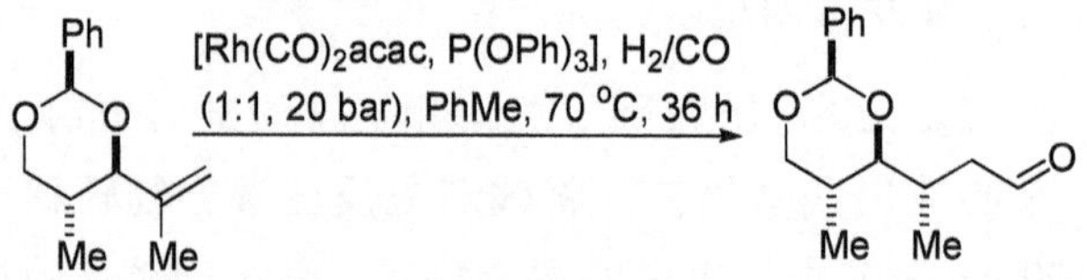

$$
\text{(71)}
$$

在 20 °C，将 P(OPh)$_3$ (0.14 mmol) 加入到含有 Rh(CO)$_2$acac (0.035 mmol) 的甲苯溶液中。搅拌 15 min 后，再加入烯烃 (0.5 mmol)。将生成的混合物溶液在 H$_2$ 和 CO 气氛中 (20 bar) 升温至 70 °C 搅拌反应 36 h。然后，将反应体系冷却至 20 °C，过滤后蒸除溶剂。生成的粗产品经过 GC 和 NMR 测定具有 80% 的产率，dr = 99:1。

例 四

正庚醛的合成[105]

(在两相体系中使用水溶性复合物作为催化剂前体的氢化甲酰化反应)

$$n\text{-Bu} \diagdown \xrightarrow[\text{CO/H}_2(80 \text{ bar}), \text{ TPPTS, H}_2\text{O}]{\text{Rh}_2(n\text{-SBu-}t)_2(\text{CO})_2(\text{TPPTS})_2} n\text{-Bu} \diagdown \diagdown \text{CHO} + \underset{n\text{-Bu}}{\overset{\text{CHO}}{\diagdown}} \quad (72)$$

将 1-己烯 (5.0 mL, 40 mmol)、$Rh_2(\mu\text{-SBu-}t)_2(CO)_2(TPPTS)_2$ (157.6 mg, 0.1 mmol) 和 $P(m\text{-}C_6H_4SO_3Na)_3$(TPPTS) (568 mg, 1.0 mmol) 依次加入到氮气饱和的蒸馏水 (30 mL) 中。在真空条件下，将该混合物引入到高压罐中。将该混合物在 80 ℃ 搅拌反应 5 min 后，再通入合成气 (CO/H$_2$ = 1/1) 使压力升至工作压力 (10 bar)。18 h 后，将反应溶液转移到 Schelenk 管中进行表征。利用 GC 检测显示：该反应的转化率为 100%，醛的选择性达到 97%，正庚醛 : 2-甲基己醛 = 36:1。

5 参考文献

[1] Beller, M.; Cornils, B.; Frohning, C. D.; Kohlpaintner, C. W. *J. Mol. Catal. A: Chem.* **1995**, *17*, 104.

[2] Cornils, B.; Herrmann, W. A.; Rasch, M. *Angew. Chem., Int. Ed.* **1994**, *33*, 2144.

[3] Katchenko, I. In *Comprehensive Organometallic Chemistry*, G. Wilkinson, Ed., Pergamon: Oxford, 1982, Vol. 8, Chapter 50.3, pp 101-223.

[4] (a) Collman, J. P.; Hegedus, L. S.; Norton, J. R.; Finke, R. G. In *Principles and Applications of Organotransition Metal Chemistry*; University Science Books: Mill Valley, California, **1987**, pp 621-630. (b) Stefani, A.; Consiglio, G.; Botteghi, C.; Pino, P. *J. Am. Chem. Soc.* **1973**, *95*, 6504. (c) Davidson, P. J.; Hignett, R. R.; Thomson, D. T. In *Catalysis*, C. Kemball, Ed., The Chemical Society: London, **1977**, Vol. 1, p 369. (d) Casey, C. P.; Petrovich, L. M. *J. Am. Chem. Soc.* **1995**, *117*, 6007. (e) Lazzaroni, R.; Uccello-Barretta, G.; Scamuzzi, S.; Settambolo, R.; Caiazzo, A. *Organometallics* **1996**, *15*, 4657. (f) Mattews, R. C.; Howell, D. K.; Peng, W.-J.; Train, S. G.; Treleaven, W. D.; Stanley, G. G. *Angew. Chem., Int. Ed.* **1996**, *35*, 2243. (g) Peng, W.-J.; Train, S. G.; Fitzgerald, K.; Johnson, D.; Alburquerque, P.; Stanley, G. G. In *Bimetallic Hydroformylation Catalysis: In situ IR and NMR spectrometric studies*, Dekker: **1995**, Vol. 62. (h) Peng, W.-J.; Train, S. G.; Howell, D. K.; Fronczek, F. R.; Stanley, G. G. *Chem. Commun.* **1996**, *22*, 2607. (i) Horiuchi, T.; Shirakawa, E.; Nozaki, K.; Takaya, H. *Organometallics* **1997**, *16*, 2981.

[5] Sakai, N.; Mano, S.; Nozaki, K.; Takaya, H. *J. Am. Chem. Soc.* **1993**, *115*, 7033.

[6] (a) Pregosin, P. S.; Sze, S. N. *Helv. Chim. Acta* **1978**, *61*, 1848. (b) Pottier, Y.; Mortreux, A.; Petit, F. *J. Organomet. Chem.* **1989**, *370*, 333. (c) Kollár, L.; Sándor, P.; Szalontai, G. *J. Mol. Catal.* **1991**, *67*, 191. (d) Buisman, G. J. H.; Martin, M. E.; Vos, E. J.; Klootwijk, A.; Kamer, P. C. J.; van Leeuwen, P. W. N. M. *Tetrahedron: Asymmetry* **1995**, *6*, 719. (e) Buisman, G. J. H.; Vos, E. J.; Kamer, P. C. J.; van Leeuwen, P. W. N. M. *J. Chem. Soc., Dalton Trans.* **1995**, 409. (f) Van Leeuwen, P. W. N. M.; Buisman, G. J. H.; van Rooy, A. *Recl. Trav. Chim. Pays-Bas* **1995**, *113*, 61. (g) Van Rooy, A.; Kamer, P. C. J.; van Leeuwen, P. W. N. M.;

Veldman, N.; Spek, A. L. *J. Organomet. Chem.* **1995**, *494*, C15. (h) Naïli, S.; Carpentier, J.-F.; Agbossou, F.; Mortreux, A.; Nowogrocki, G.; Wignacourt, J.-P. *Organometallics* **1995**, *14*, 401. (i) Kégl, T.; Kollár, L. *J. Mol. Cat. A: Chem.* **1997**, *122*, 95. (j) van Rooy, A.; Kamer, P. C. J.; van Leeuwen, P. W. N. M. *J. Organomet. Chem.* **1997**, *535*, 201. (k) Castellanos-Páez, A.; Castillón, S.; Claver, C. *Organometallics* **1998**, *17*, 2543.

[7]   (a) Musaev, D. G.; Matsubara, T.; Mebel, A. M.; Koga, N.; Morokuma, K. *Pure Appl. Chem.* **1995**, *67*, 257. (b) Matsubara, T.; Koga, N.; Ding, Y.; Musaev, D. G.; Morokuma, K. *Organometallics* **1997**, *16*, 1065. (c) Schmid, R.; Hermann, W. A.; Frenking, G. *Organometallics* **1997**, *16*, 701. (d) Rocha, W. R.; de Almeida, W. B. *Organometallics* **1998**, *17*, 1961.

[8]   Cornils, B. In *New Syntheses with Carbon Monoxide*, J. Falbe, Ed., Springer-Verlag: Berlin, **1980**, pp 1-225.

[9]   Matsubara, T.; Koga, N.; Ding, Y.; Musaev, D. G.; Morokuma, K. *Organometallics* **1997**, *16*, 1065.

[10] (a) Breslow, D. S.; Heck, R. F. *Chem. Ind. (London)*, **1960**, 467. (b) Heck, R. F.; Breslow, D. S. *J. Am. Chem. Soc.* **1961**, *83*, 4023.

[11] Pino, P.; Major, A.; Spindler, F.; Tannenbaum, R.; Bor, G.; Horvath; I. T. *J. Organomet. Chem.* **1991**, *417*, 65.

[12] Fell, B.; Rupilius, W.; Asinger, F. *Tetrahedron Lett.* **1968**, 3261.

[13] Wyman, R. *J. Organomet. Chem.* **1974**, *66*, C23.

[14] Cornils, B. in *New Synthesis with Carbon Monoxide*, Ed. Falbe, J. Springer-Verlag, 1980, p 17.

[15] Slaugh, L. H.; Mullineaux, R. D. *J. Organomet. Chem.* **1968**, *13*, 469.

[16] Bianchi, M.; Paicenti, F.; Frediani, P.; Matteoli, U. *J. Organomet. Chem.* **1977**, *137*, 361.

[17] Haymore, B. L.; van Asselt, A.; Beck, G. R. *Ann. New York Acad. Sci.* **1984**, *415*, 159.

[18] Evans, D.; Osborn, J. A.; Wilkinson, G. *J. Chem. Soc.* **1968**, *33*, 3133.

[19] Pruett, R. L.; Smith, J. A. *J. Org. Chem.* **1969**, *34*, 327.

[20] (a) Kastrup, R. V.; Merola, J. S.; Oswald, A. A. in *ACS Advances in Chemistry Series*, Eds. Alyea E. L. and Meek, D. W. ACS, Washington, D.C., 1982, *196*, 43. (b) Tolman, A.; Faller, J. W. in *Homogeneous Catalysis with Metal Phosphine Complexes*, Ed. Pignolet, L. H. Plenum, New York, 1983, 93.

[21] Bianchini, C.; Meli, A.; Peruzzini, M.; Vizza, F. *Organometallics* **1990**, *9*, 226.

[22] (a) Matsumoto, M.; Tamura, M. *J. Mol. Catal.* **1982**, *16*, 209. (b) Matsumoto, M.; Tamura, M. *J. Mol. Catal.* **1982**, *16*, 195.

[23] (a) Kuntz, E. G. Chemtech, **1987**, *17*, 570. (b) Cornils, B.; Kuntz, E. G. *Aqueous-Phase Organomet. Catal.* **1998**, 271.

[24] Arhancet, J. P.; Davis, M. E.; Hanson, B. E. *J. Catal.* **1991**, *129*, 94.

[25] Ferenc, U. *Coord. Chem. Rev.* **2002**, *228*, 61.

[26] Monflier, E.; Mortreux, A.; Castanet, Y. in *Handbook of Fluorous Chemistry* 2004, 281.

[27] Haumann, M.; Riisager, A. *Chem. Rev.* **2008**, *108*, 1474.

[28] (a) van Leeuwen, P. W. N. M.; Freixa, Z. *Modern Carbonylation Methods* 2008, 1. (b) Klosin, J.; Landis, C. R. *Acc. Chem. Res.* **2007**, *40*, 1251. (c) Breit, B. *Top. Curr. Chem.* **2007**, *279*, 139. (d) Kamer, P. C. J.; Reek, J. N. H.; van Leeuwen, P. W. N. M. in *Mechanisms in Homogeneous Catalysis* 2005, 231. (e) Sanger, A. R. in *Homogeneous Catal. Met. Phosphine Complexes* 1983, 215. (f) Oswald, A. A.; Hendriksen, D. E.; Kastrup, R. V.; Mozeleski, E. J. in *Advances in Chemistry Series* **1992**, *230*, 395.

[29] *Rhodium Catalyzed Hydroformylation*. Eds. van Leeuwen, P. W. N. M.; Claver, C.; Kluwer, Amsterdam, 2001.

[30] Kalck, P.; Peres, Y.; Jenck, J. *Adv. Organomet. Chem.* **1991**, *32*, 121.

[31] Cooper, J. L. *U. S. Pat.* **1984**, U.S. 4474995 (*CA:* **1984**, *102*, 5699).

[32] (a) Crudden, C. M.; Alper, H. *J. Org. Chem.* **1994**, *59*, 3091. (b) Uson, L. R.; Oro, G. L. A.; A., C. L. M.; Pinillos, M. T.; Royo, M. M.; Pastor, M. E. *Span. Pat.* **1981**, ES497900 (*CA:* **1981**, *97*, 55306). (c) Carlock, J. T. *U. S. Pat.* **1980**, U.S. 4189448 (*CA:* **1980**, *92*, 221633).

[33] Sánchez-Delgado, R. A.; Rosales, M.; Esteruelas, M. A.; Oro. L. A. *J. Mol. Catal. A: Chem.* **1995**, *96*, 231.

[34] Jessop, P. G.; Ikariya, T.; Noyori, R. *Organometallics* **1995**, *14*, 1510.

[35] Bullock, R. M.; Rapploi, B. J. *J. Organomet. Chem.* **1992**, *429*, 345.

[36] Weil, T. A.; Metlin, S.; Wender, I. *J. Organomet. Chem.* **1973**, *49*, 227.

[37] (a) Kang, H.; Mauldin, C. H.; Cole, T.; Slegeir, W.; Cann, K.; Pettit, R. *J. Am. Chem. Soc.* **1977**, *99*, 8323. (b) Booth, B. L.; Goldwhite, H.; Haszeldine, R. N. *J. Chem. Soc. C* **1966**. (c) Butts, S. B. *U.S. Pat.* 1988, U.S. 4782188 (*CA:* **1988**, *110*, 137489).

[38] Consiglio, G. *Helv. Chim. Acta* **1976**, 642.

[39] Fenton, D. M.; Olivier, K. L. *Chemtech.* **1972**, *2*, 220.

[40] Fell, B.; Shanshool, J. *J. Prakt. Chem./Chem.-Ztg.* **1975**, *99*, 231.

[41] (a) Consiglio, G.; Morandini, F.; Scalone, M.; Pino, P. *J. Organomet. Chem.* **1985**, *279*, 193. (b) Kollár, L.; Sándor, P.; Szalontai, G.; Heil, B. *J. Organomet. Chem.* **1990**, *393*, 153.

[42] (a) Devon, T. J.; Phillips, G. W.; Puckette, T. A.; Stavinoha, J. L.; Vanderbilt, J. J. *U.S Pat.* 1987, U.S. 4,694,109 (*CA:* **1987**, *108*, 7890). (b) Casey, C. P.; Whiteker, G. T.; Melville, M. G.; Petrovich, L. M.; Gavney, J. A. J.; Powell, D. R. *J. Am. Chem. Soc.* **1992**, *114*, 5535. (c) Puckette, T. A.; Devon, T. J.; Phillips, G. W.; Stavinoha, J. L. *U.S. Pat.* 1989, U.S. 4879416 (*CA:* **1989**, *112*, 217269). (d) Puckette, T. A.; Devon, T. J. 1989, *U.S. Pat.*, U.S. 4873213 (*CA:* **1989**, *112*, 178082). (e) Devon, T. J.; Phillips, G. W.; Puckette, T. A.; Stavinoha, J. L., Jr.; Vanderbilt, J.J. *U.S. Pat.* **1988**, U.S. 4774362 (*CA:* **1988**, *110*, 78058).

[43] Devon, T. J.; Phillips, G. W.; Puckette, T. A.; Stavinoha, J. L., Jr.; Vanderbilt, J. J. *PCT Int. Appl.* **1987**, WO 8707600 (*CA:* **1987**, *109*, 8397).

[44] Devon, T. J.; Phillips, G. W.; Puckette, T. A.; Stavinoha, J. L.; Vanderbilt, J. J. *U.S. Pat.* **1987**, U.S. 4694109 (*CA:* **1987**, *108*, 7890).

[45] (a) Devon, T. J.; Phillips, G. W.; Puckette, T. A. L., S. J.; Vanderbilt, J. J. *U.S. Pat.* **1994**, U.S. 5332846 (*CA:* **1994**, *121*, 280879). (b) Devon, T. J.; Phillips, G. W.; Puckette, T. A.; Stavinoha, J. L.; Vanderbilt, J. J. *Eur. Pat. Appl.* 1990, EP 375573 (*CA:* **1990**, *114*, 81009). (c) Puckette, T. A.; Stavinoha, J. L.; Devon, T. J.; Phillips, G. W. *Eur. Pat. Appl.* 1990, EP 375576 (*CA:* **1990**, *113*, 223484). (d) Reetz, M. T.; Waldvogel, S. R. *Angew. Chem., Int. Ed.* **1997**, *36*, 865. (e) Buhling, A.; Elgersma, J. W.; Nkrumah, S.; Kamer, P. C. J.; van Leeuwen, P. W. N. M. *J. Chem. Soc., Dalton Trans.* **1996**, 2143. (f) Buhling, A.; Kamer, P. C. J.; van Leeuwen, P. W. N. M.; Elgersma, J. W.; Goubitz, K.; Fraanje, J. *Organometallics* **1997**, *16*, 3027.

[46] (a) Billig, E.; Abatjoglou, A. G.; Bryant, D. R. *U.S. Pat.* **1987**, U.S. 4,668,651 (*CA:* **1988**, *111*, 117287). (b) Cuny, G. D.; Buchwald, S. L. *J. Am. Chem. Soc.* **1993**, *115*, 2066.

[47] (a) Billig, E.; Abatjoglou, A. G.; Bryant, D. R. *Eur. Pat. Appl.* **1987**, EP 214622 (*CA:* **1987**, *107*, 75126). (b) Billig, E.; Abatjoglou, A. G.; Bryant, D. R. *Eur. Pat. Appl.* **1987**, EP 213639 (*CA:* **1987**, *107*, 7392).

[48] Broussard, M. E.; Juma, B.; Train, S. G.; Peng, W.-J.; Laneman, S. A.; Stanley, G. G. *Science* **1993**, *260*, 1784.

[49] (a) Stanley, G. G.; Peng, W. J. *PCT Int. Appl.* 1994, WO 9420510 (*CA:* **1994**, *112*, 55358). (b) Stanley, G. G.; Laneman, S. A. *U.S. Pat.* 1993, WO 5200539 (*CA:* **1993**, *119*, 116799).

[50] (a) Paumard, E.; Mortreux, A.; Petit, F. *J. Chem. Soc., Chem. Commun.* **1989**, 1380. (b) Mutez, S.; Paumard, E.; Mortreux, A.; Petit, F. *Tetrahedron Lett.* **1989**, *30*, 5759. (c) Mortreux, A.; Petit, F.; Mutes, S.; Paumard, E. *PCT Int. Appl.* 1986, WO 8605415 (*CA:* **1986**, *106*, 35091).

[51] Ishii, Y.; Miyashita, K.; Kamita, K.; Hidai, M. *J. Am. Chem. Soc.* **1997**, *119*, 6448.

[52] Chalk, A. J. *J. Mol. Catal.* **1988**, *43*, 353.

[53] (a) Jackson, W. R.; Perlmutter, P.; Suh, G.-H. *J. Chem. Soc., Chem. Commun.* **1987**, 724. (b) Jackson, W. R.; Perlmutter, P.; Suh, G. H.; Tasdelen, E. E. *Aust. J. Chem.* **1991**, *44*, 951.

[54] Doyle, M. M.; Jackson, W. R.; Perlmutter, P. *Tetrahedron Lett.* **1989**, *30*, 233.

[55] (a) Doyle, M. P.; Shanklin, M. S.; Zlokazov, M. V. *Synlett* **1994**, 615. (b) Kitamura, T.; Tamura, M. **1984**, EP 103891 (*CA:* **1981**, *95*, 42364). (c) Kitamura, T.; Matsumoto, M.; Tamura, M. *Fr. Demande* **1981**, FR 2477140 (*CA:* **1981**, *96*, 34600).

[56] Alper, H.; Zhou, J.-Q. *J. Chem. Soc., Chem. Commun.* **1993**, 316.

[57] Neibecker, D.; Réau, R. *New J. Chem.* **1991**, *15*, 279.

[58] (a) Bertleff, W.; Butz, G. *Ger. Offen.* **1991**, DE 3938092 (*CA:* **1991**, *115*, 70936). (b) Weber, J.; Lappe, P.; Springer, H. *Eur. Pat. Appl.* **1991**, EP 417597 (*CA:* **1991**, *114*, 228388). (c) Drent, E.; Breed, A. J. M. *Eur. Pat. Appl.* **1989**, EP 306094 (*CA:* **1989**, *111*, 99361). (d) Lin, J. J. *U.S. Pat.* **1989**, U.S. 4849543 (*CA:* **1989**, *112*, 76401).

[59] (a) Amer, I.; Alper, H. *J. Am. Chem. Soc.* **1990**, *112*, 3674. (b) Botteghi, C.; Paganelli, S. *J. Organomet. Chem.* **1991**, *417*, C41.

[60] Lazzaroni, R.; Bertozzi, S.; Pocai, P.; Troiani, F.; Salvadori, P. *J. Organomet. Chem.* **1985**, *295*, 371.

[61] Polo, A.; Claver, C.; Castillón, S.; Rulz, A.; Bayón, J. C.; Real, J.; Mealli, C.; Masi, D. *Organometallics* **1992**, *11*, 3525.

[62] Polo, A.; Real, J.; Claver, C.; Castillón, S.; Bayon, J. C. *J. Chem. Soc., Chem. Commun.* **1990**, 600.

[63] Polo, A.; Fernandez, E.; Claver, C.; Castillon, S. *J. Chem. Soc., Chem. Commun.* **1992**, 639.

[64] Dubois, R. A.; Garrou, P. E. *J. Organomet. Chem.* **1983**, *241*, 69.

[65] Soulantica, K.; Sirol, S.; Koinis, S.; Pneumatikakis, G.; Kalck, P. *J. Organomet. Chem.* **1995**, *498*, C10.

[66] Fell, B.; Barl, M. *Chem. Ztg.* **1977**, *101*, 343.

[67] Currie, A. W. S.; Andersen, J. A. M. *Catal. Lett.* **1997**, 109.

[68] (a) Nozaki, K.; Li, W.; Horiuchi, T.; Takaya, H. *Tetrahedron Lett.* **1997**, *38*, 4611. (b) De Munck, N. A.; Scholten, J. J. F. *Eur. Pat.* 0,038,609, **1981** (*CA:* **1982**, *96*, 52173k).

[69] Wuts, P. G. M.; Ritter, A. R. *J. Org. Chem.* **1989**, *54*, 5180.

[70] (a) Baig, T.; Molinier, J.; Kalck, P. *J. Organomet. Chem.* **1993**, *454*, 219. (b) Baig, T.; Kalck, P. *J. Chem. Soc., Chem. Commun.* **1992**, 1373.

[71] Larson, A. T. (E. I. du Pont de Nemours & Co.). *U.S. Pat.* 2,497,310, **1950** (*CA:* **1950**, *44*, 4489 h).

[72] Campi, E. N.; Jackson, W. R.; McCubbin, Q. J.; Trnacek, A. E. *Aust. J. Chem.* **1996**, *49*, 219.

[73] Barfacker, L.; El Tom, D.; Eilbracht, P. *Tetrahedron Lett.* **1999**, *40*, 4031.

[74] Hollmann, C.; Eilbracht, P. *Tetrahedron* **2000**, *56*, 1685.

[75] Breit, B.; Zahn, S. K. *Angew. Chem., Int. Ed.* **1999**, *38*, 969.

[76] Breit, B.; Zahn, S. K. *Angew. Chem., Int. Ed.* **2001**, *40*, 1910.

[77] Hoffmann, R. W.; Bruckner, D.; Gerusz, V. *J. Heterocycles* **2000**, *52*, 121.

[78] Fell, B.; Boll, W. *Chem. Z.* **1975**, *99*, 452.

[79] Eilbracht, P.; Balss, E.; Acker, M. *Tetrahedron Lett.* **1984**, *25*, 1131.

[80] Keil, T.; Gull, R. GE 3837452 A1, **1990** (*CA:* **1990**, *113*, 171548r).

[81] (a) Hoveyda, A. H.; Evans, D. A.; Fu, G. C. *Chem. Rev.* **1993**, *93*, 1307. (b) Brown, J. M. *Angew. Chem., Int. Ed.* **1987**, *26*, 190.

[82] Doi, T.; Komatsu, H.; Yamamoto, K. *Tetrahedron Lett.* **1996**, *37*, 6877.

[83] (a) Breit, B. *Angew. Chem., Int. Ed.* **1996**, *35*, 2835. (b) Breit, B. *Liebigs Ann./Recueil* **1997**, 1841.

[84] Breita, B. *Acc. Chem. Res.* **2003**, *36*, 264.

[85] (a) Breit, B.; Zahn, S. K. *J. Org. Chem.* **2001**, *66*, 4870. (b) Breit, B.; Zahn, S. K. *Tetrahedron Lett.* **1998**, *39*, 1901.

[86] (a) Breit, B. *J. Chem. Soc., Chem. Commun.* **1997**, 591. (b) Breit, B. *Eur. J. Org. Chem.* **1998**, *3*, 1123.

[87] Leighton, J. L.; O'Neil, D. N. *J. Am. Chem. Soc.* **1997**, *119*, 11118.

[88] Toros, S.; Gemespecsi, I.; Heil, B.; Maho, S.; Tuba, Z. *J. Chem. Soc., Chem. Commun.* **1992**, 858.

[89] Gladiali, S.; Bayon, J. C.; Claver, C. *Tetrahedron: Asymmetry* **1995**, *6*, 1453.

[90] (a) Paumard, E.; Mutez, S.; Mortreux, A.; Petit, F. **1989**, EP 335765 (*CA:* **1989**, *112*, 181863). (b) Petit, M.; Mortreux, A.; Petit, F.; Bruno, G.; Peiffer, G. Fr. Dimande 1985, FR 2550201 (*CA:* **1985**, *104*, 149172). (c) Dessau, R. M. *U.S. Pat.* **1985**, U.S. 4554262 (*CA:* **1985**, *104*, 206908). (d) Botteghi, C.; Gladiali, S. G.; Marchetti, M.; Faedda, G. A. *Eur. Pat. Appl.* **1983**, EP 81149 (*CA:* **1983**, *99*, 195279). (e) Tinker, H. B.; Solodar, A. J. **1981**, U.S. 4268688 (*CA:* **1981**, *95*, 114798). (f) Brunner, H.; Pieronczyk, W. Ger. Offen. 1980, DE 2908358 (*CA:* **1980**, *94*, 103556).

[91] Horiuchi, T.; Ohta, T.; Shirakawa, E.; Nozaki, K.; Takaya, H. *J. Org. Chem.* **1997**, *62*, 4285.

[92] Becker, Y.; Eisenstadt, A.; Stille, J. K. *J. Org. Chem.* **1980**, *45*, 2145.

[93] Higashizima, T.; Sakai, N.; Nozaki, K.; Takaya, H. *Tetrahedron Lett.* **1994**, *35*, 2023.

[94] Nozaki, K.; Sakai, N.; Nanno, T.; Higashijima, T.; Mano, S.; Horiuchi, T.; Takaya, H. *J. Am. Chem. Soc.* **1997**, *119*, 4413.

[95] Parrinello, G.; Stille, J. K. *J. Am. Chem. Soc.* **1987**, *109*, 7122.

[96] Consiglio, G.; Nefkens, S. C. A.; Borer, A. *Organometallics* **1991**, *10*, 2046.

[97] Cserépi-Szűcs, S.; Bakos, J. *Chem. Commun.* **1997**, 635.

[98] (a) Pruett, R. L.; Smith, J. A. *J. Org. Chem.* **1969**, *34*, 327. (b) Lee, C. W.; Alper, H. *J. Org. Chem.* **1995**, *60*, 499.

[99] Cobley, C. J.; Gardner, K.; Klosin, J.; Praquin, C.; Hill, C.; Whiteker, G. T.; Zanotti-Gerosa, A.; Petersen, J. L.; Abboud, K. A. *J. Org. Chem.* **2004**, *69*, 4031.

[100] (a) Horiuchi, T.; Ohta, T.; Nozaki, K.; Takaya, H. *J. Chem Soc., Chem. Commun.* **1996**, 155. (b) Skodafoldes, R.; Kollar, L.; Heil, B.; Galik, G.; Tuba, Z.; Arcadi, A. *Tetrahedron: Asymm.* **1991**, *2*, 633. (c) Nozaki, K.; Nanno, T.; Takaya, H. *J. Organomet. Chem.* **1997**, *527*, 103. (d) Botteghi, C.; Paganelli, S.; Marchetti, M.; Pannocchia, P. *J. Mol.Catal. Sect. A: Chemical* **1999**, *143*, 233.

[101] Cobley, C. J.; Klosin, J.; Qin, C.; Whiteker, G. T. *Org. Lett.* **2004**, *6*, 3277.

[102] Jackson, W. R.; Perlmutter, P.; Suh, G. H. *J. Chem. Soc., Chem. Commun.* **1987**, 724.

[103] Sax, N. I.; Lewis, R. J. *Dangerous Properties of Industrial Materials*, Van Nostrand Reinhold: New York, **1989**.

[104] Pino, P.; Botteghi, C.; Borecki, M. M.; Mrowca, J. J.; Benson, R. E. *Org. Synth.* **1977**, *57*, 11.

[105] Sakai, N.; Mano, S.; Nozaki, K.; Takaya, H. *J. Am. Chem. Soc.* **1993**, *115*, 7033.

朱利亚成烯反应

(Julia Olefination)

赵亮[*]　王梅祥

1 历史背景简述

Julia 成烯反应作为一类利用砜类化合物构建烯烃基团的重要方法，近几年来在许多天然产物的合成中起到了关键性的作用。该反应最初于 1973 年由 Marc Julia 和 Jean-Marc Paris 发现[1]，后经 Basil Lythgoe、Sylvestre Julia 和 Philip Kocienski 等人的进一步发展，使得这一反应可以有效地应用于顺式或反式烯烃的定向合成[2]。

Marc Julia (1922-2010) 于 1940 年在巴黎高等师范学院求学，1946 年转入伦敦帝国理工学院继续学习并在 1949 年获得博士学位。他是法国皮埃尔和玛丽居里大学的名誉退休教授，原巴黎高等师范学院化学系主任，1977 年被选为法国科学院院士。在他获得的众多学术奖项中，包括 1989 年获颁法国国家科学研究中心 (CNRS) 金质奖章。

Philip Joseph Kocienski 于 1946 年出生在美国纽约，1971 年在美国布朗大学获得博士毕业。他从 1979 年开始在英国利兹大学独立开展研究工作，1985 年成为南安普顿大学教授。在 1997-2000 年，他受聘于格拉斯哥大学担任 Regius 化学教授。1997 年 5 月他当选为英国皇家学会会员 (Fellow of the Royal Society)。2000 年，他回到利兹大学任有机化学系教授和系主任。

烯烃是天然产物分子中一类重要的功能片段，关于它的各种合成方法的研究一直吸引着化学家广泛的兴趣。连接性烯烃化反应 (即在形成烯烃双键时将两个片段连接在一起)，在天然产物的合成中是一类极具价值的合成方法。由于天然产物分子的复杂性，在人们利用全合成的手段去构建这类分子时，不仅要求反应有很高的区域和立体选择性，也要求所使用的合成手段及反应条件与天然产物分子中的各种功能片段具有相容性，不会导致这些非相关官能团在反应进行中发生其它反应。因此，在过去的几十年里，多种合成烯烃的方法被发展出来，以满足天然产物分子合成中可能遇到的各种严苛要求。在这些方法中，基于羰基化合物的直接烯化反应被证明是一类非常有效且普适性较强的方法。这类反应不仅包括著名的 Wittig 反应，还包括 Horner-Wittig、Horner-Wadsworth-Emmons (HWE)、Peterson、Johnson 成烯反应等反应。

另一方面，砜类化合物作为一类重要的有机试剂在有机反应中充当了重要的角色。这主要是因为砜类化合物具有很好的稳定性，而且具有便宜易得和易于提

纯 (非常易于结晶) 的优点。在有机反应中,砜可以充当很好的离去基团,通过脱去亚磺酸根负离子来推动许多有机反应的顺利进行。从 1950 年开始,Marc Julia 就开始致力于砜类化合物的合成及其在有机合成中的应用,他陆续报道了利用砜类化合物合成维生素 A[3]以及 α-檀香萜[4]的方法。1973 年,Marc Julia 和 Jean-Marc Paris 首次报道了 β-酰氧基砜在钠汞齐的还原消除条件下可以制得相应的二取代、三取代或四取代烯烃的反应 (式 1)。这一反应通常需要三步:(a) α-金属化的苯基砜化合物加成到醛或者酮分子上;(b) β-羟基砜的酰基化;(c) β-酰氧基砜的单电子还原消除生成烯烃化合物。上述多步反应虽然理论上可以在 "一锅煮" 条件下进行,但在实际操作中通常都是将 β-羟基砜化合物分离出来。然后,再依次发生进一步的酰化和还原消除反应,在实验操作上较为繁琐。

$$Ph\overset{\displaystyle S}{\underset{\displaystyle O\ \ O}{|}}R^1 \quad \xrightarrow{\text{Mbase}} \quad \xrightarrow{R^2COR^3} \quad \xrightarrow{R^4COX}$$

$$Ph\overset{\displaystyle S}{\underset{\displaystyle O\ \ O}{|}}\overset{R^1}{\underset{R^2\ R^3}{|}}O\overset{R^4}{\underset{O}{|}} \quad \xrightarrow{\text{Na(Hg), EtOH}} \quad \overset{R^1}{\underset{H}{|}}=\overset{R^2}{\underset{R^3}{|}} \tag{1}$$

1991 年,巴黎高等师范学院 (Ecole Normale Supérieure) 的 Sylvestre A. Julia 利用苯并噻唑-2-砜类化合物 (benzothiazol-2-yl sulfones, BT) 代替烷基苯基砜类反应物 (式 2)[5],从而有效地利用 Smiles 重排反应使得上述传统的 Julia 成烯反应可以一步完成。1998 年和 2000 年,Kocienski 进一步研究了这种 Julia 成烯反应,他利用苯基或叔丁基取代的四唑类砜化合物 [1-苯基-5-1H-四唑基 (1-phenyl-1H-tetrazol-5-yl, PT) 和 1-叔丁基-5-1H-四唑基 (1-tert-butyl-1H-tetrazol-5-yl, TBT)][6,7],有效地阻止了砜类化合物在反应过程中的自缩合反应。现在,利用 BT-砜和 PT-砜类化合物的这类反应被称为改良的 Julia 成烯反应 (Modified Julia olefination)。

$$\xrightarrow{\text{Mbase}} \xrightarrow{R^2COH} \tag{2}$$

$$\xrightarrow[-SO_2]{\text{Smiles rearrangement}} \quad \overset{R^1}{\underset{H}{|}}=\overset{H}{\underset{R^2}{|}} \quad + \quad$$

2 反应机理

截止到目前，基于还原消除反应的经典 Julia 成烯反应的准确机理还没有被完全阐释清楚。但是，人们利用同位素标记的方法研究了使用不同还原剂 (钠汞齐和 SmI₂) 时反应中间体的差别：使用钠汞齐的反应是通过乙烯基自由基中间体生成烯基化合物，而使用 SmI₂ 的反应则是通过烷基自由基中间体得到烯基化合物 (式 3 和式 4)[8]。在利用钠汞齐作为还原剂时，由于钠和醇反应生成醇钠而使得 β-酰氧基砜的 α-碳上的氢容易被强碱攫取生成乙烯基砜类化合物。然后，还原剂通过单电子转移 (Single Electron Transfer, SET) 将砜还原，从而获得乙烯基自由基并产生亚磺酸钠盐。最后，乙烯基自由基从还原剂处通过单电子转移获得一个电子生成乙烯基负离子，该负离子从溶剂中夺得一个质子后生成烯烃化合物。使用 SmI₂ 还原剂的反应由于不存在强碱的作用，是通过发生单电子转移还原脱去亚磺酸化合物来生成烷基自由基。进一步的单电子转移反应产生了烷基碳负离子，该中间体脱去一分子酯后生成烯烃化合物。

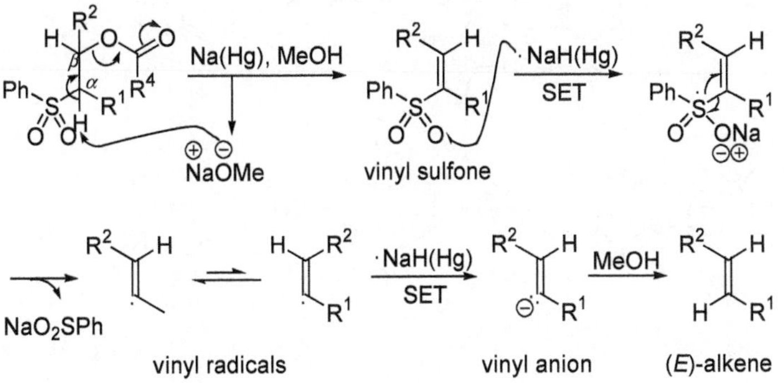

$$(3)$$

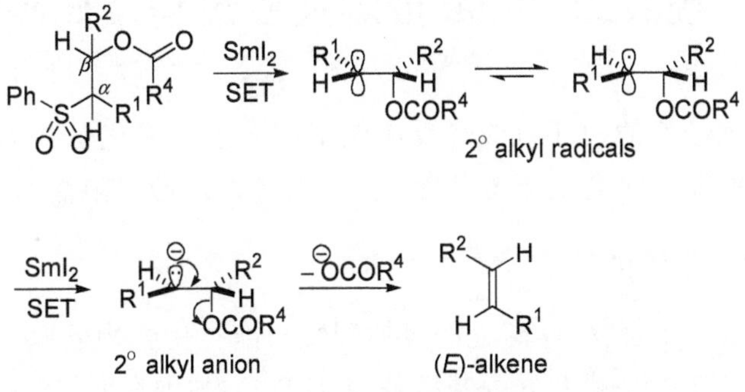

$$(4)$$

经典的 Julia 成烯反应具有一定的立体选择性，通常具有下列特点[9]：(a) 容易形成反式烯烃产物；(b) 当所形成的烯烃双键取代基位阻加大时，反式烯烃产物的产率更高；(c) 所形成的 β-酰氧基砜的立体选择性不会对最后烯烃产物的立体选择性产生影响 (式 5)。

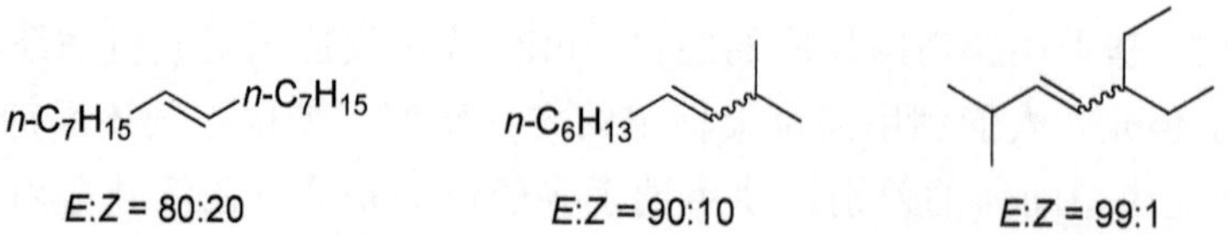

n-C7H15
n-C7H15
E:Z = 80:20
n-C6H13
E:Z = 90:10
E:Z = 99:1

(5)

利用杂环砜类化合物进行的改良 Julia 成烯反应的反应机理如式 6 所示：此类砜化合物的 α-碳上的酸性氢被强碱夺去后，形成的碳负离子进攻醛或者酮的羰基，从而实现了两个有机片段的连接。化合物 **2** 非常不稳定，容易发生 Smiles 重排反应[10](即氧负离子进攻杂环上与砜基相连的碳) 形成螺环化合物 **3**，经重排后得到亚磺酸盐化合物 **4**。亚磺酸盐 **4** 自发地消除二氧化硫和苯并噻唑醇盐后生成烯烃化合物。利用杂环砜类化合物改良的 Julia 成烯反应的立体选择性与杂环有着密切的关系，我们将在后面讨论。

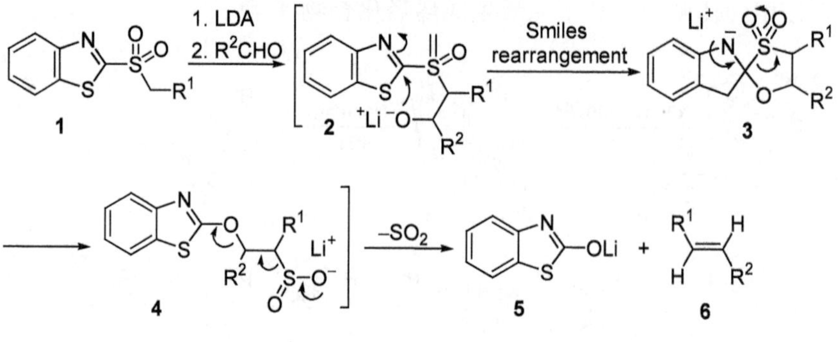

1. LDA
2. R2CHO
Smiles
rearrangement
–SO2
1
2
3
4
5
6

(6)

3 经典的 Julia 成烯反应过程及局限性

如上所述，经典的 Julia 成烯反应包括第一步金属化总共需要经过四步反应，而在每一步都有砜类化合物自身的反应特点及反应局限性[11]。

3.1 砜化合物的金属化

由于一般砜类化合物 α-碳上的氢的酸性与酯类化合物近似，因此通常可以利用正丁基锂 (^{n}BuLi) 或二异丙基氨基锂 (LDA) 与砜在四氢呋喃溶液中反应，得到一种黄色或橙色的 α-锂化砜的溶液。利用格氏试剂 (例如：EtMgBr) 的四氢呋喃溶液也可以与砜发生金属化反应，得到的是近乎无色的 α-镁化砜的均相

溶液。

当砜上的 α-碳位阻较大时，不仅不易发生脱质子金属化反应，而且很多时候易于脱去砜上苯基邻位的质子并引发副反应。但是，利用二异丙基氨基锂 (LDA) 作为碱可以避免苯基上的质子被脱去。

3.2 金属化的砜与醛或酮的反应

α-位金属化的砜与醛或酮发生的反应其实是一个可逆反应。当 α-金属化砜反应物较为稳定或者所形成的 β-羟基砜化合物的位阻较大时，反应平衡通常不易向形成新的碳-碳键的方向进行，而是生成 β-羟基砜化合物。因此，α-金属化砜与醛类化合物的反应通常较为顺利，而与酮化合物的反应会有一定困难。

在系统地研究了化合物的反应性能后人们发现：利用不同的金属化试剂，在一些反应中可以改变上述可逆反应的方向。如式 7 所示[12]：当使用锂试剂与砜类化合物反应得到 α-锂化的砜与另一分子醛不能发生反应时，可以在体系中加入 $MgBr_2$，将其反应物转化为镁的衍生物后发生反应并得到 81% 的产率。

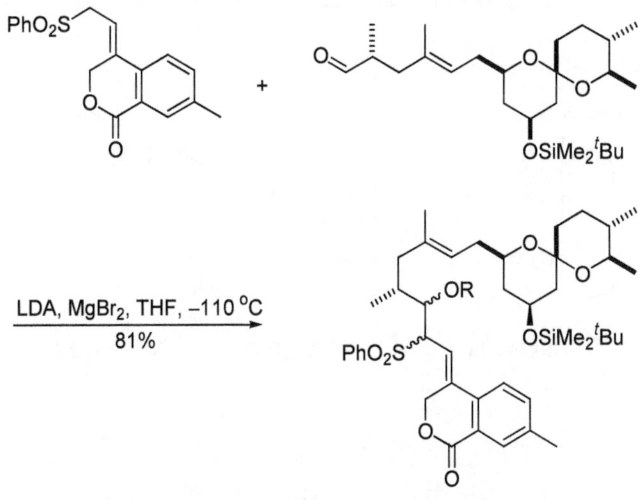

$$(7)$$

通过加入一些试剂（例如：BF_3）增加羰基化合物的亲电性，也可以推动反应向生成偶联产物的方向移动。此外，利用另一种反应试剂捕获 β-羟基负离子并形成稳定加成物也是推动平衡向正方向移动的有效手段。

3.3 β-酰氧砜类化合物的制备

通常，β-羟基砜化合物在 Julia 成烯反应的还原条件下也可以发生还原消除生成烯烃化合物。但是，这一反应的产率比反应性更高的 β-乙酰氧基或苯甲酰氧基等砜类化合物低很多。而且，β-羟基砜化合物容易发生逆 aldol 反应，在钠汞齐还原条件下也容易脱去磺酰基 (式 8)[13]。因此，作为 Julia 成烯反应中重要的一步，必须将 β-羟基砜化合物进行酰基化转化成为 β-酰氧砜类化合物。

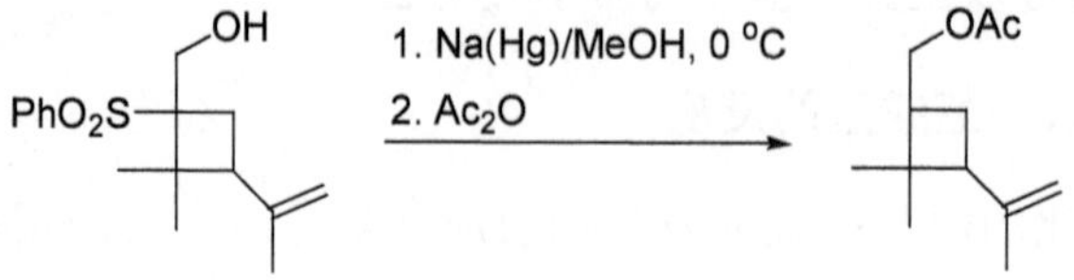

OH
PhO2S
1. Na(Hg)/MeOH, 0 °C
2. Ac2O
OAc

(8)

3.4 还原消除反应

β-酰氧砜类化合物的还原反应通常在四氢呋喃-甲醇的混合溶剂中进行，利用钠汞齐在 –20 °C 将其还原生成烯烃类化合物。对此类还原反应的研究表明：在低温条件下，甲醇作为反应溶剂优于乙醇或异丙醇，因为在低温条件下钠与甲醇生成 NaOMe 的反应可以被有效抑制。在还原消除生成烯烃的反应过程中，其反应速率通常与酰氧砜类化合物的结构有很大关系。如式 9 所示：由于生成的产物是一个共轭的三烯化合物，因此反应的产率是一般还原消除反应的数倍[14]。

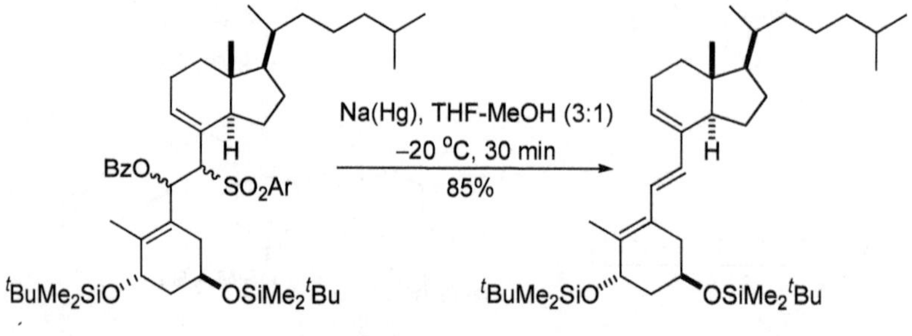

BzO
SO2Ar
H
tBuMe2SiO
OSiMe2tBu
Na(Hg), THF-MeOH (3:1)
–20 °C, 30 min
85%
H
tBuMe2SiO
OSiMe2tBu

(9)

4 改良的 Julia 成烯反应

如上所述，经典的 Julia 成烯反应总是需要多步反应，而且每一步反应都有一定的局限性。因此，利用杂环砜类化合物改良的 Julia 成烯反应，因反应步骤少的特点而受到人们的广泛关注，并且被广泛地应用于许多天然产物的全合成。常用的杂环基团主要包括四种类型 (式 10)：2-苯并噻唑基 (benzothiazol-2-yl, BT)、2-吡啶基 (pyridin-2-yl, PYR)、1-苯基-5-1*H*-四唑基 (1-phenyl-1*H*-tetrazol-5-yl, PT) 和 1-叔丁基-5-1*H*-四唑基 (1-*tert*-butyl- 1*H*-tetrazol-5-yl, TBT)[15]。

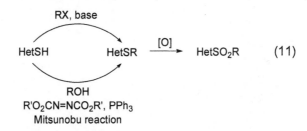

$$(10)$$

杂环砜类化合物的合成通常需要两步反应来制备：硫醇的烷基化和所生成的硫醚的氧化反应 (式 11)。硫醇的烷基化可以利用便宜易得的含有上述四种杂环的硫醇化合物 (可以购买获得) 与烷基卤化物或醇类化合物反应来完成，而烷基化生成的硫醚经氧化即可获得相应的砜类化合物。针对上述不同的四种杂环基团以及综合考虑反应底物上其它反应活性基团的影响，常用的氧化剂包括：3-氯过氧苯甲酸 (*m*-CPBA)、钼酸铵-双氧水 [(NH$_4$)$_6$Mo$_7$O$_{24}$·4H$_2$O-H$_2$O$_2$)]、钨酸钠-双氧水(Na$_2$WO$_4$·2H$_2$O-H$_2$O$_2$)、Oxone®、过氧乙酸 (peroxyacetic acid)、单过氧邻苯二甲酸 (monoperoxyphthalic acid)、高锰酸钾和高氯酸钠等。

$$(11)$$

下面将就上述四种杂环基团对 Julia 成烯反应的影响，特别是对生成烯烃的立体选择性的影响逐一进行讨论。

4.1 BT-砜类化合物

BT-砜类化合物与砜基相连的杂环上的碳原子容易被亲核试剂进攻并脱去亚磺酸盐。因此，在对 BT-砜类化合物进行脱质子金属化时，一般都需要采用大位阻的碱，例如：LDA (二异丙基氨基锂) 等。但是，金属化的 BT-砜自身可以作为非常好的亲核试剂，常常会发生 BT-砜的自身缩合。为了避免这一副反应的发生，人们可以通过采用巴比尔 (Barbier) 反应条件进行改善，也就是将 BT-砜与另一反应底物醛混合后再加入碱性试剂。这样，在低温条件下可以保证金属化的BT-砜与醛的加成反应能以比较高的效率进行。

BT-砜类化合物与醛反应的立体选择性与许多因素有关，其中主要包括反应溶剂以及底物的结构类型。通过分析 β-烷氧基砜化合物非对映异构体的构型，人们可以对所生成的烯烃化合物的结构进行有效的预测[16]。如式 12 所示：当 β-烷氧基砜化合物呈 *anti*-非对映体构型时，由于两个离去基团需要形成反式共平面的构型，最后获得的是 trans- 或 E-构型的烯烃。而当 β-烷氧基砜化合物呈 syn-非对映体构型时，生成的烯烃化合物则呈 cis- 或 Z-构型。

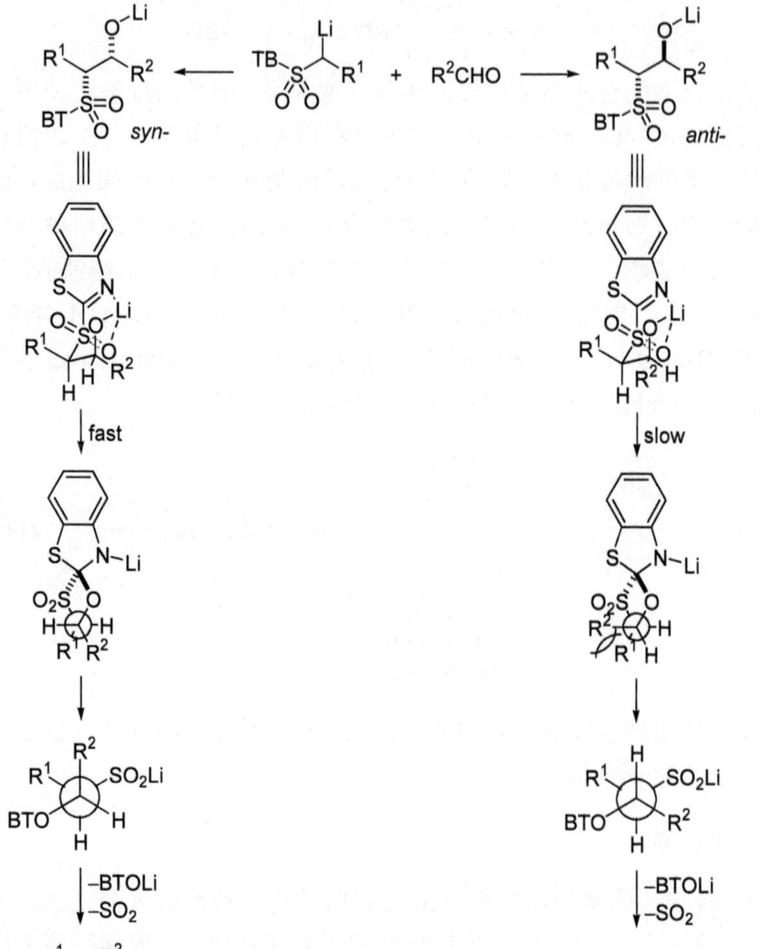

(12)

由于 anti- 和 syn-构型的 β-烷氧基砜化合物在形成螺环化合物的过程中难易程度不同 (anti-构型的化合物存在 R^1 和 R^2 之间较大的位阻效应)，因此能够实现 E- 和 Z-构型烯烃产物的选择性合成。如式 13 所示：金属化的 β,γ-不饱和 BT-砜类化合物与长链醛类化合物缩合，以中等的立体选择性生成 Z-构型烯烃产物。

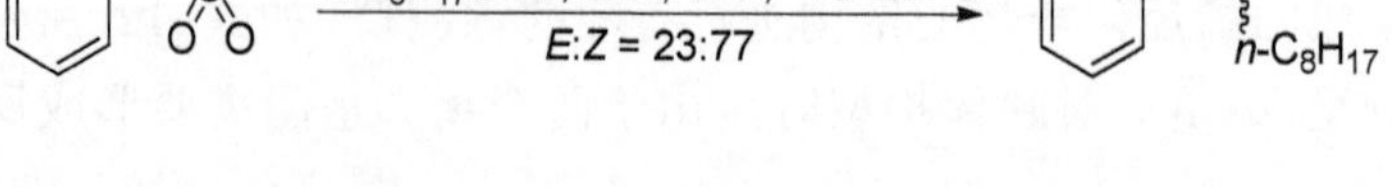

(13)

此外，BT-砜类化合物与醛类化合物反应的立体选择性也与醛类化合物的电子性质有着密切的关系。当 BT-砜类化合物与 α,β-不饱和醛或者芳香醛反应时，主要生成 *E*-构型的烯烃产物。特别是当该不饱和醛是一个富电子体系时，*E*-构型烯烃的产率更高 (式 14)。

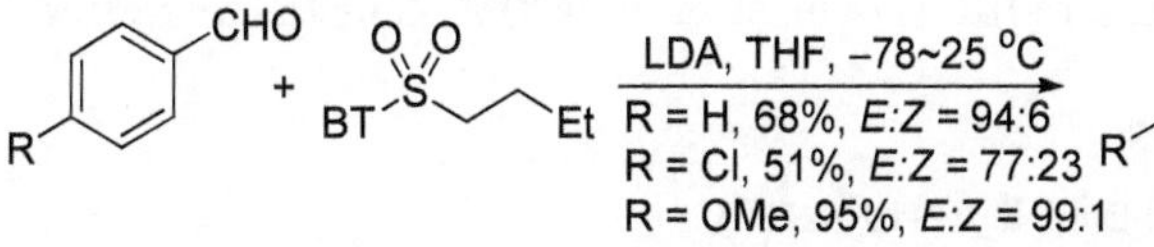

CHO
BT
Et
LDA, THF, –78~25 °C
R = H, 68%, E:Z = 94:6
R = Cl, 51%, E:Z = 77:23
R = OMe, 95%, E:Z = 99:1
R
Et

(14)

人们推测：该反应可能会经过 E1 消除反应，首先生成一个两性离子中间体。由于不饱和醛和芳香醛生成的两性离子基于离域作用比较稳定，因而使得反应比较易于进行[16,17]。如式 15 所示：当两个取代基团处于反式时，由于位阻较小和反应活化能较低，反应主要生成 *E*-构型的烯烃产物。

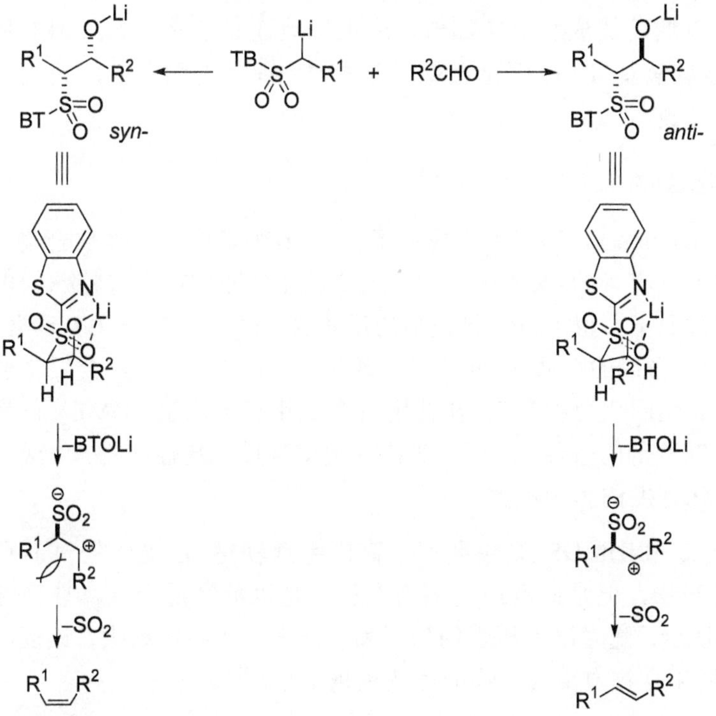

syn-
anti-
R²CHO
–BTOLi
–BTOLi
–SO₂
–SO₂

(15)

4.2 PYR-砜类化合物

PYR-砜类化合物应用于改良的 Julia 成烯反应的优势在于该类化合物不易在其 *ipso*-位置 (即与砜基直接相连的吡啶碳原子) 上发生取代反应，避免了类似 BT-砜类化合物的一些副反应。因此，它们可以在低温下使用正丁基锂直接进行金属化反应。此外，吡啶基团的缺电子性也使得金属化的砜类化合物不会发生自身的缩合反应。但是，正是因为吡啶基团的影响，使得生成的金属化 β-烷氧基砜化合物的反应活性有所降低。它们不易发生 Smiles 重排反应生成相应的烯烃产物，常常在低温酸解后容易分离到 β-羟基砜化合物。但是，β,γ-不饱和 PYR-砜类化合物的反应活性较强，它们与醛的反应常常可以得到较高比例的顺式烯烃产物 (式 16)。

$$
\underset{\underset{O}{\overset{O}{\parallel}}{\overset{\parallel}{S}}-PYR}{\qquad}
\xrightarrow[\substack{2.\ n\text{-}C_8H_{17}CHO,\ -78\sim25\ ^{\circ}C \\ 51\%,\ E:Z=10:90}]{1.\ n\text{-}BuLi,\ LiBr,\ THF,\ -78\ ^{\circ}C}
\qquad n\text{-}C_8H_{17}
\tag{16}
$$

与 BT-砜类化合物的反应不同，利用烷基 PYR-砜类化合物与 α,β-不饱和醛反应时生成顺式产物的比例较高。这种高选择性来自于金属化 β-烷氧基 PYR-砜化合物的低活性，因此生成金属化 β-烷氧基 PYR-砜化合物 Z-构型或 E-构型产物的平衡可以通过加成和反向加成反应很好地建立起来。如式 12 所示：Z-构型金属化 β-烷氧基 PYR-砜化合物所形成的中间体能垒较低，因此生成的主要产物为顺式烯烃[17]。

4.3 PT-砜类化合物

1998 年，Kocienski 等人首次报道了使用 1-苯基四唑砜类化合物 (PT) 改良的 Julia 成烯反应。PT-砜类化合物的主要优点是即使在没有特殊的电子性质和位阻效应的情况下，也可以获得较高的反式选择性。相对于 BT-砜类化合物，PT-砜类化合物所形成的金属化 β-烷氧基砜化合物比较稳定，不会发生逆向加成反应离解成金属化砜化合物和醛。在使用 1,2-二甲氧基乙烷 (DME) 作为溶剂和 KHMDS 作为碱试剂的条件下，可以高产率地得到反式烯烃产物，生成烯烃的构型受取代基支化程度的影响不大。

NaHMDS 或 LiHMDS 则主要用于高产率地获得 α-支化的 PT-砜类化合物的连接烯烃产物，但是此反应的高产率往往是以牺牲反应立体选择性为代价的。如式 17 所示：随着溶剂极性的增强和金属离子半径的增大，该反应生成的 1,2-二取代烯烃化合物中反式产物的比例也越来越高[6]。

$$
\underset{SO_2PT}{\qquad}
\xrightarrow[2.\ c\text{-}C_6H_{11}CHO]{1.\ (Me_3Si)_2NM}
\qquad
\tag{17}
$$

$$E : Z$$

M	PhMe	Et$_2$O	THF	DME
Li	51 : 49	61 : 39	69 : 31	72 : 28
Na	65 : 35	65 : 35	73 : 28	89 : 11
K	77 : 23	89 : 11	97 : 03	99 : 01

在 PT-砜被碱夺去质子进行金属化后，如果所用的是金属锂或钠盐的话，由于它们与氧的配位亲和性，因此易于形成如式 18 所示的 **A, B, C** 三种配位聚集体形式。在该配位模式下，由于 R^1 和 R^2 之间的位阻效应，会更容易生成 *syn*-构型的 β-烷氧基砜化合物，从而得到 *Z*-构型烯烃产物 (式 19)。当利用 KHMDS 作为碱试剂在极性溶剂中反应时，离子半径较大的钾离子易于被溶剂化。因此，α-金属化砜与醛可能会以较松散的形式 (例如：式 18 中 **D, E**) 结合，主要生成的是 *E*-构型烯烃产物 (式 20)。

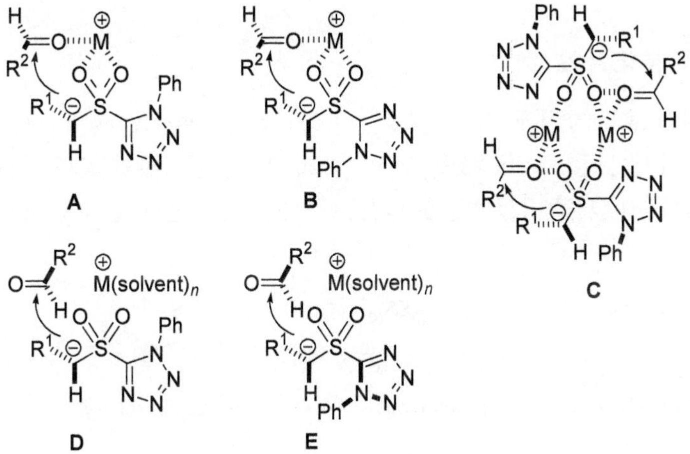

$$(18)$$

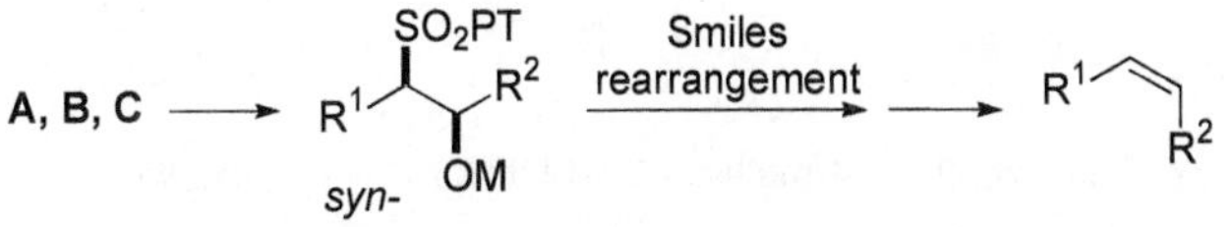

$$(19)$$

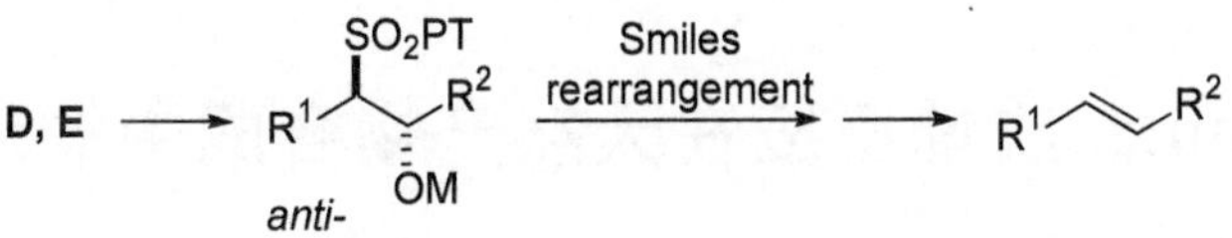

$$(20)$$

4.4 TBT-砜类化合物

对于上述 1-苯基四唑化合物来说，由于四唑环上的苯基保护基而使得金属化的 TBT-砜类化合物不易发生自身的缩合反应。根据此原理，Kocienski 等人又设计了叔丁基取代苯基的四唑类杂环砜化合物——TBT 砜化合物。随着更大的叔丁基与四唑环连接，金属化的 TBT-砜类化合物与 BT-砜和 PT-砜化合物相比较更难以发生自身缩合反应。

一些实验结果表明：在合成非共轭的 1,2-二取代烯烃时，利用 TBT-砜类化合物的反式立体选择性往往不如 PT-砜类化合物。但是，金属化的烯丙基或苄基取代的 TBT-砜类化合物可以很好地与醛反应，生成具有良好的顺式立体选择性的烯烃产物 (式 21)[7]。

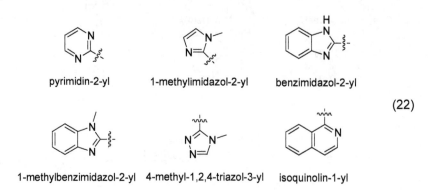

$$1. \text{ KHMDS, DME, } -60\ ^\circ\text{C, 30 min}$$
$$2.\ n\text{-C}_9\text{H}_{19}\text{CHO, } -60\sim25\ ^\circ\text{C}$$

R = Ph, 39%, *E:Z* = 67:33
R = *t*Bu, 60%, *E:Z* = 4:96

(21)

4.5 其它杂环砜类化合物

除了上述四种常见的用于 Julia 成烯反应的杂环砜类化合物外，其它含氮杂环体系也被应用于改良型 Julia 成烯反应。如式 22 所示：根据杂环电性的不同，其砜类化合物的反应性及适用范围也都具有自己的特点，这里就不做详细介绍。

(22)

pyrimidin-2-yl   1-methylimidazol-2-yl   benzimidazol-2-yl

1-methylbenzimidazol-2-yl   4-methyl-1,2,4-triazol-3-yl   isoquinolin-1-yl

5　Julia 成烯反应在天然产物合成中的应用

虽然经典的 Julia 成烯反应步骤较多，但由于该类反应能够有效地构建反式碳-碳双键，因此在一些天然产物的合成中有着重要的应用。如式 23 所示：Danishefsky 等人曾在外消旋 Indolizomycin 的全合成中，首先利用大环 α,β-不饱和醛与锂金属化的反式烯丙基砜反应得到乙酰氧基砜产物。然后，该化合物再经钠汞齐还原生成立体专一性的 (*E,E,E*)-三烯片段[18]。

Kocienski 则是首次利用改良的 Julia 成烯反应合成了含有三烯片段的免疫抑制剂 Rapamycin[19]。如式 24 所示：在合成其中的三烯片段时，利用锂化的

(23)

BT-砜与不饱和醛反应可以得到较高的立体选择性 (*E:Z* = 95:5)。进一步的研究表明：该反应的活性和立体选择性会受到碱试剂中金属离子的影响。当使用 (Me₃Si)₂NNa 代替 (Me₃Si)₂NLi 时，反应的产率和立体选择性均有较大幅度的降低 (*E:Z* = 78:22)。

(24)

由以上的应用实例可以看到：在很多情况下，Julia 成烯反应在形成烯烃双键的同时还起到了连接功能片段的作用。 由于经典 Julia 成烯反应的立体选择性常常受到溶剂、碱试剂、芳香杂环以及反应底物自身结构和性质的影响，因此下面将主要讨论改良型 Julia 成烯反应在天然产物合成中的应用。 按照合成的目标化合物的结构差异，它们将被分类为甲烯基化反应、生成非共轭型 1,2-双取代烯烃的反应、生成共轭型 1,2-双取代烯烃的反应、生成三取代烯烃和生成四取代烯烃的反应。

5.1 甲烯基化反应

到目前为止，利用 Julia 成烯反应进行羰基化合物甲烯基化的反应研究还非常少，仅仅由 Sylvestre Julia 等人做过一些基础的探索研究[5,16,17,20]。 如式 25 所示[21]：Aissa 等人曾经报道了利用甲基取代的 TBT-砜化合物对环己酮类化合物进行甲烯基化的反应。在相应优化的溶剂体系和反应温度下，该反应使用 NaHMDS (方法 A) 或碳酸铯 (方法 B) 作为碱试剂都可以得到较高产率的末端烯烃产物。

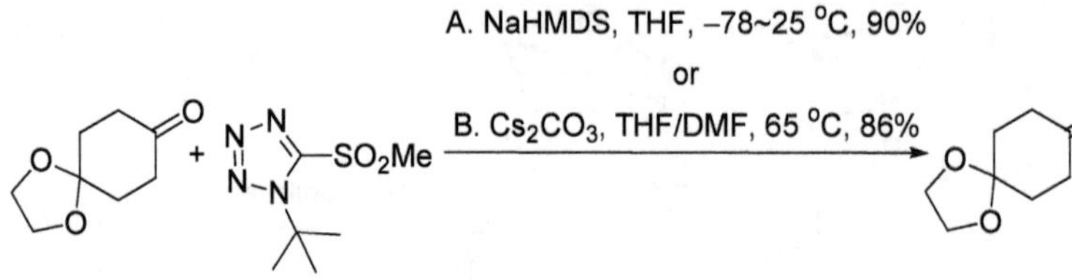

$$\text{(25)}$$

Gueyrard 也报道了一例应用改良型 Julia 成烯反应合成甲烯基糖化合物的反应[22]。如式 26 所示：在 –78 °C，利用 BT-砜与碱试剂生成的碳负离子化合物与糖内酯化合物反应可以分离得到 β-羟基砜产物。在 DBU 作用下，该化合物以中等的产率被转化成为甲烯基修饰的糖类化合物。

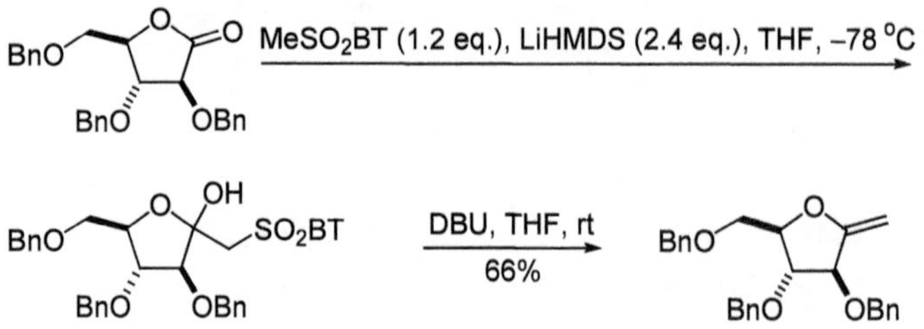

$$\text{(26)}$$

5.2 生成非共轭型 1,2-双取代烯烃的反应

在利用改良的 Julia 成烯反应合成非共轭 1,2-双取代烯烃时，常常得到的是反式烯烃产物，而 PT-砜类化合物相对于 BT-砜类化合物具有更好的立体选择性。在缺少电子和立体因素影响下，BT-砜类化合物往往不能得到令人满意的立体选择性。但是，如果在形成的双键处有其它支链，BT-砜类化合物可以给出非常好的 E-构型选择性。如式 27 所示：Banwell 等人曾经在合成细胞霉素代谢物 Bengamide E 时，利用含有异丁基的支化 BT-砜类化合物与醛反应，在极性溶剂里用氨基锂试剂可以获得较高的立体选择性 (E:Z = 97:3)[23]。

在合成非共轭 1,2-双取代烯烃中，使用 PT-砜类化合物进行的改良型 Julia 成烯反应有着重要的意义。在 DME 溶剂中，PT-砜类化合物经 KHMDS 处理后可

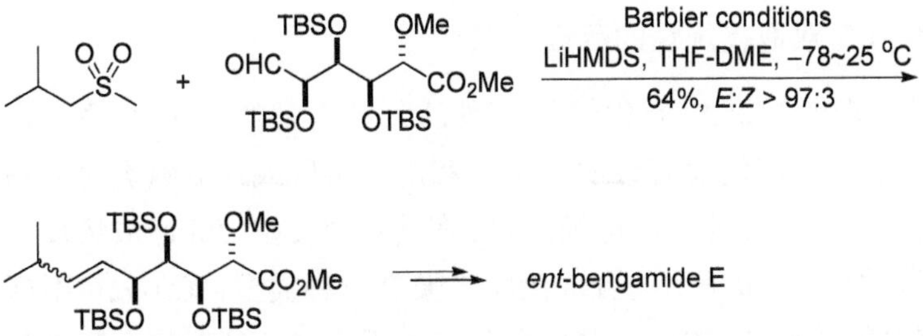

(27)

ent-bengamide E

以高效地被转化成为反式非共轭 1,2-双取代烯烃。如式 28 所示：在合成 Herboxidiene 的过程中，Kocienski 首先将乙基 PT-砜化合物转化成为钾金属化的产物。然后，在巴比亚 (Barbier) 反应条件下将其高产率地转化成为反式烯烃产物 (*E:Z* = 97:3)。值得注意的是：底物中的 α-手性醛在反应过程中并没有发生消旋化[24]。

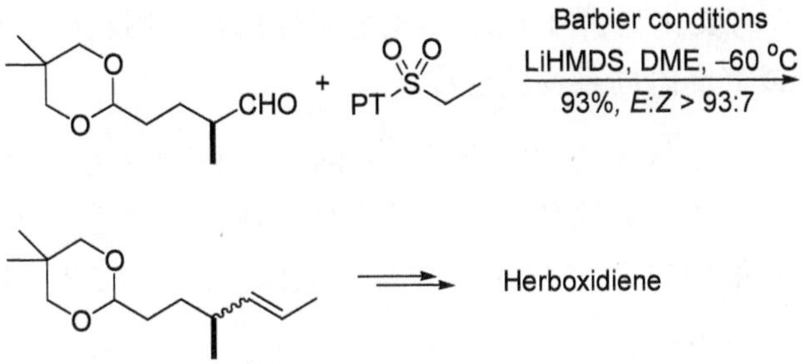

(28)

Herboxidiene

2001 年，Jacobsen 小组合成出一种新奇的抗真菌试剂 (+)-Ambruticin，其中关键的生成烯烃的连接反应就是利用 PT-砜化合物参与的 Julia 成烯反应来完成 (式 29)[25]。选择使用不同的碱和溶剂，该反应可以实现高度的顺式或反式产物选择性。当使用 NaHMDS 在四氢呋喃 (THF) 中反应时，主要产物是顺式烯烃 (*E:Z* = 1:8)。而使用 LiHMDS 在 DMF/DMPU 混合溶剂中反应时，则得到高度的反式烯烃产物选择性 (*E:Z* = 97:3)。

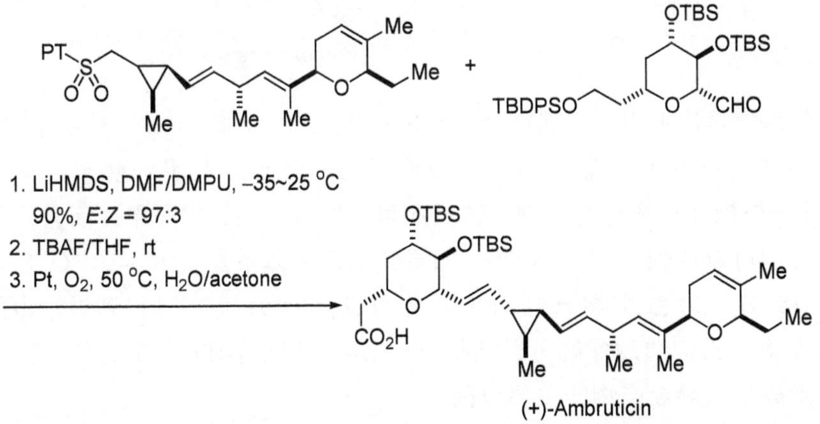

1. LiHMDS, DMF/DMPU, –35~25 °C
   90%, *E:Z* = 97:3
2. TBAF/THF, rt
3. Pt, O$_2$, 50 °C, H$_2$O/acetone

(29)

(+)-Ambruticin

5.3 生成共轭型 1,2-双取代烯烃的反应

在合成含有共轭的 1,2-双取代烯烃片段的复杂天然产物分子时，改良型 Julia 成烯反应有着非常广泛而有效的应用。利用 BT-砜或 PT-砜类化合物，可以高产率和高度立体选择性地生成烯烃产物。在使用改良型 Julia 成烯反应合成不饱和双取代烯烃时，通常采用的合成策略主要有三种类型：(a) α,β-不饱和醛与杂环砜化合物之间的反应；(b) 非共轭醛与 β,γ-不饱和杂环砜化合物之间的反应；(c) α,β-不饱和醛与 β,γ-不饱和杂环砜化合物之间的反应。策略 (a) 和 (b) 可以用来合成各种共轭体系，并且可以控制反应的立体选择性。策略 (a) 通常主要生成 E-构型的烯烃，而利用策略 (b) 生成的烯烃的选择性则不是非常确定。如果在新生成的烯烃双键处有支化基团的话，也往往会倾向生成高产率的 E-构型烯烃。但是，没有支化基团时生成 Z-构型烯烃的概率则较高。通常，策略 (c) 被主要用于三烯或其高阶同系物的合成。

利用策略 (a) 的范例如式 30 所示[26]：Kocienski 等人使用 LDA 作为碱性试剂首先脱去 BT-砜类化合物的质子，然后使用所获得的锂化 BT-砜与 α,β-不饱和醛反应，以较好的产率 (71%) 和较高的立体选择性 ($E:Z = 92:8$) 得到了天然产物 Herboxidiene A。

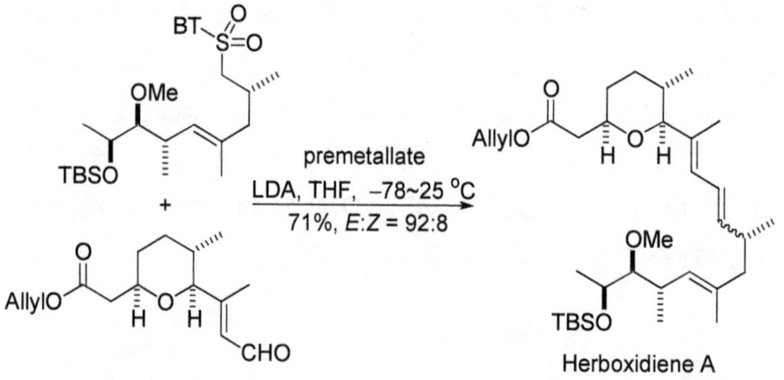

(30)

Herboxidiene A

上述工作后来再次被用于天然产物 Herboxidiene 的合成。如式 31 所示[24]：含有环氧基团的 BT-砜化合物与 LDA 反应脱去质子后，与另一醛基片段在 $-78\ ^\circ C$ 下反应得到连接烯烃的产物。该反应可以得到 60% 的产率，而且产物的立体构型比例可以达到 $E:Z = 80:20$。如果将该反应体系升温到 $-20\ ^\circ C$ 后，反应的产率 (81%) 和反式烯烃产物的选择性 ($E:Z = 91:9$) 均可以得到进一步的提高。在低温下，人们通过酸解可以捕捉到 anti-β-烷氧基-BT-砜中间体，该中间体可能是形成反式烯烃产物的主要原因。

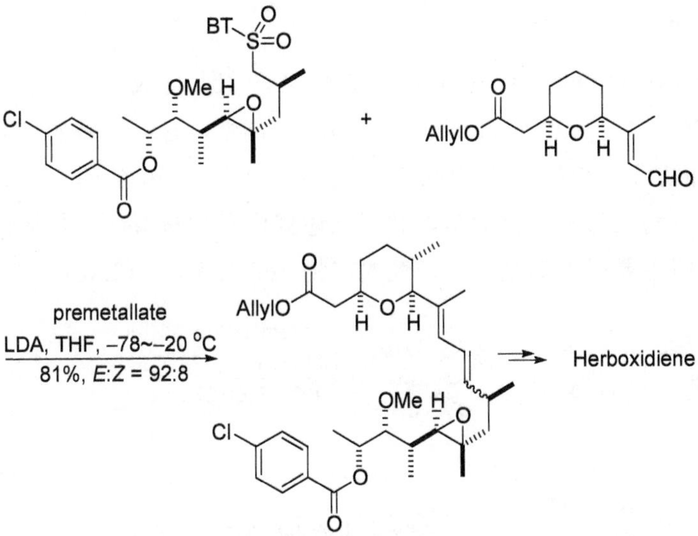

(31)

利用策略 (b)，可以由 α-取代的醛与 β,γ-不饱和杂环砜化合物反应获得较高反式选择性的烯烃产物。Williams 等人在合成抗生素 Lankacyclinol 的过程中，就是利用 Julia 成烯反应设计了一条非常简洁的合成路线。如式 32 所示[27]：在第一步合成双烯的过程中，利用 β,γ-不饱和 BT-砜化合物与 α-取代的醛反应，得到单一的 (E,E)-双烯烃产物。在该反应中，BT-砜化合物中的羟基不用保护，它可以在反应完成后直接被氧化成为另一个带有 α-取代基的醛。将所获得的 α-取代醛与另一个 β,γ-不饱和 BT-砜反应，以 72% 的产率单一地得到 Lankacyclinol

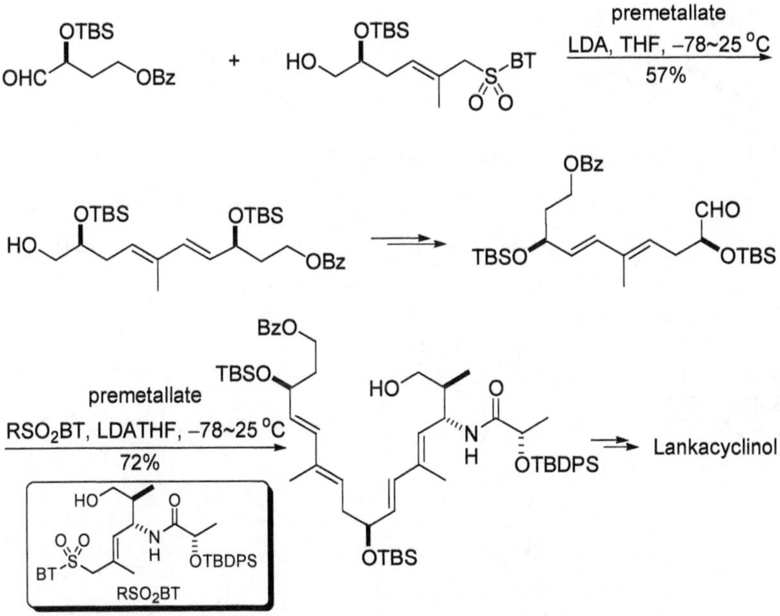

(32)

合成中的重要中间体。

如式 33 所示：O'Doherty 和 Harris 使用策略 (b) 合成了具有生物活性的苯乙烯基内酯衍生物 Isoaltholactone。在 THF 溶剂中，含有苄基的 PT-砜化合物与含有内酯环的醛化合物经 KHMDS 处理后可以得到 40% 的反式烯烃产物 ($E:Z = 93:7$)[28]。与此形成对比的是，利用上述醛化合物与苄基三苯基膦化合物进行 Wittig 反应主要得到的是顺式烯烃的产物 (60%, $E:Z = 12:88$)。

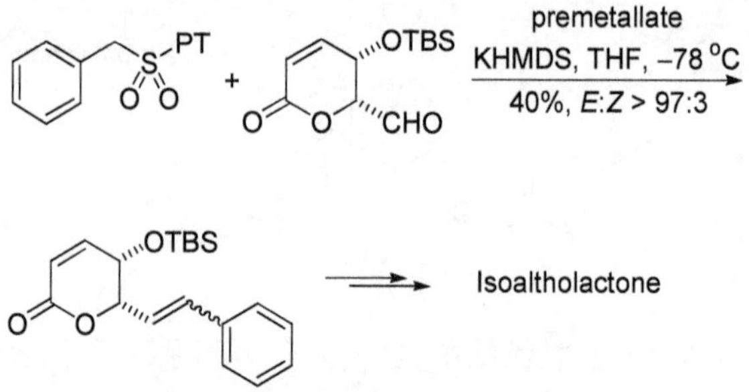

$$(33)$$

利用策略 (c) 合成多烯体系的实例并不太多。如式 34 所示[29]：Katsumura 等人使用具有多个不饱和烯烃双键的 BT-砜化合物与另一不饱和度较高的醛反应得到类胡萝卜素 Peridinin。该反应使用 NaHMDS 作为碱试剂在 −78 ℃ 的 THF 溶液中进行，以 50% 的产率得到顺式为主的烯烃产物 ($E:Z = 25:75$)。但是，如果将产物在苯溶剂中常温静置三天，产物会完全异构化为反式烯烃产物。

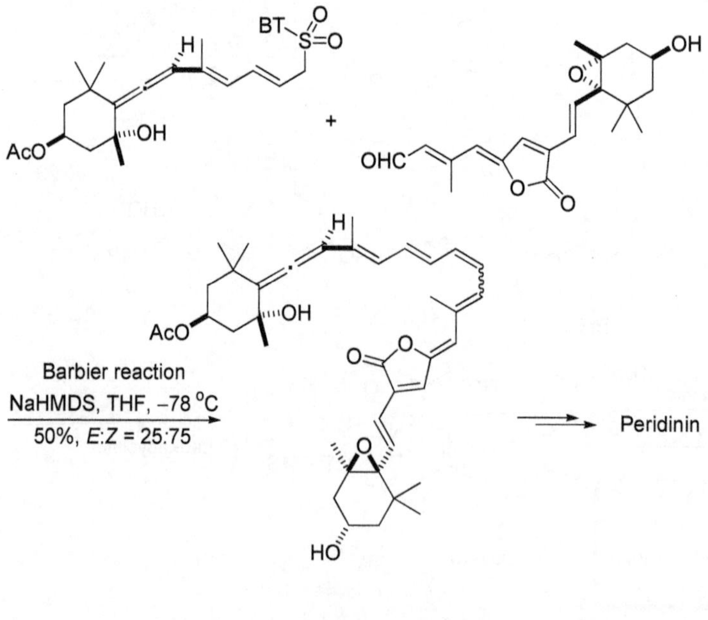

$$(34)$$

5.4　生成三取代烯烃的反应

在实际的合成实践中，利用 Julia 成烯反应合成三取代烯烃的例子并不多。直接利用羰基生成烯烃来制备三取代烯烃的方法一直不能得到很好的立体选择性。但是，三取代烯烃的确可以通过含有伯碳链的杂环砜类化合物与酮反应，或者含有仲碳链的杂环砜类化合物与醛反应来制备。如式 35[30]所示：Kocienski 等人利用 BT-砜取代的环状化合物与醛反应后，经脱硅基保护基的反应即可得到维生素 D$_2$ 的一对异构体。在优化的反应条件下，该反应生成连接烯烃的产率可以达到 70%。该反应立体选择性地得到相对多的自然存在的反式烯烃产物 ($E{:}Z$ = 72:28)，而且反应中没有发现与新生成双键共轭的双键发生异构化的现象。虽然传统的 Julia 成烯反应产率可以达到 65%，但会生成四种双键异构化的混合物：(5Z,7E)、(5Z,7Z)、(5E,7E) 和 (5E,7Z)。

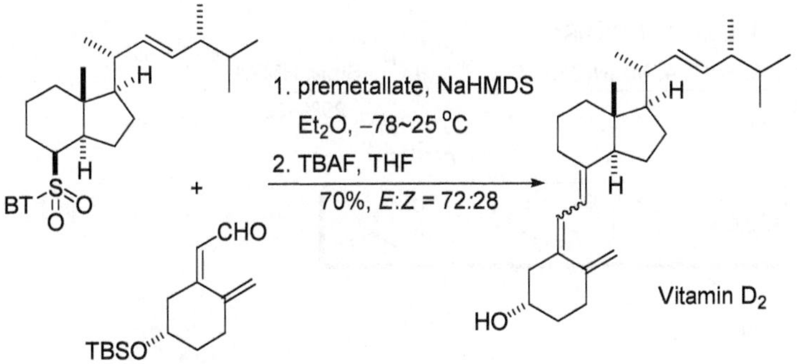

(35)

5.5　生成四取代烯烃的反应

在一般合成条件下，利用 α-位是仲碳链的杂环砜类化合物与酮反应制备四取代烯烃的 Julia 成烯反应是非常困难的。实际上，利用 Julia 成烯反应成功地合成四取代烯烃的范例也确实屈指可数。Alonso 等人报道：三氟甲基取代的缺电子砜化合物可以加速 β-消除反应。因此，在 Schwesinger 碱的作用下与酮反应可以获得四取代烯烃化合物，但反应需要在加热条件下才能完成[31]。如式 36 所示：酮类化合物上连有给电子基团会降低其亲电性，它们的反应产率会有明显的下降。

在利用 Julia 成烯反应合成四取代烯烃时，最关键的步骤是形成 β-羟基砜中间体，这样会推动反应向生成连接产物的方向移动。因此，在反应体系中加入亲电试剂 (例如：苄氯) 可以捕捉和稳定 β-羟基砜中间体。然后，再使其发生还原、消除反应生成四取代烯烃产物[32]。如式 37 所示：利用该方法得到的四取代烯烃的产率一般在 29%~33% 之间。该反应的立体选择性完全由取代基的位阻控制，易于生成 E-构型产物。

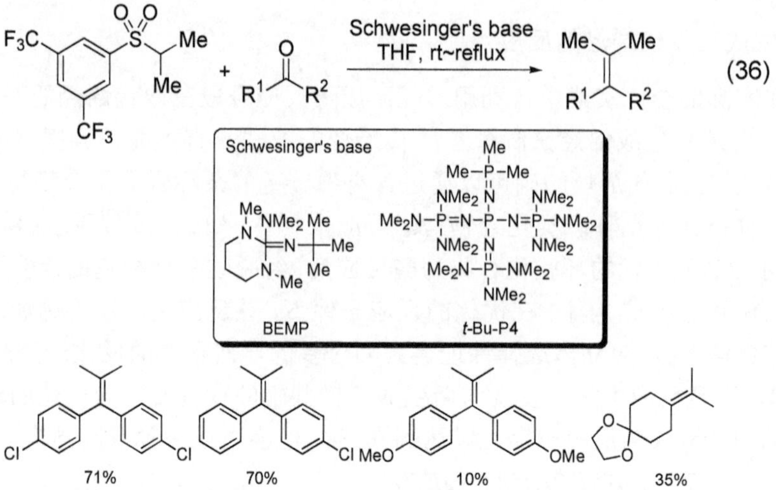

$$(36)$$

Schwesinger's base
THF, rt~reflux

Schwesinger's base

BEMP

t-Bu-P4

71%   70%   10%   35%

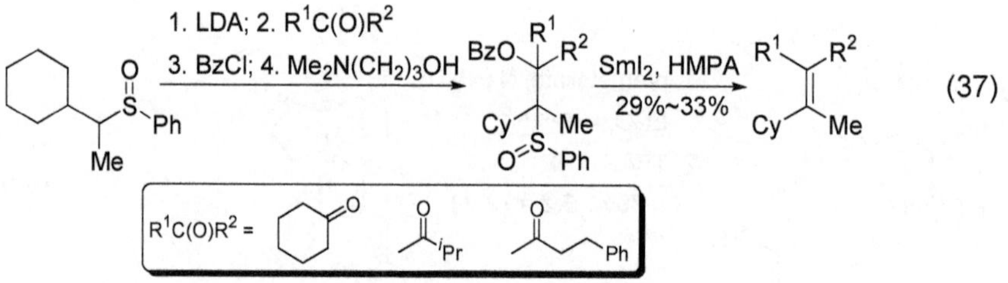

1. LDA; 2. R¹C(O)R²
3. BzCl; 4. Me₂N(CH₂)₃OH

SmI₂, HMPA
29%~33%

$$(37)$$

R¹C(O)R² =

6　Julia 成烯反应实例

例　一

叔丁基[3-[2-(4-甲氧基苄氧基)-3,3a,4,6a-四氢-2*H*-环戊基[*b*]呋喃-4-基]-1-戊烯丙氧基]二甲基硅烷的合成[33]
(利用经典的 Julia 成烯反应，钠汞齐还原)

先将砜 **7** (685 mg, 1.71 mmol) 溶于 7.5 mL 干燥的四氢呋喃中，然后冷却到 −78 ℃。待溶液搅拌 10 min 后，逐滴加入正丁基锂 (1.192 mL, 1.6 mol/L 己烷溶液，1.11 eq.)，并在 −78 ℃ 继续搅拌 45 min 得到深红色溶液。将醛 **8** (486 mg, 1.16 eq.) 的 THF (6 mL) 溶液用导管缓慢转移到上述深红色溶液，继续在 −78 ℃ 搅拌 2 h。然后，将饱和氯化铵溶液 (15 mL) 在 −78 ℃ 加入到反应液中，使温度升至室温。静置分层后分离出有机相，水相用二氯甲烷 (3 × 50 mL) 萃取。合

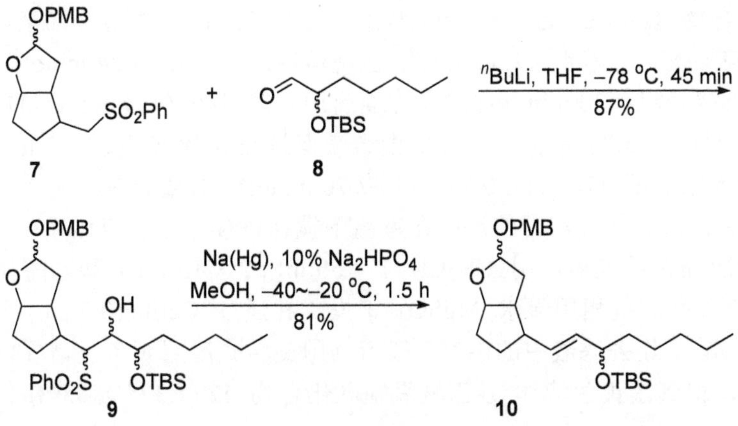

$$(38)$$

并的有机相用盐水洗涤和 MgSO$_4$ 干燥后，蒸馏除去溶剂。生成的残留物用短硅胶柱进行分离 (己烷-乙酸乙酯，88:12) 得到 β-羟基砜 **9** 的粗品 (947 mg, 84.5%)，该粗品立刻用于下一步反应。

在氩气氛围中，将 β-羟基砜 **9** (287 mg, 0.4347 mmol) 溶于干燥的甲醇 (15 mL)。然后，加入 Na$_2$HPO$_4$ 固体 (1.5 g)。生成的浆状物在 –40 ℃ 快速搅拌 10 min 后，分批缓慢加入钠汞齐 (2.36 g, 10% Na)，加入速度保持体系温度低于 –40 ℃。待钠汞齐加料完成后，升温至 –20 ℃ 继续搅拌 1.5 h。然后，使体系温度升至室温，将反应混合物用滤纸过滤。在减压下低于 40 ℃ 除去滤液中的溶剂，剩余物中加入 CH$_2$Cl$_2$ (50 mL) 和饱和碳酸氢钠水溶液。分液分离两相，水相用 CH$_2$Cl$_2$ 萃取 (3 × 15 mL)。合并的有机相用盐水洗涤和 Na$_2$SO$_4$ 干燥后，减压除去溶剂。生成的剩余物用硅胶柱分离 (己烷-乙醚, 94:6)，得到无色油状烯烃产物 **10** (171 mg, 81%)。

例 二

1,4-二苯基-(*E*)-1-丁二烯的合成[34]

(利用经典的 Julia 成烯反应，SmI$_2$ 还原)

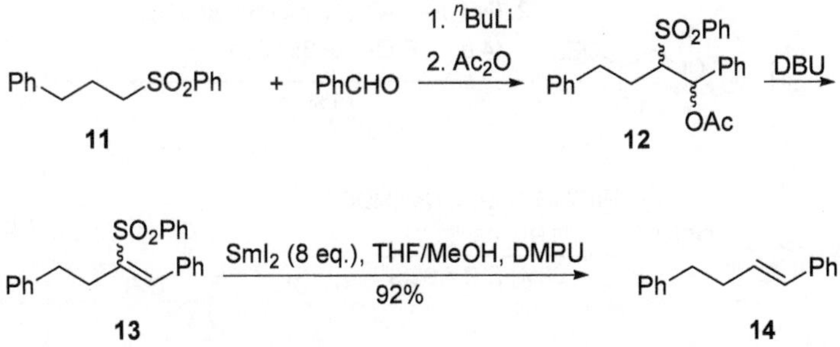

$$(39)$$

　　将烷基砜化合物 **11** (1.00 g, 3.85 mmol) 的 THF (35 mL) 溶液冷却至 −78 °C 后，缓慢逐滴加入正丁基锂 (2.55 mol/L 己烷溶液, 1.88 mL, 4.24 mmol)。得到的亮黄色溶液继续搅拌 30 min 后，用导管逐滴加入苯甲醛 (429 mg, 0.411 mL, 4.039 mmol) 的 THF (4 mL) 溶液。生成的混合液保持在 −78 °C 反应 3 h 后，用注射器逐滴加入乙酸酐 (786 mg, 0.730 mL, 7.70 mmol)。接着，在该温度下继续搅拌 1 h。最后，撤去低温浴，使反应在室温下搅拌过夜。在反应体系中加入饱和氯化铵水溶液淬灭反应后，用 CH₂Cl₂ (1 × 50 mL, 2 × 15 mL) 和乙醚 (1 × 20 mL) 萃取。合并的有机相用无水 MgSO₄ 干燥，并通过 Celite (0.5 cm) 和硅胶 (2 cm) 过滤。减压除去滤液中的溶剂，残留物用旋转式薄层制备色谱 (4 mm 硅胶层厚) 分离，得到淡黄色液体 β-乙酰氧基砜化合物 **12** (1.325 g, 85%)。

　　在上述 β-乙酰氧基砜化合物 **12** (1.47 g, 3.607 mmol) 的 THF 溶液中，用注射器逐滴加入 DBU (3.30 g, 3.24 mL, 21.65 mmol)。生成的混合物在室温下搅拌 18 h 后，用 TLC 检测反应完成。然后，加入乙醚 (20 mL) 和盐水 (10 mL) 淬灭反应。分液后的水相用 CH₂Cl₂ 提取 (3 × 60 mL)，合并的有机相用盐水洗涤 (10 mL) 和无水 MgSO₄ 干燥。然后，有机相再通过 Celite (0.5 cm) 和硅胶 (2 cm) 过滤。减压除去滤液中的溶剂，残留物用旋转式薄层制备色谱 (4 mm 硅胶层厚) 分离得到无色固体烯基砜化合物 **13** (1.26 g, 97%)。

　　在烯基砜化合物 **13** 的 THF 溶液中依次加入 SmI₂ (8 eq.)、DMPU (10 eq.) 和 MeOH (10 eq.)。生成的混合物在室温下搅拌 30 min 后，加入饱和亚硫酸钠水溶液并搅拌 30 min 淬灭反应。然后，加入乙醚 (20 mL) 萃取。有机相用盐水洗涤和无水 MgSO₄ 干燥后，有机相再通过 Celite (0.5 cm) 和硅胶 (1.0 cm) 过滤。减压除去滤液中的溶剂，残留物用旋转式薄层制备色谱 (2 mm 硅胶层厚) 分离得到无色烯烃化合物 **14**。

例　三

(E)-肉桂酸乙酯的合成[35]

(利用改良的 Julia 成烯反应，BT-砜化合物)

在搅拌下，将氯乙酸乙酯 (7.6 mL, 72 mmol) 滴加到 2-巯基苯并噻唑 (**15**) (10.0 g, 59.8 mmol) 和 K_2CO_3 (9.9 g, 72 mmol) 的丙酮 (100 mL) 悬浮液中。生成的混合物加热回流 20 h 后冷却至室温，过滤后减压除去溶剂得到黄色油状巯基噻唑取代的乙酸乙酯化合物粗品 (15.3 g)。将该黄色油状物溶于乙醇 (50 mL) 中，在 0 °C 下依次加入 $(NH_4)_6Mo_7O_{24}\cdot4H_2O$ (3.7 g, 3.0 mmol) 和 H_2O_2 (30%, 27.2 g, 240 mmol)。然后，将反应体系恢复至室温继续搅拌 42 h。然后，除去乙醇，加入乙酸乙酯 (50 mL) 和水 (50 mL)。分液得到的水相再用乙酸乙酯提取 (2 × 25 mL)，合并的有机相用盐水洗涤和无水 $MgSO_4$ 干燥。减压除去溶剂得到白色 BT-砜化合物粗品，在叔丁基甲基醚中重结晶得到 **16** 的纯品 (12.1 g, 71%)。

将 BT-砜化合物 **16** (342 mg, 1.20 mmol) 溶于干燥的 THF (10 mL) 中。然后，在 0 °C 和氮气保护下加入 NaHMDS (1.0 mol/L THF 溶液, 1.10 mL, 1.10 mmol)。混合物搅拌 30 min 后，加入苯甲醛 (1.0 mmol)。然后，加热回流 2 h 后冷却至室温，并加入氯化铵饱和溶液 (15 mL) 和乙酸乙酯 (15 mL) 淬灭反应。分液得到的水相用乙酸乙酯提取 (2 × 15 mL)，合并的有机相用盐水洗涤 (15 mL) 和 $MgSO_4$ 干燥。减压除去溶剂，剩余物用硅胶柱色谱 (5%~20% 乙酸乙酯-己烷) 分离得到 α,β 不饱和酯 **17**。

7 参考文献

[1]   Julia, M.; Paris, J.-M. *Tetrahedron Lett.* **1973**, *14*, 4833.

[2]   Kocienski, P. J.; Lythgoe, B.; Ruston, S. *J. Chem. Soc., Perkin Trans.1* **1978**, 829.

[3]   Julia, M.; Arnould, D. *Bull. Soc. Chim. Fr.* **1973**, *2*, 746.

[4]   Julia, M.; Ward, P. *Bull. Soc. Chim. Fr.* **1973**, *11*, 3065.

[5]   Baudin, J. B.; Hareau, G.; Julia, S. A.; Ruel, O. *Tetrahedron Lett.* **1991**, *32*, 1175.

[6]   Blakemore, P. R.; Cole, W. J.; Kocienski, P. J.; Morley, A. *Synlett* **1998**, 26.

[7]   Kocienski, P. J.; Bell, A.; Blakemore, P. R. *Synlett* **2000**, 365.

[8]   Keck, G. E.; Savin, K. A.; Weglarz, M. A. *J. Org. Chem.* **1995**, *60*, 3194.

[9]   Kocienski, P. J.; Lythgoe, B.; Waterhouse, I. *J. Chem. Soc., Perkin Trans. 1* **1980**, 1045.

[10] Truce, W. E.; Kreider, E. M.; Brand, W. W. *Org. React.* **1970**, *18*, 99.

[11] Kocienski, P. J. Reductive Elimination, Vicinal Deoxygenation and Vicinal Desilylation, in *Comprehensive Organic Synthesis*, ed. B. M. Trost and I. Fleming, Pergamon, Oxford, **1991**, Vol. 6, p 975-1010.

[12] Takle, A.; Kocienski, P. *Tetrahedron* **1990**, *46*, 4503.

[13] Gaoni, Y. ; Tomaižič, A. *J. Org. Chem.* **1985**, *50*, 2948.

[14] Kocienski, P. J.; Lythgoe, B. *J. Chem. Soc., Perkin Trans. 1* **1980**, 1400.

[15] Blakemore P. R. *J. Chem. Soc., Perkin Trans. 1* **2001**, 2563.

[16] Baudin, J. B.; Hareau, G.; Julia, S. A.; Ruel, O. *Bull. Soc. Chim. Fr.* **1993**, *130*, 336.

[17]   Baudin, J. B.; Hareau, G.; Julia, S. A.; Lorne, R.; Ruel, O. *Bull. Soc. Chim. Fr.* **1993**, *130*, 856.

[18]   Kim, G.; Chu-Moyer, M. Y.; Danishefsky, S. J.; Schulte, G. K. *J. Am. Chem. Soc.* **1993**, *115*, 30.

[19]   Bellingham, R.; Jarowicki, K.; Kocienski, P.; Martin, V. *Synthesis* **1996**, 285.

[20]   Hale, K. J.; Domostoj, M. M.; Tocher, D. A.; Irving, E.; Scheinmann, F. *Org. Lett.* **2003**, *5*, 2927.

[21]   Aïssa, C. *J. Org. Chem.* **2006**, *71*, 360.

[22]   Gueyrard, D.; Haddoub, R.; Salem, A.; Bacar, N. S.; Goekjian, P. G. *Synlett* **2005**, 520.

[23]   Banwell, M. G.; McRae, K. J. *J. Org. Chem.* **2001**, *66*, 6768.

[24]   Blakemore, P. R.; Kocienski, P. J.; Morley, A.; Muir, K. *J. Chem. Soc., Perkin Trans. 1* **1999**, 955.

[25]   Liu, P.; Jacobsen, E. N. *J. Am. Chem. Soc.* **2001**, *123*, 10772.

[26]   Smith, N. D.; Kocienski, P. J.; Street, S. D. A. *Synthesis* **1996**, 652.

[27]   Williams, D. R.; Cortez, G. S.; Bogen, S. L.; Rojas, C. M. *Angew. Chem., Int. Ed.* **2000**, *39*, 4612.

[28]   Harris, J. M.; O'Doherty, G. A. *Tetrahedron* **2001**, *57*, 5161.

[29]   Furuichi, N.; Hara, H.; Osaki, T.; Mori, H.; Katsumura, S. *Angew. Chem., Int. Ed.* **2002**, *41*, 1023.

[30]   Blakemore, P. R.; Kocienski, P. J.; Marzcak, S.; Wicha, J. *Synthesis* **1999**, 1209.

[31]   Alonso, D. A.; Fuensanta, M.; Nájera, C. *Eur. J. Org. Chem.* **2006**, 4747.

[32]   Pospíšil, J.; Pospíšil, T.; Markó, I. E. *Org. Lett.* **2005**, *7*, 2373.

[33]   Zanoni, G.; Porta, A.; Vidari, G. *J. Org. Chem.* **2002**, *67*, 4346.

[34]   Keck, G. E.; Savin, K. A.; Weglarz, M. A. *J. Org. Chem.* **1995**, *60*, 3194.

[35]   Blakemore, P. R.; Ho, D. K. H.; Nap, W. M. *Org. Biomol. Chem.* **2005**, *3*, 1365.

卡冈-摩兰德反应

(Kagan-Molander Reaction)

王 竝

1 历史背景简述

碳-碳键的生成是有机合成的中心问题之一。按照反应机理可以将碳-碳键的生成反应分为三个基本类型：碳正离子或碳负离子的极性反应、自由基反应以及周环反应。在上述三大基本类型中，自由基反应的发展历程比较曲折。尽管早在 1900 年 Gomberg 就首次制备和鉴定了三苯甲基自由基[1]，标志着自由基化学的诞生。但在之后的几十年内，除了自由基聚合应用于高分子合成以外，自由基反应被认为难以控制因而缺乏制备价值。

20 世纪 70 年代自由基化学才有了长足的进展。1975 年，诺贝尔化学奖获得者 Barton 等人报道了醇经黄原酸酯发生的还原脱氧 (Barton-McCombie) 反应[2]。此时，有机化学中才有了首个严格意义上可控的自由基反应。随后，Kagan 等人在 1977-1980 年之间报道了单电子还原剂二碘化钐 (SmI$_2$) 促进的多种有机反应[3,4]。从此打开了 SmI$_2$ 在有机化学中应用的大门，关于 SmI$_2$ 的研究论文数逐年增加。在 Kagan 的开创性论文中，尤其值得注意的是 SmI$_2$ 作用下有机卤代物与羰基化合物的加成反应。该反应在机理上与自由基反应和碳负离子类型的 Barbier[5]、Grignard[6] 和 Reformatsky[7] 等经典极性反应密不可分。因为 Kagan 和 Molander 对二碘化钐化学研究[8~15]做出了杰出的贡献，SmI$_2$ 参与的这类反应也被称为 Kagan-Molander 反应。

Henri B. Kagan 是一位著名的法国有机化学家，生于 1930 年。他于 1960 年获得法兰西学院 (Collège de France) 博士学位，1968 年起在法国南巴黎大学 (Universite Paris-Sud) 任教。他是法国法兰西科学院院士，也是多种国际著名学术期刊的顾问。他在 2001 年和 2005 年分别获得 Wolf 化学奖和富兰克林奖章 (Benjamin Franklin Medal)。Kagan 教授在不对称合成、不对称催化和稀土元素的有机化学等领域做出了奠基性的工作，曾多次获得诺贝尔化学奖提名。

美国化学家 Gary A. Molander 出生于 1953 年，1979 年获普渡大学 (Purdue University) 博士学位，师从诺贝尔化学奖获得者 Herbert C. Brown 教授。1981 年起，他在宾夕法尼亚大学 (University of Pennsylvania) 任教，1990 年晋升为教授。他在 1998 年获美国化学会 Arthur C. Cope 奖，现任美国化学会期刊 *Organic Letters* 副主编。Molander 教授在稀土元素参与的有机反应、有机硼化学和过渡金属催化交叉偶联等方面做出了突出的工作。

2 Kagan-Molander 反应的定义和机理

Kagan-Molander 反应一般被定义为：在 SmI$_2$ 作用下，各种卤代烃与醛、酮、酯等羰基化合物的分子间或分子内的 1,2-加成反应[16]。卤代烃的范围比较广泛，包括碘、溴和氯化物以及对甲苯磺酸酯 (式 1 和式 2)[4,9]。

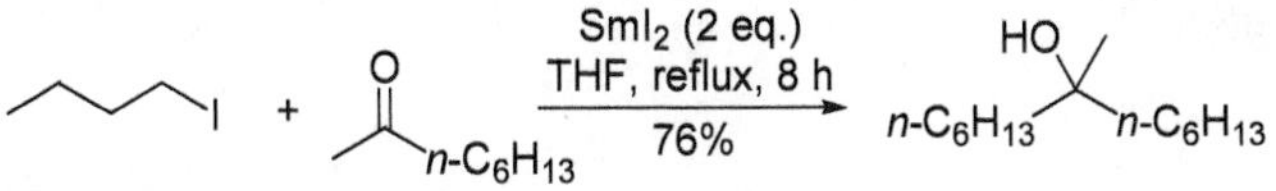

$$(1)$$

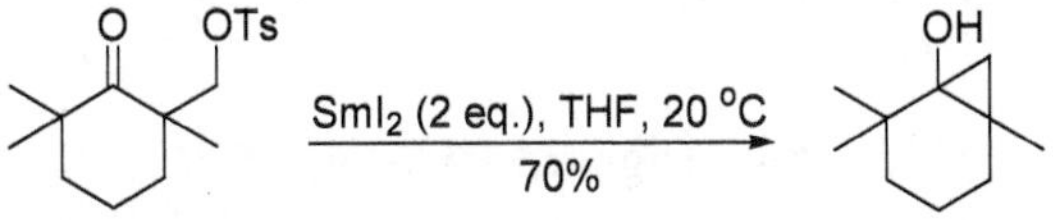

$$(2)$$

在许多文献中，Kagan-Molander 反应在不同场合下又以钐 Barbier 反应、钐 Grignard 反应和钐 Reformatsky 反应等名称出现。前两者是根据实验操作 (加料顺序) 来定义的：羰基化合物与卤代烃同时加料时被称为 Barbier 条件 (在本章的反应式中，两者都画在箭头左侧)，卤代烃与 SmI$_2$ 反应后再与羰基化合物发生的反应被称为 Grignard 条件 (在本章的反应式中，醛/酮标在箭头上方)。钐 Reformatsky 反应则特指 α-卤代酯对醛、酮的加成反应。与有机锂和镁试剂的同类型反应相比较，SmI$_2$ 促进的反应具有条件温和、选择性高和反应的多样性等优点。与锌试剂相比较，SmI$_2$ 在酮和酯等反应中显示出较高的反应活性和立体选择性。因此，Kagan-Molander 反应在有机合成中具有其独特的优势。

由于 SmI$_2$ 是一个单电子还原试剂，卤代烃或羰基化合物均能与其单独发生反应。因此，该反应有可能经历自由基反应机理和/或碳负离子反应机理。由于早期的氘代实验未能检测到含氘的卤代烃还原产物，Kagan 等人假设卤代烃和羰基化合物在反应中均发生了单电子还原反应。它们分别生成了两种自由基，随后二者结合得到加成产物 (式 3)[17,18]。但后来的试验发现：将反应的淬灭温度控制在 –10 °C 以下时，可以得到氘代程度很高的脱卤还原产物[19]。该结果明确提示：反应中确实生成了对温度较敏感的烷基钐中间体，因此应当属于离子型加成机理。

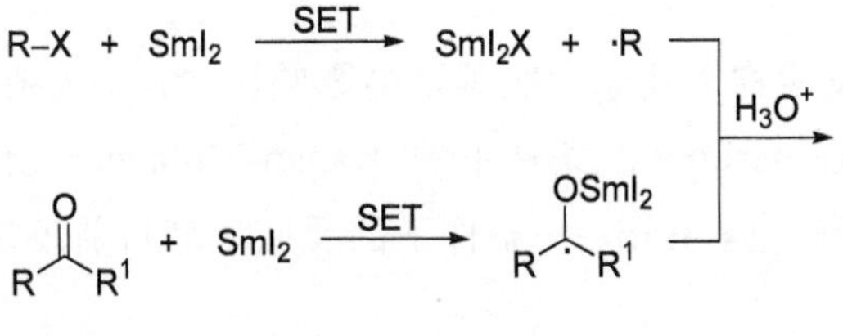

$$(3)$$

Molander 小组的工作主要集中在分子内 Barbier-类型反应[20~23]以及其它成环反应[24]。通过用亲电试剂原位捕获的方法，他们得到了有机钐中间体存在的间接证据，并据此提出了离子型加成机理 (式 4)[22,23]。但严格来说并不能完全排除其它机理的存在，因为外加的亲电试剂 (例如：过量的 D_2O 等) 会改变 SmI_2 的反应活性[25]。另一方面，具有配位能力的羰基官能团的存在对卤代烃的反应活性也有很大的影响。例如：在酮的存在下，烷基碘与 SmI_2 的反应速度提高了约一个数量级[26]。

$$RO_2C\diagdown\diagup_n I \xrightarrow{2SmI_2} RO_2C\diagdown\diagup_n SmI_2 \longrightarrow \quad (4)$$

Curran 等人发展了钐 Grignard-类型的反应[27~29]。在该反应条件下，卤代烃首先与两倍 (物质的量) 的 SmI_2 反应生成碳负离子类型的有机钐中间体。然后，再加入羰基化合物发生加成反应 (式 5)[29]。使用这种方法能够防止芳醛先与 SmI_2 反应发生频哪醇偶联，从而拓宽了底物的范围。由此，离子型加成机理也获得了较为充足的实验证据，逐渐成为钐 Grignard 反应中被普遍接受的机理。

$$\text{(structure)} \xrightarrow[\substack{\text{2. PhCOCH}_3,\ \text{rt} \\ 90\%}]{\text{1. SmI}_2,\ \text{THF},\ \text{HMPA},\ \text{rt}} \text{(structure)} \quad (5)$$

值得注意的是：SmI_2 促进的反应也常常产生一些难以解释的结果。如式 6 所示[26]：ω-碘代酮底物 **1** 经 Kagan-Molander 反应得到环戊醇产物 **2**，但却难以界定反应中间体的性质。因为它既不能被质子化淬灭，又不发生典型的自由基环合，同时也排除了羰基先被还原生成阴离子自由基的可能。

$$\underset{\textbf{1}}{\text{(structure)}} \xrightarrow[\substack{\text{(2.3~5.0 eq.),\ THF,\ rt} \\ 65\%~76\%}]{\text{SmI}_2\ \text{(22 eq.),\ HMPA}} \underset{\textbf{2}}{\text{(structure)}} \quad (6)$$

总之，由于各种反应物以及添加剂等诸多影响因素同时存在，有不少反应的机理难以准确界定。在 Grignard 条件下的 Kagan-Molander 反应可以认为是碳负离子类型的加成机理，但 Barbier 条件下的反应机理目前还没有定论。

3　Kagan-Molander 反应的条件综述

3.1　二碘化钐的制备和性质

　　二十世纪初，无机化学家利用三碘化钐在高温下的歧化反应制备了 SmI_2[30,31]。然而在七十余年间，SmI_2 未曾引起有机化学家的注意。Kagan 利用温和的条件定量地制备了 SmI_2 的 THF 溶液 (式 7)[4,32]，其浓度约为 0.1 mol/L。该溶液外观为特征的深蓝绿色，在密闭条件下能够保存相当长的时间。随后，Molander 报道了更方便的制备方法：使用金属钐与二碘甲烷反应可以定量地生成 SmI_2 (式 8)[21]。使用稍过量的钐与单质碘直接反应也可以用于该目的，但需要在回流条件下长时间反应 (式 9)[33]。在乙腈溶液中，钐与三甲基氯硅烷和碘化钠反应可以得到 SmI_2 的乙腈溶液 (式 10)[34]。

$$Sm \ + \ ICH_2CH_2I \xrightarrow{\text{THF, rt}} SmI_2 \ + \ H_2C{=}CH_2 \qquad (7)$$

$$Sm \ + \ CH_2I_2 \xrightarrow{\text{THF, rt}} SmI_2 \ + \ 0.5 \ H_2C{=}CH_2 \qquad (8)$$

$$Sm \ + \ I_2 \xrightarrow{\text{THF, reflux}} SmI_2 \qquad (9)$$

$$Sm + 2 \ TMSCl + 2 \ NaI \xrightarrow{\text{MeCN, rt}} SmI_2 + TMS\text{-}TMS + 2 \ NaCl \qquad (10)$$

　　在水中测定的 Sm^{2+}/Sm^{3+} 的还原电位是 -1.55 V[35]。因此，SmI_2 是一个较强的还原剂，其制备和反应必须在惰性气体保护下进行。有趣的是水或醇等质子性溶剂与 SmI_2 的反应比较缓慢，因此可以用作质子源或添加剂 (共溶剂) 来调控 SmI_2 的反应性能。钐离子还具有较强的 Lewis 酸性和亲氧性，在 SmI_2 和醚的配合物中钐(II) 的配位数可以达到 7 或 8[36,37]。

3.2　反应的溶剂和添加剂

　　由于 SmI_2 通常在 THF 溶剂中制备，因此 THF 成为 Kagan-Molander 反应中最常用的反应溶剂。但是，使用其它溶剂进行的反应也颇有特点。如式 11 所示[38]：在腈类溶剂中，SmI_2 的还原性有所下降。使用该性质可以有效地减少苄基和烯丙基卤代烃的自身偶联，提高反应的化学选择性。四氢吡喃 (THP) 也是苄基和烯丙基类型底物的优良溶剂 (式 12)[39]。当使用苯 (含 10% HMPA) 作为溶剂时，反应底物的范围可以拓展到碘代芳烃和炔基碘化物 (式 13)[40,41]。

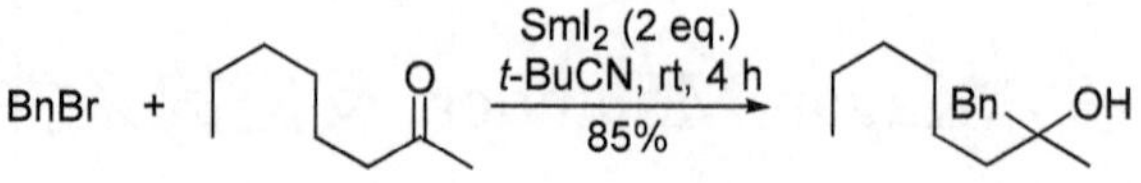

BnBr
+
O
SmI2 (2 eq.)
t-BuCN, rt, 4 h
85%
Bn
OH

(11)

I
+
O
SmI2 (2 eq.)
THF, 0 °C, 1 h
75%
OH

(12)

PhI
+
O
Ph
SmI2 (6 eq.), PhH
HMPA, rt, 10 min
74%
Ph
OH
Ph

(13)

SmI_2 的应用实践证明：SmI_2 的反应性能可以通过使用多种添加剂有效地进行调控。本节只择要介绍与 Kagan-Molander 反应相关的典型添加剂，其中使用最广泛和最有效的是 HMPA。

1987 年，Inanaga 等人首次发现：加入 5% 体积的 HMPA 能够显著提高 SmI_2 在 THF 中的还原能力，各种伯、仲、叔卤代烷和卤代芳烃 (包括氯代物) 均能高产率地发生还原脱卤反应[42]。Curran 等人观察到：HMPA 能加速伯烷基自由基还原为有机钐中间体的过程，减少自由基与烯的环化反应 (式 14)[26]。但另一方面，Kagan 等人报道：在腈类溶剂中，SmI_2 的还原性能基本不受到 HMPA 的影响[38]。

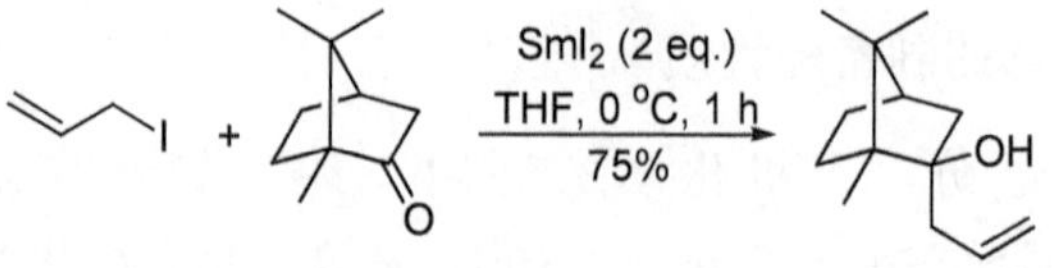

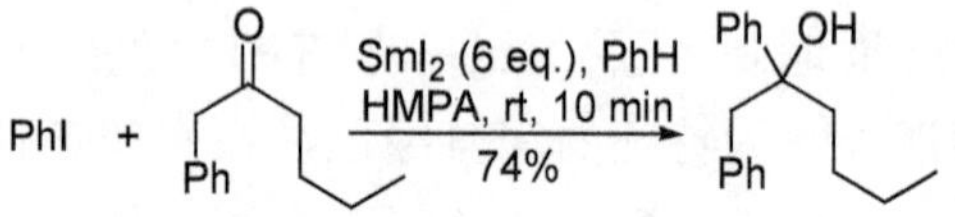

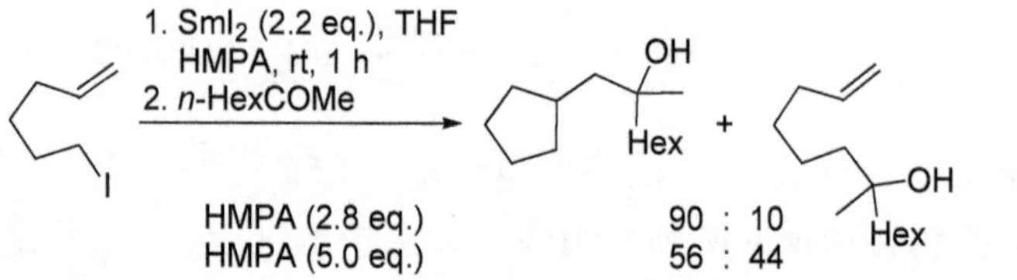

1. SmI2 (2.2 eq.), THF
HMPA, rt, 1 h
2. n-HexCOMe
I
OH
Hex
+
OH
Hex
HMPA (2.8 eq.)
HMPA (5.0 eq.)
90 : 10
56 : 44

(14)

Hou 等人报道了 SmI_2 与 HMPA 形成的配合物的单晶结构，获得了 HMPA 通过氧与钐配位的直接证据。配合物的结构与反应中 HMPA 的用量有关：使用 4 倍 (4 eq.) 的 HMPA 可形成具四角双锥结构的 $SmI_2(HMPA)_4$[43]，使用 10 倍以上的 HMPA 则形成 $SmI_2(HMPA)_6$[44]。电化学研究发现：使用 4 倍的 HMPA 可以使 SmI_2 在 THF 中的氧化电位从 –1.33 V 增大到 –2.05 V (对 $Ag/AgNO_3$)，还原能力提高了 3~4 个数量级。但是，使用更多的 HMPA 不能再进一步提高 SmI_2 的还原性[45,46]。

反应动力学研究表明：$SmI_2(HMPA)_4$ 对碘代烷和酮的还原是分别通过外层电子转移 (outer-sphere electron transfer) 和内层电子转移进行的。 在后一反应中，酮有可能通过取代 $SmI_2(HMPA)_4$ 中的一分子 HMPA 与钐配位，然后被还原成为阴离子自由基[47]。

但是，HMPA 是一个具有较大毒性和致癌性的试剂，因此其应用受到一定限制。人们在寻找其替代物时发现：DMPU、四甲基脲 (TMU)、*N*-甲基吡咯烷酮 (NMP)、四甲基胍 (TMG) 和 DBU 等试剂也能够增强 SmI$_2$ 的还原能力，但存在适用范围狭窄和用量较大的缺点[48]。虽然 SmI$_2$ 的还原能力在乙腈溶液中不会受到 HMPA 的影响，但添加 DMPU 能够提高其还原能力（氧化电位介于 THF 溶液中的 SmI$_2$ 和 SmI$_2$-HMPA 之间）[49]。有趣的是：微量的水也能显著提高 SmI$_2$ 的还原性[48]。

有人报道：金属钐与 SmI$_2$ 一起使用能够显著提高 Kagan-Molander 反应以及卤代烷还原的产率和反应速度，但具体原因尚不明确 (式 15) [50]。

$$^nBuI \quad + \quad \text{（结构式）} \quad \xrightarrow[\substack{Sm\ (0\ eq.),\ trace \\ Sm\ (1\ eq.),\ 96\%}]{\substack{SmI_2\ (3\ eq.),\ THF \\ Sm,\ rt,\ 1\ h}} \quad \text{（产物）} \qquad (15)$$

当添加剂 HMPA 单独使用在芳香酮或 α,β-不饱和酮等少数底物的加成反应中无效时，可再加入三甲基氯硅烷作为添加剂一起使用 (式 16)[51]。

$$\xrightarrow[\substack{TMSCl\ (0\ eq.),\ 7\% \\ TMSCl\ (4\ eq.),\ 65\%}]{\substack{1.\ SmI_2\ (2.6\ eq.),\ THF\text{-}HMPA \\ 2.\ PhCOMe,\ TMSCl,\ -78\ ^oC}} \qquad (16)$$

许多过渡金属盐也常用作 Kagan-Molander 反应的添加剂，例如：FeCl$_3$[52]、FeCl$_2$[22]、FeBr$_3$[53]、Fe(DMB)$_3$[22]、Fe(acac)$_3$[22]、NiI$_2$[53] 和 Cp$_2$ZrCl$_2$[52]等 (式 17)。如式 18 所示：NiI$_2$ 特别适用于酯或内酯的加成反应，仅需 1 mol% 用量即可使反应在几分钟内完成。

$$\xrightarrow[]{\substack{SmI_2\ (2\ eq.),\ Fe(DMB)_3 \\ (2\ mol\%),\ THF,\ -78\sim0\ ^oC}} \qquad (17)$$

$$Ph\text{-}COOEt \quad + \quad ^nBuI \quad \xrightarrow[80\%]{\substack{SmI_2\ (4\ eq.),\ NiI_2 \\ (1\ mol\%),\ THF,\ rt,\ 1\ min}} \qquad (18)$$

3.3 卤代烃

Kagan-Molander 反应中使用的卤代烃底物的范围很广泛,根据烃基的结构主要可以分为四种类型: (a) 苄基和烯丙基卤代物; (b) 烷基伯/仲卤代物; (c) 碘代芳烃;

(d) 1-碘代炔。但是，各类型底物的最佳反应条件和反应机理有很大的差异。

在使用活泼的苄基和烯丙基卤代物时，一般在 Barbier 条件下操作可以防止自身偶联等副反应 (式 19 和式 20)[4]。非对称的烯丙基卤代物存在有区域选择性的问题 (式 21)，而炔丙基卤代物会生成部分联烯副产物 (式 22)[54]。在苄基和烯丙基碘、溴和氯代物的反应中，反应速率依次递减。

$$\text{CH}_2=\text{CHCH}_2\text{I} + \underset{n\text{-C}_6\text{H}_{13}}{\overset{O}{\|}} \xrightarrow[71\%]{\text{SmI}_2\ (2\ \text{eq.}),\ \text{THF, rt, 0.2 h}} \quad \underset{n\text{-C}_6\text{H}_{13}}{\overset{OH}{|}} \tag{19}$$

$$\text{PhCH}_2\text{Br} + \underset{n\text{-C}_6\text{H}_{13}}{\overset{O}{\|}} \xrightarrow[69\%]{\text{SmI}_2\ (2\ \text{eq.}),\ \text{THF, rt, 0.5 h}} \quad \underset{n\text{-C}_6\text{H}_{13}}{\overset{\text{Ph}\quad OH}{}} \tag{20}$$

$$\begin{array}{c} n\text{-C}_7\text{H}_{15}\text{CHO} \\ + \\ \text{PhCH=CHCH}_2\text{Br} \end{array} \xrightarrow[69\%]{\text{SmI}_2\ (2\ \text{eq.}),\ \text{THF, rt, 0.4 h}} \tag{21}$$

Ph~~~ OH / n-C₇H₁₅ 65%

+ OH / n-C₇H₁₅, Ph 35%

$$\begin{array}{c} n\text{-C}_7\text{H}_{15}\text{CHO} \\ + \\ \text{BrCH}_2\text{C}{\equiv}\text{CH} \end{array} \xrightarrow[88\%]{\text{SmI}_2\ (2\ \text{eq.}),\ \text{THF, rt, 12 h}} \tag{22}$$

HO / n-C₇H₁₅ ─C≡CH 72%

+ HO / n-C₇H₁₅ ─CH=C=CH₂ 16%

α-杂原子取代卤代烷的反应非常重要，这是引入 α-官能团化碳链的一种好方法。由于它们的中间体不稳定而引发 α-消除反应，因此建议也在 Barbier 条件下进行。α-杂原子包括氧族元素、卤素 (包括氟和多卤代) 和硅原子等，因此可以用于多种目标产物的合成 (式 23~式 25)[18,55~57]。常规的有机锂和镁试剂也可以用于该目的，但反应必须在低温下 (–110~–78 °C) 进行。而使用 SmI$_2$ 则可以在 0 °C 下方便地完成。

$$\text{BnOCH}_2\text{Cl} + \text{(1,3-cyclohexanedione)} \xrightarrow[53\%]{\text{SmI}_2\ (3\ \text{eq.}),\ \text{THF, 0 }^\circ\text{C}} \tag{23}$$

(product with OBn, OH, and ketone)

$$\text{CH}_2\text{I}_2 + \underset{\text{Ph}\quad\quad\text{Ph}}{\overset{O}{\|}} \xrightarrow[71\%]{\text{SmI}_2\ (2\ \text{eq.}),\ \text{THF, 0 }^\circ\text{C, 0.7 h}} \quad \underset{\text{Ph}\quad\text{Ph}}{\overset{\text{HO}\quad I}{}} \tag{24}$$

$$CHI_3 + \text{（环己酮）} \xrightarrow[49\%]{\text{SmI}_2 \text{ (2 eq.), THF, 0 °C, 0.7 h}} \text{（1-(二碘甲基)环己醇）} \quad (25)$$

使用普通卤代烷与芳酮或脂肪醛等反应时，由于这些羰基化合物被 SmI$_2$ 还原的速度更快而生成副产物。因此，最好按照 Grignard 条件操作，预先使卤代烷与 SmI$_2$ 反应，生成有机钐中间体后再加入羰基化合物。但是，分子内反应只能是 Barbier 类型的。在相同条件下，伯卤代烷的反应速度和产率明显优于仲卤代烷，碘代物的活性优于溴代物 (式 26 和式 27)[4]。氯代物的反应需要在特殊条件 (560~700 nm 的可见光照) 下进行，无添加剂时即使在 THF 中回流也难反应。对甲苯磺酸酯的反应活性高于氯代物。

$$RX + \text{（} \overset{O}{\underset{n\text{-}C_6H_{13}}{\|}} \text{）} \xrightarrow{\text{SmI}_2 \text{ (2 eq.), THF}} \text{（} \underset{R}{\overset{HO}{\diagup}} n\text{-}C_6H_{13} \text{）} \quad (26)$$

$$n\text{-BuBr, 65 °C, 24 h, 67\%}$$
$$s\text{-BuBr, 65 °C, 36 h, 27\%}$$
$$n\text{-BuI (+Sm), 20 °C, 1 h, 96\%}$$

$$\text{Cl}\overset{}{\underset{5}{\frown}}\text{I} + \overset{O}{\underset{n\text{-}C_6H_{13}}{\|}} \xrightarrow[58\%]{\substack{\text{SmI}_2 \text{ (2 eq.), THF} \\ 65 °C, 12 h}} \text{Cl}\overset{}{\underset{5}{\frown}}\overset{HO}{\diagdown}n\text{-}C_6H_{13} \quad (27)$$

不饱和烃基卤代烷与 SmI$_2$ 作用生成的自由基，视其结构可能继续被还原成为有机钐物种发生正常的 Kagan-Molander 反应，也有可能优先发生分子内自由基环化反应，最终得到"重排"产物 (式 14)。叔卤代烷可以被 SmI$_2$ 还原为自由基，但不能被进一步还原生成有机钐中间体。因此，它们不是 Kagan-Molander 反应的合适底物。如果底物分子中含有烯键，它们发生成环反应后首先生成能够被还原的自由基。然后，再与羰基化合物发生加成反应。但是，在严格意义上讲该类型的反应不属于 Kagan-Molander 反应。β-杂取代的卤代烷一般不适合作为底物，因为中间体容易发生 β-消除反应生成烯烃。

碘代芳烃与 SmI$_2$ 反应生成芳基自由基，在 THF 中该物种不能被还原。相反，它们从溶剂中攫取质子生成四氢呋喃自由基，然后再与 SmI$_2$ 反应生成有机钐中间体并与亲电试剂发生加成反应 (式 28)[58]。如式 29 所示[59]：芳基自由基也能攫取分子内合适位置上的氢原子，发生自由基接力反应。

以苯-HMPA 为溶剂时，攫氢副反应被抑制。生成的芳基自由基可以顺利地被还原成为芳基碳负离子，发生正常的 Kagan-Molander 反应 (式 30)[40]。在相同的反应条件下，碘或溴代烯烃能够发生类似的反应但双键的构型不能保持 (式 31)[60]。

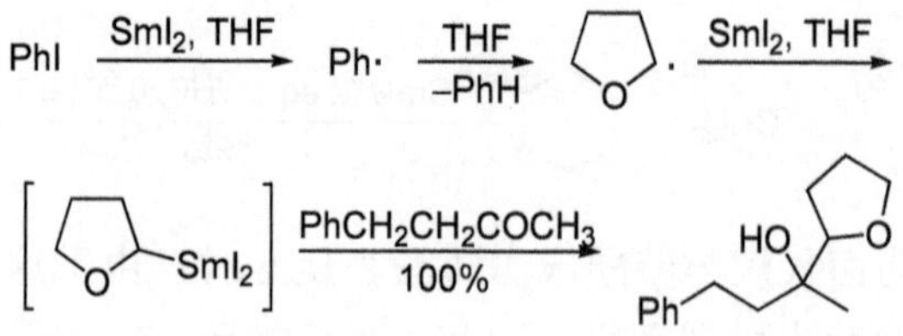

$$(28)$$

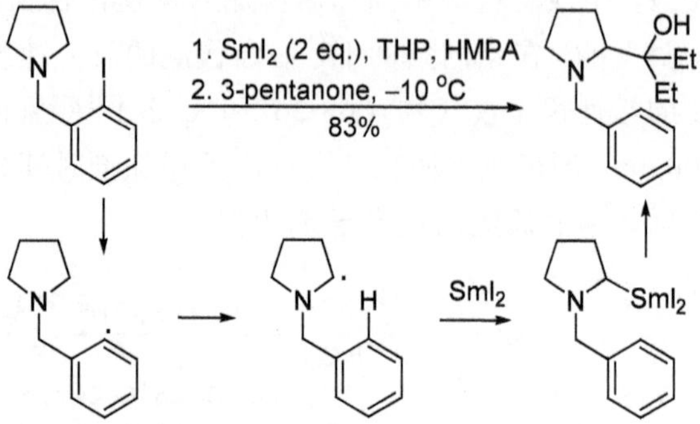

$$(29)$$

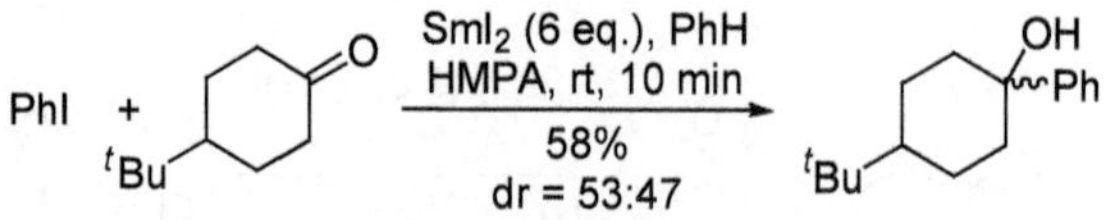

$$(30)$$

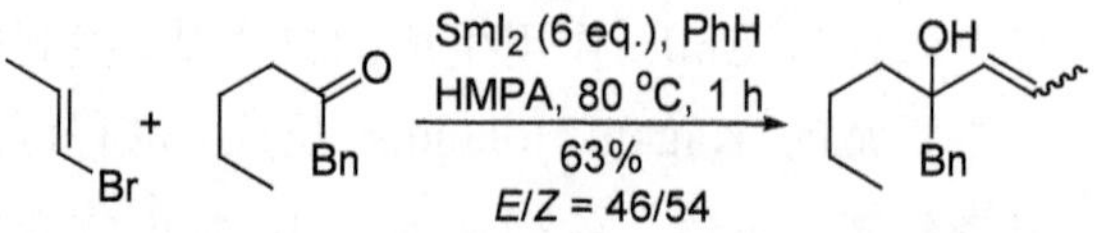

$$(31)$$

1-碘代炔的 Kagan-Molander 反应虽然在形式上类似炔负离子的直接加成，但实际的机理比较复杂。如式 32 所示[41]：底物首先被还原成为炔基自由基，再从 THF 中攫取氢原子后生成炔烃。然后，四氢呋喃自由基被还原成为碳负离子性质的有机钐中间体并与炔烃发生质子交换。最后，生成的炔基钐再与酮发生加成反应。

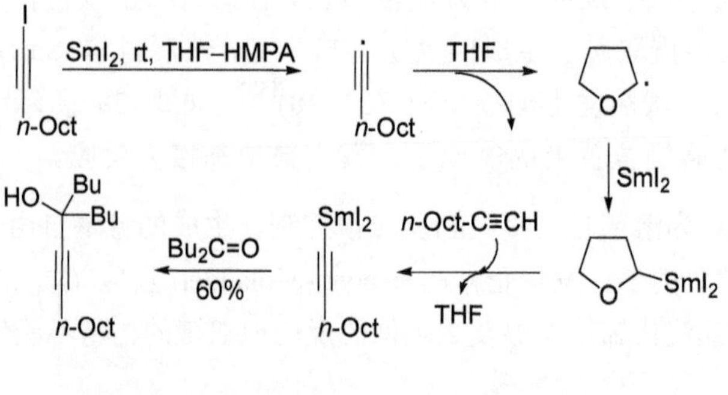

$$(32)$$

3.4 羰基化合物

在 Kagan-Molander 反应中，醛和酮是最常用的底物。事实上，酯、内酯 (式 33)[61]、酰胺 (式 34)[23]、和腈 (式 35)[23]等羧酸衍生物也是合适的底物。视反应的具体条件，它们能够发生单加成反应 (亲核酰化反应) 生成酮，或者发生双加成反应生成叔醇。比较特殊的亲电试剂还有一氧化碳 (式 36)[62]和异腈 (式 37)[63,64]等。在适当位置含有卤素取代的羰基化合物可以发生分子内反应 (详见以下各章节)。

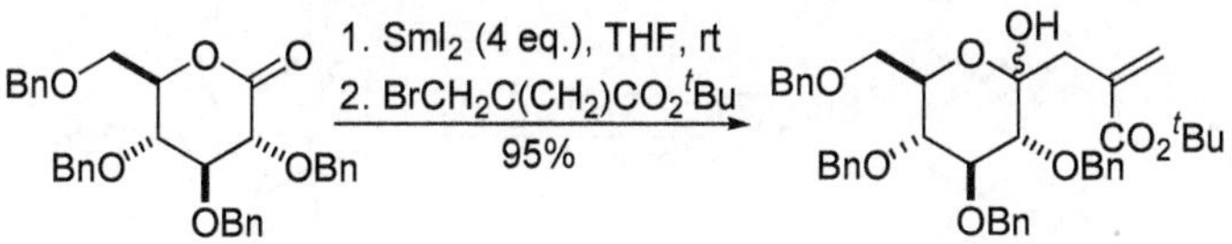

$$\text{(33)}$$

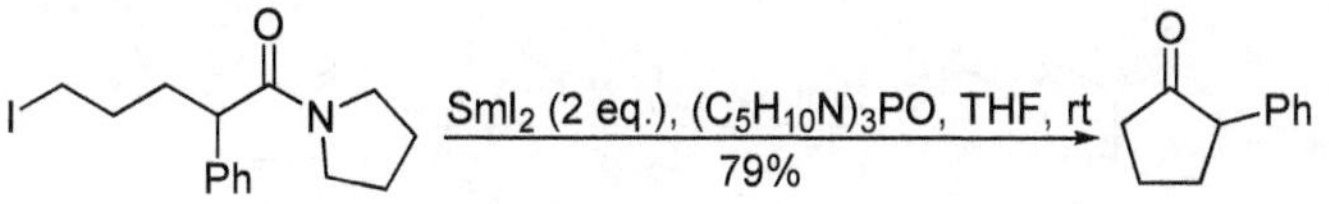

$$\text{(34)}$$

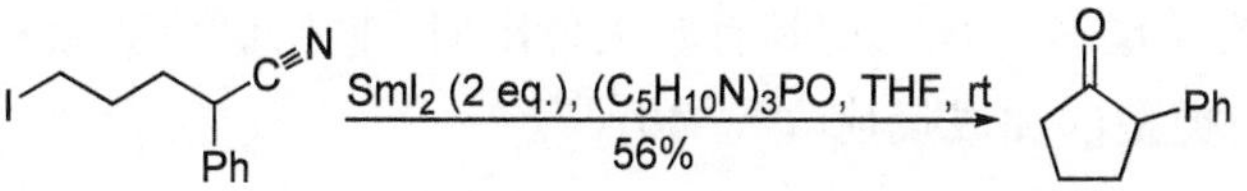

$$\text{(35)}$$

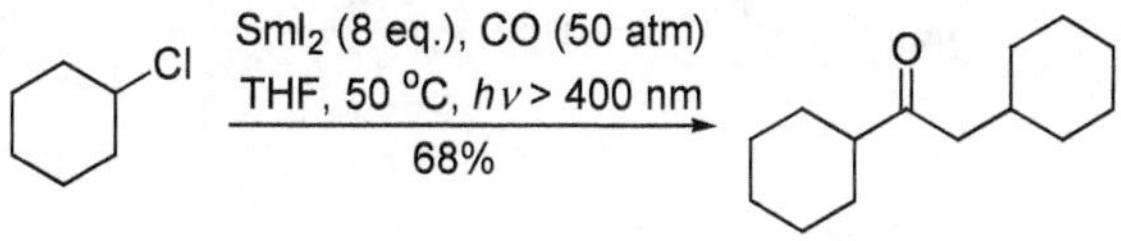

$$\text{(36)}$$

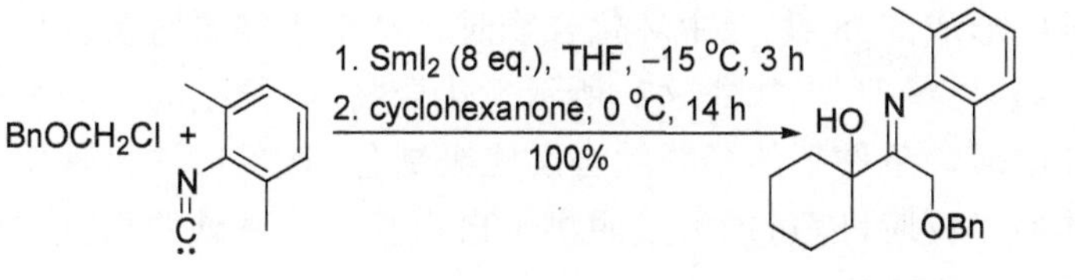

$$\text{(37)}$$

4　Kagan-Molander 反应的类型

Kagan-Molander 反应的一个特点是对醛、酮、羧酸氧化态的羰基都能选择性地发生 1,2-加成。由于适用的底物种类繁多，在本章中按照反应底物氧化态的变化，将其分为单加成和双加成两种基本反应类型。

4.1 单加成反应

各种类型的醛或酮底物都能顺利地发生 1,2-加成反应,适用范围之广是其它金属有机试剂所难以达到的。如式 38 所示[65]:酮 **3** 因容易发生烯醇化而不能够与甲基锂发生加成反应,但氯甲基苄醚与 SmI₂ 形成的钐试剂则可以顺利地与之加成生成叔醇。如式 39 所示[18]:α,β-不饱和醛或酮也可以高选择性地发生 1,2-加成反应。

$$\text{BnOCH}_2\text{Cl} + \quad \xrightarrow[\text{92\%}]{\text{SmI}_2 \text{ (2 eq.), THF, rt, 20 h}} \quad \tag{38}$$

$$\text{CH}_2\text{I}_2 + \quad \xrightarrow[\text{53\%}]{\text{SmI}_2 \text{ (2 eq.), THF, 0 °C}} \quad \tag{39}$$

若卤代烃和羰基化合物均具有较大位阻时,它们仍能够顺利地发生分子间钐 Reformatsky 类型的加成反应 (式 40)[66]。

$$t\text{-Bu} \quad \text{Br} + \text{RCHO} \xrightarrow[\substack{-78\ ^\circ\text{C, 1 h}\\ \text{R = Cy, 94\%}\\ \text{R = } t\text{-Bu, 85\%}\\ \text{R = Ph, 72\%}}]{\text{SmI}_2 \text{ (5 eq.), THF}} t\text{-Bu} \quad \text{R} \tag{40}$$

分子内 Kagan-Molander 反应是合成各种大小的并环、螺环和桥环的好方法。在制备难以形成的 8~9 元中环化合物时,甚至不需要对反应体系进行高度稀释 (式 41~式 43)[67~69]。如式 42 所示:化合物 **4** 的空间排列很拥挤,难以用常规的酸性或碱性条件下的羟醛缩合反应来制备。该反应的机理似乎不是简单的对酮羰基的加成反应,有可能涉及阴离子自由基与烷基碘的相互作用和电子转移,但具体过程尚不明确。

$$\xrightarrow[\text{97\%}]{\text{SmI}_2, \text{THF-HMPA, rt}} \tag{41}$$

$$\xrightarrow[\text{100\%, dr = 96:4}]{\text{SmI}_2 \text{ (2 eq.), THF, } -78\sim25\ ^\circ\text{C}} \tag{42}$$

4

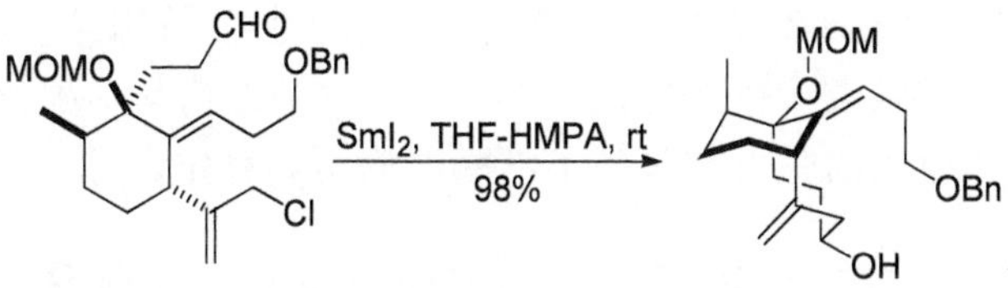

$$(43)$$

羧酸酯和内酯的分子内 Kagan-Molander 反应可以停留在单加成阶段。该反应也被称为分子内亲核酰化 (INAS) 反应，生成相应的酮化合物。使用有机锂和镁试剂一般难以完成这类反应，因为通常产物的酮羰基更容易与试剂反应，从而不能停留在单加成阶段。然而得益于钐的亲氧性，半缩酮钐盐中间体由于配位而稳定，因此在后处理前，反应体系中没有比底物亲电性更高的酮。酯和内酯均可与烯丙型卤代烷和伯、仲碘代烷发生反应，磷酰胺 (式 44) 和铁盐 (式 45 和式 46) 是该类反应的促进剂[23]。如式 46 所示[70]：ω-碘代酯的分子内加成反应是一种合成 γ-羟基酮的巧妙方法。

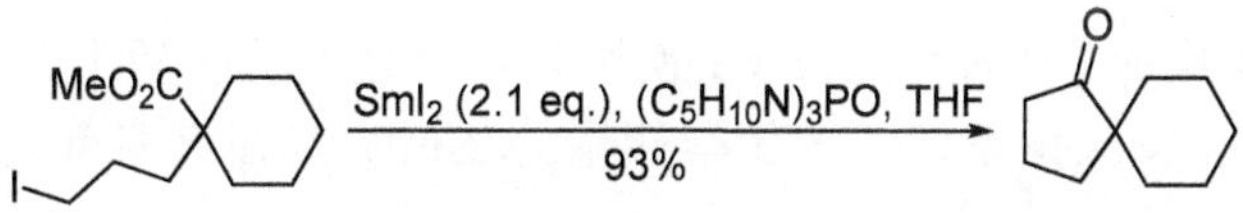

$$(44)$$

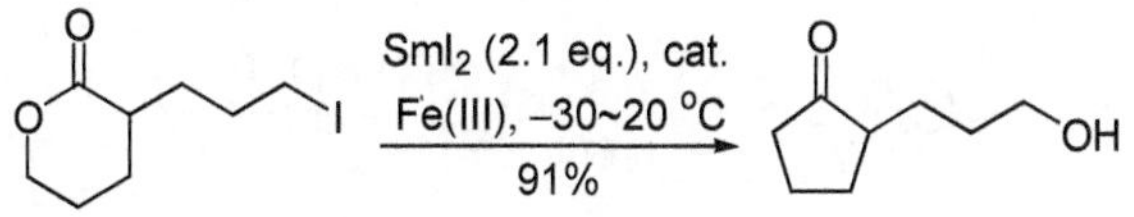

$$(45)$$

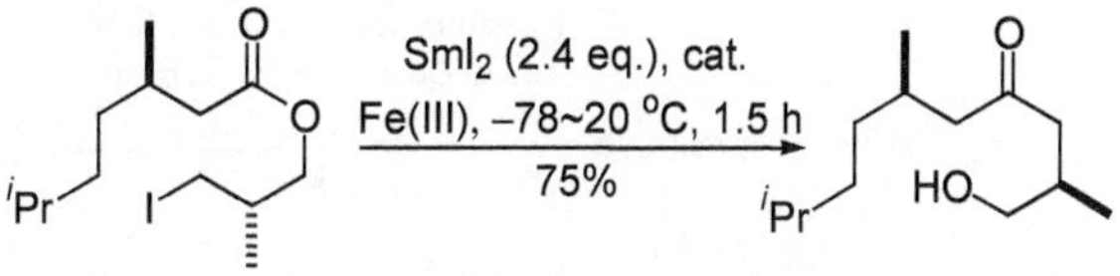

$$(46)$$

有人发现：在 NiI_2 的催化下，芳香族和脂肪族腈可以与碘代烷发生单加成反应。生成的亚胺中间体经水解后得到相应的酮，无需 HMPA 作为添加剂也可以得到中等到良好的产率 (式 47)[71]。如果适当地控制反应条件，可以选择性地使二元腈底物中的一个氰基发生反应。虽然芳香族和脂肪族酰胺在该条件下也发生单加成反应，但产率一般偏低。

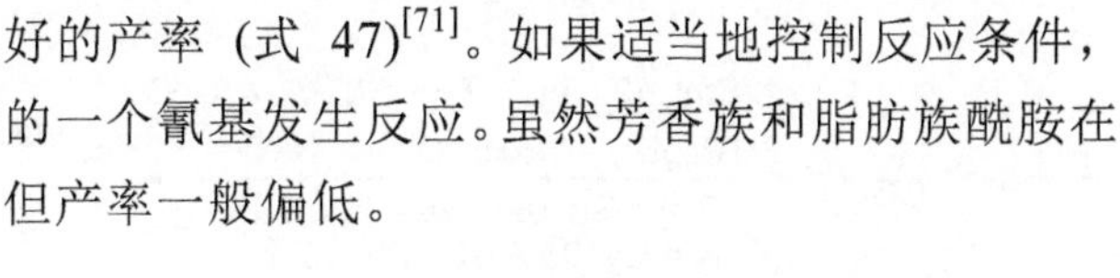

$$RCN + CH_3CH_2CH_2I \xrightarrow[\substack{R = Ph,\ 68\% \\ R = PhCH_2CH_2,\ 60\%}]{\substack{SmI_2,\ (2.7\ eq.),\ NiI_2\ (1\ mol\%) \\ THF,\ 0\ ^{\circ}C,\ 0.5\ h}} \quad (47)$$

使用手性 β-氯代酰胺作为底物，可经分子内 Kagan-Molander 反应生成手性环丙烷衍生物。如式 48 所示[72]：该反应生成了具有特殊结构的 N,O-半缩醛产物 **5**。这可能主要得益于两个方面：(1) 1,3-二羰基结构与钐配位使底物的活性得到提高；(2) 环丙烷的张力使胺基半缩酮结构得到稳定。

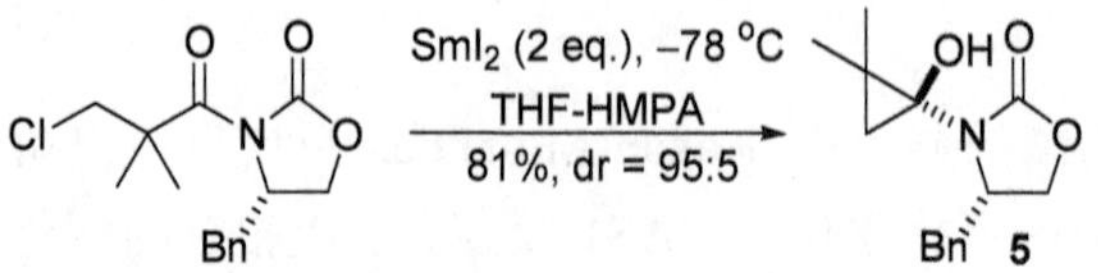

$$(48)$$

4.2 双加成反应

具有高效、高选择性和可控性的分子间或分子内双加成反应无疑是 Kagan-Molander 反应显著的优势。酯是双加成反应最常用的底物，分子间的双加成反应可以用于制备对称取代的叔醇。由于有机钐中间体对酯的反应性较弱且对高温不稳定，因此需要在 NiI$_2$ 催化下进行 (式 49)[53]。在腈类溶剂中，该催化剂也能够显示出一定的催化效果[38]。但是，α-卤代酯不能发生钐 Reformatsky 类型的双加成反应。有人研究发现：使用化学计量的混合稀土合金 (Mischmetall) 作为共还原剂，反应体系在低于化学计量的 SmI$_2$ 存在下即可显示出较高的活性 (式 50)[73]。

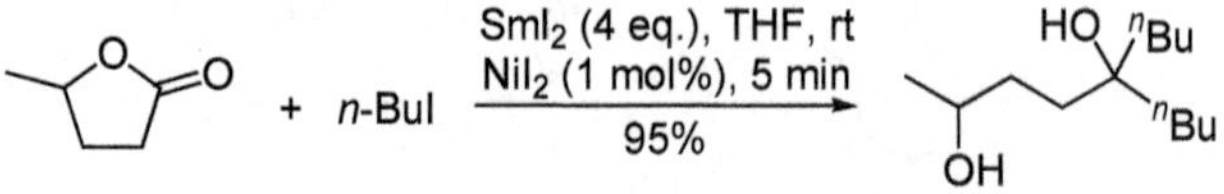

$$(49)$$

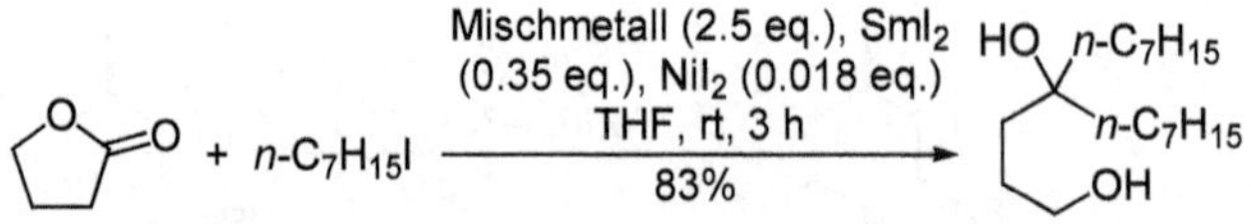

$$(50)$$

SmI$_2$ 还能与 Grignard 试剂联用。如式 51 所示[74]：首先，Grignard 试剂在低温下进攻酯基原位生成 β-溴代酮。然后，发生分子内反应生成环丙烷衍生物。但是，将该方法用于制备四元环和六元环时效果不佳。

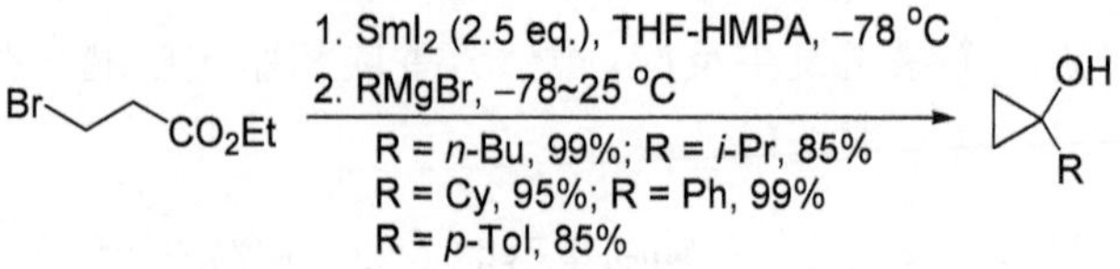

$$(51)$$

Molander 的系统研究表明：在温和条件下，碘、溴和氯代酯化合物均可发生分子内双加成反应 (式 52~式 54)[75]。也许是因为分子内反应更容易进行，这些分子内反应无需使用 NiI$_2$ 催化剂。

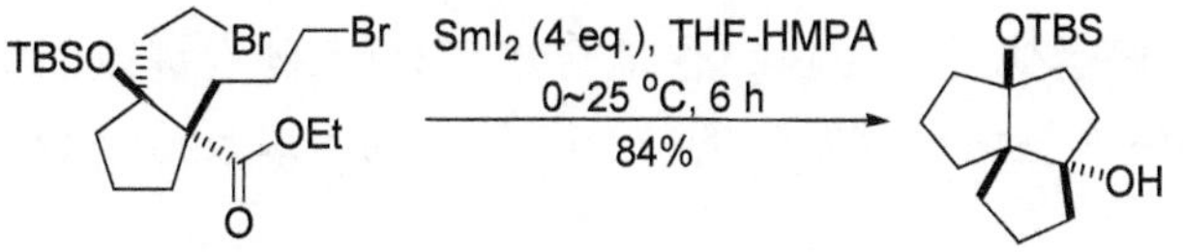

$$(52)$$

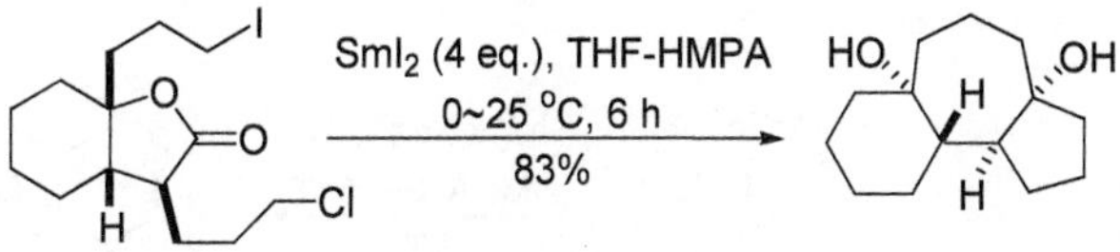

$$(53)$$

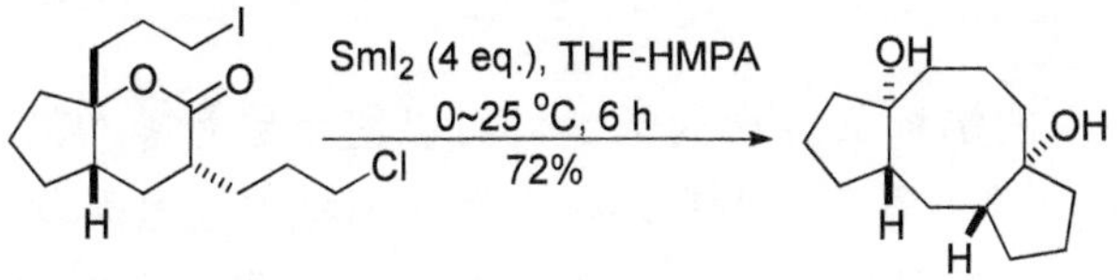

$$(54)$$

4.3 串联反应

除了上述两种基本反应类型外，SmI_2 的多样反应性能和可控性使其成为串联反应的理想选择。羧酸衍生物的单加成产物酮不需分离，即可原位被 SmI_2 还原成为阴离子自由基。该物种可以与烯、炔或羰基化合物等发生进一步的环化反应。Molander 报道[76]：双环 δ-碘代内酯 **6** 首先发生分子内亲核酰化反应生成酮中间体。然后，在 SmI_2 的作用下与烯烃发生自由基偶联反应，生成含有两个叔羟基的三环产物。如式 55 所示：该成环反应的非对映选择性可以达到 6:1。

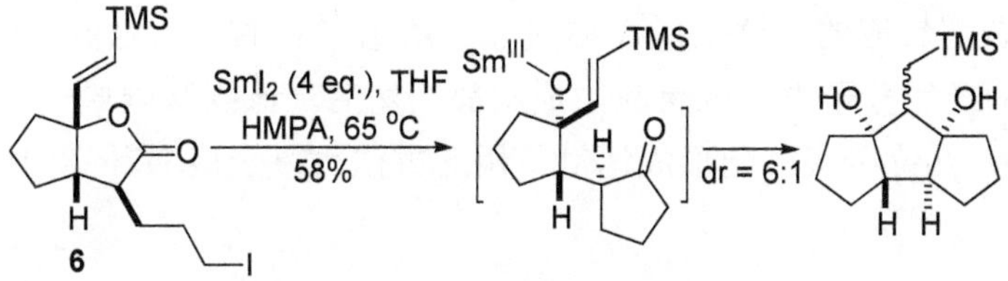

$$(55)$$

类似的串联反应常被用于复杂螺环结构的合成。如式 56 所示[76]：δ-溴代酯 **7** 首先经分子内亲核酰化反应生成螺环酮。然后，在室温下与炔发生自由基偶联反应得到三环烯丙叔醇。在酮-炔还原偶联过程中，立体专一性地生成 E-构型的三取代烯烃产物。在酮参与的还原偶联步骤中，三甲硅基或苯基等活化基团取代的烯烃或炔烃可以得到较好的产率和立体选择性。

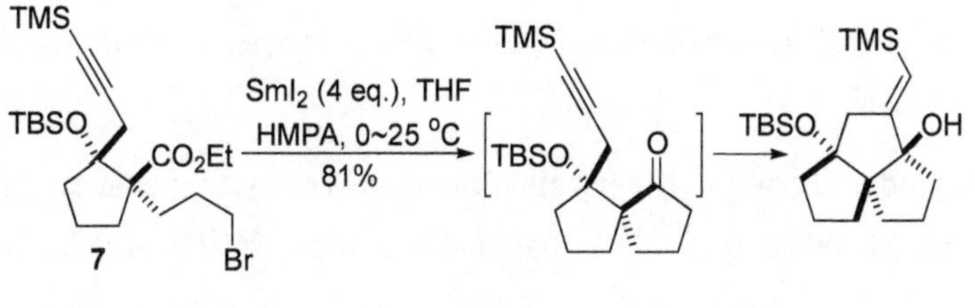

$$(56)$$

利用羟基的烷基化反应可以方便地合成带有碳-碳双键或三键的底物。如式 57 所示[77]：使用这些化合物发生的 SmI$_2$ 参与的串联反应是合成含氧杂环的好方法。

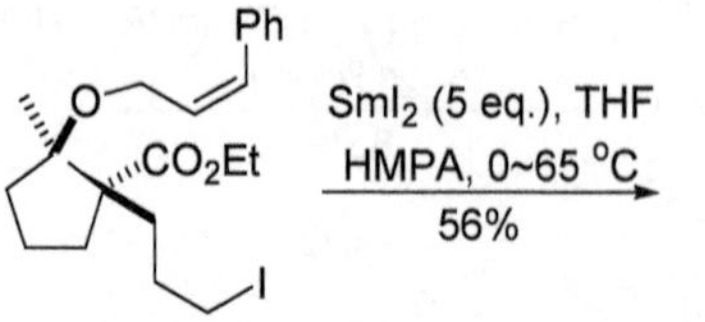

$$(57)$$

将上述反应中的烯烃部分换为烯醚，可以得到更有趣的结果。如式 58 所示[78]：由烯醚生成的阴离子自由基环化中间体因稳定性差而发生 β-消除反应，得到了形式上烯基向羰基发生加成的产物。用 Z-构型为主的烯醚底物生成了具有较高 E-构型选择性的产物。

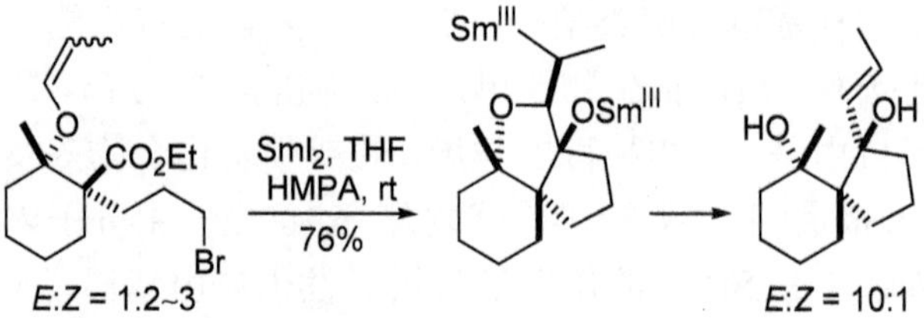

$$(58)$$

不仅酯类底物能够发生串联反应，Molander 还设计了酮类底物的 Barbier 加成与 Grob 裂解反应的串联反应。如式 59 所示[79]：首先，α,α-二取代-β-羟基酮的甲磺酸酯经历分子内加成反应生成叔醇。然后，原羰基碳原子与 α-碳间发生异裂，消除 β-位甲磺酸酯形成烯键。用此方法可以合成多种 8~10 元大环酮化合物。

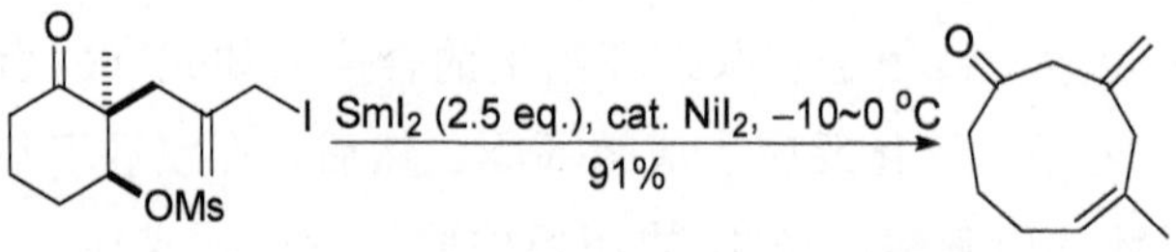

$$(59)$$

分子间的串联反应也有报道。如式 60 所示[76]：首先，烷基碘与酯基发生分子内 Kagan-Molander 单加成反应成酮。然后，再发生阴离子自由基与烯烃之间的自由基环化反应。最后，有机钐中间体被酮捕获，实现了三步反应的串联。在该过程中，最终的亲电试剂必须在起始时就加入，因此与 SmI$_2$ 反应缓慢的脂肪酮才能用于该反应。

Kagan-Molander 反应与 Meerwein-Ponndorf-Verley/Oppenauer 反应的串联也比较常见（式 61 和式 62）[80,81]。Kagan-Molander 反应生成的钐的醇盐是该

$$
\begin{array}{c}
\text{RO} \overset{O}{\underset{\displaystyle (\text{)}_n\ I}{\bigwedge}} \xrightarrow[\substack{\text{MeCOMe, 0 }^{\circ}\text{C to rt} \\ n = 1,\ R = \text{Me},\ 66\% \\ n = 2,\ R = \text{Et},\ 67\%}]{\text{SmI}_2\ (4\ \text{eq.}),\ \text{THF-HMPA}} \text{product}
\end{array}
\tag{60}
$$

$$
\xrightarrow[\substack{\text{2. AcCl, Et}_3\text{N, DMAP} \\ 79\%}]{\substack{\text{1. SmI}_2\ (2\ \text{eq.}),\ \text{cat. Fe(III)} \\ -30{\sim}25\ ^{\circ}\text{C, 1.5 h}}}
\tag{61}
$$

$$
\begin{array}{c}
\text{BnBr} \\ + \\ n\text{-C}_7\text{H}_{15}\text{CHO}
\end{array}
\xrightarrow[\substack{\text{2. }t\text{-BuCHO} \\ 74\%}]{\text{1. SmI}_2,\ \text{THF, rt}}
n\text{-C}_7\text{H}_{15}\overset{O}{\underset{}{\bigwedge}}\text{Ph} + t\text{-BuCH}_2\text{OH}
\tag{62}
$$

氧化-还原反应以及 Tischenko 反应的有效促进剂[82]。钐的亲氧性使其容易与作为氧化剂的醛/酮羰基发生配位，然后通过环状过渡态发生立体专一的氢转移。在分子间的串联反应中，可加入适量的新戊醛等作为氧化剂。

4.4 不对称 Kagan-Molander 反应

对映选择性的 Kagan-Molander 反应尚未得到发展，目前仅报道了烯醇钐盐的对映选择性质子化一种途径。这可能是因为缺乏合适的手性配体的原因。

以 C_2-对称性的手性二醇 DHPEX 为催化量质子源和大位阻醇 (例如：三苯甲醇) 为化学计量的质子源，有机钐与烯酮加成的中间体烯醇钐盐可以发生对映面选择性的质子化反应，得到中等到优良立体选择性 α-手性酮，接近使用化学计量 DHPEX 的效果 (式 63)[83,84]。

$$
\tag{63}
$$

本反应的关键在于必须使烯醇钐盐优先与手性质子源发生交换，尽量避免与反应体系中同时存在的非手性质子源直接作用。因此，早期采用缓慢滴加非手性质子源的操作，带来一定的不便。后来人们尝试运用氟相反应的策略，使用在氟相FC-72 中分配系数较高的含氟醇 Rfh₃C-OH 作为非手性质子源。式 64 所示[85]：该策略有效减少了非手性质子源与烯醇钐盐的直接作用，取得了一定的效果。

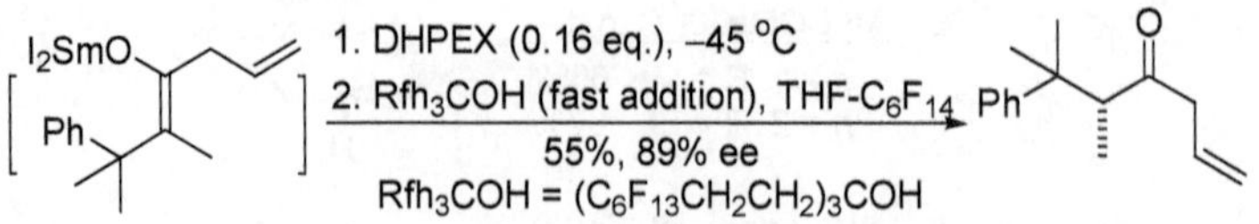

$$(64)$$

目前，不对称 Kagan-Molander 反应主要依靠底物的控制取得非对映选择性，主要分为手性辅基诱导和手性底物诱导两种类型。

受手性辅基诱导的不对称羟醛缩合启发，有人研究了 Evans 类型噁唑啉酮在钐 Reformatsky 反应中的作用。如式 65 所示[86]：脂肪醛可以得到良好的产率和非对映选择性，尤其适用于大位阻的新戊醛，但芳香醛的效果一般。该反应的立体选择性可用 Nerz-Stormes-Thornton 类型椅式六元环状过渡态来解释[87]：噁唑啉酮的羰基氧可以与钐金属配位使中间体的构型得到固定，噁唑啉酮中氮原子的 α-位基团的位阻效应为烯醇的进攻提供了高度的面选择性。

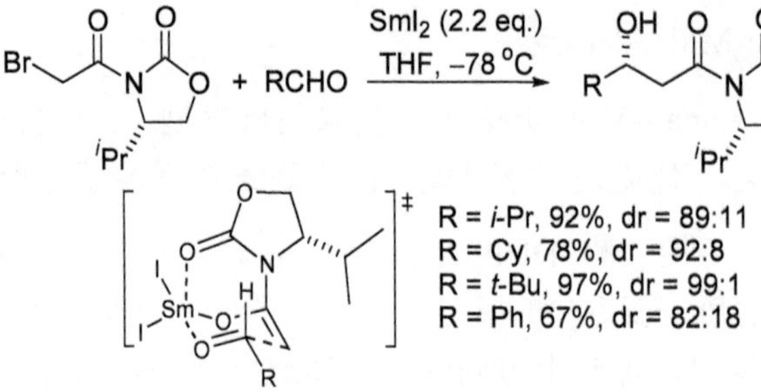

$$(65)$$

R = i-Pr, 92%, dr = 89:11
R = Cy, 78%, dr = 92:8
R = t-Bu, 97%, dr = 99:1
R = Ph, 67%, dr = 82:18

进一步的研究发现：采用噁唑啉酮 5-位双取代的"SuperQuat"型手性辅基时，立体诱导效果大为提高，但产率有所下降 (式 66)[88]。与其它金属烯醇盐相比较，此类钐 Reformatsky 反应是合成 α-无取代的 β-羟基酸的一种好方法。

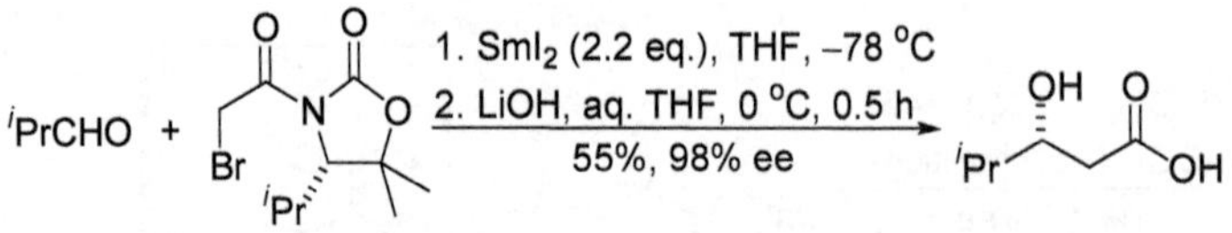

$$(66)$$

最近，有人报道了使用手性亚砜作为辅基诱导的不对称钐 Reformatsky 反应。辅基中的酮和 α-位的叔丁基亚砜基通过氧原子与钐发生螯合，所形成的环状烯醇钐盐对各种类型的醛都显示出优良的非对映面选择性。除了 α,β-不饱和醛外，大多数反应产物的 dr 值在 90:10~96:4 之间。有趣的是：小位阻直链脂肪醛的非对映选择性 (syn/anti) 最佳可达 98:2，而大位阻底物的选择性反而急剧下降 (式 67)[89,90]。

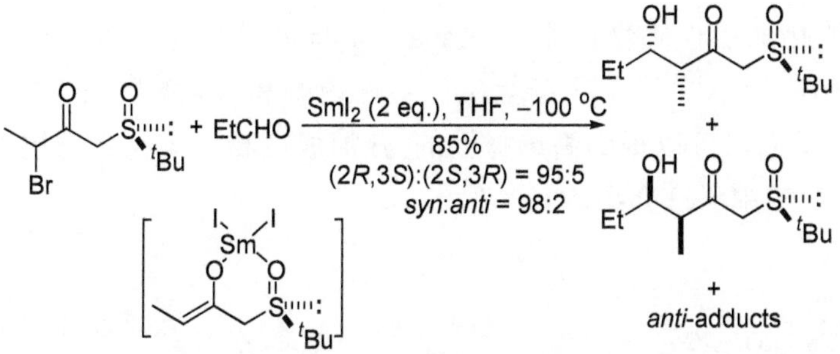

$$(67)$$

将上述缩合反应产物中的亚砜基用铝汞齐还原即可得到 α-羟基酮。在 Lewis 酸添加剂的存在下，使用 DIBAL 可以将酮羰基立体选择性地还原生成 syn- 或 anti-1,3-二醇 (式 68)[89]。但是，该反应有两个缺点：手性辅基不能回收；反应条件比较苛刻 (在 –100 °C 下进行)。

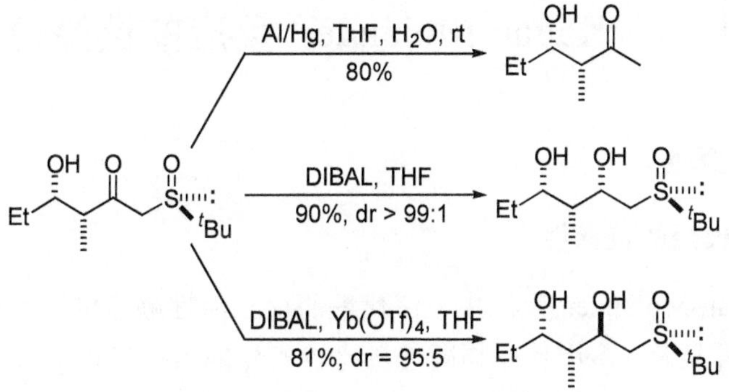

$$(68)$$

也有人报道使用连接有手性辅基的羰基化合物来控制加成反应的立体选择性。如式 69 所示[91]：在 α-手性硫代缩醛酮 **8** 的钐 Reformatsky 反应中，亲核试剂优先从羰基的 Si-面进攻。溴代羧酸衍生物的结构对反应的立体选择性也有很显著的影响，大位阻的叔丁酯和 N,N-二乙酰胺可以取得更理想的结果。将反应中生成的产物经脱保护和氧化反应，可以得到 α,α-二取代-α-羟基羧酸化合物。

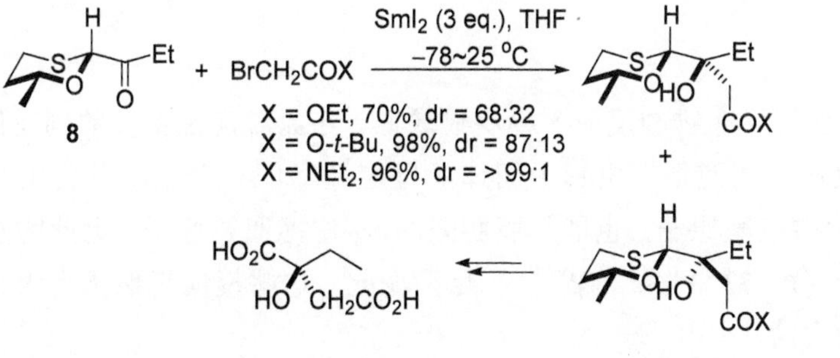

$$(69)$$

多官能团化的手性底物也能对 Kagan-Molander 反应产生比较有效的诱导作用。如式 70 所示[92]：使用糖衍生的手性内酯和 α-溴代乙酸叔丁酯发生钐 Reformatsky 反应，可以得到高选择性的 β-加成产物。单纯底物控制的立体选择性将在第 5 节中详细介绍。

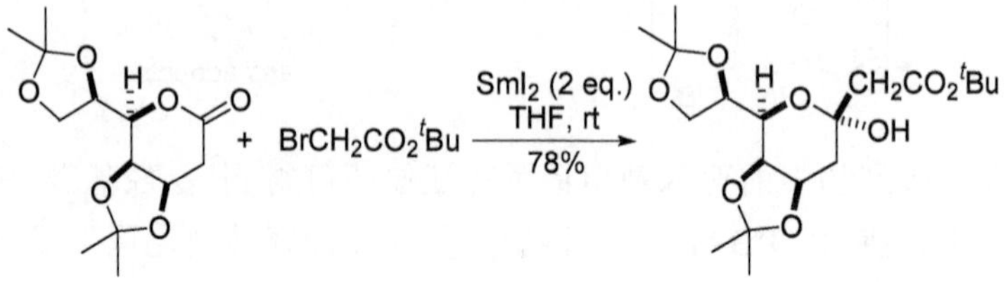

(70)

5   Kagan-Molander 反应的选择性

5.1   化学选择性

5.1.1   对卤代烃的选择性

在 Kagan-Molander 反应中，卤代烷的反应活性顺序依次为：I > Br > OTs > Cl。由于差异显著，多卤代底物即使在比较剧烈的条件下也能显示了优良的化学选择性 (式 71 和式 72)[4,93]。

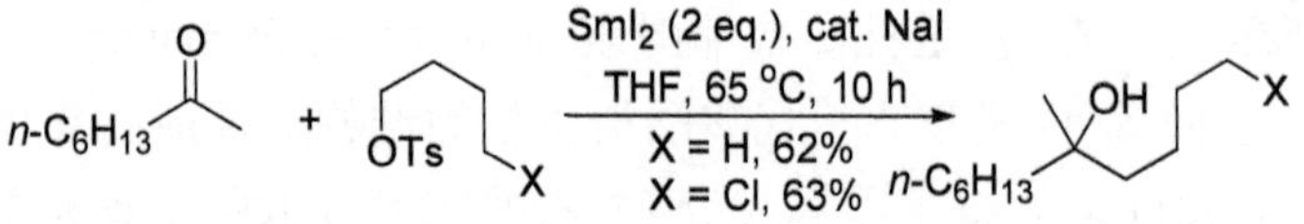

(71)

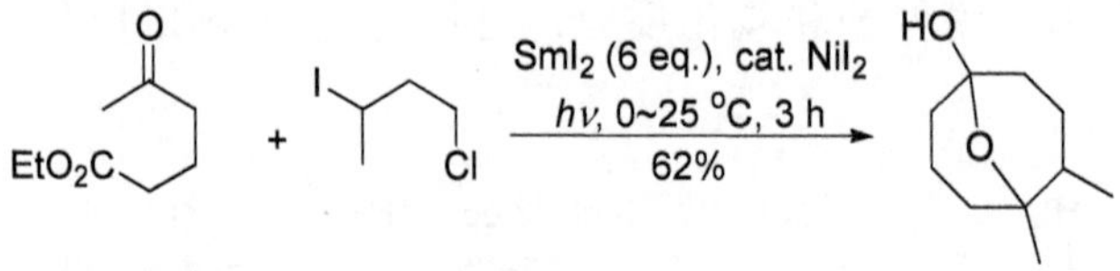

(72)

α-氟代卤代烃底物的反应产率明显较低，还原脱卤是主要的副反应。这可能是因为氟取代可能使得有机钐中间体的反应性降低。全氟烷基自由基不仅能从 THF 溶剂中攫取氢原子，也能从脂肪醛的 α-位攫取氢原子，因此增加了发生副反应的机会 (式 73 和式 74)[94,95]。尽管如此，这些反应仍然是引入含氟基团的一种可取的方法。

$$
\begin{array}{c}
\text{PhCF}_2\text{Cl} \\
+ \\
n\text{-C}_6\text{H}_{13}\text{COCH}_3
\end{array}
\xrightarrow[\text{THF, PhH, HMPA}]{\text{SmI}_2\ (2.5\ \text{eq.}),\ \text{rt}}
\qquad
\text{(73)}
$$

38%   50%

$$
\begin{array}{c}
\text{C}_5\text{F}_{11}\text{CF}_2\text{I} \\
+ \\
\text{RCHO}
\end{array}
\xrightarrow[\text{THF, PhH, HMPA}]{\text{SmI}_2\ (2.5\ \text{eq.}),\ \text{rt}}
\qquad
\text{(74)}
$$

R = Ph   28%   32%
R = C$_5$H$_{11}$ 26%   50%

值得一提的是：与其它活泼有机金属试剂的反应相比较，Kagan-Molander 反应中副反应的程度还是比较低的。如式 75 所示[22]：在 SmI$_2$ 条件下，碘代酮 **9** 以 73% 产率得到预期的环化产物，没有还原脱卤副反应。但是，同样底物用叔丁基锂的反应只得到还原脱卤产物。

$$
\text{9} \xrightarrow{\text{i or ii}} \qquad + \qquad \text{(75)}
$$

i   73%   0%
ii   0%   41%

反应条件：i. SmI$_2$(2 eq.), THF, Fe(DMB)$_3$ (1.5 mol%)，
$-78\sim25\ ^{\circ}$C; ii. t-BuLi, THF, $-78\sim25\ ^{\circ}$C.

5.1.2   对羰基化合物的选择性

在 Kagan-Molander 反应中，醛和酮的反应活性远高于羧酸衍生物。因此，无论是分子间还是分子内反应，即使同时存在多个反应位点仍能取得优良的化学选择性。如式 76 所示[52]：β-溴代酯在室温下优先与酮加成并形成内酯而不是发生自身的缩合反应。事实上，β- 或 γ-溴代酯与醛或酮的 Kagan-Molander 反应是制备五元或六元内酯最方便和温和的方法。如式 77 所示[75]：在 β-酮酯 **10** 的反应中，酮羰基优先发生单加成反应而不是酯羰基发生双加成反应。由于酯的单加成产物酮的反应活性更高，丙二酸酯 **11** 生成的是在同一个酯基上进行双加成反应的产物，而不是生成二酮 (式 78)[75]。

$$
+ \ \text{Br} \diagup \diagdown \text{CO}_2\text{Me} \xrightarrow[\ 80\%\ ]{\substack{\text{SmI}_2\ (4\ \text{eq.})\\ \text{THF, HMPA, rt}}} \qquad \text{(76)}
$$

$$
\text{10} \xrightarrow[\ 50\%\ ]{\substack{\text{SmI}_2\ (4\ \text{eq.}),\ \text{cat. Fe(III)}\\ \text{THF, } -78\sim25\ ^{\circ}\text{C}}} \qquad \text{(77)}
$$

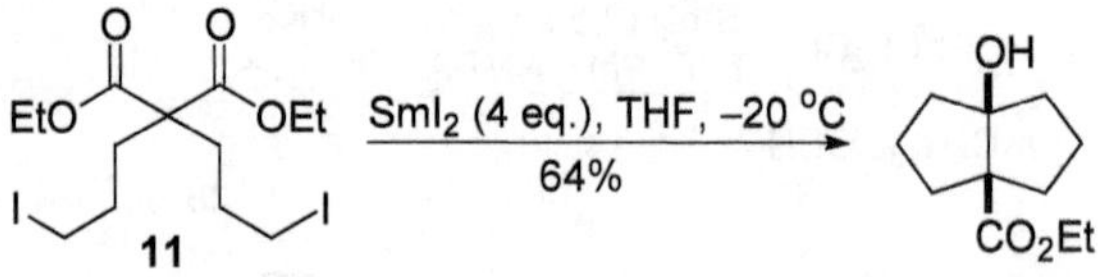

尽管酯羰基的 Kagan-Molander 反应比较缓慢，但 *α*-溴代酯在 Grignard 条件下可以作为亲电试剂。如式 79 所示[96]：在 –50 °C 下，两分子的 *α*-溴代酯首先发生缩合反应生成乙酰乙酸乙酯的 *γ*-烯醇钐盐，然后再与醛或酮发生加成反应。烯醇钐盐在 –78 °C 下稳定，可以高产率地发生正常的 Reformatsky 反应。当温度升至 0 °C 后，乙酰乙酸乙酯的 *γ*-烯醇钐盐经异构化生成热力学更稳定的 *α*-烯醇钐盐，因此与羰基不发生加成反应。事实上，使用后一种条件可从易得的溴乙酸酯制备乙酰乙酸酯[97]。在 Barbier 条件下，*α*-溴代酯只发生正常的 Reformatsky 反应。

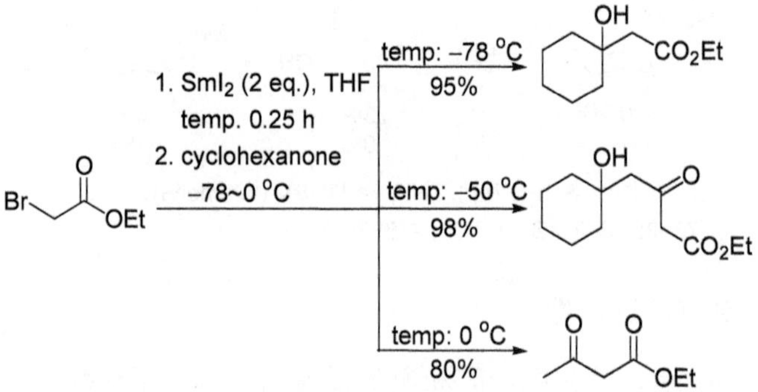

上述 *α*-溴代酯的自身缩合还可以进一步拓展为两种 *α*-卤代酯的交叉缩合，用于制备 *γ*-取代的乙酰乙酸乙酯的羟醛缩合产物。首先，利用卤素反应活性的差异优先生成一种烯醇钐盐。然后，再利用酯基的位阻差异避免自身缩合。如式 80 所示[98]：如此获得的丙酰乙酸乙酯 *γ*-烯醇钐盐与醛反应可以得到 *syn*-式选择性的产物。

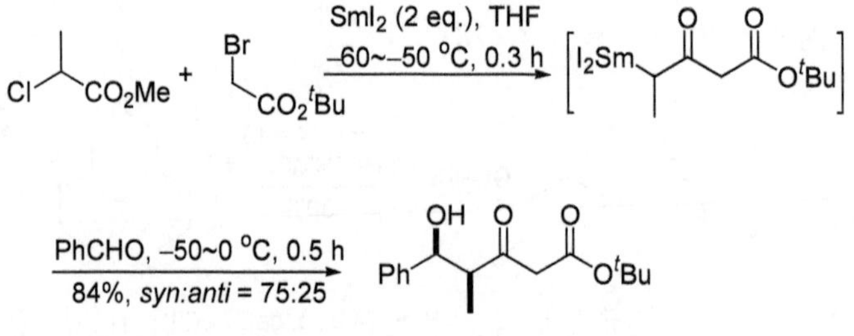

Kagan-Molander 反应中，*α*,*β*-不饱和醛或酮可以高度选择性地发生 1,2-加成反应。如式 81 和式 82 所示[96,99]：即使加入 CuBr·Me₂S 等共轭加成催化剂，

烯酮 **12** 也主要生成 1,2-加成产物。

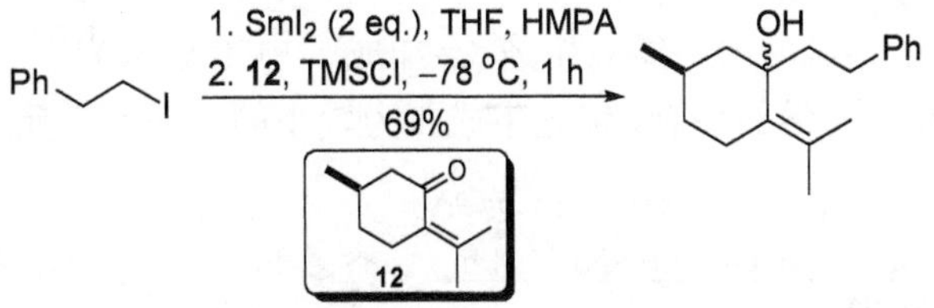

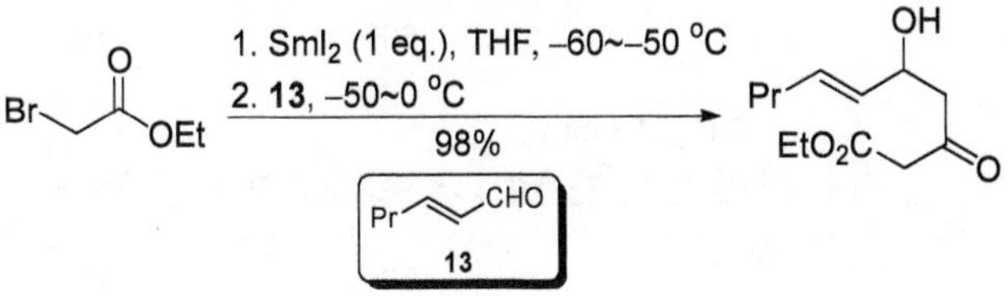

(81)

(82)

如式 83 所示[23]：在温和的条件 (–30 °C) 下，碘代烷 **14** 很快被还原成为有机钐中间体。然后，经 Fe(DMB)₃ 催化优先发生分子内亲核酰化反应，而不是停留在自由基阶段与烯键发生环化反应。

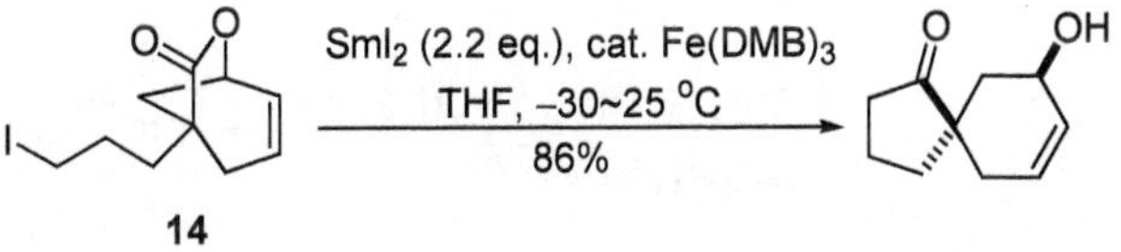

(83)

若卤素取代位于酰氧基的 δ 位或 γ 位时，酯的分子内单加成反应可以形成较为稳定的半缩酮产物。如式 84 所示[100]：半缩酮产物可以发生进一步反应经脱水生成烯醚等。

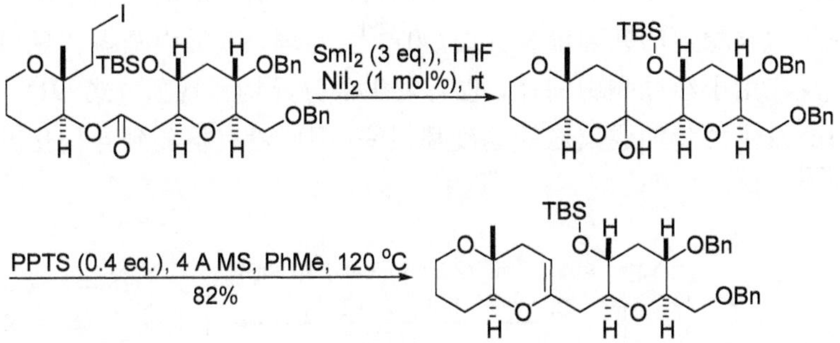

(84)

5.2 区域选择性

在非对称取代烯丙型卤代烃的反应中，不可避免会产生区域选择性的问题。实验结果显示：底物分子的结构和使用的溶剂对反应的影响最为明显。有人报道：在 THP 溶剂中，使用 Grignard 条件有利于生成烯丙基加成产物，仅有少量的双键转位产物 (式 85)[39]。有趣的是：在新戊腈溶剂中，巴豆基溴和肉桂基溴两种底物表现出相反的区域选择性。前者具有较高的 α-加成选择性 (15:1)，而后者单一地生成 γ 加成产物 (式 86 和式 87)[38]。氯原子直接在烯烃上取代可以稳定烯烃，因此 3-氯烯丙基氯只生成 α-加成产物 (式 88)[17]。分子内反应的区域选择性主要受到动力学的控制，优先生成张力较小的五元或六元环产物 (式 89)[23]。

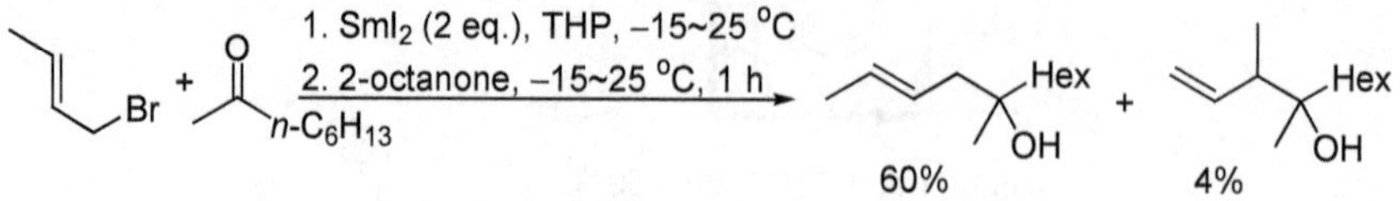

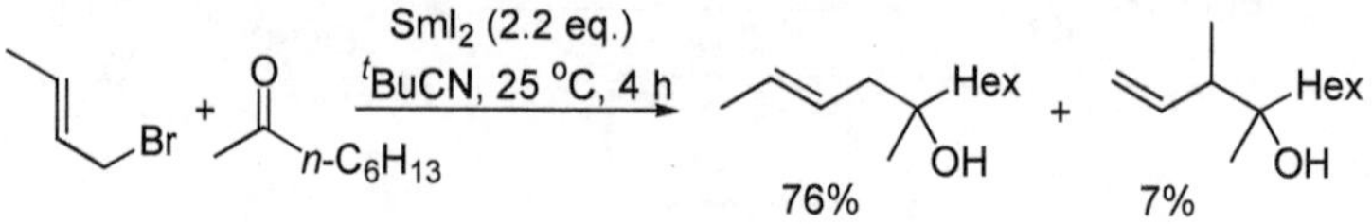

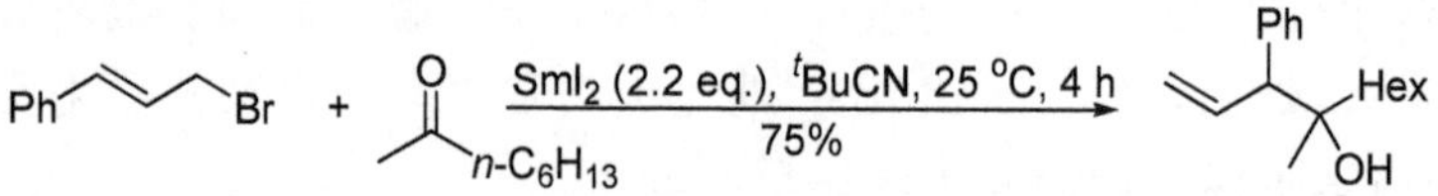

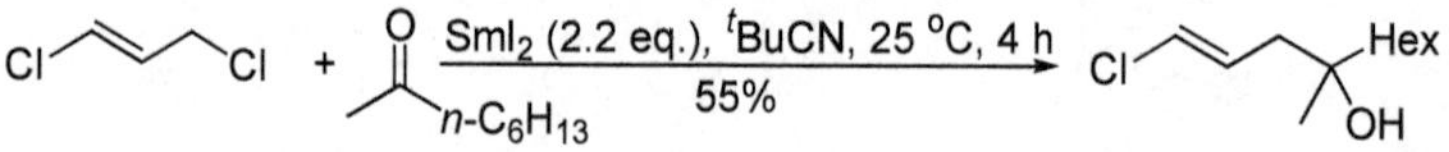

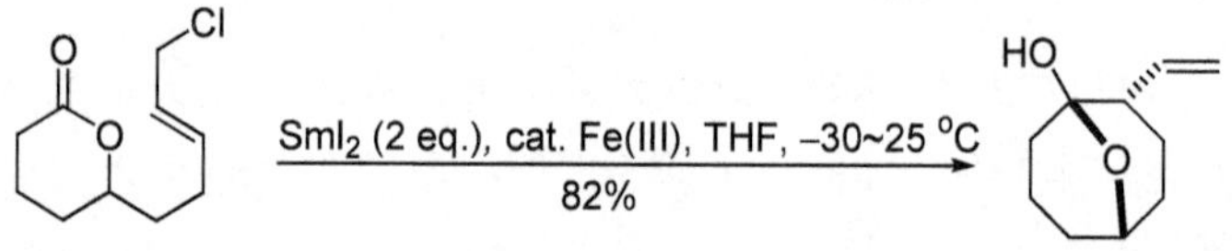

烯丙基卤代烃可以发生分子内亲核酰化反应，最初生成的产物中的烯键会发生异构生成热力学稳定的共轭烯酮 (式 90)[23]。同理，双烯丙基氯代烃 **15** 对酯基的双加成反应由于经过酮中间体，也有发生部分异构化现象 (式 91)[75]。而碘代类似物 **16** 发生两步加成反应的速度都很快，因此没有检测到异构化产物的生成 (式 92)[75]。

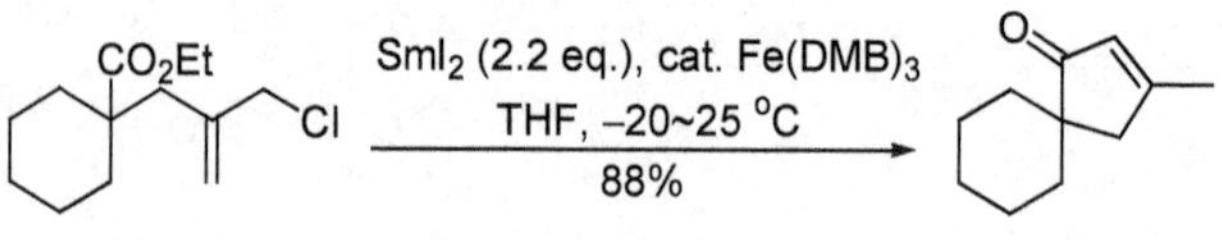

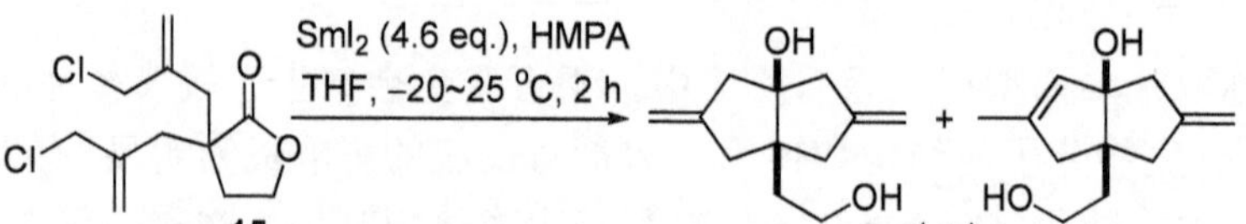

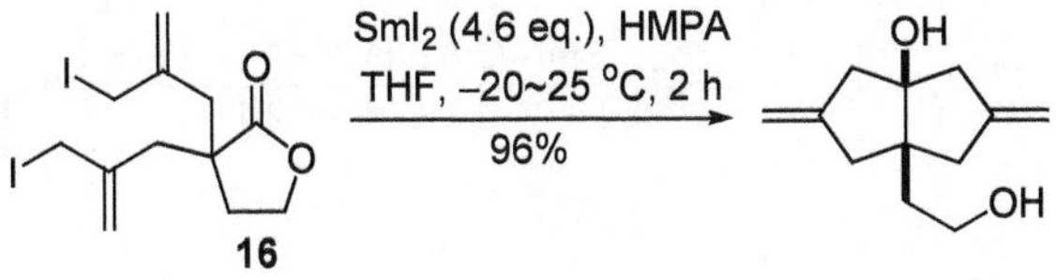

$$\text{(92)}$$

5.3 立体选择性

5.3.1 分子间反应

Kagan-Molander 反应常常显示出高度的立体选择性。如式 93 所示[101]：在对标准底物 4-叔丁基环己酮的加成反应中，有机钐亲核试剂主要从平伏键的方向进攻。如式 94 所示[102]：如果在反应中使用 TMEDA 作为添加剂，α-溴代酮也能获得优秀的非对映选择性。

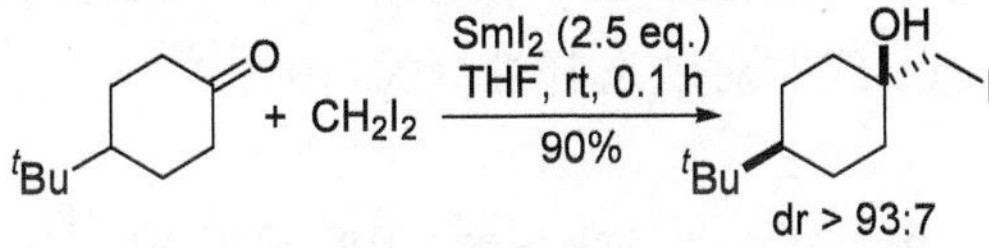

$$\text{(93)}$$

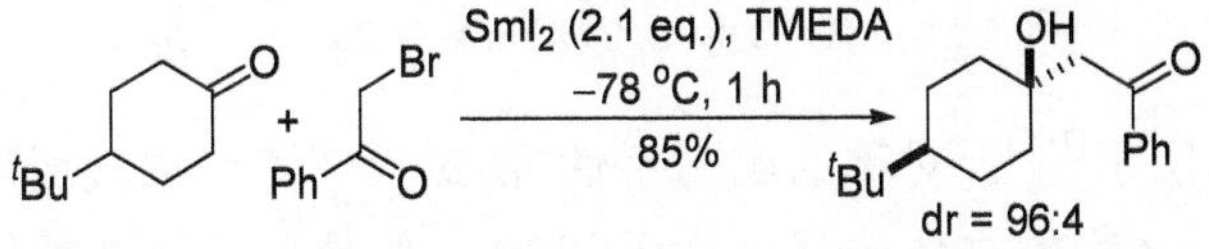

$$\text{(94)}$$

在链状脂肪醛与 1,1-二碘代烷的 Kagan-Molander 反应中，生成的产物一般具有优良的 syn-式非对映选择性 (式 95)[103]。当使用 α-取代的醛为底物时，底物原有手性中心的诱导作用符合 Felkin 模型的预测 (式 96)[103]。

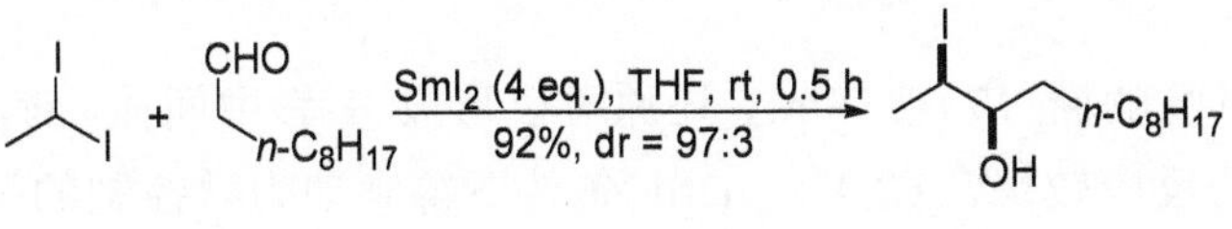

$$\text{(95)}$$

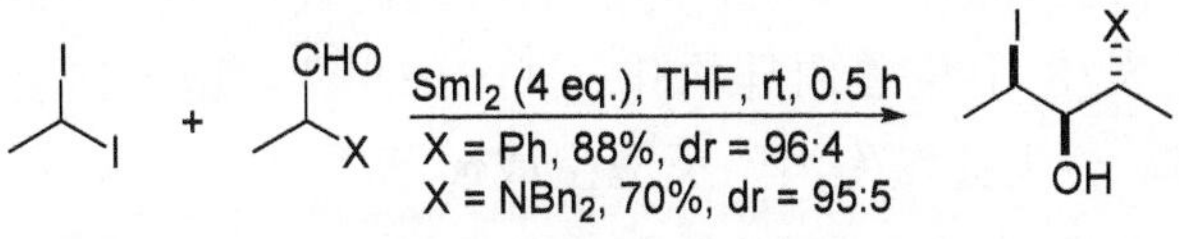

$$\text{(96)}$$

如式 97 和式 98 所示：二碘甲烷[101]和三碘甲烷[57]对醛的 Kagan-Molander 反应也符合 Cram-Felkin 选择性。

大位阻 α-溴或氯代酮与醛的反应一般可以得到很好的 2,3-syn-式非对映选择性 (式 99)[66]。

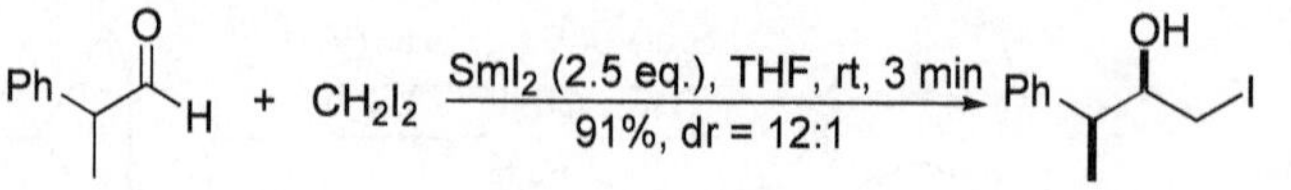

$$(97)$$

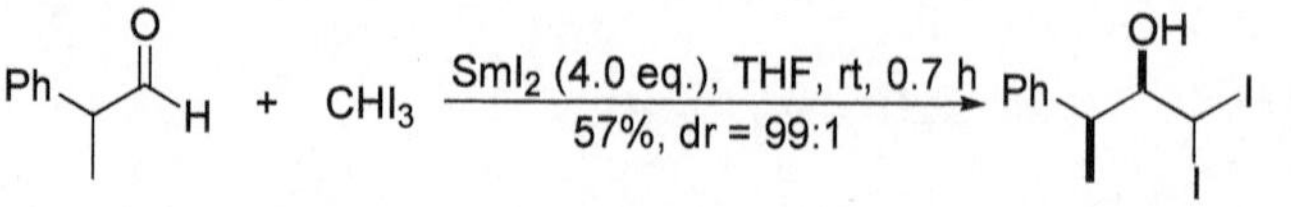

$$(98)$$

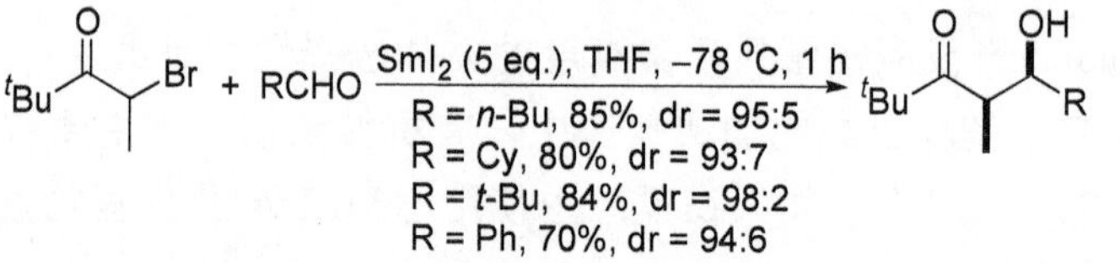

$$(99)$$

有人报道：在钐 Reformatsky 反应条件下，2,2-二溴乙酸乙酯与酮的反应显示出中等的 2,3-*syn*-式非对映选择性 (式 100)[104]。

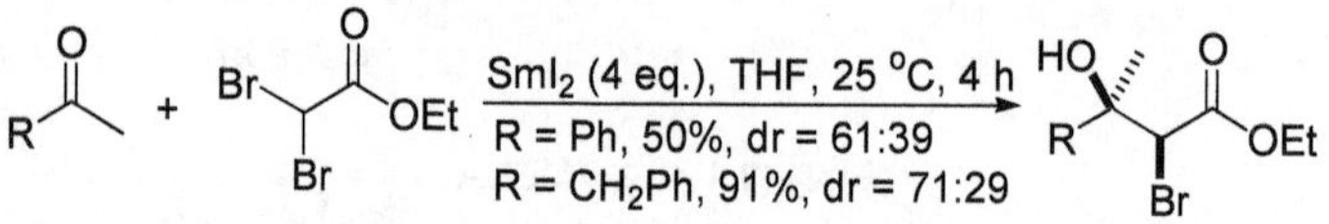

$$(100)$$

如式 101 所示[105]：对称的酮与手性 α-氯代环丙烷羧酸酯的反应显著地受到底物的诱导，产物的立体选择性大于 99:1。但是，非对称酮的反应对于羰基碳的非对映选择性不高，在 60:40~75:25 之间。

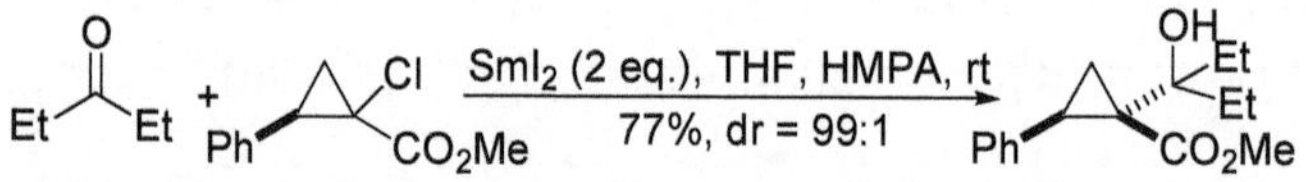

$$(101)$$

1-氯-2-脱氧吡喃糖 **17** 被 SmI$_2$ 还原可以形成 1-钐中间体。该 α-氧代金属有机物种与醛的反应较快，在 Grignard 条件下得到动力学控制的加合物，1-位的 α-构型不变 (式 102)[106]。但它与酮的反应比较慢，在 Barbier 条件下得到的产物部分还会发生 1-位差向异构化 (式 103)[106]。用于该反应的底物必须是 2-脱氧糖化合物，否则会发生消除反应生成烯糖。

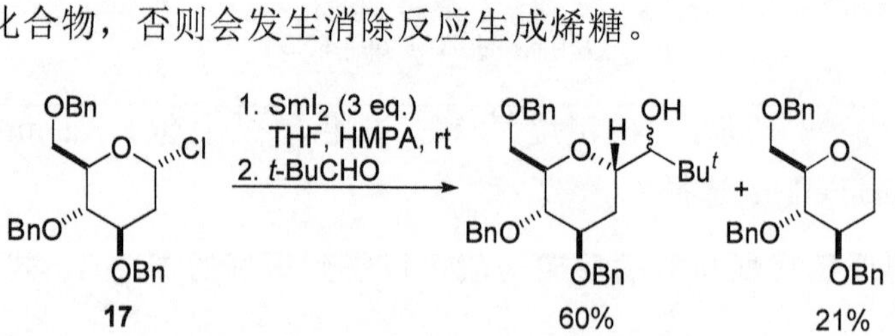

$$(102)$$

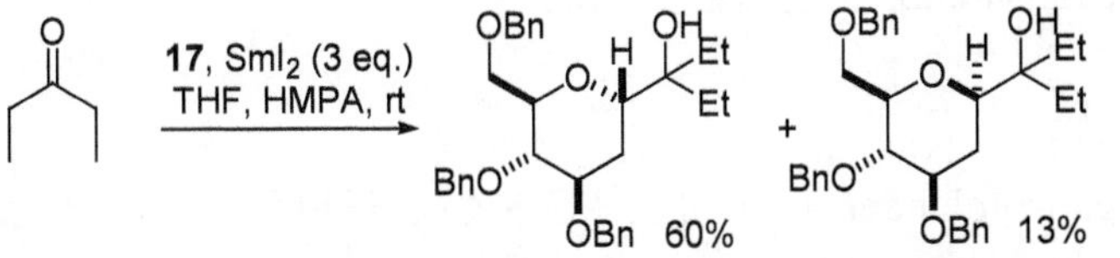

(103)

最近有人报道: 在 SmI_2 的作用下, α-卤代-α,β-不饱和酯与醛/酮加成可以生成 β-取代的 Baylis-Hillman 类产物。如式 104 所示[107]: 该反应过程中双键的构型顺利地发生了异构翻转, 产物具有高度的 Z-构型选择性。值得注意的是: 溴和氯代物均可用作该反应的底物, 这可能得益于该类底物中酯基的活化作用。

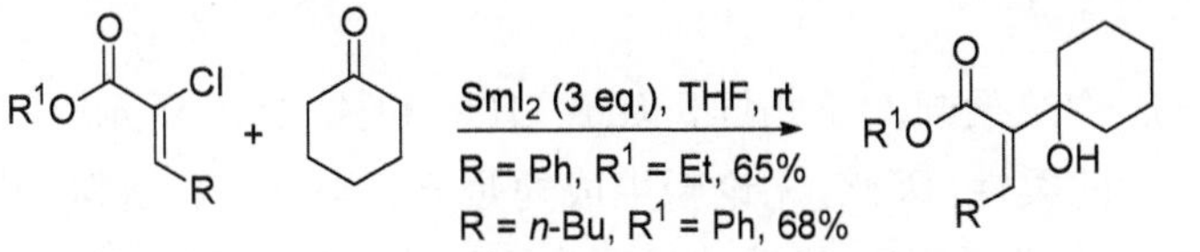

(104)

有人在上述反应体系中引入手性辅基, 在与脂肪醛的反应中得到了良好的产率和中等至优良的非对映选择性 (式 105)[108]。增大底物的位阻有利于提高反应的立体选择性, 但芳香醛与 SmI_2 会发生副反应。

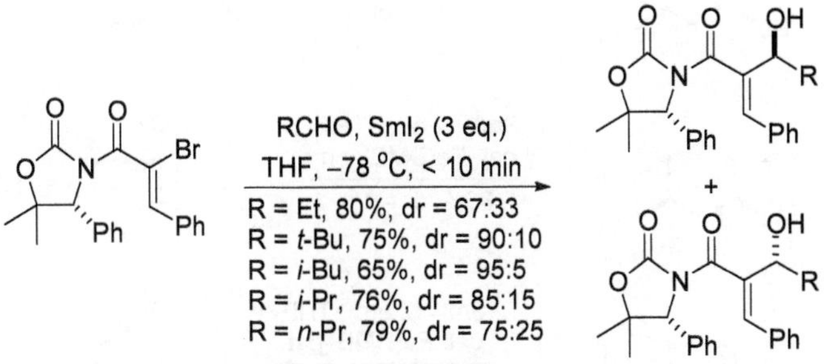

(105)

在 SmI_2 的作用下, 异腈和氯甲基苄醚形成的中间体 **18** 可以与甘油醛衍生物 **19** 发生定量的加成反应。如式 106 所示[63]: 该反应的非对映选择性高达 10:1,

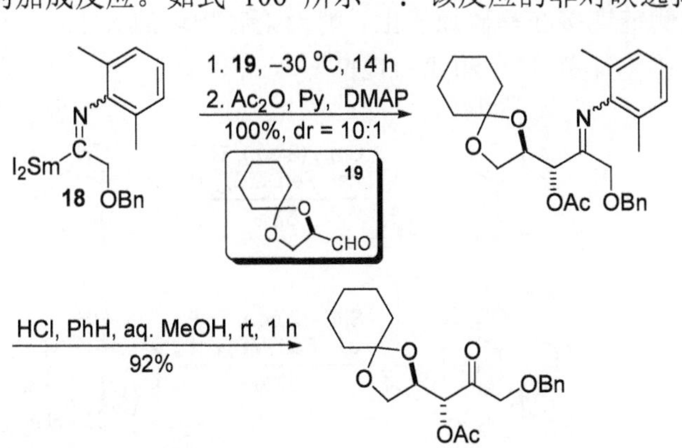

(106)

主要得到符合 Cram-Felkin 选择性的产物。

5.3.2 分子内反应

分子内 Kagan-Molander 反应的立体选择性显著地受到底物结构的影响。使用 α-位有大位阻取代的开链酮有利于生成高度的 Cram-Felkin 选择性产物，反应的产率也不会因为位阻而下降 (式 107)[109]。

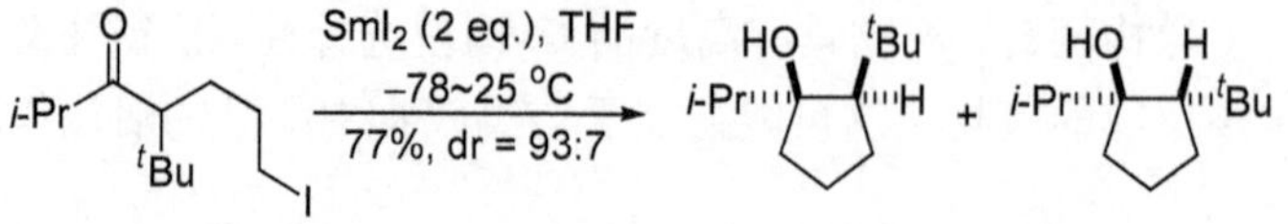

$$(107)$$

但对于环酮底物结果却大不相同，如式 108 和式 109 所示[20]：由于环己酮的构象具有较大的柔性，因此，无论新生成的是五元环还是六元环，均得到 *cis*-和 *trans*- 并环产物的混合物。相反的，环戊酮底物可以得到较高的 *cis*-选择性 (式 110)。

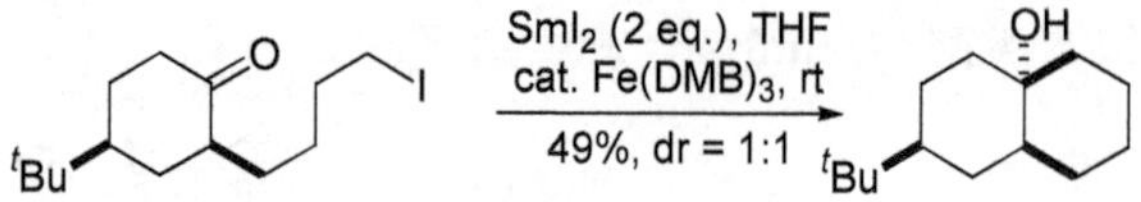

$$(108)$$

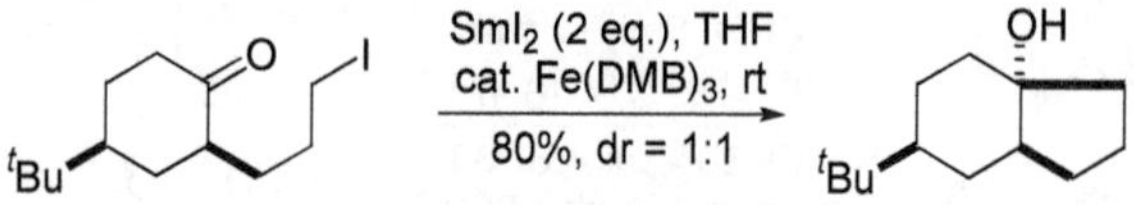

$$(109)$$

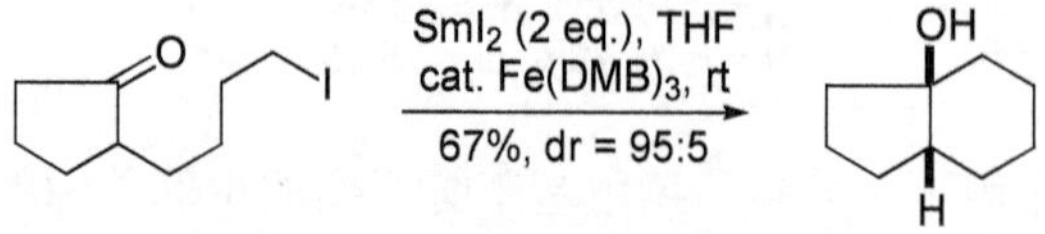

$$(110)$$

如果环酮的侧链连接在季碳原子上，则无论底物环的大小，一律专一性地得到 *cis*-关环反应产物 (式 111 和式 112)[20]。

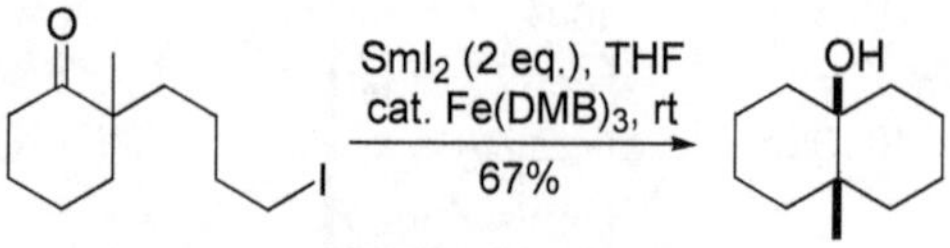

$$(111)$$

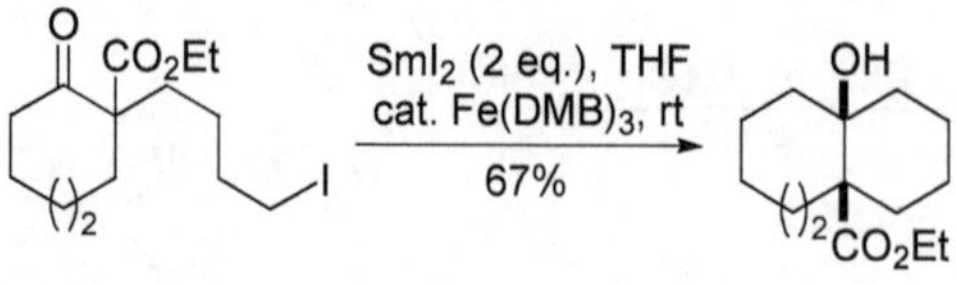

$$(112)$$

如式 113 和式 114 所示[68]：在开链酮底物的反应中也可以观察到上述 α-取代基效应。

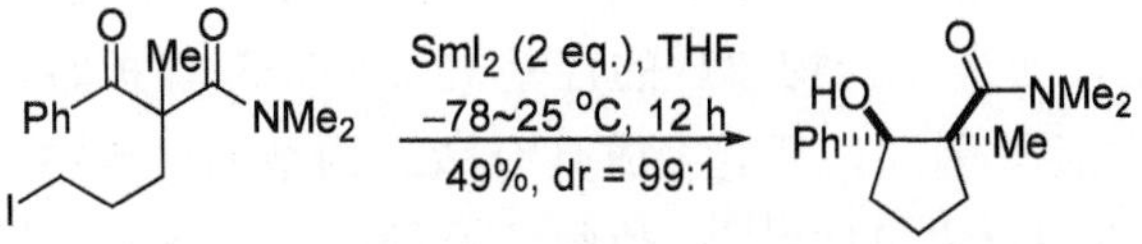

$$(113)$$

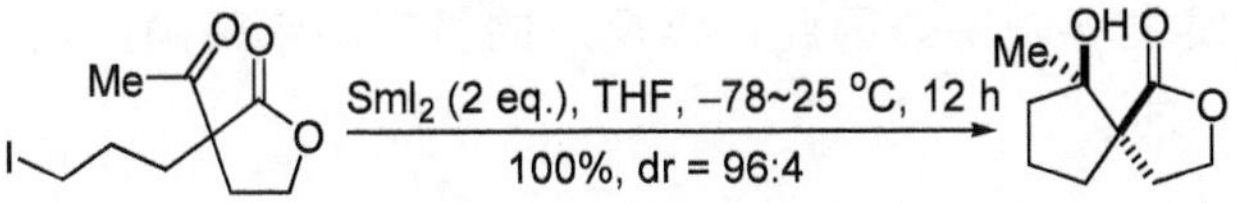

$$(114)$$

在分子内钐 Reformatsky 反应高效合成 β-羟基内酯的反应中，也体现了有效的 1,3-手性诱导作用。与此成为鲜明对照的是，锌参与的类似分子内 Reformatsky 反应一直未能获得成功。反应的过渡态如 **20** 所示，酮羰基 α-位取代基的构型对加成的面选择性没有显著影响 (式 115)[110,111]。

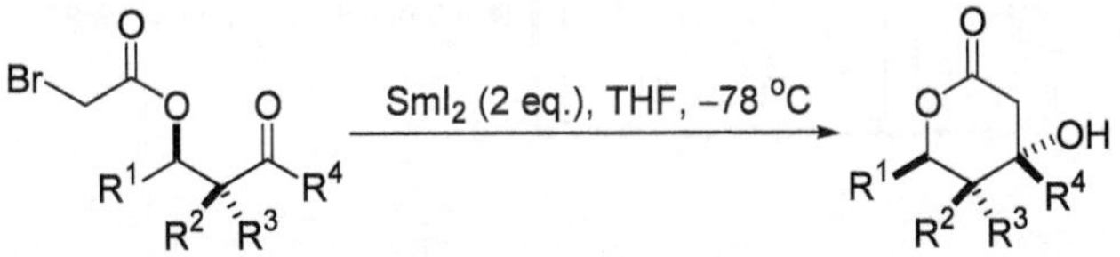

$$(115)$$

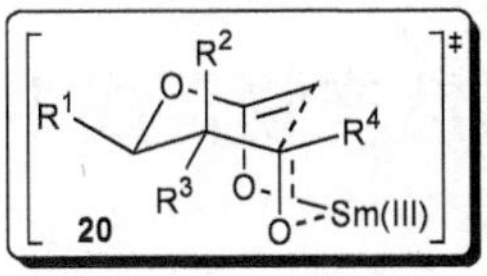

R^1 = Ph, R^2 = H, R^3 = H, R^4 = t-Bu, 98%
R^1 = Ph, R^2 = H, R^3 = Me, R^4 = t-Bu, 71%
R^1 = n-Pr, R^2 = Me, R^3 = H, R^4 = Et, 95%

上述立体选择性钐 Reformatsky 反应不限于六元环内酯产物的合成，在七元环 (式 116)[111]以及大环内酯 (式 117)[112]的合成中也获得了很好的效果。但是，用常规的锌 Reformatsky 条件合成大环内酯时一般生成 1:1 的非对映异构体。

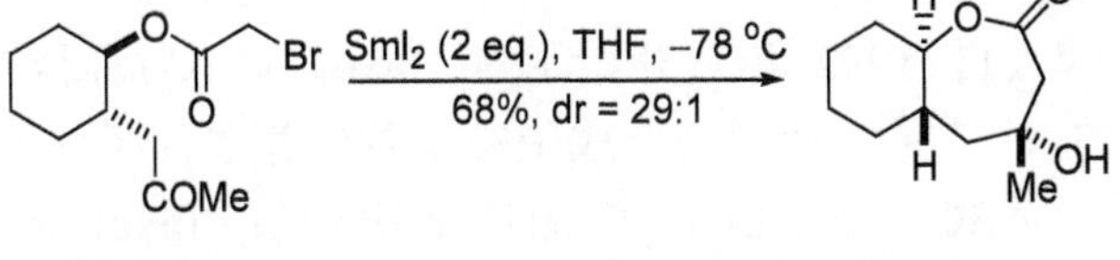

$$(116)$$

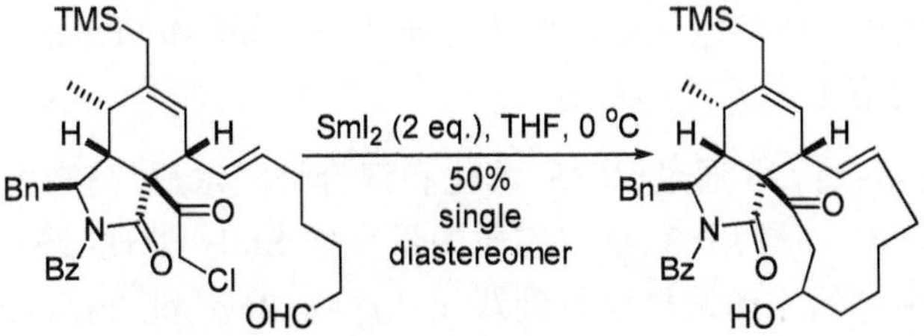

$$(117)$$

羰基邻近带有含氧取代基的底物与钐可以形成螯合物，此时羰基的 *α*-构型可以决定加成反应的非对映面选择性。例如：化合物 **21** 的羟基未保护时，可以与酮羰基一同与钐配位形成类似 **22** 的过渡态。因此，诱导成环反应从羰基的 *Re*-面发生。但是，而当化合物 **21** 的羟基被 TBDPS 保护时，硅氧基无配位能力且具有较大的位阻。因此，可能生成具有 **23** 构型的过渡态，从而导致成环反应从羰基的 *Si*-面发生 (式 118)[113]。值得注意的是：在 SmI₂ 作用下，该 *β*-胺基碘代烷底物并未发生 *β*-消除。因此，该反应的机理尚未明确，也有可能不是经过有机钐历程进行的。

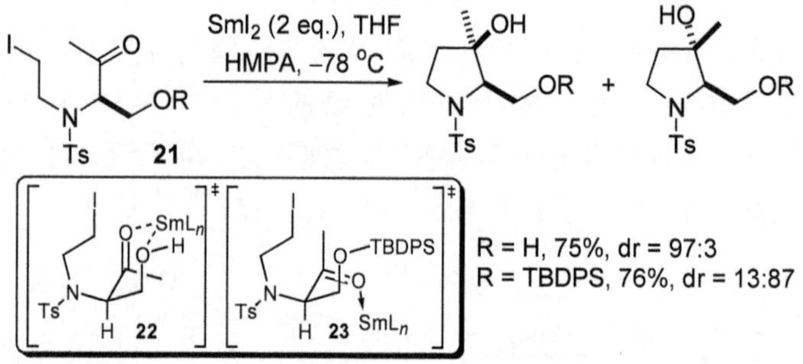

$$(118)$$

R = H, 75%, dr = 97:3
R = TBDPS, 76%, dr = 13:87

6 Kagan-Molander 反应在天然产物合成中的应用

6.1 Taxol (紫杉醇) 的全合成

紫杉醇 (Taxol) 是从紫杉类植物中分离得到的具有抗肿瘤活性的天然产物。该化合物具有微管解聚抑制活性，对非小细胞肺癌、晚期卵巢癌和乳腺癌等具有显著的疗效，1992 年经美国 FDA 批准上市。紫杉醇的天然来源受到植物资源限制，因此它的全合成研究是一件有意义的工作。

Mukaiyama 等人自 1992 年就开始了对 Taxol 的不对称全合成，于 1997 年完成一条合成路线[114,115]。他们的合成策略是首先建立目标分子核心的 B-环，然后按照 BC → ABC → ABCD 的顺序依次构筑 Taxol 的母核 Baccatin III。在该合成路线中，他们系统地研究了分子内 Kagan-Molander 反应在构造核心八元环结构中的应用。

如式 119 所示：将 **24** 通过 NBS 溴化和混合缩醛水解，高产率地制备了 *α*-溴代酮 **25**。在 0 °C 下使用 3 倍 (物质的量) 的 SmI₂ 处理 **25** 即可高效地发生环化反应，以中等的立体选择性得到八元环产物 **26α** 和 **26β**。该混合物无需分离直接通过甲磺酸酯的消除反应转化成为烯酮 **27**。然后，**27** 与 **28** 生成的铜锂试剂首先发生 Michael 加成，接着原位加入碘甲烷捕获烯醇负离子中间体。在一步内实现烯酮的双官能化，得到化合物 **29α**。可惜的是，**29α** 在后续的步骤中无法形成 C-环，因此必须另寻出路。

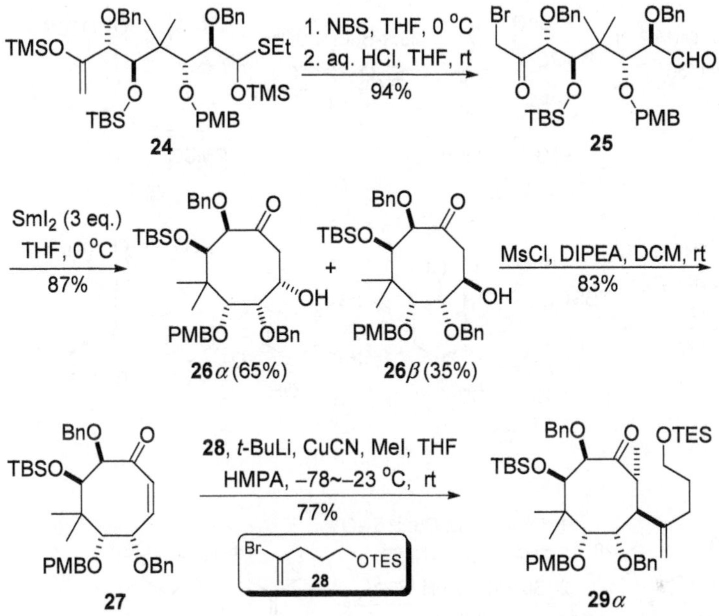

(119)

经过构象分析发现：**29α** 在碱作用下并没有形成预期的酮的烯醇负离子，而其甲基差向异构体 **29β** 却可能是合适的底物。于是，从 **25** 的类似物 **30** 出发，用同样的钐 Reformatsky 反应制备了八元环化合物 **31α** 和 **31β**。然后，采用与制备 **29α** 相似的 1,4-共轭加成得到了 **29β**。正如所预期的那样，**29β** 依次经选择性去保护、TPAP 氧化和甲醇钠催化的分子内羟醛缩合，高效地构建了 C-环。其中，分子内羟醛缩合步骤的立体选择性达到 92:8。最后，经多步转化反应完成了 Taxol 的不对称全合成 (式 120)。

在此之后，Mukaiyama 等人报道了一种更可靠的原料积累方法来解决中间体的消旋化问题。如式 121 所示[116]：他们从 D-pentolactone 出发，经过官能团变换和不对称羟醛缩合反应首先得到酯 **34**。然后，1,1-二氯乙基锂对酯基加成得到 *α,α*-二氯代酮，再用三丁基锡氢还原脱去一个氯原子。接着，产物 **35** 经两步常规转化生成醛 **36**。最后，在 0 °C 下用 SmI₂ 处理 **36** 发生高产率的环化反应。

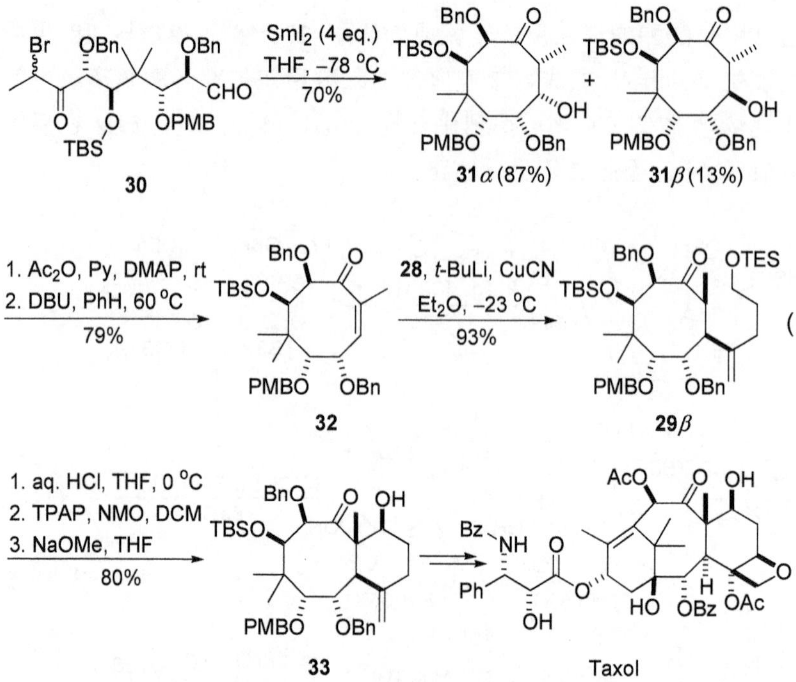

(120)

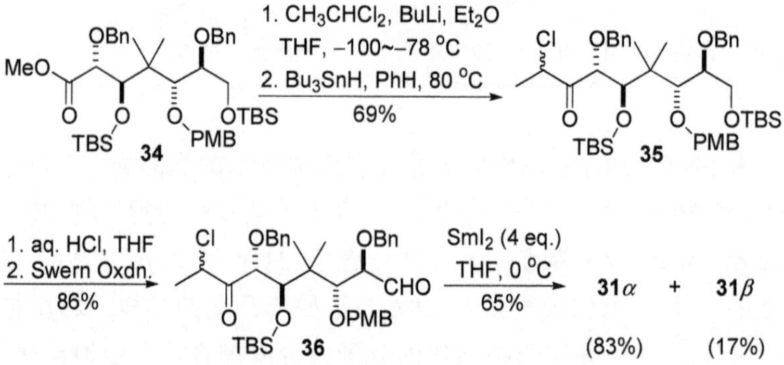

(121)

6.2 Paeoniflorin (芍药苷) 的全合成

Paeoniflorin (芍药苷) 是从我国芍药根部提取的萜类天然产物，具有抗凝血、镇静和抗炎等活性。该分子的降解产物 Paeoniflorigenin 中包含有两个手性叔羟基、一个半缩酮和一个多取代的四元环，构成了一个张力较大的笼状母体结构。Corey 等人首次报道了 Paeoniflorin 的全合成，解决了这个将近三十年的合成难题。

如式 122 所示[117]：在 Mn(III) 的促进下，环己二烯衍生物 **37** 发生富电子双键的选择性氧化环化反应得到内酯 **38**。将该化合物的 α-位进行亲电氯代后，再用过酸氧化烯烃得到环氧化合物 **39**。这两步反应的立体化学均受到底物自身的控制，生成单一的 α-面立体选择性产物。然后，将内酯用 DIBAL 还原成为半缩醛的异构体混合物。在过量 Lewis 酸 TMSOTf 促进下，β-构型的半缩醛羟基进攻环氧的季碳原子，发生开环反应生成三环产物 **40**。接着，将其仲醇氧化成为酮 **41**，并在 SmI$_2$ 作用下发生分子内 Kagan-Molander 反应，高效地形成了笼状的五环体系 **42**。值得注意的是：关键中间体 **42** 在碱性条件下极不稳定，很快就会发生逆羟醛反应，这凸显了上述钐 Reformatsky 反应的独特之处。最后，**42** 经过多步官能团变换，完成了目标分子的全合成。

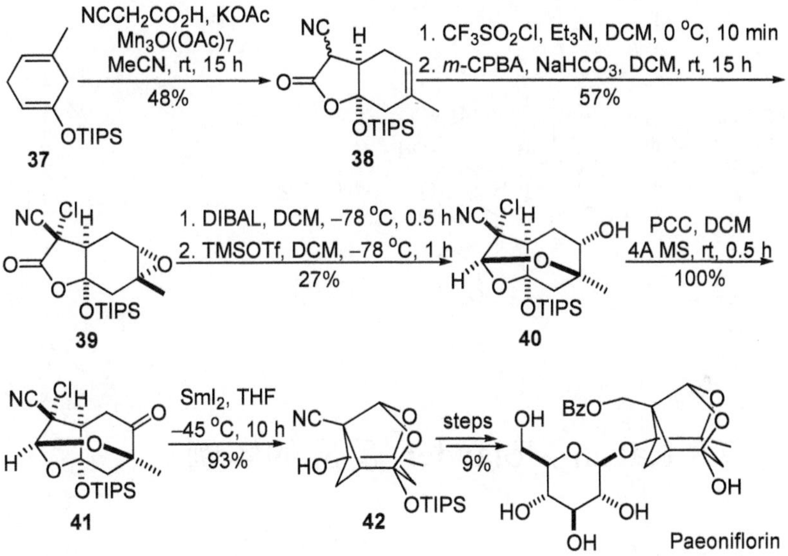

(122)

6.3　Kendomycin 的全合成

Kendomycin 是 1996 年从 *Streptomyces violaceuber* 中分离到的天然产物，具有阻滞内皮素受体和抗骨质疏松作用。该化合物还显示出对革兰阳性和阴性菌株的抑制活性，并能抑制蛋白水解酶。其特征结构是包含有一个构象受限的十六元大环，其中部分碳原子是以全取代的吡喃环、对亚甲基苯醌 (quinone methide) 单元和并合的二氢呋喃环形式存在。因此，合成这些紧密连接的关键片段极具挑战性。

Panek 等人提出了一条较为简洁的 Kendomycin 的全合成路线。如式 123 所示[118]：在全合成的最后阶段以分子内 Barbier 类型的 Kagan-Molander 反应为关键步骤，中间体化合物 **43** 在 SmI₂ 作用下，以 60% 的产率立体专一地发生了环化反应，较高效地得到产物 **44**。最后，经官能团修饰和半缩酮化完成了 Kendomycin 的全合成。

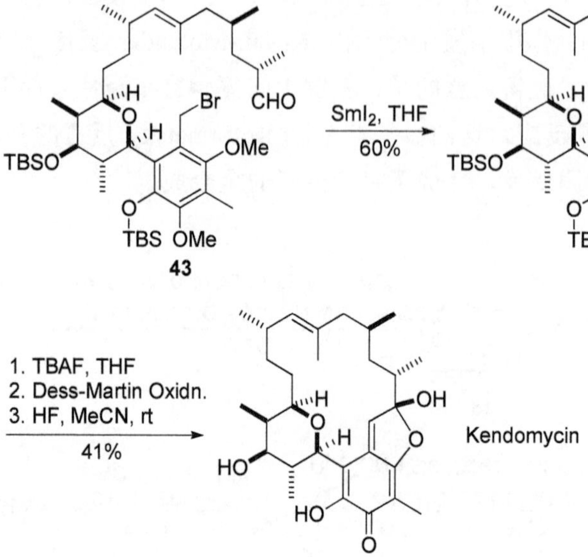

(123)

7 Kagan-Molander 反应的实例

例 一

2-甲基-1-苯乙基环己醇的合成[29]

(酮的钐 Grignard 反应)

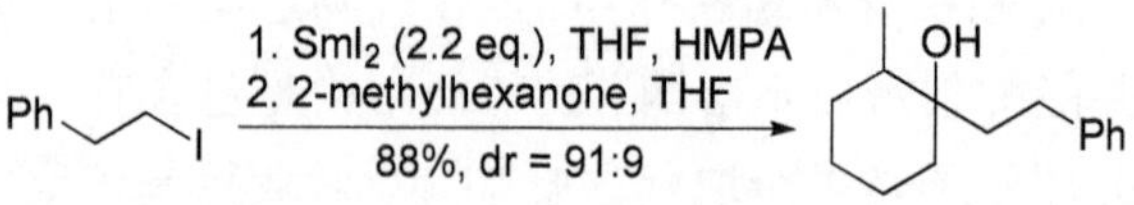

(124)

在室温和氩气保护下，向 SmI₂ 的 THF 溶液 (0.1 mol/L, 11 mL, 1.1 mmol) 和 HMPA (0.62 mL, 3.6 mmol) 的混合物中滴加 2-苯基碘乙烷 (116 mg, 0.50 mmol) 的 THF (1.5 mL) 溶液。室温下搅拌 5 min 后，再滴加 2-甲基环己酮 (56

mg, 0.50 mmol) 的 THF (1.5 mL) 溶液。反应 40 min 后，加入 0.5 mol/L 的 HCl 溶液淬灭反应。用正戊烷-乙醚 (1:1) 萃取，合并的有机相依次经水、Na$_2$S$_2$O$_3$ 溶液 (3%) 和盐水洗涤。经 MgSO$_4$ 干燥后，蒸去溶剂得到的残留物用快速硅胶柱色谱 (乙酸乙酯-石油醚, 1:9) 纯化得到 96 mg (88%) 的无色油状物，非对映选择性为 91:9。

例 二

7-环丙基-9-亚甲基-5,6,7,8,9,10-六氢苯并[8]轮烯-7-醇[119]
(酮的分子内钐 Barbier 反应)

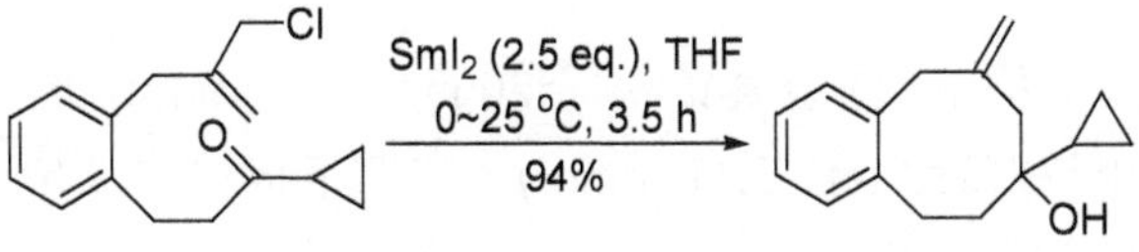

(125)

在 0 °C 和氩气保护下，向 SmI$_2$ 的 THF 溶液 (0.1 mol/L, 43.8 mL, 4.38 mmol) 中快速滴加化合物 **45** (1.75 mmol) 的 THF 溶液 (18 mL)，在 0 °C 下搅拌 30 min 后，自然升至室温继续反应 3 h。然后，用饱和 NaHCO$_3$ 溶液淬灭反应。用乙醚提取反应体系，合并的有机相依次用饱和盐水洗涤和 Na$_2$SO$_4$ 干燥。蒸去溶剂得到的残留物用硅胶快速柱色谱 (乙酸乙酯-石油醚) 纯化得到产物，产率 94%。

例 三

N,N-二苄基-3-羟基-3-苯基丙酰胺的合成[120]
(芳香醛的钐 Reformatsky 反应)

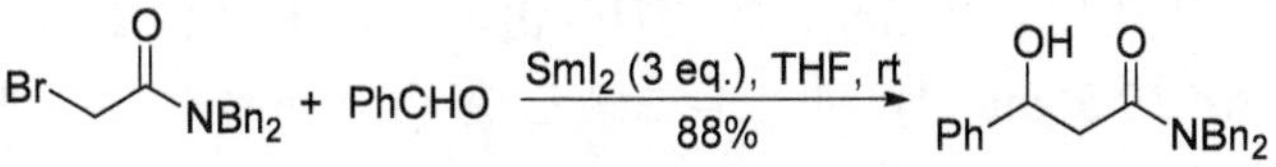

(126)

在室温和氩气保护下，向 N,N-二苄基-2-溴乙酰胺 (1.0 mmol) 和苯甲醛 (1.0 mmol) 的 THF 溶液 (10 mL) 中滴加 SmI$_2$ 的 THF 溶液 (0.1 mol/L, 30 mL, 3.0 mmol)。室温下搅拌 60 min 后，加入饱和 NH$_4$Cl 溶液 (30 mL) 淬灭反应。用乙醚提取反应体系，合并的有机相依次用饱和盐水、饱和 Na$_2$S$_2$O$_3$ 溶液和饱和盐水洗涤。经 MgSO$_4$ 干燥后，蒸去溶剂得到的残留物用硅胶快速柱色谱（乙酸乙酯-石油醚，1/4~1/2）纯化得到产物，产率 88%。

例　四

(3aS,6aS)-六氢-6a-羟基戊搭烯-3a-羧酸乙酯的合成[75]

(酯的双加成反应)

$$\text{EtO}_2\text{C}\underset{I}{\overset{CO_2Et}{\text{（11）}}} \xrightarrow[\text{64%}]{\text{SmI}_2\ (5\ \text{eq.}),\ \text{THF, HMPA, }-20\ ^\circ\text{C}} \underset{\text{CO}_2\text{Et}}{\overset{\text{OH}}{\text{product}}} \tag{127}$$

在室温和氩气保护下，向金属钐粉（520 mg, 3.45 mmol）的 THF（30 mL）悬浮液中滴加二碘甲烷（830 mg, 3.11 mmol）。室温下搅拌 2.5 h 后，加入 HMPA（2.5 mL）并继续在室温下搅拌 15 min。然后冷却至 −20 °C，在 2 h 内滴加二碘代物 **11**（301 mg, 0.69 mmol）的 THF（23 mL）溶液。加料完毕后就用饱和 NaHCO$_3$ 溶液淬灭反应，并用乙醚提取。合并的有机相依次用饱和盐水、饱和 Na$_2$S$_2$O$_3$ 溶液和饱和盐水洗。经 MgSO$_4$ 干燥后，蒸去溶剂得到的残留物用硅胶快速柱色谱（乙酸乙酯-石油醚, 1:9）纯化得到产物，产率 64%。

例　五

(2R,3R,4S)-2-碘-4-苯基戊-3-醇的合成[103]

(非对映选择性 Kagan-Molander 反应)

$$\underset{\text{Me}}{\overset{I}{\text{（）}}}\text{I} + \underset{\text{OHC}}{\overset{\text{Me}}{\text{Ph}}} \xrightarrow[\text{88%, dr = 94:6}]{\text{SmI}_2\ (4\ \text{eq.}),\ \text{THF, rt}} \underset{\text{Me}}{\overset{\text{I}}{}}\underset{\text{OH}}{\overset{\text{Me}}{\text{Ph}}} \tag{128}$$

在室温和氩气保护下，向 SmI$_2$ 的 THF 溶液（0.1 mol/L, 20 mL, 2.0 mmol）中滴加 2-苯基丙醛（0.5 mmol）和 1,1-二碘乙烷（1.0 mmol）的 THF 溶液（2 mL）。室温下搅拌 60 min 后，加入 1 mol/L 的盐酸（5 mL）。浓缩除去大部分 THF 后，用乙醚提取数次。合并的有机相依次用饱和 NaHSO$_3$ 溶液、饱和 NaHCO$_3$ 溶液和饱和盐水洗涤。经 MgSO$_4$ 干燥后，蒸去溶剂得到的残留物用硅胶快速柱色谱（乙酸乙酯-石油醚）纯化得到产物，产率 88%。

8 参考文献

[1] Gomberg, M. *J. Am. Chem. Soc.* **1900**, *22*, 757.

[2] Barton, D. H. R.; McCombie, S. W. *J. Chem. Soc., Perkin Trans. 1* **1975**, 1574.

[3] Namy, J.-L.; Girard, P.; Kagan, H. B. *New J.* Chem. **1977**, *1*, 5.

[4] Girard, P.; Namy, J.-L.; Kagan, H. B. *J. Am. Chem.* Soc. **1980**, *102*, 2693.

[5] 郭庆祥，李敏杰，巴比耶反应，*现代有机反应*，胡跃飞、林国强主编，化学工业出版社，北京，**2008**，第四卷，pp 1–42.

[6] 王中夏，格利雅反应，*现代有机反应*，胡跃飞、林国强主编，化学工业出版社，北京，**2008**，第四卷，pp 91–132.

[7] 梁永民，瑞佛马茨基反应，*现代有机反应*，胡跃飞、林国强主编，化学工业出版社，北京，**2008**，第四卷，pp 331–372.

[8] Soderquist, J. A. *Aldrichimica Acta* **1991**, *24*, 15.

[9] Molander, G. A. *Chem. Rev.* **1992**, *92*, 29.

[10] Sasaki, M.; Collin, J.; Kagan, H. B. *New J. Chem.* **1992**, *16*, 89.

[11] Molander, G. A. *Org. React.* **1994**, *46*, 211.

[12] Molander, G. A.; Harris, C. R. *Chem. Rev.* **1996**, *96*, 307.

[13] Krief, A.; Laval, A.-M. *Chem. Rev.* **1999**, *99*, 745.

[14] Kagan, H. B. *Tetrahedron* **2003**, *59*, 10351.

[15] Edmond, D. J.; Johnston, D.; Procter, D. J. *Chem. Rev.* **2004**, *104*, 3371.

[16] Kürti, L.; Czakó, B. *Strategic Applications of Named Reactions in organic Synthesis*, Elsevier, **2005**, pp 232–233.

[17] Kagan, H. B.; Namy, J.-L.; Girard, P. *Tetrahedron* **1981**, *37*, Suppl. 1, 1775.

[18] Imamoto, T.; Takeyama, T.; Koto, H. *Tetrahedron Lett.* **1986**, *27*, 3243.

[19] Namy, J.-L.; Collin, J.; Bied, C.; Kagan, H. B. *Synlett* **1992**, 733.

[20] Molander, G. A.; Etter, J. B. *J. Org. Chem.* **1986**, *51*, 1778.

[21] Molander, G. A.; Caryn, K. *J. Org. Chem.* **1991**, *56*, 1439.

[22] Molander, G. A.; McKie, J. A. *J. Org. Chem.* **1991**, *56*, 4112.

[23] Molander, G. A.; McKie, J. A. *J. Org. Chem.* **1993**, *58*, 7216.

[24] Molander, G. A.; Kenny, C. *J. Am. Chem. Soc.* **1989**, *111*, 8236.

[25] Hasegawa, E.; Curran, D. P. *J. Org. Chem.* **1993**, *58*, 5008.

[26] Curran, D. P.; Gu, X.; Zhang, W.; Dowd, P. *Tetrahedron* **1997**, *53*, 9023.

[27] Curran, D. P.; Fevig, T. L.; Totleben, M. J. *Synlett* **1990**, 773.

[28] Curran, D. P.; Fevig, T. L.; Jasperse, C. P.; Totleben, M. J. *Synlett* **1992**, 943.

[29] Curran, D. P.; Totleben, M. J. *J. Am. Chem. Soc.* **1992**, *114*, 6050.

[30] Matignon, C. A.; Caze, E. *Ann. Chim. Phys.* **1906**, *8*, 417.

[31] Jantsch, G.; Skalla, N. *Z. Anorg. Allg. Chem.* **1930**, *193*, 391.

[32] Namy, J.-L.; Girard, P.; Kagan, H. B.; Caro, P. E. *New J. Chem.* **1981**, *5*, 479.

[33] Imamoto, T.; Ono, M. *Chem. Lett.* **1987**, 501.

[34] Akane, N.; Kanagawa, Y.; Nishiyama, Y.; Ishii, Y. *Chem. Lett.* **1992**, 2431.

[35] Johnson, D. A. *J. Chem. Soc., Dalton* **1974**, 1671.

[36] Chebolu, A.; Whittle, R. R.; Sen, A. *Inorg. Chem.* **1985**, *24*, 3082.

[37] Evans, W. J.; Gummersheimer, T. S.; Zilber, J. W. *J. Am. Chem. Soc.* **1995**, *117*, 999.

[38] Hamann, B.; Namy, J.-L.; Kagan, H. B. *Tetrahedron* **1996**, *52*, 14225.

[39] Hamann-Gaudinet, B.; Namy, J.-L.; Kagan, H. B. *Tetrahedron Lett.* **1997**, *38*, 6585.

[40]   Kunishima, M.; Hioki, K.; Kono, K.; Sakuma, T.; Tani, S. *Chem. Pharm. Bull.* **1994**, *42*, 2190.

[41]   Kunishima, M.; Tanaka, S.; Kono, K.; Hioki, K.; Tani, S. *Tetrahedron Lett.* **1995**, *36*, 3707.

[42]   Inanaga, J.; Ishikawa, M.; Yamaguchi, M. *Chem. Lett.* **1987**, 1485.

[43]   Hou, Z.; Wakatsuki, Y. *J. Chem. Soc., Chem. Commun.* **1994**, 1205.

[44]   Hou, Z.; Zang, Y.; Wakatsuki, Y. *Bull. Chem. Soc. Jpn.* **1997**, *70*, 149.

[45]   Shabangi, M.; Flowers, R. A., II. *Tetrahedron Lett.* **1997**, *38*, 1137.

[46]   Shotwell, J. B.; Sealy, J. M.; Flowers, R. A., II. *J. Org. Chem.* **1999**, *64*, 5251.

[47]   Prasad, E.; Flowers, R. A., II. *J. Am. Chem. Soc.* **2002**, *124*, 6895.

[48]   Shabangi, M.; Sealy, J. M.; Fuchs, J. R.; Flowers, R. A., II. *Tetrahedron Lett.* **1998**, *39*, 4429.

[49]   Kuhlman, M. L.; Flowers, R. A., II. *Tetrahedron Lett.* **2000**, *41*, 8049.

[50]   Ogawa, A.; Nanke, T.; Takami, N.; Sumino, Y.; Ryu, I.; Sonoda, N. *Chem. Lett.* **1994**, 379.

[51]   Wipf, P.; Venkatraman, S. *J. Org. Chem.* **1993**, *58*, 3455.

[52]   Otsubo, K.; Kawamura, K.; Inanaga, J.; Yamaguchi, M. *Chem. Lett.* **1987**, 1487.

[53]   Machrouhi, F.; Hamann, B.; Namy, J.-L.; Kagan, H. B. *Synlett* **1996**, 633.

[54]   Souppe, J.; Namy, J. L.; Kagan, H. B. *Tetrahedron Lett.* **1982**, *23*, 3497.

[55]   Imamoto, T.; Takeyama, T.; Yokoyama, M. *Tetrahedron Lett.* **1984**, *25*, 3225.

[56]   Imamoto, T.; Hatajima, T.; Takiyama, N.; Takeyama, T.; Kamiya, Y.; Yoshizawa, T. *J. Chem. Soc., Perkin Trans. 1* **1991**, 3127.

[57]   Concellón, J. M.; Bernad, P. L.; Pérez-Andrés, J. A. *Tetrahedron Lett.* **1998**, *39*, 1409.

[58]   Matsukawa, M.; Inanaga, J.; Yamaguchi, M. *Tetrahedron Lett.* **1987**, *28*, 5877.

[59]   Murakami, M.; Hayashi, M.; Ito, Y. *J. Org. Chem.* **1992**, *57*, 793.

[60]   Kunishima, M.; Yoshimura, K.; Nakata, D.; Hioki, K.; Tani, S. *Chem. Pharm. Bull.* **1999**, *47*, 1196.

[61]   Csuk, R.; Höring, U.; Schaade, M. *Tetrahedron* **1996**, *52*, 9759.

[62]   Ogawa, A.; Sumino, Y.; Nanke, T.; Ohya, S.; Sonoda, N.; Hirao, T. *J. Am. Chem. Soc.* **1997**, *119*, 2745.

[63]   Murakami, M.; Kawano, T.; Ito, Y. *J. Am. Chem. Soc.* **1990**, *112*, 2437.

[64]   Murakami, M.; Kawano, T.; Ito, Y. *J. Org. Chem.* **1993**, *58*, 1458.

[65]   White, J. D.; Somers, T. C. *J. Am. Chem. Soc.* **1987**, *109*, 4424.

[66]   Sparling, B. A.; Moslin, R. M.; Jamison, T. F. *Org. Lett.* **2008**, *10*, 1291.

[67]   Matsuda, F.; Sakai, T.; Okada, N.; Miyashita, M. *Tetrahedron Lett.* **1998**, *39*, 863.

[68]   Molander, G. A.; Etter, J. B.; Zinke, P. W. *J. Am. Chem. Soc.* **1987**, *109*, 453.

[69]   Kito, M.; Sakai, T.; Shirahama, H.; Miyashita, M.; Matsuda, F. *Synlett* **1997**, 219.

[70]   Molander, G. A.; Shakya, S. R. *J. Org. Chem.* **1994**, *59*, 3445.

[71]   Kang, H.-Y.; Song, S.-E. *Tetrahedron Lett.* **2000**, *41*, 937.

[72]   Fadel, A. *Tetrahedron: Asymmetry* **1994**, *5*, 531.

[73]   Lannou, M.-I.; Hélion, F.; Namy, J.-L. *Tetrahedron Lett.* **2002**, *43*, 8007.

[74]   Fukuzawa, S.-i.; Furuya, H.; Tsuchimoto, T. *Tetrahedron* **1996**, *52*, 1953.

[75]   Molander, G. A.; Harris, C. R. *J. Am. Chem. Soc.* **1995**, *117*, 3705.

[76]   Molander, G. A.; Harris, C. R. *J. Am. Chem. Soc.* **1996**, *118*, 4059.

[77]   Molander, G. A.; Harris, C. R. *J. Org. Chem.* **1997**, *62*, 2944.

[78]   Molander, G. A.; Harris, C. R. *J. Org. Chem.* **1998**, *63*, 4374.

[79]   Molander, G. A.; Le Huérou, Y.; Brown, G. A. *J. Org. Chem.* **2001**, *66*, 4511.

[80]   Molander, G. A.; McKie, J. A. *J. Am. Chem. Soc.* **1993**, *115*, 5821.

[81]   Namy, J. L.; Souppe, J.; Collin, J.; Kagan, H. B. *J. Org. Chem.* **1984**, *49*, 2045.

[82]   Curran, D. P.; Wolin, R. L. *Synlett* **1991**, 317.

[83]   Takeuchi, S.; Ohira, A.; Miyoshi, N.; Mashio, H.; Ohgo, Y. *Tetrahedron: Asymmetry* **1994**, *5*, 1763.

[84]   Nakamura, Y.; Takeuchi, S.; Ohira, A.; Ohgo, Y. *Tetrahedron Lett.* **1996**, *37*, 2805.

[85]   Takeuchi, S.; Nakamura, Y.; Ohgo, Y.; Curran, D. P. *Tetrahedron Lett.* **1998**, *39*, 8691.

Kagan-Molander Reaction 251

[86] Fukuzawa, S.-i.; Tatsuzawa, M.; Hirano, K. *Tetrahedron Lett.* **1998**, *39*, 6899.
[87] Nerz-Stormes, M.; Thornton, E. R. *J. Org. Chem.* **1991**, 56, 2489.
[88] Fukuzawa, S.-i.; Matsuzawa, H.; Yoshimitsu, S.-i. *J. Org. Chem.* **2000**, *65*, 1702.
[89] Obringer, M.; Colobert, F.; Neugnot, B.; Solladié, G. *Org. Lett.* **2003**, *5*, 629.
[90] Colobert, F.; Obringer, M.; Solladié, G. *Eur. J. Org. Chem.* **2006**, 1455.
[91] Matsubara, S.; Kasuga, Y.; Yasui, T.; Yoshioka, M.; Yamin, B.; Utimoto, K.; Oshima, K. *Chirality* **2003**, *15*, 38.
[92] Hanessian, S.; Girard, C.; Chiara, J. L. *Tetrahedron Lett.* **1992**, *33*, 573.
[93] Molander, G. A.; Alonso-Alija, C. *J. Org. Chem.* **1998**, *63*, 4366.
[94] Yoshida, M.; Suzuki, D.; Iyoda, M. *Chem. Lett.* **1994**, 2357.
[95] Yoshida, M.; Suzuki, D.; Iyoda, M. *J. Chem. Soc., Perkin Trans. 1* **1997**, 643.
[96] Utimoto, K.; Takai, T.; Matsui, T.; Matsubara, S. *Bull. Soc. Chim. Fr.* **1997**, *134*, 365.
[97] Park, I. S.; Kim, Y. H. *Tetrahedron Lett.* **1995**, *36*, 1673.
[98] Utimoto, K.; Matsui, T.; Takai, T.; Matsubara, S. *Chem. Lett.* **1995**, 197.
[99] Wipf, P.; Venkatraman, S. *J. Org. Chem.* **1993**, *58*, 3455.
[100] Kawamura, K.; Hinou, H.; Matsuo, G.; Nakata, T. *Tetrahedron Lett.* **2003**, *44*, 5259.
[101] Tabuchi, T.; Inanaga, J.; Yamaguchi, M. *Tetrahedron Lett.* **1986**, *27*, 3891.
[102] Aoyagi, Y.; Yoshimura, M.; Tsuda, M.; Tsuchibuchi, T.; Kawamata, S.; Tateno, H.; Asano, K.; Nakamura, H.; Obokata, M.; Ohta, A.; Kodama, Y. *J. Chem. Soc., Perkin Trans. 1* **1995**, 689.
[103] Matsubara, S.; Yoshioka, M.; Utimoto, K. *Angew. Chem., Int. Ed. Engl.* **1997**, *36*, 617.
[104] Concellón, J. M.; Concellón, C.; Diaz, P. *Eur. J. Org. Chem.* **2006**, 2197.
[105] Nagano, T.; Motoyoshiya, J.; Kakehi, A.; Nishii, Y. *Org. Lett.* **2008**, *10*, 5453.
[106] de Pouilly, P.; Chénédé, A.; Mallet, J.-M.; Sinaÿ, P. *Bull. Soc. Chim. Fr.* **1993**, *130*, 256.
[107] Concellón, J. M.; Huerta, M. *J. Org. Chem.* **2005**, *70*, 4714.
[108] Mamaghani, M.; Yazdanbakhsh, R. R.; Badrian, A.; Valizadeh, H.; Samimi, H. A. *Lett. Org. Chem.* **2005**, *2*, 721.
[109] Molander, G. A.; Etter, J. B. *Synth. Commun.* **1987**, *17*, 901.
[110] Molander, G. A.; Etter, J. B. *J. Am. Chem. Soc.* **1987**, *109*, 6556.
[111] Molander, G. A.; Etter, J. B.; Harring, L. S.; Thorel, P.-J. *J. Am. Chem. Soc.* **1991**, *113*, 8036.
[112] Vedejs, E.; Ahmad, S. *Tetrahedron Lett.* **1988**, *29*, 2291.
[113] Makino, K.; Kondoh, A.; Hamada, Y. *Tetrahedron Lett.* **2002**, *43*, 4695.
[114] Mukaiyama, T.; Shiina, I.; Iwadare, H.; Sakoh, H.; Tani, Y.; Hasegawa, M.; Saitoh, K. *Proc. Japn. Acad., Ser. B.* **1997**, *73*, 95.
[115] Mukaiyama, T.; Shiina, I.; Iwadare, H.; Saitoh, M.; Nishimura, T.; Ohkawa, N.; Sakoh, H.; Nishimura, K.; Tani, Y.; Hasegawa, M.; Yamada, K.; Saitoh, K. *Chem. Eur. J.* **1999**, *5*, 121.
[116] Shiina, I.; Shibata, J.; Imai, Y.; Ibuka, R.; Fujisawa, H.; Hachiya, I.; Mukaiyama, T. *Chem. Lett.* **1999**, 1145.
[117] Corey, E. J.; Wu, Y. J. *J. Am. Chem. Soc.* **1993**, *115*, 8871.
[118] Lowe, J. T.; Panek, J. S. *Org. Lett.* **2008**, *10*, 3813.
[119] Tamiya, H.; Goto, K.; Matsuda, F. *Org. Lett.* **2004**, *6*, 545.
[120] Aoyagi, Y.; Asakura, R.; Kondoh, N.; Yamamoto, R.; Kuromatsu, T.; Shimura, A.; Ohta, A. *Synthesis* **1996**, 970.

经由铑卡宾的 C-H 插入反应

(Catalytic C-H Bond Insertion of Rhodium Carbene)

张艳　　王剑波*

1 历史背景简介

通过简单、高效和原子经济的方法构建 C-C 键是近年来化学研究的前沿课题。由高反应活性卡宾对 C-H 的 σ-键插入反应形成新的 C-C 键，成为该领域逐渐被重视的一个重要方法 (式 1)。

$$
\overset{R^1}{\underset{R^2}{\diagdown}}C: \; + \; H-\overset{R^3}{\underset{R^5}{\overset{|}{C}}}-R^4 \quad \xrightarrow{\text{C-H insertion}} \quad R^1-\overset{H}{\underset{R^2}{\overset{|}{C}}}-\overset{R^3}{\underset{R^5}{\overset{|}{C}}}-R^4 \tag{1}
$$

随着催化化学的发展，化学家们发现过渡金属及其化合物能够催化卡宾对 C-H 键的插入反应。迄今为止，高度区域和立体选择性的金属卡宾对 C-H 键插入反应大多是由二价铑化合物催化重氮化合物实现的。通过实验和理论计算的方法对该反应历程的研究结果表明：铑配合物首先分解重氮化合物生成高活性的铑卡宾中间体，继而对相应 C-H 的 σ-键发生插入反应。

1.1 卡宾

含有二价碳的电中性化合物称为卡宾 (carbene)，又称之为碳烯或碳宾。卡宾是由一个碳和其它两个基团以共价键结合形成的，碳上还有两个自由电子。卡宾有两种结构，在光谱学上分别称为单线态和三线态，卡宾是单线态还是三线态由其电子自旋决定。碳原子有四个原子轨道，能够容纳八个价电子。因为卡宾仅使用了两个成键分子轨道，因此两个非键电子有两个原子轨道可以利用，故呈现出两种情况：(a) 两电子占据同一轨道。在这种情况下，它们必须具有相反的自旋，称为单线态卡宾 (singlet carbene)。(b) 两电子占据不同的轨道。这种情况下电子自旋必须相同，称为三线态卡宾 (triplet carbene) (图 1)[1]。

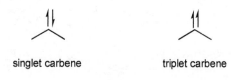

singlet carbene   triplet carbene

图 1   单线态和三线态卡宾

单线态卡宾的中心碳原子是 sp^2-杂化，两个 sp^2-杂化轨道与两个基团成键。两个电子自旋反平行成对地占据能量较低的 sp^2-杂化轨道，p-轨道是空的轨道且垂直于三个 sp^2-杂化轨道。从这种结构可以预测单线态卡宾既可以是碳正离子

(p-空轨道)，也可以是碳负离子 (sp^2-电子)。计算和测量得到单线态亚甲基卡宾的键角约为 103° (图 2)。

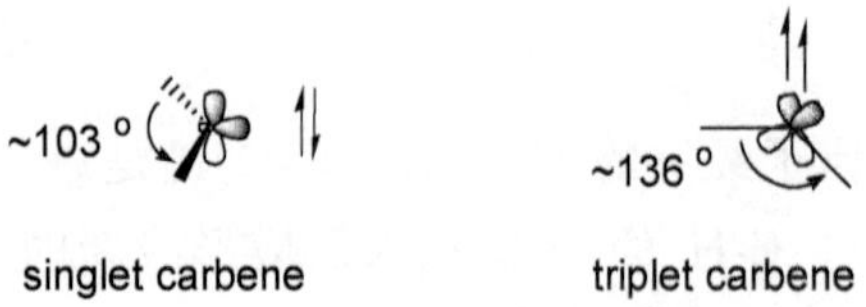
~103°
~136°
singlet carbene
triplet carbene

图 2 单线态卡宾的性质

三线态卡宾的最简单描述是中心碳原子具有 sp-杂化状态。如果卡宾碳是 sp-杂化，那么卡宾的结构应当是直线的。研究表明：三线态卡宾一般是弯曲的，因为弯曲会降低被占轨道的能量。处于平面内的 p-轨道将会变得“杂化”，即混有一些 s-轨道性质，因而能量会降低；而与平面重直的 p-轨道将基本不会受影响。由于三线态卡宾的两个电子分别占据两个 p-轨道，所以它们应当具有双自由基的特征。大量的实验表明：三线态卡宾的确具有双自由基的行为，三线态亚甲基卡宾的键角约为 136° (图 2)。对于简单的烃基卡宾而言，三线态卡宾的能量一般比单线态卡宾低 33 kJ/mol (洪特最大多重度规则)。因此，基态时三线态更稳定，激发态时单线态更加稳定。而单线态亚甲基卡宾的反应比三线态亚甲基卡宾更具立体专一性。

式 2 所示[1~3]的卡宾可以由以下几种途径制备：(a) 多卤代烷等在碱的作用下发生 α-消除反应，失去一分子卤化氢生成卡宾；(b) 烯酮或重氮化合物经光照制得；(c) 磺酰腙在碱存在下经加热制得；(d) 双吖丙啶 (diazirine) 经光照制得。实验结果表明：磺酰腙在碱存在下加热可以生成卡宾[2a]，可能首先经历形成重氮化合物的过程[2b]。在特定的条件下，重氮化合物和卡宾或者重氮化合物和双吖丙啶之间可以实现相互转化 (式 2)[3]。

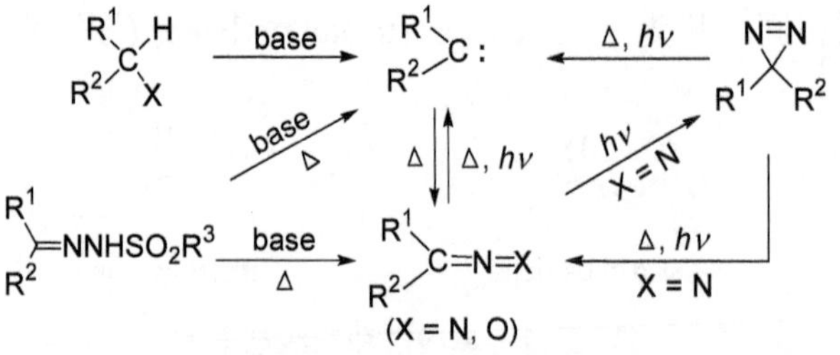
base
Δ, hν
base
Δ
Δ
Δ, hν
hν
X = N
base
Δ
Δ, hν
X = N
(X = N, O)

(2)

1.2 金属卡宾

卡宾一般不稳定，但是可以与金属成键生成稳定的金属卡宾。金属卡宾可以看作与金属配位的一类二价碳的活泼中间体。在这种配合物中，游离状态下寿命短暂而极度活泼的自由卡宾由于与金属键合而得以稳定 (两个未成对电子通过与金属的空 d-轨道作用形成稳定的金属-碳键)。常见的两类金属卡宾是 "Fischer 型" [4a]和 "Schrock 型" [4b]卡宾，它们是用其发现者的名字命名的 (图 3)。

1
Fischer carbene

2
Schrock carbene

图 3 "Fischer 型" 金属卡宾和 "Schrock 型" 金属卡宾

"Fischer 型" 金属卡宾包含从 VI~VIII 副族的过渡金属，中心金属以低价氧化态存在，一般被一系列具有吸电子基性质的配体 (例如：CO 基) 所稳定。羰基铬化物 **1** 是 "Fischer 型" 卡宾的代表性配合物[5a]，其 X 射线晶体结构表明[5b]：卡宾碳原子是 sp^2-杂化的，有一个空的 p-轨道。该卡宾碳原子具有缺电子性，但可以通过相邻甲氧基的氧原子上的一对孤对电子与卡宾碳原子的空 p-轨道之间的作用得到补偿。同时，中心金属向卡宾碳原子的空 p-轨道也有一定程度的反馈。二茂化合物 **2** 是 "Schrock 型" 金属卡宾的代表性配合物，一般是前过渡金属 (例如：Ti、Zr 和 Ta 等) 为中心金属而不含 CO 基配体。

在不同类型的金属卡宾中，其中心金属-卡宾碳间的键的极性是不同的。如共振结构式 **3** 所示："Fischer 型" 卡宾的卡宾碳是正电性的，易与富电子的底物发生亲电反应。而 "Schrock 型" 卡宾的卡宾碳是负电性的，可以看做是Wittig 试剂的类似物，易与亲电试剂发生加成反应。例如：著名的 Tebbe 烯烃化反应就是典型的例子。

$$X = OR, NR_2, etc.$$

(3)

目前生成金属卡宾最常用的方法是过渡金属催化分解重氮化合物，重氮化合物是形成卡宾中间体的重要前体。在过渡金属催化下，重氮化合物失去一分子 N_2 形成金属配位的卡宾或称为类卡宾 (carbenoid)，它们具有与单线态自由卡宾类似的反应性质。重氮化合物一般不稳定，因此具有一定稳定性的 α-重氮羰基化合物 **3** 常被用来作为卡宾的前体化合物进行研究[6]。如共振式 4 中的 **3A~3C** 所示：羰基可以稳定重氮碳上的负电荷。通常用于分解重氮化合物的过渡金属是铜和铑的配合物，其它过渡金属也具有分解重氮化合物的性质，例如：钴、铬、铁、金、钌、锇、钯等的配合物 (3.1 节)。

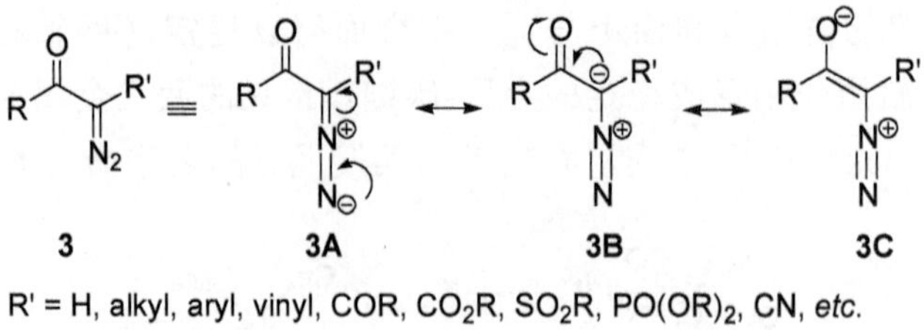

R
O
R'
N2
≡
N⊕
N⊖
3
3A
3B
3C
N
R' = H, alkyl, aryl, vinyl, COR, CO2R, SO2R, PO(OR)2, CN, etc.

(4)

在碱的存在下，腙在加热时能够生成重氮化合物[2b]，这些原位生成的重氮化合物能够被过渡金属分解生成金属卡宾[7]。由于腙不需要 α-羰基稳定，因而可以通过这种方法原位生成非羰基稳定的重氮化合物，这为研究不稳定的重氮化合物的反应提供了一个很好的途径。实验结果表明：双吖丙啶也可以被过渡金属分解生成金属卡宾[8a]，并能够发生类似重氮化合物的催化反应[8b]。炔或联烯衍生物也能被过渡金属活化生成金属卡宾中间体[8c]。近年来，人们发现 1,2,3-三氮唑衍生物也可以被过渡金属活化发生经由金属卡宾的反应[8d~e](式 5)。

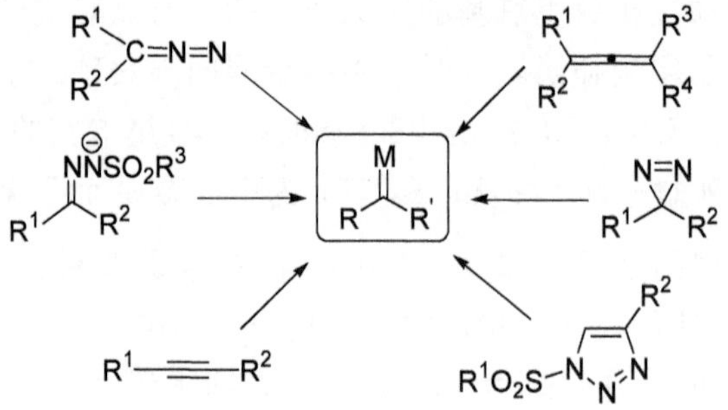

C=N=N
NNSO2R3
M
R'
N=N
R1O2S-N

(5)

1.3 经由铑卡宾的 C-H 插入反应

卡宾可以发生以下几类反应：(1) 对 X-H σ-键的插入反应；(2) 与 π-键的环加成反应；(3) 重排反应；(4) 生成叶立德的反应。此外，卡宾之间还容易发生二聚等反应。由 α-重氮羰基化合物产生的类卡宾中间体能够进行 X-H 插入反应的 σ-键有 C-H、N-H、O-H、S-H、P-H、Si-H 和 B-H 等。其中，研究和应用最为广泛的是对 C-H 键的插入反应。

早在半个世纪以前，Doering 等人就注意到由重氮甲烷分解产生的卡宾 CH_2: 可以与环己烷发生 C-H 插入反应生成新的 C-C 键[9]。在此之前，由于卡宾对 C-H 键的插入反应往往很难控制其选择性，这类反应仅仅作为新颖的反应被报道。后来人们慢慢意识到：该反应在活化相对惰性的 C-H 键、在非官能团化的碳上形成新的 C-C 键、碳链的增长或支化以及构筑新颖的有机化合物母体骨架等方面具有重要的意义。

系统的研究显示：卡宾的反应性显著地受到取代基的性质、制备方法和反应条件 (金属的存在) 等因素的影响。通常，利用光或热分解方式形成的卡宾 CH_2: 发生的 C-H 插入反应具有较低的选择性。虽然卡宾 Cl_2C: 和 ClPhC: 所发生的 C-H 插入能够部分实现选择性，但远不能达到合成意义上的要求[10]。因此，探索卡宾的制备方法、反应活性和提高 C-H 插入的反应选择性是非常具有挑战性的课题。

铜和铜的氧化物最先被发现可以分解重氮化合物并实现对 C-H 键的插入反应。但是，最初的例子仅限于刚性底物分子内的反应[6c,11]。1958 年，Greuter 等人发现：Cu_2O 可以分解 α-羰基重氮化合物得到卡宾并发生 C-H 插入反应 (式 6)[6c]。

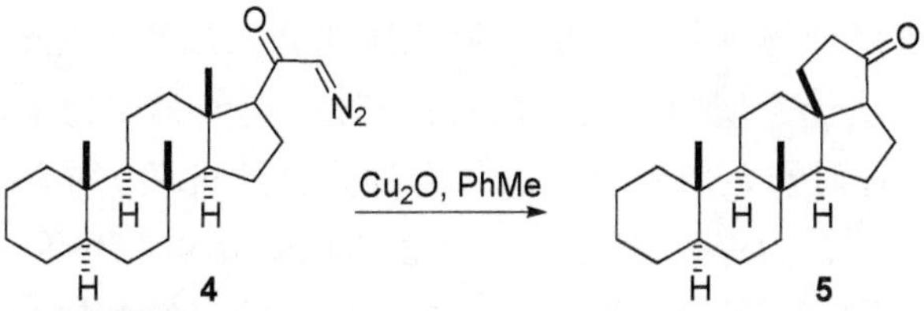

$$(6)$$

如式 7 所示：Teyssie 等人[12]观察到 $Rh_2(OAc)_4$ 及其碳酸酯衍生物能够高效地催化重氮乙酸乙酯对脂肪烃区域选择性的分子间 C-H 插入反应。这一突破性的发现引起了人们极大的兴趣。

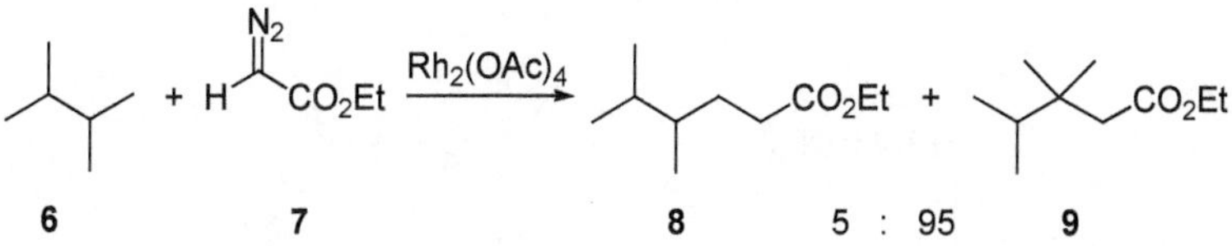

$$(7)$$

尽管该反应的产率和选择性还不够理想，实验结果仍然能够看出不同的催化剂对 C-H 插入反应区域选择性的影响。这对于进一步发展具有合成意义的反应十分重要。由于类卡宾可以与金属发生配位作用而增加其稳定性，因此在许多反应中常常具有较强的选择性。尽管铜配合物和铑配合物常被用来分解重氮化合物形成卡宾，但是铜卡宾常常比铑卡宾活泼致使反应选择性较差。因此，经由金属卡宾尤其是铑卡宾的 C-H 插入反应研究受到更多的关注。有关对这些反应的区域选择性、立体选择性和催化剂活性等多方面的研究已经在许多书籍和综述中进行了详细的讨论[13]。最近，Doyle 等人在一篇综述中非常详细地总结了催化条件下卡宾对 C-H 插入反应的近期进展[13g]。

2　反应机理

2.1　金属卡宾的生成

在过渡金属配合物催化作用下，α-重氮羰基化合物失去 N_2 形成金属卡宾 (式 8)。

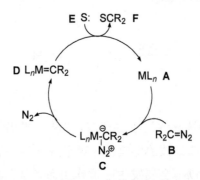

(8)

能够对重氮化合物有效分解的过渡金属化合物本质上是一种路易斯酸[14]。它们的催化活性取决于金属中心配位的不饱和性,促使其作为亲电中心和重氮化合物发生作用。尽管对于金属催化重氮化合物分解的机理仍不清楚,但目前人们倾向于接受 Yates[15]在 1952 年提出的过渡金属催化重氮化合物产生亲电性金属卡宾的机理。如图 4 所示：首先,具有空配位的过渡金属化合物 **A** 作为亲电试剂进攻重氮化合物 **B** 生成中间体 **C**。然后,中间体 **C** 在释放出氮气的同时生成金属卡宾 **D**。最后,亲电的金属卡宾 **D** 和富电性底物 **E** 发生反应生成产物 **F**。与此同时,再生的催化剂 **A** 进入下一轮的催化循环。

图 4　Yates 提出的产生亲电性金属卡宾的机理

过渡金属配合物催化分解重氮化合物的活性是由过渡金属的亲电性与重氮化合物的稳定性共同决定的。重氮碳上的取代基对重氮化合物的稳定性有显著的影响, 图 5 列出了部分重氮化合物的稳定性次序和反应活性顺序。通常, 芳基重氮甲烷比烷基重氮甲烷稳定。具有 α-羰基的化合物更稳定, α-重氮酰胺的稳定性大于 α-重氮酯, 而后者又大于 α-重氮酮。含有双 α-羰基的重氮化合物比单羰基的重氮化合物对过渡金属相对稳定[13a,g]。

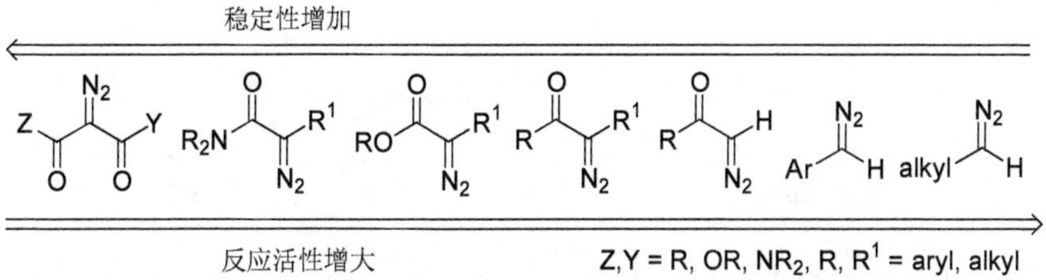

图 5 部分重氮化合物的稳定性次序和反应活性顺序

2.2 经由铑卡宾的 C-H 插入反应

Doyle[16a]等人在早期提出的卡宾对 C-H 插入反应的机理假设认为：卡宾碳与底物形成新的 C-C 键或 C-H 键与卡宾金属键的离域可以同时发生但不必同等程度进行。而 Taber 等人则认为：有可能是质子首先转移到卡宾所连接的金属上。该转移过程和新的 C-C 键的形成是同步进行的，然后再发生还原消除[16b]。

Nakamura[13g,17]等人使用 $Rh_2(O_2CH)_4$ 为模型进行的理论计算研究结果显示：C-H 插入反应是经由一个低活化能的三中心过渡态进行的，卡宾的空轨道和 C-H 键的 σ-轨道发生叠加。如式 9 所示：该理论计算结果与 Doyle 等人的推测是一致的。计算结果还显示：二铑配合物中仅有一个铑连接到卡宾上，而另一个铑作为配体和铑卡宾相连。因此增强了铑键连卡宾碳的亲电性，并促进铑-碳键的断裂。在插入过程中，铑和 C-H 键并没有直接的作用。第二个铑原子之所以能明显地降低插入反应的活化能，是因为其增加了额外的稳定化作用，因而能对反应产生影响。这也可以解释为什么 $Rh_2(OAc)_4$ 和 $Rh_2(OCOCF_3)_4$ 催化活性有所不同，因为基团的给电子能力差异不同程度地改变了铑原子的电子密度，进而影响铑卡宾的活性。

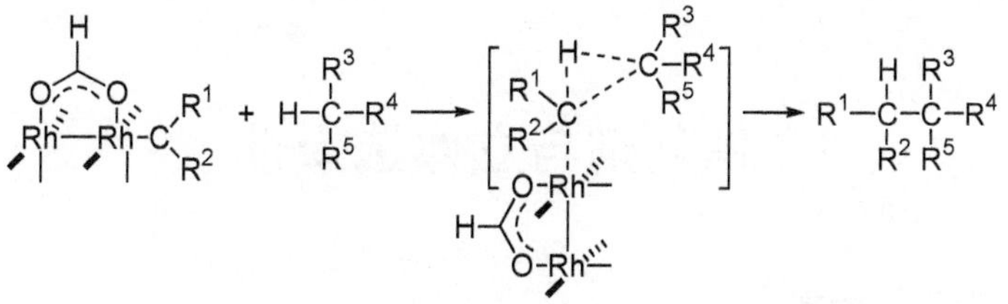

Doyle、Padwa 和 Taber 等人对 C-H 插入反应的机理还做了较为深入的研究。结果表明：C-H 插入反应的区域选择性主要由电子效应和立体效应两方面来决定[18]，脂肪烃中 C-H 键的活性次序大致为：叔 > 仲 > 伯[19]。发生 C-H 插入的碳原子上连接给电子基团时能够增强插入反应的活性，吸电子基团则抑制反应的活性[20]。实验结果还表明：在二铑配合物催化的重氮化合物的 C-H 插入反应中，碳中心的构型可以得到保持[21]。如式 10 所示：该结果为铑卡宾 C-H 插入反应的协同机理提供了有力的证据。

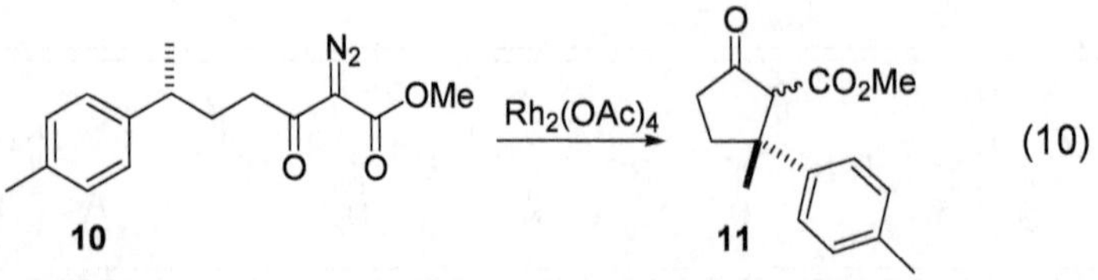

$$(10)$$

人们在最初的研究中认为：烯丙位和苄位的 C-H 键可能比脂肪烃 C-H 键较为惰性。但随后的研究表明：这些位置的 C-H 键发生分子间插入反应的活性被提高了而不是预想的被减弱了[13g,22]。如式 11 所示：这可能是由于亲电性卡宾和 C-H σ-键作用使过渡态带有部分正电荷，而烯丙位和苄位对于稳定正电荷是有利的。因此，有利于实现选择性的分子间 C-H 插入反应。

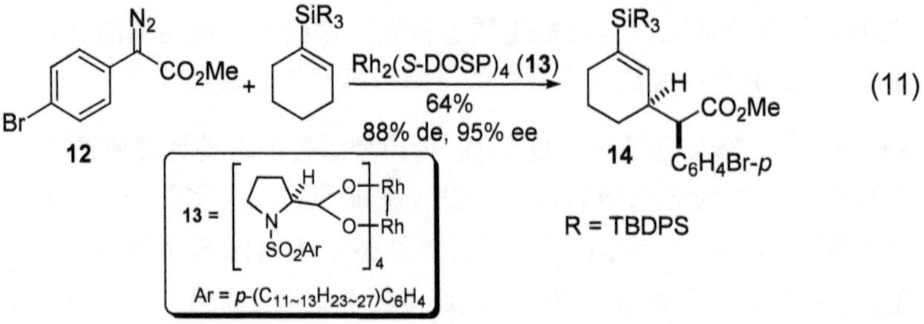

$$(11)$$

如果催化剂配体具有较弱的吸电子能力，则会使反应具有较好的区域选择性。通常，与氧或氮等杂原子相邻的 C-H 键具有较高的反应活性[20b,23]。在有些情况下，基于构象的位阻效应可以改变电子效应预期的影响。当位阻影响较强时，区域选择性则主要由构象因素决定[24]。在手性 Rh-催化剂作用下，立体选择性还与配体的手性及催化剂的立体结构有关[25]。

3   催化剂与立体选择性

3.1   催化剂的发现与发展

α-重氮羰基化合物自 Curtius 在 1883 年首次合成以来[26]，其合成和反应机理都有了较大的发展。最早使用的过渡金属催化剂是非均相的催化剂，例如：铜粉、青铜、Cu_2O、$CuSO_4$、CuO 和 CuCl 等[6a~c]。随着可溶性铜和铑等的金属配合物催化剂的出现[6d~i]，非均相催化剂已经很少使用。目前，用于催化分解重氮化合物的过渡金属催化剂主要是可溶于有机溶剂的一价铜配合物以及二价铑配合物[13]。钴、铬、铁、金或钌等的配合物也陆续被用于分解重氮化合物[27]。例如：Che 等人在铑和钌卡宾方面开展了卓有成效的研究[28]。Zhou 等人发展了新型手性配体与铜或铑化合物等辅助使用，能够高效催化重氮化合物的不对称反应[29]。Wang 等人发现钯配合物也能够催化重氮化合物的分解，并发生一些新颖的反应[30]。Hu 等人成功地完成了铑催化重氮化合物参与的多组分反应[31]。

大量的实验表明：很多 Fischer 型卡宾因为太过稳定而不能发生 C-H 插入。然而，铜卡宾的活性太高而不易得到较好的反应选择性，仅有少数几个铜卡宾可以得到不错的结果[32]。目前，应用效果比较好的催化剂多是一些二铑化合物。它们在分解 α-重氮羰基化合物中形成的铑卡宾中间体不仅具有很高的反应活性，而且具有很好的选择性。由于这些金属卡宾中间体的高反应活性，很难对它们进行直接分离研究。因此，尽管它们参与的反应在有机合成中的应用相当广泛，但人们对其反应机理依旧缺乏详细的了解。

从反应的电性上来看，二铑化合物催化的 α-重氮羰基化合物分解所生成的金属卡宾应该是一种 Fischer 型卡宾。但是，由于没有杂原子与卡宾碳直接相连，缺乏式 3 中共振结构的稳定化作用。因此，它们具有非常高的反应活性，研究它们的结构与性质是一项非常具有挑战性的工作。

在二铑化合物催化的卡宾 C-H 插入反应中，$Rh_2(OAc)_4$ 是应用最广泛和最为有效的催化剂。Taber 等人的研究发现：$Rh_2(OAc)_4$ 能够非对映选择性地催化分子内 C-H 插入反应，这是底物构象和催化剂的立体结构共同控制的结果[33]。他们认为：α-重氮羰基化合物可以看做一个稳定的叶立德 **G**，催化剂二铑羧酸酯 **H** 可以看做是一个空配位在顶点的路易斯酸。首先，重氮碳上的电子与一个铑配位后得到中间体 **I**。然后，铑上的电子向碳-铑键反馈，在释放出一分子 N_2 的同时生成铑卡宾 **J**。最后，发生分子内 C-H 插入反应，非对映选择性地生产目标产物 **L**（式 12）。

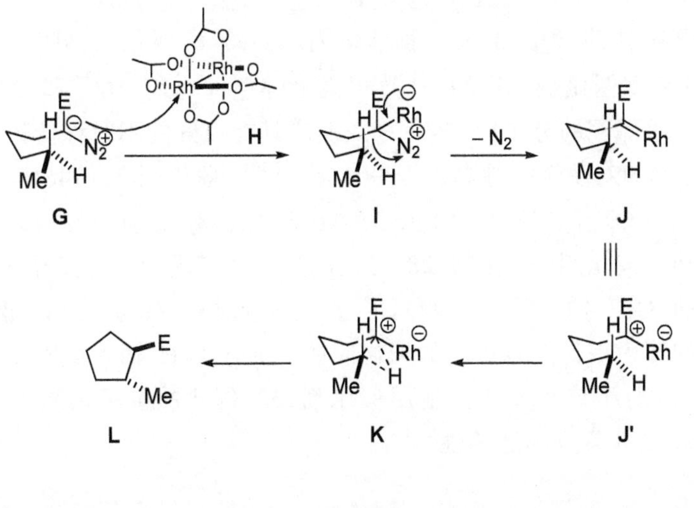

(12)

3.2 手性催化剂

近年来，C-H 插入反应研究的热点是通过设计新型的手性铑催化剂来实现不对称合成。如式 13 和式 14 所示[34,35]：使用手性二价铑配合物催化分解 α-羰基重氮化合物形成的手性金属卡宾，能够以较高的对映选择性实现分子内和分子间 C-H 键的插入反应。

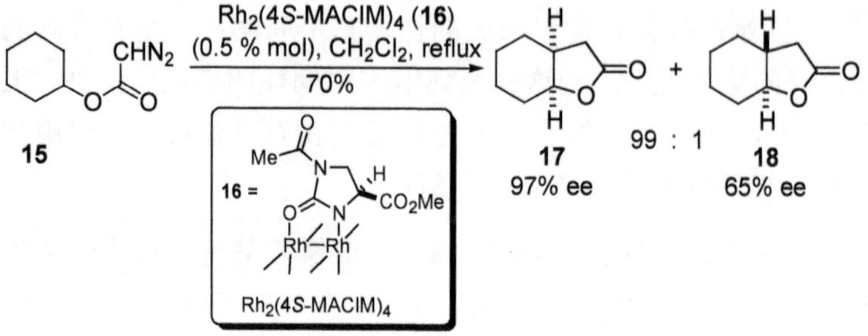

$$(13)$$

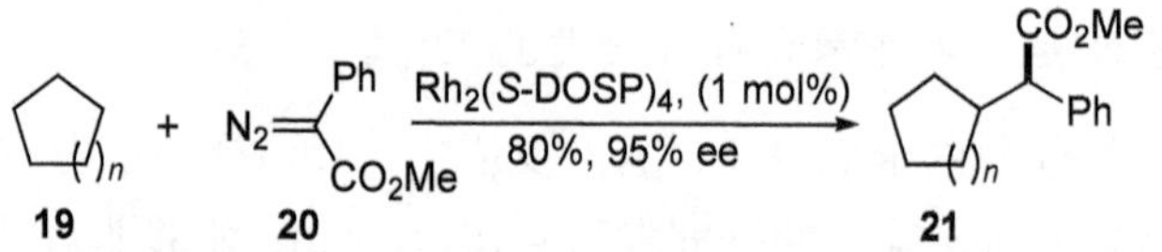

$$(14)$$

常见的手性 Rh(II) 催化剂按照配体的不同可以分为三类：一类是含有手性酰胺基配体的 Rh(II) 复合物催化剂，另一类是含有手性羧酸配体的 Rh(II) 复合物，第三类是含有手性膦配体的 Rh(II) 催化剂。

3.2.1 具有手性酰胺基配体的 Rh(II) 配合物催化剂

Doyle 等人在该研究领域得到了许多重要的结果[36]。他们使用手性取代基 β-内酰胺或 γ-内酰胺与 Rh$_2$(OAc)$_4$ 在氯苯中进行配体交换反应，制得了一系列含有手性酰胺基配体的 Rh(II) 配合物催化剂。如图 6 所示：噁唑啉型催化剂 **22~27**[36a~d]、吡咯型催化剂 **28~31**[36a,e~g] 以及吡唑型催化剂 **16**[34] 和 **32~36**[36h~k] 等，它们对很多重氮酮的分子内 C-H 插入反应具有很好的不对称催化作用。在有些反应中，产物的对映选择性高达 > 90% ee[34,36]。催化剂 Rh$_2$(4S/R-MACIM)$_4$ **(16)**、Rh$_2$(4S/R-MEOX)$_4$ **(22)** 和 Rh$_2$(5S/R-MEPY)$_4$ **(28)** 具有较好的普适性，它们都是比较成功的催化剂。催化剂 **28** 已经成为一个广泛应用的商品试剂，尤其适用于分子内的 C-H 插入反应。但是，当分子内同时有双键存在时，催化剂 **28** 对分子内双键的环丙烷化具有更高的催化活性，会与 C-H 插入反应发生竞争而得到混合物[36h]。对于该类反应，使用催化剂 **33** 催化的重氮乙酸酯的分子内 C-H 插入可以得到非常好的选择性[37]。

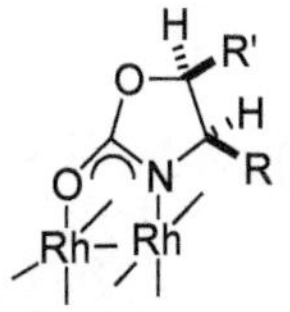

22: Rh$_2$(4*S*-MEOX)$_4$ (R = R' = H)
23: Rh$_2$(4*S*-MPOX)$_4$ (R = CH$_3$, R' = Ph)
24: Rh$_2$(4*S*-BNOX)$_4$ (R = PhCH$_2$, R' = H)
25: Rh$_2$(4*S*-IPOX)$_4$ (R = ^{i}Pr, R' = H)
26: Rh$_2$(4*S*-PHOX)$_4$ (R = Ph, R' = H)
27: Rh$_2$(4*S*-THREOX)$_4$ (R = H, R' = Me)

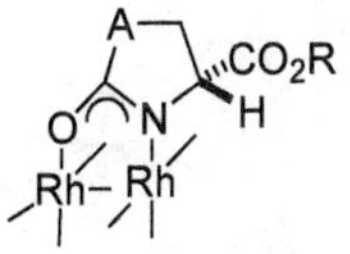

16: Rh$_2$(4*S*-MACIM)$_4$ (A = NCOCH$_3$, R = OMe)
28: Rh$_2$(5*S*-MEPY)$_4$ (A = CH$_2$, R = OMe)
29: Rh$_2$(5*S*-DMAY)$_4$ (A = CH$_2$, R = NMe$_2$)
30: Rh$_2$(5*S*-NEPY)$_4$ (A = CH$_2$, R = OCH$_2$CMe$_3$)
31: Rh$_2$(5*S*-ODPY)$_4$ (A = CH$_2$, R = O(CH$_2$)$_{17}$CH$_3$)
32: Rh$_2$(4*S*-MBOIM)$_4$ (A = NCOPh, R = OMe)
33: Rh$_2$(4*S*-MPPIM)$_4$ (A = NCOPhCH$_2$CH$_2$, R = OMe)
34: Rh$_2$(4*S*-EPPIM)$_4$ (A = NCOPhCH$_2$CH$_2$, R = OEt)
35: Rh$_2$(4*S*-BPPIM)$_4$ (A = NCOPhCH$_2$CH$_2$, R = O^{t}Bu)
36: Rh$_2$(4*S*-MCHIM)$_4$ (A = NCO^{c}C$_6$H$_{11}$CH$_2$, R = OMe)

图 6　不同类型的催化剂

这些具有手性酰胺配体的二铑催化剂之所以能够较好地控制产物的立体选择性，可能是因为它们具有特异的空间结构。如图 7 所示：在 Rh$_2$L$_4$ 配合物中，手性桥型酰胺以车轮状分布排列在铑核周围，每个铑上连接两个氧原子和两个氮原子。因此，铑核上的氮和氧原子的排布可能有 (2,2-*cis*)、(2,2-*trans*)、(3,1) 和 (4,0) 四种方式。迄今为止，除了 (2,2-*trans*)-型化合物还未见报道外，其它三种类型化合物已经被成功分离并确定其结构[13g,38]。

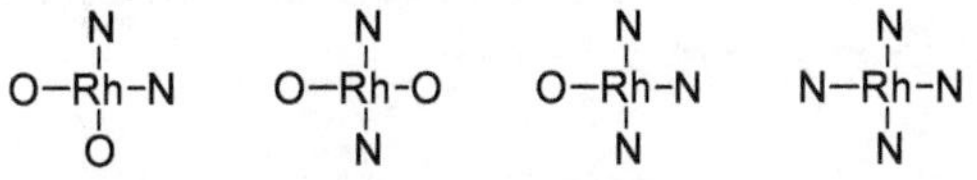

图 7　铑核上的氮和氧原子的四种排布方式

为了理解催化剂的构型与选择性的关系，Doyle 等人以 Rh$_2$(4*S*-MEPY)$_4$ (**28**) 为例进行了深入的研究。该化合物是通过 Rh$_2$(OAc)$_4$ 与焦谷氨酸甲酯进行交换反应生成的，其中的四个 OAc 配体完全被取代[39]。X 衍射分析结果表明：在 Rh$_2$(4*S*-MEPY)$_4$ 化合物中有 Rh-Rh 金属相互作用。每一个铑原子上连接的氧和氮原子以 2,2-*cis* 构型存在 (图 7 和图 8 左图)。虽然实验过程中能够检测到少量的 2,2-*trans* 异构体，但是没能成功分离出来。含有 (*S*)-构型配体的二铑配合物 **28** 被用作催化剂时，由于酯基官能团从表面突出 (图 8 右图) 阻碍了 C-H 键从该方向接近。因此，分子内的 C-H 插入反应只能采取反时针方向成环的方式。反之，当催化剂配体为 (*R*)-构型时，则按照顺时针方向成环[13g]。

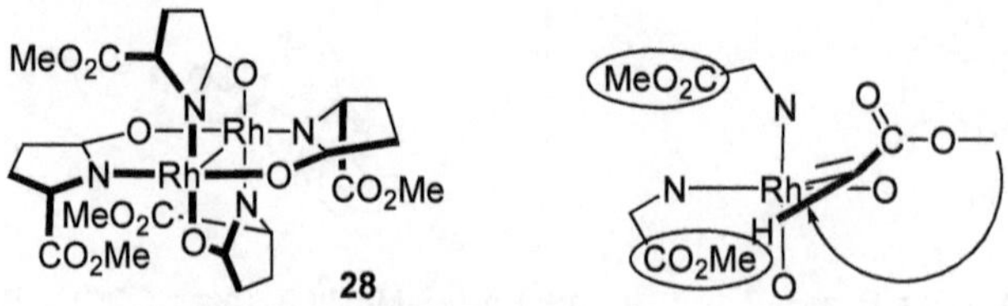

28

图 8　铑原子上氧和氮原子的连接方式

3.2.2　具有手性羧酸配体的 Rh(II) 配合物催化剂

这类催化剂中的羧酸通常来源于天然手性氨基酸及其衍生物。它们可以通过 $Rh_2(OAc)_4$ 或 $Na_4Rh(CO_3)_4$ 与手性氨基酸进行配体交换反应来制备。如图 9 所示：在手性羧酸 Rh(II) 配合物中，四个羧酸根对称地环布在两个铑原子形成的框架周围。

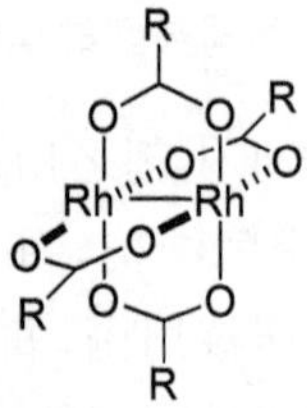

图 9　手性羧酸 Rh(II) 配合物的结构

有几个课题组对该类催化剂的研究比较活跃。如图 10 所示[40]：Hashimoto 等人设计了一系列具有苄基和芳氨基取代的手性氨基酸配位的 Rh(II) 催化剂 **37~40**，其配体是氨基被邻苯二酰基保护的氨基酸。

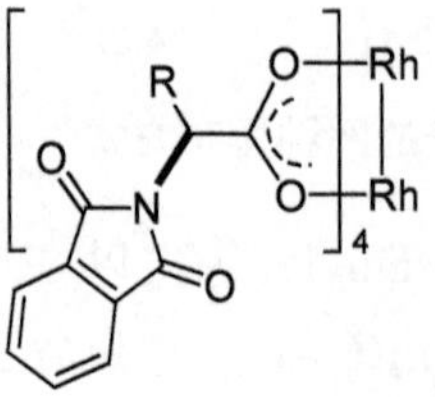

37: Rh₂(*S*-PTPA)₄ (R = PhCH₂)
38: Rh₂(*S*-TPA)₄　(R = Me)
39: Rh₂(*S*-PTV)₄　(R = ⁱPr)
40: Rh₂(*S*-PTTL)₄ (R = ᵗBu)

图 10　手性氨基酸配位的 Rh(II) 催化剂 **37~40**

其中，Rh₂(*S*-PTPA)₄ (**37**) 对重氮酯类化合物的 C-H 插入反应有较好的催化效果，产物的对映选择性最高接近 80% ee (式 15)[40a]。

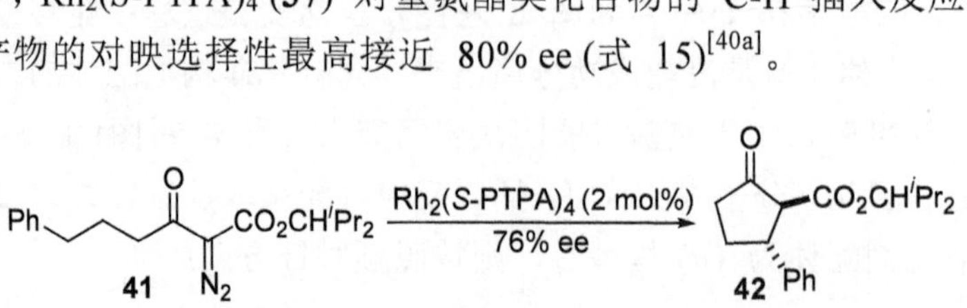

(15)

如式 16 所示[40d]：Hashimoto 研究了这类催化剂空间结构的不同对于 C-H 插入反应对映选择性的影响。

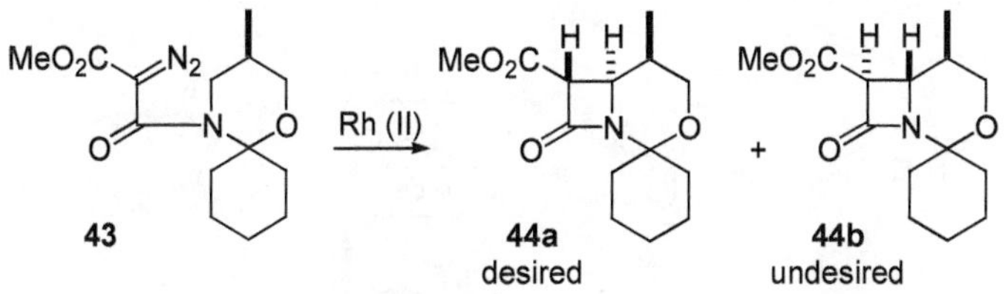

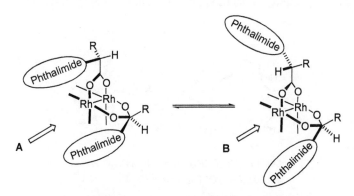

$$
\begin{array}{c}
\text{43} \xrightarrow{\text{Rh (II)}} \text{44a} + \text{44b}
\end{array} \tag{16}
$$

	44a desired		44b undesired
Rh₂(OAc)₄	25	:	75
Rh₂(R-PTPA)₄	2	:	98
Rh₂(S-PTPA)₄	85	:	15

从图 11 可以看出[13g]：由于催化剂 **37** 中的 PTPA 配体中两个较大基团空间分布不同，从 **A** 所示的方向接近底物要比 **B** 所示的方向位阻大得多。因此，反应常具有较好的立体选择性。

图 11　催化剂 **37** 中 PTPA 配体的位阻效应

如图 12 所示：Davies[41]、McKervey[42] 和 Doyle[43] 等人设计了一系列含有手性氨基酸结构的羧酸类催化剂 **13** 和 **45~47**。该类配体是 *N*-取代的脯氨酸衍生物，氨基是以吡咯环的形式存在的。研究发现：配合物 Rh₂(*S*-DOSP)₄ (**13**) 和 Rh₂(*S*-BSP)₄ (**46**) 能够非常高效地催化 C-H 插入反应。其中，配合物 **13** 在分子间 C-H 插入反应中有非常重要的应用。

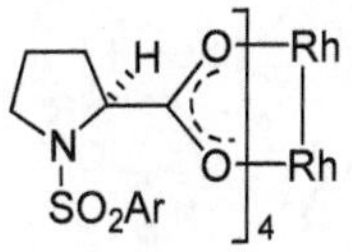

13: Rh₂(S-DOSP)₄ (Ar = *p*-(C₁₂H₂₅)C₆H₄)
45: Rh₂(S-TBSP)₄ (Ar = *p*-ᵗBuC₆H₄)
46: Rh₂(S-BSP)₄ (Ar = Ph)
47: Ar = Naphth

图 12　含有手性氨基酸结构的羧酸类催化剂

实验表明：含有 *N*-萘磺酰基吡咯啉基团的 L-脯氨酸配位的 Rh(II) 复合物催化剂 **47** 能够通过双不对称诱导催化手性五元含氧杂环的生成，对反应有中等程度的不对称诱导作用 (式 17)[43b]。

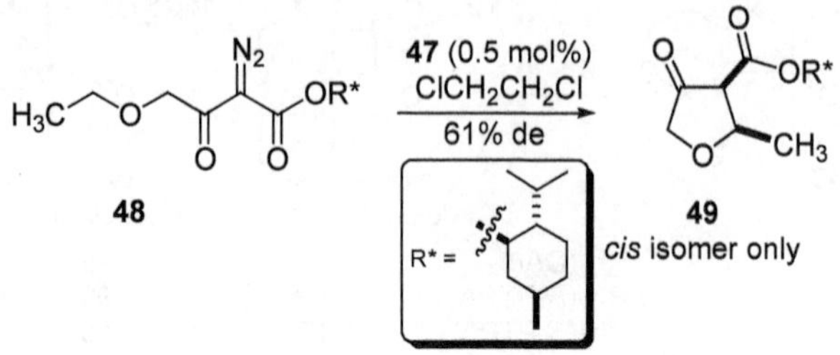

$$(17)$$

如图 13 所示：Davies 等人设计了结构更为复杂的手性双脯氨酸二铑配合物 Rh₂(*S*-biTISP)₄ (**50**) 和 Rh₂(*S*-biDOSP)₄ (**51**)。实验表明：该类催化剂的催化特性与 Rh₂(*S*-DOSP)₄ (**13**) 有显著的差异。化合物 **50** 催化不对称环丙烷化反应可以得到较好的对映选择性，而化合物 **13** 在催化不对称 C-H 插入反应中效果显著[44]。

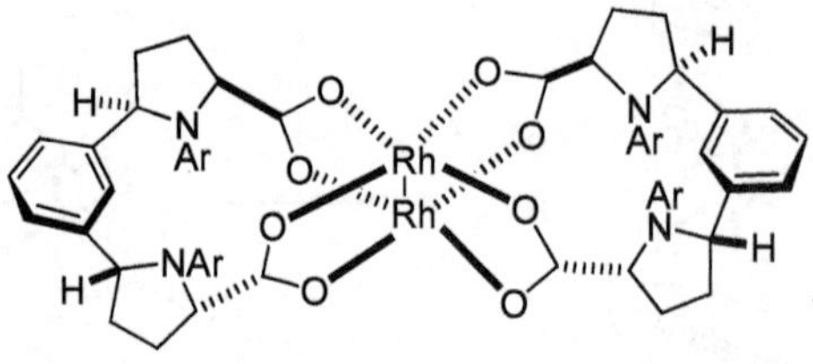

50: Rh₂(*S*-bi-TISP)₄ (Ar = 2,4,6-(ⁱPr)₃C₆H₂)
51: Rh₂(*S*-biDOSP)₄ (Ar = *p*-(C₁₂H₂₅)C₆H₄)

图 13　手性双脯氨酸二铑配合物 **50** 和 **51**

3.2.3　具有手性膦配体的 Rh(II) 复合物催化剂

在 C-H 插入反应中，含有膦配位的铑催化剂应用效果并不理想。如图 14 所示：使用手性二萘磷酸与 Na₄Rh(CO₃)₄ 发生配体交换反应可以方便地得到手

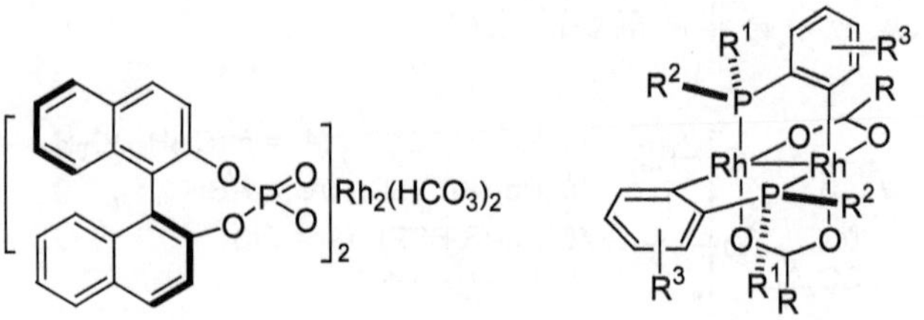

52　　　　　　　　　　　**53**

图 14　手性铑配合物 **52** 和 **53**

性的二萘磷酸铑配合物 **52**。但是，使用化合物 **52** 催化的 α-重氮羰基化合物的分子内 C-H 插入反应仅得到较低水平的对映选择性[45]。相比较而言，Lahuerta[46]等人合成的 *cis-o*-芳基膦二铑配合物 **53** 对重氮酮衍生物的对映选择性分子内 C-H 插入反应具有独特的催化效果，但是其应用范围仍然非常有限。

3.3　配体与铑的电性对反应的影响

配体-铑之间电子相互作用的理论分析表明：上述各种配体之所以对反应的活性和选择性具有不同的影响，主要是因为不同配体对铑核的给电子能力不同[47]。因此，对于同一个反应底物，使用不同的铑配合物做催化剂可能会得到不同的反应选择性。增加配体的吸电子能力会增强铑配合物分解重氮的能力，也使生成的金属卡宾的亲电子能力增强，进而使该金属卡宾选择在亲核性更强的位点发生反应。反之，降低配体的吸电子能力会减弱铑配合物分解重氮的能力，也会使生成的金属卡宾的亲电能力降低，进而使该金属卡宾选择在亲核性相对弱一些的位点进行反应。

这种催化剂电性对反应的影响可以在一些 C-H 插入反应和环丙烷化竞争反应上体现出来。如式 18 所示[46a]：在含有烯基的重氮酮 **54** 的反应中，使用具有给电子膦配位的铑催化剂 **53a** 主要发生分子内的环丙化反应得到 **55**。但是，使用铑核电子密度相对降低的 $Rh_2(O_2CC_3F_7)_4$ (**56**) 作为催化剂时主要发生分子内 C-H 插入反应。更亲电的铑卡宾选择性和芳环碳发生 $C_{(sp^2)}$-H 插入反应生成 **57**，而非与双键碳发生环丙烷化反应生成 **55**。

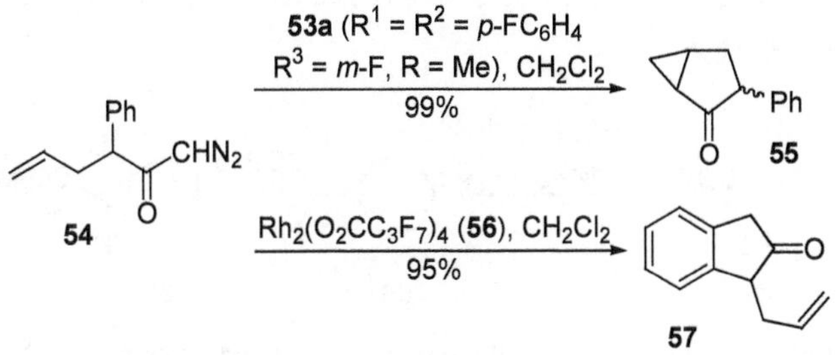

$$(18)$$

当底物上有芳环时，芳环取代 (aromatic substitution) 反应与碳链的 C-H 键插入反应发生竞争。如式 19 所示[46a]：在催化剂 **53a** 的存在下，从底物 **58** 可以得到几乎 1:1 的 C-H 插入产物 **59** 和芳环取代产物 **60**。当使用催化剂 **53b** 时，可以选择性地得到 C-H 插入产物，使用催化剂 **56** 则选择性发生芳环取代。据此可以推断，**53b** 铑核的电子密度可能介于 **53a** 和 **56** 之间。

$$
\text{58} \quad \xrightarrow{\text{Rh(II) (5 mol\%), CH}_2\text{Cl}_2} \quad \text{59} \quad + \quad \text{60} \tag{19}
$$

53a, 86%, **59:60** = 56:44
53b (R^1 = R^2 = Ph, R^3 = H, R = C$_3$F$_7$), 95%, **59:60** = 100:0
56 [Rh$_2$(O$_2$CC$_3$F$_7$)$_4$], 96%, **59:60** = 0:100

由此可以推理：由于氮原子具有比氧原子略小的电负性，导致结构类似的酰胺型铑配合物具有比羧酸型铑配合物较大的铑核电子密度。因此，酰胺型铑配合物对重氮化合物的分解活性要低一些[13g]，可能更容易催化环丙烷化而非 C-H 插入反应[47]。如式 20 所示[48]：在底物 **61** 参与的反应中，使用带有吸电子配体的催化剂 **56** 可以得到单一的 C-H 插入反应的产物 **63**，而使用带有酰胺型配体的催化剂 **64** 则得到单一的环丙烷化产物 **62**。

$$
\text{61} \quad \xrightarrow{\text{Rh}_2\text{L}_4} \quad \text{62} \quad + \quad \text{63} \tag{20}
$$

Rh$_2$(OAc)$_4$, 56%, **62:63** = 44:56
Rh$_2$(O$_2$CC$_3$F$_7$)$_4$ (**56**), 56%, **62:63** = 0:100
Rh$_2$(cyclo-NCOC$_5$H$_{11}$)$_4$ (**64**), 76%, **62:63** = 100:0

如式 21 所示[49]：在分子间反应中同样可以观察到 C-H 插入反应与环丙烷化反应之间的竞争。在环己烯 (**65**) 与苯基重氮乙酸乙酯 (**20**) 的反应中，使用 Rh$_2$(TFA)$_4$ 比使用 Rh$_2$(OAc)$_4$ 可以得到更多的 C-H 插入产物 **66**。这主要是因为配合物 Rh$_2$(TFA)$_4$ 中具有强拉电子基团的配位，生成的卡宾更缺电子更容易发生烯丙位的 C-H 插入。

$$
\text{65} \quad + \quad \text{20} \quad \xrightarrow[\text{CH}_2\text{Cl}_2, 40\,^{\circ}\text{C}]{\text{R}_2\text{L}_4 \text{ (2 mol\%)}} \quad \text{66} \quad + \quad \text{67} \tag{21}
$$

Rh$_2$(TFA)$_4$, 57%, **66:67** = 84:16; Rh$_2$(OAc)$_4$, 50%, **66:67** = 75:25

Merlic 等人对铑催化剂的电子结构、重氮化合物结构和取代基等对反应的化学和立体选择性的影响做了详细的探讨[50]。

3.4 固载催化剂

从以上的讨论可以看出：二铑催化剂中铑核的电子密度对配体基团的微小改

变非常敏感，任何官能团变化都可能影响其反应活性和选择性。因此，研究具有高效催化活性的固载催化剂也是一个非常具有挑战性的课题。

早在 1991 年，Bergbreiter 等人[51]首次把聚乙烯连接到 $Rh_2(OAc)_4$ 的末端甲基上得到了固载铑化物 $Rh_2(O_2C(CH_2)_nCH_3)_4$ (**68**)。该催化剂在 110 °C 可溶于溶剂，以均相形式参与反应。在 25 °C 又可固化析出，因而容易实现回收和循环使用。但遗憾的是，该催化剂对于环丙烷化反应的催化活性更高。

其后发展起来的催化剂固载化方法主要有以下几种：(1) 将固定相首先连接到手性酰胺或羧酸等配体上，然后再发生配体交换得到固载催化剂 (例如：**68**)；(2) 在手性铑复合物的配体上首先连接一个能够发生聚合反应的基团 (例如：乙烯基)，然后再与另一组分发生聚合反应。当然，该方法的前提是该手性铑复合物对聚合反应稳定；(3) 利用离子液体与铑配合物的共轭作用实现固载化；(4) 将带有固定相的片段首先连接到具有配位能力的原子上，然后该基团再与手性催化剂发生配位实现固载化。

但是，以上方法得到的固载催化剂目前主要用于环丙烷化反应，而很少用于 C-H 插入反应[52]。

4 其它因素对反应选择性的影响

经由铑卡宾的 C-H 插入反应选择性除了受催化剂影响外，还会受到反应温度、溶剂和反应底物结构的影响。

在大多数铑催化的 C-H 插入反应中，降低反应温度也降低了中间体的反应活性，但增加了反应的选择性 (式 22)[53]。

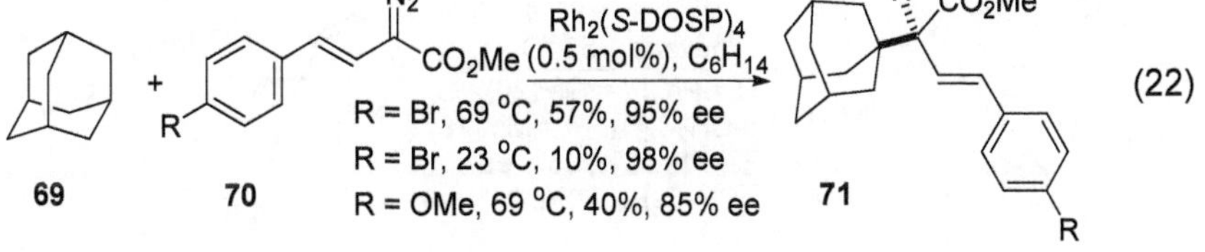

N2
CO2Me
R
Rh2(S-DOSP)4
(0.5 mol%), C6H14
R = Br, 69 °C, 57%, 95% ee
R = Br, 23 °C, 10%, 98% ee
R = OMe, 69 °C, 40%, 85% ee
H
CO2Me
R
69
70
71

(22)

如式 23 所示[53]：在 $Rh_2(S\text{-PTAD})_4$ (**73**) 催化的底物 **72** 的分子内 C-H 插入反应中，在 23 °C 和 –60 °C 得到的关环产物 2,3-二氢苯并呋喃 (**74**) 的对映选择性分别为 87% ee 和 95% ee。

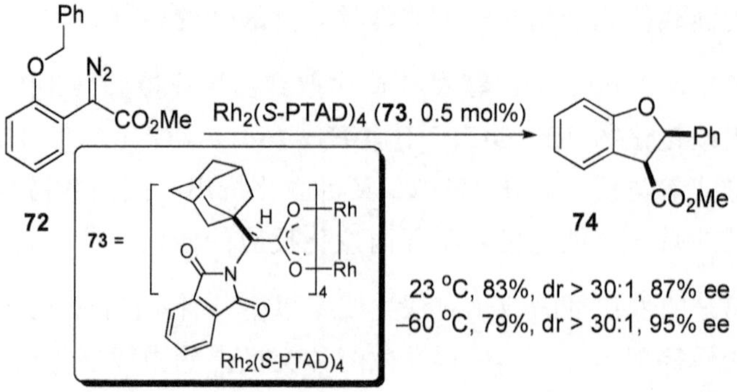

$$23\ ^\circ C,\ 83\%,\ dr > 30{:}1,\ 87\%\ ee$$
$$-60\ ^\circ C,\ 79\%,\ dr > 30{:}1,\ 95\%\ ee$$

溶剂对反应选择性的影响非常明显。溶剂的极性大小不仅能够影响反应的对映选择性，还能影响产物的比例[46b]。

但是，反应的选择性主要取决于底物和催化剂的结构，温度和溶剂的改变只能改变产物的比例，并不能从根本上改变反应的化学选择性，而重氮底物结构的变化对反应的影响则大得多。如式 22 所示[53]：在相同的条件下，当底物 **70** 中远离反应中心的芳环上的取代基由 Br 改变为 OMe 时，产物的对映选择性由 95% ee 降低为 85% ee，反应的产率也有所降低。如式 24 所示[54]：在 Rh₂(S-DOSP)₄ 的存在下，环庚三烯 **75** 与重氮乙酸乙酯 (**7**) 和芳基重氮乙酸乙酯 (**20** 或 **76**) 可以发生不同类型的反应，分别得到环丙烷化产物 **77** 和 C-H 插入反应产物 **78**。如果改变 **76** 中芳环上的取代基，还会影响产物的产率和光学纯度。

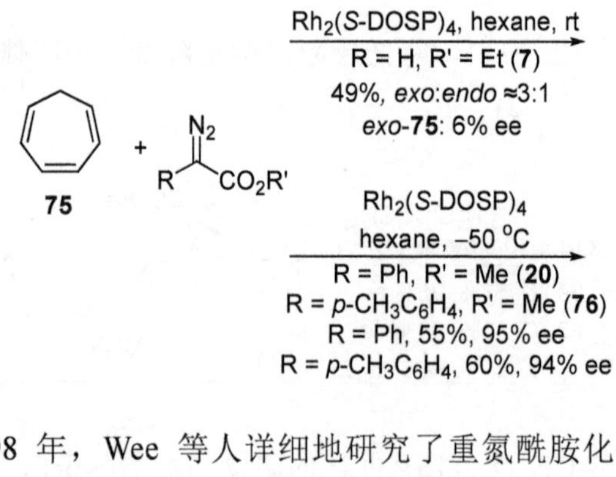

1998 年，Wee 等人详细地研究了重氮酰胺化合物 **79** 的分子内 C-H 插入反应。他们观察到：空间位阻和电子效应对反应非对映选择性的影响较大，溶剂和温度的改变对产率和产物的比例影响比较明显 (式 25)[55]。

R = (+)-R*, R' = Bu, (CH$_2$Cl)$_2$, 25 °C, 83%, **80:81** = 7.3:1
R = (+)-R*, R' = Bu, (CH$_2$Cl)$_2$, 83 °C, 75%, **80:81** = 2.3:1
R = (+)-R*, R' = Bu, CH$_2$Cl$_2$, 25 °C, 70%, **80:81** = 4.3:1
R = (+)-R*, R' = Bu, CH$_2$Cl$_2$, 40 °C, 64%, **80:81** = 2.6:1
R = (−)-R*, R' = Ph, (CH$_2$Cl)$_2$, 25 °C, 90%, **80:81** = 29:1
R = (−)-R*, R' = Ph, (CH$_2$Cl)$_2$, 83 °C, 88%, **80:81** = 17:1
R = (−)-R*, R' = Ph, CH$_2$Cl$_2$, 25 °C, 86%, **80:81** = 28:1
R = (−)-R*, R' = Ph, CH$_2$Cl$_2$, 25 °C, 96%, **80:81** = 23:1

5 经由铑卡宾的 C-H 插入反应及特点

我们已经知道，铑卡宾的 C-H 插入反应可以发生在分子内，也可以在分子间进行。一般情况下，分子内的 C-H 插入反应容易进行，只要能够生成卡宾且该卡宾与待反应 C-H 键在空间上匹配即可得到较好的选择性。因此，分子内的 C-H 插入在有机合成中具有较为广泛的应用。相比较而言，分子间的 C-H 插入反应则困难得多，反应要求卡宾的稳定性、反应活性和 C-H 键的电子环境以及空间位阻都要匹配，才可能实现反应选择性。即便如此，分子间的 C-H 插入反应的区域选择性通常很难控制，因此在有机合成中应用甚少。

5.1 分子内的 C-H 插入反应

分子内 C-H 插入反应发现很早，可以追溯到 Bredt 等人在 1917 年通过热分解重氮莰烷酮的方法来合成环莰烷酮 (式 26)[11c]。然而，直到 20 世纪 50 年代以后，金属催化的 C-H 插入反应才被发现并重视。Greuter 和 Yates 等人较早在该领域开展工作，但研究的对象多是刚性分子体系。该反应的催化剂最初是铜化物，然后拓展到其它金属，目前主要使用的是二铑催化剂。该反应的底物主要是较为稳定的 α-重氮羰基化合物。当分子内存在双键时，存在 C-H 插入反应和环丙烷化反应之间的化学选择性。脂肪烃发生的 C-H 插入反应的活性顺序是：叔 > 仲 > 伯[19]。

5.1.1 分子内 C-H 插入反应的成环特点分析

如式 27 和式 28 所示：α-重氮羰基化合物的分子内 C-H 插入反应既可以发生在重氮一侧，也可以发生在羰基一侧的碳链上。如果在底物 **84** 的重氮一侧发生分子内 C-H 插入反应，则有可能经 β、γ 或 δ 位分别形成三、四、五元环化合物 **86~88** (式 27)。当重氮的 α-位存在氢原子时，还有可能发生 1,2-质子迁移反应得到不饱和烯烃 **85**。如果在底物 **89** 的羰基一侧发生分子内 C-H 插入反应，则有可能发生在 α、β、γ 或 δ 位，分别生成三、四、五、六元环化合物 **90~93** (式 28)。如果底物的侧链更长的话，还可能生成更大的环。在所有重氮化合物发生的 C-H 插入反应中，具有 **89** 结构的 α-羰基重氮化合物较为常见。它们非常容易生成五元环产物，几乎成为分子内插入的特征反应，这在前面的反应举例中多有体现 (例如：式 5、式 10、式 13、式 17~式 23 和式 25 等)。

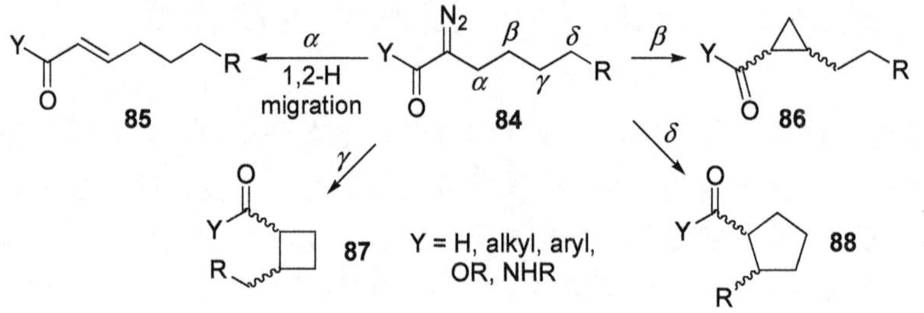

$$(27)$$

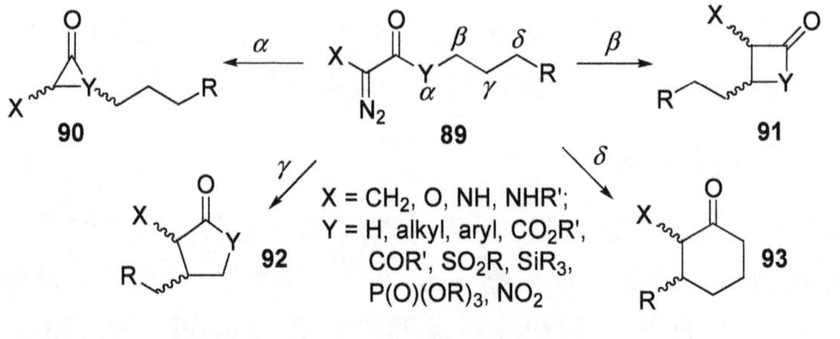

$$(28)$$

由于三元环的张力，形成三元环的反应是非常不利的。迄今为止，仅有 Wang 等人在 2005 年报道过经由 C-H 插入反应形成三元环的例子[56]。如式 29 所示：具有 **89** 结构类型的底物 **94** 发生 α-位 C-H 键的 1,3-插入反应，非对映选择性地生成三元环产物 **95**。原料 **94** 的单晶结构表明：其中 O=C–C=N₂ 几乎处在同一平面 (二面角为 0.93°)，重氮所在的碳原子和 β-位其中的一个 C-H 键空间上非常接近。因此，产物 **96** 的高度非对映选择性可能来自底物的独特空间结构。催化活性高的 Rh₂(OCOCF₃)₄ 对 1,3-位 C-H 插入反应选择性更高，活性低的 Rh₂(OAc)₄ 则对于 1,3-位和 1,5-位 C-H 插入反应几乎没有选择性。该结果也可以佐证这一对构象的分析。大量的实验事实显示：1,5-位 C-H 插入反应是最具优势的反应，而这种生成三元环的反应极为少见，其发生的主要原因是底物中 α-位存在拉电子的 Ts-基团引起的。Ts-基团既抑制了 1,2-质子迁移反应，还使其电性和空间上更利于 1,3-位 C-H 插入反应。

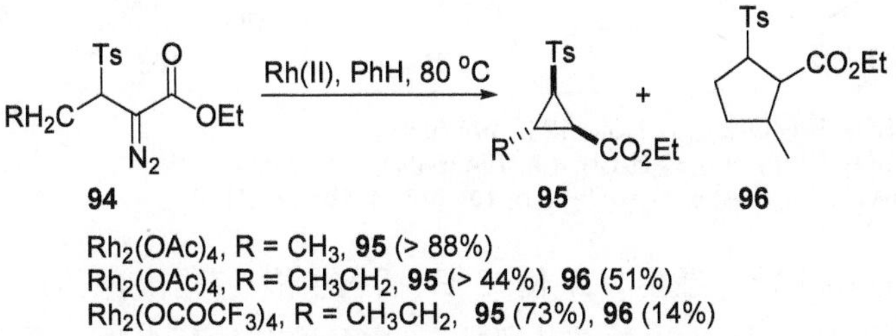

$$\text{(29)}$$

Rh$_2$(OAc)$_4$, R = CH$_3$, **95** (> 88%)
Rh$_2$(OAc)$_4$, R = CH$_3$CH$_2$, **95** (> 44%), **96** (51%)
Rh$_2$(OCOCF$_3$)$_4$, R = CH$_3$CH$_2$, **95** (73%), **96** (14%)

具有 **89** 结构类型的底物 **97** 在 β-位 C-H 上发生 1,4-插入反应生成 β-内酰胺产物是早为人们熟知的反应 (式 30)[57]。

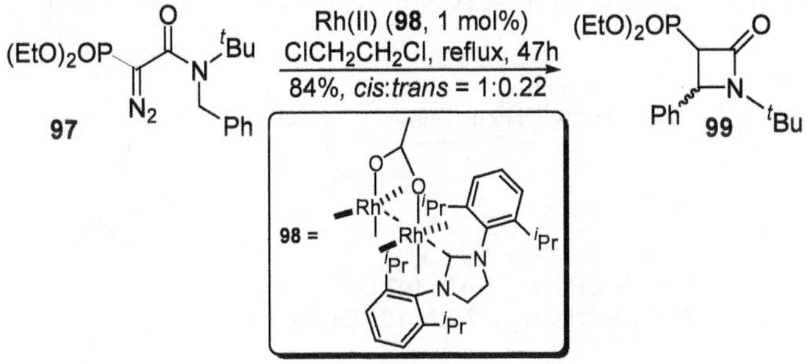

$$\text{(30)}$$

但是，当存在有 γ 位 C-H 时，该反应和 1,5-位 C-H 插入反应形成竞争 (式 25)。只有在特殊的空间和电子效应存在时，1,4-位 C-H 插入反应才具有较高的选择性。以下三种情况下可能生成 1,4-位 C-H 插入反应的产物：(1) γ 位连接烷基、芳基或者烷氧基 (式 25)[55]；(2) γ 位连接位阻比较大的基团 (式 31)[58]；(3) 重氮上连接吸电子基团比如羰基、磺酰基或者膦酰基 (式 25[55]和式 30~式 32) [57,58]。

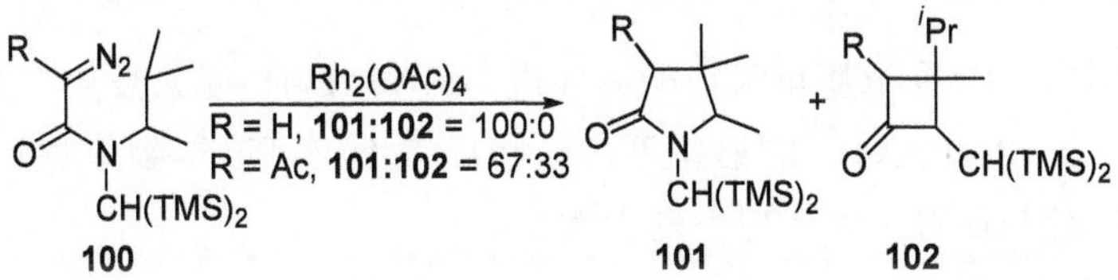

$$\text{(31)}$$

R = H, **101:102** = 100:0
R = Ac, **101:102** = 67:33

如式 32 所示：使用 Rh$_2$(OAc)$_4$ 作为催化剂时，底物 **103** (X = SO$_2$Ph) 几乎不能得到四元环产物。但是，当 Rh$_2$(OAc)$_4$ 轴向部分连接有给电子能力比较强的氮杂环卡宾 (NHC) 时，则可以提高 1,4-位 C-H 插入反应的比例至 28% (21% 分离产率)，这可能是由于催化剂的立体构型和电性共同影响的结果。但是，没有足够的试验数据表明烯丙位和苄位有利于发生 1,4-位 C-H 插入反应。

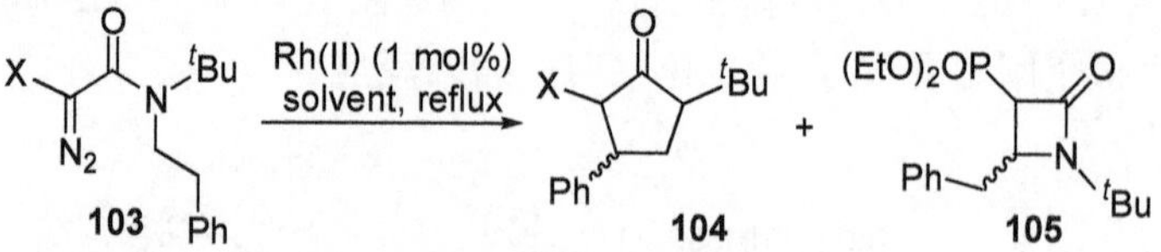

$$(32)$$

103　　　　**104**　　　**105**

X = PhSO$_2$, Rh$_2$(OAc)$_4$, CH$_2$Cl$_2$, 12 h, **104** (95%)
X = PhSO$_2$, Rh(II) (**98**), C$_2$H$_4$Cl$_2$, 4 h, **104** (54%), **105** (21%)
X = CH$_3$CO, Rh$_2$(OAc)$_4$, C$_2$H$_4$Cl$_2$, 6 h, **104** (47%), **105** (25%)

　　与 β-内酰胺相比较，经由 1,4-位 C-H 插入生成 β-内酰酯的反应报道相对要少一些。这也许是因为 β-内酰胺片段比 β-内酰酯片段更多地存在于药物以及天然化合物中，因而受到更多研究重视的缘故。如式 33 所示：在重氮酯 **106** 的反应中，取代基 R 的体积对生成 β-内酰酯 **107** 和 γ-内酰酯 **108** 的产物选择性有比较明显的影响[59]，这是由于取代基的变化改变了金属卡宾中间体的构象。

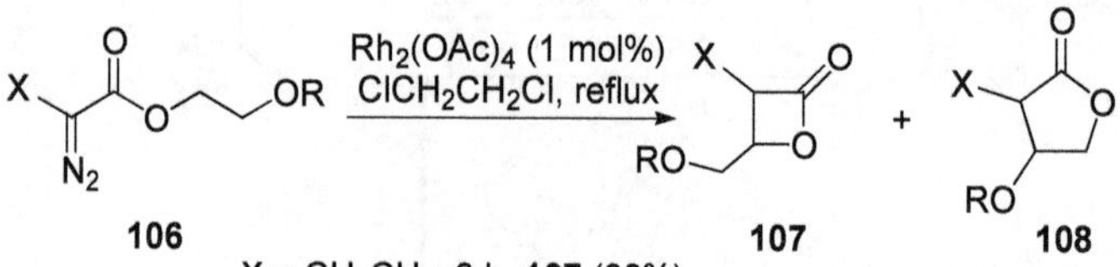

$$(33)$$

106　　　　**107**　　　**108**

X = CH$_2$CH$_3$, 6 h, **107** (30%)
X = CH$_2$CH$_2$CH$_3$, 2.5 h, **107** (28%), **108** (32%)
X = CH$_2$CH(CH$_3$)$_2$, 2.5 h, **107** (30%), **107** (24%)

　　1,6-位 C-H 插入一般出现在非常刚性的分子结构中，常常是对叔 C-H 键发生的插入反应 (式 34)[60]。

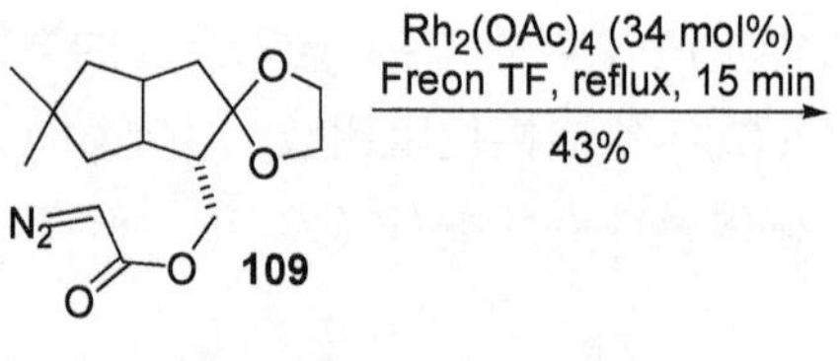

$$(34)$$

109　　　　**110**

　　有研究表明[61]：磺酸酯基和砜基能够促进 1,6-位 C-H 插入反应。如式 35 和式 36 所示：在 Rh$_2$(OAc)$_4$ 的催化下，这些反应不仅可以得到中等到较好的产率，而且邻位碳中心的立体构型不受影响。

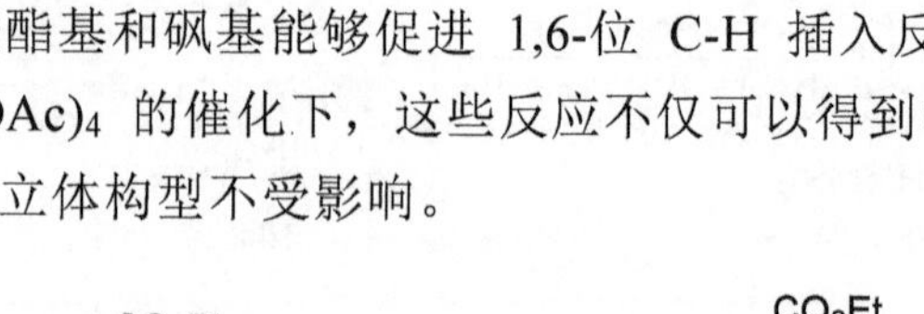

$$(35)$$

111　　　　**112**

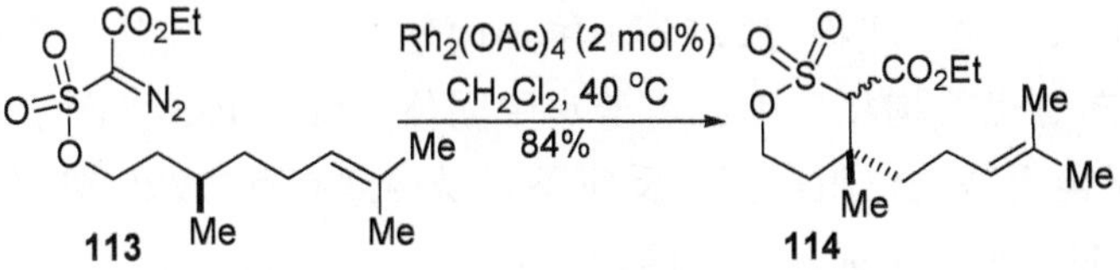

(36)

目前，1,7-位 C-H 插入反应研究的比较少。Sintim 等人最近通过在分子中引入 N-O 片段来引导 1,5-位、1,6-位和 1,7-位 C-H 插入的竞争反应，主要得到 1,5-位和 1,7-位 C-H 插入的产物 (式 37)[62]。

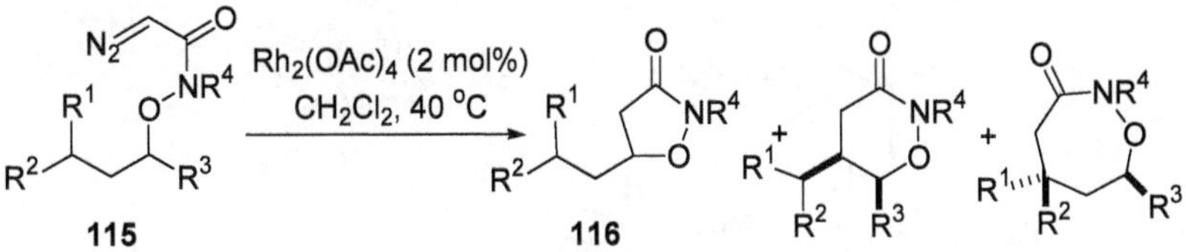

(37)

R^1 = Ph, R^2 = H, R^3 = CO_2Et, R^4 = Bn, **118** (54%)
R^1 = Ph, R^2 = H, R^3 = R^4 = Me, **116** (50%), **117** (6%), **118** (11%)
R^1 = Et, R^2 = H, R^3 = Me, R^4 = Bn, **116** (37%), **117** (10%), **118** (14%)

更远程的 C-H 插入形成大环的例子则极为少见。如式 38 所示[63]：1995年，Doyle 等人报道通过化合物 **119** 的 1,11-位 C-H 插入反应可以得到大环内酯产物 **120**。尽管底物 C-8 位有两个甲基，处于 E 式的甲基空间上更有利于反应。

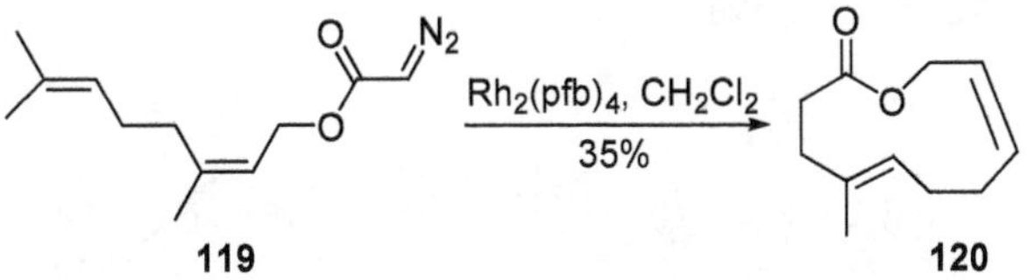

(38)

Doyle 等人进行了大量的实验试图寻找影响 C-H 插入反应区域选择性的主要因素。如式 39 所示[25]：在底物 **121** 参与的反应中，不同的催化剂配体和产物的成环方式有密切的联系。

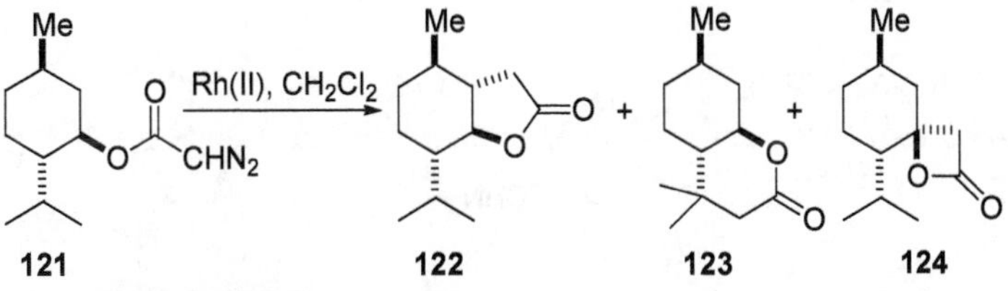

(39)

	122		**123**		**124**
$Rh_2(4S\text{-}MEOX)_4$	> 99	:	> 1	:	0
$Rh_2(4R\text{-}MEOX)_4$	28	:	50	:	22
$Rh_2(5S\text{-}MEPY)_4$	73	:	27	:	0
$Rh_2(5R\text{-}MEPY)_4$	42	:	58	:	0

如式 40 所示：由于底物 **121** 分子中异丙基的存在，当其位于环己烷的椅式结构 a-键方向是优势构象。因此，卡宾中间体 **[121]=Rh** 以图示的形式存在更为有利。由于异丙基的位阻原因，反应不容易得到具有 **122′** 结构的产物，而生成 **122~124** 的反应途径都是可能的。

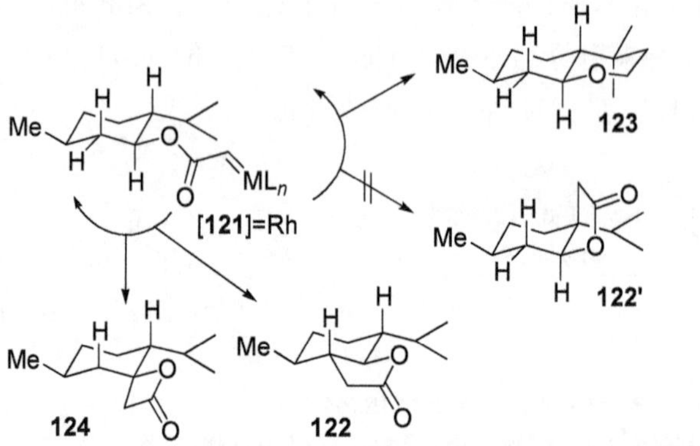

(40)

由于手性配体一般都比较大，因此反应倾向于形成和配体匹配程度比较高的中间体。如式 41 所示：手性酰胺型二铑催化剂一般以 *2,2-cis* 构型 **125** 为主，它分解重氮后形成的中间体具有 **126** 的结构。这样，两种配体构型和大小的差异会被放大影响到与中间体的匹配程度。理论上讲，匹配度越高则生成的产物比例就越高。但是，无论匹配性如何，1,5-位 C-H 插入反应生成 γ 内酯 **122** 的反应都是一种重要的途径 (式 39)。

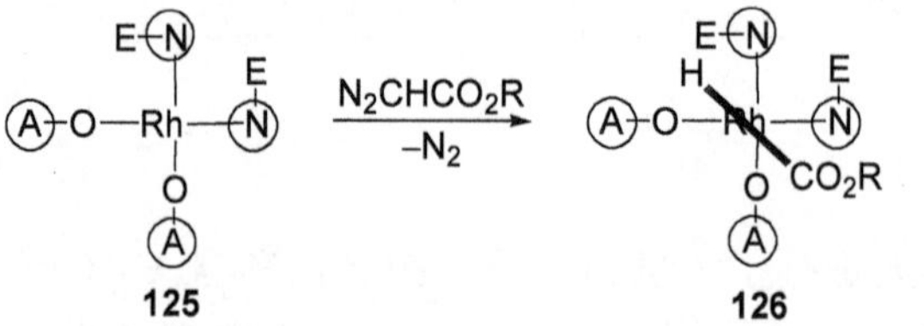

(41)

对于类似 **121** 的底物 **127**，即使环己烷上没有能够定位的异丙基，反应仍然能够得到较好的区域选择性 (式 42)。

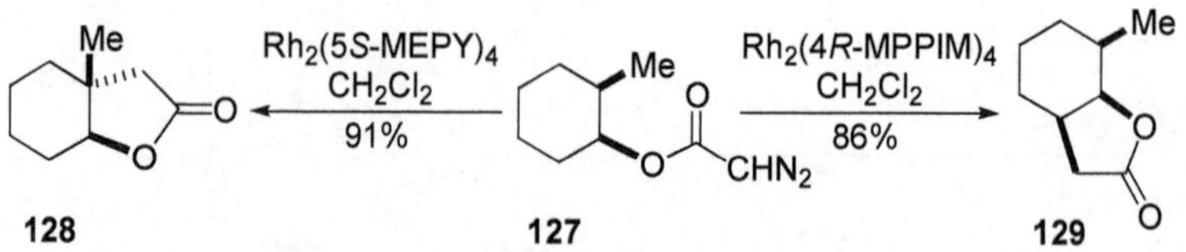

(42)

分析 **127** 形成的卡宾中间体的构型可以看出：这种选择性仍然是由配体对底物优势构象的匹配程度决定的。当使用催化剂 Rh$_2$(5*S*-MEPY)$_4$ 时，卡宾中间

体以稳定的 [127]=Rh **A** 形式存在，并与甲基所连的 C-H 键发生插入反应得到产物 **128**。当使用的催化剂是 Rh₂(4R-MPPIM)₄ 时，卡宾中间体以稳定的 [127]=Rh **B** 形式存在并发生反应，得到相对甲基在间位的 C-H 插入的产物 **129** (式 43 和式 44)。

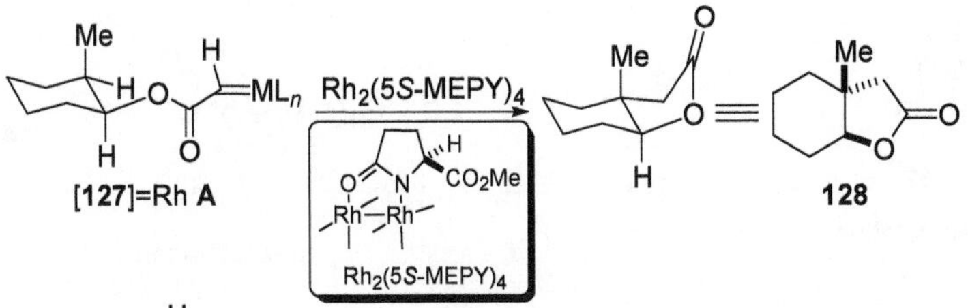

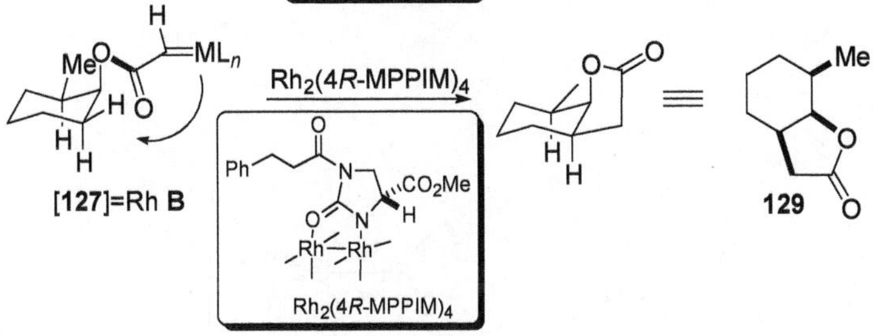

因此，分子内 C-H 插入反应的立体选择性是由底物和催化剂的空间位阻与电性共同决定的。但是，这些因素对于非对映选择性和对映选择性的影响方式是不同的。

5.1.2 分子内 C-H 插入反应的非对映选择性

Taber 等人曾经提出：增强铑核上配体的吸电子能力会得到活性较高的铑卡宾，但会导致其反应选择性降低[64a]。但是，他们后期的实验结果表明：这种倾向并不完全适用于二铑配合物对分子内 C-H 插入反应非对映选择性的催化结果[64b]。1999 年，Doyle 等人[65]以重氮酸酯 **130** 为起始物，使用不同的 Rh₂L*₄ 型催化剂研究了配体与产物构型之间的关系，并得到了如式 45 所示的结果。

缩醛 **130** 有两种异构体 **131** 和 **131′**。当取代基 R 为 t-Bu 时，在 S-酰胺配合物 Rh₂(5S-MEPY)₄ 催化下发生的分子内 C-H 插入反应分别得到关环产物 **132** 和 **132′**，脱去缩醛保护后得到 L-型产物 **133** 和 **133′**。但是，在 R-酰胺配体铑配合物催化下却得到了 D-型产物。根据这个结果，Doyle 等人提出了两种反应过渡态进行解释。如式 46 所示：当卡宾碳上的氢位于配体上的两个羧基之间时 (**134** 和 **134′**) 形成的构象的能量最低。因此，C-H 插入反应以逆时针方向发生，而且总是在平伏 C-H 键 (e-键) 上进行。

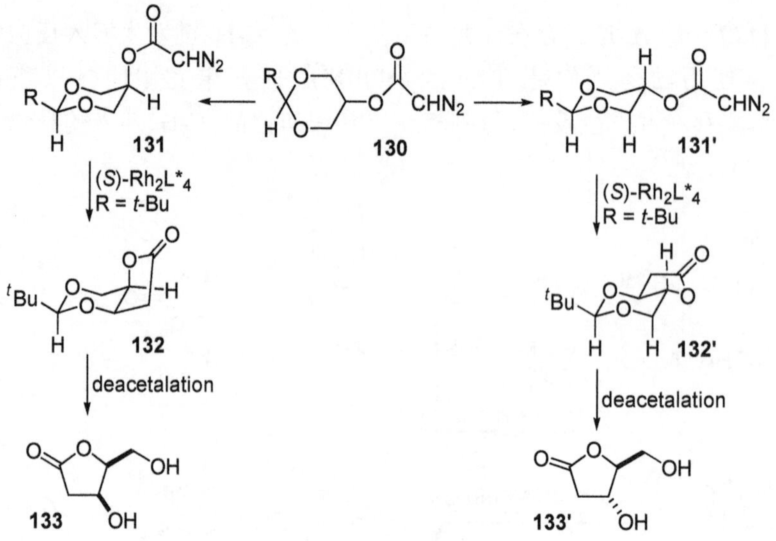

(45)

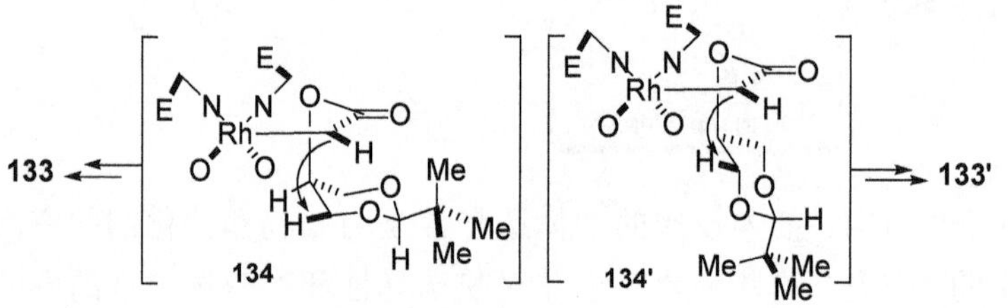

(46)

上述的假设可以非常合理地解释 R = t-Bu 的反应结果。但是，当 R = Ph 时的反应并没有按照 **134'** 所示的过渡态完成。如式 47 所示：C-H 插入反应发生在直立 C-H 键 (a-键) 上得到产物 **135**。

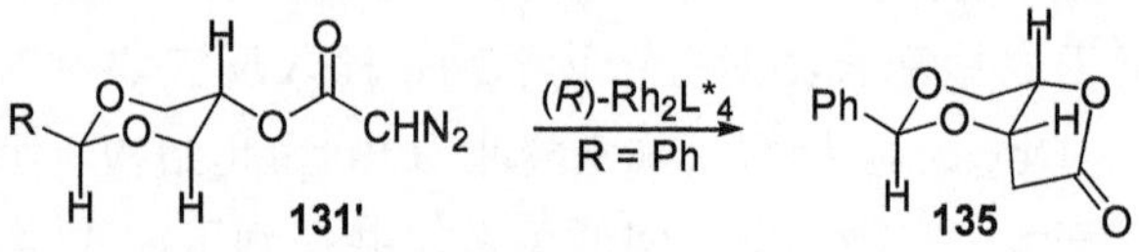

(47)

最初的解释认为：苯基能够稳定 a-键的氢，或者是反应经过直立键或扭船式过渡态完成。但是，没有可信的实验数据支持上述解释。为此，Doyle 等人使用 R 为萘基或者其它开环式羟基保护基对该反应继续进行研究。结果表明：无论羟基保护基为环状或非环状，反应过渡态都存在有 **136** 和 **136'** 之间的平衡。但是，过渡态的构象主要以 **136** 为存在形式。如式 48 所示：这是 RO⁻ 基团和配体共同作用的结果。这个过渡态模型可以适用于其它非环状羟基保护剂，例如： R 可以为 Me、Et、Bn、CF₃CH₂ 甚至较大的 Ph₃C 等。

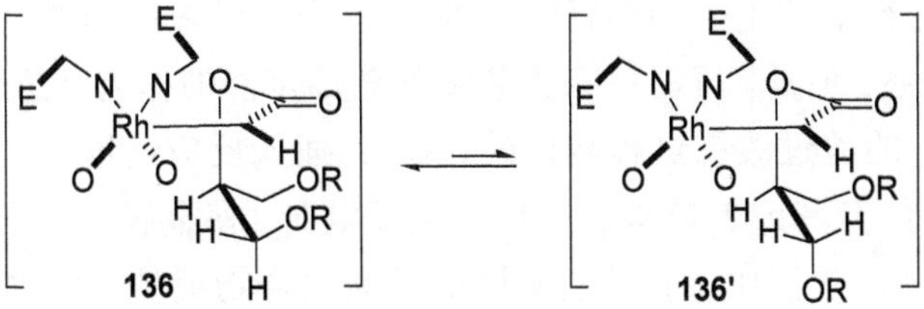

可以看出：中间体中催化剂中配体的构型和底物的构型的匹配程度非常重要。不同构型的配体能够诱导同一底物生成构型不同的产物。

5.1.3　分子内 C-H 插入反应的对映选择性

在立体选择性 C-H 插入反应中，常见且有效的催化剂是手性羧酸型配体和手性酰胺型配体的铑配合物。它们在催化 α-酯羰基和 α-酰胺羰基重氮化合物形成五元环酯（酰胺）的反应中取得了大量成功的结果，相关的理论研究也取得了同步进展[66]。但是，其它类型的 α-羰基重氮化合物的对映选择性催化研究仍有待于进一步的探讨。

Rh₂(S-PTAD)₄ 和 Rh₂(S-DOSP)₄ 是应用比较多的手性羧酸型铑配合物。如在前面的式 23 和式 24 所示：它们已经成功地用于化合物 **74** 和 **78** 的合成。Rh₂(MPPIM)₄、Rh₂(MEOX)₄ 和 Rh₂(MEPY)₄ 是几个应用比较成功的手性酰胺型铑配合物，它们都有较好的立体选择性催化效果。综合比较而言，具有酰胺型配体的铑化物比具有羧酸型配体的铑化物有更好的立体选择性催化效果。

通过手性诱导的方法也可以实现对映选择性 C-H 插入反应，近年来在这方面有一些重要的应用（见 285 页，6 经由铑卡宾 C-H 插入反应在合成中的应用）。

5.2　分子间 C-H 插入反应

与分子内 C-H 插入反应相比较，分子间的反应要求重氮化合物和发生 C-H 插入反应的底物以及催化剂的电性和空间位阻具有非常高的匹配程度才能实现对反应的控制。因此，高度选择性的分子间 C-H 插入反应一度被化学家们认为是"不可能的任务"[13g]。经过多年的努力，目前已经开发出一些分子间 C-H 插入反应的成功范例。尽管反应底物至今仍有一定的局限性，有些反应已经取得了高度立体选择性的结果。

5.2.1　分子间 C-H 插入的重氮化合物特征

迄今为止，已报道的能够实现区域选择性分子间 C-H 插入反应的卡宾前体主要是与烯基或者芳基等相连的重氮乙酸酯，例如：在前面所列举的化合物 **12**（式 11）、**20**（式 14、式 21 和式 24）、**70**（式 22）和 **76**（式 24）的反应等。Davies

等人对此现象进行了理论上的解释[67]，他们认为可以把中间体金属卡宾看做是"给体-受体"体系。但是，目前只有芳基和部分烯基能够作为"给体"完成反应。与环丙烷化反应的前过渡态过程相比较，C-H 插入反应经过了一种后过渡态过程。而卡宾碳上的芳基或者烯基进一步分散了电荷，使金属卡宾中间体更具有后过渡态性质。因此，它们比带有其它基团的重氮化合物更易于发生分子间的 C-H 插入反应。实验结果表明：烯基相连的重氮酸酯（例如：**70**）发生的分子间 C-H 插入反应的结果远少于芳基相连的重氮酸酯。此外，还有少量末端重氮酸酯发生的分子间 C-H 插入反应的例子[22b,67a]。

5.2.2 分子间 C-H 插入的底物及反应分析

分子间 C-H 插入反应的底物也有一定的局限性。它们的反应位点多发生在杂原子邻位、烯丙基位或者苄基位等活性位置。这和分子内 C-H 插入反应主要以形成五元环化合物为特征的反应大不相同。Davies 等人在该领域做了大量的有价值的工作[20d,68,69]。

能够活化邻位 C-H 键的杂原子主要有氮和氧等。例如：含氧杂环四氢呋喃是有机反应重要的溶剂，它也可以在二铑配合物催化下和 α-重氮芳基乙酸甲酯发生分子间 C-H 插入反应。如式 49 所示[20d]：该反应可以高度区域和对映选择性地发生在氧原子邻位的碳原子上。如式 50 所示[68a]：与其结构类似的 N-保护的吡咯啉和哌啶也能高立体和区域选择性地完成 C-H 插入反应。

$$
\begin{array}{c}
\text{(THF) 137} + \text{Ar} \overset{N_2}{\underset{CO_2Me}{\big|}} \; \text{138} \quad \xrightarrow[\substack{hexane,\ -50\ ^{\circ}C \\ 56\%\sim74\%,\ 95\%\sim98\%\ ee}]{\text{Rh}_2(\text{S-DOSP})_4\ (1\ mol\%)} \quad \underset{139}{\overset{CO_2Me}{\big|}} \text{Ar}
\end{array} \quad (49)
$$

$$
\begin{array}{c}
\underset{140}{\overset{Boc}{\big|}} + \text{Ar} \overset{N_2}{\underset{CO_2Me}{\big|}} \; \text{138} \quad \xrightarrow[\substack{2.\ TFA \\ up\ to\ 94\%\ ee \\ up\ to\ 94\%\ de}]{1.\ \text{Rh}_2(\text{S-DOSP})_4\ (1\ mol\%)} \quad \underset{141}{\overset{CO_2Me}{\big|}} \text{Ar} \\
X = CH_2,\ (CH_2)_2,\ CH=CH
\end{array} \quad (50)
$$

已经知道，杂原子容易和金属卡宾反应生成叶立德。因此，人们猜测该反应可能首先生成叶立德，然后叶立德再和邻位 C-H 发生反应。但是，这不能解释为什么反应具有高度的立体选择性。Davies 等人进行了一系列试验，根据实验结果给出了合理的解释。如式 51 所示[68]：在催化剂 Rh$_2$(*S*-DOSP)$_4$ 以及类似化合物（它们都具有 **2,2-*cis*** 构型，用加粗的黑线示意配体上芳基磺酰根阻滞效应）催化的反应中，金属卡宾应该采取侧面进攻的模式从酯基上面的位置靠近物 **M** 形成过渡态 **N**。然后，断开旧的 C-H 键并生成新的 C-C 和 C-H 键得

到产物 **O**。

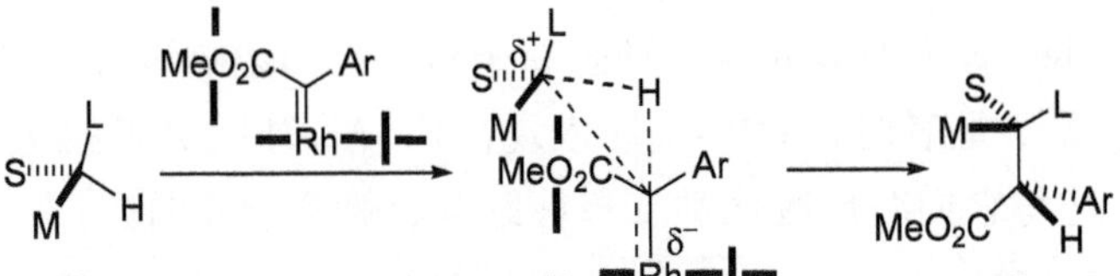

M **N** **O** (51)

如式 52 所示[22b,67a]：环己烯 (**65**) 与重氮化合物 **142** 的反应控制是一个比较典型的例子。通常，在醋酸铑的催化下，**65** 可以与 **142** 同时发生烯丙位的分子间 C-H 插入反应和双键的环丙烷化反应。根据反应机理可以预见：通过调节催化剂的活性大小，可以在这两种竞争反应中实现比较好的化学选择性。研究还发现：重氮化合物中的酯基和取代基也能影响反应的化学选择性。增加酯基的体积可以促进发生 C-H 插入反应，而改变重氮碳上的基团可以进而改变卡宾中间体的活性进而影响到反应的选择性。

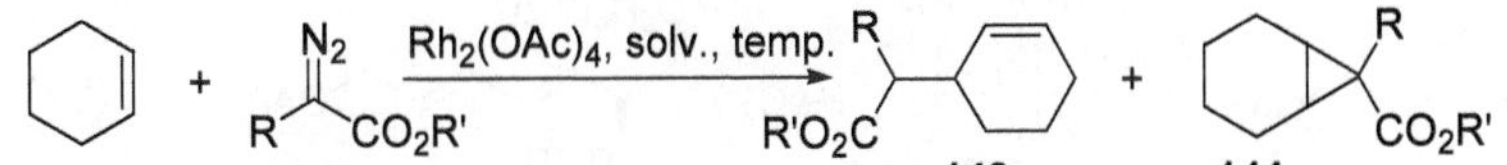

65 **142** **143** **144** (52)

	143		144
R = Ph, R' = Me	75	:	25
R = p-$NO_2C_6H_4$, R' = Me	69	:	31
R = CO_2Me, R' = Me	38	:	62
R = H, R' = Et	20	:	80
R = H, R' = BHT	67	:	33

当底物中同时存在有烯丙位和杂原子邻位时，杂原子相连的基团也会影响反应的化学选择性。如式 53 和式 54 所示[68b]：当杂原子是氧时，TBS-基团比 Ac 基团更有利于 C-H 插入反应，也可以说醚比酯对反应的化学选择性有更显著的影响。

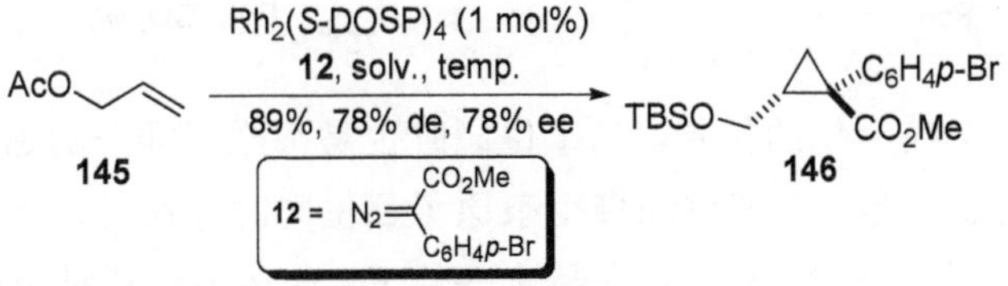

145 **146** (53)

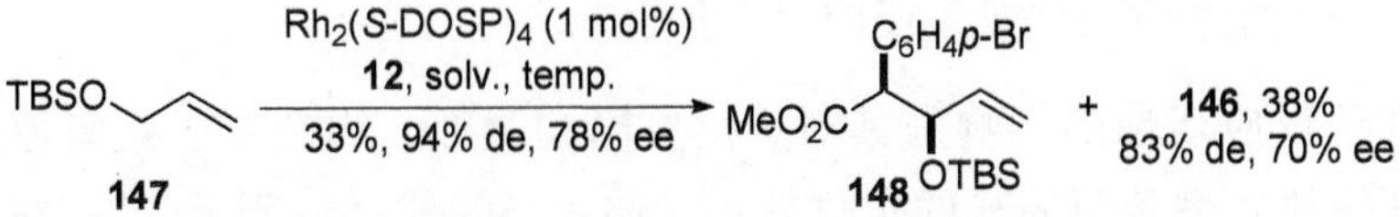

147 **148** (54)

这类底物的区域选择性有两种情况。一种情况是杂原子的唯一邻位和烯丙位是同一碳原子时，可以预见反应必然发生在该位点的 C-H 上。当烯丙位和杂原子邻位是不同的原子时，不同的杂原子以及杂原子上所连接基团都会影响反应的区域选择性。Davies 等人对氧和氮两种杂原子对反应的影响进行了详细的研究，结果表明：当杂原子是氧时，TBS-基团表现出比 Ac-基团更强的定位效应 (式 55~式 57)[68b]。这与它们对反应化学选择性影响趋势是一致的。

$$\text{TBSO} \overset{}{\diagdown} \text{Me} \quad \xrightarrow[\substack{92\% \\ 92\% \text{ de, } 79\% \text{ ee}}]{\substack{\text{Rh}_2(S\text{-DOSP})_4 \\ (2 \text{ eq.}), \textbf{12}, 50\ ^{\circ}\text{C}}} \quad \text{MeO}_2\text{C} \overset{\text{C}_6\text{H}_4\text{Br-}p}{\diagdown}\underset{\text{OTBS}}{} \text{Me} \qquad (55)$$

149 **150**

$$\text{AcO} \overset{}{\diagdown} \text{Me} \quad \xrightarrow[\substack{54\%, 84\% \text{ ee}}]{\substack{\text{Rh}_2(S\text{-DOSP})_4 \\ (2 \text{ eq.}), \textbf{12}, 50\ ^{\circ}\text{C}}} \quad \text{AcO} \overset{}{\diagdown}\overset{\text{CO}_2\text{Me}}{\underset{\text{C}_6\text{H}_4\text{Br-}p}{}} \qquad (56)$$

151 **152**

还分离出另一烯丙位产物，5%，86% de，70% ee

$$\text{TBSO} \overset{}{\diagdown} \text{OAc} \quad \xrightarrow[\substack{92\% \\ 94\% \text{ de, } 72\% \text{ ee}}]{\substack{\text{Rh}_2(S\text{-DOSP})_4 \\ (2 \text{ eq.}), \textbf{12}, 50\ ^{\circ}\text{C}}} \quad \text{MeO}_2\text{C} \overset{\text{C}_6\text{H}_4\text{Br-}p}{\diagdown}\underset{\text{OTBS}}{} \text{OAc} \qquad (57)$$

153 **154**

如式 58 所示：杂原子为氮的底物 **155** 存在有两个杂原子的邻位，其中一个杂原子邻位同时是烯丙位。但是，在铑配合物的催化下，底物 **155** 与重氮化合物的反应得到了出乎意料的结果，反应发生在氮原子的另一侧邻位而非同时处于烯丙位一侧的邻位碳上。为此他们判断[69a]：在反应的区域选择性方面，位阻效应可能具有比电子效应更大的影响力。

$$\text{Me} \overset{}{\diagdown} \underset{\text{Boc}}{\text{N}} \text{Me} \quad \xrightarrow[\substack{58\%, 85\% \text{ ee}}]{\substack{1.\ \text{Rh}_2(S\text{-DOSP})_4\ (2\ \text{eq.}) \\ \textbf{12},\ 2,2\text{-dimethylbutane} \\ 2.\ \text{TFA, CH}_2\text{Cl}_2}} \quad \text{Me} \overset{}{\diagdown} \underset{\text{Boc}}{\text{N}} \overset{\text{C}_6\text{H}_4\text{Br-}p}{\underset{\text{CO}_2\text{Me}}{}} \qquad (58)$$

155 **156**

苄位也是一个被活化的位置。当苄位同时也是杂原子唯一的邻位时，反应基本上在苄位进行。但是，当苄位和多个杂原子邻位同时存在时，反应的区域选择性主要受到杂原子的影响。此外，在特定条件下，苯环上的双键也会发生环丙烷化，而不仅仅在苄位发生 C-H 插入反应。

杂原子对苄位反应活性的影响与其对烯丙位影响类似。当杂原子是氧原子时，硅氧基表现出比乙酰基更明显的定位效果。如式 59~式 61 所示[68b]：在相同的反应条件下，定位效应的能力依次为烷基硅氧基 > 苯氧基 > 酰氧基。在

底物 **161** 参与的反应中，C-H 插入反应发生在氮原子相连的甲基上而不是苄基位[69a]。该反应具有较好的立体选择性，产物构型结构符合式 48 提到的机理。这类反应大多具有一定的非对映选择性，而且主要是受到反应底物空间结构的影响。没有证据表明对类似催化剂 Rh$_2$(S-DOSP)$_4$ 的结构修饰能够对反应的非对映选择性有明显改变。

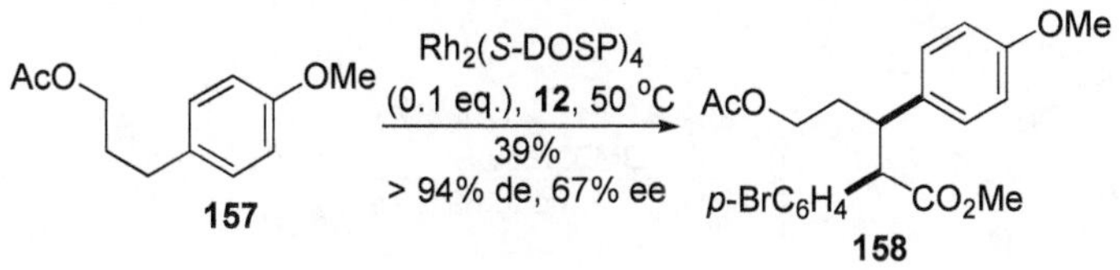

$$\text{157} \xrightarrow[\substack{39\% \\ > 94\% \text{ de, } 67\% \text{ ee}}]{\substack{Rh_2(S\text{-}DOSP)_4 \\ (0.1 \text{ eq.}), \, 12, \, 50\ ^{\circ}C}} \text{158} \tag{59}$$

$$\text{159} \xrightarrow[\substack{75\% \\ > 40\% \text{ de, } 76\% \text{ ee}}]{\substack{Rh_2(S\text{-}DOSP)_4 \\ (0.1 \text{ eq.}), \, 12, \, 50\ ^{\circ}C}} \text{160} \tag{60}$$

$$\text{161} \xrightarrow[\substack{67\%, \, 90\% \text{ ee}}]{\substack{1. \, Rh_2(S\text{-}DOSP)_4 \, (2 \text{ eq.}) \\ 12, \, 2,2\text{-dimethylbutane} \\ 2. \, TFA, \, CH_2Cl_2}} \text{162} \tag{61}$$

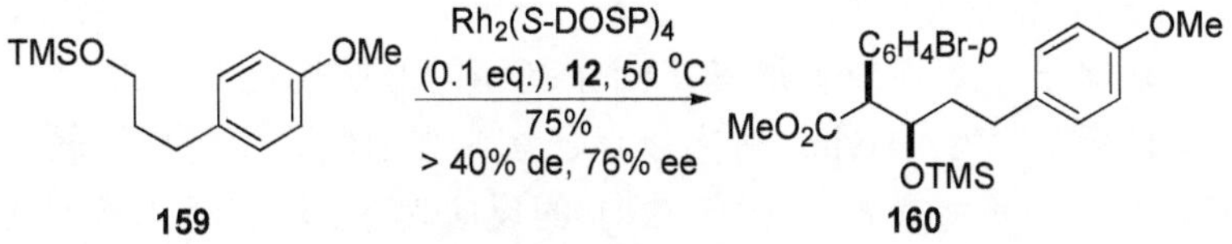

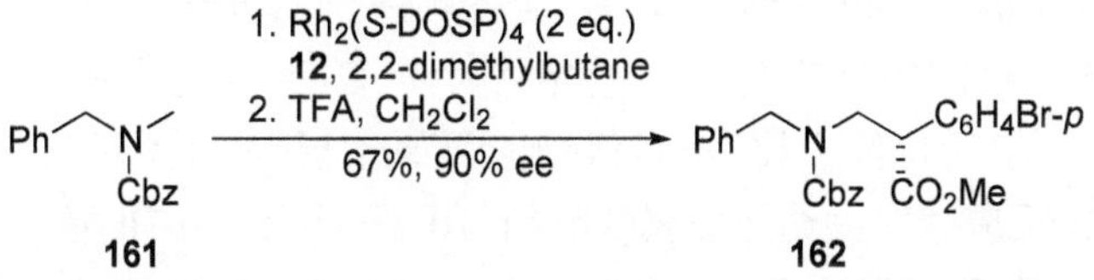

当底物中同时存在苄位和烯基位时，烯丙位表现比苄位稍高的反应活性，可以部分选择性地得到烯丙位 C-H 插入反应产物 **164** (式 62)[69b]。

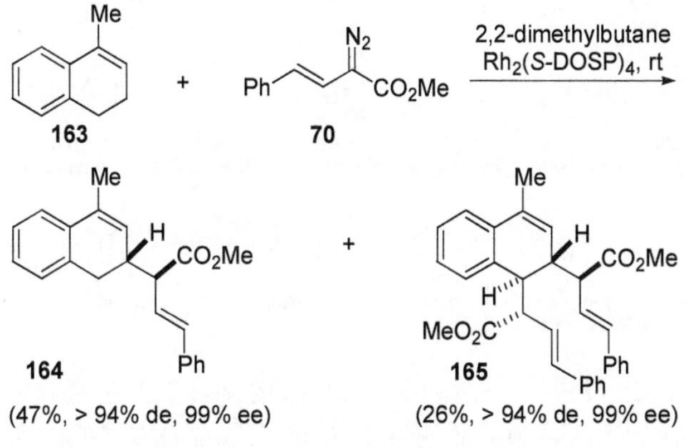

$$\text{163} + \text{70} \xrightarrow{\substack{2,2\text{-dimethylbutane} \\ Rh_2(S\text{-}DOSP)_4, \, rt}} \tag{62}$$

164
(47%, > 94% de, 99% ee)   +   **165**
(26%, > 94% de, 99% ee)

如图 15 所示[68b]：Davies 等人在大量实验结果的基础上总结出了部分底物的反应活性顺序。

可以设想：双烯丙位具有较高的反应活性，可以高产率和高对映选择性地得到分子间 C-H 插入反应产物 **168** (式 63)[69c]。

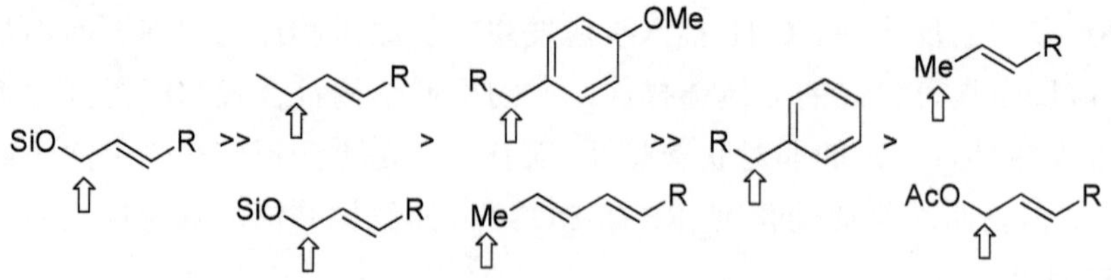

图 15 部分底物的反应活性顺序

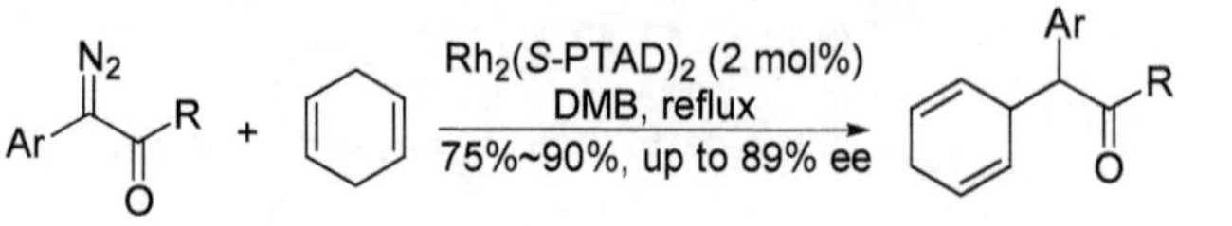

$$(63)$$

通常，不含有杂原子、苯环或者烯基等活化基团的脂肪烷烃难以发生 C-H 插入反应。如式 64 所示[68a]：Davies 等人以环己烷为参照物，定量地比较了活化和非活化 C-H 键与 α-重氮苯乙酸甲酯 (**20**) 的反应速率。没有活化基团的直链烷烃的反应活性很低，但它们的 C-H 活化顺序仍然遵从"叔 > 仲 > 伯"的规律。环烷烃具有稍高的反应活性，环烷烃的仲 C-H 也比直链的叔 C-H 反应快。氧原子对邻位的活化能力比 Boc-保护的氮原子更强。1,4-环己二烯的活性位被两个烯基活化，反应速率大约是四氢呋喃的 10 倍，这和 Si-H 插入 ($Ph_2{}^tBuSi$-H) 的速率差不多。而苯乙烯发生环丙烷化反应和 Si-H 插入反应的速度接近。

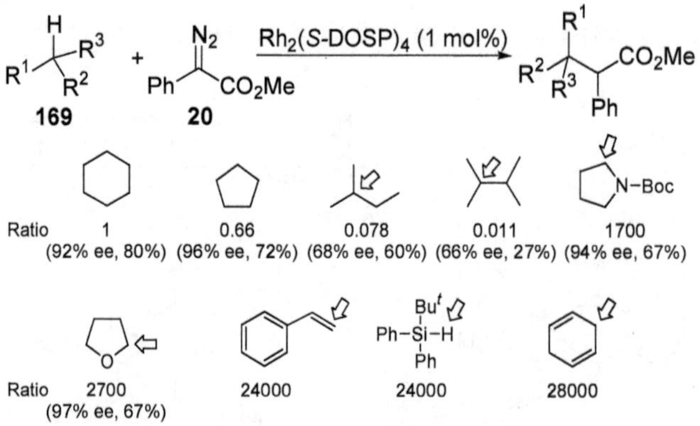

$$(64)$$

Fokin 小组最近报道了一系列关于 1-磺酰基-1,2,3-三氮唑对烷烃的分子间 C-H 插入反应研究[8e]，三氮唑在此被用作铑卡宾前体化合物。反应以具有羧酸型配体的二铑化物 $Rh_2(S\text{-}NTTL)_4$ (**172**) 或 $Rh_2(S\text{-}PTAD)_4$ (**73**) 为催化剂，反应同样表现了叔 C-H 键高于仲 C-H 键的活性（式 65）。

由以上实例可以看出：分子间 C-H 插入反应较常使用的催化剂是具有羧酸配体的二铑化物 [例如：$Rh_2(S\text{-}DOSP)_4$]。在低温和烃类溶剂中，该催化剂可以高

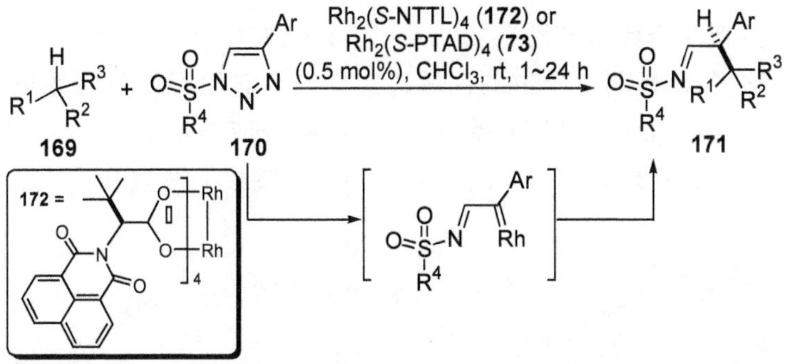

$$(65)$$

度对映选择性地催化这些底物的反应。Rh$_2$(S-biDOSP)$_4$ 也具有较好的催化活性，但其它羧酸型二铑配合物 Rh$_2$(TBSP)$_4$ 和 Rh$_2$(PTPA)$_4$ 等却没有表现出同等程度的对映选择性催化能力[67a]。另一方面，尽管手性酰胺型铑配合物广泛地应用于分子内 C-H 插入反应，但在分子间 C-H 插入反应方面的催化效果仍然不够理想。

6　经由铑卡宾 C-H 插入反应在合成中的应用

综上所述，经由铑卡宾的 C-H 插入反应具有高效和较高立体选择性的优点，20 世纪 90 年代就已经成功地应用于天然产物的全合成。如式 66 所示[70a]：在光学纯天然生物碱 Indolizidine 209D (**176**) 的全合成中，关键的反应步骤就是通过铑卡宾对底物 **174** 中的吡咯环发生高度区域选择性分子内 C-H 插入反应来构筑目标分子的基本骨架。此外，分子内 C-H 插入反应还被用于合成螺内酯[70b]和大环内酯[63]。此类反应还被用于合成手性的木聚糖内酯[70c~d]和 Pyrrolizidine 生物碱[70e]等天然产物，可以得到具有较高光学纯度的产品。

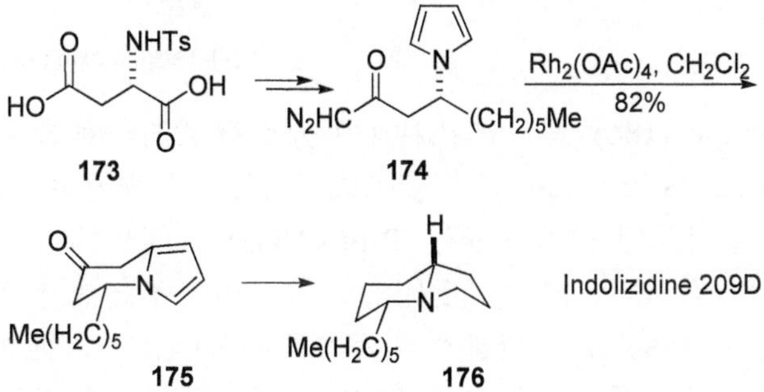

$$(66)$$

抗抑郁药 Rolipram (**179**) 是合成化学家们非常感兴趣的目标化合物，文献中已经报道了多种合成路线。2003 年，Jung 等人成功实现了对该化合物的高效合成，关键反应步骤就是铑卡宾对底物 **177** 的分子内 C-H 插入反应。如式 67 所示[71]：底物中不仅存在两个苄位的区域选择性，卡宾还可以与芳环反应得到苯环扩环的产物而存在有化学选择性。通过对反应条件的优化，反应在 Rh$_2$(OAc)$_4$ 的催化下成功地以 75% 的产率得到了关键中间体 **168**。

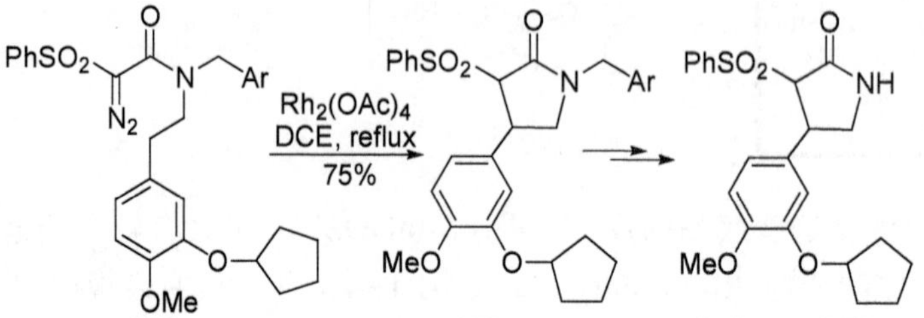

$$(67)$$

177　　　　**178**　　　　Rolipram (**179**)

Du Bois 小组在合成天然产物 (–)-Tetrodotoxin (**182**) 时，比较关键的一步反应是经由分子内关环形成六元环中间体，并形成一个新的手性中心。如式 68 所示[72]：底物 **180** 在 1,5-位和 1,6-位化学环境类似，均有可能发生 C-H 插入反应。但一般来说，分子内 C-H 插入反应更易于生成五元环产物。他们最初使用 Rh$_2$(OAc)$_4$ 作为催化剂时，确实难以实现区域选择性。后来，反应尝试使用酰胺型铑配合物作为催化剂，通过降低金属卡宾的亲电能力来实现对不同位置亲核能力的选择性。实验结果发现：使用 Rh$_2$(HNCOCPh$_3$)$_4$ 不仅能够实现高效的区域和立体选择性反应，而且产物非常单一，不需要纯化即可进行下一步反应。

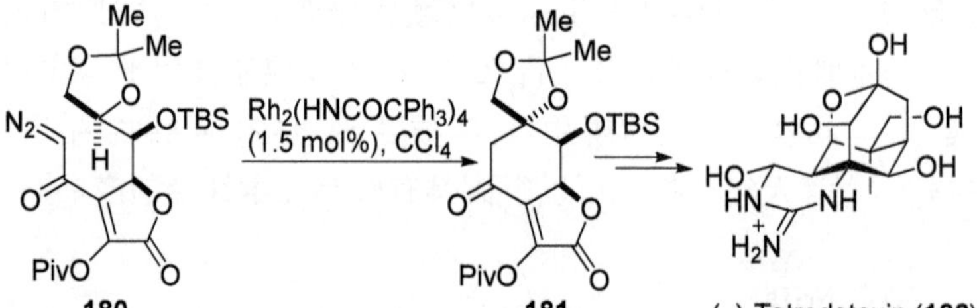

$$(68)$$

180　　　　**181**　　　　(–)-Tetrodotoxin (**182**)

(–)-Serotobenine (**186**) 是从红花种子中分离得到的一种含有四个并环结构的吲哚类生物碱。2008 年，Kan 等人[73]完成了对该化合物的全合成。如式 69 所示：其中一个重要成环步骤就是通过 Rh$_2$(S-DOSP)$_4$ 催化的卡宾对化合物 **184** 苄位的分子内二级 C-H 键插入反应实现的，该步骤高效并且具有非常高的立体选择性。这种立体选择性可能受到两方面的影响：一方面苄位的 C-H 受到邻位氧原子的活化；另一方面分子内 C-H 插入反应有利于形成五元环。在手性催化剂 Rh$_2$(S-DOSP)$_4$ 的作用下，该反应也表现出较高的对映选择性和非对映选择性。

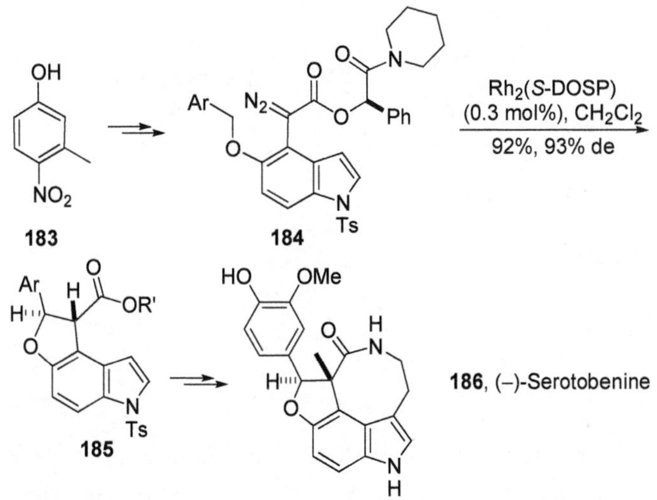

(69)

新木脂素类天然产物 (+)-Conocarpan (**190**) 含有两个手性中心，苯并二氢呋喃环上两个取代基以 *cis*-形式存在。2009 年，Hashimoto 等人[74]报道了一条关于该化合物的合成路线，其关键步骤就是铑催化的卡宾对底物 **187** 分子中苄位 (同时是氧原子邻位) 上二级 C-H 键的分子内插入反应。如式 70 所示：在 –60 ℃ 和 4A 分子筛存在下，Rh₂(*S*-PTTL)₄ 催化的反应可以得到 78% 的 *cis/trans* 混合物，目标中间产物 **189** 的光学纯度为 82% ee。但是，在相同的条件下，使用 Rh₂(*S*-PTTEA)₄ (**188**) 催化的反应可以得到 80% 的 *cis*-产物 **189**，其光学纯度提高至 84% ee。

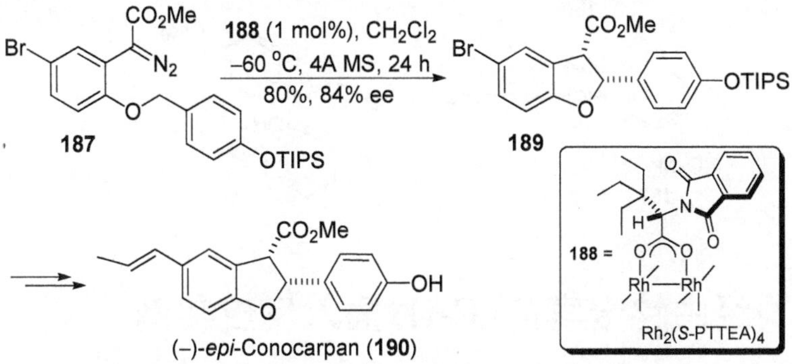

(70)

最近，Tu 等人在合成天然产物 Przewalskin B (**194**) 时，从简单化合物 **191** 开始经由关键步骤 Rh₂(OAc)₄ 催化双羰基稳定的重氮化合物 **192** 的分子内 C-H 插入反应巧妙地构筑出螺环烯酮。如式 71 所示[75]：该反应以 89% 的产率立体专一性地得到了中间产物 **193**。尽管底物中存在双键，反应中并没有分离到环丙烷化产物。

抑抗郁剂 Venlafaxine (Effexor^TM) (**198**) 是一个临床药物，通常以外消旋混合物的形式使用。它的两种构型都具有生物活性，(*S*)-**198** 还是一种选择性血清

191 192 193 194

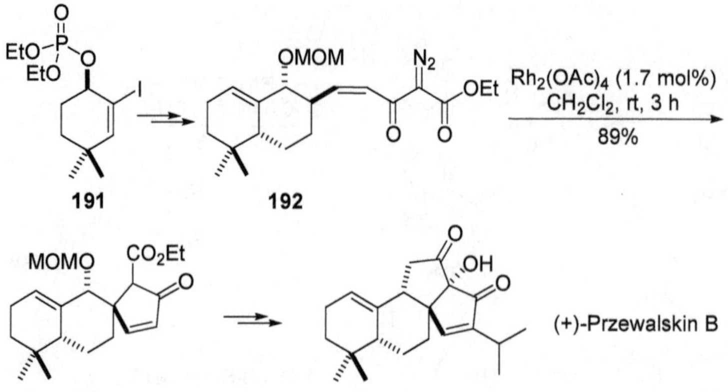

(71)

素回收抑制剂。为了直接合成 (*S*)-异构体，Davies 等人设计使用重氮化合物 **196** 与 *N*-保护的甲基胺 **195** 之间的 C-H 插入反应来合成中间体 **197**。如式 72 所示[76]：使用 $Rh_2(S\text{-DOSP})_4$ 作为催化剂，在 2,2-二甲基丁烷 (DMB) 溶液中，他们成功地实现了对中间化合物 **197** 的高度对映选择性合成。事实上，这是为数不多的成功应用分子间 C-H 插入反应的范例。

195 196 197 198

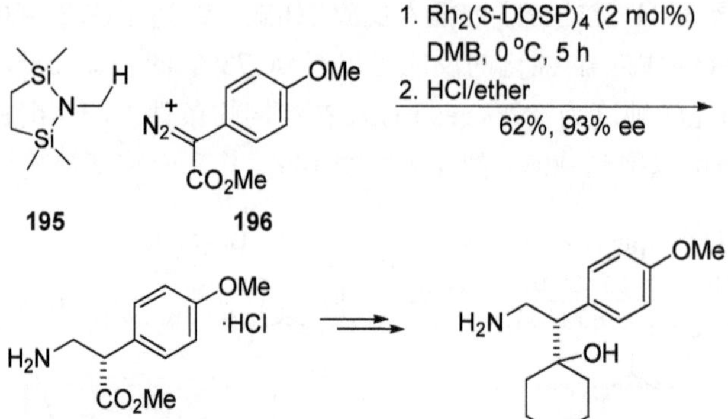

(72)

7 经由铑卡宾的 C-H 插入反应实例

例 一

cis-1-对甲苯磺酰基-2-乙氧羰基螺[2.5]辛烷的合成[56]

(分子内 C-H 插入反应)

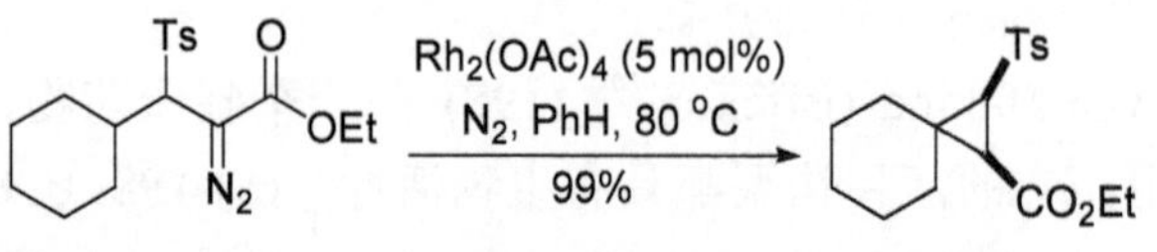

(73)

在氮气保护下,在预先干燥并且除氧的反应瓶中依次加入 Rh₂(OAc)₄ (11 mg, 0.025 mmol) 和重氮化合物 (182 mg, 0.5 mmol) 的干燥苯 (30 mL) 溶液。生成的混合物加热至 80 ℃ 搅拌 12 h 后,减压蒸除反应液中的溶剂。残余物经硅胶柱色谱 (9% 丙酮-石油醚) 分离纯化,得到目标螺环产物 (166 mg, 99%)。

例 二

(R)-螺[4.5]癸-2,7-二酮的合成[77]

(分子内 C-H 插入反应)

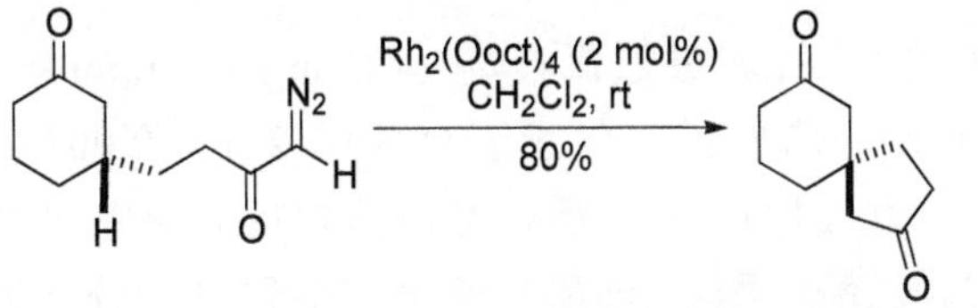

$$\text{(74)}$$

在氮气保护和搅拌下,将重氮酮 (40 mg, 0.2 mmol) 的干燥 CH₂Cl₂ (5 mL) 溶液在 6 h 内滴加到 Rh₂(Ooct)₄ (7 mg, 1% mmol) 的无水 CH₂Cl₂ (2 mL) 悬浮液中。生成的混合物继续搅拌 14 h 后,减压蒸除反应液中的溶剂。残余物经硅胶柱色谱 (15% 乙酸乙酯-石油醚) 纯化,得到目标螺环产物 (27 mg, 80%), $[\alpha]_D^{20} = +36$ (c 0.7, CHCl₃)。

例 三

7-甲氧基-3-甲氧羰基-5-(3-新戊酰氧丙基)2-(3,4,5-三甲氧基苯基)-2,3-二氢苯并[b]呋喃的合成[78]

(分子内 C-H 插入反应)

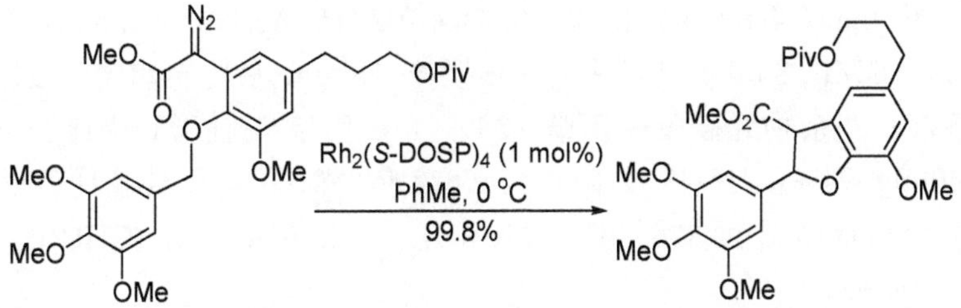

$$\text{(75)}$$

将适量的 4A 分子筛在 Schlenk 瓶中经火焰干燥后,加入重氮化合物 (170 mg, 0.31 mmol) 的无水甲苯 (2 mL) 溶液。然后冷至 0 ℃,再慢慢地滴加 Rh₂(S-DOSP)₄ (6 mg, 0.003 mmol) 的甲苯 (1 mL) 溶液。氮气鼓泡观察到黄色迅速消失后,减压蒸除反应液中的溶剂。残余物经快速硅胶柱色谱,得到 1:1 的 cis/trans 苯并呋喃衍生物 (160 mg, 99.8%)。cis-异构体,18% ee; trans-异构体,6.0% ee。

例 四

*r*1,*trans*-2,*trans*-5-(2-三氯乙酰胺基-5-丙基)-
环戊基甲酸乙酯的合成[79]
(分子内 C-H 插入反应)

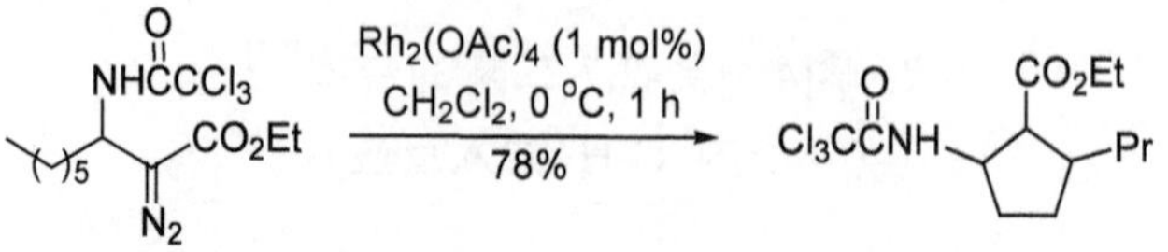

$$\text{(76)}$$

在 0 °C 和搅拌下,将重氮化合物 (186 mg, 0.5 mmol) 的无水 CH$_2$Cl$_2$ (2 mL) 溶液用 15 min 慢慢滴加到含有 Rh$_2$(OAc)$_4$ (2 mg, 0.005 mmol) 的无水 CH$_2$Cl$_2$ (3 mL) 溶液中。继续搅拌 1 h 后,减压蒸除反应液中的溶剂。残余物经快速硅胶柱色谱 (10% 乙酸乙酯-石油醚) 纯化,得到 1,5-分子内 C-H 插入产物多取代环戊烷 (134 mg, 78%)。

例 五

(2*S*,3*R*)-(*E*)-2-对溴苯基-3-(二甲基叔丁硅氧基)己-4-烯酸甲酯[68b]
(分子间 C-H 插入反应)

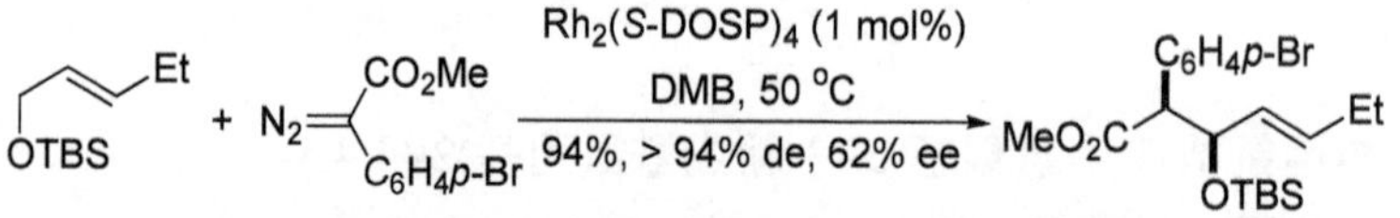

$$\text{(77)}$$

在 50 °C 和搅拌下,将 α-重氮对溴苯乙酸甲酯 (203 mg, 0.8 mmol) 的 2,4-二甲基丁烷 (1 mL) 溶液在 40 min 内用蠕动泵滴加到含有 (*E*)-二甲基叔丁硅氧基-戊-2-烯 (80 mg, 0.4 mmol) 和 Rh$_2$(*S*-DOSP)$_4$ (15 mg, 0.008 mmol) 的干燥 2,2-二甲基丁烷 (DMB, 8 mL) 溶液中。继续搅拌 15 min 后冷至室温,减压蒸除反应液中的溶剂。残余物经硅胶柱色谱 (25% 二氯甲烷-石油醚) 快速分离得到目标产物 (160 mg, 94%), ^{1}H NMR 确定为 94% de。然后,再用硅胶柱色谱 (2% 乙醚-石油醚) 分离得到无色油状目标产物, $[\alpha]_D^{25}$ = 13.9 (*c* 1.25, CHCl$_3$),手性 HPL 测定为 62% ee。

8 参考文献

[1] 刑其毅, 裴伟伟, 徐瑞秋, 裴坚. *基础有机化学*, **2009**, 高等教育出版社.

[2] (a) Jones, W. M.; LaBar, R. A.; Brinker, U. H.; Gebert, P. H. *J. Am. Chem. Soc.* **1977**, *99*, 6379. (b) Smith, J. A.; Shechter, H.; Bayless, J.; Friedman L. *J. Am. Chem. Soc.* **1965**, *87*, 659.

[3] Liu M. T. H. In *Chemistry of Diazinrines*, CRC Press Inc: Boca Raton, FL **1987**; Vols. 1 & 2.

[4] (a) Fischer, E. O. *Angew. Chem.* **1974**, *86*, 651. (b) Schrock, R. R. *Acc. Chem. Res.* **1979**, *12*, 98.

[5] (a) Fischer, E. O.; Maasbol, A. *Chem. Ber.* **1967**, *100*, 2445. (b) Mills, O. S.; Redhouse, A. D. *J. Chem. Soc. A* **1968**, 642.

[6] (a) Maas, G. *Top. Curr. Chem.* **1987**, *137*, 75. (b) Moser, W. R. *J. Am. Chem. Soc.* **1969**, *91*, 1135. (c) Greuter, F.; Kalvoda, J.; Jeger, O. *Proc. Chem. Soc.* **1958**, 349. (d) Salomon, R. G.; Kochi, J. K. *J. Am. Chem. Soc.* **1973**, *95*, 3300. (e) Paulissen, R. J.; Reimlinger, H.; Teyssie, P. *Tetrahedron Lett.* **1973**, 2233. (f) Prago, R. S.; Tanner, S. P.; Long, J. R. *J. Am. Chem. Soc.* **1979**, *101*, 2897. (g) Dunean, J.; Hu, Z. S.; Bear, J. C. *J. Am. Chem. Soc.* **1982**, *21*, 2987. (h) Doyle, M. P.; Tamblyn. W. H.; Dorow, R. L. *Tetrahedron Lett.* **1980**, *21*, 3489. (i) Nakamura, A.; Konishi, A.; Otsuka, S. *J. Am. Chem. Soc.* **1978**, *100*, 3443.

[7] (a) Aggarwal, V. K.; de Vicente, J.; Bonnert, R. V. *Org. Lett.* **2001**, *3*, 2785. (b) Aggarwal, V. K.; Alonso, E.; Hynd, G.; Lydon, K. M.; Palmer, M. J.; Porcelloni, M.; Studley, J. R. *Angew. Chem., Int. Ed.* **2001**, *41*, 1430. (c) Aggarwal, V. K.; Patel, M.; Studley, J. *Chem. Commun.* **2002**, 1514. (d) Aggarwal, V. K.; Alonso, E.; Bae, I.; Hynd, G.; Lydon, K. M.; Palmer, M. J.; Patel, M.; Porcelloni, M.; Richardson, J.; Stenson, R. A.; Studley, J. R.; Vasse, J.-L.; Winn, C. L. ; *J. Am. Chem. Soc.* **2003**, *125*, 10926. (e) Doyle, M. P.; Yan, M. *J. Org. Chem.* **2002**, *67*, 602. (f) Barluenga, J.; Moriel, P.; Valdés, C.; Aznar, F. *Angew. Chem., Int. Ed.* **2007**, *46*, 5587. (g) Xiao, Q.; Ma, J.; Yang, Y.; Zhang, Y.; Wang, J. *Org. Lett.* **2009**, *11*, 4732.

[8] (a) Chaloner, P. A.; Gary D. Glick, G. D.; Moss, R. A. *J. Chem. Soc., Chem. Commun.* **1983**, 880. (b) Zhao, X.; Wu, G.; Yan, C.; Lu, K.; Li, H.; Zhang, Y.; Wang, J. *Org. Lett.* **2010**, *12*, 5580. (c) Miki, K.; Yokoi, T.; Nishino, F.; Kato, Y.; Washitake, Y.; Ohe, K,; Sakae Uemura, S. *J. Org. Chem.* **2004**, *69*, 1557. (d) Horneff, T.; Chuprakov, S.; Chernyak, N.; Gevorgyan, V.; Fokin, V. V. *J. Am. Chem. Soc.* **2008**, *130*, 14972. (e) Chuprakov, S.; Malik, J. A.; Zibinsky, M.; Fokin, V. V. *J. Am. Chem. Soc.* **2011**, *133*, 10352.

[9] Doering, W. von E.; Buttery, R. G.; Laughlin, R. G.; Chaudhuri, N. *J. Am. Chem. Soc.* **1956**, *78*, 3224.

[10] (a) March, J. In *Advanced Organic Chemistry: Reactions, Mechanisms, and Structure*, 6th ed.; Wiley-Interscience: New York, **2007**. (b) Zollinger, H. In *Diazo Chemistry II: Aliphatic, Inorganic and Organometallic Compounds*, Wiley-VCH: New York, **1995**. (c) Moss, R. A.; Platz, M. S.; Jones, M. Jr. Eds. In *Reactive Intermediate Chemistry*, Wiley-Interscience: New York, **2004**.

[11] (a) Yates, P.; Danishefsky, S. *J. Am. Chem. Soc.* **1962**, *84*, 879. (b) Burke, S. D.; Grieco, P. A. *Org. React.* **1979**, *26*, 361. (c) Bredt, J.; Holz, W. *J. Prakt. Chem.* **1917**, *95*, 133. (d) Schiff, R. *Ber.* **1881**, *14*, 1375. (e) Angeli, A. *Gaze. Chim. Ital.* **1894**, *24*, II, 317.

[12] (a) Demonceau, A.; Noels, A. F.; Hubert, A. J.; Teyssie, P. *J. Chem. Soc., Chem. Commun.* **1981**, 688. (b) Demonceau, A.; Noels, A. F.; Hubert, A. J.; Teyssie, P. *Bull. Soc. Chim. Belg.* **1984**, *93*, 945.

[13] (a) Doyle, M. P.; McKervey, M. A.; Ye, T. In *Modern Catalytic Methods for Organic Synthesis with Diazo Compounds: From Cyclopropanes to Ylides*; Wiley-Interscience: New York, **1998**. (b) Ojima, I. In *Catalytic Asymmetric Synthesis*, 2nd ed.; Wiley-VCH: New York, **2000**. (c) Evans, P. A. In *Modern Rhodium-Catalyzed Organic Reactions*, Wiley-VCH: New York, **2005**. (d) Cotton, F. A.; Murillo, C. A.; Walton, R. A. In *Multiple Bonds between Metal Atoms*, 3rd ed.; Springer: New York, **2005**. (e) Jacobsen, E. N.; Pfaltz, A.; Yamamoto, H. In *Comprehensive Asymmetric Catalysis I-III*, Springer: Berlin, **1999**. (f) Wee, A. G. H. In *Current Organic Synthesis*, **2006**, *3*, 499. (g) Doyle, M. P. Duffy, R.; Ratnikov, M; Zhou L. *Chem. Rev.* **2010**, *110*, 704.

[14] Doyle, M. P. *Chem. Rev.* **1986**, *86*, 919.

[15] Yates, P. *J. Am. Chem. Soc.* **1952**, *74*, 5376.

[16] (a) Doyle, M. P.; Westrum, L. J.; Wolthuis, W. N. E.; See, M. M.; Boone, W. P.; Bagheri, V.; Pearson, M. M. *J. Am. Chem. Soc.* **1993**, *115*, 958. (b) Taber, D. F.; Malcolm, S. C. *J. Org. Chem.* **1998**, *63*, 3717.

[17] Nakamura, E.; Yoshikai, N.; Yamanaka, M. *J. Am. Chem. Soc.* **2002**, *124*, 7181.

[18] Padwa, A.; Hornbuckle, S. F. *Chem. Rev.* **1991**, *91*, 263.

[19] Taber, D. F.; Ruckle, R. E. Jr. *J. Am. Chem. Soc.* **1986**, *108*, 7686.

[20] (a) Wang, P.; Adams, J. *J. Am. Chem. Soc.* **1994**, *116*, 3296. (b) Doyle, M. P.; Dyatkin, A. B. *J. Org. Chem.* **1995**, *60*, 3035. (c) Diaz-Requejo, M. M.; Belderrain, T. R.; Nicasio, M. C.; Trofimenko, S.; Perez, P. J. *J. Am. Chem. Soc.* **2002**, *124*, 896. (d) Davies, H. M. L.; Hansen, T.; Hopper, D. W.; Panaro, S. A. *J. Am. Chem. Soc.* **1999**, *121*, 6509.

[21] Taber, D. F.; Petty, E. H.; Raman, K. *J. Am. Chem. Soc.* **1985**, *107*, 196.

[22] (a) Doyle, M. P.; Westrum, L. J.; Wolthuis, W. N. E.; See, M. M.; Boone, W. P.; Bagheri, V.; Pearson, M. M. *J. Am. Chem. Soc.* **1993**, *115*, 958. (b) Muller, P.; Tohill, S. *Tetrahedron* **2000**, *56*, 1725. (c) Davies, H. M. L.; Ren, P.; Jin, Q. *Org. Lett.* **2001**, *3*, 3587.

[23] Lee, E.; Choi, I.; Song, S. T. *J. Chem. Soc., Chem. Commun.* **1995**, 321.

[24] Doyle, M. P.; Westrun, L. J.; Wolthuis, W. N. E.; See, M. M.; Boone, W. P.; Bagheri, V.; Person, M. M. *J. Am. Chem. Soc.* **1993**, *115*, 958.

[25] Doyle, M. P.; Kalinin, A. V.; Ene, D. G. *J. Am. Chem. Soc.* **1996**, *118*, 8837.

[26] Curtius, T. *Ber.* **1883**, *16*, 2230.

[27] (a) Chen, Y.; Fields, K. B.; Zhang, X. P. *J. Am. Chem. Soc.* **2004**, *126*, 14718. (b) Hahn, N. D.; Nieger, M.; Dötz, K. H. *Eur. J. Org. Chem.* **2004**, 1049. (c) Aviv, I.; Gross, Z. *Chem. Commun.* **2006**, 4477. (d) Ricard, L.; Gagosz, F. *Organometallics* **2007**, *26*, 4704.

[28] (a) Li, Y.; Huang, J.; Zhou, Z.; Che, C. *J. Am. Chem. Soc.* **2001**, *123*, 4843. (b) Zheng, S.; Yu, W.; Che, C. *Org. Lett.* **2002**, *4*, 889.

[29] (a) Ma, J.-A.; Wan, J.-H.; Zhou, Y.-B.; Wang, L.-X.; Zhang W.; Zhou Q.-L. *J. Mol. Cat. A* **2003**, *196*, 109. (b) Liu, B.; Zhu S.-F.; Zhang W.; Chen, C.; Zhou Q.-L. *J. Am. Chem. Soc.* **2007**, *129*, 5834.

[30] (a) Peng, C.; Wang, Y.; Wang, J. *J. Am. Chem. Soc.* **2008**, *130*, 1566. (b) Peng, C.; Cheng, J.; Wang, J. *J. Am. Chem. Soc.* **2007**, *129*, 8708.

[31] (a) Guan, X.; Yang, L.; Hu, W. *Angew. Chem., Int. Ed.* **2010**, *49*, 2190. (b) Xu, X.; Han, X.; Yang, L.; Hu, W. *Chem. Eur. J.* **2009**, *15*, 12604.

[32] (a) Davies, H. M. L.; Beckwith, R. E. J. *Chem. Rev.* **2003**, *103*, 2861. (b) Fraile, J. M.; Garcia, J. I.; Mayoral, J. A.; Roldan, M. *Org. Lett.* **2007**, *9*, 731.

[33] Taber, D. F.; You, K. K.; Rheingold, A. L. *J. Am. Chem. Soc.* **1996**, *118*, 547.

[34] Doyle, M. P.; Forbes, D. C. *Chem. Rev.* **1998**, *98*, 911.

[35] Davies, H. M. L.; Hansen, T.; Churchill, M. R. *J. Am. Chem. Soc.* **2000**, *122*, 3063.

[36] (a) Doyle, M. P.; Brandes, B. D.; Kazala, A. P.; Pieters, R. J.; Jarstfer, M. B.; Watkins, L. M.; Eagle, C. T. *Tetrahedron Lett.* **1990**, *31*, 6613. (b) Doyle, M. P.; Winchester, W. R.; Protopopova, M. N. *Helv. Chim. Acta* **1993**, *76*, 2227. (c) Brunner, H.; Wutz, K.; Doyle, M. P. *Monatsh. Chem.* **1990**, *121*, 755. (d) Doyle, M. P.; Dyatkin, A. B.; Protopopova, M. N.; Yang, C. I.; Miertschin, C. S.; Winchester, W. R.; Simonsen, S. H.; Lynch, V.; Ghosh, R. *Recl. Trav. Chim. Pays-Bas* **1995**, *114*, 163. (e) Doyle, M. P.; Van Oeveren, A.; Westrum, L. J.; Protopopova, M. N.; Clayton Jr., T. W. *J. Am. Chem. Soc.* **1991**, *113*, 8982. (f) Doyle, M. P.; Hu, W.; Phillips, I. M.; Moody, C. J.; Pepper, A. G.; Slawin, A. M. Z. *Adv. Synth. Catal.* **2001**, *343*, 112. (g) Doyle, M. P.; Dyatkin, A. B.; Autry, C. L. *J. Chem. Soc., Perkin Trans. 1* **1995**, 619. (h) Doyle, M. P.; Austin, R. E.; Bailey, A. S.; Dwyer, M. P.; Dyatkin, A. B.; Kalinin, A. V.; Kwan, M. M. Y.; Liras, S.; Oalmann, C. J.; Pieters, R. J.; Protopopova, M. N.; Raab, C. E.; Roos, G. H. P.; Zhou, Q.-L.; Martin, S. F. *J. Am. Chem. Soc.* **1995**, *117*, 5763. (i) Doyle, M. P.; Zhou, Q.-L.; Raab, C. E.; Roos, G. H. P.; Simonsen, S. H.; Lynch, V. *Inorg. Chem.* **1996**, *35*, 6064. (j)

Doyle, M. P.; Zhou, Q.-L.; Dyatkin, A. B.; Ruppar, D. A. *Tetrahedron Lett.* **1995**, *36*, 7579. (k) Doyle, M. P.; Colyer, J. *J. Mol. Catal., A: Chem.* **2003**, *196*, 93. (l) Doyle, M. P.; Winchester, W. R.; Hoorn, J. A.; Lynch, V.; Simonsen, S. H.; Ghosh, R. *J. Am. Chem. Soc.* **1993**, *115*, 9968. (m) Doyle, M. P.; Kalinin, A. V.; Ene, D. G. *J. Am. Chem. Soc.* **1996**, *118*, 8837. (n) Doyle, M. P.; Dyatkin, A. B.; Roos, G. H. P.; Canas, F.; Pierson, D. A.; Basten, A. V.; Muller, D.; Polleux, P.; *J. Am. Chem. Soc.* **1994**, *116*, 4507.

[37] (a) Doyle, M. P.; Ren, T. In *Progress in Inorganic Chemistry*; Karlin, K. D., Ed.; Wiley-Interscience: New York, **2001**; Vol. 49, p 113. (b) Doyle, M. P. In *Catalytic Asymmetric Synthesis*, 2nd ed.; Ojima, I., Ed.; Wiley-VCH: New York, **2000**; Chapter 5.5.

[38] (a) Chifotides, H. T.; Dunbar, K. R. In *Multiple Bonds between Metal Atoms*, 3rd ed.; Cotton, F. A.; Murillo, C. A.; Walton, R. A. Eds.; Springer: New York, **2005**; Chapter 12. (b) Timmons, D. J.; Doyle, M. P. In *Multiple Bonds between Metal Atoms*, 3rd ed.; Cotton, F. A.; Murillo, C. A.; Walton, R. A. Eds.; Springer: New York, **2005**; Chapter 13. (c) Doyle, M. P.; Raab, C. E.; Roos, G. H. P.; Lynch, V.; Simonsen; S. H. *Inorg. Chim. Acta* **1997**, *266*, 13.

[39] Welch, C. J.; Tu, Q.; Wang, T.; Raab, C.; Wang, P.; Jia, X.; Bu, X.; Bykowski, D.; Hohenstaufen, B.; Doyle, M. P. *Adv. Synth. Catal.* **2006**, *348*, 821.

[40] (a) Hashimoto, S.; Wantanabe, N.; Sato, T.; Shico, M.; Ikegame, S. *Tetrahedron Lett.* **1993**, *34*, 5109. (b) Hashimoto, S.; Wantanabe, N.; Kawano, K.; Shico, M.; Ikegami, S. *Synth. Commun.* **1994**, *24*, 3277. (c) Hashimoto, S.; Watanabe, N.; Ikegami, S. *Tetrahedron Lett.* **1990**, *31*, 5173. (d) Watanabe, N.; Ogawa, T.; Ohtake, Y.; Ikegami, S.; Hashimoto, S.-I. *Synlett* **1996**, 85. (e) Anada, M.; Kitagaki, S.; Hashimoto, S. *Heterocycles* **2000**, *52*, 875.

[41] Davies, H. M. L.; Hutcheson, D. K. *Tetrahedron Lett.* **1993**, *34*, 7243.

[42] Kennedy, M.; McKervey, M. A.; Maguire, A. R.; Roos, G. H. P. *J. Chem. Soc., Chem. Commun.* **1990**, 361.

[43] (a) Doyle, M. P.; McKervey, M. A. *Chem. Commun.* **1997**, 983. (b) Ye, T.; Mckervey, M. A.; Brundes, B. D.; Doyle, M. P. *Tetrahedron Lett.* **1994**, *35*, 7269.

[44] (a) Davies, H. M. L.; Kong, N. *Tetrahedron Lett.* **1997**, *38*, 4203. (b) Davies, H. M. L.; Panaro, S. A. *Tetrahedron Lett.* **1999**, *40*, 5287. (c) Davies, H. M. L.; Hedley, S. J.; Bohall, B. R. *J. Org. Chem.* **2005**, *70*, 10737.

[45] (a) McCarthy, N.; McKervey, M. A.; Ye, T.; McCann, M.; Murphy, E.; Doyle, M. P. *Tetrahedron Lett.* **1992**, *33*, 5983. (b) Pirrung, M. C.; Zhang, J. *Tetrahedron Lett.* **1992**, *33*, 5987.

[46] (a) Estevan, F.; Lahuerta, P.; Perez-Prieto, J.; Sanau, M.; Stiriba, S.-E.; Ubeda, M. A. *Organometallics* **1997**, *16*, 880. (b) Estevan, F.; Lahuerta, P.; Perez-Prieto, J.; Pereira, I.; Stiriba, S.-E. *Organometallics* **1998**, *17*, 3442. (c) Barberis, M.; Estevan, F.; Lahuerta, P.; Perez-Prieto, J.; Sanau, M. *Inorg. Chem.* **2001**, *40*, 4226.

[47] Lloret, J.; Carbo, J. J.; Bo, C.; Lledos, A.; Perez-Prieto, J. *Organometallics* **2008**, *27*, 2873.

[48] Padwa, A.; Austin, D. J.; Price, A. T.; Semones, M. A.; Doyle, M. P.; Protopopova, M. N.; Winchester, W. R.; Tran, A. *J. Am. Chem. Soc.* **1993**, *115*, 8669.

[49] Hansen, J.; Li, B.; Dikarev, E.; Autschbach, J.; Davies, H. M. L. *J. Org. Chem.* **2009**, *74*, 6564.

[50] Merlic, C. A.; Zechman, A. L. *Synthesis* **2003**, *8*, 1137.

[51] Bergbreiter, D. E.; Morvant, M.; Chen, B. *Tetrahedron Lett.* **1991**, *32*, 2731.

[52] Davies, H. M. L.; Walji, A. M. *Org. Lett.* **2005**, *7*, 2941.

[53] Reddy, R. P.; Lee, G. H.; Davies, H. M. L. *Org. Lett.* **2006**, *8*, 3437.

[54] Davies, H. M. L.; Stafford, D. G.; Hansen, T.; Churchill, M. R.; Keil, K. M. *Tetrahedron Lett.* **2000**, *41*, 2035.

[55] Wee, A. G. H., Liu, B., McLeod, D. D. *J. Org. Chem.* **1998**, *63*, 4219.

[56] Shi, W.; Zhang, B.; Zhang, J.; Liu, B.; Zhang, S.; Wang, J. *Org. Lett.* **2005**, *7*, 3103.

[57] Gomes, L. F. R.; Trindade, A. F.; Candeias, N. R.; Gois, P. M. P.; Afonso, C. A. M. *Tetrahedron Lett.* **2008**, *49*, 7372.

[58] Wee, A. G. H.; Duncan, S. C. *Tetrahedron Lett.* **2002**, *43*, 6173.

[59] Gois, P. M. P.; Afonso, C. A. M. *Eur. J. Org. Chem.* **2003**, 3798.

[60] Cane, D. E.; Thomas, P. J. *J. Am. Chem. Soc.* **1984**, *106*, 5295.

[61] (a) John, J. P.; Novikov, A. V. *Org. Lett.* **2007**, *9*, 61. (b) Wolckenhauer, S. A.; Devlin, A. S.; Du Bois, J. *Org. Lett.* **2007**, *9*, 4363.

[62] Wang, J.; Stefane, B.; Jaber, D.; Smith, J. A. I.; Vickery, C.; Diop, M.; Sintim, H. O. *Angew. Chem., Int. Ed.* **2010**, *49*, 3964.

[63] Doyle, M. P.; Protopopova, M. N.; Poulter, C. D.; Rogers, D. H. *J. Am. Chem. Soc.* **1995**, *117*, 7281.

[64] Taber, D. F.; Tian, W. *J. Org. Chem.* **2007**, *72*, 3207. (b) Taber, D. F.; Green, J. H.; Zhang, W.; Song, R. *J. Org. Chem.* **2000**, *65*, 5436.

[65] Doyle, M. P.; Tedrow, J. S.; Dyatkin, A. B.; Spaans, C. J.; Ene, D. G. *J. Org. Chem.* **1999**, *64*, 8907.

[66] (a) Sulikowski, G. A.; Cha, K. L.; Sulikowski, M. M. *Tetrahedron: Asymmetry* **1998**, *9*, 3145. (b) Yoshikai, N.; Nakamura, E. *Adv. Synth. Catal.* **2003**, *345*, 1159.

[67] (a) Davies, H. M. L.; Stafford, D. G.; Hansen, T. *Org. Lett.* **1999**, *1*, 233. (b) Davies, H. M. L.; Beckwith, R. E. J. *Chem. Rev.* **2003**, *103*, 2861. (c) Davies, H. M. L.; Manning, J. R. *Nature* **2008**, *451*, 417.

[68] (a) Davies, H. M. L.; Hansen, T.; Churchill, M. R. *J. Am. Chem. Soc.* **2000**, *122*, 3063. (b) Davies, H. M. L.; Beckwith, R. E. J.; Antoulinakis, E. G.; Jin, Q. *J. Org. Chem.* **2003**, *68*, 6126.

[69] (a) Davies, H. M. L.; Venkataramani, C. *Angew. Chem., Int. Ed.* **2002**, *41*, 2197. (b) Davies, H. M. L.; Jin, Q. *Org. Lett.* **2005**, *7*, 2293. (c) Denton, J. R.; Davies, H. M. L. *Org. Lett.* **2009**, *11*, 787.

[70] (a) Jefford, C. W.; Wang, J. B. *Tetrahedron Lett.* **1993**, *34*, 3119. (b) Pirrung, M. C.; Morehead, A. J. Jr. *J. Am. Chem. Soc.* **1994**, *116*, 899. (c) Ward, R. S.; *Nat. Prod. Rep.* **1995**, *12*, 181. (d) Bereas, U.; Scarf, H. D. *Synthesis* **1991**, 832. (e) Doyle, M. P.; Kalinin, A. V. *Tetrahedron Lett.* **1996**, *37*, 1371.

[71] Yoon, C. H.; Nagle, A.; Chen, C.; Gandhi, D.; Jung, K. W. *Org. Lett.* **2003**, *5*, 2259.

[72] Hinman A.; Du Bois, J. *J. Am. Chem. Soc.* **2003**, *125*, 11510.

[73] Koizumi, Y.; Kobayashi, H.; Wakimoto, T.; Furuta,T.; Fukuyama, Tohru.; Kan, T. *J. Am. Chem. Soc.* **2008**, *130*, 16854.

[74] Natori, Y.; Tsutsui, H.; Sato, N.; Nakamura, S.; Nambu, H.; Shiro, M.; Hashimoto, S. *J. Org. Chem.* **2009**, *74*, 4418.

[75] Zhuo, X.; Xiang, K.; Zhang, F.-M.; Tu, Y. *J. Org. Chem.* **2011**, *76*, 6819.

[76] Davies, H. M. L.; Ni, A. *Chem. Commun.* **2006**, 3110.

[77] 姚文刚, 王剑波. *有机化学* **2003**, *23*, 546.

[78] García-Muñoz, S.; Álvarez-Corral, M.; Jiménez-González, L.; López-Sánchez, C.; Rosales, A.; Muñoz-Dorado, M.; Rodríguez-García, I. *Tetrahedron* **2006**, *62*, 12182.

[79] Zhang, Z.; Shi, W.; Zhang, J.; Zhang, B.; Liu, B.; Liu, Y.; Fan, B.; Xiao, F.; Xu, F.; Wang, J. *Chem. Asian J.* **2010**, *5*, 1112.

野崎-桧山-岸反应

(Nozaki-Hiyama-Kishi Coupling Reaction)

张欢欢　许鹏飞[*]

1 历史背景简述

Nozaki-Hiyama-Kishi 反应是有机合成中形成 C-C 键的重要反应之一[1]。以化学家 Hitosi Nozaki、Tamejiro Hiyama 和 Yoshito Kishi 的名字命名。该反应条件温和，具有独特的醛基选择性和产物的立体化学具有可预测性。因此，Nozaki-Hiyama-Kishi (NHK) 反应自发现以来就广泛应用于多官能团化合物、天然产物和杂环化合物的合成中。

人们对有机铬试剂的研究可以追溯到 1919 年。在早期的研究中，F. Hein 致力于通过苯基格氏试剂在无水乙醚中与三氯化铬 (CrCl₃) 发生转金属化作用来制备有机铬化合物[2]。由于当时的检测条件和对化学键理论认识的局限性，得到的铬化合物的确切结构一直无法确定。

1977-1983 年间，Nozaki 和 Hiyama 报道了有机铬试剂对醛的加成反应[3~6]。他们发现：在非质子性溶剂中，化学计量的无水二氯化铬 (CrCl₂) 能够与烯基、炔基、烯丙基、炔丙基、芳基卤代物和三氟甲磺酸烯丙基酯等发生氧化加成反应。生成相应的有机铬中间体后，再对醛或酮发生亲核加成生成醇类化合物。后来，人们将这一反应称为 Nozaki-Hiyama 反应 (式 1)。但是，该反应的重现性在很大程度上取决于市售无水二氯化铬的批次。究其原因发现：市售无水二氯化铬中残留的镍盐 (NiCl₂) 能促进该反应的顺利进行。

$$R^1X \xrightarrow{CrCl_2} [R^1\text{-}Cr(III)Cl_2] \xrightarrow{R^2CHO} \underset{R^1 \quad R^2}{OCrCl_2} \xrightarrow{H^+} \underset{R^1 \quad R^2}{OH} \tag{1}$$

R¹ = allyl, alkenyl, alkynyl, aryl, propargyl; R² = aryl, alkyl, alkenyl
X = Cl, Br, I, OTs; Solvent = DMF, DMSO, THF

1986 年，Kishi[7] 和 Nozaki[8] 几乎同时报道：在体系中加入少量的镍盐 (NiCl₂) 能有效地促进 C-Cr(III) 键的生成。这一发现大大提高了该 "一锅法 Barbier 型" 加成反应的可行性，特别适合于烯基、芳基卤代物和三氟甲磺酸酯类化合物进行的反应。这种在 Nozaki-Hiyama 反应的基础上发展起来的 CrCl₂/NiCl₂ 体系中进行的加成反应被称为 Nozaki-Hiyama-Kishi 反应，简称为 NHK 反应 (式 2)。

该反应具有如下几个优点：(1) 底物的适用范围广，例如：烯基、炔基、烯丙基、炔丙基、芳基卤化物、三氟甲磺酸烯丙基酯和磷酸烯丙基酯等都可以用来

$$R^1X \quad + \quad R^2CHO \xrightarrow{CrCl_2/NiCl_2} \quad \underset{R^1 \quad R^2}{\overset{OH}{\diagdown}} \qquad (2)$$

X = Cl, Br, I, OTs
R^1 = allyl, alkenyl, alkynyl, aryl, propargyl
R^2 = aryl, alkyl, alkenyl

制备有机铬中间体参与的 NHK 反应;(2) 当多种羰基同时存在时,该反应对于醛羰基具有高度的化学选择性;(3) 有机铬试剂的碱性较弱,对反应底物中多种官能团具有很好的兼容性,例如:酯基、酰胺、缩醛、缩酮、硅醚、羟基、氰基、烷氧基、酮等;(4) 反应具有独特的立体化学特性,如 γ 单取代烯丙基卤代物主要生成反式的醇,与所使用的烯丙基卤的双键构型无关;双取代的烯基卤化物在反应中能完全保持双键的几何构型;(5) 有机铬中间体的弱碱性不会影响羰基 α-位的立体化学。这些特性使得 NHK 反应被广泛地应用于天然产物和复杂大分子的合成中[9~21]。

但是,NHK 反应也存在一些不足之处:(1) $NiCl_2$ 和 $CrCl_2$ 均具有比较高的毒性;(2) Cr(II) 的还原性能对所使用的溶剂有一定的依赖性,通常需要使用混合溶剂;(3) 通常需要化学计量的 $CrCl_2$,在分子内的大环成环反应中尤其如此。

近二十年来,人们在传统的 NHK 反应的基础上不断探索,还建立了铬催化的 NHK 反应和铬催化的不对称 NHK 反应。

2 Nozaki-Hiyama-Kishi 反应的定义和机理

2.1 Nozaki-Hiyama-Kishi 反应的定义

传统的 Nozaki-Hiyama-Kishi 反应是指:在 $NiCl_2$ 作用下,烯基、炔基、烯丙基、炔丙基和芳基卤代物、三氟甲磺酸酯和磷酸酯与化学计量的无水 $CrCl_2$ 生成的有机铬试剂对醛或者酮发生亲核加成并生成相应醇的反应 (式 3)。

$$R^1X \quad + \quad R^2CHO \xrightarrow{CrCl_2/NiCl_2} \quad \underset{R^1 \quad R^2}{\overset{OCrCl_2}{\diagdown}} \xrightarrow{\text{hydrolysis}} \quad \underset{R^1 \quad R^2}{\overset{OH}{\diagdown}} \qquad (3)$$

R^1 = allyl, alkenyl, alkynyl,
aryl, propargyl

+

$CrCl_2X$

在该反应中,有机卤代物的反应活性顺序为:$R^1I > R^1Br > R^1Cl$。对于不同的亲电试剂而言,醛羰基一般具有比酮更高的反应活性,而酯基和氰基不能与有机卤化合物发生 NHK 反应。非质子性溶剂都可以用作该反应的溶剂,例如:

二甲基甲酰胺、二甲基亚砜、四氢呋喃、乙腈等或者这些溶剂的混合物。此外，反应需严格控制二氯化镍的用量，以免烯基镍中间体发生偶联反应生成二烯。Kishi 等人发现[22]：4-叔丁基吡啶可以抑制该偶联反应的发生，从而在 4-叔丁基吡啶存在下允许反应体系中存在较高含量的镍盐，以提高 NHK 反应的速率。

2.2 Nozaki-Hiyama-Kishi 反应的机理

NHK 反应是在无水 CrCl$_2$/NiCl$_2$ 作用下生成的有机铬中间体对醛的亲核加成反应，Takai 和 Kishi 对反应的机理进行了推测。如图 1 所示：在该反应中，首先是 Ni(Ⅱ) 被 Cr(Ⅱ) 还原成 Ni(0)，同时 Cr(Ⅱ) 被氧化成为 Cr(Ⅲ)。然后，Ni(0) 与有机卤化物发生氧化加成，生成相应的有机 Ni(Ⅱ) 中间体 **1**。接着，Ni(Ⅱ) 中间体 **1** 与生成的 Cr(Ⅲ) 进行金属交换生成 Cr(Ⅲ) 中间体 **2**。最后，**2** 与醛发生加成反应，生成稳定的烷氧基铬中间体 **3** 后经水解生成相应的醇。而交换出来的 Ni(Ⅱ) 再次进入循环，推动反应进行到底。值得注意的是：CrCl$_2$ 是一个单电子给体，每形成 1 mol 的有机 Cr(Ⅲ) 亲核试剂至少需要 2 mol 的铬试剂。在实际操作中，CrCl$_2$ 的使用量通常会更大。鉴于 CrCl$_2$ 和 NiCl$_2$ 的毒性以及大剂量对环境造成的潜在危害，该方法的工业化进程一直很难实现。为解决这一问题和实现 NHK 反应产物的手性控制，有机化学家做了大量的工作，最终实现了 NHK 反应的催化循环和不对称催化过程。

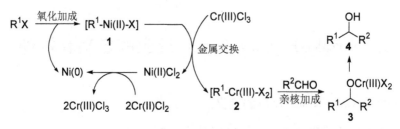

图 1　CrCl$_2$/NiCl$_2$ 作用下的 NHK 反应机理

3　传统的 NHK 反应和改进的 NHK 反应

3.1　化学计量的 NHK 反应

制备有机铬中间体的方法始于 1977 年[3]。如式 4 所示：Nozaki 和 Hiyama 使用 0.5 倍量的 LiAlH$_4$ 在四氢呋喃中将 CrCl$_3$ 还原，生成的 CrCl$_2$ 与烯丙基卤代物发生氧化加成反应生成有机 Cr(Ⅲ) 中间体。然后，该中间体再与醛或酮发生加成反应，以较高的产率得到相应的醇。需要注意的是：当使用 $LiAlH_4$ 还原 $CrCl_3$ 制备 $CrCl_2$ 时，部分反应不完全的 $LiAlH_4$ 会将底物醛还原而降低 NHK 反应的产率。因此，通常将 $LiAlH_4$ 的用量控制在 $CrCl_3$ 的 1/2 倍 (物质的量) 为宜。

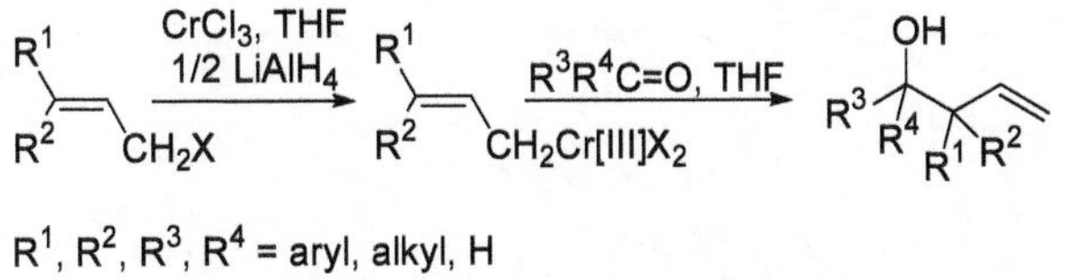

$$R^1R^2C=CHCH_2X \xrightarrow[1/2\ LiAlH_4]{CrCl_3,\ THF} R^1R^2C=CHCH_2Cr[III]X_2 \xrightarrow[]{R^3R^4C=O,\ THF} \text{产物} \quad (4)$$

R^1, R^2, R^3, R^4 = aryl, alkyl, H

Heathcock[23] 和 Hiyama[5] 发现：在 (Z)-4-溴-2-丁烯和 (E)-4-溴-2-丁烯与醛进行的 NHK 加成反应中，均以较高的产率和选择性得到反式加成产物 (式 5)。这一发现可以用于构筑 1,2-非对映选择性的碳骨架，引起了有机合成化学家的广泛关注，并促使市售无水 $CrCl_2$ 的出现。

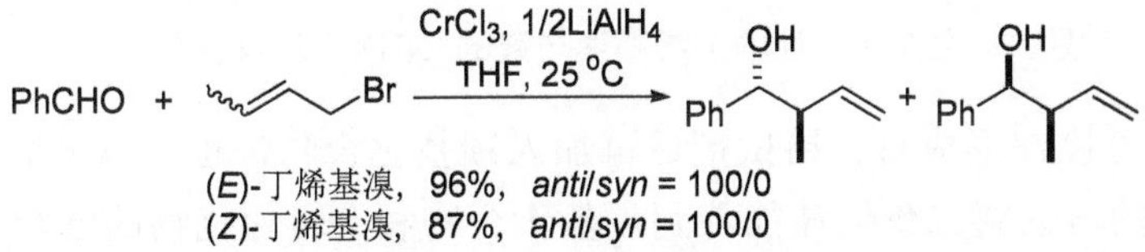

$$PhCHO + \text{丁烯基溴} \xrightarrow[THF,\ 25\ ^\circ C]{CrCl_3,\ 1/2LiAlH_4} \text{产物} + \text{产物} \quad (5)$$

(E)-丁烯基溴，96%，*anti/syn* = 100/0
(Z)-丁烯基溴，87%，*anti/syn* = 100/0

4-溴-2-丁烯与醛进行加成时，所得产物的构型与丁烯基的几何构型无关。这一发现说明：在反应过程中原位生成的丁烯基铬试剂存在着一个平衡，更倾向于生成稳定和较活泼的反式丁烯基铬中间体。根据产物的构型，Nozaki 等人认为：该立体选择性可以用 "Zimmermann-Traxler" 过渡态理论[24]来进行解释，即反应经过了一个六元环的椅式过渡态。如图 2 所示：在过渡态 5 中，当丁烯基上的甲基取代基和醛基取代基均处于六元环的 e-键位置时为优势构象，主要得到反式加成产物。而在过渡态 6 中，由于醛基取代基与配体之间存在空间位阻使得该构象不稳定。

其它还原剂也可以用于还原 $CrCl_3$，例如：Zn、Na(Hg) 和 Mn 等[25]。但是，这些还原剂经氧化后生成的路易斯酸 ($LiCl$、$AlCl_3$、$ZnCl_2$) 会影响到酸敏性底物的反应活性[26~28]。对于多官能团底物而言，这些盐的存在还会显著地影响到产物的立体化学[29]。当然，除了原位生成 $CrCl_2$ 的途径来制备有机铬中间体外，也可以直接使用市售的无水 $CrCl_2$。但是，无水 $CrCl_2$ 的灰色粉末在空气中极易氧化，在使用过程中应严格保持无水和无氧操作。

相对于其它低价态的金属 Mg(0) 和 Sm(II) 而言，二价铬盐的还原能力相对较弱。因此，包括醛在内的羰基化合物均可与二价铬离子稳定共存。在实际操

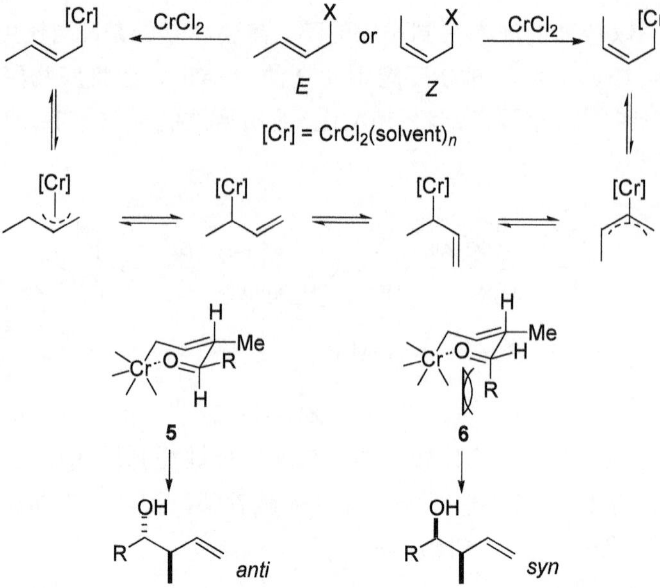

图 2　立体选择性的丁烯基溴与醛的 NHK 反应机理

作中，我们既可以在形成有机铬试剂后再加入羰基化合物，也可以采取 Barbier 型 "一锅煮" 的方法将二价铬盐加入到羰基化合物和有机卤化物的混合物中。而且，后者更适合于大规模的反应和分子内的环化反应。

3.2　铬催化循环的 NHK 反应

尽管 NHK 反应相对于其它碳-碳键的生成反应来讲具有许多优良的特性，但它所存在的一些问题也不容忽视。例如：Cr(II) 是一个单电子给体，每生成 1 mol 的有机铬亲核试剂需要 2 mol 的铬盐。因此，在实际操作中 CrCl$_2$ 的用量通常在 4~16 摩尔倍量，也有高达 100 倍量的报道[17]。由于铬离子的毒性较大且价格昂贵，大量使用同时增加了反应成本和限制了反应容量。此外，由于在反应过程中需要化学计量的铬盐，我们很难通过选择合适的配体来控制新生成的手性中心的立体化学，因而无法实现对映选择性 NHK 反应。因此，如何找到一个简便易行的方法来实现铬离子的循环再生和降低 CrCl$_2$ 的用量就成了亟待解决的问题。

通过研究 NHK 反应的机理不难发现：要想实现铬离子的催化循环，首先需要解决两个问题。(1) 在传统的 NHK 反应中，有机铬亲核试剂与醛加成生成烷氧基铬复合物中的 O-Cr(III) 键相当稳定。这虽然能够推动反应的进行，但却阻碍了下一步的催化循环。因此，需要寻求一个合适的解离试剂来释放 Cr(III)，使之回到反应体系中进行还原再生。(2) 需要找到一个合适的还原剂将释放出来的 Cr(III) 还原成为 Cr(II)，以实现下一个有机卤化物的氧化加成。

1996 年，Fürstner 和 Shi[30,31]首次报道了铬催化的 NHK 反应。该方法最显著的特征是利用 TMSCl 来解离烷氧基铬复合物并释放出 Cr(III)，然后再用化学计量的金属锰将 Cr(III) 还原成为 Cr(II)。该反应可能的机理如图 3 所示：Cr(II) 首先直接与烯基底物发生氧化加成生成有机铬中间体，然后与醛加成形成烷氧基铬复合物。通过 TMSCl 置换出复合物上的 Cr(III) 后，再用廉价的金属锰将 Cr(III) 还原成为 Cr(II)，从而形成催化循环。Fürstner 等人选用 Mn(0) 作为催化循环的还原剂而不是常用的 Zn(0) 有两个原因：(1) 锰金属廉价易得，其氧化产物 MnX_2 毒性较小，它的弱路易斯酸性不会与底物发生副反应；(2) 电化学数据表明，Mn(0) 能够有效地与 Cr(III) 形成氧化还原对，而本身不能够直接还原有机卤化物。该催化循环既可用 $CrCl_2$ 作为前催化剂，也可选用 $CrCl_3$ 作为前催化剂。但是，多数情况下是选用较廉价稳定的 $CrCl_3$ 在体系内直接还原成为 Cr(II) 参与反应。

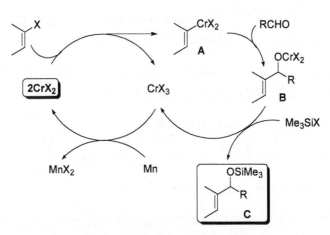

图 3 铬催化的 NHK 反应机理

如式 6 所示：铬催化的 NHK 反应在其产率、化学选择性和产物的立体化学上同化学计量的 NHK 反应一样，并且同样具有广阔的底物适用范围和良好的官能团兼容性。

(6)

序号	$CrCl_2$ 用量/mol%	添加剂	产率/%
1	400	—	81
2	7	Mn, TMSCl	78
3	0	Mn, TMSCl	< 19 (GC)

如式 7 所示：在铬催化下，炔基碘与脂肪醛或芳香醛进行 NHK 反应后经水解操作，可以较高的产率得到炔丙基醇。

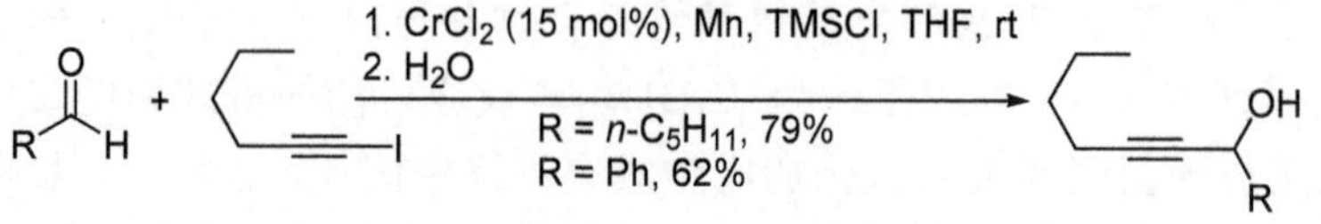

$$(7)$$

1. CrCl$_2$ (15 mol%), Mn, TMSCl, THF, rt
2. H$_2$O
R = n-C$_5$H$_{11}$, 79%
R = Ph, 62%

如式 8 所示：铬催化的 NHK 反应具有很好的醛基选择性。当亲电试剂为醛和酮的混合物时，仅得到了醛的加成反应产物。

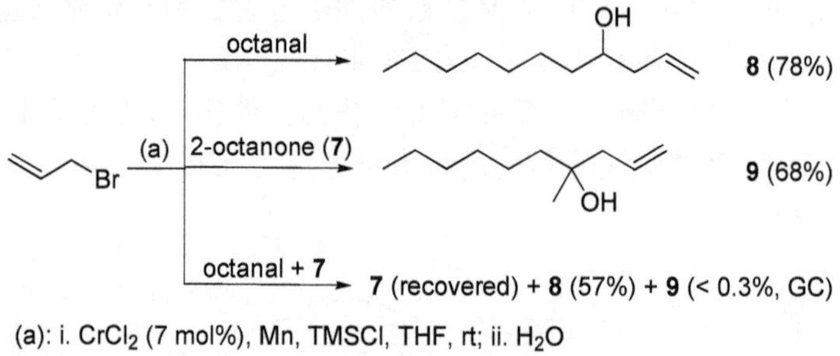

$$(8)$$

(a): i. CrCl$_2$ (7 mol%), Mn, TMSCl, THF, rt; ii. H$_2$O

如式 9 所示：(*E*)- 或 (*Z*)-4-溴-2-丁烯与醛进行反应时，都选择性地生成反式醇。这同化学计量的 NHK 反应的立体选择性是一样的。

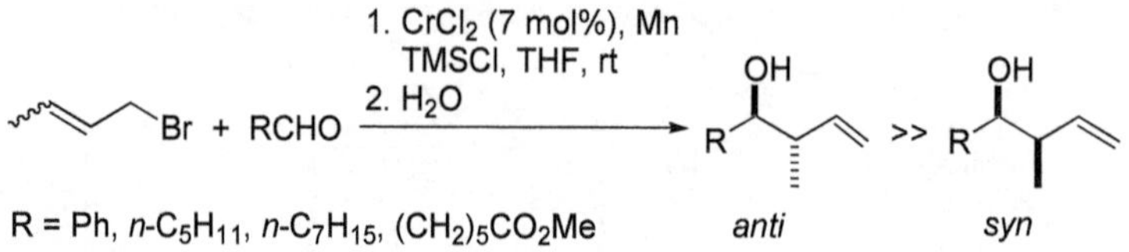

$$(9)$$

1. CrCl$_2$ (7 mol%), Mn
   TMSCl, THF, rt
2. H$_2$O

R = Ph, n-C$_5$H$_{11}$, n-C$_7$H$_{15}$, (CH$_2$)$_5$CO$_2$Me

anti   >>   *syn*

Fürstner 等人还指出：当反应底物为活性较差的烯基或芳基卤代物时，反应体系中需加入少量的 NiCl$_2$ 来促进有机铬亲核试剂的生成。如表 1 所示：所有的反应都是使用催化量的 CrCl$_2$ (15 mol%) 和 NiCl$_2$ 在 DMF/DME (20/3) 混合溶剂中完成的。其中，使用化学计量的锰粉为还原剂，ClMe$_2$Si(CH$_2$)$_3$CN 或 TMSCl 为解离剂。从表 1 给出的例子可以看出：碘苯可以与芳香醛或脂肪醛发生 NHK 反应，以适中的产率得到加成产物 (序号 1~3)。底物中饱和碳原子上卤原子的存在不会对反应造成影响 (序号 4)。杂环芳香卤化物同样能够参与铬催化循环的 NHK 反应 (序号 5)。同样，底物中其它羰基也不会受到影响，例如：酯基 (序号 6)。如序号 7~11 所示：亲电试剂上的给电子取代基 (例如：烷氧基或缩醛取代基) 有利于反应的进行，以相对较高的产率得到加成产物。

表 1 铬催化的芳基碘、烯基碘、烯基三氟甲磺酸酯与醛的 NHK 反应

序号	R-X	醛	产物	产率/%[①]
1	PhI	PhCHO	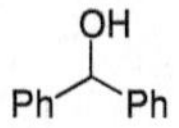 Ph-CH(OH)-Ph	62, 88[②]
2	PhI	$CH_3(CH_2)_6CHO$	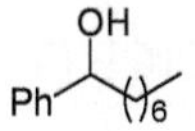 Ph-CH(OH)-(CH_2)_6	67, 72[②]
3	PhI	$C_6H_{11}CHO$	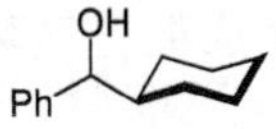 Ph-CH(OH)-C_6H_{11}	71[②]
4	PhI	$Cl(CH_2)_5CHO$	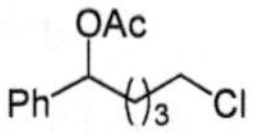 Ph-CH(OAc)-(CH_2)_3-CH_2Cl	66
5	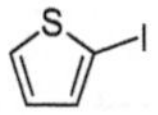 2-碘噻吩	$CH_3(CH_2)_6CHO$	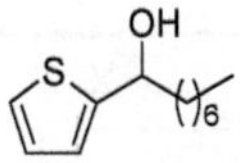 噻吩基-CH(OH)-(CH_2)_6	57[②]
6	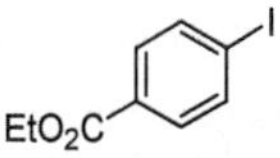 EtO_2C-C_6H_4-I	PhCHO	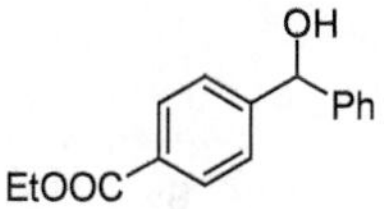 $EtOOC$-C_6H_4-CH(OH)-Ph	57
7	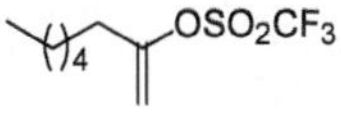 $CH_2=C((CH_2)_4-)OSO_2CF_3$	$CH_3(CH_2)_6CHO$	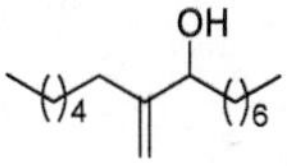 产物	61
8	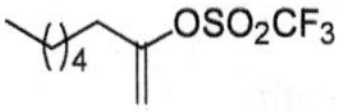 $CH_2=C((CH_2)_4-)OSO_2CF_3$	PhCHO	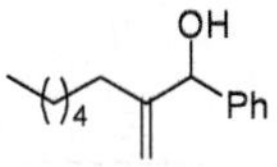 产物	67
9	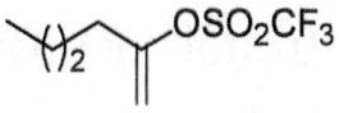 $CH_2=C((CH_2)_2-)OSO_2CF_3$	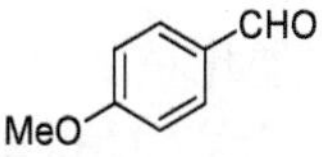 MeO-C_6H_4-CHO	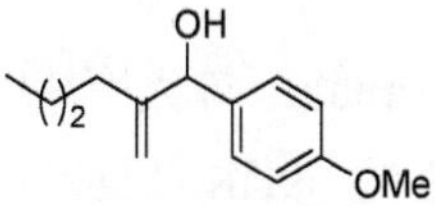 产物-OMe	76
10	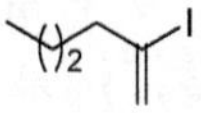 $CH_2=C((CH_2)_2-)I$	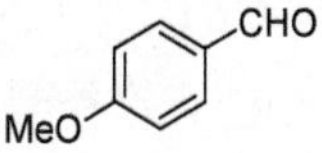 MeO-C_6H_4-CHO	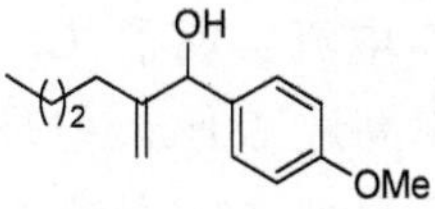 产物-OMe	75
11	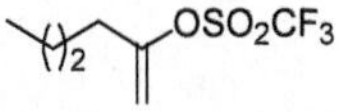 $CH_2=C((CH_2)_2-)OSO_2CF_3$	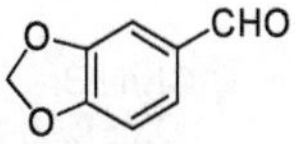 亚甲二氧基苯甲醛	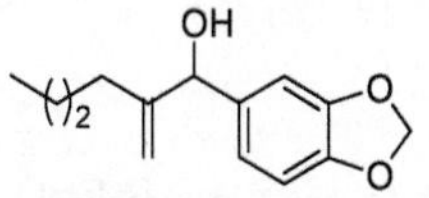 产物	80

① 使用 Me_3SiCl 作为解离试剂。② 使用 $ClMe_2Si(CH_2)_3CN$ 作为解离试剂。

1998 年，Boeckman 等人[32]将 Fürstne 的铬催化循环理念应用到了 Takai-Utimoto 反应[33~35]中。在铬催化作用下，丙烯缩醛与醛发生加成反应以高的产率和选择性生成反式二醇衍生物。

3.3 电化学 NHK 反应

除了使用化学计量的金属锰作为还原剂来实现 Cr(III) 的循环再生外，也可以使用电化学方法。

1997 年，Grigg 等人[36]首次报道了电化学方法进行的 NHK 反应。如式 10 所示：在催化量的 CrCl$_2$ (10 mol%) 作用下，利用原位生成的 Pd(0) 作为共催化剂，用 LiClO$_4$ 切断 O-Cr(III) 键释放出 Cr(III)。然后，Cr(III) 在电极表面被还原成 Cr(II) 并完成催化循环。

$$\text{R}^1\text{X} + \text{R}_2\text{CHO} \xrightarrow[\text{constant current (40 mA/cm}^2)]{\substack{\text{CrCl}_2 \text{ (10 mol\%), Pd(OAc)}_2 \text{ (0.1 mol\%)} \\ \text{PPh}_3 \text{ (0.4 mol\%), 0.1 mol/L LiClO}_4 \text{ in DMF}}} \text{R}^1\overset{\text{OH}}{\underset{}{\diagdown}}\text{R}^2 \quad (10)$$

序号	X	R^1	R^2	产率/%
1	Br	2-propenyl	Ph	69
2	Br	2-propenyl	2-naphthyl	55
3	Br	2-propenyl	2,3-二氢-1,4-苯并二噁英-6-甲基	62
4	I	Ph	Ph	66
5	I	Ph	2-naphthyl	54
6	Br	Ph	Ph	57
7	Br	Ph	2-naphthyl	51

1999 年，Tanaka 等人[37]报道了在催化量的 CrCl$_2$ (10 mol%)/NiBr$_2$ 作用下烯基卤代物与醛的 NHK 反应 (式 11)。该方法以铝和铂分别为阳极和阴极，并配以合适的工作电流实现了 Cr(III) 到 Cr(II) 的还原。该方法对富电子芳香醛效果较好，产率高达 90%。但是，对缺电子芳香醛效果较差，烯基卤与 4-氰基苯甲醛反应时只得到 5% 的产物。

$$\text{R}^1\text{CHO} + \text{R}_2\text{X} \xrightarrow[5\%\sim90\%]{\substack{\text{CrCl}_2/\text{NiBr}_2, \text{ TMSCl} \\ \text{DMF/(Al)-(Pt)}}} \text{R}^1\overset{\text{OR}}{\underset{}{\diagdown}}\text{R}^2 \quad (11)$$

R = H, SiMe$_3$; R^1 = Ph, 4-MeOPh, 4-NCPh,
3,4-(OCH$_2$O)Ph, PhCH$_2$CH$_2$; R^2 = alkenyl

针对于缺电子的芳香醛在催化 NHK 反应中产率较低的问题，Durandetti 等人[38]在 1999 年报道了一种改进的电化学 NHK 反应。他们采用复合金属棒

(Fe/Cr/Ni = 72/18/10) 为阳极和海绵状镍为阴极，对富电子和缺电子芳香醛均具有很好效果。在该反应条件下，芳基溴和芳基氯都能够发生反应。2001 年，Durandetti[39]等人进一步优化了该反应体系，可将 CrCl$_2$ 的用量降低至 7 mol%。

4　有机铬试剂

4.1　烯丙基铬试剂

4.1.1.　烯丙基铬试剂的形成和反应

烯丙基卤代物、三氟甲磺酸烯丙基酯和磷酸烯丙基酯都可以通过氧化插入 Cr(II) 的方法来制备烯丙基铬亲核试剂[40]，主要得到 γ-碳原子与醛或酮相连的产物。但是，当底物烯丙基类化合物的双键含有吸电子取代基时，也会生成直链加成产物，即 α-碳原子直接与醛加成 (式 12)[41]。

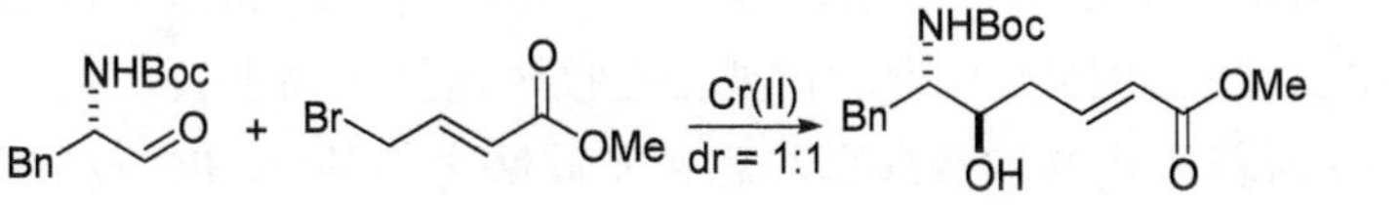

$$\text{(12)}$$

当 1,3-二卤代丙烯参与 NHK 反应时，更倾向于生成烯丙基铬亲核试剂 (式 13)[42]。尤其是在催化量的 NiCl$_2$ 存在时，这一特性可被用来制备 4-卤代-3-烯-1-醇化合物。

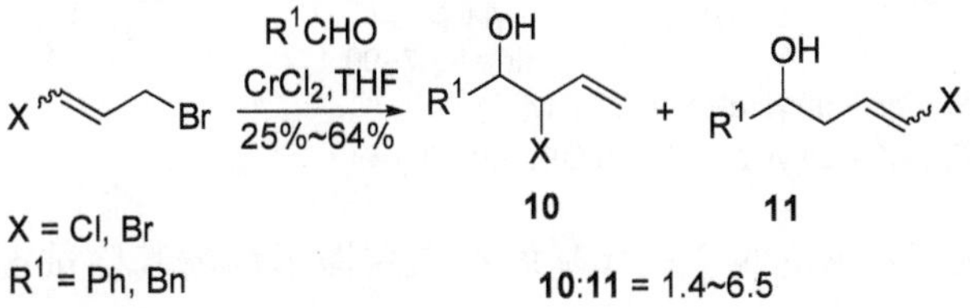

$$\text{(13)}$$

X = Cl, Br
R^1 = Ph, Bn

10　　**11**

10:11 = 1.4~6.5

4.1.2　反应的立体化学

γ-单取代的烯丙基铬试剂与醛或酮发生立体汇聚式加成反应得到反式醇，与底物中双键的原始构型无关。1978 年，Heathcock 等人[23]首次对这一立体选择性进行了阐释。他们认为：该反应可能经过了一个六元环椅式 "Zimmermann-Traxler" 过渡态。其中，醛基取代基与双键取代基都处于 e-键为优势构象，从而主要得到反式加成产物。但是，大位阻醛 (例如：异戊醛) 的过渡态更倾向于船式构象，主要得到顺式加成产物。溶剂对产物的反式选择性有一定的影响，将

THF 换为 DMF 会导致产物的 *anti/syn* 比例明显降低。

由于烯丙基铬试剂参与的反应具有很好的官能团兼容性和独特的立体选择性，使其广泛地应用于大环化合物的合成。1983 年，Still 等人[43]以 NHK 反应为关键步骤，以适中的产率得到了反式加成产物 **12** 和 **13**(式 14)，完成了天然产物 Asperdiol 的合成。

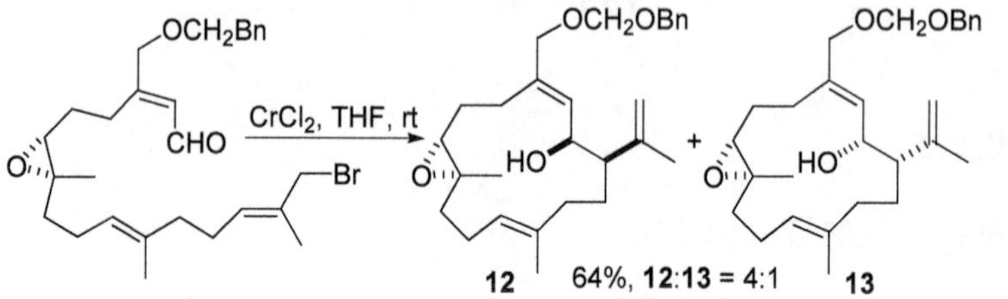

$$64\%,\ \mathbf{12}\!:\!\mathbf{13} = 4\!:\!1 \tag{14}$$

与 γ-单取代烯丙基铬试剂不同，γ,γ-双取代的烯丙基卤代物和磷酸酯与醛或酮的反应是以立体发散式进行的。即使两个取代基的空间位阻效应相同，底物中双键的构型也会直接影响到产物的立体化学。这一结果说明：γ,γ-双取代的烯丙基卤代物或磷酸酯在形成铬试剂的过程中，*E*-构型和 *Z*-构型之间的平衡慢于它们与醛的加成过程。因此，双键的构型会直接传递到产物中去。如式 15 所示：γ,γ-双取代的烯丙基卤代物和磷酸酯与各种不同醛之间的 NHK 反应[40c,40e]均以较高的选择性得到了加成产物。值得注意的是：该反应体系需加入催化量的 LiI，否则产率会明显降低。

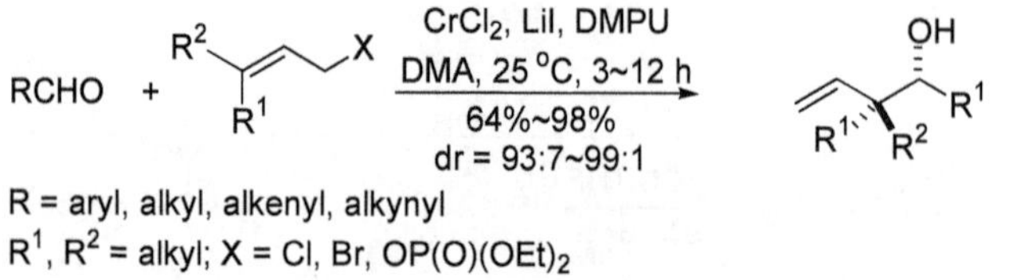

$$\tag{15}$$

R = aryl, alkyl, alkenyl, alkynyl
R^1, R^2 = alkyl; X = Cl, Br, OP(O)(OEt)$_2$

这一结果说明：γ位两个取代基的存在减慢了烯丙基铬试剂 *E*-构型和 *Z*-构型之间的平衡，使得双键的构型能够保持。如式 16 所示：γ,γ-双取代磷酸酯与醛的反应也是经过六元环椅式过渡态进行的。

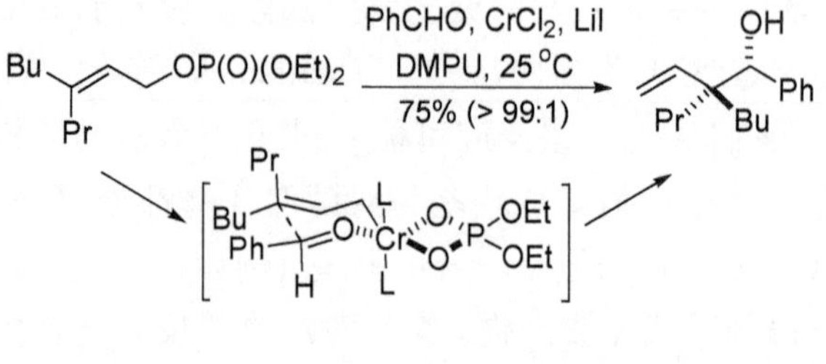

$$\tag{16}$$

Hodgson 等人发现[44]：如果烯丙基底物的 β-碳原子上带有较大的取代基 (例如：硅基取代基) 时，反应的立体选择性会发生翻转 (式 17)。这可能是由于取代基的存在阻碍了 E-构型和 Z-构型烯丙基铬试剂的互变平衡，从而使得双键的构型能够完全保持 (式 18)。

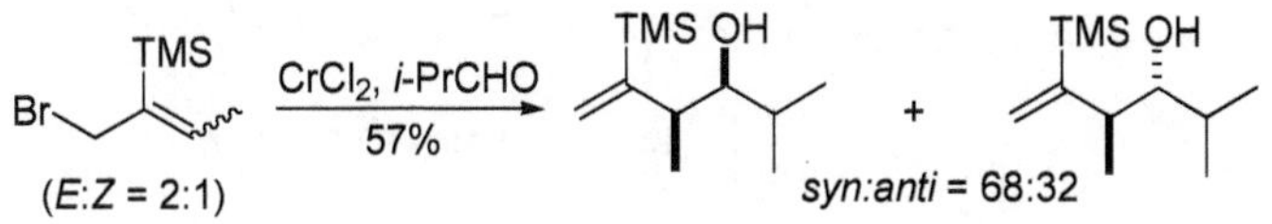

$$\text{(17)}$$

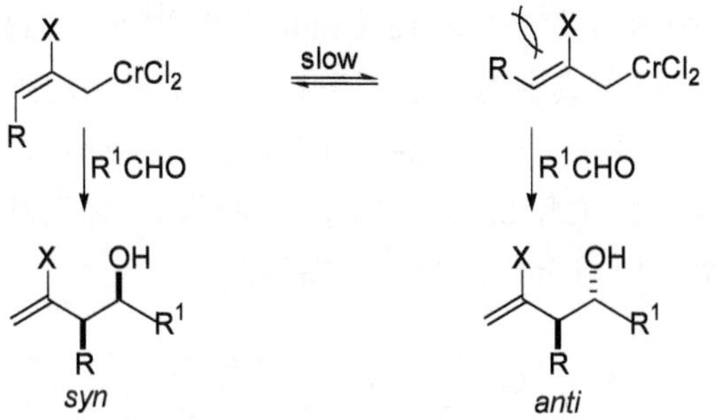

$$\text{(18)}$$

α-卤代的烯丙基底物 3,3-二氯丙烯 (式 19)[35]或 1,3,3-三溴丙烯 (式 20)[45] 与醛发生加成反应时，均以立体汇聚式进行生成 $anti$-Z-构型的加成产物。

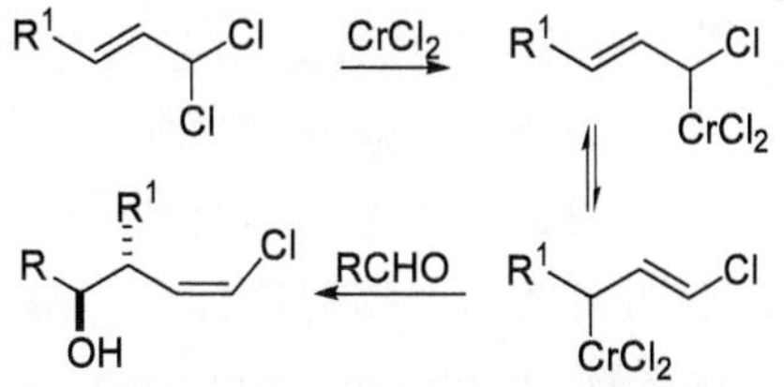

R = Me, n-C$_3$H$_7$; R^1 = aryl, alkyl, alkenyl;
$anti$-Z (major isomer); $anti$:syn = 93:7~100:0
Z:E = 88:12~100:0

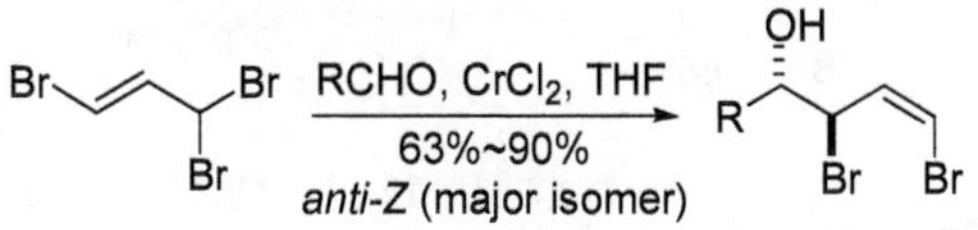

$$\text{(19)}$$

$$\text{(20)}$$

在 NHK 反应过程中，底物本身的立体化学或分子中的杂原子取代基所产生的空间位阻对产物的构型有一定的影响。1982 年，Kishi 等人发现[46]：烯丙基铬试剂与 α-手性醛反应也生成 1,2-反式选择性产物，且主要为 Cram 加成产物 (1,2-$anti$/2,3-syn) (式 21)。而且随着 α-位取代基位阻的增加，Cram 加成产物的比例会明显的增加 (式 22)。

$$
\text{Et}\text{—}\text{CHO} + \quad \text{Br} \xrightarrow{\text{CrCl}_2} \quad \text{"Cram"} + \text{"anti-Cram"} \quad dr = 2.2:1 \tag{21}
$$

$$
\tag{22}
$$

14   **14:15 = 95:5**   **15**

　　如果手性醛的 α-位存在有杂原子取代基 (例如：烷氧基) 时，则有利于生成 "Felkin-Anh" 产物而非 "Chelate Cram" 产物[47]。1988 年，Mulzer 等人[48] 在 Blastmycinnone 的合成中对该立体选择性做了详尽的阐述。他们使用 α-位含有不同烷氧基取代的手性醛与烯丙基铬试剂进行反应，均以较好的选择性得到了 "Felkin-Anh" 加成产物 (式 23)。该实验结果说明：烯丙基铬试剂与醛的加成反应主要受到立体位阻控制而非螯合过渡态控制。

$$
\tag{23}
$$

R = THP, SiMe$_2t$Bu; R^1 = CH$_3$, Ph, n-C$_4$H$_9$
"Felkin-Anh"   "Chelate Cram"
"Felkin-Anh":"Chelate Cram" = 89:11~99:1

　　Mulzer 等人发现[49]：如果烯丙基卤的 δ 位具有手性，它与非手性醛的 NHK 反应产物同样遵循 "Felkin-Anh" 模型。他们尝试了不同的烯丙基溴与醛的反应，发现 δ 位的手性中心对产物的构型起到决定性的影响。如果烯丙基溴的 ε-位和 ζ-位具有手性，则会明显增加产物的选择性 (式 24 和式 25)。随后，他们将这一规律应用于天然产物 Nephromopsinic acid (式 26) 及其对映体的合成中 (式 27)。

$$
\tag{24}
$$

16   **16:17 = 83:17**   **17**
反应条件：
i. PhCHO, CrCl$_2$/LiAlH$_4$, THF, 0 °C

$$
\tag{25}
$$

18   **18:19 = 96:4**   **19**
反应条件：
i. PhCHO, CrCl$_2$/LiAlH$_4$, THF, 0 °C

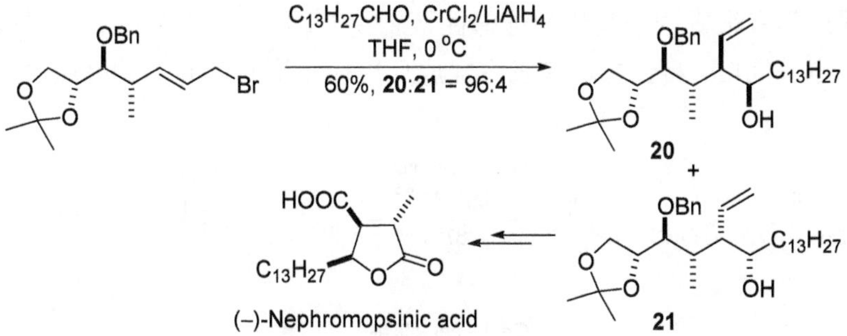

(26)

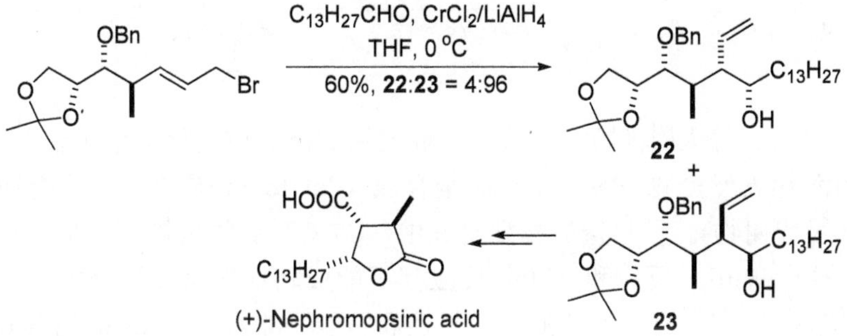

(–)-Nephromopsinic acid

(27)

(+)-Nephromopsinic acid

4.2 烯基铬试剂

4.2.1 烯基铬试剂的生成和反应

1983 年，Nozaki 等人[6]深入研究了 $CrCl_2$ 促进的烯基卤化物与醛的加成反应 (式 28)。在化学计量的 $CrCl_2$ 作用下，碘代烯烃或溴代烯烃与各种不同的醛进行加成，以高的产率得到了相应的烯丙醇。但是，反应的重现性依赖于所使用的无水 $CrCl_2$ 的来源，而且碘代烯烃的反应活性要远远高于相应的溴代烯烃的反应活性。

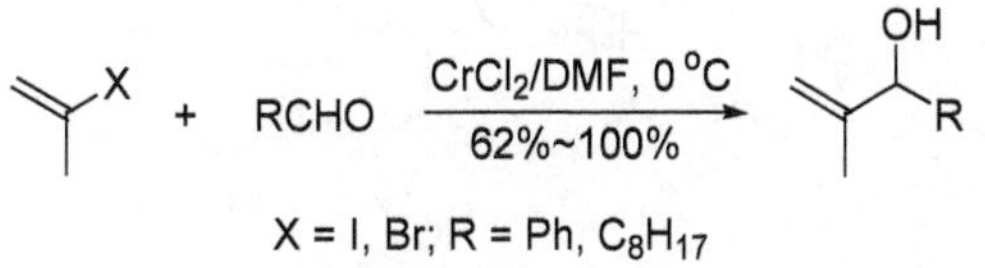

(28)

X = I, Br; R = Ph, C_8H_{17}

1986 年，Nozaki[8]发现体系中加入催化量的 $NiCl_2$ 会大大促进烯基卤与醛之间的加成反应 (式 29)。更重要的是他们发现：尽管三氟甲磺酸烯基酯的反应活性低于相应的碘代烯烃，但可以用来代替烯基卤代物制备烯基铬亲核试剂。

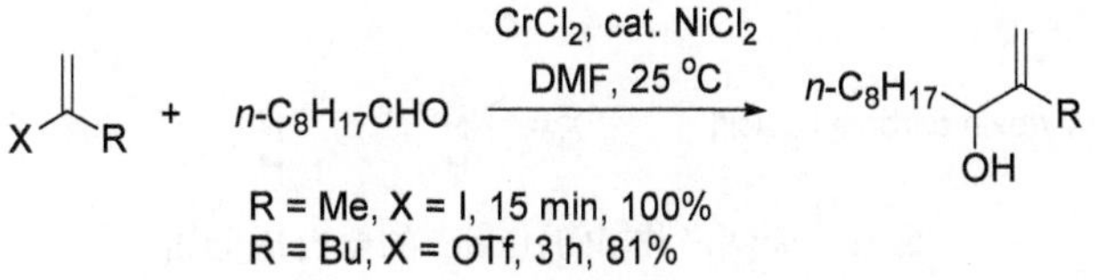

(29)

R = Me, X = I, 15 min, 100%
R = Bu, X = OTf, 3 h, 81%

烯基铬试剂具有很好的醛基化学选择性。当底物中同时存在醛基、酮、氰基、酯基等一些亲电基团时,将优先与醛发生加成反应而不影响其它基团 (式 30 和式 31)。

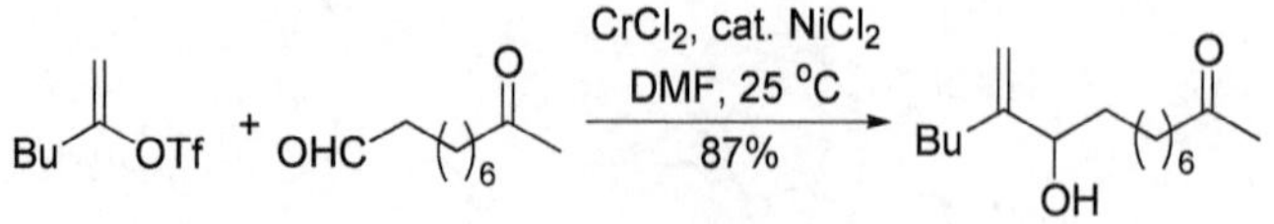

$$(30)$$

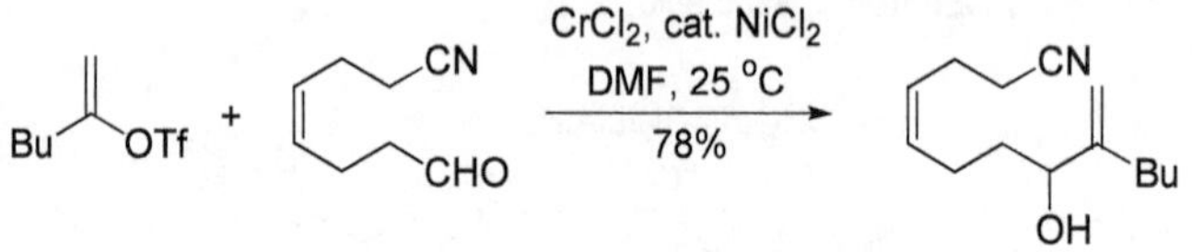

$$(31)$$

1986 年,Kishi 等人[7]将烯基铬试剂与醛的加成反应成功地应用于含有 63 个手性中心的海洋天然产物 Palytoxin 的全合成 (Palytoxin 是迄今为止合成出来的最大的二级代谢物)。在早期的模型研究中,C7-C8 键的构筑一直是一项具有挑战性的工作,Wittig 反应和 aldol 反应都不能成功地应用在该分子的合成中。考虑到 NHK 反应具有很好的醛基选择性和官能团兼容性,Kishi 用 Cr(II)

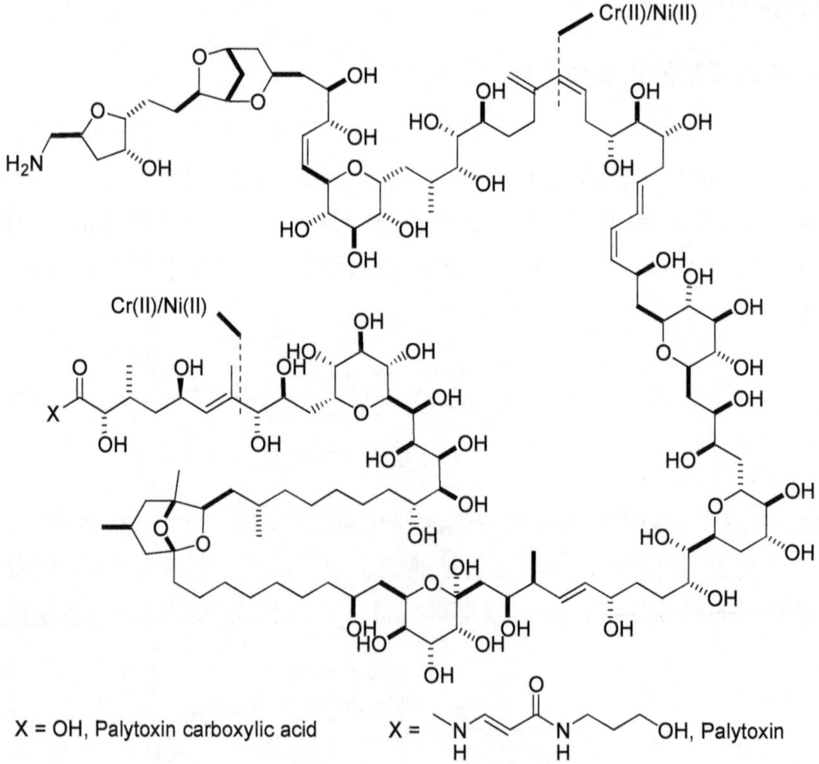

X = OH, Palytoxin carboxylic acid X = , Palytoxin

图 4 天然产物 Palytoxin 的全合成分析

促进的烯丙基碘与相应醛的加成反应来构筑 C7-C8 键取得了较好的结果。他们利用了两次 NHK 反应构筑了 Palytoxin 的 C7-C8 键和 C84-C85 键，最终成功地实现了 Palytoxin 的全合成[50](图 4)。

含有吸电子取代基的甲磺酸烯基酯也可以用来制备烯基铬试剂，但因其产率较低而研究的相对较少[51]。

由于有机铬试剂的碱性较弱，因此醛或酮羰基的 α-立体化学在进行反应时不受影响 (式 32)[52]。

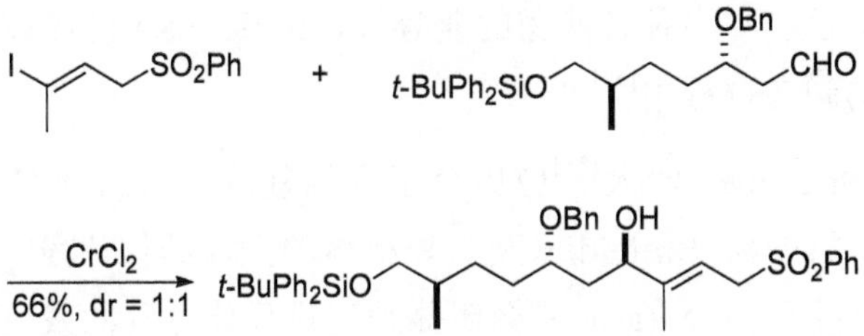

$$\tag{32}$$

4.2.2 反应的立体化学

一般来讲，二取代烯基铬试剂中双键的构型可以在反应过程中得以保持 (式 33)[6,7]。

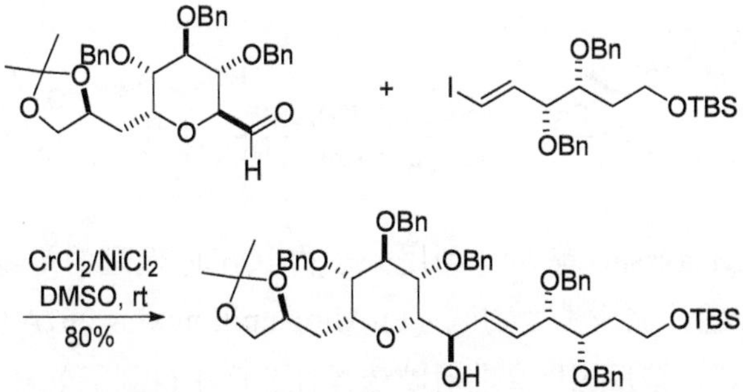

$$\tag{33}$$

而三取代烯基铬试剂都会立体汇聚式地生成反式的烯丙醇，与起始底物中双键的构型无关。但是，通常顺式烯基铬试剂的产率相对较低 (式 34)[8]。

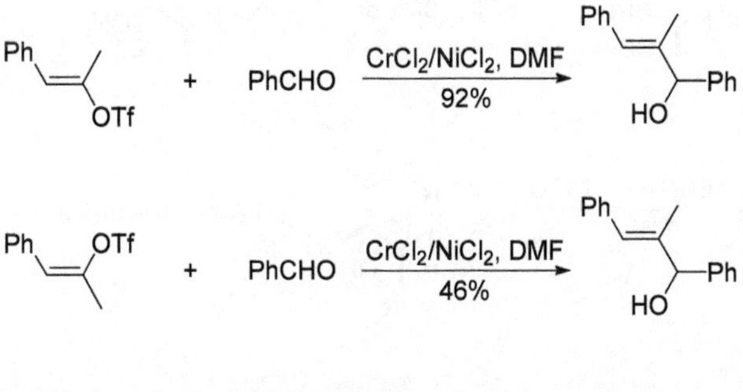

$$\tag{34}$$

当烯基铬试剂与 α,β-不饱和醛反应时仅得到 1,2-加成产物[8]，这与其它一些金属试剂不同 (例如：有机铝试剂和有机锆试剂等) (式 35)[53]。

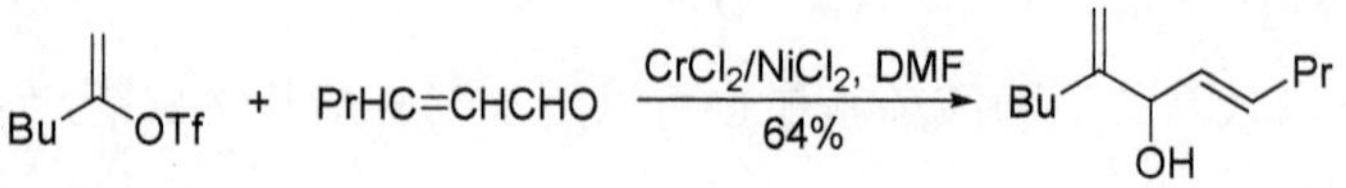

$$\underset{Bu}{\nearrow}OTf \;+\; PrHC=CHCHO \xrightarrow[64\%]{CrCl_2/NiCl_2,\; DMF} \underset{Bu}{\nearrow}\underset{OH}{\diagdown}Pr \qquad (35)$$

4.2.3 分子内反应

有机铬试剂不仅能进行分子间的 NHK 反应，也能发生分子内反应。由于较好的醛基选择性和与多种官能团的兼容性，NHK 反应已经被广泛应用于复杂大环天然产物的制备过程中[54]。

1988 年，Schreiber 等人[55]应用分子内烯基碘与醛的 NHK 反应作为关键步骤，构筑了天然产物 Brefeldin 及其异构体的大环结构片段。他们发现：在反应体系中加入催化量的 Ni(acac)$_2$ 会明显地促进环化过程的发生 (式 36)。

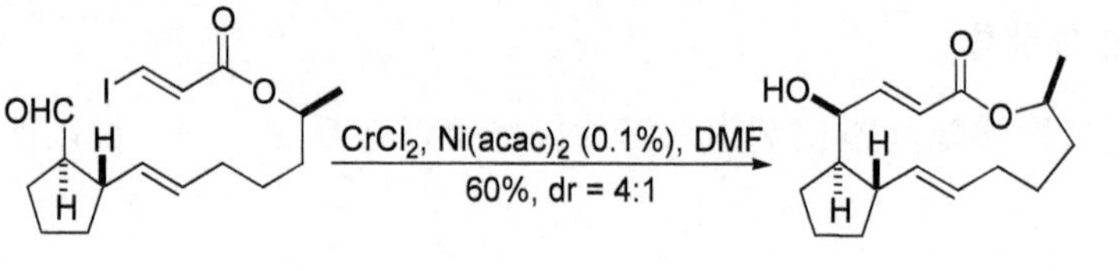

$$\xrightarrow[60\%,\; dr = 4:1]{CrCl_2,\; Ni(acac)_2\,(0.1\%),\; DMF} \qquad (36a)$$

$$\xrightarrow[70\%,\; dr = 10:1]{CrCl_2,\; Ni(acac)_2\,(0.1\%),\; DMF} \qquad (36b)$$

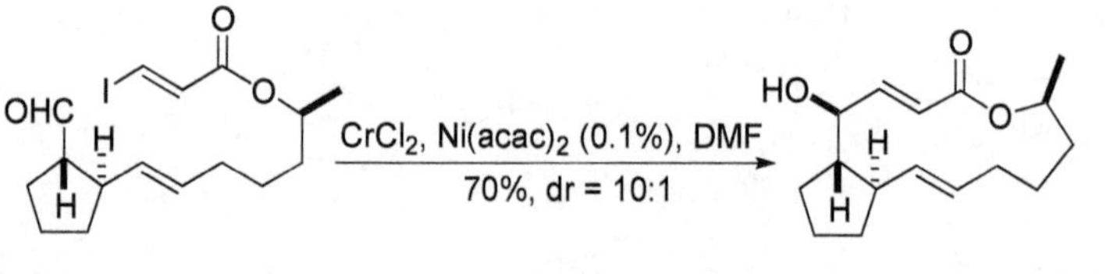

1993 年，Kibayashi 等人[21]利用分子内 CrCl$_2$ 促进的烯基碘与醛的 NHK 反应作为关键步骤，完成了生物碱 (+)-Allopumiliotoxins 267A (式 37) 和 339A (式 38) 的全合成。该反应以高非对映选择性和产率得到了单一构型的加成产物，

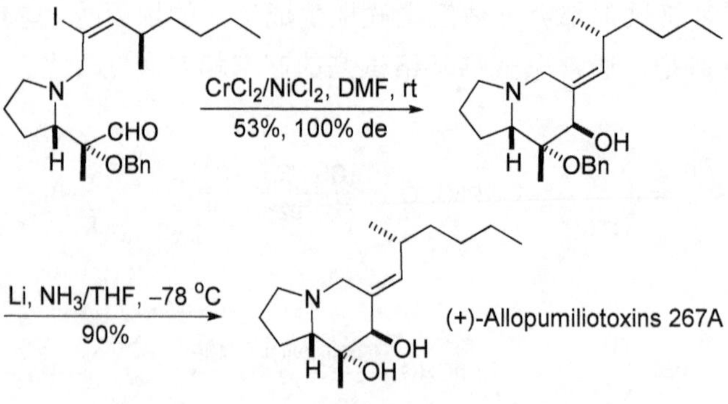

$$\xrightarrow[53\%,\; 100\%\; de]{CrCl_2/NiCl_2,\; DMF,\; rt} \qquad (37)$$

$$\xrightarrow[90\%]{Li,\; NH_3/THF,\; -78\;^{o}C} \qquad (+)\text{-Allopumiliotoxins 267A}$$

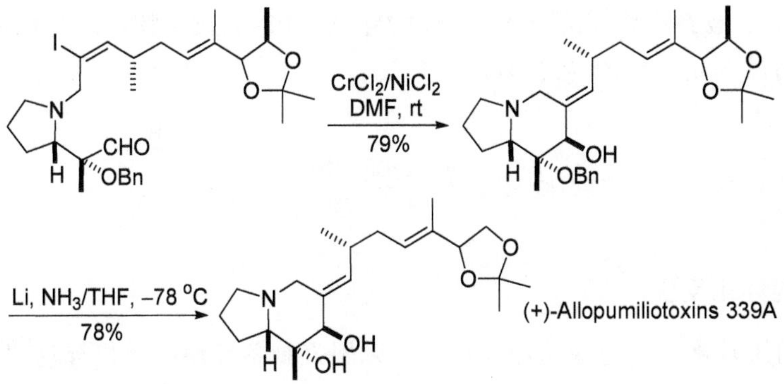
I
N
CHO
H
OBn
O
O
CrCl2/NiCl2
DMF, rt
79%
N
OH
H
OBn
Li, NH3/THF, –78 °C
78%
N
OH
H
OH
(+)-Allopumiliotoxins 339A

(38)

且双键的构型在反应前后没有发生变化。

4.3 炔基铬试剂

4.3.1 炔基铬试剂的生成和反应

通常，炔基铬试剂可以由炔基卤代物与 $CrCl_2$ 经氧化加成得到。一般来讲，炔基碘的反应活性要高于炔基溴的反应活性。前者在 DMF 中室温下就可反应，而炔基溴则需要相对较高的温度。即使没有催化量 $NiCl_2$ 存在的条件下，炔基卤与醛的 NHK 反应也能够很好地进行。但是，使用高度官能团化的底物或者进行分子内大环合成时，通常需要加入 $NiCl_2$ 来促进炔基铬试剂的生成[56]。

1985 年，Nozaki 等人[57]报道了炔基卤代物与各种不同醛的加成反应，均以较高的产率得到了相应的炔丙醇 (式 39)。

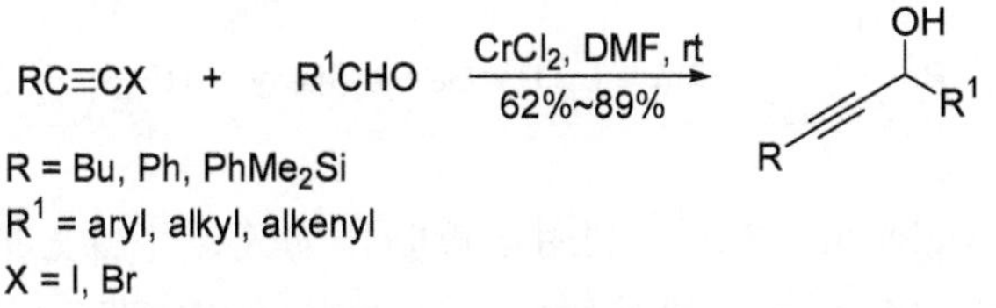
RC≡CX + R1CHO
CrCl2, DMF, rt
62%~89%
OH
R1
R
R = Bu, Ph, PhMe2Si
R1 = aryl, alkyl, alkenyl
X = I, Br

(39)

同烯丙基铬试剂和烯基铬试剂一样，炔基铬试剂也具有高度的醛基选择性，这是它区别于其它金属试剂 (例如：炔基锂试剂和格氏试剂) 的主要特征 (式 40)。

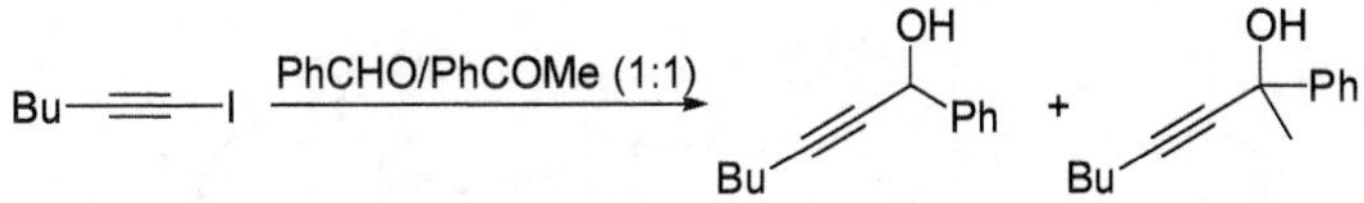
Bu—≡—I
PhCHO/PhCOMe (1:1)
OH
Ph
Bu
+
OH
Ph
Bu

(40)

		24	25
BuC≡CLi	THF, 0 °C, 0.5 h	53%	45%
BuC≡CMgBr	THF, 0 °C, 0.25 h	53%	43%
$BuC≡CCr(III)Cl_2$	DMF, 25 °C, 2 h	82%	< 3%

另外，它与 α,β-不饱和醛反应专一性的得到 1,2-加成产物，这与烯丙基铬试剂和烯基铬试剂是一样的 (式 41)。

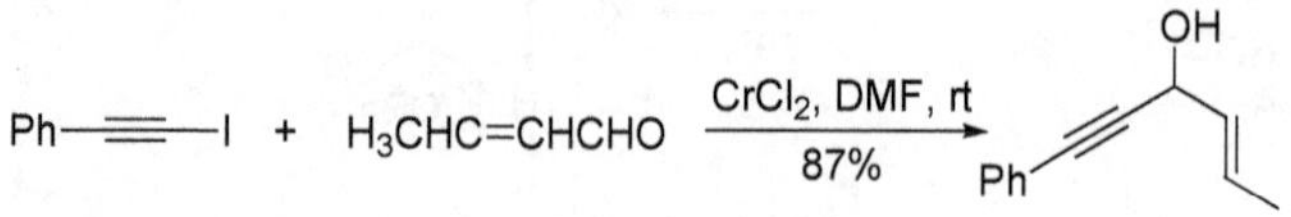

$$Ph\text{—}\equiv\text{—}I + H_3CHC\text{=}CHCHO \xrightarrow[87\%]{CrCl_2, DMF, rt} \quad (41)$$

4.3.2 分子内环化反应

分子内的炔基铬试剂与醛的加成反应可以用来制备环炔醇类化合物[58]，而且已经被广泛应用于天然产物的合成。1993 年，Fallis 等人[15]利用炔基铬试剂分子内的 NHK 反应构筑了 12-元环的 Taxamycins 的结构骨架。该反应在 CrCl₂/NiCl₂ 作用下，以适中的产率得到了单一构型的环化产物 (式 42)。

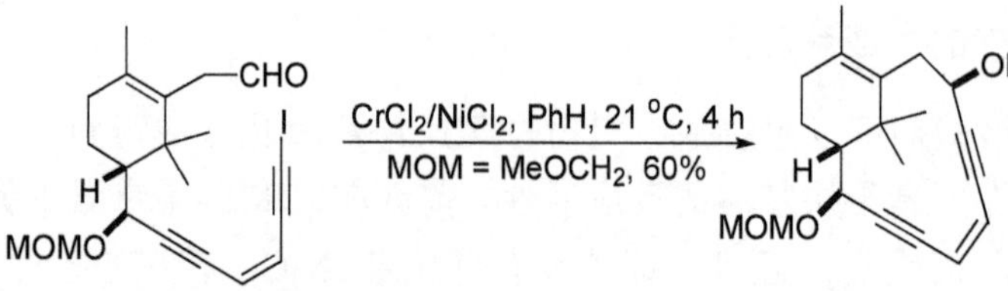

$$\xrightarrow[\text{MOM = MeOCH}_2, 60\%]{CrCl_2/NiCl_2, PhH, 21\ ^oC, 4\ h} \quad (42)$$

Keese 等人[59]基于炔基铬试剂的分子内 NHK 反应，以适中的产率合成了 12-元环的二醇类化合物 (式 43)。

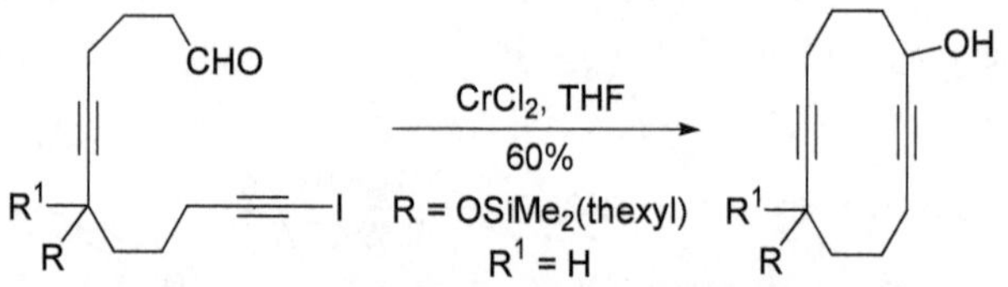

$$\xrightarrow[60\%]{CrCl_2, THF} \quad R = OSiMe_2(thexyl) \quad R^1 = H \quad (43)$$

1997 年，Malacria 等人[60]利用该策略作为关键步骤完成了 Illudol 异构体的全合成。如式 44 所示：炔基碘 **26** 在无水 CrCl₂(THF)₂ 作用下与醛进行分子内的 NHK 反应，以 88% 的产率和适中的选择性 (dr = 3:1) 得到了环化的炔丙醇 **27**。

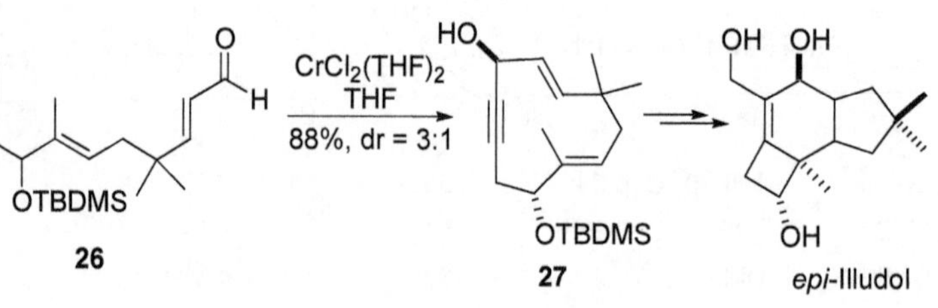

$$\xrightarrow[88\%, dr = 3:1]{CrCl_2(THF)_2 \atop THF} \quad (44)$$

26   **27**   *epi*-Illudol

4.4 芳基铬试剂

4.4.1 芳基铬试剂的生成和反应

芳基卤具有比其它有机卤化物较低的活性，它们与 Cr(II)/Ni(II) 的反应通常需要较为苛刻的条件。因此，有关芳基铬试剂的报道相对较少。芳基铬试剂一般由芳基碘化物或芳基溴化物通过氧化插入 Cr(II) 的方法来制备。在相同的反应条件下，由芳基碘化物与醛加成所得产物的产率较高。芳基碘与醛的 NHK 反应既可以在传统的反应条件下进行 (即用化学计量的无水 CrCl$_2$)[6]，也可以在 Fürstner 发展的铬催化循环的条件下进行 (CrCl$_2$/Mn/TMSCl) (式 45)[30]。

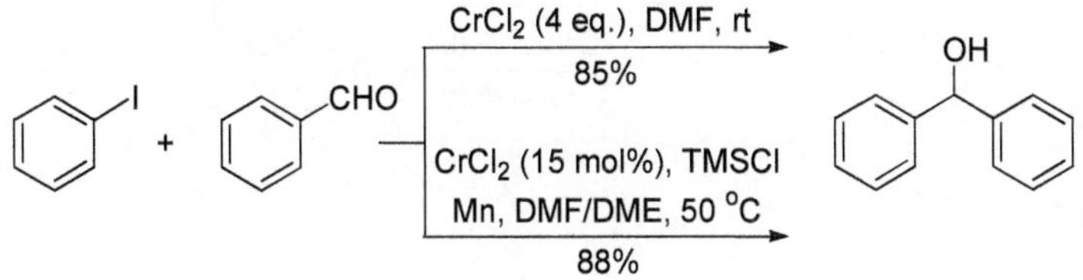

$$\text{(45)}$$

芳基铬试剂参与的 NHK 反应同样具有高度的醛基化学选择性 (式 46 和式 47)。

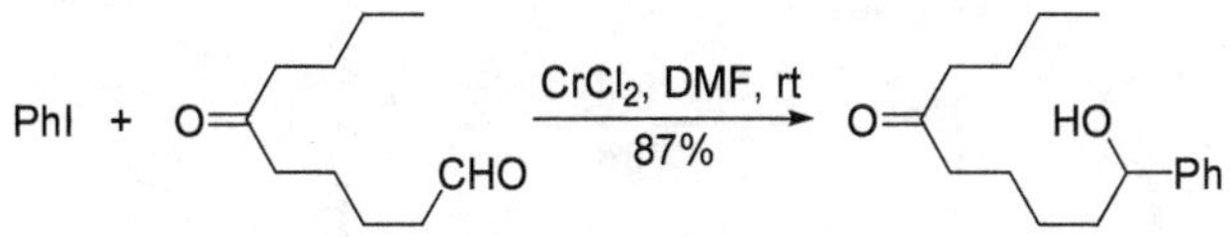

$$\text{(46)}$$

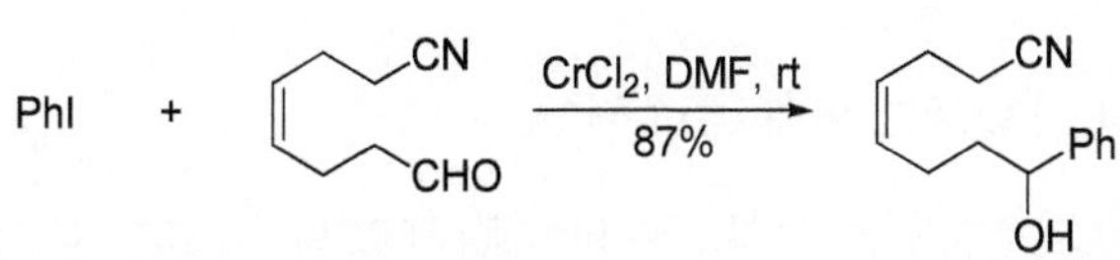

$$\text{(47)}$$

除了芳基卤化物之外，芳基铬试剂也可以由二芳基碘盐在 CrCl$_2$ 作用下制备[61]。与芳基卤化物不同的是：二芳基碘盐能够直接和 Cr(II) 反应而无需镍催化剂的参与，但镍盐的加入有助于提高反应的产率 (式 48 和式 49)。

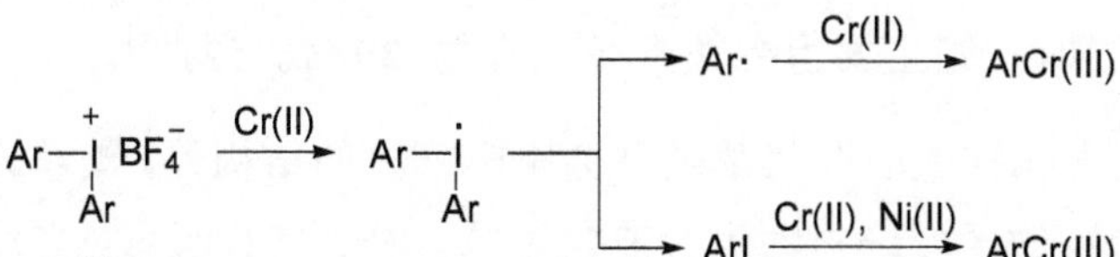

$$\text{(48)}$$

28

$$Ar\overset{+}{\underset{Ar}{-I}}\ BF_4^-\ +\ RCHO\ \xrightarrow{\text{CrCl}_2,\ \text{NiCl}_2,\ \text{DMF, rt}}\ \underset{Ar}{\overset{OH}{\bigvee}}R \quad\quad (49)$$

28

芳基铬试剂除了可以通过氧化插入 Cr(II) 的方法来制备外，也可以通过金属交换来得到。芳基锌试剂是较好的用来制备芳基铬试剂的前体[62]，它可以与 Cr(III) 发生金属交换作用生成芳基铬试剂。由于其本身与醛的加成速率很慢，因此也广泛地用在碳-碳键的生成反应中 (式 50)。

$$R\overset{}{\underset{}{\bigcirc}}ZnI\ +\ R^1CHO\ \xrightarrow[62\%\sim82\%]{\text{CrCl}_3,\ \text{TMSCl}}\ R\overset{}{\underset{}{\bigcirc}}\underset{R^1}{\overset{OH}{\bigvee}} \quad\quad (50)$$

4.4.2 分子内环化

在 CrCl$_2$ 的作用下，芳基卤也可以与醛发生分子内的 NHK 反应。最典型的代表就是利用该策略立体选择性地构筑了抗肿瘤药物 Eleutheside 的环状结构骨架 (式 51)[63]。

$$\xrightarrow[70\%]{\text{CrCl}_2,\ \text{NiCl}_2,\ \text{DMF}} \quad\quad (51)$$

4.5 炔丙基铬试剂和丙二烯基铬试剂

与其它一些铬试剂不同的是，醛和酮均可以与炔丙基铬试剂和丙二烯基铬试剂发生 NHK 反应得到相应的加成产物。在 Cr(II) 诱导的炔丙基溴与羰基化合物的加成反应中，既可以生成炔基醇化合物 **29** 也可以生成丙二烯取代的醇类化合物 **30**，两者的比例在很大程度上取决于底物的空间位阻和电子效应。当底物为一级炔丙基溴 (R = H, R$^1 \neq$ H) 时，主要得到丙二烯醇 **30**。而当底物为二级炔丙基溴 (R^1 = H) 时，则主要得到炔基醇化合物 **29** (式 52)[64]。

除了炔丙基卤化物上的取代基类型会影响产物的结构外，羰基化合物上的取代基和溶剂对产物的区域选择性也会产生影响。如式 53 所示：当体系中加入一定量的 HMPA 作为共溶剂时，产物中丙二烯醇 **32** 的比例会有所增加[65]。

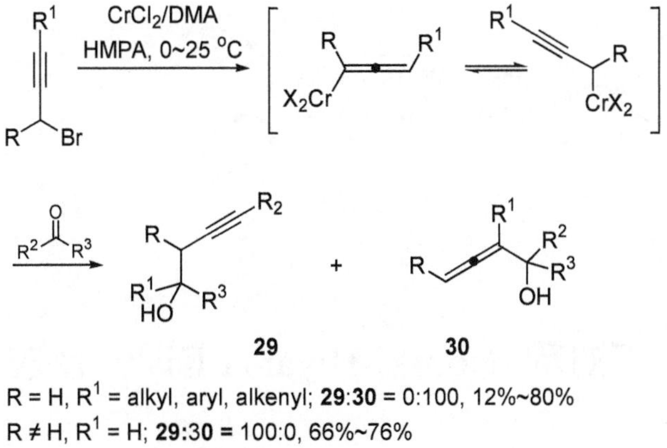

CrCl2/DMA
HMPA, 0~25 °C
R = H, R1 = alkyl, aryl, alkenyl; 29:30 = 0:100, 12%~80%
R ≠ H, R1 = H; 29:30 = 100:0, 66%~76%

(52)

cyclohexanone
CrCl2, THF
HMPA = 0 eq., 68%, 31:32 = 65:35
HMPA = 2 eq., 65%, 31:32 = 55:45
HMPA = 5 eq., 70%, 31:32 = 21:79

(53)

1992 年，Knochel 等人[66]研究发现：在 $CrCl_2$·LiI 作用下，含有酯基、氰基、卤素等取代基的炔丙基卤与醛或酮的反应可以高度区域选择性 (94:4~99:1) 和高产率 (69%~93%) 地得到丙二烯醇 **33**。如式 54 所示：该反应以 DMA 作溶剂时效果最好。当以 THF 为溶剂时，产物的区域选择性会有所降低。

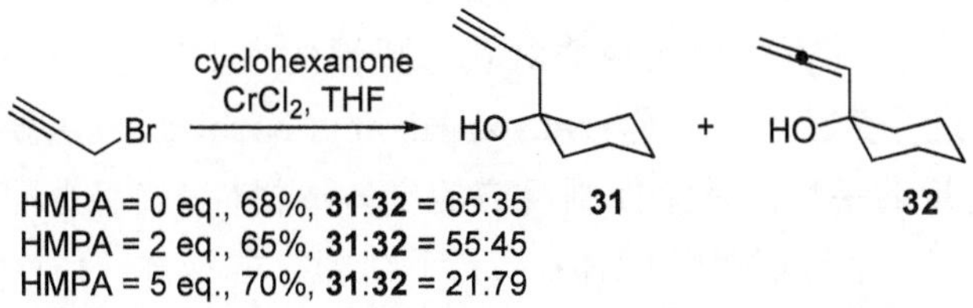

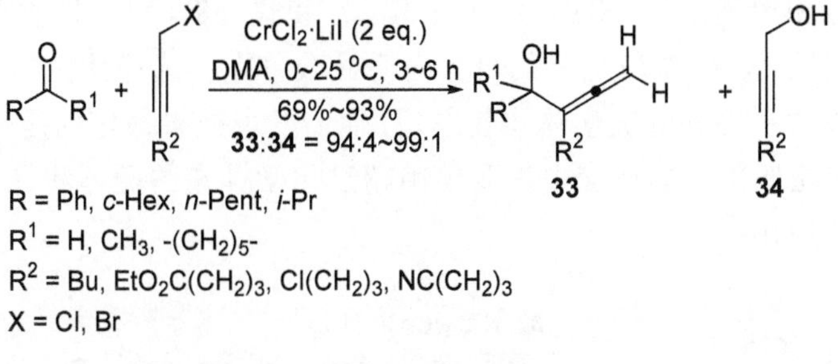

CrCl2·LiI (2 eq.)
DMA, 0~25 °C, 3~6 h
69%~93%
33:34 = 94:4~99:1
R = Ph, c-Hex, n-Pent, i-Pr
R1 = H, CH3, -(CH2)5-
R2 = Bu, EtO2C(CH2)3, Cl(CH2)3, NC(CH2)3
X = Cl, Br

(54)

他们还发现：在相同的条件下，α-位取代炔丙基卤生成的产物的区域选择性会发生完全的转变，以高的产率得到炔基醇化合物 **35** (式 55)。

CrCl2·LiI (2 eq.)
DMA, 5 °C, 3 h
90%, dr = 40:60

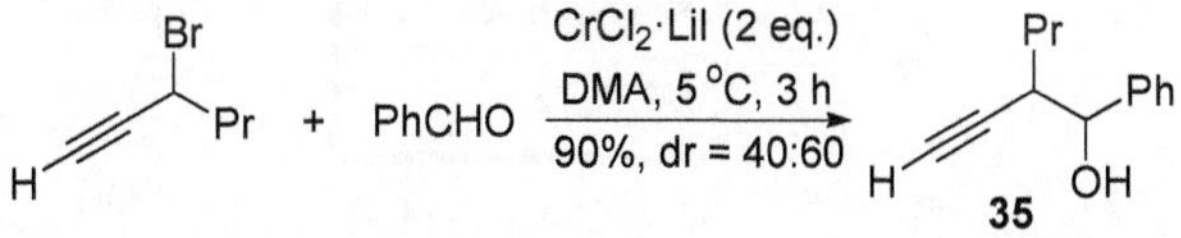

(55)

Wipf 等人[67]发现：当用 Ph_2Cr·TMEDA 代替 $CrCl_2$ 进行反应时，主要得到相应的炔基醇化合物 **36** 和 **37** 而非丙二烯醇 (式 56)。

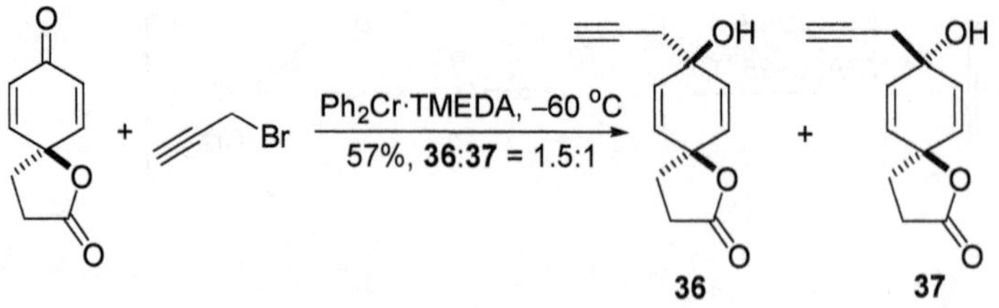

$$(56)$$

5　不对称 Nozaki-Hiyama-Kishi 反应

与其它亲核试剂对醛、酮的亲核加成反应一样，醛的 NHK 反应也产生一个新的手性中心。因此，如何实现非对映选择性的 NHK 反应是有机化学家面临的主要问题。迄今为止，不对称 Nozaki-Hiyama-Kishi 反应主要是通过在反应体系中加入一定量的手性配体来控制反应的立体选择性。就手性配体的种类而言可分为七大类：(1) 手性联吡啶配体；(2) 手性脯氨醇配体；(3) 手性 Salen 配体；(4) 手性噁唑啉/磺酰胺配体；(5) 手性双噁唑啉咔唑配体；(6) 手性噁唑啉配体；(7) 手性双羟基喹啉类配体。

5.1　手性联吡啶配体

1995 年，Kishi 等人[68]首次利用化学计量的手性联吡啶配体实现了对映选择性的烯丙基卤和烯基卤的 NHK 反应 (式 57 和式 58)。对手性联吡啶配体进行详尽的研究表明：C-6 位取代基的引入会明显改善立体选择性控制能力。经过对各种不同取代的手性联吡啶配体比较之后，他们发现效果最好的是化合物 **38**。但是，由于在该配体参与的反应中需要使用超过化学计量的配体和 CrCl$_2$，因此限制了该配体的应用。

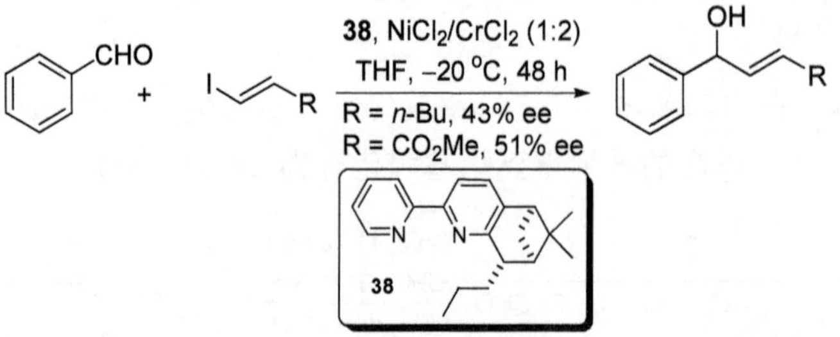

$$(57)$$

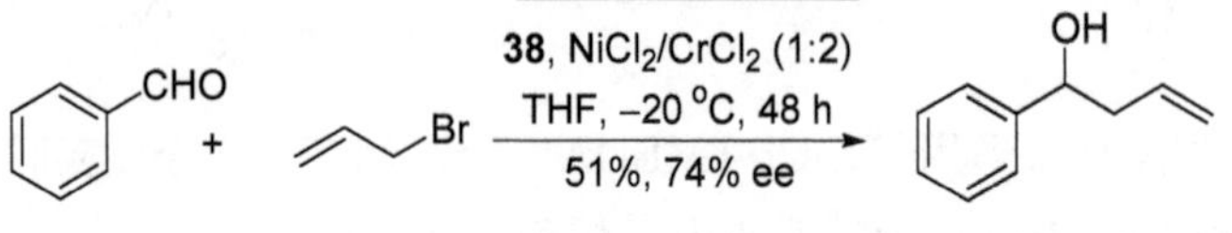

$$(58)$$

当配体 **38** 用于手性醛与烯基碘的加成反应时，反应的非对映选择性会有明显的提高。如式 59 所示：手性配体的加入可使产物 **39** 和 **40** 的比值由 1.3:1 提高到 10:1。

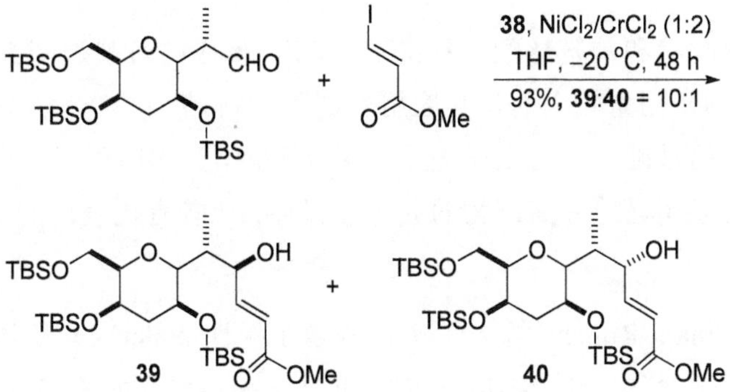

(59)

5.2 手性脯氨醇配体

1997 年，Kibayashi 等人[69]报道了由脯氨酸衍生的手性 *N*-苯甲酰基-L-辅氨醇配体 **41**。如式 60 所示：该配体参与的醛与烯丙基溴的 NHK 反应可以得到 43%~84% 的产率和 49%~98% 的对映选择性。芳香醛底物主要得到 (*R*)-加成产物，而脂肪醛底物主要得到 (*S*)-加成产物。

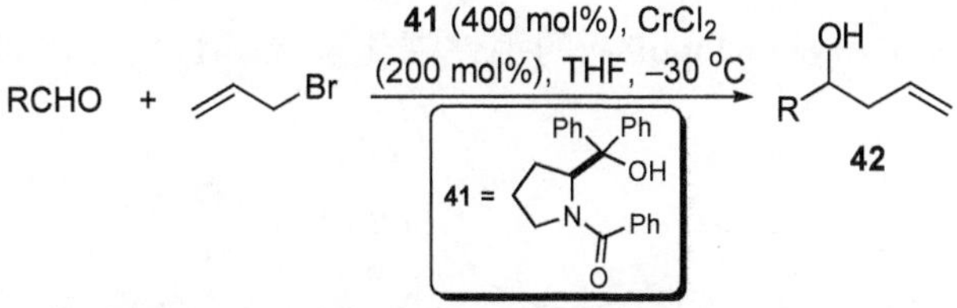

(60)

R = 4-MeOPh, 4-ClPh, 1-naphthyl; *R*-**42**, 43%~84%, 49%~98% ee
R = Ph(CH$_2$)$_2$, *S*-**42**, 60%, 61% ee

他们认为：首先，一分子的 CrCl$_2$ 与两分子配体上的 N- 和 O-原子配位生成手性铬复合物。然后，再与烯丙基溴发生氧化加成得到手性修饰的烯丙基铬试剂 **43**。最后，再与醛发生亲核加成反应生成产物 (式 61)。同手性联吡啶配体一样，手性辅氨醇配体在该反应中的用量非常大 (400 mol%)。另外，较低的产

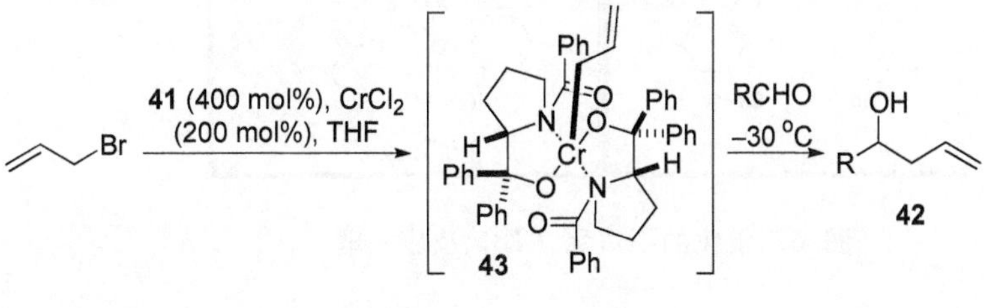

(61)

率说明该反应过程中生成的手性烯丙基铬中间体不稳定,在反应条件下很容易发生分解。

5.3 手性 Salen 配体

尽管手性联吡啶和辅氨醇配体在提高 NHK 反应的对映选择性方面起到了一定的作用,但由于用量较大而使其应用受到了限制。近十年来,人们在 Fürstner 铬催化循环理念的基础上发展了一些新型手性配体。许多时候,只需使用催化量的手性配体就可以明显地提高产物的立体选择性,比较有代表性的是手性 Salen 配体[70]。

1999 年,Umani-Ronchi 等人[71]首次报道了手性 Salen-44 配体参与的烯丙基卤代物与醛的不对称催化 NHK 反应。其催化循环过程如图 5 所示:首先,一分子 CrCl₂ 与手性 Salen-44 上的 N-原子和 O-原子配位形成 Cr(II)(Salen) 复合物。然后,再与烯丙基卤代物发生氧化加成得到手性 Salen-44 修饰的烯丙基铬复合物 **A**。接着,复合物 **A** 与醛发生亲核加成得到手性 Salen 烷氧基复合物 **B**,同时生成一分子的 Cr(III)(Salen)X。使用 TMSCl 释放出烷氧基复合物上的 Cr(III)(Salen)X 后,再用金属锰将 Cr(III)(Salen)X 还原成为 Cr(II)(Salen)。该催化循环既可从无水 CrCl₂ 开始,也可以利用 CrCl₃ 经锰粉原位还原。研究表明:在反应过程中只需 10 mol% 的手性催化剂 Cr(II)(Salen) 就可达到满意的催化效果。

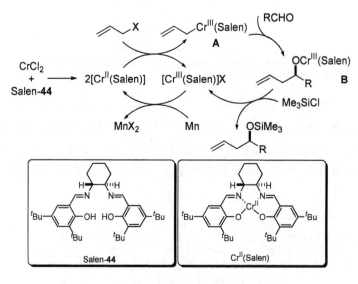

图 5   催化的不对称 NHK 反应机理

随后，他们考察了手性催化剂 Cr(II)(Salen) 对各种不同取代的烯丙基卤和苯甲醛加成反应的催化效果。如式 62 所示：在 THF 溶液中主要得到频哪醇重排产物，而在乙腈溶液中可在一定程度上抑制副反应的发生。另外，反应中还需要加入一定量的碱使 Salen-**44** 配体去质子化。烯丙基氯与苯甲醛的反应效果最好，以 67% 的产率和高达 84% ee 得到 *R*-加成产物 **45** (序号 1)。但是，换用更为活泼的烯丙基碘时却得到了消旋产物，这可能是由于烯丙基碘直接与锰发生氧化加成生成了非手性的烯丙基锰复合物 (序号 3)。有趣的是：使用不同的硅试剂 (ClMe$_2$Si(CH$_2$)$_3$CN 或 ClMe$_2$SiCH$_2$CH$_2$SiMe$_2$Cl) 对反应的选择性没有影响。

$$\text{PhCHO} + \text{RX} \xrightarrow[\text{2. H}^+]{\substack{\text{1. CrCl}_3\ (10\ \text{mol\%}),\ \text{Salen-}\textbf{44} \\ (10\ \text{mol\%}),\ \text{Mn, TMSCl, Et}_3\text{N} \\ (20\ \text{mol\%}),\ \text{MeCN, rt}}} \underset{\textbf{45}}{\text{Ph}\overset{\text{OH}}{\diagup}\text{R}} + \underset{\textbf{46}}{\text{Ph}\overset{\text{OH}}{\diagup}\overset{}{\underset{\text{OH}}{}}\text{Ph}} \tag{62}$$

序号	RX	**45** 的产率/%	% ee
1	⌇Cl	67	84 (*R*)
2	⌇Br	65	65 (*R*)
3	⌇I	70	0
4	⌇Cl	62	42 (*R*)
5	⌇Cl	60	43 (*R*)
6	⌇Br	85	70

亲电试剂上的取代基类型对反应的产率和选择性也有一定的影响。如式 63 所示：当苯环的对位上有拉电子取代基时产率会明显降低，主要生成频哪醇重排和醛基被还原的副产物。

$$\text{RCHO} + \underset{\text{Cl}}{\diagup\!\!\!\diagdown} \xrightarrow[\substack{\text{2. H}^+ \\ 40\%\sim67\%,\ 65\%\sim89\%\ ee}]{\substack{\text{1. CrCl}_3\ (10\ \text{mol\%}),\ \text{Salen-}\textbf{44} \\ (10\ \text{mol\%}),\ \text{Mn, TMSCl, Et}_3\text{N} \\ (20\ \text{mol\%}),\ \text{MeCN, rt}}} \underset{\textbf{45}}{\text{R}\overset{\text{OH}}{\diagup}\diagdown\!\!\diagup} + \underset{\textbf{46}}{\text{R}\overset{\text{OH}}{\diagup}\overset{}{\underset{\text{OH}}{}}\text{R}} \tag{63}$$

有趣的是：当使用手性 Salen-44 配体催化丁烯基溴与芳香醛的不对称 NHK 反应时，主要得到顺式加成产物，并且配体的用量会明显影响反应的选择性。如式 64 所示[72]：使用 10 mol% 的催化剂 Cr(II)(Salen) 可以得到中等产率 (50%) 的加成产物，但反应的非对映选择性 (anti:syn = 67:33) 和对映选择性 (anti, 5% ee; syn, 78% ee) 均比较差。但是，将手性配体 Salen-44 的用量增加到 20 mol% (Salen-44:Cr(II) = 2:1) 时，产物的选择性得到明显的提高 (syn:anti = 83:17; syn, 89% ee; anti, 36% ee)。

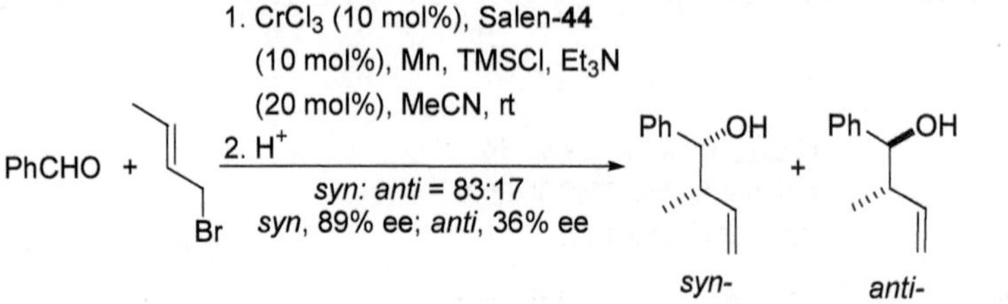

$$PhCHO + \text{（丁烯基溴）} \xrightarrow[\text{2. H}^+]{\begin{array}{l}\text{1. CrCl}_3\ (10\ \text{mol%)},\ \text{Salen-44}\\ \quad (10\ \text{mol%)},\ \text{Mn, TMSCl, Et}_3\text{N}\\ \quad (20\ \text{mol%)},\ \text{MeCN, rt}\end{array}} \text{(syn-)} + \text{(anti-)} \quad (64)$$

syn: anti = 83:17
syn, 89% ee; *anti*, 36% ee

这些结果与化学计量条件下和 Fürstner 铬催化条件下主要得到反式加成产物是截然不同的。反式加成产物的形成是因为反应可能经过了一个 "Zimmermann-Traxler" 六元环椅式过渡态。由于空间位阻的影响，丁烯基溴上的甲基取代基和醛基取代基均处于 e-键位置，因此主要得到反式加成产物。Umani-Ronchi 等人认为[73]：在手性 Salen-44 配体催化条件下，得到顺式加成产物的原因可能是由于反应经过了一个开放的非环状过渡态。如图 6 所示：其中有两分子的手性催化剂 Cr(II)(Salen) 参与了过渡态的形成。一分子与丁烯基溴发生了氧化加成反应，而另一分子与醛基氧形成了螯合物。

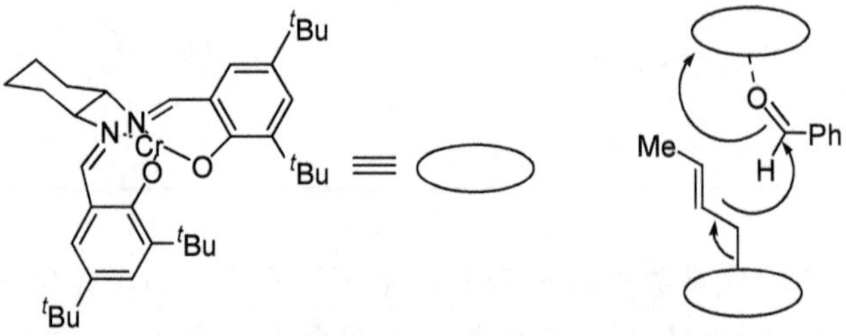

图 6 丁烯基溴与醛 NHK 反应机理

他们还尝试将手性 Salen-44 配体用于其它前手性底物的反应中。如式 65 所示[74]：在 1,3-二氯丙烯和芳香醛的反应中，以 30%~44% 的产率和比较满意的非对映选择性 (syn:anti = 70:30~90:10) 和对映选择性 (syn, 61%~83% ee) 得到了顺式的 γ-加成产物 **47**。然后，**47** 经碱性试剂处理得到相应的手性环氧化合物 **48**。

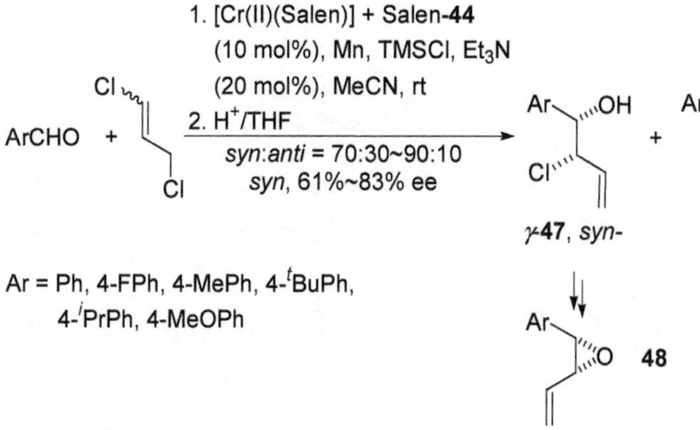

2004 年，他们又将该配体用于官能团化的烯丙基溴与醛的 NHK 反应中[75]。如式 66 所示：以适中的产率和较好的非对映选择性 (*syn:anti* = 76:24~83:17) 和对映选择性 (*syn*, 81% ee) 得到了顺式的加成产物。

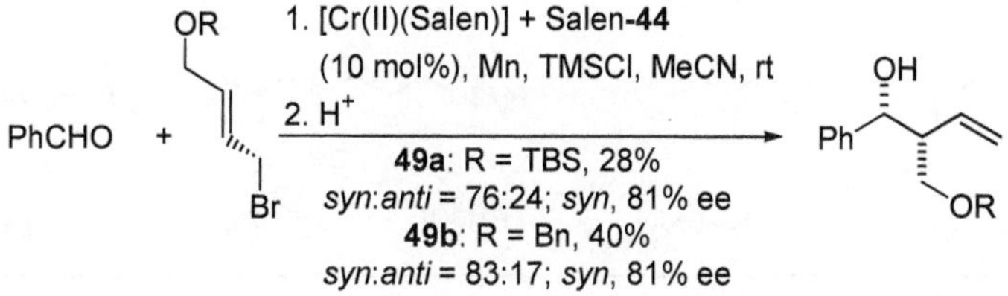

尽管手性 Salen-**44** 配体在提高 NHK 反应的立体选择性方面起到了一定的作用，但是底物的适用范围较窄 (仅适用于烯丙基卤与醛的反应)，甚至对烯丙基碘与醛的反应没有任何手性诱导作用。2003 年，Berkessel 等人[76]在该配体的基础上发展了一种新的手性 Salen (*S*,*S*)-**50** 配体。如式 67 所示：该配体可以用来催化各种烯丙基卤、烯基卤和烯基三氟甲磺酸酯与芳香醛和脂肪醛的 NHK 反应，以 54%~78% 的产率和 31%~92% ee 得到相应的加成产物。

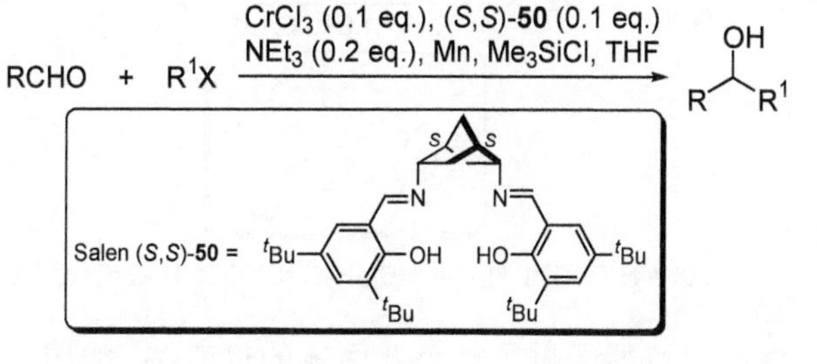

序号	RCHO	R¹X	加成产物	ee/%	产率/%	温度
1	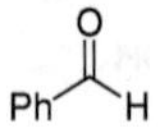 Ph—CHO	 allyl—Br	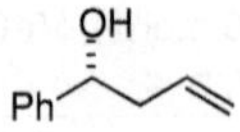 Ph–CH(OH)–CH₂CH=CH₂	90	72	5 °C
2	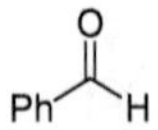 Ph—CHO	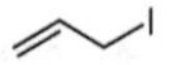 allyl—I	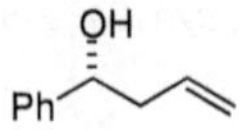 Ph–CH(OH)–CH₂CH=CH₂	31	/	rt
3	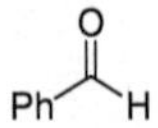 Ph—CHO	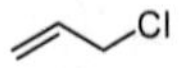 allyl—Cl	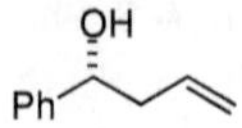 Ph–CH(OH)–CH₂CH=CH₂	79	76	rt
4	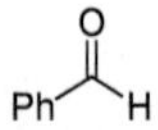 Ph—CHO	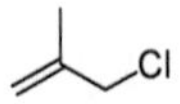 methallyl—Cl	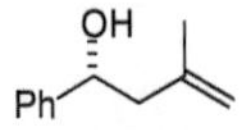 Ph–CH(OH)–CH₂C(CH₃)=CH₂	54	78	rt
5	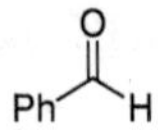 Ph—CHO	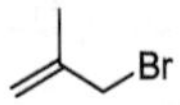 methallyl—Br	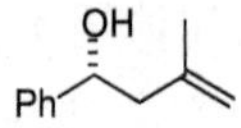 Ph–CH(OH)–CH₂C(CH₃)=CH₂	64	/	rt
6	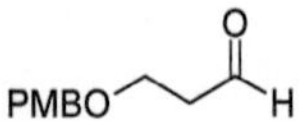 PMBO–CH₂CH₂–CHO	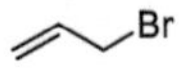 allyl—Br	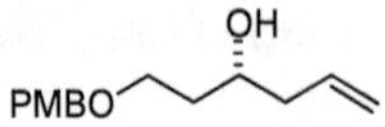 PMBO–CH₂CH₂–CH(OH)–CH₂CH=CH₂	92	69	10 °C
7	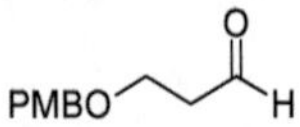 PMBO–CH₂CH₂–CHO	 hexenyl—I	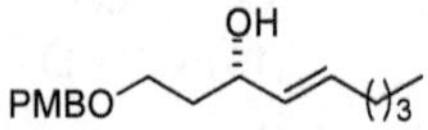 PMBO–CH₂CH₂–CH(OH)–CH=CH–(CH₂)₃CH₃	75	59	15 °C
8	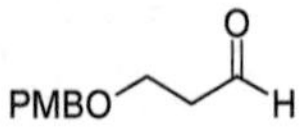 PMBO–CH₂CH₂–CHO	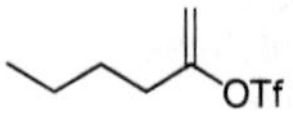 vinyl—OTf	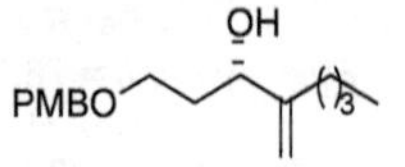 PMBO–CH₂CH₂–CH(OH)–C(=CH₂)–(CH₂)₃CH₃	61	54	20 °C

5.4 手性噁唑啉/磺酰胺配体

2002 年，Kishi 等人[77]报道了三齿配体手性噁唑啉/磺酰胺配体 **51** 参与的不对称 NHK 反应。如式 68 所示：在化学计量条件下，Ni(II)/Cr(II) 催化的烯基卤、烯基三氟甲磺酸酯和烯丙基卤与醛的反应可以得到中等对映选择性 ($R\!:\!S$ = 1.6~6.6:1.0) 的 R-加成产物。

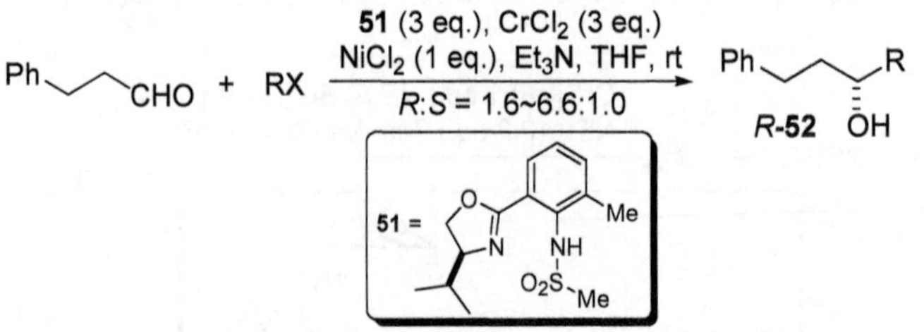

$$\text{Ph}\diagdown\text{CHO} + \text{RX} \xrightarrow[\substack{\text{NiCl}_2\,(1\,\text{eq.}),\ \text{Et}_3\text{N, THF, rt}\\ R\!:\!S = 1.6\sim6.6:1.0}]{\mathbf{51}\,(3\,\text{eq.}),\ \text{CrCl}_2\,(3\,\text{eq.})} \text{Ph}\diagdown\diagup\underset{\mathbf{R\text{-}52}\ \ \text{OH}}{\overset{}{\diagdown}}\text{R} \qquad (68)$$

51 = （手性噁唑啉/磺酰胺配体，含 Me、NH、O₂S–Me、异丙基取代）

RX = H₂C=CHI, H₂C=CHBr, H₂C=CHOTf, H₂C=CHCH₂Cl

他们推测：该反应可能经过了一个八面体的过渡态。如图 7 所示：Cr(III) 分别与手性噁唑啉/磺酰胺配体 **51** 中噁唑啉上氮原子、磺酰胺基氮原子和磺酰基上其中一个氧原子发生了配位。由于空间位阻的影响更大，八面体过渡态更倾向于采取 **A** 所示的螯合状态而得到 *R*-加成产物。

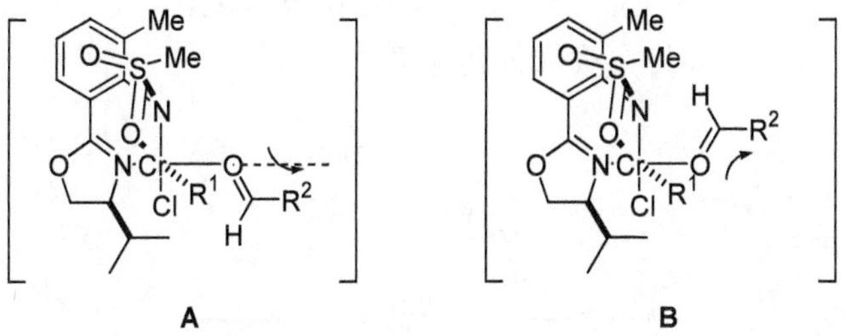

图 7   手性噁唑啉/磺酰胺配体 **51** 催化的 NHK 反应的可能机理

随后，他们合成了手性配体与铬试剂形成的手性 Cr(III)/磺酰胺催化剂 **53a** 和 **53b**，并在 Fürstner 催化循环条件下催化 Ni(II)/Cr(II) 诱导的烯基碘代物与醛的不对称 NHK 反应。如式 69 所示[78]：二者以比较接近的立体选择性 (**53a**: *R:S* = 5.0:1.0; **53b**: *R:S* = 6.1:1.0) 得到了 *R*-加成产物，成功地实现了不对称 NHK 反应由化学计量条件向铬催化循环条件的转变，减少了手性配体和无水 Cr(II)Cl$_2$ 的用量。

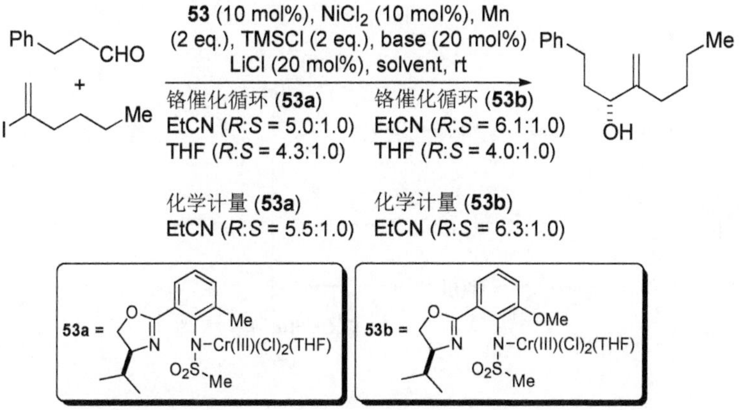

上述 Ni(II)/Cr(II) 诱导的偶联反应依赖于两个重要的催化循环过程：铬盐的循环和镍盐的循环。如图 8 中 A 所示：首先，手性 Cr(III)/磺酰胺催化剂 **53** 被 Mn(0) 还原生成 Cr(II)/磺酰胺 **54**，再经金属交换作用 (见图 8 中 B) 得到 R^{1}Cr(III)/磺酰胺配体 **55**。随后，醛基氧与 Cr 配位和溶剂 THF 离去得到 **56**。然后，经加成反应得到铬烷氧基复合物 **57**。最后，**57** 在 TMSCl 作用下生成硅醚 **58** 的同时释放出手性催化剂 **53**，完成铬催化循环。其中，金属交换作用发

生在 Cr(II) 的氧化状态。镍催化循环过程如图 8 中 B 所示：首先，Ni(II) 被 Cr(II) 还原成为 Ni(0)。接着，再与烯基碘发生氧化加成反应得到 I-Ni(II)-R^1。然后，在 LiCl 的作用下形成复合盐 Li$^+$[I-Ni(II)-R1Cl]$^-$ 后与手性 Cr(II)/磺酰胺 **54** 发生金属交换作用。在生成手性 R^{1}Cr(III)/磺酰胺配体 **55** 的同时释放出一分子的 LiCl 和 Ni(I)I，最终完成镍催化循环。

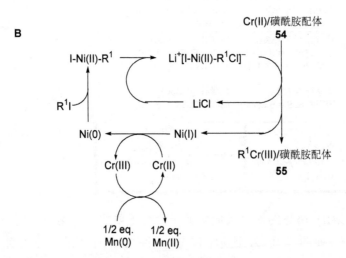

图 8 Ni(II)/Cr(II) 诱导的不对称 NHK 反应机理

2004 年，Kishi 等人进一步发展了手性噁唑啉/磺酰胺配体。他们设计和合成了新型手性催化剂 **59**[79]，并将其应用在 Cr-诱导的醛的不对称烯丙基化反应和 Fe/Cr 或 Co/Cr 诱导的醛的不对称 2-卤代烯丙基化反应中。如式 70 所示：

使用 10 mol% 的 **59** 即可有效地促进各种不同取代的烯丙基卤代物 **60a~c** 与醛 **61a~b** 在铬催化条件下的加成反应。他们发现：在该反应中同时加入 2,6-二甲基吡啶可以进一步提高不对称诱导的效果，所有反应均以优秀的产率 (92%~94%) 和对映选择性 (91%~94% ee) 得到了相应的手性醇。

$$\begin{array}{l}\text{1. } \mathbf{59} \text{ (10 mol\%), CrCl}_3\cdot\text{THF, Et}_3\text{N} \\ \quad \text{Mn, 2,6-lutidine, TMSCl, 0 }^o\text{C} \\ \text{2. aq. AcOH}\end{array}$$

60a: X = Br, R^1 = R^2 = H
60b: X = Br, R^1 = Me, R^2 = H
60c: X = I, R^1 = H, R^2 = Me
61a: R = (CH$_2$)$_5$Me
61b: R = (CH$_2$)$_3$OTBS

$$(70)$$

62a: R = (CH$_2$)$_5$Me, R^1 = R^2 = H, 93%, 93% ee
62b: R = (CH$_2$)$_3$OTBS, R^1 = R^2 = H, 90%, 92% ee
62c: R = (CH$_2$)$_3$OTBS, R^1 = Me, R^2 = H, 94%, 94% ee
62d: R = (CH$_2$)$_3$OTBS, R^1 = H, R^2 = Me, 91%, 93% ee

配体 **59** 参与的醛的不对称 2-卤代烯丙基化反应同样取得了很好的效果，以 60%~86% 的产率和 83%~93% ee 得到了相应的加成产物。如式 71 所示：饱和醛和 α-取代醛可以得到较好的对映选择性 (90%~93% ee)，而不饱和醛和芳香醛底物的对映选择性 (83%~87% ee) 稍有降低。

$$\begin{array}{l}\text{1. } \mathbf{59} \text{ (10 mol\%), CrBr}_3\cdot\text{THF, Et}_3\text{N, Mn} \\ \quad \text{Fe(TMHD)}_3\text{, 2,6-lutidine, TMSCl, 0 }^o\text{C} \\ \text{2. aq. AcOH or TBAF} \\ \quad \quad 60\%\sim86\%, 83\%\sim93\% \text{ ee}\end{array}$$

$$(71)$$

X = Br, Cl; R= (CH$_2$)$_5$Me, (CH$_2$)$_3$OTBS(CH$_2$)$_2$CH(SEt)$_2$
*c*Hexyl, CH=CH(CH$_2$)$_2$Me, CH=CHPh, Ph

在上述条件下，底物为 2-碘-3-溴丙烯的反应产率偏低。Kishi 等人发现：若反应体系中加入 CoPc 能够明显提高反应的产率 (式 72)。

$$\begin{array}{l}\text{1. } \mathbf{59} \text{ (10 mol\%), CrBr}_3\cdot\text{THF, Et}_3\text{N, Mn} \\ \quad \text{CoPc, 2,6-lutidine, TMSCl, 0 }^o\text{C} \\ \text{2. aq. AcOH or TBAF} \\ \quad \quad 63\%, 93\% \text{ ee}\end{array}$$

$$(72)$$

5.5 手性双噁唑啉咔唑配体

2003 年，Nakada 等人[80]设计和合成了具有 C_2-对称的手性双噁唑啉咔唑三齿配体。如式 73 所示：将其用于催化不对称 NHK 烯丙基化和甲代烯丙基化反应可以得到 50%~98% 的产率和 46%~96% 的对映选择性。

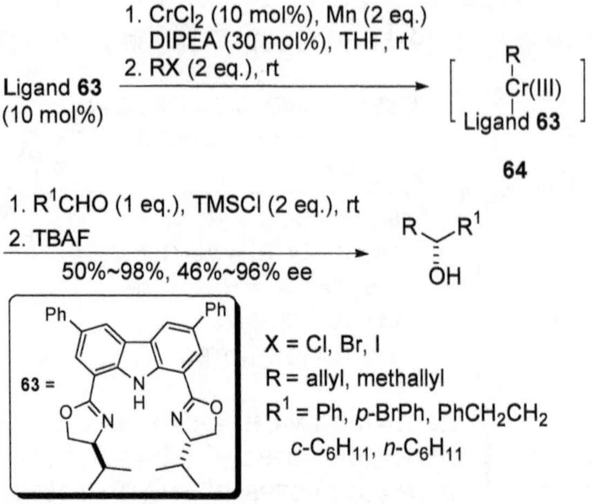

(73)

2004 年，Nakada 等人[81]报道：配体 **65** 与 Cr-配合物可以用来催化炔丙基溴与醛的不对称 NHK 反应，以 41%~95% 的产率和 51%~98% 的对映选择性得到相应的炔基醇。如式 74 所示：醛基取代基的立体位阻越大，反应的对映选择性越好。该手性配体还可以诱导较好的区域选择性，反应仅生成炔基醇而没有丙二烯基醇产物。

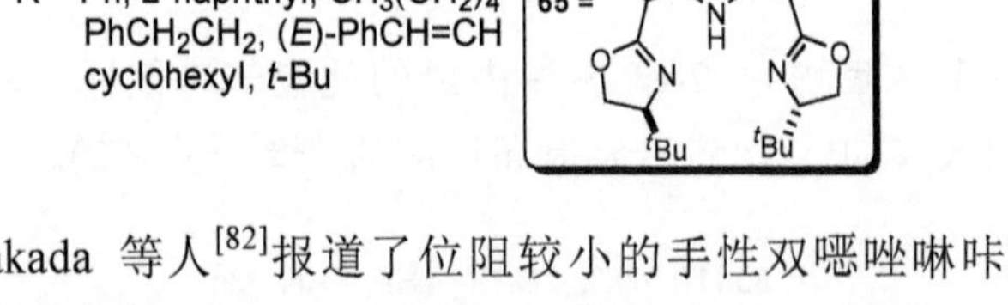

(74)

2006 年，Nakada 等人[82]报道了位阻较小的手性双噁唑啉咔唑配体 **66** 与 CrCl$_2$ 体系催化的不对称 NHK 丙二烯基化反应。如式 75 所示：芳香醛和脂肪醛底物均可得到较好的产率和立体选择性。其主要产物的构型可以通过反应配合物中间体 **67** 来解释：在不对称诱导条件下，丙二烯基化反应主要发生在醛基的 *Si*-面。

2006 年，Guiry 等人[83]报道了不对称的手性双噁唑啉配体 **68** 在不对称催化的 NHK 烯丙基化反应中的应用。如式 76 所示：芳香醛和脂肪醛底物均可得到较好的产率和立体选择性，而且芳环上的取代基类型对反应的对映选择性没有影响。

$$\begin{array}{c}\text{1. } \mathbf{66} \text{ (10 mol\%), CrCl}_2 \text{ (10 mol\%), Mn}\\ \text{(2 eq.), DIPEA (30 mol\%), TMSCl}\\ \text{(2 eq.), DMI (1 eq.), EtCN, 0~25 }^{\circ}\text{C}\\ \text{2. dil. HCl}\\ \hline 81\%\sim99\%,\ 72\%\sim82\% \text{ ee}\end{array}$$

$$\text{RCHO} + \quad\quad \longrightarrow \quad\quad \tag{75}$$

R = p-MeOPh, p-ClPh, PhCH₂CH₂, c-C₆H₁₁, n-C₆H₁₁

$$\begin{array}{c}\text{1. } \mathbf{68} \text{ (12 mol\%), CrCl}_3 \text{ (10 mol\%)}\\ \text{Mn (3 eq.), DIPEA (30 mol\%)}\\ \text{TMSCl, THF/EtCN (7:1), 16 h, rt}\\ \text{2. 1.0 mol/L HCl, THF}\\ \hline 64\%\sim98\%,\ 86\%\sim91\% \text{ ee}\end{array}$$

$$\text{RCHO} + \quad\quad \longrightarrow \quad\quad \tag{76}$$

R = Ph, p-MeOPh, p-ClPh, PhCH₂CH₂, c-C₆H₁₁, n-C₆H₁₁, PhCH=CH

该反应体系对醛和丁烯基溴的不对称 NHK 反应也具有较好的催化效果，以中等的产率和中等至优秀的立体选择性得到了反式加成产物 (式 77)。

$$\begin{array}{c}\text{1. } \mathbf{68} \text{ (12 mol\%), CrCl}_3 \text{ (10 mol\%)}\\ \text{Mn (3 eq.), DIPEA (30 mol\%)}\\ \text{TMSCl, THF/EtCN (7:1), 16 h, rt}\\ \text{2. 1.0 mol/L HCl, THF}\\ \hline 60\%\sim87\%,\ anti{:}syn = 74{:}26\sim80{:}20\\ anti,\ 38\%\sim92\% \text{ ee};\ syn,\ 52\%\sim91\% \text{ ee}\end{array}$$

$$\text{RCHO} + \quad\quad \longrightarrow \quad anti \quad + \quad syn \tag{77}$$

R = Ph, p-MeOPh, p-ClPh, PhCH₂CH₂, n-C₆H₁₁, PhCH=CH

5.6 手性噁唑啉配体

2005 年，Sigman 等人[84]报道了由苯丙氨酸、缬氨酸和脯氨酸衍生的手性噁唑啉催化剂 **69**。如式 78 所示：在该配体参与的催化烯丙基溴与芳香醛的不对称 NHK 反应中，室温下即可获得高达 95% 的产率和 94% 的对映选择性。

脂肪醛底物的对映选择性比较低 (46%~53% ee)，在 α-位引入取代基可以改善反应的对映选择性 (77% ee)。

$$
\text{RCHO} + \underset{\text{Br}}{\diagdown\!\!\!\diagdown}
\xrightarrow[\substack{\text{60\%~98\%, 46\%~94\% ee} \\ \text{R = aryl, allyl, alkenyl}}]{\substack{\text{cat. CrCl}_2 \text{ or CrCl}_3\text{, } \mathbf{69}\text{ (10 mol\%)} \\ \text{cat. TEA, TMSCl (2 eq.), Mn (2 eq.)} \\ \text{THF, rt, 20 h, then TBAF}}}
\underset{R}{\overset{OH}{\diagup}}\diagdown\!\!\!\diagdown
\tag{78}
$$

为了进一步拓宽配体 **69** 的适用范围，他们又将其应用于苯甲醛与甲基取代的烯丙基溴和丁烯基溴的催化不对称 NHK 反应。如式 79 和式 80 所示：反应以 81% 的产率和 91% ee 得到甲基取代的烯丙基化产物 **70**，并以中等的非映选择性、较高的产率和优秀的对映选择性得到反式加成产物 **71**。

$$
\underset{\text{Ph}}{\overset{O}{\diagup}}\!\!H + \diagdown\!\!\!\diagup\!\!\!\diagdown\!\!\!{}_{Br}
\xrightarrow[\substack{\text{81\%, 91\% ee}}]{\substack{\text{CrCl}_3\text{ (10 mol\%), } \mathbf{69}\text{ (10 mol\%)} \\ \text{TEA (15 mol\%), TMSCl (2 eq.)} \\ \text{Mn (2 eq.), THF, rt, 20 h}}}
\underset{\text{Ph}}{\overset{OH}{}}
\tag{79}
$$

70

$$
\underset{\text{Ph}}{\overset{O}{\diagup}}\!\!H + \diagdown\!\!\!\diagup\!\!\!{}_{Br}
\xrightarrow[\substack{\text{88\%, } anti:syn = 2.3:1}]{\substack{\text{CrCl}_3\text{ (10 mol\%), } \mathbf{69}\text{ (10 mol\%)} \\ \text{TEA (15 mol\%), TMSCl (2 eq.)} \\ \text{Mn (2 eq.), THF, rt, 20 h}}}
\tag{80}
$$

anti-**71**   *syn*-**71**
91% ee   95% ee

2007 年，Sigman 等人首次报道了手性噁唑啉配体 **72** 参与催化的酮和烯丙基溴代物的不对称 NHK 反应[85]。如式 81 所示：芳香酮与烯丙基卤反应的对映选择性高达 93% ee，而且芳环上的取代基类型对反应的对映选择性没有影响。但是，脂肪酮底物的对映选择性 (16%~33% ee) 比较低。

$$
\underset{R}{\overset{O}{\diagup}}R^1 + \diagdown\!\!\!\diagdown\!\!\!{}_{Br}
\xrightarrow[\substack{\text{56\%~95\%, 16\%~93\% ee} \\ \text{R,R}^1 = \text{aryl, alkyl}}]{\substack{\text{CrCl}_3\text{ (10 mol\%), } \mathbf{72}\text{ (10 mol\%)} \\ \text{TEA (20 mol\%), TMSCl (4 eq.)} \\ \text{Mn (2 eq.), THF, 0 }^\circ\text{C, 24 h}}}
\underset{R}{\overset{HO\diagdown R^1}{}}\diagdown\!\!\!\diagdown
\tag{81}
$$

该催化体系同样适用于甲基取代的烯丙基溴和丁烯基溴与酮的不对称 NHK 反应，并取得了较好的手性诱导效果 (式 82 和式 83)。

$$
\text{Ph} \overset{O}{\underset{}{\parallel}} \text{CH}_3 + \text{Br} \overset{\text{CrCl}_3 \ (10 \ mol\%), \ 72 \ (10 \ mol\%)}{\underset{73\%, \ 91\% \ ee}{\xrightarrow[\text{Mn (2 eq.), THF, 0 °C, 24 h}]{\text{TEA (20 mol\%), TMSCl (4 eq.)}}}} \text{Ph} \overset{HO}{\underset{}{}} \quad (82)
$$

$$
\text{Ph} \overset{O}{\underset{}{\parallel}} \text{CH}_3 + \text{Br} \overset{\text{CrCl}_3 \ (10 \ mol\%), \ 72 \ (10 \ mol\%)}{\underset{69\%, \ anti:syn = 3.8:1}{\xrightarrow[\text{Mn (2 eq.), THF, 0 °C, 24 h}]{\text{TEA (20 mol\%), TMSCl (4 eq.)}}}} \quad (83)
$$

anti, 88% ee   syn, 70% ee

5.7 手性双羟基喹啉类配体

2006 年，Yamamoto 等人[86]报道了手性双羟基喹啉铬催化剂 TBOxCr(III)Cl **73** 在醛与烯丙基卤的催化不对称 NHK 反应中的应用。如式 84 所示：使用芳香醛、脂肪醛和 α,β-不饱和醛均可得到高度的对映选择性。

$$
\text{RCHO} + \overset{}{\underset{X}{\diagdown}} \overset{\text{1. TBOxCr(III)Cl 73, TESCl}}{\underset{R = aryl, alkyl; \ X = Cl, Br}{\xrightarrow[54\%\sim95\%, \ 86\%\sim99\% \ ee]{\text{Mn, DME, CH}_3\text{CN, rt} \atop 2. \ H^+}}} \overset{OH}{\underset{R}{\diagup}} \quad (84)
$$

TBOxCr(III)Cl **73** =

在醛与丁烯基溴的不对称 NHK 反应中，该催化剂体系也显示出令人满意的催化效果。如式 85 所示：该反应得到的产率和立体选择性是目前在醛的不对称丁烯基化反应中所取得的最好的结果。

$$
\text{RCHO} + \overset{R^1}{\underset{Br}{\diagup\diagdown}} \overset{\text{1. TBOxCr(III)Cl, 73 (3 mol\%)}}{\xrightarrow[\substack{65\%\sim88\% \\ anti:syn = 4.2:1\sim10.3:1 \\ anti, \ 90\%\sim97\% \ ee \\ syn, \ 87\%\sim97\% \ ee}]{\text{Mn, TESCl, DMe/MeCN, rt} \atop 2. \ H^+}} \overset{OH}{\underset{R \quad R^1}{\diagup\diagdown}} \quad (85)
$$

R = Ph, c-C$_6$H$_{11}$, PhCH$_2$CH$_2$; R^1 = CH$_3$, n-C$_3$H$_7$, n-C$_5$H$_{11}$

2007 年，Yamamoto 又将该催化剂用于催化醛的不对称丙二烯基化反应[87]。如式 86 所示：在 5 mol% **73** 的作用下，反应以高达 89% 的产率和 97% ee 得到相应的丙二烯基醇。

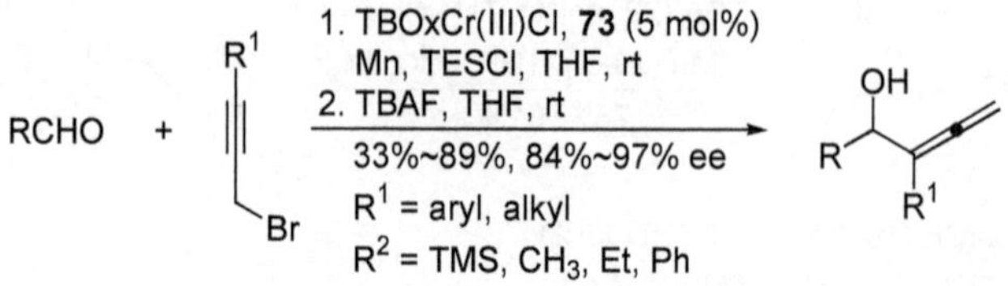

$$
\text{RCHO} + \quad
\begin{array}{c} R^1 \\ \equiv \\ Br \end{array}
\quad
\xrightarrow[\substack{33\%\sim89\%,\ 84\%\sim97\%\ ee \\ R^1 = \text{aryl, alkyl} \\ R^2 = \text{TMS, CH}_3,\ \text{Et, Ph}}]{\substack{1.\ \text{TBOxCr(III)Cl, 73 (5 mol\%)} \\ \text{Mn, TESCl, THF, rt} \\ 2.\ \text{TBAF, THF, rt}}}
\quad
\begin{array}{c} \text{OH} \\ R \overset{}{\diagup}\!\!\diagdown \\ R^1 \end{array}
\qquad (86)
$$

6 Nozaki-Hiyama-Kishi 反应在天然产物合成中的应用

NHK 反应是一种高效的碳-碳键形成反应，具有反应条件温和、底物适用范围广、具有高度的化学选择性和多种官能团兼容性等优点。因此，已经在天然产物和复杂分子的合成中得到了广泛的应用[89]。

6.1 天然产物 Halichondrin B 的全合成

Halichondrin B 是从海洋生物 *Halichondria okadai* Kadota 中分离得到的聚醚大环内酯类天然产物，具有显著的抗癌活性[88]，其化学结构如图 9 所示。Kishi 等人多次利用分子间的烯基碘代物与醛的 NHK 反应成功地实现了 C27-C38、C14-C38 和 C1-C38 之间的片段和整个分子骨架的构筑，完成了该分子的首次全合成[90]。

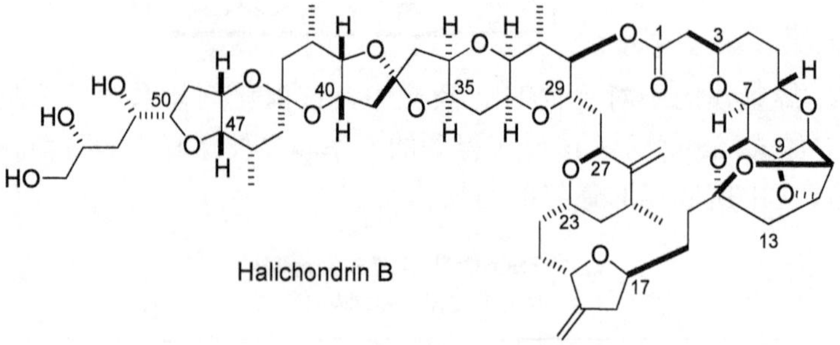

图 9 Halichondrin B 的结构

如式 87 所示[91]：在片段 C27-C38 的合成中，他们首先利用醛 **74** 与 β-碘代丙烯酸甲酯的 NHK 反应得到相应的烯丙醇衍生物 **75**。然后，**75** 再经过若干步反应得到片段 **76**。

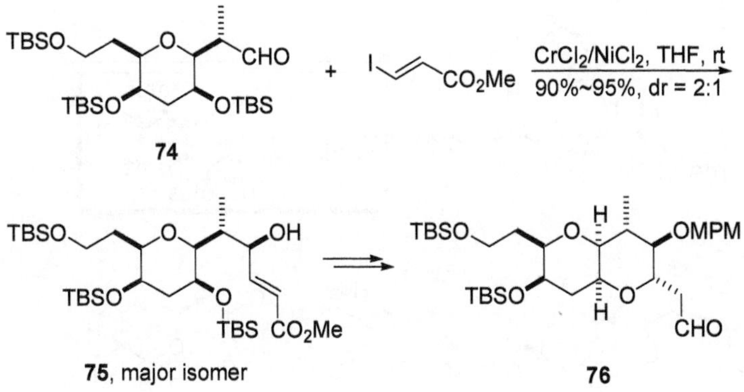

(87)

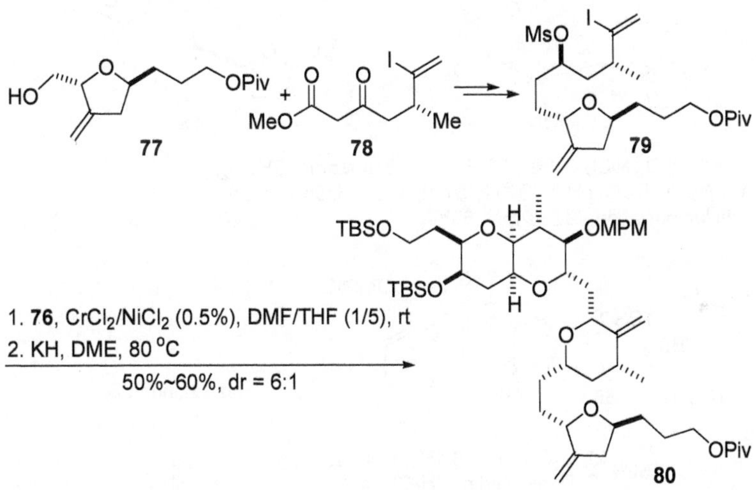

74

75, major isomer

76

(88)

1. **76**, CrCl₂/NiCl₂ (0.5%), DMF/THF (1/5), rt
2. KH, DME, 80 °C

50%~60%, dr = 6:1

77   **78**   **79**   **80**

利用 NHK 反应将片段 **76** 和 **79** 偶联起来后再发生亲核取代反应，即可得到化合物 **80**，实现了片段 C14-C38 的构筑（式 **88**）。

化合物 **80** 经 Dess-Martin 氧化得到醛 **81** 后利用 NHK 反应与化合物 **82** 连接起来。然后，依次经过 Dess-Martin 氧化、脱除 C-30 的对甲氧基苄基保护基、水解和 Yamaguchi 大环内酯化操作，以 63% 的总产率得到环状化合物 **83**，完成了整个大环内酯片段 C1-C38 的构筑（式 **89**）。

如式 90 所示：利用 NHK 反应将片段 **84** 和 **85** 偶联起来后再经 Dess-Martin 氧化，即可以 60% 的产率得到反式烯酮 **86**。最后，**86** 经三步反应完成了 Halichondrin B 的全合成。

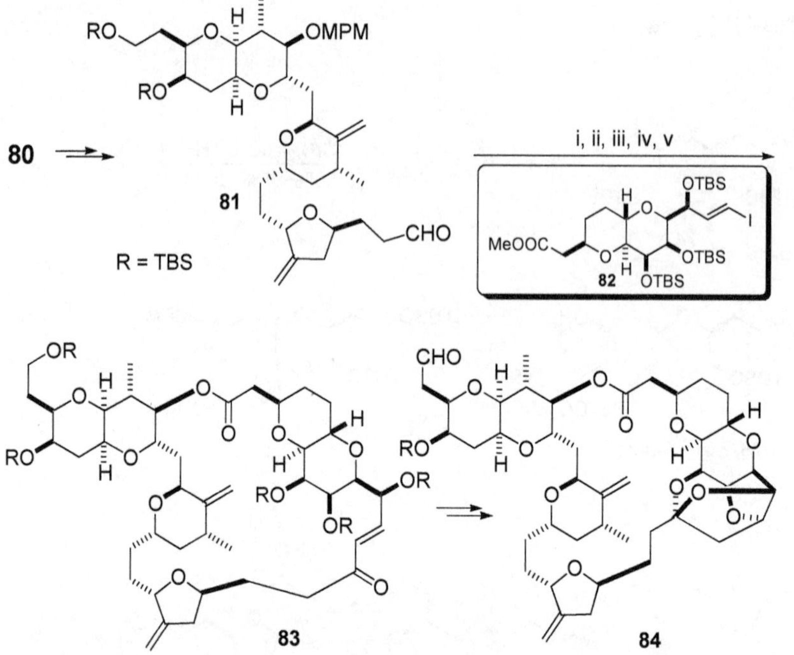

$$(89)$$

反应条件：i. **82**, CrCl₂/NiCl₂(0.1%), DMF, rt; ii. Dess-Martin, CH₂Cl₂, rt, 两步产率 77%; iii. DDQ, pH 7 (缓冲溶液), rt; iv. LiOH, aq. THF, rt; v. Yamaguchi lactonization, 后三步产率 63%

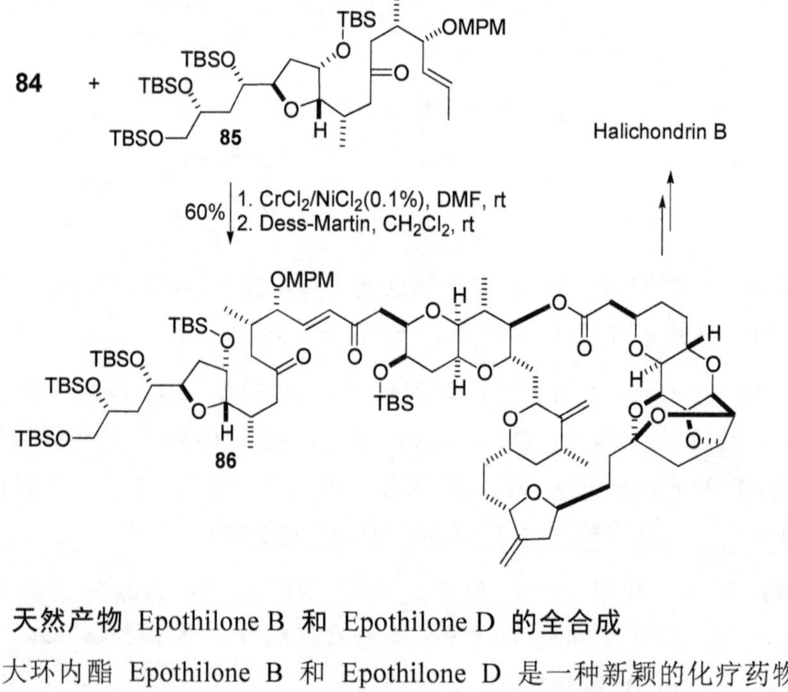

$$(90)$$

6.2 天然产物 Epothilone B 和 Epothilone D 的全合成

大环内酯 Epothilone B 和 Epothilone D 是一种新颖的化疗药物[92]。如图 10 所示：它们的分子结构中分别含有一个三取代的环氧和一个三取代的烯烃，如何立体选择性地构筑这些环氧和烯键是全合成的关键。

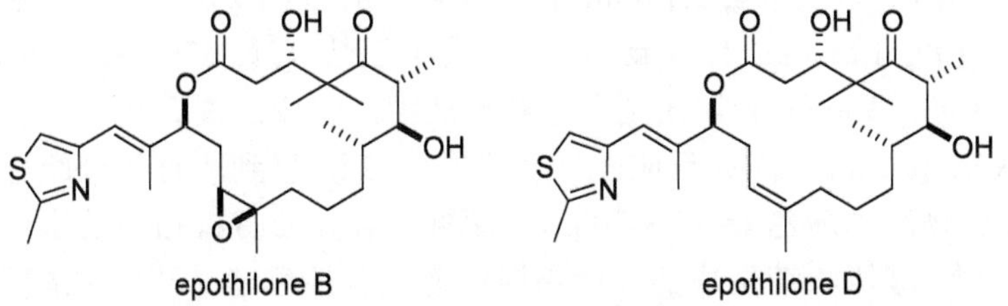

图 10 Epothilone B 和 Epothilone D 的结构

2001 年，Taylor 等人[93]利用碘代烯烃与相应醛的分子间 NHK 反应和二氯亚砜诱导的立体选择性的烯丙基重排反应作为关键步骤构筑了 C12-C13 三取代烯烃片段，完成了 Epothilone B 和 Epothilone D 的全合成。如式 91 所示：它们首先合成了碘代烯烃 **87** 和醛 **88**，然后利用 NHK 反应将二者偶联起来，再经烯丙基重排反应得到化合物 **89**。化合物 **89** 依次经 aldol 反应、脱保护和 Yamaguchi 大环内酯化操作，最后完成了 Epothilone B 和 Epothilone D 的全合成。

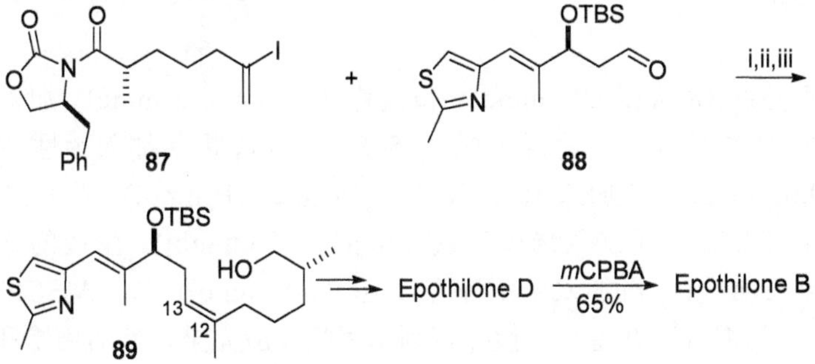

(91)

反应条件：i. CrCl$_2$/NiCl$_2$, DMF, rt, 93%; ii. Et$_2$O/C$_5$H$_{12}$/SOCl$_2$, –78 $^{\circ}$C; then Et$_3$N, 87%; iii. LiEt$_3$BH/THF, –78 $^{\circ}$C, 88%

7 Nozaki-Hiyama-Kishi 反应实例

例　一

5-十二炔-7-醇的合成[30]

(Fürstner 铬催化循环的 NHK 反应)

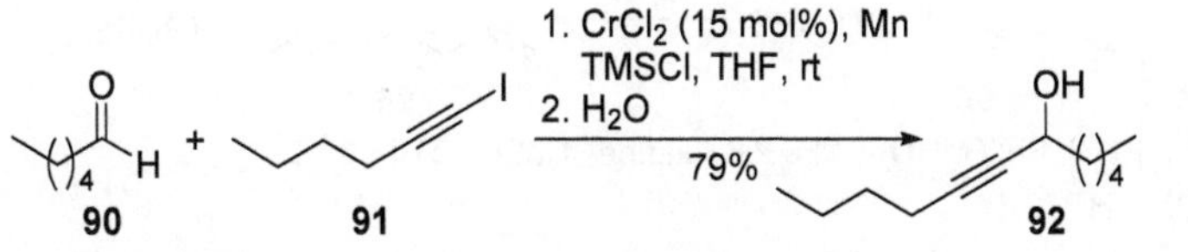

(92)

在室温和氩气保护下，将无水二氯化铬 (26 mg, 0.21 mmol)、二氯化镍 (9 mg, 0.7 mmol) 和锰粉 (120 mg, 2.1 mmol) 加入到无水 THF (7 mL) 中。然后，在搅拌下将己醛 (**90**, 125 mg, 1.25 mmol)、1-碘-1-己炔 (**91**, 520 mg, 2.5 mmol) 和 TMSCl (0.38 mL, 3 mmol) 加入到上述悬浮液中。生成的混合物在室温下搅拌 6 h 后，加入水 (10 mL) 淬灭反应。再继续搅拌 3 h (直到所有的硅醚都完全被脱除) 后，混合物用乙酸乙酯 (3 × 30 mL) 萃取。合并的有机相用盐水洗涤并用无水硫酸钠干燥，减压浓缩生成的残留物用快速硅胶柱色谱 (己烷-乙酸乙酯, 10:1) 分离，得到 180 mg (79%) 浅黄色糖浆状产物 **92**。

例　二

1-苯基-3-丁烯-1-醇的合成[71]

(手性 Salen-**44** 配体参与的催化不对称 NHK 反应)

$$(93)$$

将无水三氯化铬 (8 mg, 0.05 mmol) 和锰粉 (83 mg, 1.5 mmol) 加入到无水乙腈 (2 mL) 中，所得悬浮液在室温下搅拌 5~8 min 后，依次加入手性 Salen-**44** 配体 (27 mg, 0.05 mmol) 和加入无水三乙胺 (14 μL, 0.1 mmol)。生成的棕色溶液在室温下搅拌 1 h 后，再加入烯丙基氯 (58 μL, 0.75 mmol)。生成的红色溶液继在室温下搅拌 1 h 后，再加入苯甲醛 (51 μL, 0.5 mmol) 和 TMSCl (95 μL, 0.75 mmol)。生成的混合物在室温下搅拌直到苯甲醛反应完全，然后用饱和碳酸氢钠溶液淬灭反应。过滤后得到的滤液在减压下蒸去大部分溶剂，所得残留物用乙醚萃取。合并的有机相在减压下浓缩，所得油状物用 THF (2 mL) 和 1.0 mol/L HCl (0.5 mL) 稀释后在室温下搅拌直到所有的硅醚都被脱除。减压蒸除 THF，残留物用乙醚萃取。合并有机相用硫酸钠干燥，减压浓缩生成的残留物用快速硅胶柱色谱 (环己烷-乙醚, 4:1, R_f = 0.3) 分离，得到 50 mg (67%, 84% ee) 浅黄色油状产物 **93**。

例　三

(*R*)-2-溴-7-(叔丁基二苯基硅氧基)-1-庚烯-4-醇的合成[79]

(手性恶唑啉/磺酰胺配体 **59** 参与的催化不对称 NHK 反应)

$$(94)$$

i. **59**, CrBr₃, Et₃N, Fe(TMHD)₃, Mn, 2,6-lutidine, TMSCl, THF, 0 °C

ii. aq. AcOH-THF (2:1)

将配体 **59** (66 mg, 0.171 mmol)、三溴化铬 (46 mg, 0.155 mmol)、Fe(TMHD)₃ (20.7 mg, 0.031 mmol) 和锰粉 (511 mg, 9.3 mmol) 加入到无水 THF (6 mL) 中，紧接再加入无水三乙胺 (47 μL, 1.42 mmol)。混合物在室温下搅拌 1.5 h 后，依次加入 2,6-二甲基吡啶 (410 μL, 3.41 mmol) 和 2,3-二溴丙烯 (**94**, 410 μL, 3.5 mmol)。混合物在室温搅拌 5 min 后，将其冷却到 0 °C 继续搅拌 10 min。然后，再依次加入 4-叔丁基二苯基硅氧基丁醛 (**94**, 505 mg, 1.05 mmol) 的 THF (0.5 mL) 溶液和 TMSCl (1.7 mL, 4.65 mmol)。混合物在 0 °C 搅拌 20 h 后，加入乙醚淬灭反应。过滤后所得滤液在减压下蒸馏得到三甲基硅烷保护的醇。将其溶解于 THF (10 mL) 并加入 70% AcOH (20 mL) 后搅拌 1 h，接着用碳酸氢钠淬灭反应。分出的水相用乙醚萃取，合并的有机相用硫酸钠干燥。减压浓缩得到的残留物用快速硅胶柱色谱 (己烷-乙酸乙酯，15:1~10:1) 分离，得到 520 mg (75%) 产物 **96**。

例 四

(*R*)-1-苯基-3-丁炔-1-醇的合成[81]

(手性二噁唑啉配体 **65** 参与的催化不对称 NHK 反应)

$$\text{PhCHO} + \text{（丙炔基溴）} \xrightarrow[\text{2. TBAF}]{\begin{array}{l}\text{1. Cr-}\mathbf{65}\text{ complex, TMSCl}\\\text{Mn, DIPEA, DME, rt}\end{array}} \underset{\mathbf{97}}{\text{Ph}\overset{\text{OH}}{\underset{}{\diagup}}\text{（丁炔醇）}} \qquad (95)$$

在氩气保护下，将手性配体 **65** (34 mg, 0.0597 mmol) 和无水二氯化铬 (6.2 mg, 0.05 mmol) 溶于 THF (2 mL)，溶液的颜色逐渐变为深棕色。将混合物在 60 °C 搅拌 12 h 后，加入 DIPEA (0.026 mL, 0.15 mmol)。继续搅拌 1 h 后，加入水 (0.1 mL) 淬灭反应。过滤后得到的滤液经蒸馏除去溶剂，得到的残留物加入水 (15 mL) 和二氯甲烷 (15 mL)。水相用二氯甲烷萃取，合并的有机相用盐水 (20 mL) 洗涤和硫酸镁干燥。将蒸去溶剂得到的残留物加入到含有锰粉 (56.7 mg, 1.03 mmol) 的甲苯和 DME (2 mL) 混合溶液中，在室温下搅拌 15 min。然后，依次加入 DIPEA (0.026 mL, 0.15 mmol) 和炔丙基溴 (0.075 mL, 1 mmol)。5 min 后，再依次加入苯甲醛 (0.05 mL, 0.49 mmol) 和 TMSCl (0.125 mL, 0.98 mmol)。所得混合物在室温下搅拌 12 h 后，用饱和碳酸氢钠水溶液 (0.5 mL) 淬灭反应。过滤后得到的滤液经蒸馏除去溶剂，将得到的残留物加入到 TBAF (1.0 mL, 1.0 mol/L) 的 THF (2 mL) 混合物中。反应液用饱和氯化铵水溶液 (2 mL) 淬灭后，用乙醚萃取。合并的萃取液经蒸馏得到的残留物用快速硅胶柱色谱 (己烷-乙酸乙酯, 8:1) 分离，得到 66.4 mg (93%, 78% ee) (*R*)-1-苯基-3-丁炔-1-醇 (**97**)。

例 五

(*R*)-2-苯基-4-戊烯-2-醇的合成[85]
(手性噁唑啉配体 72 参与的催化不对称 NHK 反应)

$$
\text{苯甲酮} + \text{烯丙基溴} \xrightarrow[\text{Mn (2 eq.), THF, 0 °C, 24 h}]{\substack{\text{CrCl}_3\ (10\ \text{mol\%}),\ \textbf{72}\ (10\ \text{mol\%}) \\ \text{TEA}\ (20\ \text{mol\%}),\ \text{TMSCl}\ (4\ \text{eq.})}} \textbf{98}
$$

(96)

在室温和搅拌下，依次将三乙胺 (15 µL, 0.1 mmol, 0.2 eq.) 和 TMSCl (225 µL, 2 mmol, 4 eq.) 加入到含有三氯化铬 (7.9 mg, 0.05 mmol, 0.1 eq.)、锰粉 (55 mg, 1 mmol, 2 eq.) 和手性配体 **72** (17 mg, 0.05 mmol, 0.1 eq.) 的 THF (2 mL) 溶液中。继续搅拌 20 min 后，溶液颜色逐渐变为深蓝色。然后，将温度降至 0 °C 搅拌 10 min，再加入烯丙基溴 (85 µL, 1 mmol, 2 eq.) 反应 30 min。接着，再加入苯甲酮 (58 µL, 0.5 mmol, 1 eq.)。生成的混合物在 0 °C 搅拌 24 h 后，用饱和碳酸氢钠水溶液 (1.5 mL) 淬灭反应。过滤后得到的滤液经乙醚洗涤，水相用乙醚萃取。合并的有机相用硫酸钠干燥后，减压蒸去溶剂得到的残留物用快速硅胶柱色谱 (己烷-乙酸乙酯, 92:8) 分离，得到 62 mg (77%) 的 (*R*)-2-苯基-4-戊烯-2-醇 (**98**)。

8　参考文献

[1]　(a) Cintas, P. *Synthesis* **1992**, 248. (b) Fürstner, A. *Pure Appl. Chem.* **1998**, *70*, 1071. (c) Fürstner, A. *Chem. Eur. J.* **1998**, *4*, 567. (d) Fürstner, A. *Chem. Rev.* **1999**, *99*, 991. (e) Wessjohann, L. A., Scheid, G. *Synthesis* **1999**, 1. (f) Hargaden, G. C.; Guiry, P. J. *Adv. Synth. Catal.* **2007**, *349*, 2407.

[2]　Hein, F. *Ber. Dtsch. Chem. Ges.* **1919**, *52*, 195.

[3]　Okude, Y.; Hirano, S.; Hiyama, T.; Nozaki, H. *J. Am. Chem. Soc.* **1977**, *99*, 3179.

[4]　Okude, Y.; Hiyama, T.; Nozaki, H. *Tetrahedron Lett.* **1977**, *18*, 3829.

[5]　Hiyama, T.; Kimura, K.; Nozaki, H. *Tetrahedron Lett.* **1981**, *22*, 1037.

[6]　Takai, K.; Kimura, K.; Kuroda, T.; Hiyama, T.; Nozaki, H. *Tetrahedron Lett.* **1983**, *24*, 5281.

[7]　Jin, H.; Uenishi, J.-I.; Christ, W. J.; Kishi, Y. *J. Am. Chem. Soc.* **1986**, *108*, 5644.

[8]　Takai, K.; Tagashira, M.; Kuroda, T.; Oshima, K.; Utimoto, K.; Nozaki, H. *J. Am. Chem. Soc.* **1986**, *108*, 6048.

[9]　Nicolaou, K. C.; Theodorakis, E. A.; Rutjes, F. P. J. T.; Tiebes, J.; Sato, M.; Untersteller, E.; Xiao, X. Y.

*J. Am. Chem. Soc.***1995**, *117*, 1171.

[10]   Rowley, M.; Tsukamoto, M.; Kishi, Y. *J. Am. Chem. Soc.***1989**, *111*, 2735.

[11]   Aicher, T.; Kishi, Y. *Tetrahedron Lett* **1987**, *28*, 3463.

[12]   Dyer, U. C.; Kishi, Y. *J. Org. Chem.* **1988**, *53*, 3383.

[13]   Kress, M. H.; Ruel, R.; Miller, W. H.; Kishi, Y. *Tetrahedron Lett* **1993**, *34*, 5999.

[14]   White, J. D.; Jensen, M. S. *J. Am. Chem. Soc.***1995**, *117*, 6224.

[15]   Lu, Y. F.; Harwig, C. W.; Fallis, A. G. *J. Org. Chem.* **1993**, *58*, 4202.

[16]   MacMillan, D. W. C.; Overman, L. E. *J. Am. Chem. Soc.***1995**, *117*, 10391.

[17]   Roe, M. B.; Whittaker, M.; Procter, G. *Tetrahedron Lett* **1995**, *36*, 8103.

[18]   Nishikawa, T.; Shibuya, S.; Hosokawa, S.; Isobe, M. *Synlett* **1994**, 485.

[19]   Hatakeyama, S.; Numata, H.; Osanai, K.; Takano, S. *J. Org. Chem.* **1989**, *54*, 3515.

[20]   Paquette, L. A.; Doherty, A. M.; Rayner, C. M. *J. Am. Chem. Soc.***1992**, *114*, 3910.

[21]   Aoyagi, S.; Wang, T.-C.; Kibayashi, C. *J. Am. Chem. Soc.***1993**, *115*, 11393.

[22]   Stamos, D.; Sheng, C.; Chen, S.; Kishi, Y. *Tetrahedron Lett* **1997**, *38*, 6355.

[23]   Buse, C. T.; Heathcock, C. H. *Tetrahedron Lett* **1978**, *19*, 1685.

[24]   Takai, K.; Nozaki, H. *Proc. Jpn. Acad.* **2000**, *76*, 123.

[25]   Sustmann, R.; Altevogt, R. *Tetrahedron Lett* **1981**, *22*, 5167.

[26]   Paquette, L. A.; Astles, P. C. *J. Org. Chem.* **1993**, *58*, 165.

[27]   Suzuki, K.; Tomooka, K.; Katayama, E.; Matsumoto, T.; Tsuchihashi, G.-I. *J. Am. Chem. Soc.* **1986**, *108*, 5221.

[28]   Okuda, Y.; Nakatsukasa, S.; Oshima, K.; Nozaki, H. *Chem. Lett.* **1985**, 481

[29]   Wuts, P. G. M.; Callen, G. R. *Synth. Commun.* **1986**, *16*, 1833.

[30]   Fürstner, A.; Shi, N. *J. Am. Chem. Soc.***1996**, *118*, 12349.

[31]   Fürstner, A.; Shi, N. *J. Am. Chem. Soc.* **1996**, *118*, 2533.

[32]   Boeckman, R. K.; Hudack, R. A. *J. Org. Chem.* **1998**, *63*, 3524.

[33]   Takai, K.; Nitta, K.; Utimoto, K. *Tetrahedron Lett.* **1988**, *29*, 5263.

[34]   Fujimura, O.; Takai, K.; Utimoto, K. *J. Org. Chem.* **1990**, *55*, 1705.

[35]   Takai, K.; Kataoka, Y.; Utimoto, K. *Tetrahedron Lett.* **1989**, *30*, 4389.

[36]   Grigg, R.; Putnikovic, B.; Urch, C. J. *Tetrahedron Lett.* **1997**, *38*, 6307.

[37]   Kuroboshi, M.; Tanaka, M.; Kishimoto, S.; Tanaka, H.; Torii, S. *Synlett* **1999**, 69.

[38]   Durandetti, M.; Périchon, J.; Nédélec, J.-Y. *Tetrahedron Lett.* **1999**, *40*, 9009.

[39]   Durandetti, M.; Nédélec, J.-Y. Périchon, J. *Org. Lett.* **2001**, *3*, 2073.

[40]   (a) Kato, N.; Tanaka, S.; Takeshita, H. *Chem. Lett.* **1986**, 1989. (b) Kato, N.; Tanaka, S.; Takeshita, H. *Bull. Chem. Soc. Jpn.* **1988**, *61*, 3231. (c) Jubert, C.; Nowotny, S.; Kornemann, D.; Antes, I.; Tucker, C. E.; Knochel, P. *J. Org. Chem.* **1992**, *57*, 6384. (d) Ciapetti, P.; Falorni, M.; Taddei, M. *Tetrahedron* **1996**, *52*, 7379. (e) Nowotny, S.; Tucker, C. E.; Jubert, C.; Knochel, P. *J. Org. Chem.* **1995**, *60*, 2762.

[41]   Ciapetti, P.; Taddei, M.; Ulivi, P. *Tetrahedron Lett.* **1994**, *35*, 3183.

[42]   Wender, P. A.; Grissom, J. W.; Hoffmann, U.; Mah, R. *Tetrahedron Lett.* **1990**, *31*, 6605.

[43]   Still, W. C.; Dominick, M. *J. Org. Chem.* **1983**, *48*, 4786.

[44]   Hodgson, D. M.; Wells, C. *Tetrahedron Lett.* **1992**, *33*, 4761.

[45]   Augé, J. Tetrahedron Lett. **1988**, 29, 6107.

[46]   Lewis, M. D.; Kishi, Y. *Tetrahedron Lett.* **1982**, *23*, 2343.

[47]   (a) Cherest, M.; Felkin, H.; Prudent, N. *Tetrahedron Lett.* **1968**, 2199. (b) Cram, D. J.; Abd Elhafez, F. A. *J. Am. Chem. Soc.***1952**, *74*, 5828. (c) Reetz, M. T. *Angew. Chem., Int. Ed. Engl.* **1984**, *23*, 556.

[48]   Mulzer, J.; Schulze, T.; Strecker, A.; Denzer, W. *J. Org. Chem.* **1988**, *53*, 4098.

[49]   Mulzer, J.; Kattner, L.; Strecker, A. R.; Schröder, C.; Buschmann, J.; Lehmann, C.; Luger, P. *J. Am. Chem. Soc.* **1991**, *113*, 4218.

[50] Armstrong, R. W.; Beau, J.-M.; Cheon, S. H.; Christ, W. J.; Fujioka, H.; Ham, W.-H.; Hawkins, L. D.; Jin, H.; Kang, S. H.; Kishi, Y.; Martinelli, M .J.; McWhorter, W. W.; Mizuno, M.; Nakata, M.; Stütz, A. E.; Talamas, F. X.; Taniguchi, M.; Tino, J. A.; Ueda, K.; Uenishi, J.-I.; White, J. B.; Yonaga, M. *J. Am. Chem. Soc.* **1989**, *111*, 7525.

[51] Knochel, P.; Rao, C. J. *Tetrahedron* **1993**, *49*, 29.

[52] (a) White, J. D.; Jensen, M. S. *J. Am. Chem. Soc.* **1993**, *115*, 2970. (b) Chen, S.-H.; Horvath, R. F.; Joglar, J.; Fisher, M. J.; Danishefsky, S. J. *J. Org. Chem.* **1991**, *56*, 5834. (c) Nicolaou, K. C.; Piscopio, A. D.; Bertinato, P.; Chakraborty, T. K.; Minowa, N.; Koide, K. *Chem. Eur. J.* **1995**, *1*, 318. (d) Critcher, D. J.; Connolly, S.; Wills, M. *Tetrahedron Lett.* **1995**, *36*, 3763. (e) Critcher, D. J.; Connolly, S.; Wills, M. *J. Org. Chem.* **1997**, *62*, 6638. (f) Sone, H.; Suenaga, K.; Bessho. Y.; Kondo, T.; Kigoshi, H.; Yamada, K. *Chem. Lett.* **1998**, 85. (g) Oddon, G.; Uguen, D. *Tetrahedron Lett.* **1998**, *39*, 1153. (h) Ahmed, F.; Forsyth, C. J. *Tetrahedron Lett.* **1998**, *39*, 183. (i) Chakraborty, T. K.; Suresh, V. R. *Chem. Lett.* **1997**, 565. (j) Sasaki, M.; Matsumori, N.; Maruyama, T.; Nonomura, T.; Murata, M.; Tachibana, K.; Yasumoto, T. *Angew. Chem., Int. Ed. Engl.* **1996**, *35*, 1672. (k) Arimoto, H.; Nishiyama, S.; Yamamura, S. *Tetrahedron Lett.* **1994**, *35*, 9581. (l) Arimoto, H.; Okumura, Y.; Nishiyama, S.; Yamamura, S. *Tetrahedron Lett.* **1995**, *36*, 5357. (m) Mori, K.; Otaka, K. *Tetrahedron Lett.* **1994**, *35*, 9207. (n) Horvath, R. F.; Linde, R. G.; Hayward, C. M.; Joglar, J.; Yohannes, D.; Danishefsky, S. J. *Tetrahedron Lett.* **1993**, *34*, 3993.

[53] Dayrit, F. M.; Gladkowski, D. E.; Schwartz, J. *J. Am. Chem. Soc.* **1980**, *102*, 3976.

[54] (a) Oddon, G.; Ugune, D. *Tetrahedron Lett.* **1998**, *39*, 1157. (b) Breuilles, P.; Ugune, D. *Tetrahedron Lett.* **1998**, *39*, 3149. (c) Pilli, R. A.; Victor, M. M. *Tetrahedron Lett.* **1998**, *39*, 4421. (d) Rayner, C. M.; Astles, P. C.; Paquette, L. A. *J. Am. Chem. Soc.* **1992**, *114*, 3926.

[55] Schreiber, S. L.; Meyers, H. V. *J. Am. Chem. Soc.* **1988**, *110*, 5198.

[56] (a) Wang, Y.; Babirad, S. A.; Kishi, Y. *J. Org. Chem.* **1992**, *57*, 468. (b) Crévisy, C.; Beau, J.-M. *Tetrahedron Lett.* **1991**, *32*, 3171. (c) Nicolaou, K. C.; Liu, A.; Zeng, Z.; McComb, S. *J. Am. Chem. Soc.* **1992**, *114*, 9279.

[57] Takai, K.; Kuroda, T.; Nakatsukasa, S.; Oshima, K.; Nozaki, H. *Tetrahedron Lett.* **1985**, *26*, 5585.

[58] (a) Luker, T.; Whitby, R. J. *Tetrahedron Lett.* **1996**, *37*, 7661. (b) Matsumoto, Y.; Hasegawa, T.; Kuwatani, Y.; Ueda, I. *Tetrahedron Lett.* **1995**, *36*, 5757. (c) Buszek, K. R.; Jeong, Y. *Synth. Commun.* **1994**, *24*, 2461. (d) Lu, Y.-F.; Harwig, C. W.; Fallis, A. G. *Can. J. Chem.* **1995**, *73*, 2253. (e) Harwig, C. W.; Py, S.; Fallis, A. G. *J. Org. Chem.* **1997**, *62*, 7902. (f) Py, S.; Harwig, C. W.; Banerjee, S.; Brown, D. L.; Fallis, A. G. *Tetrahedron Lett.* **1998**, *39*, 6139. (g) Dancy, I.; Skrydstrup, T.; Crevisy, C.; Beau, J.-M. *J. Chem. Soc., Chem. Commum.* **1995**, 799. (h) Myers, A. G.; Finney, N. S. *J. Am. Chem. Soc.* **1992**, *114*, 10986. (i) Maier, M. E.; Brandstetter, T. *Tetrahedron Lett.* **1992**, *33*, 7511. (j) Raeppel, S.; Toussaint, D.; Suffert, J. *Synlett* **1998**, 537. (k) Banfi, L.; Guanti, G. *Angew. Chem. Int., Ed. Engl.* **1995**, *34*, 2393. (l) Banfi, L.; Guanti, G. *Eur. J. Org. Chem.* **1998**, 1543. (m) Suffert, J.; Toussaint, D. *Tetrahedron Lett.* **1997**, *38*, 5507.

[59] Bodenmann, B.; Keese, R. *Tetrahedron Lett.* **1993**, *34*, 1467.

[60] Elliott, M. R.; Dhimane, A.-L.; Malacria, M. *J. Am. Chem. Soc.* **1997**, *119*, 3427.

[61] Chen, D.-W.; Kazuhiko, T.; Masahito, O. *Tetrahedron Lett.* **1997**, *38*, 8211.

[62] Ogawa, Y.; Mori, M.; Saiga, A.; Takagi, K. *Chem. Lett.* **1996**, 1069.

[63] Chen, X.-T.; Gutteridge, C. E.; Bhattacharya, S. K.; Zhou, B.; Pettus, T. R. R.; Hascall, T.; Danishefsky, S. J. *Angew. Chem., Int. Ed. Engl.* **1998**, *37*, 185.

[64] (a) Place, P.; Delbecq, F.; Gor., J. *Tetrahedron Lett.* **1978**, *40*, 3801. (b) Verniere, C.; Cazes, B.; Gor, J. *Tetrahedron Lett.* **1981**, *22*, 103.

[65] Place, P.; Verni re, C.; Gor, J. *Tetrahedron* **1981**, *37*, 1359.

[66] Belyk, K.; Rozema, M. J.; Knochel, P. *J. Org. Chem.* **1992**, *57*, 4070.

[67]   Wipf, P.; Lim, S. *J. Chem. Soc., Chem. Commun.* **1993**, 1654.

[68]   Chen, C; Tagami, K; Kishi, Y. *J. Org. Chem.* **1995**, *60*, 5386.

[69]   Sugimoto, K.; Aoyagi, S.; Kibayashi, C. *J. Org. Chem.* **1997**, *62*, 2322.

[70]   (a) Bandini, M.; Cozzi, P. G.; Umani-Ronchi, A. *Pure. Appl. Chem.* **2001**, *73*, 325. (b) Bandini, M.; Cozzi, P. G.; Umani-Ronchi, A. *Chem. Commun.* **2002**, 919. (c) Cozzi, P. G. *Chem. Soc. Rev.* **2004**, 410.

[71]   Bandini, M.; Cozzi, P. G.; Melchiorre, P.; Umani-Ronchi, A. *Angew. Chem., Int. Ed. Engl.* **1999**, *38*, 3357.

[72]   Bandini, M.; Cozzi, P. G.; Umani-Ronchi, A. *Polyhedron* **2000**, *19*, 537.

[73]   (a) Bandini, M.; Cozzi, P. G.; Umani-Ronchi, A. *Angew. Chem., Int. Ed.* **2000**, *39*, 2327. (b) Bandini, M.; Cozzi, P. G.; Umani-Ronchi, A. *Tetrahedron* **2001**, *57*, 835.

[74]   Bandini, M.; Cozzi, P. G.; Melchiorre, P.; Morganti, S.; Umani-Ronchi, A. *Org. Lett.* **2001**, *3*, 1153.

[75]   Bandini, M.; Cozzi, P. G.; Licciulli, S.; Umani-Ronchi, A. *Synlett* **2004**, 409

[76]   Berkessel, A.; Menche, D.; Sklorz, C. A.; Schröder, M.; Paterson, I. *Angew. Chem., Int. Ed.* **2003**, *42*, 1032.

[77]   Wan, Z.-K.; Choi, H.; Kang, F.-A.; Nakajima, K.; Demeke, D.; Kishi, Y. *Org. Lett.* **2002**, *4*, 4431.

[78]   Choi, H.; Nakajima, K.; Demeke, D.; Kang, F.-A.; Jun, H.-S.; Wan, Z.-K.; Kishi, Y. *Org. Lett.* **2002**, *4*, 4435.

[79]   Kurosu, M.; Lin, M.-H.; Kishi, Y. *J. Am. Chem. Soc.* **2004**, *126*, 12248.

[80]   (a) Inoue, M; Suzuki, T.; Nakada, M. *J. Am. Chem. Soc.* **2003**, *125,* 1140. (b) Suzuki, T.; Kinoshita, A.; Kawada, H.; Nakada, M. *Synlett* **2003**, 570.

[81]   Inoue, M; Nakada, M. *Org. Lett.* **2004**, *6*, 2977.

[82]   Inoue, M; Nakada, M. *Angew. Chem., Int. Ed. Engl.* **2006**, *45*, 252.

[83]   McManus, H. A.; Cozzi, P. G.; Guiry, P. J. *Adv. Synth. Catal.* **2006**, *348*, 551.

[84]   Lee, J.-Y.; Miller, J. J.; Hamilton, S. S.; Sigman, M. S. *Org. Lett.* **2005**, 7, 1837.

[85]   Miller, J. J.; Sigman, M. S. *J. Am. Chem. Soc.* **2007**, *129*, 2752.

[86]   Xia, G.; Yamamoto, H. *J. Am. Chem. Soc.* **2006**, *128*, 2554.

[87]   Xia, G.; Yamamoto, H. *J. Am. Chem. Soc.* **2007**, *129*, 496.

[88]   (a) Mi, B.; Jr, R. E. M. *Org. Lett.* **2001**, *3*, 1491. (b) Suzuki, K.; Takayama, H. *Org. Lett.* **2006**, *8*, 4605. (c) Fürstner, A.; Wuchrer, M. *Chem. Eur. J.* **2006**, *12*, 76. (d) Sandoval, C.; López-Pérez, J. L.; Bermejo, F. *Tetrahedron* **2007**, *63*, 11738. (e) Inoue, M.; Nakada, M. *J. Am. Chem. Soc.* **2007**, *129*, 4164. (f) Miyashita, K.; Tsunemi, T.; Hosokawa, T.; Ikejiri, M.; Imanishi, T. *J. Org. Chem.* **2008**, *73*, 5360. (g) Pospíšil, J.; Müller, C.; Fürstner, A. *Chem. Eur. J.* **2009**, *15*, 5956. (h) Jackson, K.; Henderson, J. A.; Motoyoshi, H.; Phillips, A. *Angew. Chem., Int. Ed.* **2009**, *48*, 2346. (i) Takao, K.; Hayakawa, N.; Yamada, R.; Yamaguchi, T.; Saegusa, H.; Uchida, M.; Samejima, S.; Tadano, K. *J. Org. Chem.* **2009**, *74*, 6452. (j) Williams, D. R.; Walsh, M.; Miller, N. A. *J. Am. Chem. Soc.* **2009**, *131*, 9038.

[89]   (a) Uemura, D.; Takahashi, K.; Yamamoto, T.; Katayama, C.; Tanaka, J.; Okumura, Y.; Hirata, Y. *J. Am. Chem. Soc.* **1985**, *107*, 4796. (b) Hirata, Y.; Uemura, D. *Pure. Appl. Chem.* **1986**, *58*, 701.

[90]   Aicher, T. D.; Buszek, K. R.; Fang, F. G.; Forsyth, G. J.; Jung, S. H.; Kishi, Y.; Matelich, M. C.; Scola, P. M.; Spero, D. M.; Yoon, S. K. *J. Am. Chem. Soc.* **1992**, *114*, 3162.

[91]   Aicher, T. D.; Buszek, K. R.; Fang, F. G.; Forsyth, G. J.; Jung, S. H.; Kishi, Y.; Scola, P. M. *Tetrahedron Lett.* **1992**, *33*, 1549.

[92]   (a) Gerth, K.; Bedorf, N.; Höfle, G.; Irschik, H.; Reichenbach, H. *J. Antibiot.* **1996**, *49*, 560. (b) Höfle, G.; Bedorf, N.; Steinmetz, H.; Schomburg, D.; Gerth, K.; Reichenbach, H. *Angew. Chem., Int. Ed. Engl.* **1996**, *35*, 1567.

[93]   Taylor, R. E.; Chen, Y. *Org. Lett.* **2001**, *3*, 2221.

赛弗思-吉尔伯特增碳反应
(Seyferth-Gilbert Homologation)

吴华悦[*] 陈久喜

1 历史背景简述

Seyferth-Gilbert 增碳反应是有机合成中构建炔烃结构的重要人名反应之一。取名于对该反应做出重要贡献的德国有机化学家 Dietmar Seyferth 和美国有机化学家 John C. Gilbert。

Seyferth 于 1929 年出生在德国南部地区萨克森 (Saxony)，他父亲是从事染料和合成洗涤剂的化学家。1933 年，因父亲工作的缘故跟随父母到纽约州的西部伊利湖东岸的港口城市布法罗 (Buffalo)。1951 年，他以优异的成绩毕业于纽约州立大学布法罗分校 (University of Buffalo) 并获文学学士学位。1954 年，他在哈佛大学 (Harvard University) 著名无机化学家 Eugene G. Rochow 教授的指导下完成博士学位。他在道康宁公司 (Dow Corning Corporation) 工作一年后，又到 Rochow 教授课题组从事博士后研究。1957 年，他开始任职于美国麻省理工学院 (MIT) 化学系，1965 年晋升为教授。

1963-1981 年期间，他担任 "*Journal of Organometallic Chemistry*" 期刊的北美地区编辑。他还是金属有机化学领域美国化学会 (ACS) 权威期刊 "*Organometallics*" 的创刊主编 (The Founding Editor)。Seyferth 把自己科研生涯最黄金的岁月都献给了这两个金属有机化学领域的期刊。20 世纪 90 年代，Seyferth 作为 MIT 化学系退休教授后专职做主编工作。

Gilbert 于 1961 年在美国怀俄明州立大学 (University of Wyoming) 获得学士学位。同年，他进入美国耶鲁大学 (Yale University) 学习，并在 1962 年和 1965 年分别获得耶鲁大学硕士学位和博士学位。现任职于德克萨斯大学奥斯汀分校 (The University of Texas at Austin) 自然科学学院。

20 世纪 70 年代，化学家们发现 Seyferth-Gilbert 增碳反应可以通过重氮甲基膦酸二甲酯或三甲基硅基重氮甲烷与酮或醛的反应合成一系列内部炔烃和末端炔烃化合物。但是，该方法存在反应条件比较苛刻和底物范围狭窄等缺点[1]。

直到 20 世纪 80 年末至 90 年代初，德国有机化学家 Hans Jürgen Bestmann 和日本化学家 Susumu Ohira 对该反应进行了改进[2]。他们通过使用 (1-重氮基-2-氧代丙基)膦酸二甲酯与甲醇和碳酸钾反应，在反应体系中原位产生重氮甲基膦酸二甲酯负离子或重氮甲基膦酸二甲酯 (Seyferth-Gilbert 试剂)。由于 (1-重氮基-2-氧代丙基)膦酸二甲酯与醛生成末端炔烃的反应一般产率很高，改进的 Seyferth-Gilbert 增碳反应只需在温和的碱试剂存在下进行，使其对底物官能团的兼容性大大提高。

在传统的以酮或醛为起始原料合成末端炔烃的方法中，首先经 Wittig 反应生成 1,1-二溴烯烃[3]或乙烯基卤化物[4]。然后，再脱去卤化氢生成比原料多一个碳原子的末端炔烃化合物。与传统方法相比较，Seyferth-Gilbert 增碳反应可以在相对温和的反应条件下通过一步法合成末端炔烃和内部炔烃化合物。因此，该反应被广泛应用于有机和药物中间体的合成，这也正是 Seyferth-Gilbert 增碳反应的重要特点之一。

2 Seyferth-Gilbert 增碳反应的定义和机理

Seyferth-Gilbert 增碳反应被定义为芳酮或醛与重氮甲基膦酸二甲酯 (**1**) 在叔丁醇钾存在下生成取代炔烃的反应 (式 1)[1,5]。由于该反应生成的产物是比原料羰基化合物多一个碳原子的炔烃化合物，所以又被称为 Seyferth-Gilbert 同系化反应。

$$\text{Ar} \overset{O}{\underset{}{\|}} R + H-\overset{O}{\underset{N_2}{\|}}\overset{}{P}\overset{OMe}{\underset{OMe}{}} \xrightarrow{t\text{-BuOK, THF, }-78\,^{\circ}\text{C}} \text{Ar}\!\!=\!\!=\!\!R \qquad (1)$$

1970 年，Seyferth[6]首次合成了 Seyferth-Gilbert 增碳反应的关键碳化试剂重氮甲基膦酸二甲酯 (**1**)。1973 年，该碳化试剂被 E. W. Colvin 和 B. J. Hamill 首次应用于酮 (或醛) 一步法合成炔烃的反应[1]。如式 2 所示：在强碱正丁基锂存在下，重氮甲基膦酸二甲酯 (**1**) 与二苯甲酮发生 Seyferth-Gilbert 增碳反应生成二苯乙炔。

$$\text{Ph}\overset{O}{\underset{}{\|}}\text{Ph} + H-\overset{O}{\underset{N_2}{\|}}\overset{}{P}\overset{OMe}{\underset{OMe}{}} \xrightarrow[80\%]{\substack{n\text{-BuLi, THF} \\ -78\sim25\,^{\circ}\text{C, 20 h}}} \text{Ph}\!=\!=\!\text{Ph} + N_2 + \text{MeO}\overset{O}{\underset{MeO}{\|}}\overset{}{P}\text{O}^- \qquad (2)$$

该方法的底物范围非常较窄，只适用那些不发生烯醇互变的羰基化合物 (例如：二芳基甲酮)。但是，在相同条件下，使用含有 α-H 的羰基化合物 [例如：苯乙酮 (收率 15%) 或苯乙醛 (收率 30%)] 作为底物时反应均不理想。他们认为：可能是由于含有 α-H 的羰基化合物的烯醇互变导致反应收率明显降低。

同时，他们还研究了三甲基硅基重氮甲烷 (**2**) 作为碳化试剂与二苯乙二酮的 Seyferth-Gilbert 增碳反应，并提出了可能的反应机理。他们认为：该反应首先发生 Wolff 重排，然后再经历氧化物的消除得到炔烃。如式 3 所示：该反应过程中可能还形成了 Wolff 重排的中间体 **3**。

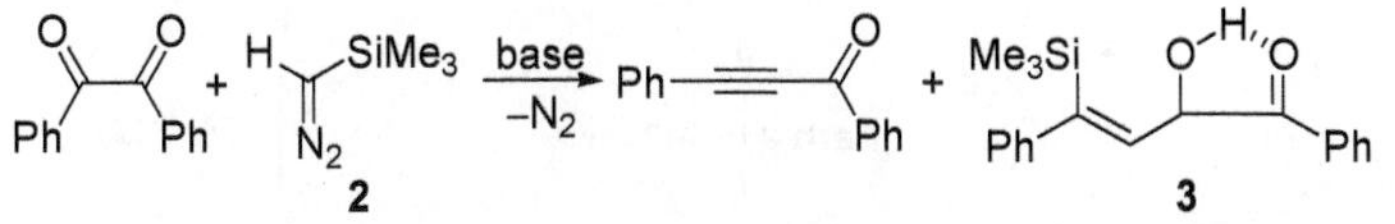

$$(3)$$

1977 年，Colvin 和 Hamill 对羰基化合物与重氮甲基膦酸二甲酯 (**1**) 或三甲基硅基重氮甲烷 (**2**) 的反应历程进行了详尽的研究[7]。他们发现：在三甲基硅基重氮甲烷 (**2**) 与酮的反应加入有机胺作为碱 (例如：哌啶乙酸盐) 或路易斯酸催化剂时反应均不能进行。但是，使用三甲基硅基重氮甲烷 (**2**) 和正丁基锂合成的三甲基硅基重氮甲基锂盐 (**4**) 时，该反应效果非常好。如式 4 所示：反应生成 80% 的二苯乙炔产物，使用叔丁醇钾作为碱时得到相同的结果。

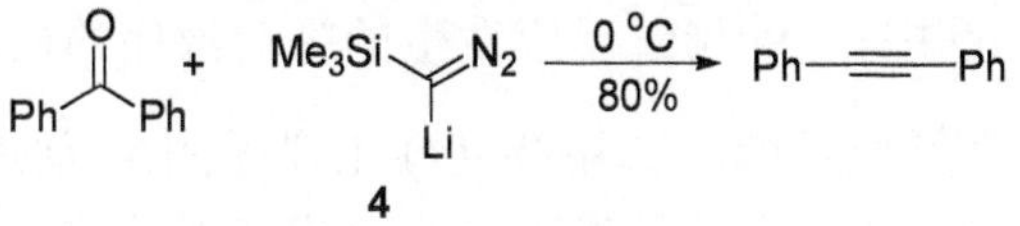

$$(4)$$

他们进一步研究了二苯基乙二酮与三甲基硅基重氮甲基锂盐 (**4**) 的增碳化反应，发现生成炔酮的同时伴有吡唑衍生物 **5** 的产生 (式 5)。

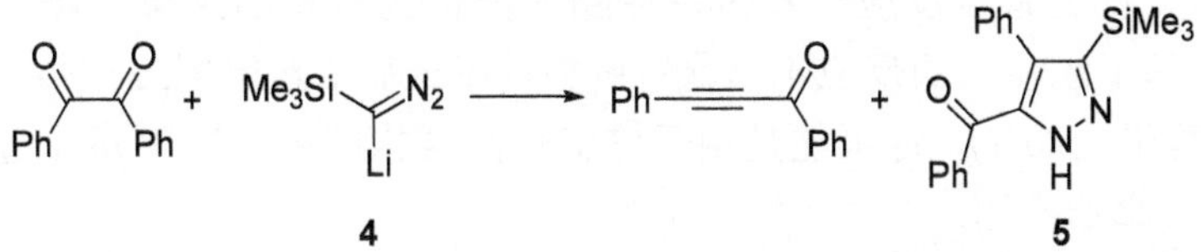

$$(5)$$

但是，当苯甲醛作为底物时并没有得到苯乙炔产物，而是得到了苄醇和苯甲酰重氮甲烷 (式 6)。

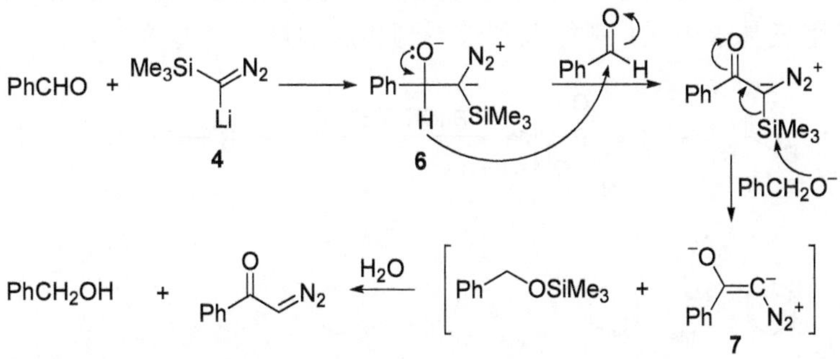

$$(6)$$

通过以上实验获得的结果，他们提出了以下两种可能的反应机理 (**Path a** 和

Path b) (式 7)。该结果纠正了他们在 1973 年报道的失误,那时他们错误地提出了首先形成 Wolff 重排中间体 **3** 的反应历程。

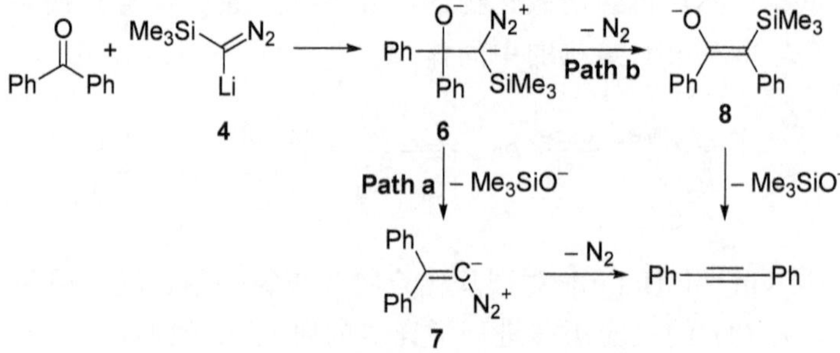

(7)

从以上的反应机理可以得到两种反应次序不同的反应过程:(a) 反应首先经历 Wittig 反应脱去三甲基硅醇盐生成亚烷基卡宾前体 **7**,然后再进行 Wolff 重排释放出氮气的同时生成炔烃;(b) 反应首先经历 Wolff 重排脱去氮气生成三甲基硅烯醇盐中间体 **8**,然后再经历 Wittig 反应脱去三甲基硅醇盐生成炔烃。其实就是 Wolff 重排与 Wittig 反应发生的先后次序的问题。

他们使用重氮甲基膦酸二甲酯 (**1**) 作为碳化试剂进行了底物的拓展,并得出以下结论:(a) 二芳基甲酮芳环上的取代基对反应收率的影响不大;(b) α,β-不饱和羰基化合物 (例如:肉桂醛) 作为底物时,并没有得到预期的烯炔产物,而是发生了 1,3-偶极加成反应得到了吡唑衍生物;(c) 二羰基化合物和除 2-呋喃基苯基甲酮 (发生聚合反应) 外的杂环酮均能得到满意的结果;(d) 对于含 α-H 的芳基烷基甲酮参与的反应不理想 (例如:环己基苯基甲酮, 25 %;苯乙酮, 20 %;苯基苄基甲酮, 0%),这可能是由于它们烯醇结构的稳定性不同 (竞争的质子转移) 导致收率的不同。

1979 年,J. C. Gilbert 和 U. Weerasooriya 对该类反应进行了深入的研究。他们发现:当反应体系一直在 –78 ℃ 下恒温反应时 (在加入羰基化合物时也不要移去冷浴),不管是二芳基甲酮还是含有 α-H 的芳基烷基甲酮或富电子的芳基醛 (例如:对甲氧基苯甲醛) 都能顺利地得到相应的炔烃 (式 8)[8]。

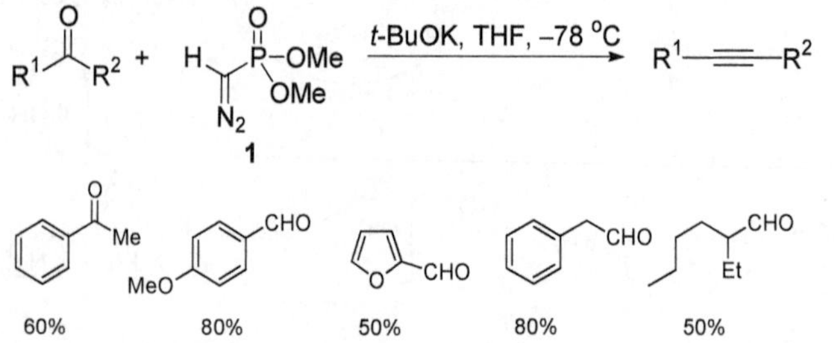

(8)

Gilbert 等人通过实验证实了该反应的机理是首先经历 Wittig 反应形成亚烷基卡宾前体，然后再进行 Wolff 重排得到炔烃产物。如式 9 所示[9]：在环己烯 (**9**) 的存在下，丙酮与重氮甲基膦酸二甲酯 (**1**) 在含有叔丁醇钾的四氢呋喃中反应并没有生成 2-丁基炔，而是得到了 58% 的二环化合物 **10**。

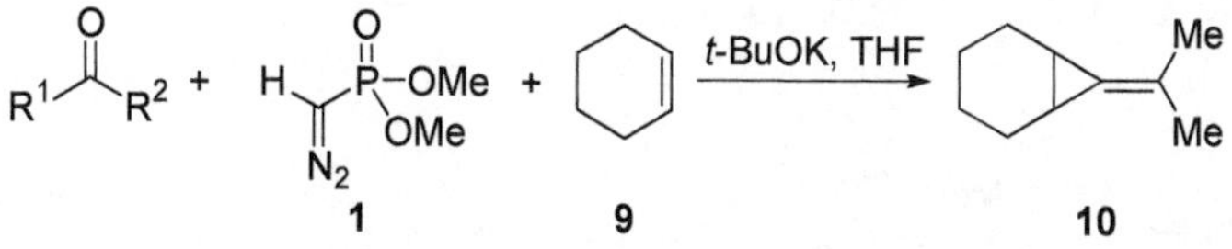

他们认为[10]：该反应形成二环化合物 **10** 的原因是因为底物经过 Wittig 反应形成了亚烷基卡宾前体 **11** (式 10)。然后，**11** 失去氮气后形成卡宾并被反应体系中的环己烯所捕获。

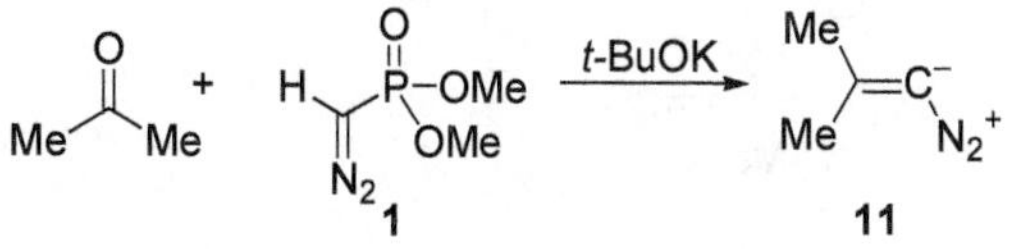

但是，当反应体系中没有加入环己烯时，丙酮与重氮甲基膦酸二甲酯 (**1**) 在含有叔丁醇钾的四氢呋喃中反应也没有生成 2-丁基炔，而是得到了烯醚衍生物 **12** (式 11)。

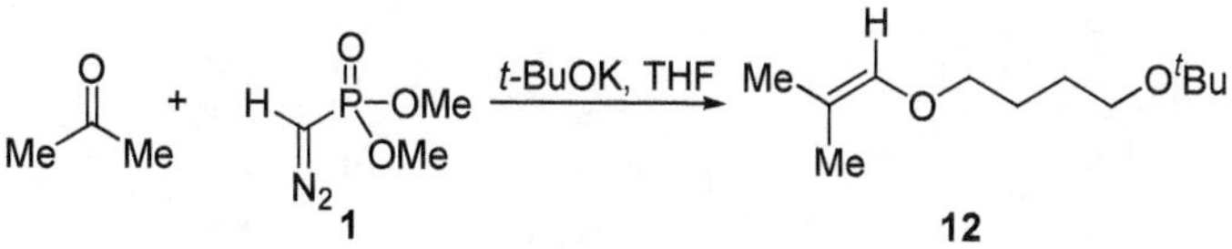

1983 年，他们系统地研究了在叔丁醇钾存在下重氮甲基膦酸二甲酯 (**1**) 和烷基酮与四氢呋喃、醇和胺的反应[11]，并提出了烯醚衍生物 **12** 生成的反应历程。如式 12 所示：在叔丁醇钾存在下，重氮甲基膦酸二甲酯与丙酮反应首先生成重氮甲烷中间体 **11**。然后，重氮甲烷中间体 **11** 与溶剂四氢呋喃反应形成烯醚中间体 **13**。最后，叔丁醇进攻四氢呋喃使其发生开环反应得到烯醚衍生物 **12**。

所以，Gilbert 和 Weerasooriya 认为：醛和芳基酮可以作为该反应很好的底物而二烷基酮不能发生反应的原因，可能是由于 1,2-氢迁移和 1,2-芳基迁移要比烷基迁移更容易[12]。因此，在二烷基酮参与的反应体系中有溶剂或者烯烃存在时没有预期的炔烃生成，而是得到卡宾与溶剂或者烯烃反应生成的产物。

通过以上分析，现在比较认可的经典的 Seyferth-Gilbert 增碳反应的机理与 Wittig-Horner 反应 (Horner-Wadsworth-Emmons 反应) 的机理相似。如式 13 所示：首先，重氮甲基膦酸二甲酯 **(1)** 被碱去质子化生成重氮甲基膦酸二甲酯碳负离子 **(A)**。然后，**A** 与酮羰基发生亲核加成反应生成烷氧基负离子 **(B)**。接着，**B** 再经历分子内环化生成噁磷杂丁环 **(C)**。**C** 在开环时放出磷酸二甲酯负离子 **(D)** 并产生乙烯基重氮化合物 **(Ea** 或 **Eb)**。最后，重氮化合物放出氮气生成乙烯基卡宾，并发生 1,2-迁移得到芳炔产物。

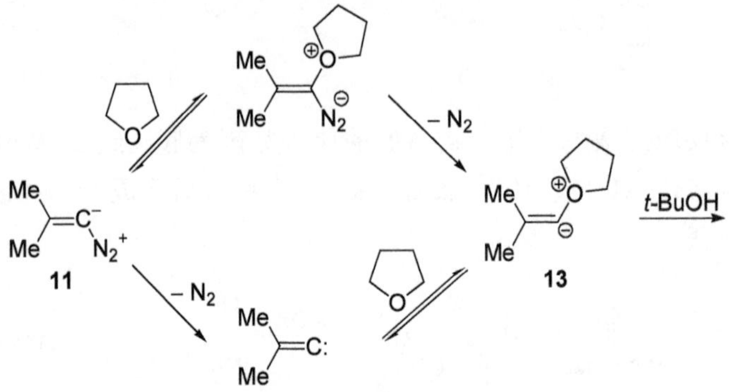

$$ \text{(12)} $$

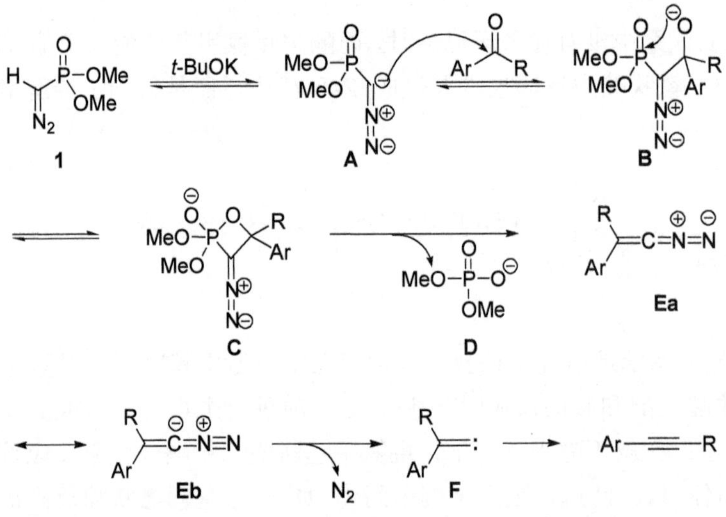

$$ \text{(13)} $$

后来，Ohira[2a]和 Bestmann[2b,13]提出了改进的 Seyferth-Gilbert 增碳反应的机理。如式 14 所示：他们使用 (1-重氮基-2-氧代丙基)膦酸二甲酯 **(14,** Bestmann-Ohira 试剂) 作为碳化试剂参与反应，只需在弱碱试剂碳酸钾和甲醇存在下就能顺利进行。

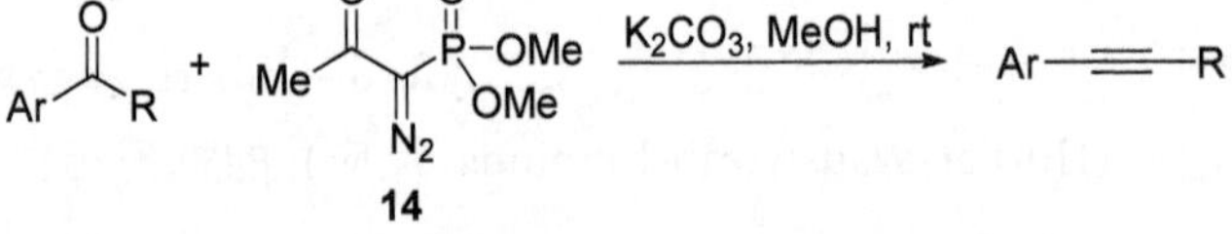

$$ \text{(14)} $$

如式 15 所示：他们认为在该反应体系中 (1-重氮基-2-氧代丙基)膦酸二甲酯 (**14**) 首先原位生成重氮甲基膦酸二甲酯碳负离子 (**A**) 或重氮甲基膦酸二甲酯 (**1**)[14]，然后再与醛 (酮) 发生 Seyferth-Gilbert 增碳反应。

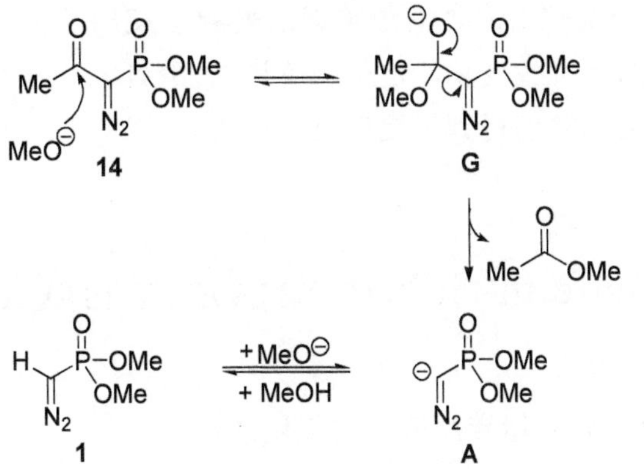

$$(15)$$

3　Seyferth-Gilbert 增碳反应条件综述

Seyferth-Gilbert 增碳反应的机理研究证明，碱性试剂在该反应中起着重要的作用。通常，经典的 Seyferth-Gilbert 增碳反应需要在强碱 (例如：正丁基锂或叔丁醇钾) 的存在下进行。它们的作用是帮助 Seyferth-Gilbert 碳化试剂发生去质子化生成碳负离子，而且这个过程是该反应的关键步骤[5]。而在改进的 Seyferth-Gilbert 增碳反应 (使用 Bestmann-Ohira 试剂作为碳化试剂)[2,13,14]中，只需使用弱碱试剂碳酸钾就能使反应顺利进行。由于碳酸钾是一个较温和的试剂，因此改进的 Seyferth-Gilbert 增碳反应增加了底物官能团的兼容性。

此外值得一提的是，碱性试剂在 Seyferth-Gilbert 增碳反应中起到攫取碳化试剂质子的作用，因此该反应对碱的用量必须在一当量以上。

在 Seyferth-Gilbert 增碳反应中，反应的氛围、温度和溶剂对反应结果也有重要的影响。一般情况下，经典的 Seyferth-Gilbert 增碳反应需在惰性气体氛围下进行。通常反应首先在 –78 ℃ 下反应 12 h，然后再在室温下反应数小时。在绝大多数文献报道的反应中，极性非质子溶剂四氢呋喃被用作反应的溶剂。

在改进的 Seyferth-Gilbert 增碳反应中，反应通常也是在惰性氛围中进行。与经典反应不同的是，这些反应在 0 ℃ 下搅拌 30 min 后继续在室温反应 2~13 h 即可完成。绝大多数情况下，使用极性质子溶剂甲醇作为反应溶剂[2a]。

1996 年，Bestmann[2b]发现该类反应无需惰性气体保护，直接在室温下反应 4~16 h 就能使反应顺利进行。

通过以上分析可以看出，经典的 Seyferth-Gilbert 增碳反应和改进的 Seyferth-Gilbert 增碳反应之间最关键的差异是使用了不同的碳化试剂，从而使得反应条件也随之发生变化。但是，改进的 Seyferth-Gilbert 增碳反应的反应条件较为温和，因此它们得到了更广泛的应用。

4 Seyferth-Gilbert 增碳反应的底物范围综述

4.1 Seyferth-Gilbert 增碳反应中的碳化试剂

在经典的 Seyferth-Gilbert 增碳反应中，重氮甲基膦酸二甲酯 (**1**) 和三甲基硅基重氮甲烷 (**2**) 均可被用作碳化试剂。将二种碳化试剂相比较，后者的酸性 ($RCHN_2$) 比前者较强。这一结论也可以通过核磁共振谱的化学位移来证实[1,15]，因此其对应的阴离子 ($^-CRN_2$) 的碱性就比较弱。

虽然碳化试剂 **1** 比碳化试剂 **2** 更稳定且容易操作，但其对应的阴离子却不够稳定。因此，碳化试剂 **1** 参与的反应体系通常在 –78 °C 的冷浴中进行。通过实验对比发现：在相同的底物反应中，使用碳化试剂 **1** 比碳化试剂 **2** 可以得到更高的产率。因此，在经典的 Seyferth-Gilbert 增碳反应中，重氮甲基膦酸二甲酯 (**1**) 是最常用的碳化试剂，又被称为 Seyferth-Gilbert 试剂[1,5]。在改进的 Seyferth-Gilbert 增碳反应中，(1-重氮基-2-氧代丙基)膦酸二甲酯 (**14**) 是最常用的碳化试剂，又被称为 Bestmann-Ohira 试剂[2]。它们的具体应用将在后面的章节中进行详细的阐述。

4.1.1 Seyferth-Gilbert 试剂

1970 年，Seyferth 首次合成了重氮甲基膦酸二甲酯 (**1**)。1973 年，Colvin 和 Hamill[1]首次将碳化试剂 **1** 应用于酮或醛一步法合成炔烃的反应。

碳化试剂 **1** 的合成方法如式 16 所示[16]：在含有正丁基锂的四氢呋喃溶液中，甲基膦酸二甲酯与三氟乙基三氟乙酯反应首先得到 3,3,3-三氟-2,2-二羟基丙基膦酸二甲酯 (**15**)。然后，**15** 再与对乙酰氨基苯磺酰叠氮 (**16**, *p*-ABSA)反应得到碳化试剂 **1**。

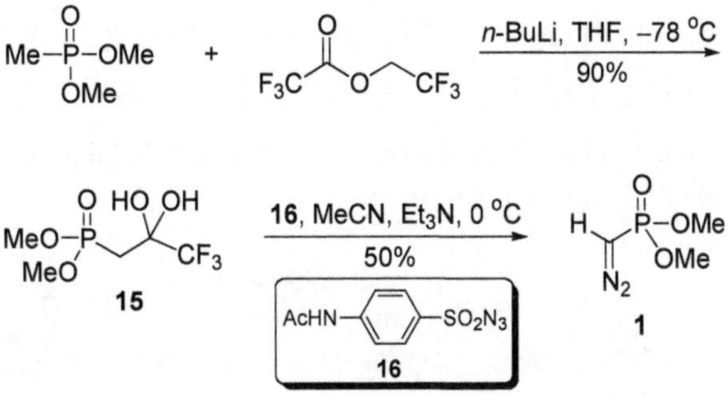

$$(16)$$

另一种合成碳化试剂 **1** 的方法如式 17 所示[17]：在室温和氮气保护下，酞酰亚氨甲基膦酸二甲酯 (**17**) 与无水肼在干燥的甲醇溶液中反应首先得到白色固体中间体。然后，在 −17 °C 的乙酸溶液中再与亚硝酸钠反应得到碳化试剂 **1**。

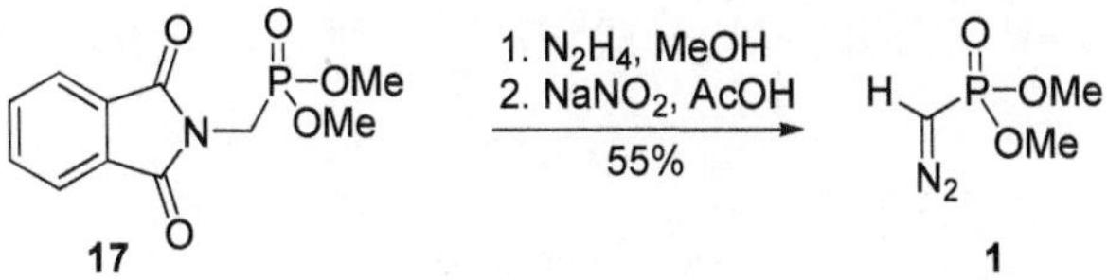

$$(17)$$

使用碳化试剂 **1** 进行的 Seyferth-Gilbert 增碳反应需要在惰性气体保护和低温条件下进行。由于该反应需要使用强碱试剂，因此不能兼容那些对碱敏感的羰基化合物。这些缺点造成碳化试剂 **1** 在 Seyferth-Gilbert 增碳反应中的应用受到严重的限制。

4.1.2 Bestmann-Ohira 试剂

1989 年以后，Ohira 和 Bestmann 发展了 (1-重氮基-2-氧代丙基)膦酸二甲酯 (**14**)，它作为碳化试剂在 Seyferth-Gilbert 增碳反应中得到了广泛的应用。

在碱性条件下，使用对乙酰氨基苯磺酰叠氮 (**16**) 与丙酮基膦酸二甲酯 (**18**) 的反应是合成 Bestmann-Ohira 试剂 **14** 最常用的方法。因此，化合物 **16** 和 **18** 是合成 Bestmann-Ohira 试剂的关键中间体。如式 18 所示[18]：1978 年，Mathey 用叔丁基锂存在下甲基膦酸二甲酯与乙酰氯的反应合成了 Bestmann-Ohira 试剂的关键中间体 **18**。但是，该方法因操作繁琐、费时和产率波动范围较大等缺点而没有得到推广应用。

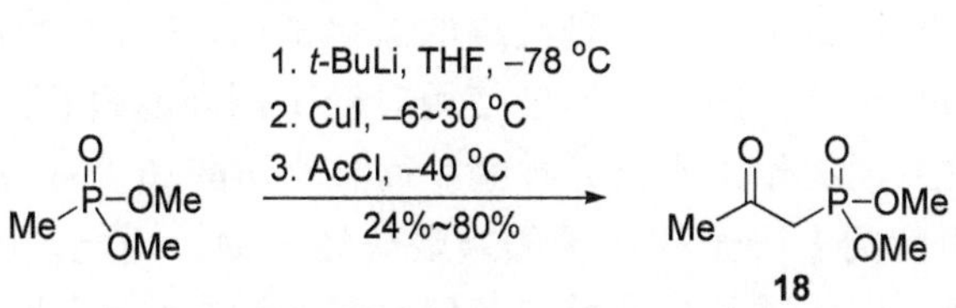

$$(18)$$

1995 年，Noyori[19]报道：使用氯丙酮在碘化钾存在下首先原位生成碘代丙酮，然后再与亚磷酸三甲酯反应可以较稳定的收率制备中间体 **18**。如式 19 所示：将该反应放大至数百克量级规模时，产物的收率仍然保持稳定。现在，该方法已经成为合成中间体 **18** 的常用方法。

$$\text{Cl} \overset{\displaystyle O}{\underset{\displaystyle}{\|}} \text{Me} \xrightarrow[\substack{\text{2. P(OMe)}_3,\ 25\sim50\ ^{\circ}\text{C} \\ 62\%\sim71\%}]{\text{1. KI, acetone-MeCN, rt}} \text{Me} \overset{\displaystyle O}{\underset{\displaystyle}{\|}}\overset{\displaystyle O}{\underset{\displaystyle OMe}{\|}} \text{P} \quad (19)$$

18

在氢化钠的存在下，对甲苯磺酰叠氮 **(19)**[20]或对乙酰氨基苯磺酰叠氮 **(16)**[21]与丙酮基膦酸二甲酯 **(18)** 反应可以得到 (1-重氮基-2-氧代丙基)膦酸二甲酯 **(14)**。如式 20 所示：该方法收率较高，可以放大到 40~50 g 量级，已经成为 Bestmann-Ohira 试剂的最佳合成方法[22]。现在，化合物 **14** 已经是一个商业化产品。

$$\text{AcHN} \overset{\displaystyle}{\longrightarrow} \text{SO}_2\text{Cl}\ \textbf{(20)}$$

$$91\% \downarrow \substack{\text{NaN}_3,\ \text{TBAC} \\ \text{CH}_2\text{Cl}_2,\ \text{H}_2\text{O}}$$

$$\text{Me} \overset{O}{\|}\overset{O}{\underset{OMe}{\|}}\text{P-OMe} \xrightarrow{\text{NaH, PhMe}} \text{AcHN}{-}{\langle}{\rangle}{-}\text{SO}_2\text{N}_3\ \textbf{(16)},\ \text{THF} \atop 77\%} \text{Me}\overset{O}{\|}\underset{N_2}{\overset{O}{\|}}\text{P}{\underset{OMe}{\overset{OMe}{}}} \quad (20)$$

18   **14**

最近，Kitamura 等人[23]报道了一种关于 Bestmann-Ohira 试剂的合成新方法。如式 21 所示：将丙酮基膦酸二甲酯 **(18)** 与新型的重氮化试剂 **21** 或 **22** 反应即可得到 (1-重氮基-2-氧代丙基)膦酸二甲酯 **(14)**。当使用化合物 **21** 作为重氮化试剂时，收率为 76%。而使用化合物 **22** 时收率可以提高到 80%。

$$\text{Me}\overset{O}{\|}\overset{O}{\underset{OMe}{\|}}\text{P-OMe} + \underset{\overset{\displaystyle}{X^-}}{\overset{\displaystyle N_3}{\text{Me-N}{\overset{+}{\underset{}{\diagup\diagdown}}}\text{N-Me}}} \xrightarrow[\substack{\text{THF, 0 }^{\circ}\text{C} \\ 76\%\sim80\%}]{\text{Et}_3\text{N, MeCN}} \text{Me}\overset{O}{\|}\underset{N_2}{\overset{O}{\|}}\text{P}{\underset{OMe}{\overset{OMe}{}}} \quad (21)$$

18   **21** X = Cl   **14**
                22 X = PF$_6$

Bestmann-Ohira 试剂作为一种改进的碳化试剂，其参与的反应只需在弱碱试剂存在下即可顺利进行。因此，即使使用对碱试剂高度敏感的光学活性的 α-烷氧基醛也不会发生消旋化。不仅芳香醛，而且脂肪醛和含有 α-H 的芳基烷基醛均能顺利得到相应的多一个碳原子的末端炔烃产物。因此，Bestmann-Ohira 试剂作为一种新型的碳化试剂具有反应条件温和、官能团兼容性好等优点，近年来被广泛地应用于有机和药物分子的合成中。

4.2　Seyferth-Gilbert 增碳反应中的羰基化合物

在经典的 Seyferth-Gilbert 增碳反应中，使用不含 α-H 的羰基化合物 (例如：二芳基甲酮或含有强吸电子的芳基醛) 作为底物时的收率非常好。但是，芳环上含富电子的芳基醛参与的反应一般收率都比较低。因此，之前一直以为 Seyferth-Gilbert 增碳反应仅局限于那些不含有 α-H 的羰基化合物或活性芳基醛作为反应的底物。直到 1979 年，Gilbert[8]等人通过改变反应条件大大地提高了底物的适用范围。

由于经典的 Seyferth-Gilbert 增碳反应需要在强碱试剂的条件下才能进行，因此导致含有 α-H 的羰基化合物容易发生自身的 aldol 缩合反应。在 Bestmann-Ohira 试剂被发现以前，含有 α-H 的羰基化合物参与的增碳反应一直没有得到很好的解决。直到 1989 年，Ohira[2a]报道了脂肪族醛 (例如：癸醛作为底物) 与 Bestmann-Ohira 试剂的 Seyferth-Gilbert 增碳反应，以 62%~72% 的收率能够顺利地得到相应的十一炔 (式 22)。

$$C_9H_{19}CHO \quad + \quad \underset{\textbf{14}}{\text{(14)}} \quad \xrightarrow[\text{62\%~73\%}]{\substack{\text{K}_2\text{CO}_3,\ \text{MeOH} \\ 0\ ^{\circ}\text{C},\ 5\ \text{h}}} \quad C_9H_{19}C{\equiv}CH \qquad (22)$$

值得一提的是：当使用含有 α-H 的酮作为底物时并没有得到相应的炔烃化合物，而是得到了烯醇醚类化合物 **23** (式 23)。

$$\xrightarrow[]{\substack{\text{K}_2\text{CO}_3,\ \text{MeOH},\ 0\ ^{\circ}\text{C}}} \qquad \textbf{23} \qquad (23)$$

随后，Bestmann 等人[2b]进一步拓展了 Bestmann-Ohira 试剂与其它含有 α-H 的醛类化合物的 Seyferth-Gilbert 增碳反应。他们通过优化反应条件，使反应底物的适用范围更加广泛。但是，当底物为 α,β-不饱和醛类化合物时还是不能得到预期的烯基炔烃化合物 **24**，而是分离得到了高位甲氧基的端炔化合物 **25** (式 24)。

2004 年，Bestmann 等人报道[13]：使用丙酮基膦酸二甲酯 (**18**) 与醛的 Seyferth-Gilbert 增碳反应，可以"一锅两步"法合成相应的端炔化合物。如式 25 所示：该方法大大地简化了反应操作步骤。

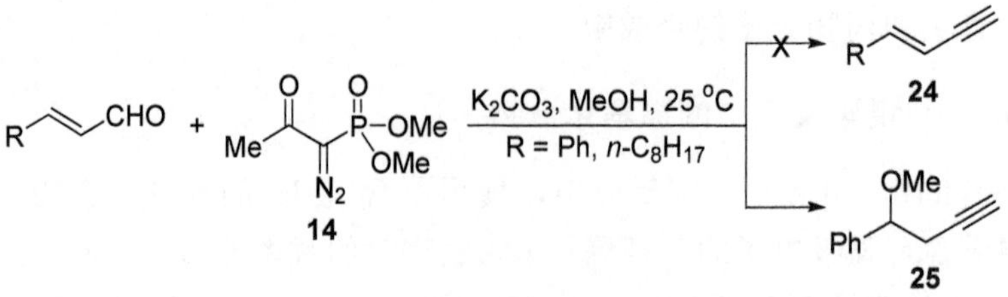

$$\text{(24)}$$

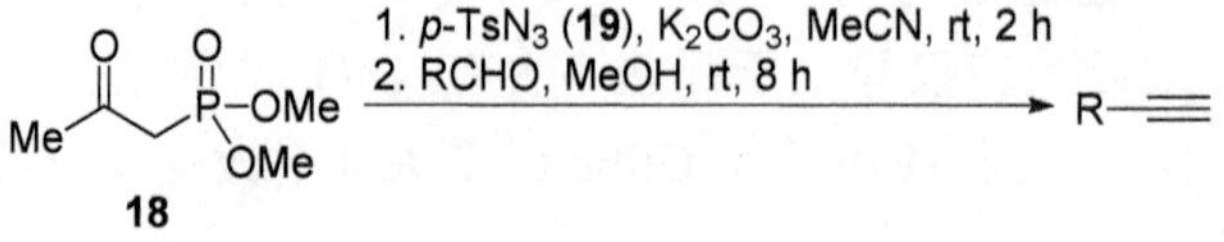

$$\text{(25)}$$

通过以上分析，我们可以看出：经典的 Seyferth-Gilbert 增碳反应适用于二芳基甲酮、不含有 α-H 的芳基醛和部分含有 α-H 的羰基化合物。但是，改进的 Seyferth-Gilbert 增碳反应不仅适用于芳香醛，而且脂肪醛和大部分的含有 α-H 的芳基烷基醛均能够顺利地得到相应的多一个碳原子的末端炔产物。有趣的是，二芳基酮与 Bestmann-Ohira 试剂的反应未见报道。

5　Seyferth-Gilbert 增碳反应的应用

5.1　端炔化合物的合成

芳基末端炔是一类重要的有机合成中间体，可用于合成芳基取代聚乙炔。它们在溶解性和稳定性方面优于脂肪族的聚乙炔，并呈现出发光、导电、非线性光学、液晶和磁性材料等优异特性，因而广泛用于光电材料领域。此外，它们在功能材料、药物和农药等方面有广泛应用。近年来，Sharpless 发展了铜催化的末端炔烃与叠氮的 1,3-偶极环加成 (又称 "点击化学")。通过该反应可以快速简便、高收率和大批量地合成含有 1,2,3-三氮唑结构单元的药物、农药和材料，因而芳基末端炔烃的制备更受关注。

2005 年，Taylor 等人[24]报道了利用 Bestmann-Ohira 试剂从醇 (26) 合成芳基末端炔烃的方法。如式 26 所示：首先使用 MnO_2 氧化将苄醇得到芳醛，

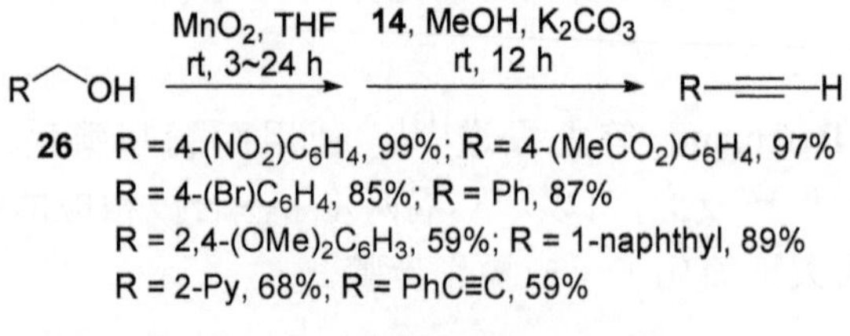

$$\text{(26)}$$

26　R = 4-$(NO_2)C_6H_4$, 99%; R = 4-$(MeCO_2)C_6H_4$, 97%
　　R = 4-$(Br)C_6H_4$, 85%; R = Ph, 87%
　　R = 2,4-$(OMe)_2C_6H_3$, 59%; R = 1-naphthyl, 89%
　　R = 2-Py, 68%; R = PhC≡C, 59%

无须分离直接与 Bestmann-Ohira 试剂反应即可得到相应的芳基末端炔烃产物。该反应条件温和，特别是当原料中含有强吸电子基团时，可以高收率地合成一系列芳基末端炔烃和杂芳基末端炔烃产物。

2008 年，Taber 等人[25]对 Bestmann-Ohira 试剂进行了改造。如式 27 所示：利用价廉易得的重氮化合物 **27** 合成了一系列芳基末端炔产物，收率在 72%~92% 之间。

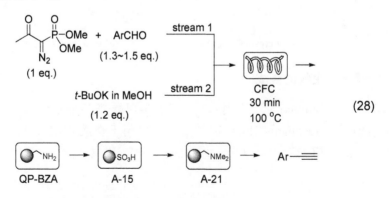

$$\text{27}$$

R = 2-(benzyloxymethyl)cyclopropyl, 92%
R = 4-(MeO)C$_6$H$_4$, 72%; R = 2-(EtO)C$_6$H$_4$, 73%
R = BnOCH$_2$C(Me)$_2$, 81%; R = BnOCH$_2$CH=CH, 75%
R = 3-(MeO)C$_6$H$_4$CH$_2$CH$_2$2, 77%; R = 3-(OMe)$_2$C$_6$H$_3$, 79%

2009 年，Ley 等人[26]采用标准流动反应器，将 Bestmann-Ohira 试剂用于从芳醛到芳基末端炔的模块合成。如式 28 所示：将两股反应底物溶液在 CFC (convection-flow coil) 处汇合，并在 100 °C 下反应 30 min。然后，使用 QP-BZA (Quadrapure-benzylamine resin) 移除多余的底物醛。接着，使用酸性离子交换树脂 A-15 (Amberlyst-15 sulfonic acid) 移除多余的碱和质子化的磷试剂。最后，再使用离子交换树脂 A-21 (Amberlyst-21 dimethylamine resin) 清除剩余的酸性物质得到纯净的炔烃产物。

R = 3-Cl-4-NO$_2$C$_6$H$_3$, 81%; R = 2-NO$_2$C$_6$H$_4$, 77%
R = 2-BrC$_6$H$_4$, 79%; R = 4-PhC$_6$H$_4$, 82%
R = 2-CNC$_6$H$_4$, 72%; R = 3,4-(-OCH$_2$O-)C$_6$H$_3$, 65%
R = 2-naphthyl, 73%; R = 4-(MeCO$_2$)C$_6$H$_4$, 84%

在上述流动反应器条件下，芳环上带有不同取代基的醛类化合物都能顺利地与 Bestmann-Ohira 试剂发生反应。但是，当底物为 *N*-甲基-2-甲酰基吲哚时，得到的产物却不是预期的 *N*-甲基-2-乙炔基吲哚而是 *N*-甲基-2-乙酰基吲哚。作者认为：这可能是由于极性较大的 *N*-甲基-2-乙炔基吲哚容易水解成 *N*-甲基-2-乙酰基吲哚。因此，他们通过对离子交换树脂进行修饰 (A-15 用氧化铝填充) 后便能够顺利地得到预期产物 *N*-甲基-2-乙炔基吲哚。

此外，Ley 等人还将该流动反应器应用于醛、叠氮化合物和 Bestmann-Ohira 试剂多组分反应合成三氮唑衍生物。如式 29 所示：采用流动反应器可以避免中间处理环节，通过对分流器的监测可有效避免副产物的生成。此方法可以使产物的收率最大化，因此具有很好的应用前景。

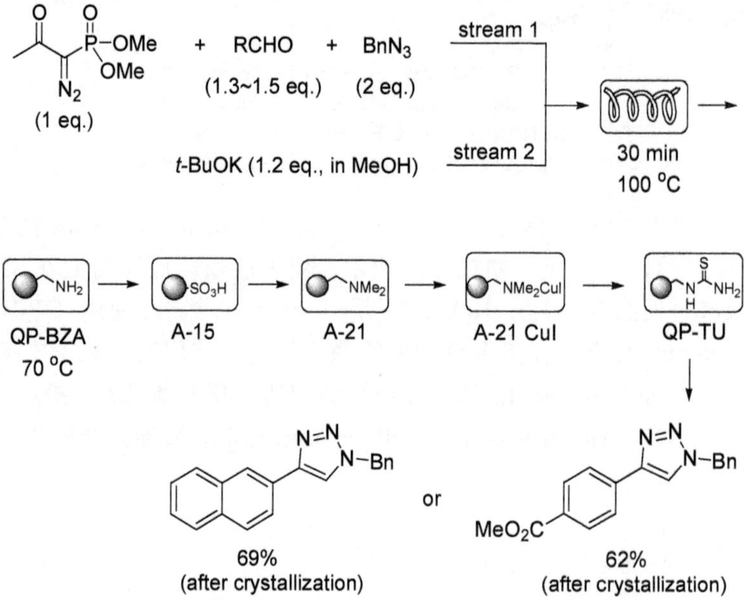

(29)

5.2 叶绿素衍生物的合成

2008 年，Tamiaki 等人[27]报道：使用 3-甲酰基-3-去乙烯基焦脱镁叶绿酸-a 甲酯 (**28**) 与 Bestmann-Ohira 试剂反应可以用于合成 3-乙炔基-3-去乙烯基焦脱镁叶绿酸-a 甲酯衍生物 (**29**，式 30)。

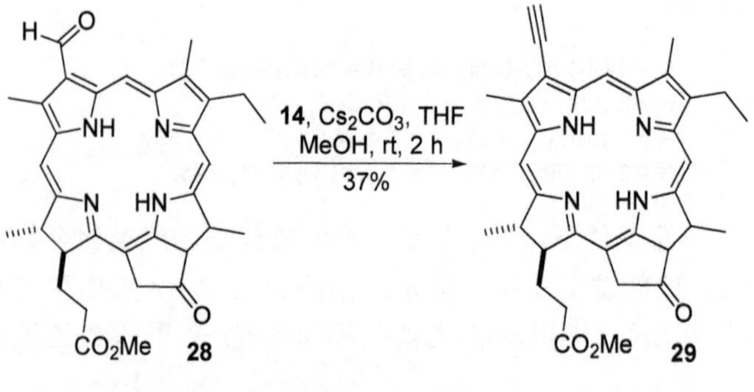

(30)

如式 31 所示：化合物 **29** 具有广泛的应用，可以与叠氮化合物反应生成三唑 **30**、在钯催化下与卤代烃发生 Sonogashira 反应生成内炔化合物 **31** 或者发生自身偶联反应生成二炔化合物 **32**。

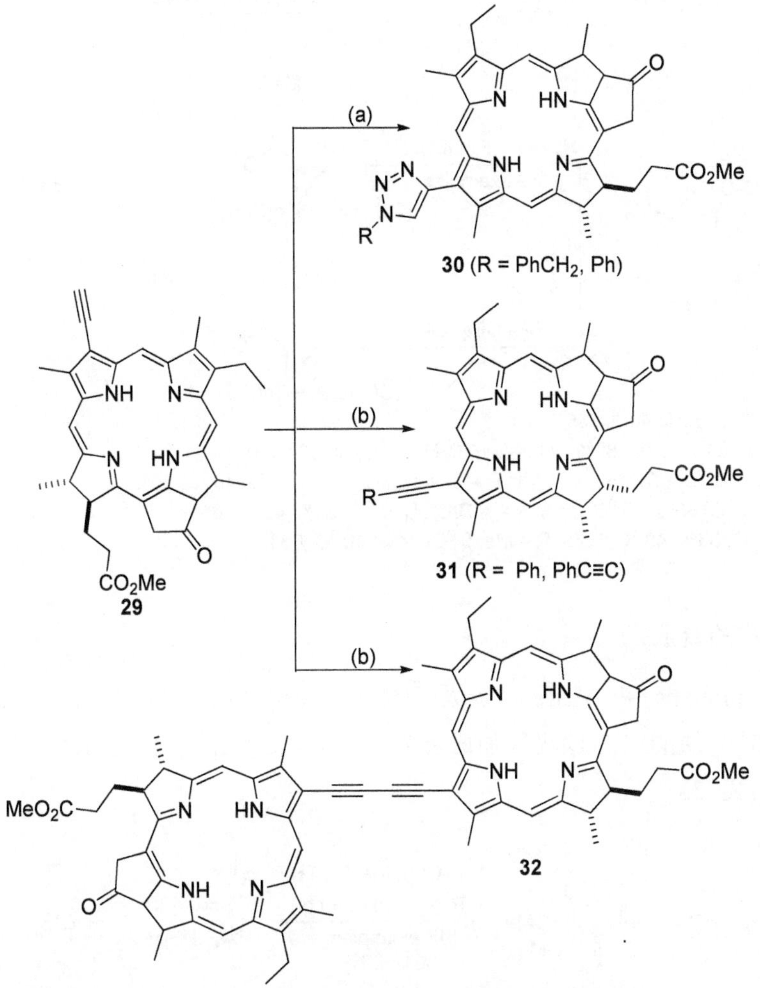

(31)

试剂和反应条件: (a) i. Zn(OAc)₂·2H₂O, MeOH, CH₂Cl₂; ii. RN₃, NaAsc, CuSO₄·5H₂O, aq. acetone, 80 °C, 12 h; iii. aq. 6 mol/L HCl, CH₂Cl₂.
(b) Pd₂(dba)₃, P(o-tol)₃, Et₃N, PhMe, 60 °C, 12 h.

5.3 环丙炔金属配合物的合成

2004 年，Christie 和 Jones 等人[28]报道：使用 2-甲酰基环丙烷-1,1-二羧酸二甲酯与 Bestmann-Ohira 试剂反应可以合成 2-乙炔基环丙烷-1,1-二羧酸二甲酯。接着，该炔烃与 $Co_2(CO)_8$ 发生偶极环加成反应形成 Nicholas 碳正离子，并在 $BF_3 \cdot Et_2O$ 存在下生成四氢呋喃衍生物 (式 32)。

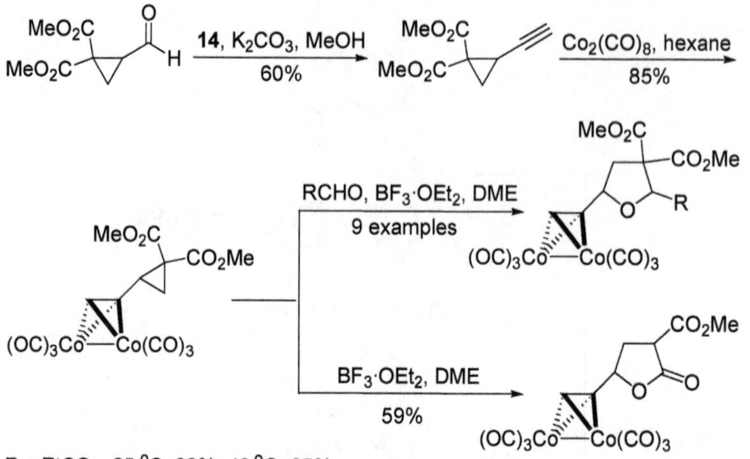

$$(32)$$

R = EtCO_2, 25 °C, 82%; 40 °C, 85%
R = Ph, 25 °C, 68%; 40 °C, 83%; R = 4-MeOC_6H_4, 0 °C, 0; 40 °C, 0
R = 4-NO_2C_6H_4, 0 °C, 65%; 40 °C, 71%; R = 2-NO_2C_6H_4, 25 C, 23%; 40 °C, 30%
R = 4-FC_6H_4, 0 °C, 85%; 40 °C, 81%; R = 4-BrC_6H_4, 0 °C, 50%; 40 °C, 61%
R = C_5H_{11}, 0 °C, 83%; 40 °C, 83%; R = Me, 0 °C, 74%; 40 °C, 65%

5.4 三唑化合物的合成

2007 年，Smietana 和 Vasseur 等人[29]报道：使用 Seyferth-Gilbert 增碳反应和铜催化的叠氮-炔的 1,3-偶极环加成反应，可以"一锅法"合成 1,4-二取代三唑类化合物 (式 33)。

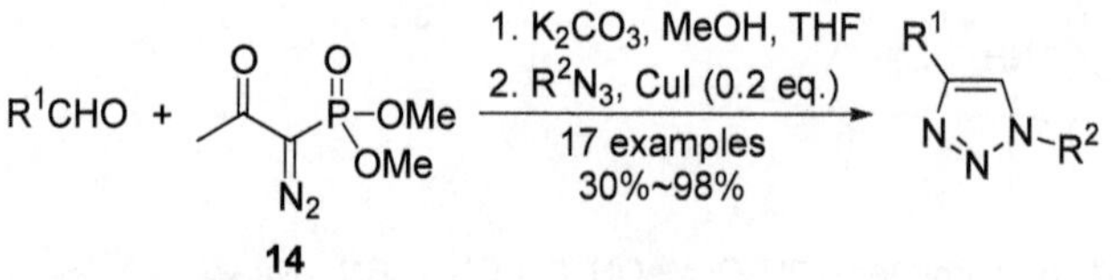

$$(33)$$

R^1 = aryl, alkyl, ferrocene, 4,4,5,5-tetramethyl-1,3,2-dioxaborolan-2-yl
R^2 = aryl, alkyl, D-glucopyranosyl

2010 年，Sewald 等人报道[30]：采用 Seyferth-Gilbert 增碳反应首先合成出末端炔烃中间体 **33**，然后在铜的催化下与叠氮发生 1,3-偶极环加成反应可以得到三唑中间体 **34**。如式 34 所示：该中间体是合成具有生物活性的三唑类似物 Cryptophycin-52 的关键中间体。

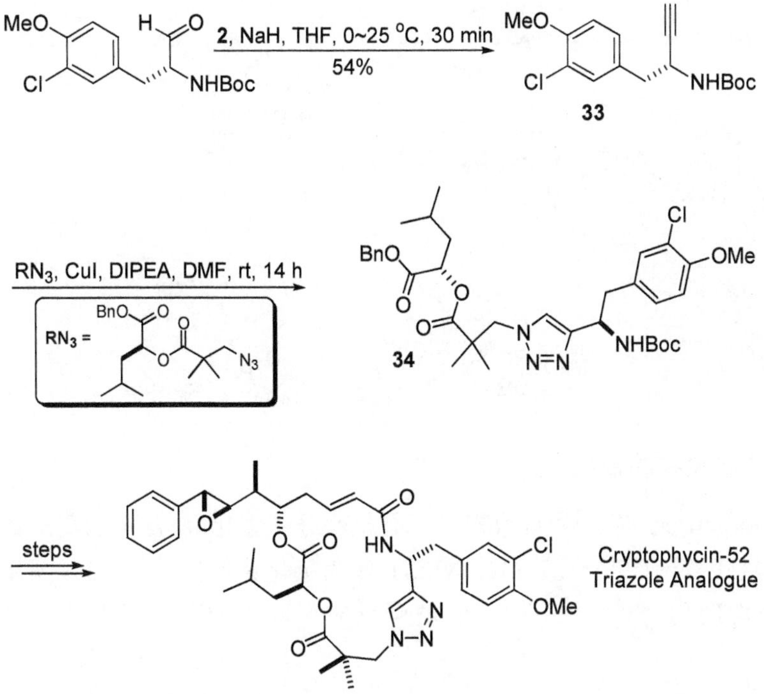

(34)

5.5 胸苷 3′-吡唑基膦酸酯衍生物的合成

2010 年，Smietana 等人[31]报道：在含有氢氧化钾的甲醇溶液中，4-乙炔基苯甲醛、丙二腈和 Bestmann-Ohira 试剂可以在室温下发生三组分反应，高度区域选择性地合成出膦酰基吡唑衍生物。接着，在铜催化下发生叠氮-炔的 1,3-偶极环加成反应 (CuAAC) 形成 5 个新键和 2 个杂环结构，"一锅法"构建出胸苷-3′-吡唑基膦酸酯衍生物 **35** (式 35)。

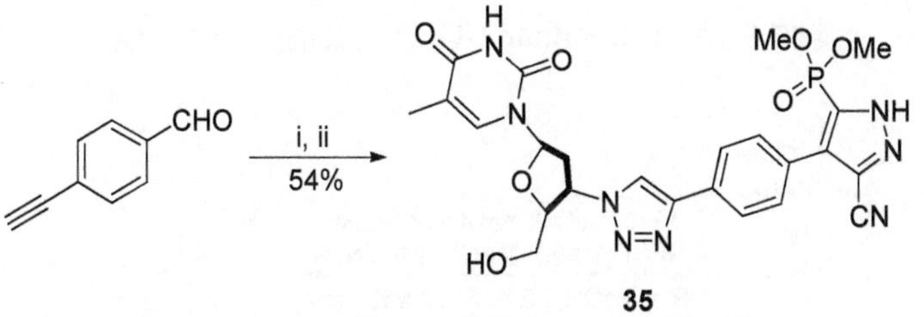

(35)

i. **14**, malononitrile, KOH, MeOH; ii. azidothymidine, CuSO₄, NaAsc.

如式 36 所示：他们提出了该"一锅法"反应可能的机理。

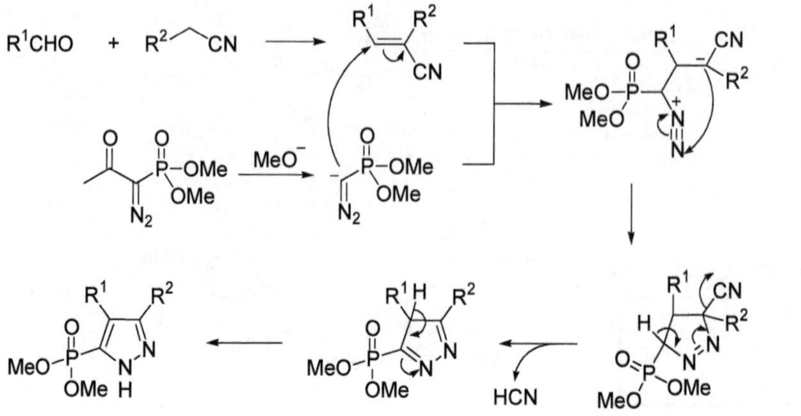

(36)

5.6 手性炔丙基氟化物的合成

2009 年，Jørgensen 等人[32]首次报道了有机小分子催化醛 α-位的不对称氟化反应 [以 N-氟代双苯磺酰亚胺 (**36**, NFSI) 作为氟化试剂]。如式 37 所示：形成 α-氟代醛再经历 Seyferth-Gilbert 增碳反应可以用于合成手性炔丙基氟化物。

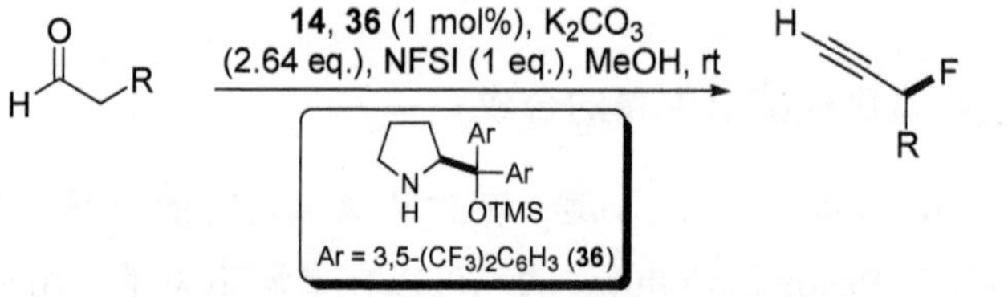
14, 36 (1 mol%), K2CO3
(2.64 eq.), NFSI (1 eq.), MeOH, rt
Ar = 3,5-(CF3)2C6H3 (36)

(37)

R = $PhCH_2$, 5 h, 56%, 95% ee; R = C_8H_{17}, 4 h, 67%, 93% ee
R = $C_{14}H_{29}$, 5 h, 65%, 99% ee; R = CH_2=CHC_7H_{14}, 5 h, 55%, 92% ee
R = 4-$MeOC_6H_4CH_2$, 8 h, 65%, 91% ee; R = 4-$BrC_6H_4CH_2$, 8 h, 69%, 92% ee
R = 2-$MeOC_6H_4CH_2$, 8 h, 58%, 99% ee; R = 2-$BrC_6H_4CH_2$, 8 h, 47%, 94% ee
R = $MeCO_2(CH_2)_3$, 6 h, 45%, 93% ee

如式 38 所示：该反应也可以使用丙酮基膦酸二甲酯 (**1**) 和对乙酰氨基苯磺酰叠氮 (**16**) 反应原位生成的 Bestmann-Ohira 试剂参与反应。

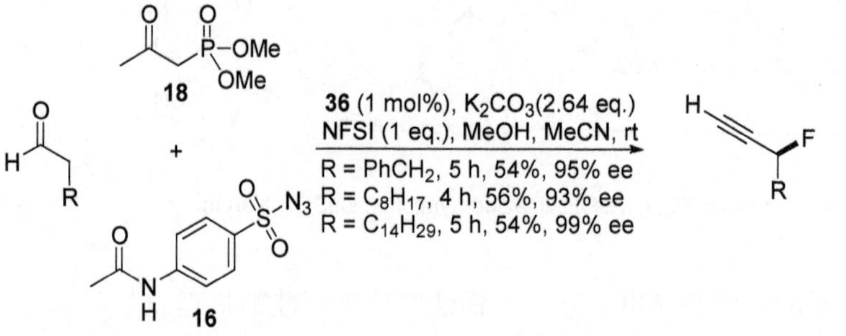
18
36 (1 mol%), K2CO3(2.64 eq.)
NFSI (1 eq.), MeOH, MeCN, rt
R = PhCH2, 5 h, 54%, 95% ee
R = C8H17, 4 h, 56%, 93% ee
R = C14H29, 5 h, 54%, 99% ee
16

(38)

他们也将该方法应用于一步法合成三唑化合物 (式 39)。

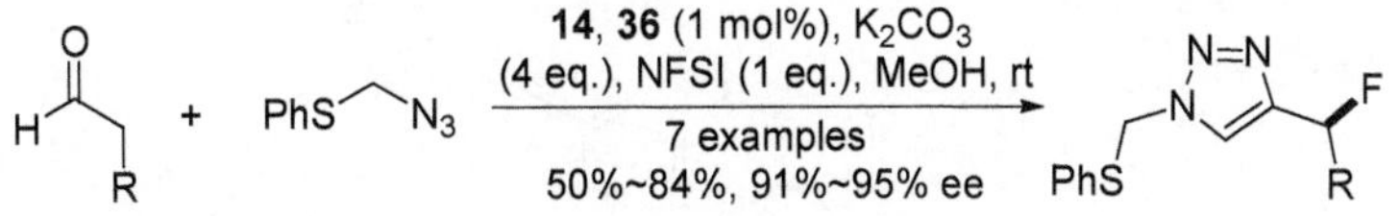

$$\text{H}\underset{\text{R}}{\overset{\text{O}}{\|}} + \text{PhS}\smallfrown\text{N}_3 \xrightarrow[\substack{\text{7 examples} \\ 50\%\sim84\%,\ 91\%\sim95\%\ ee}]{\substack{\textbf{14, 36} \text{ (1 mol\%), K}_2\text{CO}_3 \\ \text{(4 eq.), NFSI (1 eq.), MeOH, rt}}} \tag{39}$$

如式 40 所示：他们提出了该反应可能的机理。

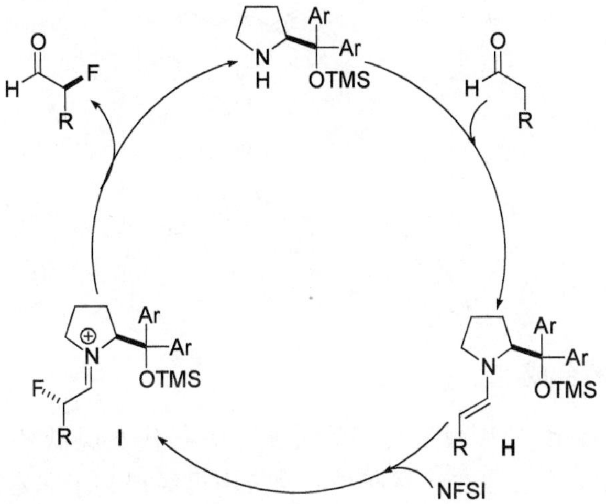

(40)

5.7 荧光体化合物的合成

2000 年，Müller 等人[33]报道：含有吩噻嗪的醛类化合物经 Seyferth-Gilbert 增碳反应得到末端炔烃后，再经过 Sonogashira 偶联反应可以用于合成官能化的乙炔基吩噻嗪荧光体 (式 41)。

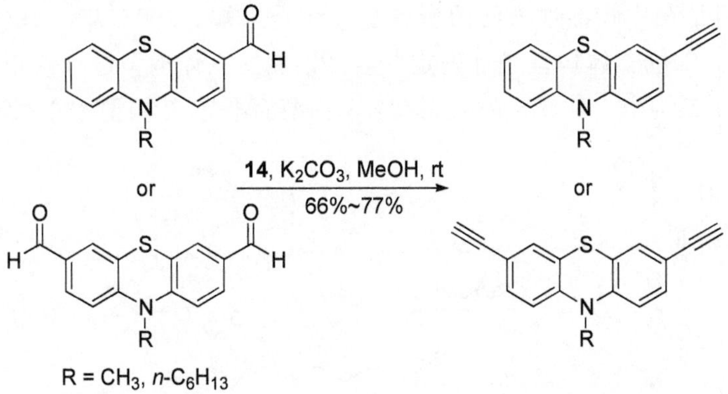

R = CH$_3$, n-C$_6$H$_{13}$

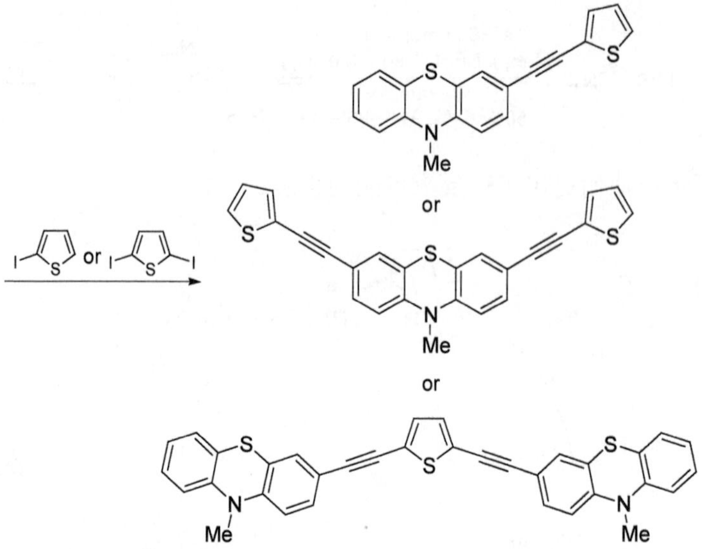

(41)

5.8 天然产物的合成

Seyferth-Gilbert 增碳反应自 20 世纪 70 年代发现以来，在有机合成中发挥了巨大的作用。该反应在天然产物的合成中已经得到了非常广泛的应用，这里仅选择最近发表的例子说明该反应的重要性。

5.8.1 Yanucamide A 的合成

2000 年，Gerwick 等人[34]报道：从雅奴卡岛 (Yanuca Island) 上收集到的巨大鞘丝藻 (*Lyngbya majuscula*) 和裂须藻属物种 (*Schizothrix species*) 的脂溶性提取物中可以分离得到酯肽类天然产物 Yanucamide A。该天然产物对盐水虾具有很强的毒性，但是在生物活性方面的资料至今还是未知。2003 年，Ye 等人对其分子结构中的 3-位立体构型进行确定并对 22-位的立体构型进行修正。他们认为 3-位应该为 S-构型，且 22-位也应该是 S-构型而不是 R-构型 (式 42)[35]。

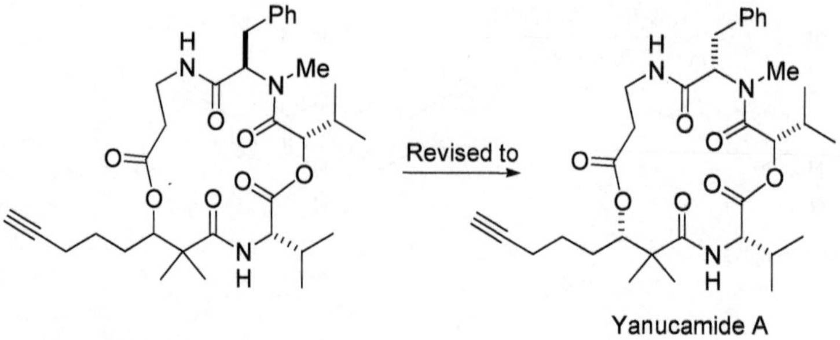

(42)

Yanucamide A

如式 43 所示：在他们设计和完成的 Yanucamide A 的全合成路线中，Seyferth-Gilbert 增碳反应被用作其中的关键步骤。

$$(43)$$

5.8.2 Spongidepsin 的合成

2001 年，Riccio 等人[36]从海绵物种中提取得对细胞毒素大环内酯物 Spongidepsin，该化合物对 HEK-293 等癌细胞株具有较强的杀伤效果。2004 年，Forsyth 等人[37]和 Ghosh 等人[38]对 Spongidepsin 分子结构中的 4 个手性中心的绝对构型进行了修正 (式 44)。

$$(44)$$

(−)-Spongidepsin

如式 45 所示：Ghosh 等人在他们设计和完成的 Spongidepsin 的全合成路线中的最后一步利用了 Seyferth-Gilbert 增碳反应。

$$(45)$$

5.8.3 生物碱 Clavepictines A、B 的合成

Clavepictines A、B 属于双稠哌啶类天然生物碱，早在 1991 年由 Cardellina 等人[39]从被囊类动物 (*Clavelina picta*) 中分离得到。如式 46 所示：Cha 等人[40]利用 Seyferth-Gilbert 增碳反应首先得到含有炔烃的中间体。然后，再经多步转化发展了一条高效合成具有抗癌和抑制尼古丁受体活性的 Clavepictines A、B 生物碱的全合成路线。

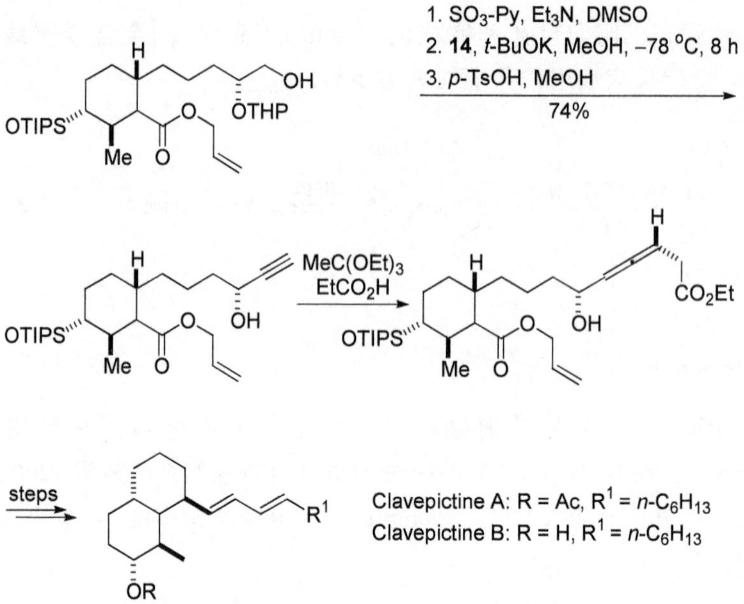
1. SO3-Py, Et3N, DMSO
2. 14, t-BuOK, MeOH, –78 °C, 8 h
3. p-TsOH, MeOH
74%
H
OH
OTHP
OTIPS
Me
O
O
MeC(OEt)3
EtCO2H
CO2Et
OH
steps
R1
OR
Clavepictine A: R = Ac, R1 = n-C6H13
Clavepictine B: R = H, R1 = n-C6H13

(46)

5.8.4 吲哚联啶生物碱 (–)-205A 的合成

1997 年，Comins 等人[41]使用 Seyferth-Gilbert 试剂和醛的 Seyferth-Gilbert 增碳反应合成了吲哚联啶生物碱 (–)-205A (式 47)。

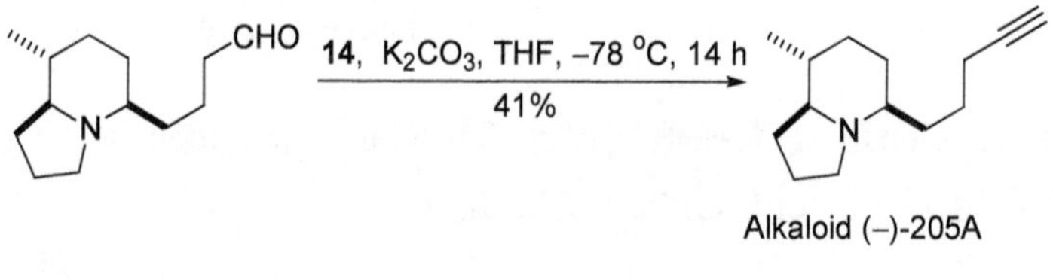
CHO
14, K2CO3, THF, –78 °C, 14 h
41%
N
Alkaloid (–)-205A

(47)

5.8.5 Pinnatoxin A 的合成

Pinnatoxin A 是从日本沿海及中国南海的贝类动物中分离得到的一种天然毒素，它是钙离子通道的活化剂。1995 年，Uemura 等人[42]分离鉴定了它的结构和相对立体化学。1998 年，Kish 等人[43]首次完成 Pinnatoxin A 的全合成，并确定了它的绝对立体化学。

如式 48 所示：2008 年，Hashimoto 等人[44]在他们设计和完成的 Pinnatoxin A 的全合成路线中使用 Seyferth-Gilbert 增碳反应作为关键的合成步骤之一。

5.8.6 链霉菌属代谢物 (–)-Kendomycin 的合成

2005 年，White 等人[45]在他们完成的链霉菌属代谢物 (–)-Kendomycin 的全合成中，首先采用 Seyferth-Gilbert 试剂和醛的 Seyferth-Gilbert 增碳反应获得炔烃中间体。然后，再与 Fischer 型烯基铬卡宾配合物发生 Dötz 反应得到带有多个手性碳原子的重要前体化合物 (式 49)。

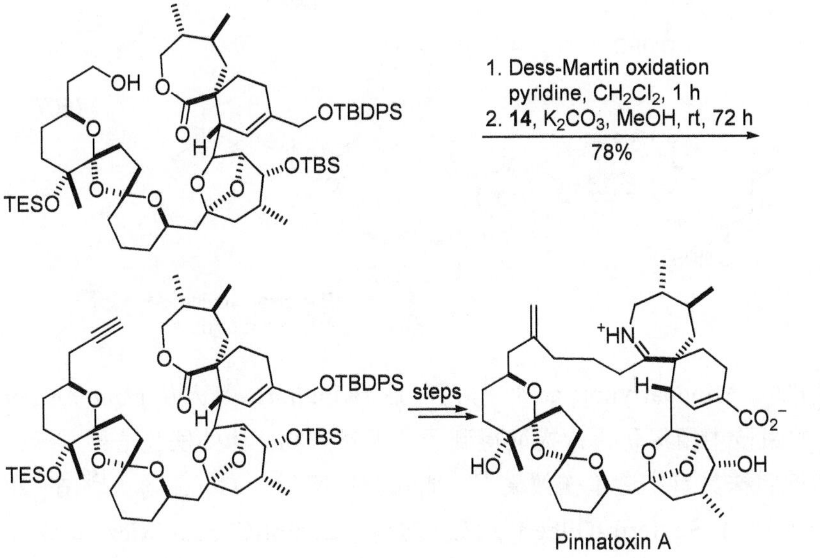
OH
TESO
OTBDPS
OTBS
H
1. Dess-Martin oxidation
pyridine, CH2Cl2, 1 h
2. 14, K2CO3, MeOH, rt, 72 h
78%
steps
+HN
HO
CO2−
OH
Pinnatoxin A

(48)

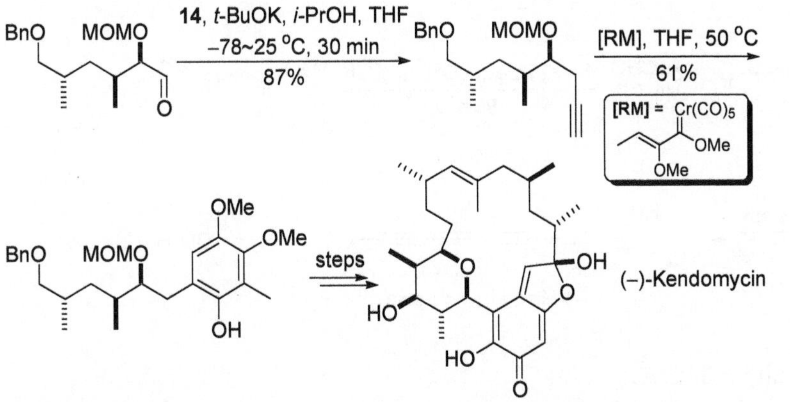
BnO
MOMO
14, t-BuOK, i-PrOH, THF
−78~25 °C, 30 min
87%
[RM], THF, 50 °C
61%
[RM] = Cr(CO)5
OMe
OMe
OH
steps
HO
(−)-Kendomycin

(49)

5.8.7 大环内酯海洋毒素 Polycavernoside A 的合成

1995 年，Yasumoto 等人[46]从红藻 (*Polycavernosa tsudai*) 中分离得到了大环内酯海洋毒素 Polycavernoside A。2001 年，White 等人[47]报道了一条关于 Polycavernoside A 的全合成路线。如式 50 所示：Bestmann-Ohira 试剂与醛的 Seyferth-Gilbert 增碳反应被用于快速高效地构建炔烃关键中间体。

5.8.8 *S*-Minquartynoic acid 的合成

1989 年，Farnsworth 等人从 *Minquartia guianensis* 的茎皮中首次分离得到

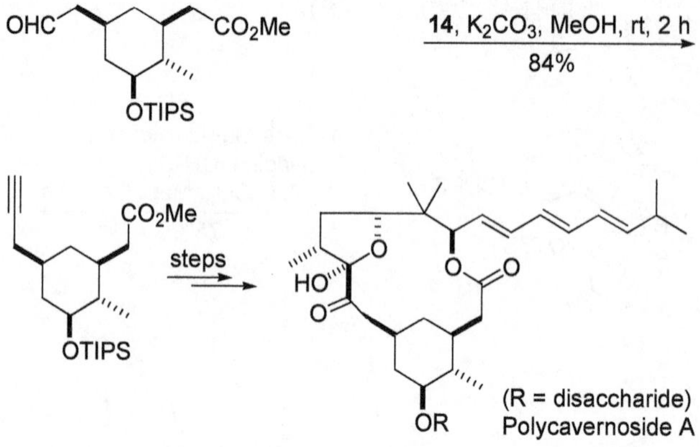

$$(50)$$

(R = disaccharide)
Polycavernoside A

了一种天然产物 Minquartynoic acid[48]。两年后，Kinghorn 等人从 *Ochanostachys amentacea* 的嫩枝中用氯仿再次提取得到了该天然产物。体外试验结果显示，该物质对肿瘤细胞株具有广谱杀伤效果[49]。如式 51 所示：Gung 等人[50]在 2002 年报道了一条利用 Seyferth-Gilbert 增碳反应和 Cadiot-Chodkiewicz 偶联反应作为关键步骤合成 Minquartynoic acid 的路线。

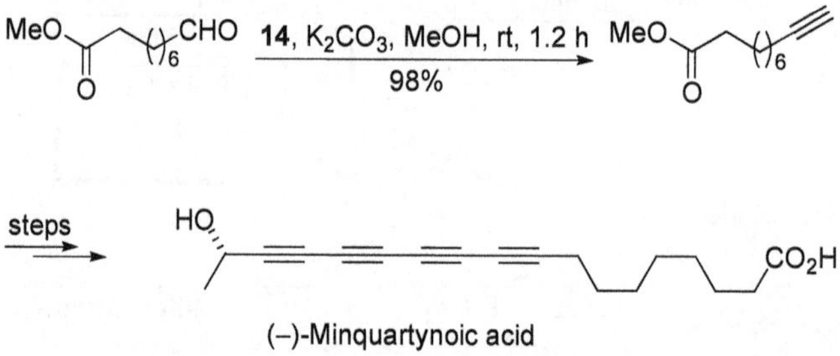

$$(51)$$

(−)-Minquartynoic acid

5.8.9 Laulimalide 的合成

Laulimalide 是从海绵 *Hyattella*[51]和 *Cacospongia mycofijiensis*[52]中分离得到的一个具有 20-元环的内酯类化合物。它能稳定微管的细胞毒药物，可促进微管的组装，并阻止细胞有丝分裂和诱导细胞凋亡等生物学性质。与紫杉醇相似，它们都是与微管蛋白 β 结合域结合。更重要的是：Laulimahde 能够抑制药物外排蛋白 P-gp 过度表达的具有多药耐药性的卵巢癌 SKVLB-1 细胞系的增殖，其活性不同于其它的微管蛋白结合剂而对耐 Paclitaxel 的细胞有作用。如式 52 所示：Wender 等人[53]在 2002 年使用 Seyferth-Gilbert 增碳反应作为关键步骤完成了 Laulimalide 的全合成。

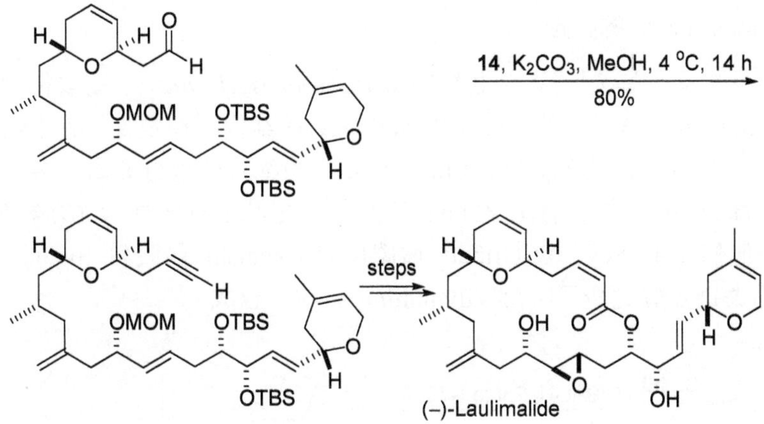

(52)

(–)-Laulimalide

5.8.10　Cruentaren A 的合成

2006 年，Kunze 等人[54]报道：在粘细菌 *Byssovorax cruenta* 中发现了新的抗真菌活性产物 Cruentaren A。该化合物能够抑制酵母细胞亚线粒体中 F0F1 线粒体中 ATP 的水解，还可以强烈抑制酵母和丝状真菌的生长，并且对 L929 鼠纤维原细胞具有细胞毒作用。利用野生粘细菌 *Byssovorax cruenta* 的发酵来合成 Cruentaren A 的水平为 3.2 mg·L^{-1}，同时生成少量的 Cruentaren B。Cruentaren B 与 Cruentaren A 是六元内酯异构体，但没有抗真菌活性。如式 53 所示：Maier 等人[55]在 2007 年报道了一条关于 Cruentaren A 全合成的路线，其中采用 Seyferth-Gilbert 增碳反应作为其中的关键步骤之一。

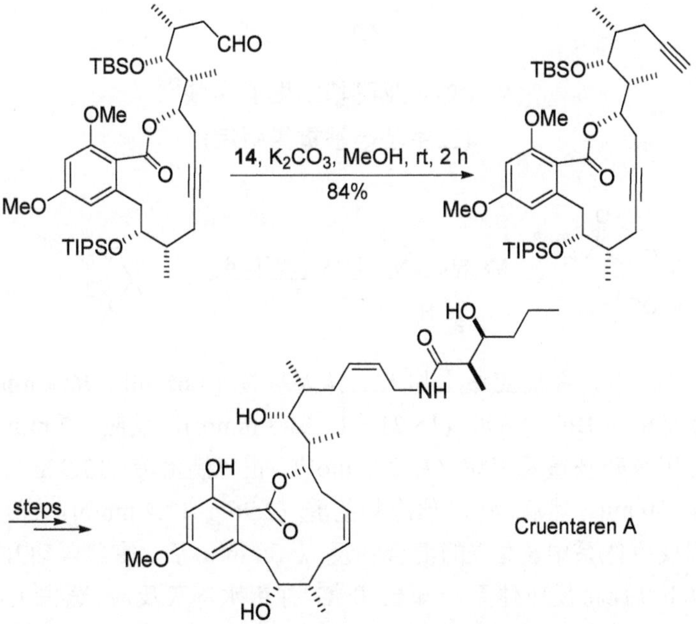

(53)

Cruentaren A

5.8.11 (+)-Villatamine A 的合成

1995 年，Andersen 等人[56]从扁虫类 *Prostheceraeus villatus* 中提取得到了天然产物 (+)-Villatamine A。由于 (+)-Villatamine A 的结构不稳定性，其生物活性研究至今没有得到发展。此外，(+)-Villatamine A 的绝对构型自分离后多年也没有得以确定。直到 2009 年，才有 Zhang 等人[57]确定其绝对构型为 (*S*)-构型。如式 54 所示：他们使用 Seyferth-Gilbert 增碳反应、Negishi 偶联和 Suzuki 偶联反应合成作为关键步骤完成了 (+)-Villatamine A 的全合成。

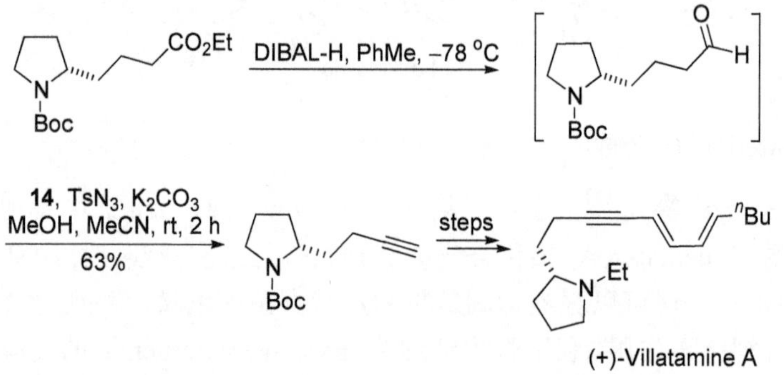

$$(54)$$

6 Seyferth-Gilbert 增碳反应实例

例 一

(*R*)-1,2-环亚己基二氧丁-3-炔[58]

(三甲基硅基重氮甲烷)

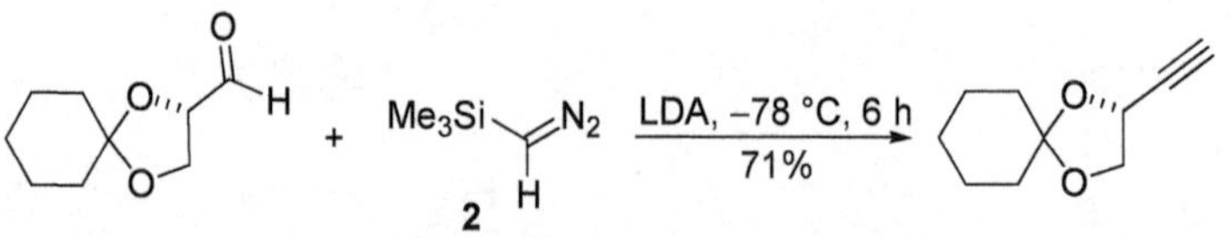

$$(55)$$

在 –78 °C 下，在反应瓶中加入二异丙基胺 (3.65 mL, 26.1 mmol) 的 THF (50 mL) 溶液和 *n*-BuLi 溶液 (15.21 mL, 24.3 mmol)。反应 12 min 后，在反应液中加入三甲基硅基重氮甲烷 (**2**, 2.0 mol/L 正己烷溶液, 13.9 mL, 27.8 mmol) 并继续搅拌 30 min。然后，将已预冷却的醛 (2.96 g, 17.4 mmol) 的 THF (30 mL) 溶液加入到反应体系中。生成的混合物反应 30 min 后，使之自动升温至 23 °C。搅拌反应 6 h 后，将反应体系冷却至 0 °C 并用水淬灭反应。蒸去大部分溶剂后，残留物经硅胶柱色谱分离和纯化 (乙醚-正己烷, 3:97) 得到纯品 (*R*)-1,2-环亚己基二氧丁-3-炔 (2.05 g, 71%)。

例 二

(4*S*,6*S*)-2,4,6-三甲基辛-1-烯-7-炔[59]

(Seyferth-Gilbert 试剂)

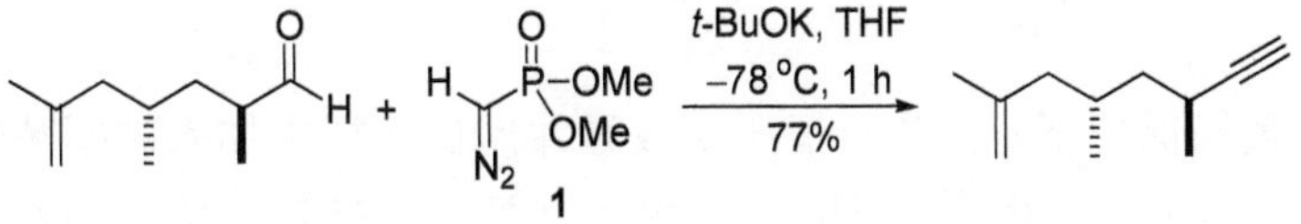

(56)

在 −78 °C 下, 将重氮甲基膦酸二甲酯 (**1**, 111 mg, 0.74 mmol) 的 THF (2 mL) 溶液滴加到 *t*-BuOK (102 mg, 0.74 mmol) 的 THF (2 mL) 溶液中。搅拌 15 min 后, 用插管在 15 min 内将醛的 THF (3 mL) 溶液加入到上述反应体系中。在 −78 °C 下继续反应 1 h 后, 用饱和的氯化铵溶液 (2 mL) 淬灭反应。分离出的水相用正戊烷萃取 (3 × 15 mL), 合并的有机相经无水硫酸钠干燥。在低温下 (0 °C) 浓缩, 生成的粗产物经柱色谱分离提纯得到纯品 (4*S*,6*S*)-2,4,6-三甲基辛-1-烯-7-炔 (75 g, 77%)。

例 三

(*R*)-2,2-二甲基-3-(叔丁氧羰基)-4-乙炔基噁唑烷的合成

(Bestmann-Ohira 试剂)

方法一[60]

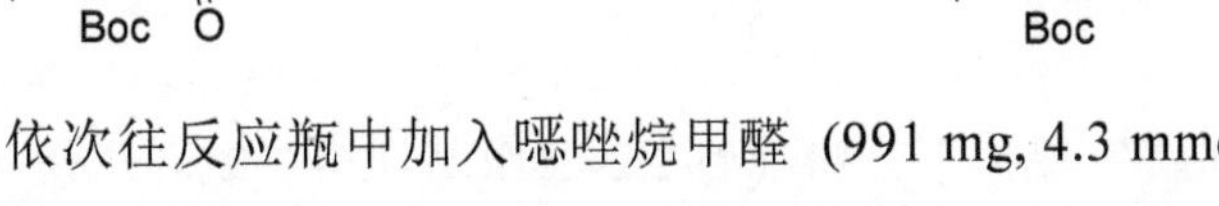

(57)

在冰浴下, 依次往反应瓶中加入噁唑烷甲醛 (991 mg, 4.3 mmol)、(1-重氮基-2-氧代丙基)膦酸二甲酯 (**14**, 1.24 g, 6.5 mmol) 的甲醇 (15 mL) 溶液和碳酸氢钾 (1.19 g, 8.6 mmol)。生成的混合物在 0 °C 下搅拌 1 h 后, 在室温下继续搅拌 16 h。然后, 反应混合液用饱和氯化铵溶液 (4 mL) 处理, 浓缩后加入水 (5 mL)。再用乙酸乙酯萃取 (3 × 10 mL), 合并的有机相用无水硫酸镁干燥。浓缩后的粗产物经硅胶柱色谱分离和纯化 (正己烷-乙酸乙酯, 95:5) 得到纯品噁唑烷乙炔 (625 mg, 67%)。

方法二（一步法合成）[61]

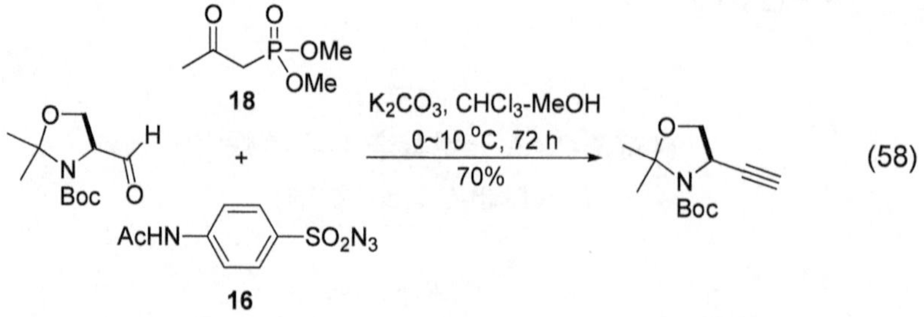

$$\text{（58）}$$

在 0 ℃ 和氩气保护下，在装有恒压滴液漏斗的反应瓶中加入丙酮基膦酸二甲酯 (**18**, 538 mg, 3.2 mmol) 的 CHCl₃ (8 mL) 溶液。在搅拌下依次加入对乙酰氨基苯磺酰叠氮 (**16**, 9771 mg, 3.2 mmol) 和 K₂CO₃ (453 mg, 3.3 mmol)。生成的混合物在冰浴 (< 10 ℃) 下搅拌反应 48 h (直到 TLC 检测反应完全)，此时有白色悬浮液生成。接着，在 0 ℃ 下加入另一部分碳酸钾 (210 mg, 1.5 mmol)，并慢慢滴加噁唑烷甲醛的 MeOH (8 mL) 溶液。继续在冰浴中 (< 10 ℃) 搅拌反应 24 h (直到 TLC 检测反应完全) 后，加入饱和氯化铵溶液 (25 mL)。分液得到的有机相再依次用饱和氯化铵溶液 (25 mL) 和水洗涤 (2 × 25 mL)，合并的有机相用无水硫酸钠干燥。浓缩后的粗产物经硅胶柱色谱分离和纯化 (正己烷-乙酸乙酯, 95:5) 得到纯品噁唑烷乙炔 (154 mg, 72%)。

例 四

(S)-4-乙炔基-2,2-二甲基-1,3-二氧戊环的合成[22a]

(Bestmann-Ohira 试剂)

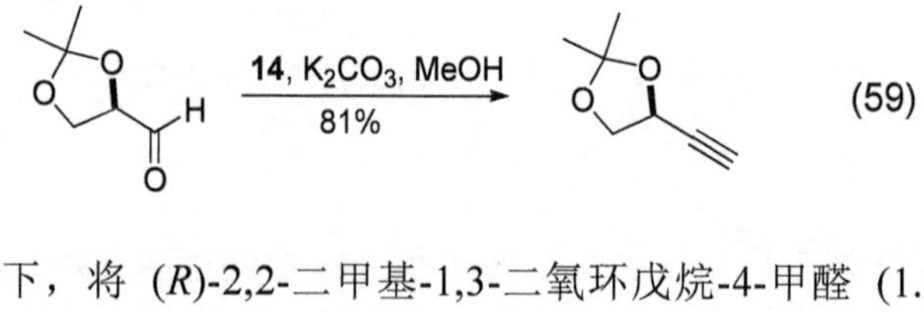

$$\text{（59）}$$

在 0 ℃ 和氩气保护下，将 (R)-2,2-二甲基-1,3-二氧环戊烷-4-甲醛 (1.24 g, 8.71 mmol)、(1-重氮基-2-氧代丙基)膦酸二甲酯 (**14**, 2.51 g, 13.7 mmol) 的 MeOH (36 mL) 溶液和 K₂CO₃ (2.4 g, 17.4 mmol) 依次加入到反应瓶中。生成的混合物在 0 ℃ 下搅拌反应 30 min 后，在室温下继续搅拌反应 2 h。接着，在反应混合液中加入饱和氯化铵溶液 (35 mL) 和戊烷 (90 mL) 淬灭反应。经浓缩和萃取后，合并的有机相用无水硫酸钠干燥。浓缩后的粗产物经减压蒸馏得 (S)-2,2-二甲基-1,3-二氧环戊烷-4-乙炔 (889 mg, 81%)。

例 五

N-(丁-3-炔)-4-甲基苯磺酰胺的合成[62]

(Bestmann-Ohira 试剂)

$$\text{TsCl} + \text{H}_2\text{N}\diagup\diagup\text{OH} \longrightarrow \text{TsNH}\diagup\diagup\text{OH} \longrightarrow$$

$$\text{TsNH}\diagup\diagup\text{CHO} \xrightarrow[72\%]{\textbf{14, K}_2\text{CO}_3, \text{MeOH}} \text{TsNH}\diagup\diagup \qquad (60)$$

在 0 ℃ 下，将三乙胺 (18.56 mL, 133.1 mmol) 和对甲苯磺酰氯 (66.6 mL, 66.6 mmol) 依次加入到 3-氨基-1-丙醇 (5.1 mL, 66.6 mmol) 的 CH₂Cl₂ (166 mL) 溶液中。然后升至室温，反应混合物再经 CH₂Cl₂ 稀释、水洗和无水硫酸镁干燥、浓缩后得到粗产物 *N*-羟丙基 -4-甲基苯磺酰胺。

接着，在上述所得的粗产物中加入 CH₂Cl₂ (500 mL)，并依次加入三乙胺 (65.2 mL, 467 mmol) 和 DMSO (43.8 mL, 61.7 mmol)。混合物搅拌 15 min 后，在上述体系中慢慢加入吡啶三氧化硫复合物 (31.8 g, 199.7 mmol)。接着，反应体系再用 CH₂Cl₂ 稀释，并依次用盐酸 (质量浓度 5%)、饱和 Na₂CO₃ 溶液和盐水洗涤。经无水硫酸镁干燥后浓缩，粗产物经硅胶柱色谱分离和纯化 (正己烷-乙酸乙酯，80:20) 得到纯品 *N*-(3-氧代丙基)-4-甲基苯磺酰胺 (11.3 g, 49.93 mmol, 两步产率 75%)。

室温下，在上述所得的 *N*-(3-氧代丙基)-4-甲基苯磺酰胺中加入 MeOH (88 mL) 溶液。然后，依次加入 K₂CO₃ (2.4 g, 17.8 mmol) 和 (1-重氮基-2-氧代丙基) 膦酸二甲酯 (**14**, 2 g, 10.6 mmol)。反应经 TLC 检测显示原料消失后，过滤 (硅藻土) 反应液并浓缩。粗产物经硅胶柱色谱分离和纯化 (正己烷-乙酸乙酯, 4 0:60) 得到 *N*-(丁-3-炔)-4-甲基苯磺酰胺 (1.4 g, 72%)。

例 六

2-乙炔基环丙烷-1,1-二羧酸二甲酯的合成[28]

(Bestmann-Ohira 试剂)

$$\text{MeO}_2\text{C} \diagup \diagdown \xrightarrow[60\%]{\textbf{14, K}_2\text{CO}_3, \text{MeOH}} \text{MeO}_2\text{C} \quad \text{CO}_2\text{Me} \qquad (61)$$

在氮气保护下，在反应瓶中加入 2-甲酰基环丙烷-1,1-二羧酸二甲酯 (4.4 g, 23.6 mmol) 的 MeOH (35 mL) 溶液。然后，依次加入 (1-重氮基-2-氧代丙基)

膦酸二甲酯 (**14**, 8.5 g, 47.2 mmol) 和 K$_2$CO$_3$ (6.5 g, 47.20 mmol)。混合物在室温下搅拌反应 16 h 后，加入饱和 NaHCO$_3$ 溶液 (30 mL) 和乙醚 (30 mL)。有机相用蒸馏水洗涤 (2 × 30 mL) 后，再用无水硫酸镁干燥。浓缩后得到的粗产物经柱硅胶色谱分离和纯化 (石油醚-乙醚，5:1) 得到无色油状 2-乙炔基环丙烷-1,1-二羧酸二甲酯 (2.6 g, 60 %)。

7　参考文献

[1]　Colvin, E. W.; Hamill, B. J. *J. Chem. Soc., Chem. Commun.* **1973**, 151.

[2]　(a) Ohira, S. *Synth. Commun.* **1989**, *19*, 561. (b) Müller, S.; Liepold, B.; Roth, G.; Bestmann, H. J. *Synlett* **1996**, 521.

[3]　(a) Ramirez, F.; Desai, N. B.; Mckelvie, N. *J. Am. Chem. Soc.* **1962**, *84*, 1745. (b) Corey, E. J.; Fuchs, P. L. *Tetrahedron Lett.* **1972**, *13*, 3769. (c) Bestmann, H. J.; Frey, H. *Liebigs Ann. Chem.* **1980**, 2061.

[4]　(a) Matsumoto, M.; Kuroda, K. *Tetrahedron Lett.* **1980**, *21*, 4021. (b) Corey, E. J.; Achiwa, K.; Katzenellenbogen, J. A. *J. Am. Chem. Soc.* **1969**, *91*, 4318. (c) Bestmann, H. J.; Rippel, H. Dostalek, R. *Tetrahedron Lett.* **1989**, *30*, 5261.

[5]　(a) Seyferth, D.; Marmor, R. S.; Hilbert, P. *J. Org. Chem.* **1971**, *36*, 1379; (b) C. Gilbert, J.; Weerasooriya, U. *J. Org. Chem.* **1982**, *47*, 1837.

[6]　Seyferth, D.; Marmor, R. S. *Tetrahedron Lett.* **1970**, 2493.

[7]　Colvin, E. W.; Hamill, B. J. *J. Chem. Soc., Perkin Trans. 1* **1977**, 869.

[8]　Gilbert, J. C.; Weerasooriya, U. *J. Org. Chem.* **1979**, *44*, 4997.

[9]　Gilbert, J. C.; Weerasooriya, U.; Giamalva, D. *Tetrahedron Lett.* **1979**, *20*, 4619.

[10]　(a) Gilbert, J. C.; Butler, J. R. *J. Am. Chem. Soc.* **1970**, *92*, 7493. (b) Stang, P. J. *Chem. Rev.* **1978**, *78*, 384.

[11]　Gilbert, J. C.; Weerasooriya, U. *J. Org. Chem.* **1983**, *48*, 448.

[12]　(a) Kirmse, W. *Carbene Chemistry*, 2nd ed.; Academic Press: New York, **1971**. (b) Jones, M., Jr., *et al. Carbenes* **1973**, 1. (c) Dykstra, C. E.; Schaefer III, H. F. *J. Am. Chem. Soc.* **1978**, *100*, 1378.

[13]　Roth, G.; Liepold, B.; Müller, S.; Bestmann, H. J. *Synthesis* **2004**, 59.

[14]　Maehr, H.; Uskokovic, M. R.; Schaffner, C. P. *Synth. Commun.* **2009**, *39*, 299.

[15]　Regitz, M.; Liedhegener, A.; Eckstein, U.; Martin, M.; Anschutz, W. *Ann.* **1971**, *748*, 207.

[16]　Brown, D. G.; Velthuisen, E. J.; Commerford, J. R.; Brisbois, R. G.; Hoye. T. H. *J. Org. Chem.* **1996**, *61*, 2540.

[17]　Yau, E. K.; Coward, J. K. *J. Org. Chem.* **1990**, *55*, 3147.

[18]　Mathey, F.; Savignac, P. *Tetrahedron* **1978**, *34*, 649.

[19]　Kitamura, M.; Tokunaga, M.; Noyori, R. *J. Am. Chem. Soc.* **1995**, *117*, 2931.

[20]　Callant, P.; D'Haenens, L.; Vandewalle, M. *Synth. Commun.* **1984**, *14*, 155.

[21]　Pietruszka, J.; Witt, A. *Synthesis* **2006**, 4266.

[22]　(a) Pulley, S. R.; Czakó, B. *Tetrahedron Lett.* **2004**, *45*, 5511. (b) Dirat, O.; Clipson, A.; Elliott, J. M.; Garrett, S.; Jones, A. B.; Reader, M.; Shaw, D. *Tetrahedron Lett.* **2006**, *47*, 1729. (c) Yuan, H.; He, R.; Wan, B. J.; Wang, Y. H.; Pauli, G. F.; Franzblau, S. G.; Kozikowski, A. P. *Bioorg. Med. Chem. Lett.*

2008, *18*, 5311.

[23] Kitamura, M.; Tashiro, N.; Miyagawa, S.; Okauchi, T. *Synthesis* **2011**, 1037.

[24] Quesada, E.; Taylor, R. J. K. *Tetrahedron Lett.* **2005**, *46*, 6473.

[25] Taber, D. F.; Bai, S.; Guo, P. F. *Tetrahedron Lett.* **2008**, *49*, 6904.

[26] Baxendale, I. R.; Ley, S. V.; Mansfield, A. C.; Smith, C. D. *Angew. Chem., Int. Ed.* **2009**, *48*, 4017.

[27] Sasaki, S.; Mizutani, K.; Kunieda, M.; Tamiaki, H. *Tetrahedron Lett.* **2008**, *49*, 4113.

[28] Christie, S. D. R.; Davoile, R. J.; Elsegood, M. R. J.; Fryatt, R.; Jones, R. C. F.; Pritchard, G. J. *Chem. Commun.* **2004**, 2474.

[29] Luvino, D.; Amalric, C.; Smietana, M.; Vasseu, J. J. *Synlett* **2007**, 3037.

[30] Nahrwold, M.; Bogner, T.; Eissler, S.; Verma, S.; Sewald, N. *Org. Lett.* **2010**, *12*, 1064.

[31] Mohanan, K.; Martin, A. R.; Toupet, L.; Smietana, M.; Vasseur, J.-J. *Angew. Chem., Int. Ed.* **2010**, *49*, 3196.

[32] Jiang, H.; Falcicchio, A.; Jensen, K. L.; Paixão, M. W.; Bertelsen, S.; Jørgensen, K. A. *J. Am. Chem. Soc.* **2009**, *131*, 7153.

[33] Kramer, C. S.; Zeitler, K.; Muller, T. J. J. *Org. Lett.* **2000**, *2*, 3723.

[34] Sitachitta, N.; Williamson, R. T.; Gerwick, W. H. *J. Nat. Prod.* **2000**, *63*, 197.

[35] Xu, Z. S.; Peng, Y. G.; Ye, T. *Org. Lett.* **2003**, *5*, 2821.

[36] Grassia, A.; Bruno, I.; Debitus, C.; Marzocco, S.; Pino, A.; Gomez-Paloma, L.; Riccio, R. *Tetrahedron* **2001**, *57*, 6257.

[37] Chen, J.; Forsyth, C. J. *Angew. Chem., Int. Ed.* **2004**, *43*, 2148.

[38] Ghosh, A. K.; Xu, X. M. *Org. Lett.* **2004**, *6*, 2055.

[39] Raub, M. F.; Cardellina, J. H.; Choudhary, M. I.; Ni, C.-Z.; Clardy, J.; Alley, M. C. *J. Am. Chem. Soc.* **1991**, *113*, 3178.

[40] (a) Ha, J. D.; Lee, D.; Cha, J. K. *J. Org. Chem.* **1997**, *62*, 4550. (b) Ha, J. D.; Cha, J. K. *J. Am. Chem. Soc.* **1999**, *121*, 10012.

[41] Comins, D. L.; LaMunyon, D. H.; Chen, X. H. *J. Org. Chem.* **1997**, *62*, 8182.

[42] Uemura, D.; Chuo, T.; Haino, T.; Nagatsu, A.; Fukuzawa, S.; Zheng, S.; Chen, H. *J. Am. Chem. Soc.* **1995**, *117*, 1155.

[43] McCauley, J. A.; Nagasawa, K.; Lander, P. A.; Mischke, S. G.; Semones, M. A.; Kish, Y. *J. Am. Chem. Soc.* **1998**, *120*, 7647.

[44] Nakamura, S.; Kikuchi, F.; Hashimoto, S. *Angew. Chem., Int. Ed.* **2008**, *47*, 7091.

[45] White, J. D.; Smits, H. *Org. Lett.* **2005**, 7, 235.

[46] Yotsu-Yamashita, M.; Haddock, R. L.; Yasumoto, T. *J. Am. Chem. Soc.* **1993**, *115*, 1147.

[47] White, J. D., Blakemore, P. R., Browder, C. C., Hong, J., Lincoln, C. M., Nagornyy, P. A., Robarge, L. A., Wardrop, D. J. *J. Am. Chem. Soc.* **2001**, *123*, 8593.

[48] Marles, R. J.; Farnsworth, N. R.; Neill, D. A. *J. Nat. Prod.* **1989**, *52*, 261.

[49] Ito, A.; Cui, B. L.; Chavez, D.; Chai, H. B.; Shin, Y. G.; Kawanishi, K.; Kardono, L. B. S.; Riswan, S.; Farnsworth, N. R.; Cordell, G. A.; Pezzuto, J. M.; Kinghorn, A. D. *J. Nat. Prod.* **2001**, *64*, 246.

[50] Gung, B. W.; Dickson, H. *Org. Lett.* **2002**, *4*, 2517.

[51] Corley, D. G.; Herb, R.; Moore, R. E.; Scheuer, P. J.; Paul, V. J. *J. Org. Chem.* **1988**, *53*, 3644.

[52] Mooberry, S. L.; Tien, G.; Hernander, A. H.; Plubrukarn, A.; Davidson, B. S. *Cancer Res.* **1999**, *58*, 653.

[53] Wender, P. A.; Hegde, S. G.; Hubbard, R. D.; Zhang, L. *J. Am. Chem. Soc.* **2002**, *124*, 4956.

[54] Kunze, B.; Steinmetz, H.; Höfle, G.; Huss, M.; Wieczorek, H.; Reichenbach, H. *J. Antibiot.* **2006**, *59*, 664.

[55] Vintonyak, V. V.; Maier, M. E. *Angew. Chem., Int. Ed.* **2007**, *46*, 5209.

[56] Kubanek, J.;Williams, D. E.; Silva, E., D.; Allen, T.; Andersen, R. J. *Tetrahedron Lett.* **1995**, *36*, 6189.

[57] Hu, L.; Zhang, L. H.; Zhai, H. B. *J. Org. Chem.* **2009**, *74*, 7552.

[58] Lowery, C. A.; Park, J.; Kaufmann, G. F.; Janda, K. D. *J. Am. Chem. Soc.* **2008**, *130*, 9200.

[59] Smith, III, A. B.; Mesaros, E. F.; Meyer, E. A. *J. Am. Chem. Soc.* **2006**, *128*, 5292.

[60] Bélanger, D.; Tong, X.; Soumaré, S.; Dory, Y. L.; Zhao, Y. *Chem. Eur. J.* **2009**, *15*, 4428.

[61] Meffre, P.; Hermann, S.; Durand, P.; Reginato, G.; Riu, A. *Tetrahedron* **2002**, *58*, 5159.

[62] Carballo, R. M.; Ramírez, M. A.; Rodríguez, M.L.; Martín, V. S.; Padrón, J. I. *Org. Lett.* **2006**, *8*, 3837.

索　引

第五卷　金属催化反应

第六卷　金属催化反应 II

第七卷　碳-碳键的生成反应 II